软件开发微视频讲堂

C#从入门到精通

（微视频精编版）

明日科技　编著

清華大学出版社
北　京

内 容 简 介

本书浅显易懂，实例丰富，详细介绍了 C#开发需要掌握的各类实战知识。

全书分为两册：核心技术分册和强化训练分册。核心技术分册共 20 章，包括搭建 C#开发环境、初识 C#程序结构、C#语言基础、运算符、条件控制语句、循环控制语句、数组的使用、字符串处理、类和对象、继承和多态、程序调试与异常处理、Windows 窗体程序设计、Windows 控件的使用、C#操作数据库、Entity Framework 编程、文件及数据流技术、GDI+绘图应用、Socket 网络编程、多线程编程技术和库存管理系统等内容。通过学习，读者可快速开发出一些中小型应用程序。强化训练分册共 17 章，通过大量源于实际生活的趣味案例，强化上机实践，拓展和提升 C#开发中对实际问题的分析与解决能力。

本书除纸质内容外，配书资源包中还给出了海量开发资源库，主要内容如下：

☑ 微课视频讲解：总时长 22 小时，共 227 集　　☑ 实例资源库：686 个实例及源码详细分析
☑ 模块资源库：15 个经典模块开发过程完整展现　　☑ 项目案例资源库：15 个企业项目开发过程完整展现
☑ 测试题库系统：636 道能力测试题目　　☑ 面试资源库：323 个企业面试真题

本书可作为软件开发入门者的自学用书或高等院校相关专业的教学参考书，也可供开发人员查阅、参考使用。

图书在版编目（CIP）数据

C#从入门到精通：微视频精编版 / 明日科技编著. —北京：清华大学出版社，2019（2021.8重印）
（软件开发微视频讲堂）
ISBN 978-7-302-52149-5

Ⅰ. ①C… Ⅱ. ①明… Ⅲ. ①C 语言-程序设计 Ⅳ. ①TP312.8

中国版本图书馆 CIP 数据核字（2019）第 010052 号

责任编辑：贾小红
封面设计：魏润滋
版式设计：文森时代
责任校对：马军令
责任印制：杨　艳

出版发行：清华大学出版社
网　　址：http://www.tup.com.cn，http://www.wqbook.com
地　　址：北京清华大学学研大厦 A 座　　邮　　编：100084
社 总 机：010-62770175　　邮　　购：010-62786544
投稿与读者服务：010-62776969，c-service@tup.tsinghua.edu.cn
质量反馈：010-62772015，zhiliang@tup.tsinghua.edu.cn
印 装 者：三河市铭诚印务有限公司
经　　销：全国新华书店
开　　本：203mm×260mm　　**印　　张**：36.25　　**字　　数**：1061 千字
版　　次：2019 年 11 月第 1 版　　**印　　次**：2021 年 8 月第 2 次印刷
定　　价：99.80 元（全 2 册）

产品编号：079173-01

前　言

Preface

C#是微软公司发布的一种简洁的、面向对象的且类型安全的程序设计语言。C#应用领域比较广泛，可以进行游戏软件开发、桌面应用系统开发、智能手机程序开发、多媒体系统开发、网络应用程序开发以及操作系统平台开发等。因C#语言简单易学，功能强大，所以受到很多程序员的青睐，成为程序开发人员使用的主流编程语言之一。

本书内容

本书分为两册：C#核心技术分册和C#强化训练分册。

C#核心技术分册共20章，提供了从入门到编程高手所必备的各类C#核心知识，大体结构如下图所示。

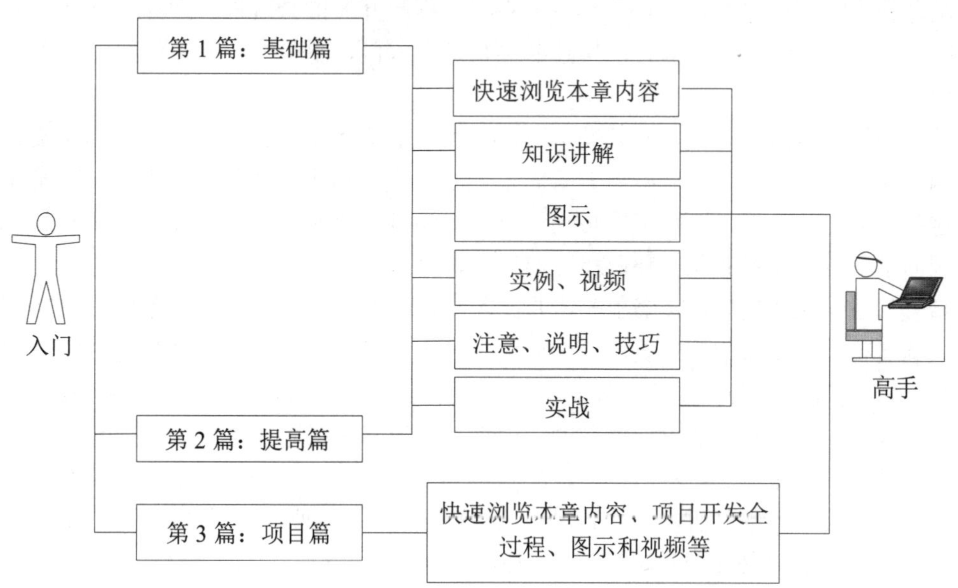

基础篇：本篇通过搭建C#开发环境、初识C#程序结构、C#语言基础、运算符、条件控制语句、循环控制语句、数组的使用、字符串处理、类和对象、继承和多态、程序调试与异常处理等内容的介绍，并结合大量的图示、实例、视频和实战等，使读者快速掌握C#语言基础知识，为以后编程奠定坚实的基础。

提高篇：本篇介绍了Windows窗体程序设计、Windows控件的使用、C#操作数据库、Entity Framework编程、文件及数据流技术、GDI+绘图应用、Socket网络编程、多线程编程技术等内容。学习完本篇，能够开发一些中小型应用程序。

项目篇：本篇通过一个完整的库存管理系统，运用软件工程的设计思想，让读者学习如何进行软件项目的实践开发。书中按照“需求分析→系统设计→数据库设计→公共类设计→项目主要功能模块的实现”的流程进行介绍，带领读者亲身体验开发项目的全过程。

C#强化训练分册共 17 章，通过 300 多个来源于实际生活的趣味案例，强化上机实战，拓展和提升读者对实际问题的分析与解决能力。

本书特点

☑ **深入浅出，循序渐进。**本书以初、中级程序员为对象，先从 C#语言基础学起，再学习如何使用 C#进行 Windows 窗体编程、网络及多线程编程等高级技术，最后学习如何开发一个完整项目。讲解过程步骤详尽，版式新颖，使读者在阅读时一目了然，从而快速掌握书中内容。

☑ **实例典型，轻松易学。**通过例子学习是最好的学习方式，本书通过“一个知识点、一个例子、一个结果、一段评析、一个综合应用”的模式，透彻详尽地讲述了实际开发中所需的各类知识。另外，为了便于读者阅读程序代码，快速学习编程技能，书中几乎为每行代码都提供了注释。

☑ **微课视频，可听可看。**为便于读者直观感受程序开发的全过程，大部分章节都配备了教学微视频，这些微课可听可看，能快速引导初学者入门，感受编程的快乐和成就感，进一步增强学习的信心。

☑ **强化训练，实战提升。**软件开发学习，实战才是硬道理。C#核心技术分册中提供了 30 多个实战练习，强化训练分册中更是给出了 300 多个源自生活的真实案例。应用编程思想来解决这些生活中的难题，不但能锻炼动手能力，还可以快速提升实战技巧。如果在实现过程中遇到问题，可以从资源包中获取相应实战的源码进行解读。

☑ **精彩栏目，贴心提醒。**本书根据需要在各章安排了很多“注意”“说明”“技巧”等小栏目，让读者可以在学习过程中更轻松地理解相关知识点及概念，更快地掌握个别技术的应用技巧。在 C#强化训练分册中，更设置了“▷①②③④⑤⑥”栏目，读者每亲手完成一次实战练习，即可涂上一个序号。通过反复实践，可真正实现强化训练和提升。

☑ **流行技术，紧跟潮流。**本书采用开发 C#程序最新的工具——Visual Studio 2017 实现，使读者能够紧跟技术发展的脚步，并且对 C#操作数据库的另外一种新型技术——EF 进行了讲解，以便让读者更快更好地学习 C#的流行技术应用。

本书资源

为帮助读者学习，本书配备了长达 22 个小时（共 227 集）的微课视频讲解。除此以外，还为读者提供了“C#开发资源库”系统，以全方位地帮助读者快速提升编程水平和解决实际问题的能力。

本书和 C#开发资源库配合学习的流程如下图所示。

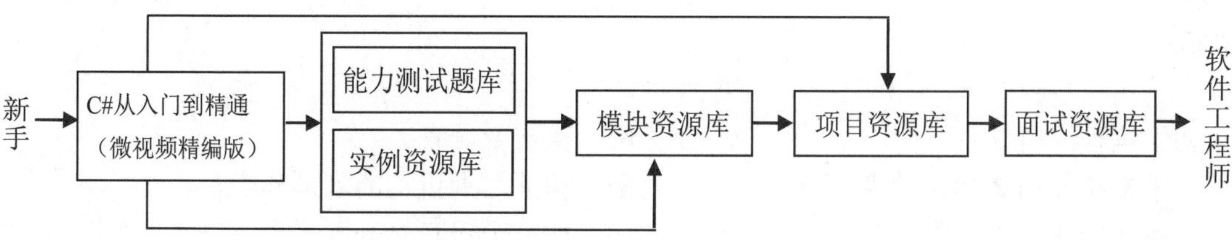

C#开发资源库系统的主界面如下图所示。

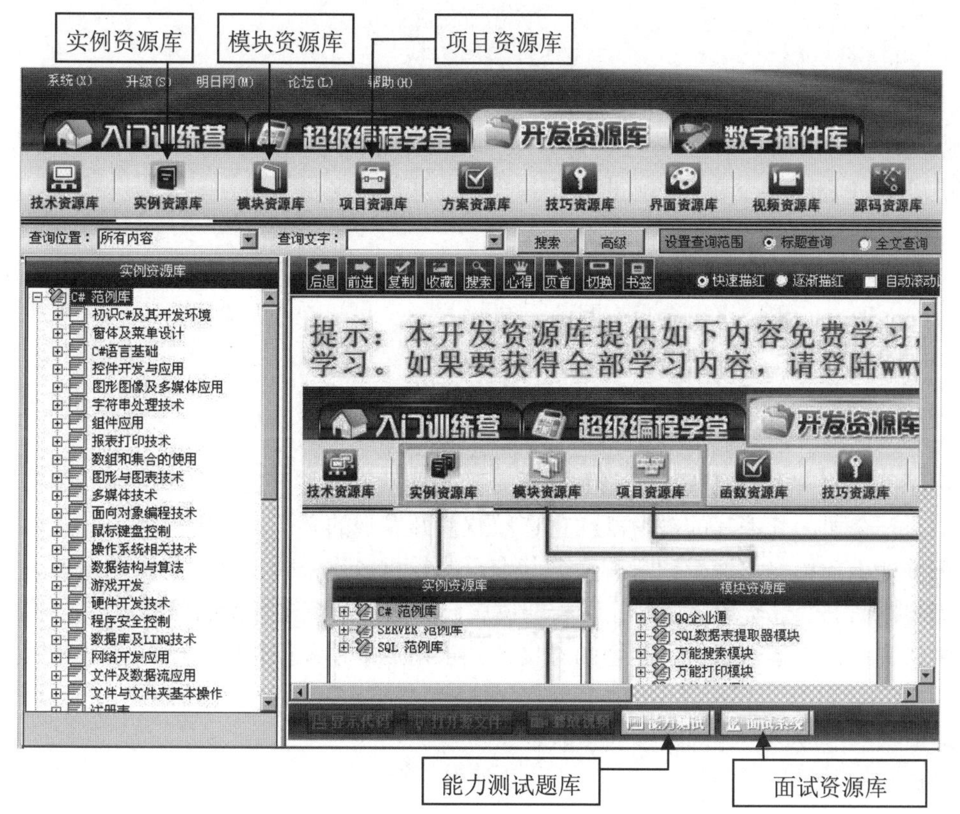

通过实例资源库中的大量热点实例和关键实例，读者可巩固所学知识，提高编程兴趣和自信心。

通过能力测试题库，读者可对个人能力进行测试，检验学习成果。数学逻辑能力和英语基础较为薄弱的读者，还可以利用资源库中大量的数学逻辑思维题和编程英语能力测试题，进行专项强化提升。

本书学习完毕后，读者可通过模块资源库和项目资源库中的30个经典模块和项目，全面提升个人综合编程技能和解决实际开发问题的能力，为成为C#软件开发工程师打下坚实基础。

面试资源库中提供了大量国内外软件企业的常见面试真题，同时还提供了程序员职业规划、程序员面试技巧、企业面试真题汇编和虚拟面试系统等精彩内容，是程序员求职面试的绝佳指南。

读者对象

- ☑ 初学编程的自学者
- ☑ 编程爱好者
- ☑ 大中专院校的老师和学生
- ☑ 相关培训机构的老师和学员
- ☑ 做毕业设计的学生
- ☑ 初、中级程序开发人员
- ☑ 程序测试及维护人员
- ☑ 参加实习的“菜鸟”程序员

读者服务

学习本书时，请先扫描封底的权限二维码（需要刮开涂层）获取学习权限，然后即可免费学习书中的所有线上线下资源。本书所附赠的各类学习资源，读者可登录清华大学出版社网站（www.tup.com.cn），在对应图书页面下获取其下载方式，也可扫描图书封底的“文泉云盘”二维码，获取其下载方式。

为了方便解决本书疑难问题，读者朋友可加我们的企业 QQ：4006751066（可容纳 10 万人），也可以登录 www.mingrisoft.com 留言，我们将竭诚为您服务。

致读者

本书由明日科技 C#程序开发团队组织编写，明日科技是一家专业从事软件开发、教育培训以及软件开发教育资源整合的高科技公司，其编写的教材既注重选取软件开发中的必需、常用内容，又注重内容的易学、方便以及相关知识的拓展，深受读者喜爱。其编写的教材多次荣获“全行业优秀畅销品种”“中国大学出版社优秀畅销书”等奖项，多个品种长期位居同类图书销售排行榜的前列。

在编写本书的过程中，我们始终本着科学、严谨的态度，力求精益求精，但错误、疏漏之处在所难免，敬请广大读者批评指正。

感谢您购买本书，希望本书能成为您编程路上的领航者。

“零门槛”编程，一切皆有可能。

祝读书快乐！

编　者
2019 年 10 月

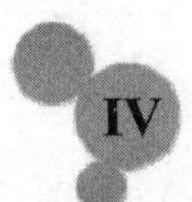

目 录

Contents

第1篇 基 础 篇

第 2 篇 提 高 篇

第 3 篇 项 目 篇

基础篇

本篇通过搭建 C# 开发环境、初识 C# 程序结构、C# 语言基础、运算符、条件控制语句、循环控制语句、数组的使用、字符串处理、类和对象、继承和多态、程序调试与异常处理等内容的介绍，并结合大量的图示、实例、视频和实战等，使读者快速掌握 C# 语言基础，为以后编程奠定坚实的基础。

第 1 章

搭建 C# 开发环境

（视频讲解：1 小时 12 分钟）

软件在现代人们的日常生活中随处可见，比如，大家使用的 Windows 操作系统、智能手机中的各种应用等都是软件。那么，这些软件是如何生成的呢？我们能不能开发自己的软件呢？答案是肯定的。本章将带领大家了解 C# 语言及其使用的 Visual Studio 2017 开发环境，其中，C# 是微软公司推出的一种语法简洁、类型安全的面向对象的编程语言，使用它就可以开发各种软件，而 Visual Studio 2017 开发环境则是进行 C# 开发最好的工具。

通过学习本章，读者主要掌握以下内容：

- **了解软件及其相关的几个概念**
- **熟悉 C# 与 .NET Framework**
- **掌握 Visual Studio 2017 的安装步骤**
- **熟悉 Visual Studio 2017 开发环境**

1.1　了 解 软 件

随着计算机的普及，计算机中的软件对人们的日常生活和工作也显得越来越重要。例如，大家在聊天时经常用的 QQ 软件（如图 1.1 所示）。在工作中使用的 Office 软件（如图 1.2 所示），在处理照片时使用的美图秀秀软件（如图 1.3 所示），在观看视频时使用的优酷视频播放软件（如图 1.4 所示）等。

图 1.1　QQ 软件

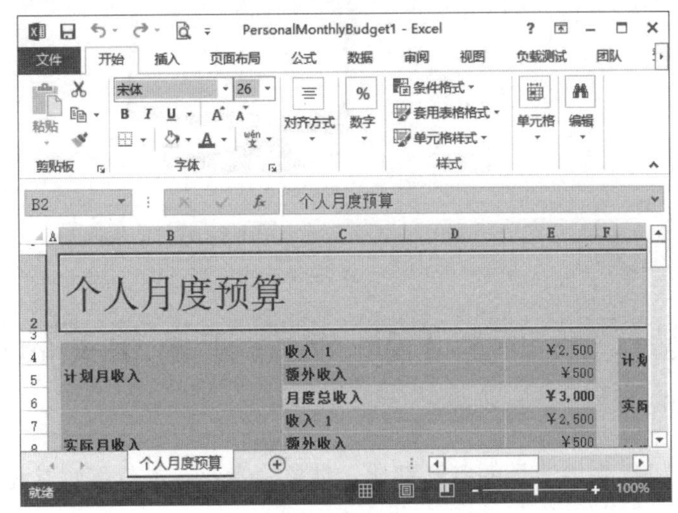

图 1.2　Office 办公软件之 Excel

图 1.3　美图秀秀软件

图 1.4　优酷视频播放软件

以上都是我们在平时经常用到的一些软件，那么，到底什么是软件呢？

软件其实是一种计算机程序，而计算机程序是指为了得到结果，由计算机等具有信息处理能力的硬件装置执行的代码化指令集合。

计算机程序告诉计算机如何完成一个具体的任务，由于现在的计算机还不能理解人类的自然语言，所以不能用自然语言编写计算机程序，这时就需要借助计算机语言（即程序设计语言），它是人和计算机交流信息的工具，可以通过计算机语言指挥计算机如何工作。

综上所述，一个软件的生成过程为：程序员将由计算机语言组成的代码输入计算机中，计算机对代码进行解释编译，最后由计算机生成软件，如图 1.5 所示。

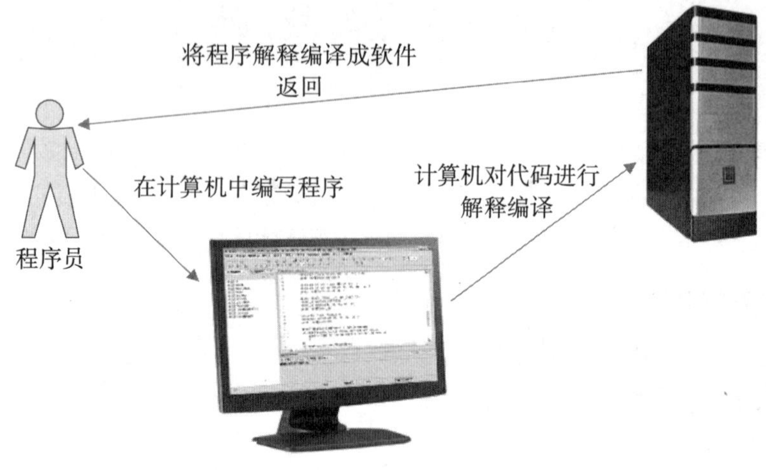

图 1.5　软件的生成

1.2　软件开发相关的概念

计算机程序中涉及的概念都比较抽象、专业。本节将对常见的与软件开发相关的常用概念进行介绍。

1. 算法

算法是指对计算机工作步骤和方法的描述，算法的每一个步骤都是严格规定好的，能够被计算机识别并正确执行，并且每一个步骤都能够被计算机理解为一个或者一组唯一的动作，而不会使计算机产生歧义。算法必须有开始和结束，并且必须保证算法规定的每一个步骤最终都能够被完成。

下面通过一个例子来说明算法。例如，要交换变量 a 与变量 b 的值，计算机本身不能够直接执行这个操作，交换两个变量值的通用方法是借用第三方变量作为临时变量。具体算法描述如下：

（1）将变量 a 的内容赋值给临时变量 c。

（2）将变量 b 的内容赋值给变量 a。

（3）将临时变量 c 存放的内容赋值给变量 b。

最终算法可以写成：

```
(1)c ← a。
(2)a ← b。
(3)b ← c。
```

综上所述，算法实际上就是用自然语言描述的一个计算机程序，编写计算机程序就是把用某种方式描述的算法，通过计算机语言重新对其进行描述。

2. 数据结构

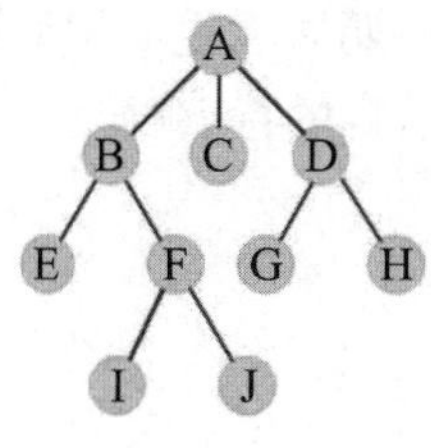

图 1.6　树结构示意图

数据结构是一种计算机存储、组织数据的方式，数据很好理解，比如我们去买东西，共花了 50 元钱，这个 50 就是一个准确的数据。在计算机中，数据有整数、实数、字符串、图像和声音等多种类型，而数据结构就是指各种类型数据之间的相互关系。常见的数据结构有数组、栈、队列、链表、树、图等。例如，图 1.6 是一个树结构。

3. IDE

IDE 是 Integrated Development Environment 的缩写，表示"集成开发环境"，它是一种用于提供程序开发环境的应用程序，一般包括代码编辑器、编译器、调试工具和图形化用户界面工具等，例如，用于开发 C# 程序的 Visual Studio（如图 1.7 所示）、用于开发 Java 程序的 Eclipse（如图 1.8 所示）等都是集成开发环境。

图 1.7　Visual Studio 集成开发环境

图 1.8　Eclipse 集成开发环境

4. SDK

SDK 是 Software Development Kit 的缩写，中文意思就是"软件开发工具包"，这是一个覆盖面相当广泛的名词，可以这么说：辅助开发某一类软件的相关文档、实例和工具的集合都可以叫作 SDK。例如，在使用 C# 语言进行开发之前，需要安装由微软公司推出的 .NET SDK（即 .NET 软件开发工具包）。

5. 编译

编译是把计算机语言变成计算机可以识别的二进制语言，由于计算机只识别 0 和 1，所以编译程序就是把使用计算机语言编写的程序编译成计算机可以识别的二进制程序的过程。

1.3　C# 语言入门

C#（读作 C Sharp）是一种面向对象的编程语言，主要用于开发运行在 .NET 平台上的应用程序，C# 的语言体系都构建在 .NET 框架上。通过 TIOBE 编程语言排行榜（如图 1.9 所示）可以看出，C#

长期居于主流编程语言行列，这也说明了 C# 语言被越来越多的人所认可和使用。本节将详细介绍 C# 语言的特点以及 C# 与 .NET 的关系。

Mar 2017	Mar 2016	Change	Programming Language	Ratings	Change
1	1		Java	16.384%	-4.14%
2	2		C	7.742%	-6.86%
3	3		C++	5.184%	-1.54%
4	4		C#	4.409%	+0.14%
5	5		Python	3.919%	-0.34%
6	7	^	Visual Basic .NET	3.174%	+0.61%

图 1.9　TIOBE 编程语言排行榜

1.3.1　C# 语言的发展

C# 是微软公司在 2000 年 6 月发布的一种编程语言，主要由 Anders Hejlsberg（Delphi 和 Turbo Pascal 语言的设计者）主持开发，它主要是微软公司为配合 .NET 战略推出的一种全新的编程语言。

轻松一刻

在 Java 出现之后，Anders Hejlsberg 在 Borland 公司一直郁郁不得志，这时，比尔·盖茨慧眼识才，三顾茅庐，把 Anders Hejlsberg 请到了微软。最开始微软许以重金，但 Anders Hejlsberg 不为所动，当清楚 Anders Hejlsberg 的想法后，比尔·盖茨答应给他一个宽松的环境——领导 Visual J++ 小组，并提供薪水和红利奖金 300 万美元。好景不长，SUN 公司认为微软破坏了 Java 的跨平台性，很快微软就会利用它的 VJ++ 将 Java 开发人员拉拢到它的周围，而它的 VJ++ 以及 WFC 的很多特性明显是为了 Windows 平台设计，这样，SUN 公司中止了对微软的 Java 授权，这促使微软选择 Anders Hejlsberg 担任 C# 的首席设计师，从而开发并设计了 C# 语言。

C# 语言本身是为了配合 .NET 战略推出的，因此其发展变化一直是和 .NET 的发展相辅相成的，其版本发展历程如图 1.10 所示。

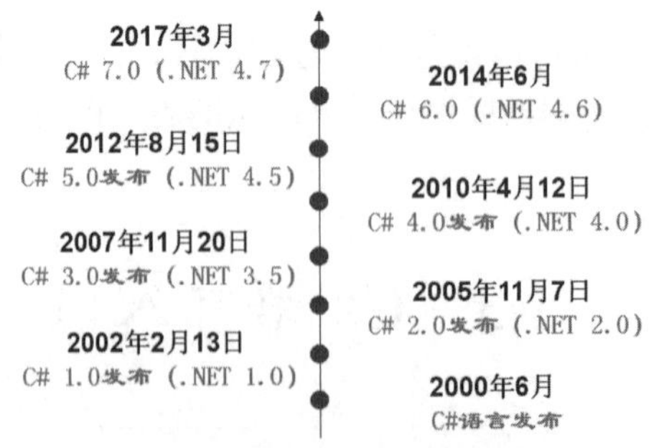

图 1.10　C# 的发展历程

说明

由于 C# 是与 .NET 相辅相成的，因此，图 1.10 中的 C# 版本变化其实也体现了 .NET 的版本发展史，关于 .NET，将在 1.3.3 节进行介绍；另外，微软曾在 2006 年发布过一个 .NET 3.0 版本，但该版本并没有对应的 C# 版本推出，而使用的还是原来的 C# 2.0 版本，所以图 1.10 中并没有体现。

1.3.2　C# 语言的特点

C# 语言的主要特点如下：

（1）语法简洁，不允许直接操作内存，去掉了指针操作。

（2）彻底面向对象设计，C# 具有面向对象语言所应有的一切特性：封装、继承和多态。

（3）与 Web 紧密结合，C# 支持绝大多数的 Web 标准，例如 HTML，XML，SOAP 等。

（4）强大的安全性机制，可以消除软件开发中常见的错误（如语法错误），.NET 提供的垃圾回收器能够帮助开发者有效地管理内存资源。

（5）兼容性，因为 C# 遵循 .NET 的公共语言规范（CLS），从而保证能够与其他语言开发的组件兼容。

（6）完善的错误、异常处理机制，C# 提供了完善的错误和异常处理机制，使程序在交付应用时能够更加健壮。

1.3.3　认识 .NET Framework

.NET Framework 又称 .NET 框架，它是微软公司推出的完全面向对象的软件开发与运行平台，它有两个主要组件，分别是公共语言运行时（Common Language Runtime，CLR）和类库，如图 1.11 所示。

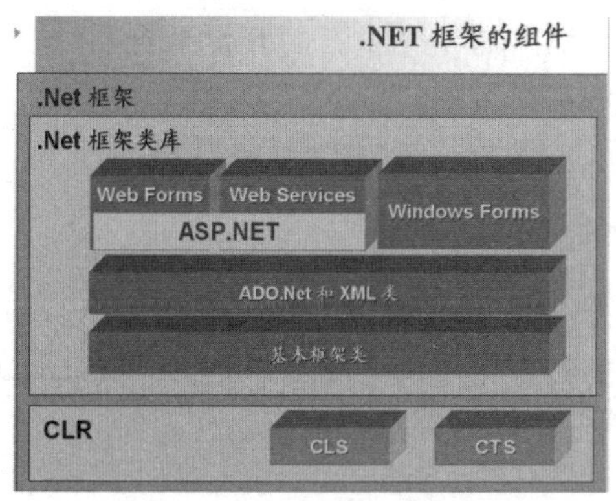

图 1.11　.NET Framework 的组成

下面分别对 .NET Framework 的两个主要组成部分进行介绍。

◆ 公共语言运行时：公共语言运行时（CLR）负责管理和执行由 .NET 编译器编译产生的中间语言代码（.NET 程序执行原理如图 1.12 所示）。在公共语言运行时包含两部分内容，分别为 CLS 和 CTS，其中，CLS 表示公共语言规范，它是许多应用程序所需的一套基本语言功能；而 CTS 表示通用类型系统，它定义了可以在中间语言中使用的预定义数据类型，所有面向 .NET Framework 的语言都可以生成最终基于这些类型的编译代码。

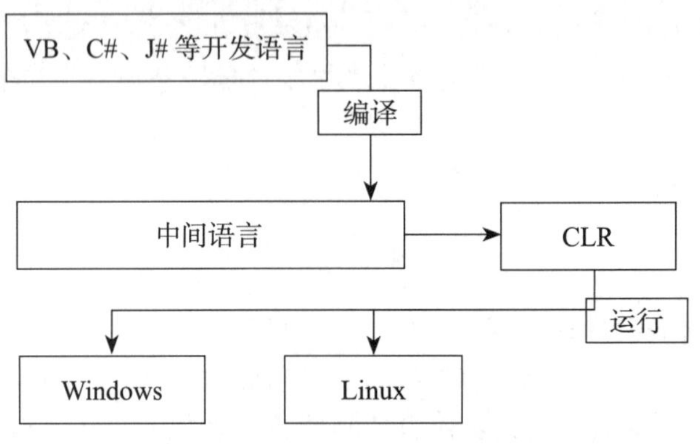

图 1.12　.NET 程序执行原理

中间语言（IL 或 MSIL,Microsoft Intermediate Language）是使用 C# 或者 VB.NET 编写的软件，只有在软件运行时，.NET 编译器才将中间代码编译成计算机可以直接读取的数据。

- 类库：类库里有很多编译好的类，可以拿来直接使用。例如，进行多线程操作时，可以直接使用类库里的 Thread 类；进行文件操作时，可以直接使用类库中的 IO 类等。类库实际上相当于一个仓库，这个仓库里面装满了各种工具，可以供开发人员直接使用。

1.3.4　C# 与 .NET Framework

.NET Framework 是微软公司推出的一个全新的开发平台，而 C# 是专门为与微软公司的 .NET Framework 一起使用而设计的一种编程语言，在 .NET Framework 平台上开发时，可以使用多种开发语言，如 C#，VB.NET，VC++.NET，F# 等，而 C# 只是其中的一种。

运行使用 C# 开发的程序时，必须安装 .NET Framework，.NET Framework 可以随 Visual Studio 2017 开发环境一起安装到计算机上，也可以到 www.microsoft.com/zh-cn/download/details.aspx?id=30653 网站下载单独的安装文件进行安装。

1.3.5　C# 的应用领域

C# 几乎可用于所有领域，如便携式计算机、手机或者网站等，其应用领域主要包括：

- 游戏软件开发
- 桌面应用系统开发

◆ 智能手机程序开发
◆ 多媒体系统开发
◆ 网络系统开发
◆ RIA 应用程序（Silverlight）开发
◆ 操作系统平台开发
◆ Web 应用开发

例如，我们经常使用的免费视频播放软件 PPTV 桌面版、金融巨头中国工商银行官方网站、国内最大的分类信息网 58 同城官方网站、国内旅游巨头携程旅行网官方网站等项目都是使用 C# 编写的，它们的效果分别如图 1.13 ～图 1.16 所示。

图 1.13　PPTV 播放器

图 1.14　中国工商银行官方网站

图 1.15　58 同城官方网站

图 1.16　携程旅行网官方网站

很多的知名公司企业都将 C# 作为其项目开发的主要语言，如中国移动、明日科技、百度、微软、优酷等，如图 1.17 所示。

图 1.17　使用 C# 的知名公司企业

视频讲解

1.4　Visual Studio 2017 的安装与卸载

Visual Studio 2017 是微软为了配合 .NET 战略推出的 IDE 开发环境，同时也是目前开发 C# 程序最新的工具，本节将对 Visual Studio 2017 的安装与卸载进行详细讲解。

1.4.1　安装 Visual Studio 2017 必备条件

安装 Visual Studio 2017 之前，首先要了解安装 Visual Studio 2017 所需的必备条件，检查计算机的软硬件配置是否满足 Visual Studio 2017 开发环境的安装要求，具体要求如表 1.1 所示。

表 1.1　安装 Visual Studio 2017 所需的必备条件

名　　称	说　　明
处理器	2.0GHz 双核处理器，建议使用 2.0GHz 双核处理器
RAM	4G，建议使用 8G 内存
可用硬盘空间	系统盘上最少需要 10G 的可用空间
显示器	1024×768，增强色 16 位
操作系统及所需补丁	Windows 7（SP1），Windows 8，Windows 8.1，Windows Server 2008 R2 SP1（x64），Windows Server 2012（x64），Windows 10

1.4.2　安装 Visual Studio 2017

本节以 Visual Studio 2017 社区版的安装为例讲解具体的安装步骤。

Visual Studio 2017 社区版是完全免费的，其下载地址为：https://www.visualstudio.com/zh-hans/downloads/。

安装 Visual Studio 2017 社区版的步骤如下：

（1）Visual Studio 2017 社区版的安装文件是 exe 可执行文件，其命名格式为“vs_community__编译版本号 .exe”，这里笔者下载的安装文件为 vs_community__1978667224.1494576159.exe，双击该文件开始安装。

安装 Visual Studio 2017 开发环境时，计算机上要求必须安装了 .NET Framework 4.6 框架，如果没有安装，请先到微软官方网站下载并安装。

（2）程序首先跳转到如图 1.18 所示的 Visual Studio 2017 安装程序界面，在该界面中单击“继续”按钮。

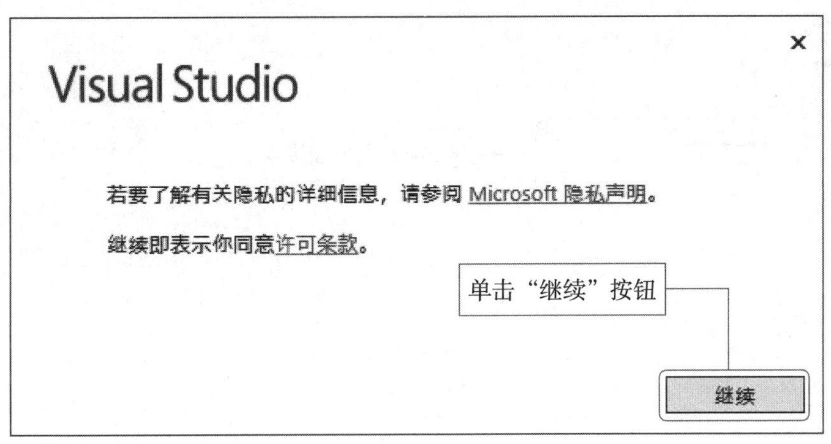

图 1.18　Visual Studio 2017 安装界面（1）

（3）程序加载完成后，自动跳转到安装选择项界面，如图 1.19 所示，该界面主要将“通用 Windows 平台开发”“.NET 桌面开发”和“ASP.NET 和 Web 开发”这 3 个复选框选中，其他的复选框，读者可以根据自己的开发需要确定是否选择安装；选择完要安装的功能后，在下面“位置”处选择要安装的路径，这里建议不要安装在系统盘上，可以选择一个其他磁盘进行安装，例如，这里笔者将其安装到了 D 盘。设置完成后，单击“安装”按钮。

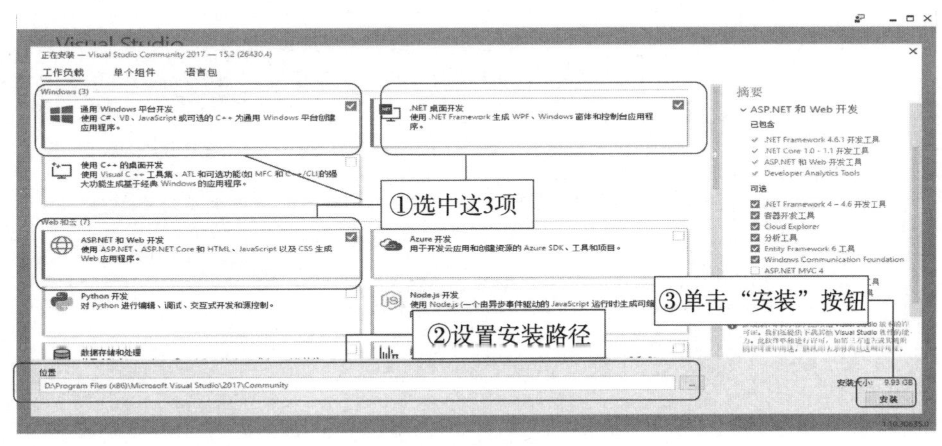

图 1.19　Visual Studio 2017 安装界面（2）

注意

在安装 Visual Studio 2017 开发环境时，计算机一定要确保处于联网状态，否则无法正常安装。

（4）跳转到如图 1.20 所示的安装进度界面，该界面显示当前的安装进度。

图 1.20　Visual Studio 2017 安装界面（3）

（5）安装完毕后，自动进入安装完成页，如图 1.21 所示。该界面中，可以直接单击“启动”按钮，启动新安装的 Visual Studio 2017 开发环境，也可以在系统的开始菜单中，选择“Visual Studio 2017”菜单启动该开发环境。

图 1.21　Visual Studio 2017 安装界面（4）

说明

在安装完成界面可能会出现一个“Android SDK”相关的警告信息，这些警告信息不影响 Visual Studio 2017 开发环境的正常使用，忽略即可。

如果是第一次启动 Visual Studio 2017，会出现如图 1.22 所示的提示框，直接单击“以后再说”

超链接，进入 Visual Studio 2017 开发环境的主界面。Visual Studio 2017 开发环境主界面如图 1.23 所示。

图 1.22　启动 Visual Studio 2017

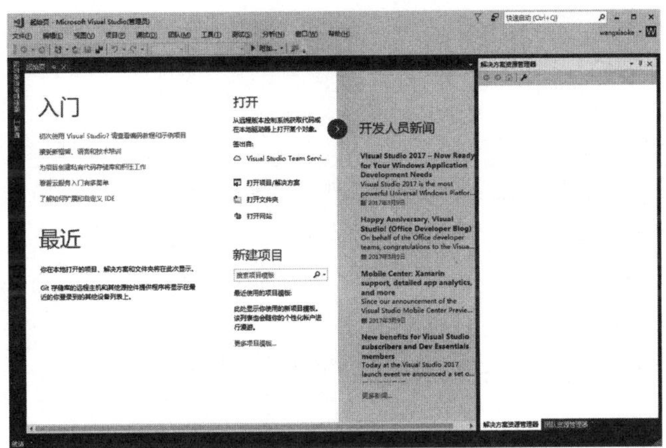

图 1.23　Visual Studio 2017 主界面

1.4.3　卸载 Visual Studio 2017

如果要卸载 Visual Studio 2017 开发环境，可以按以下步骤进行：

（1）在 Windows 7 操作系统中，打开“控制面板”→“程序”→“程序和功能”，在打开的窗口中选中“Microsoft Visual Studio 2017”，如图 1.24 所示。

（2）单击“卸载”按钮，进入 Visual Studio 2017 的卸载页面，如图 1.25 所示，单击“Uninstall”按钮，即可卸载 Visual Studio 2017。

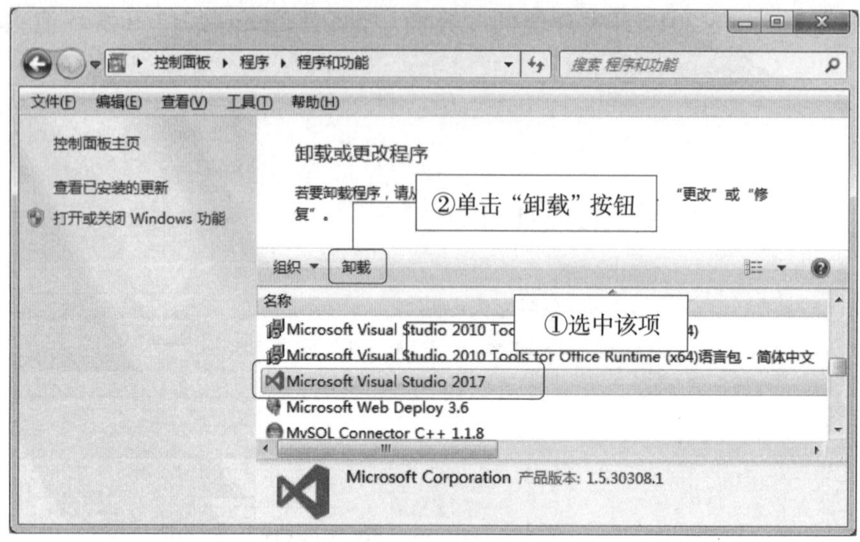

图 1.24　添加或删除程序

图 1.25　Visual Studio 2017 的卸载页面

1.5　熟悉 Visual Studio 2017 开发环境

本节对 Visual Studio 2017 开发环境中的菜单栏、工具栏、解决方案资源管理器、“工具箱”窗口、“属性”窗口和“错误列表”窗口等进行介绍。

1.5.1　创建项目

初期学习 C# 语言和面向对象编程主要在 Windows 控制台应用程序环境下完成，下面将按步骤介

绍控制台应用程序的创建过程。

创建控制台应用程序的步骤如下：

（1）选择“开始”→“所有程序”→ Visual Studio 2017，进入 Visual Studio 2017 开发环境起始页，如图 1.26 所示。

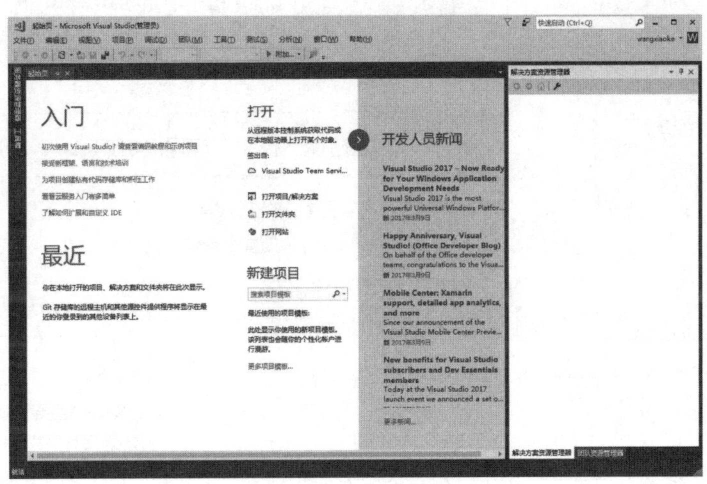

图 1.26　Visual Studio 2017 起始页

（2）启动 Visual Studio 2017 开发环境之后，可以通过两种方法创建项目——一种是在菜单栏中选择“文件”→“新建”→“项目”命令，如图 1.27 所示；另一种是在起始页中选择“新建项目”板块中的相应命令，如图 1.28 所示。

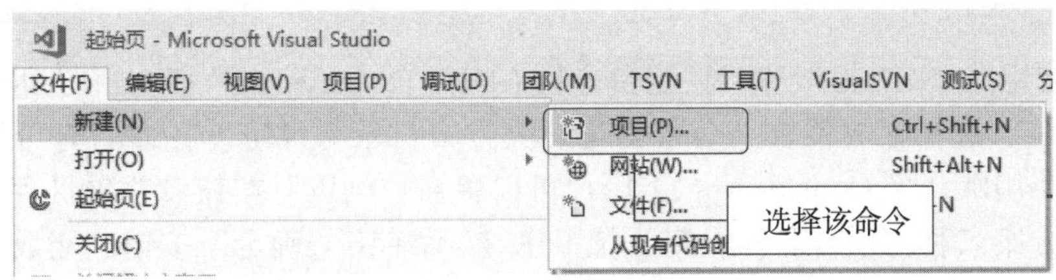

图 1.27　菜单栏中选择“文件”→“新建”→“项目”菜单

图 1.28　选择“新建项目”模块中的相应命令

（3）选择其中一种方法创建项目，弹出如图 1.29 所示的“新建项目”对话框。

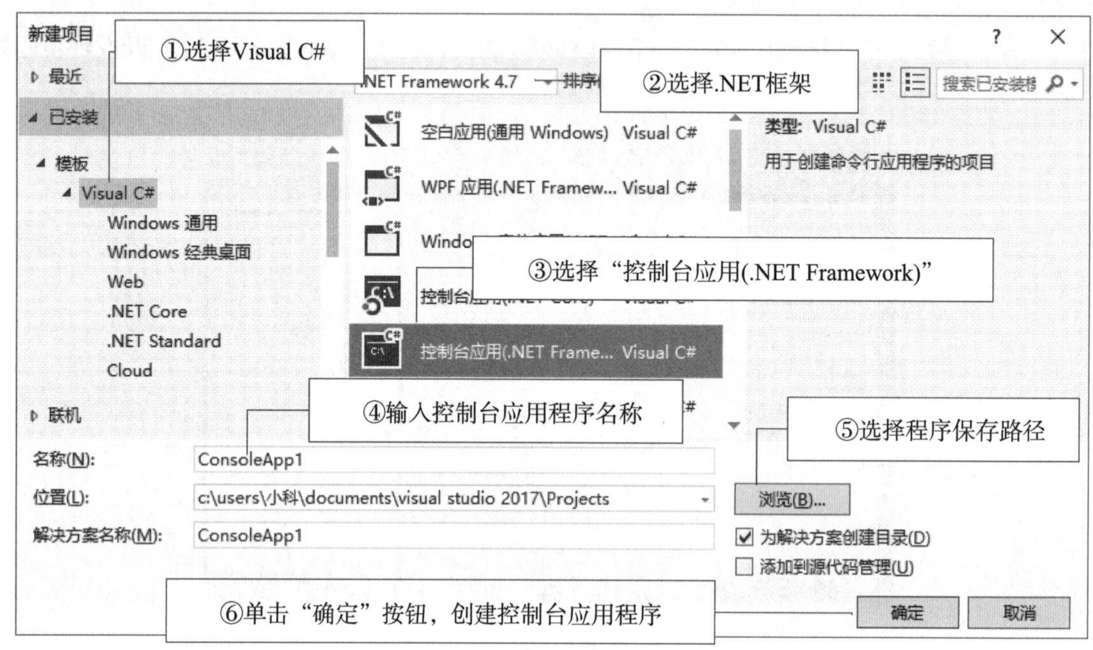

图 1.29 “新建项目”对话框

说明

在图 1.29 中选择“Windows 窗体应用 (.NET Framework)”，即可创建 Windows 的窗体程序。

（4）选择要使用的 .NET 框架和“控制台应用 (.NET Framework)”后，用户可对所要创建的控制台应用进行命名、选择存放位置、是否创建解决方案目录等设定（在命名时可以使用用户自定义的名称，也可使用默认名 ConsoleApp1；用户可以单击“浏览”按钮设置项目存放的位置。需要注意的是，解决方案名称与项目名称一定要统一），然后单击“确定”按钮，完成控制台应用程序的创建。

1.5.2 菜单栏

菜单栏显示了所有可用的 Visual Studio 2017 命令，除了“文件”“编辑”“视图”“窗口”和“帮助”菜单之外，还提供编程专用的功能菜单，如“项目”“生成”“调试”“工具”和“测试”等，如图 1.30 所示。

每个菜单项中都包含若干个菜单命令，分别执行不同的操作，例如，“调试”菜单包括调试程序的各种命令，如“开始调试”“开始执行”和“新建断点”等，如图 1.31 所示。

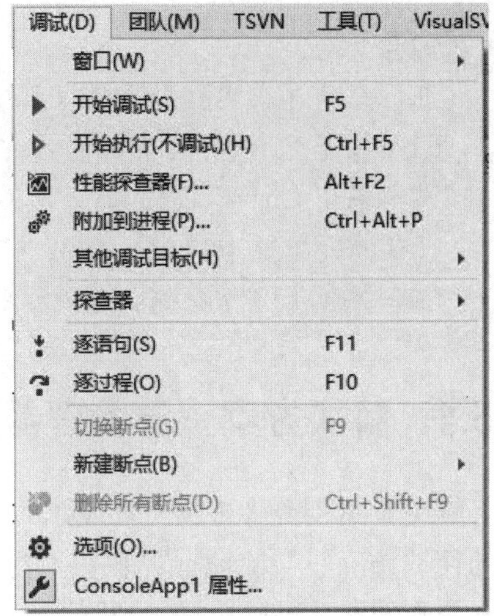

图 1.30　Visual Studio 2017 菜单栏

图 1.31　“调试”菜单

1.5.3　工具栏

为了操作更方便、快捷，菜单项中常用的命令按功能分组分别放入相应的工具栏中。通过工具栏可以快速地访问常用的菜单命令。常用的工具栏有标准工具栏和调试工具栏，下面分别介绍。

（1）标准工具栏包括大多数常用的命令按钮，如新建项目、添加新项、打开文件、保存、全部保存等。标准工具栏如图 1.32 所示。

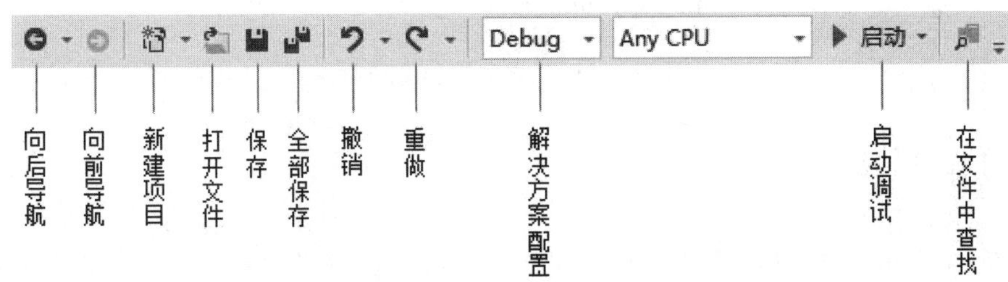

图 1.32　Visual Studio 2017 标准工具栏

（2）调试工具栏包括对应用程序进行调试的快捷按钮，如图 1.33 所示。

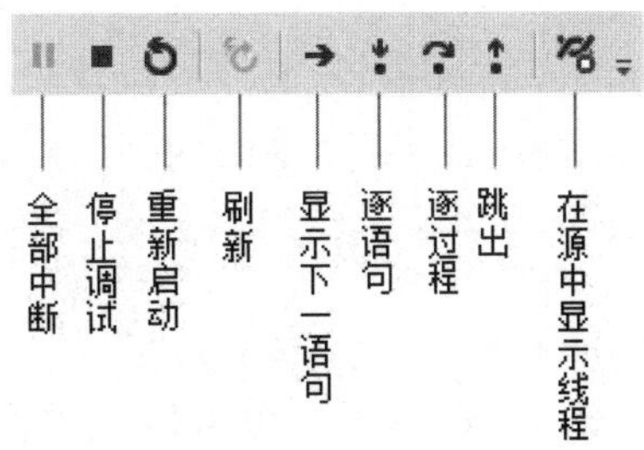

图 1.33　Visual Studio 2017 调试工具栏

说明

在调试程序或运行程序的过程中，通常可用以下 4 种快捷键来操作：

（1）按下 F5 快捷键实现调试运行程序；

（2）按下 Ctrl+F5 快捷键实现不调试运行程序；

（3）按下 F11 快捷键实现逐语句调试程序；

（4）按下 F10 快捷键实现逐过程调试程序。

1.5.4 解决方案资源管理器

解决方案资源管理器（如图 1.34 所示）提供了项目及文件的视图，并且提供对项目和文件相关命令的便捷访问。与此窗口关联的工具栏提供了适用于列表中突出显示项的常用命令。若要访问解决方案资源管理器，可以选择“视图”→“解决方案资源管理器”命令打开。

图 1.34　解决方案资源管理器

1.5.5 “工具箱”窗口

工具箱是 Visual Studio 2017 的重要工具，每一个开发人员都必须对这个工具箱非常熟悉。工具箱提供了进行 C# 程序开发所必需的控件。通过工具箱，开发人员可以方便地进行可视化的窗体设计，简化了程序设计的工作量，提高了工作效率。根据控件功能的不同，将工具箱划分为 10 个栏目，如图 1.35 所示。

说明

“工具箱”窗口在 Windows 窗体应用程序或者 ASP.NET 网站应用程序才会显示，在控制台应用程序中没有“工具箱”窗口，图 1.35 中显示的是 Windows 窗体应用程序中的“工具箱”窗口。

单击某个栏目，显示该栏目下的所有控件，如图 1.36 所示。当需要某个控件时，可以通过双击所需要的控件直接将控件加载到 Windows 窗体中，也可以先单击选择需要的控件，再将其拖动到 Windows 窗体上。

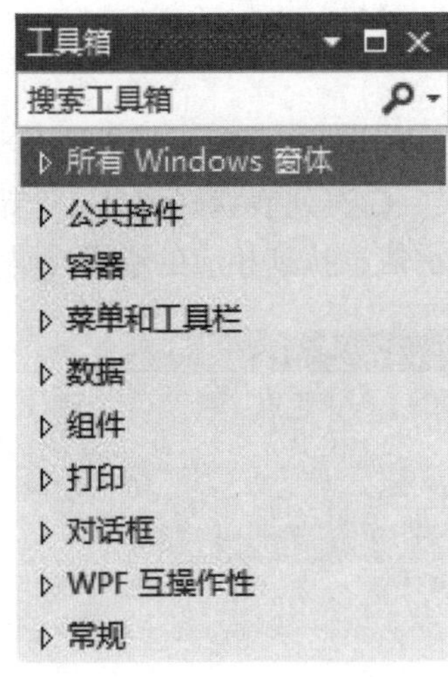

图 1.35　“工具箱”窗口

图 1.36　展开后的“工具箱”窗口

1.5.6 “属性”窗口

“属性”窗口是 Visual Studio 2017 中另一个重要的工具，该窗口为 C# 程序的开发提供了简单的属性修改方式。Windows 窗体中的各个控件属性都可以由“属性”窗口设置完成。“属性”窗口不仅提供了属性的设置及修改功能，还提供了事件的管理功能。“属性”窗口可以管理控件的事件，方便编程时对事件的处理。

另外，“属性”窗口采用了两种方式管理属性和方法，分别为按分类方式和按字母顺序方式。读者可以根据自己的习惯采用不同的方式。该窗口的下方还有简单的帮助，方便开发人员对控件的属性进行操作和修改，“属性”窗口的左侧是属性名称，相对应的右侧是属性值，“属性”窗口如图 1.37 所示。

图 1.37　“属性”窗口

1.5.7 “错误列表”窗口

“错误列表”窗口为代码中的错误提供了即时的提示和可能的解决方法。例如，当某句代码结束时忘记输入分号时，错误列表中会显示如图 1.38 所示的错误。错误列表就好像是一个错误提示器，它可以将程序中的错误代码及时地显示给开发人员，并通过提示信息找到相应的错误代码。

图 1.38 “错误列表”窗口

双击错误列表中的某项，Visual Studio 2017 开发环境会自动定位到发生错误的代码。

1.6 小　　结

本章首先对软件及软件开发的几个基本概念进行了简单介绍，然后对 C# 语言的发展历史、C# 与 .NET Framework 的关系及 C# 的应用领域进行了介绍，最后重点讲解了 Visual Studio 2017 开发环境的安装及使用。学习本章时，应重点掌握 Visual Studio 2017 的安装过程，以及如何使用 Visual Studio 2017。

第 2 章

初识 C# 程序结构

（视频讲解：1 小时 13 分钟）

要学习 C# 编程，必然要熟悉 C# 程序的结构，而为了能够养成一个良好的编码习惯，在学习 C# 之初，熟悉常用的 C# 程序编写规范也是非常重要的。本章将详细介绍如何编写一个 C# 程序，以及 C# 程序的基本结构；另外，还对 C# 程序的常用编写规范进行介绍。

通过学习本章，读者主要掌握以下内容：

- 使用 Visual Studio 2017 开发 C# 程序的流程
- 一个 C# 程序的基本结构
- C# 程序的代码编写规则
- C# 程序的命名规范

2.1 编写第一个 C# 程序

在大多数编程语言中，编写的第一个程序通常都是输出“Hello World”，这里将使用 Visual Studio 2017 和 C# 语言来编写这个程序。首先看一下使用 Visual Studio 2017 开发 C# 程序的基本步骤，如图 2.1 所示。

图 2.1　使用 Visual Studio 2017 开发 C# 程序的基本步骤

通过图 2.1 中的 3 个步骤，开发人员即可很方便地创建并运行一个 C# 程序，例如，使用 Visual Studio 2017 在控制台中创建“Hello World”程序并运行，具体开发步骤如下。

（1）在系统的开始菜单中找到“所有程序”→ Visual Studio 2017，单击打开 Visual Studio 2017 开发环境。

说明

如果是 Windows 10 操作系统，则在开始菜单列表中找到 Visual Studio 2017，单击即可打开 Visual Studio 2017 开发环境。

（2）选择 Visual Studio 2017 工具栏中的“文件”→“新建”→“项目”命令，打开“新建项目”对话框，如图 2.2 所示。

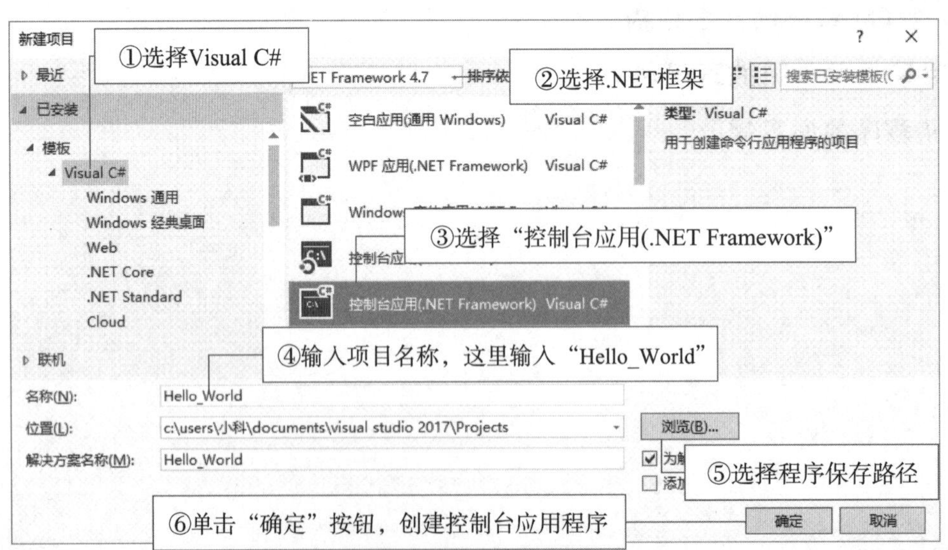

图 2.2　“新建项目”对话框

说明

图 2.2 中的项目保存路径可以设置为计算机上的任意路径。

（3）按照图 2.2 中的步骤创建一个控制台应用程序。

（4）控制台应用程序创建完成后，会自动打开 Program.cs 文件，在该文件的 Main 方法中输入如下代码：

```
static void Main(string [ ] args)                    // Main 方法，程序的主入口方法
{
    Console.WriteLine("Hello World");                // 输出 "Hello World"
    Console.ReadLine();                              // 定位控制台窗体
}
```

单击 Visual Studio 2017 开发环境工具栏中的 ▶启动 图标按钮，运行该程序，效果如图 2.3 所示。

图 2.3　输出“Hello World”

上面的代码中，使用 C# 输出了开发人员进入“编程世界”后遇到的一个最经典语句“Hello World”，下面通过一个符合中国人习惯的实例看一下如何在 C# 中输出中文内容。

【例 2.01】 使用数组保存数据创建一个控制台应用程序，使用 Console.WriteLine 方法输出小米董事长雷军的经典语录“人因梦想而伟大”，完整代码如下：（**实例位置：资源包 \ 源码 \02\2.01**）

```
using System;
using System.Collections.Generic;
using System.Linq;
using System.Text;

namespace Test
{
    class Program
    {
        static void Main(string [ ] args)                       // Main 方法，程序的主入口方法
        {
            Console.WriteLine(" 人因梦想而伟大 ");               // 输出文字
            Console.WriteLine("                ——雷军 ");
            Console.ReadLine();                                 // 固定控制台界面
        }
    }
}
```

程序运行效果如图 2.4 所示。

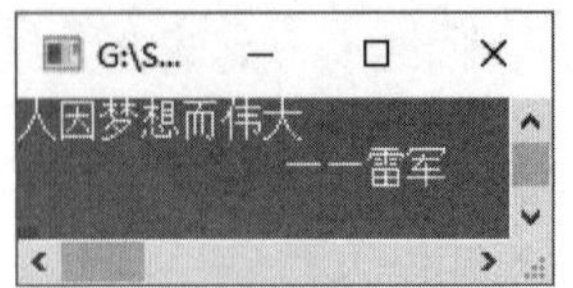

图 2.4　输出中文字符串

2.2　C# 程序结构预览

上面讲解了如何创建第一个 C# 程序，其完整代码效果如图 2.5 所示。

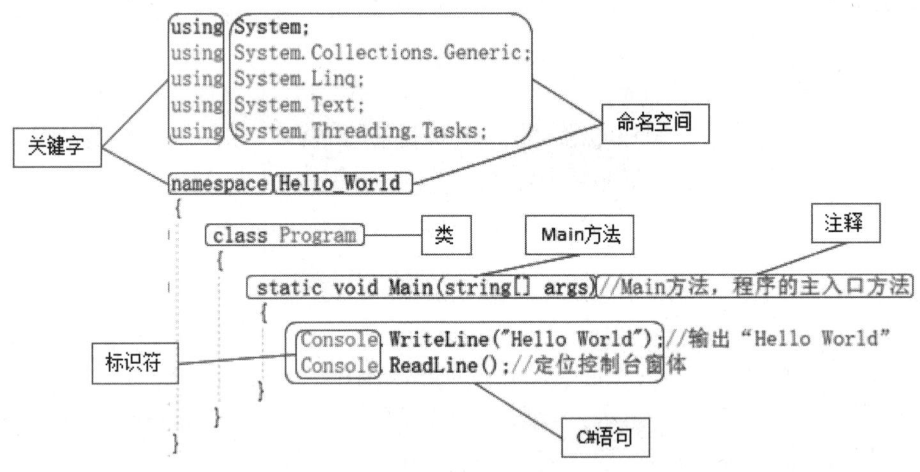

图 2.5　Hello World 程序完整代码效果

从图 2.5 中可以看出，一个 C# 程序总体可以分为命名空间、类、关键字、标识符、Main 方法、语句和注释等。本节将分别对 C# 程序的各个组成部分进行讲解。

2.2.1　命名空间

在 Visual Studio 开发环境中创建项目时，会自动生成一个与项目名称相同的命名空间，例如，2.1 节中创建“Hello_World”项目时，会自动生成一个名称为“Hello_World”的命名空间，如图 2.6 所示。

```
namespace Hello_World
```

图 2.6　自动生成的命名空间

命名空间在 C# 中起到组成程序的作用，在 C# 中定义命名空间时，需要使用 namespace 关键字，其语法如下：

```
namespace 命名空间名
```

说明

开发人员一般不用自定义命名空间，因为在创建项目或者创建类文件时，Visual Studio 开发环境会自动生成一个命名空间。

命名空间既用作程序的“内部”组织系统，也用作向“外部”公开的组织系统（即一种向其他程序公开自己拥有的程序元素的方法）。如果要调用某个命名空间中的类或者方法，首先需要使用 using 指令引入命名空间，这样，就可以直接使用该命名空间中所包含的成员（包括类及类中的属性、方法等）。

using 指令的基本形式为：

```
using 命名空间名 ;
```

例如，下面代码定义了一个 Demo 命名空间：

```
namespace Demo                    // 自定义一个名称为 Demo 的命名空间
```

定义完命名空间后，如果要使用命名空间中所包含的类，需要使用 using 引用命名空间，例如，下面代码使用 using 引用 Demo 命名空间：

```
using Demo;                       // 引用自定义的 Demo 命名空间
```

常见错误

如果在使用指定命名空间中的类时，没有使用 using 引用命名空间，如下面的代码：

```
namespace Test
{
    class Program
    {
        static void Main(string [ ] args)
        {
            Operation oper = new Operation();        // 创建 Demo 命名空间中 Operation 类的对象
        }
    }
}
namespace Demo                                       // 自定义一个名称为 Demo 的命名空间
{
    class Operation                                  // 自定义一个名称为 Operation 的类
    {
    }
}
```

则会出现如图 2.7 所示的错误提示信息。

要改正以上代码，可以直接在命名空间区域使用 using 引用 Demo 命名空间，代码如下：

```
using Demo;                                          // 引用自定义的 Demo 命名空间
```

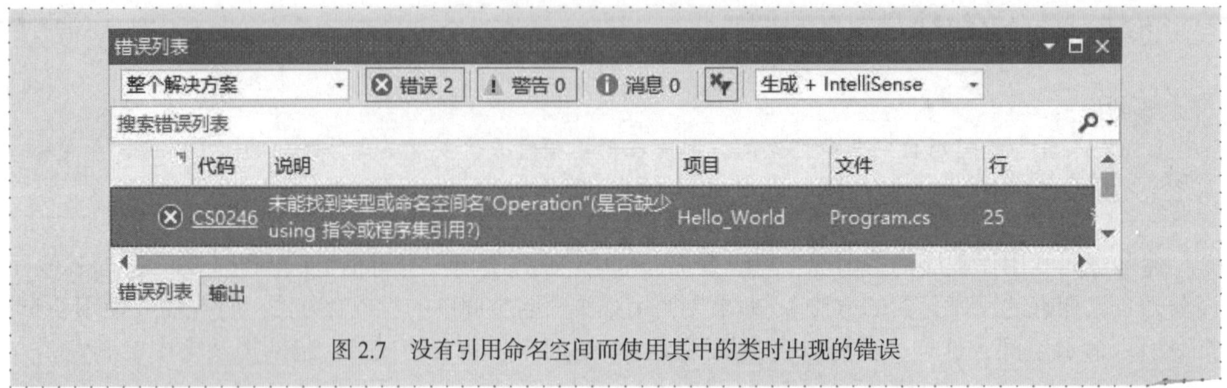

图 2.7　没有引用命名空间而使用其中的类时出现的错误

多学两招

在使用命名空间中的类时，如果不想用 using 指令引用命名空间，可以在代码中使用命名空间调用其中的类，例如，下面代码直接使用 Demo 命名空间调用其中的 Operation 类：

```
Demo.Operation oper = new Demo.Operation();        // 创建 Demo 命名空间中 Operation 类的对象
```

2.2.2　类

C# 程序的主要功能代码都是在类中实现的，类是一种数据结构，它可以封装数据成员、方法成员和其他的类。因此，类是 C# 语言的核心和基本构成模块。C# 支持自定义类，使用 C# 编程就是编写自己的类来描述实际需要解决的问题。

说明

如果把命名空间比作一个医院，类就相当于该医院的各个科室，如内科、骨科、泌尿科、眼科等，在各科室中都有自己的工作方法，相当于在类中定义的变量、方法等。

使用类之前都必须首先进行声明，一个类一旦被声明，就可以当作一种新的类型来使用，在 C# 中通过使用 class 关键字来声明类，声明语法如下：

```
class [类名]
{
        [类中的代码]
}
```

说明

声明类时，还可以指定类的修饰符和其要继承的基类或者接口等信息，这里只要知道如何声明一个最基本的类即可，关于类的详细内容，会在第 7 章中进行专题讲解。

在上面的语法中，在命名类的名称时，最好能够体现类的含义或者用途，而且类名一般采用第一个字母大写的名词，也可以采用多个词构成的组合词。

例如，声明一个汽车类，命名为 Car，该类没有任何意义，只演示如何声明一个类，代码如下：

```
class Car
{
}
```

2.2.3　关键字与标识符

1. 关键字

关键字是 C# 语言中已经被赋予特定意义的一些单词，开发程序时，不可以把这些关键字作为命名空间、类、方法或者属性等来使用。大家在 Hello World 程序中看到的 using，namespace，class，static 和 void 等都是关键字，C# 语言中的常用关键字如表 2.1 所示。

表 2.1　C# 常用关键字

int	public	this	finally	boolean	abstract
continue	float	long	short	throw	return
break	for	foreach	static	new	interface
if	goto	default	byte	do	case
void	try	switch	else	catch	private
double	protected	while	char	class	using

常见错误

如果在开发程序时，使用 C# 中的关键字作为命名空间、类、方法或者属性等的名称，如下面代码使用 C# 关键字 void 作为类的名称：

```
class void
{
}
```

则会出现如图 2.8 所示的错误提示信息。

图 2.8　使用 C# 关键字作为类名时的错误信息

2. 标识符

标识符可以简单地理解为一个名字，比如每个人都有自己的名字，它主要用来标识类名、变量名、方法名、属性名、数组名等各种成员。

C# 语言标识符命名规则如下：

（1）由任意顺序的字母、下画线（_）和数字组成。

（2）第一个字符不能是数字。

（3）不能是 C# 中的保留关键字。

下面是合法的标识符：

```
_ID
name
user_age
```

下面是非法标识符：

```
4word                  // 以数字开头
string                 //C# 中的关键字
```

注意

C# 中标识符中不能包含 #、% 或者 $ 等特殊字符。

在 C# 语言中，标识符中的字母是严格区分大小写的，两个同样的单词，如果大小写格式不一样，所代表的意义是完全不同的。例如，下面 3 个变量是完全独立、毫无关系的，就像 3 个长得比较像的人，彼此之间都是独立的个体。

```
int number=0;          // 全部小写
int Number=1;          // 部分大写
int NUMBER=2;          // 全部大写
```

说明

在 C# 语言中允许使用汉字作为标识符，如“class 运算类”，在程序运行时并不会出现错误，但建议读者尽量不要使用汉字作为标识符。

2.2.4 Main 方法

在 Visual Studio 开发环境中创建控制台应用程序后，会自动生成一个 Program.cs 文件，该文件有一个默认的 Main 方法，代码如下：

```
class Program
{
    static void Main(string [ ] args)
    {
    }
}
```

每一个 C# 程序中都必须包含一个 Main 方法，它是类体中的主方法，也叫入口方法，可以说是激活整个程序的开关。Main 方法从“{”开始，至“}”结束。static 和 void 分别是 Main 方法的静态修饰符和返回值修饰符，C# 程序中的 Main 方法必须声明为 static，并且区分大小写。

常见错误

如果将 Main 方法前面的 static 关键字删除，则程序会在运行时出现如图 2.9 所示的错误提示信息。

图 2.9　删除 static 关键字时 Main 方法出现的错误

Main 方法一般都是创建项目时自动生成的，不用开发人员手动编写或者修改，如果需要修改，则需要注意以下 3 个方面：

- Main 方法在类或结构内声明，它必须是静态（static）的，而且不应该是公用（public）的。
- Main 的返回类型有两种：void 或 int。
- Main 方法可以包含命令行参数 string [ ] args，也可以不包括。

根据以上 3 个注意事项，可以总结出，Main 方法可以有以下 4 种声明方式：

```
static void Main ( string [ ] args ) { }
static void Main ( ) { }
static int Main ( string [ ] args ) { }
static int Main ( ) { }
```

技巧

通常 Main 方法中不写具体逻辑代码，只做类实例化和方法调用。好比手机来电话了，只需要按“接通”键就可以通话，而不需要考虑手机通过怎样的信号转换将电磁信号转化成声音。这样的代码简洁明了，容易维护。养成良好的编码习惯，可以让程序员的工作事半功倍。

2.2.5　C# 语句

语句是构造所有 C# 程序的基本单位，使用 C# 语句可以声明变量、常量、调用方法、创建对象或执行任何逻辑操作，C# 语句以分号终止。

例如，在 Hello World 程序中输出“Hello World”字符串和定位控制台的代码就是 C# 语句：

```
Console.WriteLine("Hello World");        // 输出 "Hello World"
Console.ReadLine();                      // 定位控制台窗体
```

上面的代码是两条最基本的 C# 语句，用来在控制台窗口中输出和读取内容，它们都用到了 Console 类。Console 类表示控制台应用程序的标准输入流、输出流和错误流，该类中包含很多方法，但与输入输出相关的主要有 4 个方法，如表 2.2 所示。

表 2.2　Console 类中与输入输出相关的方法

方　法	说　明
Read	从标准输入流读取下一个字符
ReadLine	从标准输入流读取下一行字符
Write	将指定的值写入标准输出流
WriteLine	将当前行终止符写入标准输出流

其中，Console.Read 方法和 Console.ReadLine 方法用来从控制台读入，它们的使用区别如下：

- Console.Read 方法：返回值为 int 类型，只能记录 int 类型的数据。
- Console.ReadLine 方法：返回值为 string 类型，可以将控制台中输入的任何类型数据存储为字符串类型数据。

技巧

在开发控制台应用程序时，经常使用 Console.Read 方法或者 Console.ReadLine 方法定位控制台窗体。

Console.Write 方法和 Console.WriteLine 方法用来向控制台输出，它们的使用区别如下：

- Console.Write 方法——输出后不换行

例如，使用 Console.Write 方法输出"Hello World"字符串，代码如下，效果如图 2.10 所示。

```
Console.Write("Hello World");
```

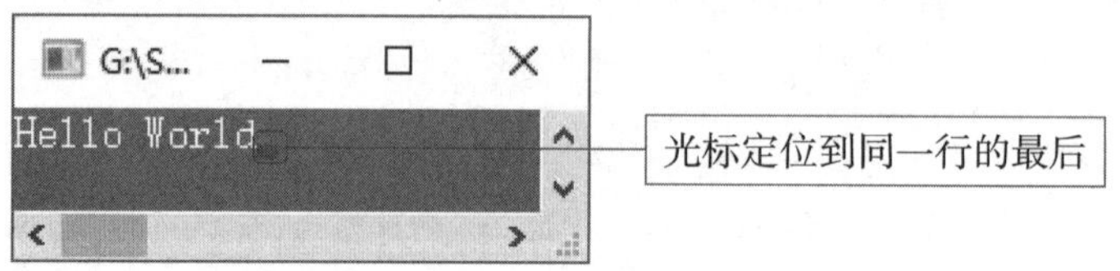

图 2.10　使用 Console.Write 方法输出"Hello World"字符串

- Console.WriteLine 方法——输出后换行

例如，使用 Console.WriteLine 方法输出"Hello World"字符串，代码如下，效果如图 2.11 所示。

```
Console.WriteLine("Hello World");
```

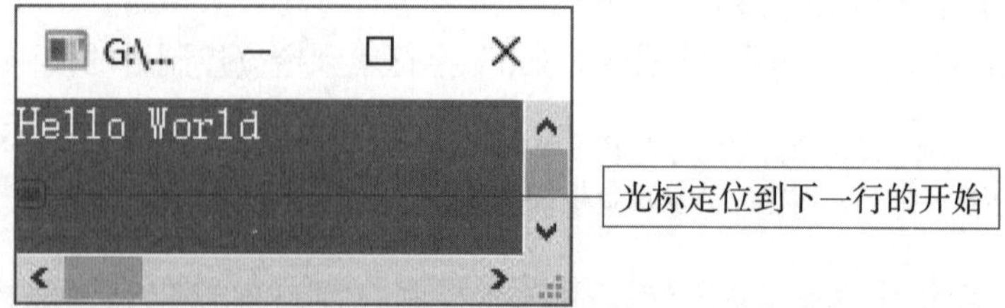

图 2.11　使用 Console.WriteLine 方法输出"Hello World"字符串

注意

C# 代码中所有的字母、数字、括号，以及标点符号均为英文输入法状态下的半角符号，而不能是中文输入法或者英文输入法状态下的全角符号。例如，图 2.12 为中文输入法的分号引起的错误提示。

图 2.12　中文输入法的分号引起的错误提示

2.2.6　注释

注释是在编译程序时不执行的代码或文字，其主要功能是对某行或某段代码进行说明，方便代码的理解与维护，或者在调试程序时，将某行或某段代码设置为无效代码。常用的注释主要有行注释和块注释两种，下面分别进行简单介绍。

说明

注释就像是超市中各商品下面的价格标签，对商品的名称、价格、产地等信息进行说明；而程序中，注释的最基本作用就是描述代码的作用，告诉别人你的代码要实现什么功能。

1. 行注释

行注释都以"//"开头，后面跟注释的内容。例如，在 Hello World 程序中使用行注释，解释每一行代码的作用，代码如下：

```
static void Main(string [ ] args)              //Main 方法，程序的主入口方法
{
    Console.WriteLine("Hello World");          // 输出 "Hello World"
    Console.ReadLine();                        // 定位控制台窗体
}
```

注意

注释可以出现在代码的任意位置，但是不能分隔关键字和标识符。例如，下面的代码注释是错误的。

```
static void      // 错误的注释 Main(string [ ] args)
```

2. 块注释

如果注释的行数较少，一般使用行注释。对于连续多行的大段注释，则使用块注释，块注释通常以“/*”开始，以“*/”结束，注释的内容放在它们之间。

例如，在 Hello World 程序中使用块注释将输出 Hello World 字符串和定位控制台窗体的 C# 语句注释为无效代码，代码如下：

```
static void Main(string [] args)                    // Main 方法，程序的主入口方法
{
    /*  块注释开始
        Console.WriteLine("Hello World");           // 输出 "Hello World" 字符串
        Console.ReadLine();
    */
}
```

技巧

块注释通常用来为类文件、类或者方法等添加版权、功能等信息，例如，下面代码使用块注释为 Program.cs 类添加版权、功能及修改日志等信息。

```
/*
 * 版权所有：吉林省明日科技有限公司 © 版权所有
 *
 * 文件名：Program.cs
 * 文件功能描述：类的主程序文件，主要作为入口
 *
 * 创建日期：2017 年 6 月 1 日
 * 创建人：王小科
 *
 * 修改标识：2017 年 6 月 5 日
 * 修改描述：增加 Add 方法，用来计算不同类型数据的和
 * 修改日期：2017 年 6 月 5 日
 *
 */

using System;
using System.Collections.Generic;
using System.Linq;
using System.Text;

namespace Test1
{
    class Program
    {
    }
}
```

2.2.7 一个完整的 C# 程序

通过以上内容的讲解，我们熟悉了 C# 程序的基本组成，下面通过一个实例讲解如何编写一个完

整的 C# 程序。

【例 2.02】 使用 Visual Studio 2017 开发环境创建一个控制台应用程序，然后使用 Console.WriteLine 方法在控制台中模拟输出“编程词典（珍藏版）”软件的启动页。代码如下：（**实例位置：资源包 \ 源码 \02\2.02**）

```
static void Main(string [ ] args)
{
    Console.WriteLine(" -----------------------------------------------------------");
    Console.WriteLine("|                                                            |");
    Console.WriteLine("|                                                            |");
    Console.WriteLine("|                                                            |");
    Console.WriteLine("|                                                            |");
    Console.WriteLine("|                                                            |");
    Console.WriteLine("|              编程词典（珍藏版）                            |");
    Console.WriteLine("|                                                            |");
    Console.WriteLine("|                                                            |");
    Console.WriteLine("|                                                            |");
    Console.WriteLine("|                          开发团队：明日科技                |");
    Console.WriteLine("|                                                            |");
    Console.WriteLine("|                                                            |");
    Console.WriteLine("|                                                            |");
    Console.WriteLine("|                                                            |");
    Console.WriteLine("|                  copyright   2000——2017      明日科技      |");
    Console.WriteLine("|                                                            |");
    Console.WriteLine("|                                                            |");
    Console.WriteLine("|                                                            |");
    Console.WriteLine(" -----------------------------------------------------------");
    Console.ReadLine();
}
```

完成以上操作后，单击 Visual Studio 2017 开发环境工具栏中的 ▶ 启动 图标按钮，即可运行该程序，程序运行结果如图 2.13 所示。

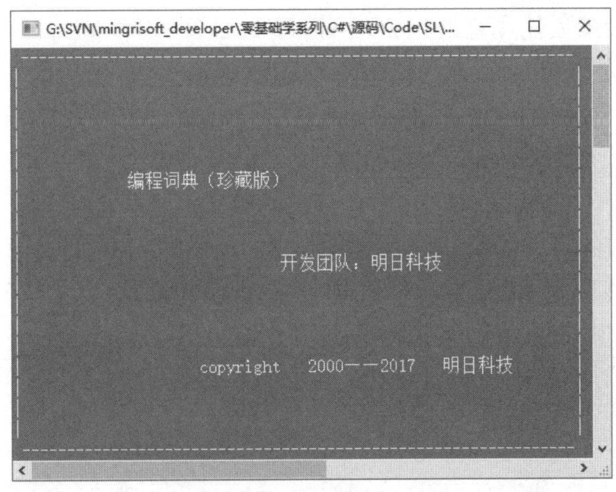

图 2.13　输出软件启动页

2.3 程序编写规范

下面给出两段实现同样功能的代码，如图 2.14 所示。

```
class Program
{
static void Main(string[] args)//Main方法，程序的主入口方法
{
Console.WriteLine("Hello World");//输出“Hello World”
Console.ReadLine();//定位控制台窗体
}
}
```

代码段1

```
class Program
{
    static void Main(string[] args)//Main方法，程序的主入口方法
    {
        Console.WriteLine("Hello World");//输出“Hello World”
        Console.ReadLine();//定位控制台窗体
    }
}
```

代码段2

图 2.14　两段相同的 C# 代码

大家在学习时，愿意看图 2.14 中的左侧代码还是右侧代码？答案应该是肯定的，大家肯定都喜欢阅读图 2.14 中的右侧代码，因为它看上去更加规整，这是一种最基本的代码编写规范。本节将对 C# 代码的编写规则以及命名规范进行介绍。遵循一定的代码编写规则和命名规范可以使代码更加规范化，对代码的理解与维护起到至关重要的作用。

2.3.1 代码编写规则

代码编写规则通常对应用程序的功能没有影响，但它们对于改善对源代码的理解是有帮助的。养成良好的习惯对于软件的开发和维护都是很有益的，下面列举一些常用的代码编写规则。

- 编写 C# 程序时，统一代码缩进的样式，例如统一缩进两个字符或者 4 个字符位置。
- 每编写一行 C# 代码，都应该换行编写下一行代码。
- 在编写 C# 代码时，应该合理使用空格，以便使代码结构更加清晰。
- 尽量使用接口，然后使用类实现接口，以提高程序的灵活性。
- 关键的语句（包括声明关键的变量）必须要写注释。
- 建议局部变量在最接近使用它的地方声明。
- 不要使用 goto 系列语句，除非是用在跳出深层循环时。
- 避免编写超过 5 个参数的方法，如果要传递多个参数，则使用结构。
- 避免书写代码量过大的 try-catch 语句块。
- 避免在同一个文件中编写多个类。
- 生成和构建一个长的字符串时，一定要使用 StringBuilder 类型，而不用 string 类型。
- 对于 if 语句，应该使用一对“{ }”把语句块包含起来。
- switch 语句一定要由 default 语句来处理意外情况。

2.3.2 命名规范

命名规范在编写代码中起到很重要的作用，虽然不遵循命名规范，程序也可以运行，但是使用命

名规范可以更加直观地了解代码所代表的含义。本节将介绍 C# 中常用的一些命名规范。

1. 两种命名方法

在 C# 中，最常用的有两种命名方法，分别是 Pascal 命名法和 Camel 命名法，下面分别介绍。

- 用 Pascal 命名法来命名方法和类型。Pascal 命名法规定第一个字母必须大写，并且后面连接词的第一个字母均为大写。

Pascal 是以纪念法国数学家 Blaise Pascal 而命名的一种编程语言，C# 中的 Pascal 命名法就是根据该语言的特点总结出来的一种命名方法。

例如，定义一个公共类，并在此类中创建一个公共方法，代码如下：

```
public class User                    // 创建一个公共类
{
    public void GetInfo()            // 在公共类中创建一个公共方法
    {
    }
}
```

- 用 Camel 命名法来命名局部变量和方法的参数。Camel 命名法规定指名称中第一个单词的第一个字母小写。

Camel 命名法又称驼峰式命名法，它是由骆驼的体型特征推理出来的一种命名方法。

例如，声明一个字符串变量和创建一个公共方法，代码如下：

```
string strUserName;                          // 声明一个字符串变量 strUserName
// 创建一个具有两个参数的公共方法
public void addUser(string strUserId, byte [ ] byPassword);
```

2. 程序中的命名规范

开发项目时，不可避免地会遇到各个程序元素的命名问题，例如项目的命名、类的命名、方法的命名等，如图 2.15 中声明了一个 User 类，图 2.16 中声明了一个 aaa 类。

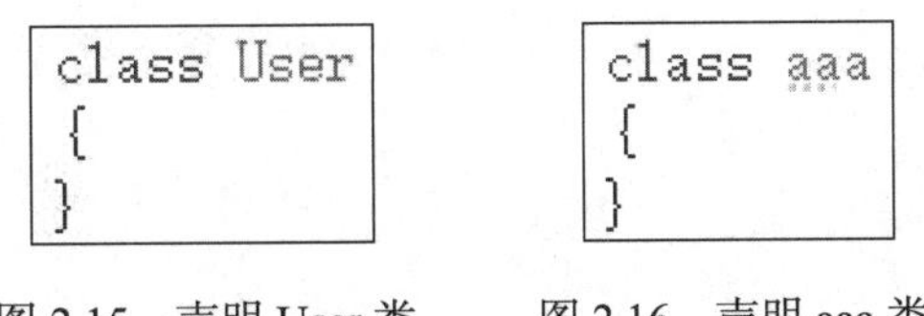

图 2.15　声明 User 类　　　图 2.16　声明 aaa 类

查看图 2.15 和图 2.16，从类的命名上，可以很容易看出，图 2.15 中的 User 类应该是与用户相关的一个类，但是图 2.16 中声明的 aaa 类，即使再有想象力的人，恐怕也想象不出这个类到底是做什么用的吧？从这两个例子可以看出，在对程序元素命名时，如果遵循一定的规范，将使代码更加具有可读性，下面介绍一下常用程序元素的基本命名规范。

◆ 命名项目名称时，可以使用公司域名 + 产品名称，或者直接使用产品名称。

例如，利用公司名和产品名定义命名空间，在命名项目时，可以将项目命名为“mingrisoft.ERP”或者“ERP”，其中，mingrisoft 是公司的域名，ERP 是产品名称。

◆ 用有意义的名字定义命名空间，如公司名、产品名。

例如，利用公司名和产品名定义命名空间，代码如下：

```
namespace Mrsoft                                    // 公司命名
{
}
namespace ERP                                       // 产品命名
{
}
```

☑ 接口的名称加前缀“I”。

例如，创建一个公共接口 Iconvertible，代码如下：

```
public  interface  Iconvertible                     // 创建一个公共接口 Iconvertible
{
     byte ToByte();                                 // 声明一个 byte 类型的方法
}
```

☑ 类的命名最好能够体现出类的功能或操作。

例如，创建一个名称为 Operation 的类，用来作为运算类，代码如下：

```
public  class  Operation                            // 表示一个运算类
{
}
```

☑ 方法的命名：一般将其命名为动宾短语，表明该方法的主要作用。

例如，在公共类 File 中创建 CreateFile 方法和 GetPath 方法，代码如下：

```
public  class  File                                 // 创建一个公共类
{
   public  void  CreateFile(string  filePath)       // 创建一个 CreateFile 方法
   {
   }
   public  void  GetPath(string  path)              // 创建一个 GetPath 方法
   {
   }
}
```

☑ 定义成员变量时，最好加前缀“_”。

例如，在公共类 DataBase 中声明一个私有成员变量 _connectionString，代码如下：

```
public class DataBase                              // 创建一个公共类
{
    private string _connectionString;              // 声明一个私有成员变量
}
```

2.4 小　　结

本章主要介绍了 C# 程序的结构、代码编写规范和命名规范。在 C# 程序的结构中，读者需要重点掌握命名空间、类，以及 C# 语句，其中，命名空间在 C# 程序中占有重要的地位，通过引入命名空间，可以将命名空间下的类引入当前项目中；类是 C# 语言的核心和基本构成模块，开发人员可以通过编写各种类来描述实际开发需要解决的问题；语句是构造所有 C# 程序的基本单位，程序中的任何逻辑操作都需要通过 C# 语句实现。另外，在编写程序代码时，读者要养成一种良好的编写习惯，本章列出一些常用的代码编写规则和命名规范，希望能对读者有所帮助。

2.5 实　　战

2.5.1　实战一：模拟手机充值业务

在控制台应用程序中模拟以下场景。

计算机输出：欢迎使用 XXX 充值业务，请输入充值金额：

用户输入：100

计算机输出：充值成功，您本次充值 100 元。**（实例位置：资源包 \ 源码 \02\ 实战 \01）**

2.5.2　实战二：绘制情人节快乐图案

使用 C# 在控制台中输出一个情人节快乐图案，程序运行结果如图 2.17 所示。

（实例位置：资源包 \ 源码 \02\ 实战 \02）

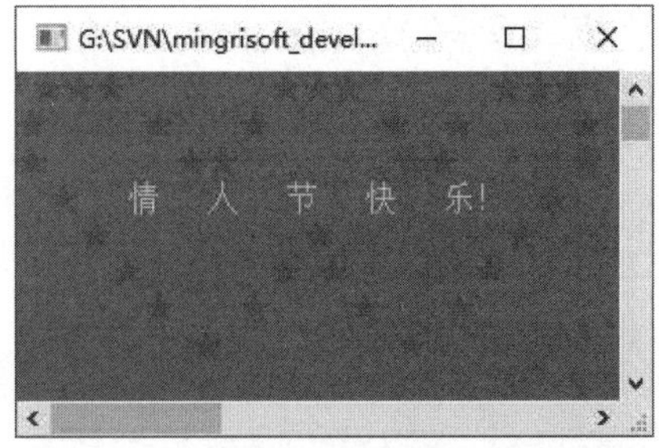

图 2.17　在控制台中输出情人节快乐图案

第 3 章

C# 语言基础

（视频讲解：1 小时 43 分钟）

很多人认为学习 C# 之前必须要学习 C++，其实并非如此，产生这种错误的认识是因为很多人在学习 C# 之前都学过 C++。事实上，C# 比 C++ 更容易掌握。要掌握并熟练应用 C#，就需要对 C# 语言基础进行充分的了解。本章将对 C# 语言的基础语法进行详细的讲解，对于初学者来说，应该对本章的各个小节进行仔细地阅读和深入的思考，这样才能达到事半功倍的效果。

通过学习本章，读者主要掌握以下内容：

- **变量的定义及使用**
- **熟练掌握基本的数据类型**
- **熟悉变量的作用域**
- **常量的概念及分类**
- **熟练掌握两种不同的数据类型转换**

3.1　为什么要使用变量

变量关系到数据的存储，计算机是使用内存来存储计算时所使用的数据，那么内存是如何来存储数据的呢？通过生活常识，我们知道数据是各式各样的，比如整数、小数、字符串等，那么，在内存中存储这些数据时，就首先需要根据数据的需求（即类型）为它申请一块合适的空间，然后再在这个空间中存储相应的值。实际上，内存就像一个宾馆，客人如果到一个宾馆住宿，首先需要开房间，然后再入住，而在开房间时，客人需要选择是开单人间、双人间还是总统套房等，这其实就对应一个变量的数据类型选择问题。

在内存中为数据分配一定的空间之后，如果要使用定义的这个数据，由于内存中的数据是以二进制格式进行存储的，而这些二进制数据都对应相应的内存地址，因此，必须要通过一种技术使用户能够很方便地访问到二进制数据的内存地址，这种技术就是变量！

3.2　变量是什么

变量主要用来存储特定类型的数据，用户可以根据需要随时改变变量中所存储的数据值。变量具有名称、类型和值，其中，变量名是变量在程序源代码中的标识，类型用来确定变量所代表的内存的大小和类型，变量值是指它所代表的内存块中的数据。在程序执行过程中，变量的值可以发生变化。使用变量之前必须先声明变量，即指定变量的类型和名称。

这里以上面的客人入住宾馆为例，说明一个变量所需要的基本要素。首先，客人需要选择房间类型，也就是确定变量类型的过程；选择房间类型后，需要选择房间号，这是确定变量的名称；完成以上操作后，这个客人就可以顺利入住，这样，这个客人就相当于这个房间中存储的数据，示意图如图 3.1 所示。

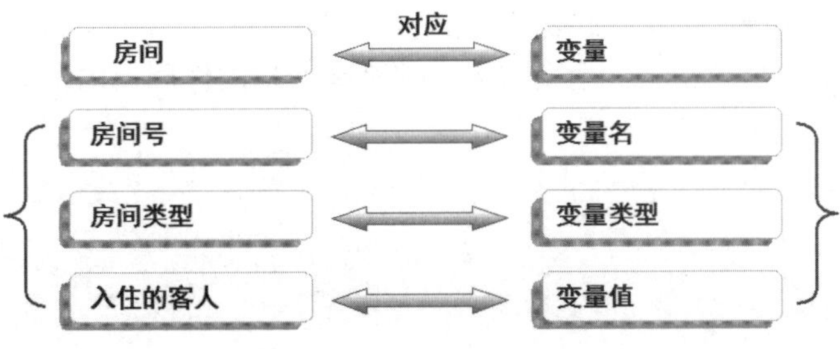

图 3.1　变量的基本要素

视频讲解

3.3 变量的声明及初始化

好比一个新生儿必须有一个名字一样，使用变量时，也需要首先对变量进行命名，对变量命名的过程，其实就是声明一个变量。变量在使用之前，必须进行声明并初始化，本节将对变量的声明、简单数据类型、变量初始化，以及变量的作用域进行详细讲解。

3.3.1 声明变量

1. 声明变量

声明变量就是指定变量的名称和类型，变量的声明非常重要，未经声明的变量本身并不合法，也无法在程序中使用。在 C# 中，声明一个变量是由一个类型和跟在后面的一个或多个变量名组成，多个变量之间用逗号分开，声明变量以分号结束，语法如下：

```
变量类型 变量名;                              //声明一个变量
变量类型 变量名 1, 变量名 2, …变量名 n;         //同时声明多个变量
```

例如，声明一个整型变量 mr，然后再同时声明 3 个字符串变量 mr_1、mr_2 和 mr_3，代码如下：

```
int mr;                                      //声明一个整型变量
string mr_1, mr_2, mr_3;                     //同时声明 3 个字符型变量
```

2. 变量的命名规则

在声明变量时，要注意变量的命名规则。C# 的变量名是一种标识符，应该符合标识符的命名规则。另外，需要注意的一点是：C# 中的变量名是区分大小写的，比如 num 和 Num 是两个不同的变量，在程序中使用时是有区别的。以下为变量的命名规则：

- ◆ 变量名只能由数字、字母和下画线组成。
- ◆ 变量名的第一个符号只能是字母和下画线，不能是数字。
- ◆ 不能使用 C# 中的关键字作为变量名。
- ◆ 一旦在一个语句块中定义了一个变量名，那么在变量的作用域内都不能再定义同名的变量。

例如，下面的变量名是正确的：

```
city
_money
money_1
```

下面的变量名是不正确的：

```
123
```

```
2word
int
```

说明

在 C# 语言中允许使用汉字或其他语言文字作为变量名，如“int 年龄 = 21”，在程序运行时并不出现什么错误，但建议读者尽量不要使用这些语言文字作为变量名。

3.3.2　简单数据类型

前面提到，声明变量时，首先需要确定变量的类型，那么，开发人员可以使用哪些类型呢？实际上，可以使用的变量类型是无限多的，因为开发人员可以通过自定义类型存储各种数据，但这里要讲解的简单数据类型是 C# 中预定义的一些类型。

C# 中的数据类型根据其定义可以分为两种，一种是值类型，另一种是引用类型。从概念上看，值类型是直接存储值，而引用类型存储的是对值的引用。C# 中的数据类型结构如图 3.2 所示。

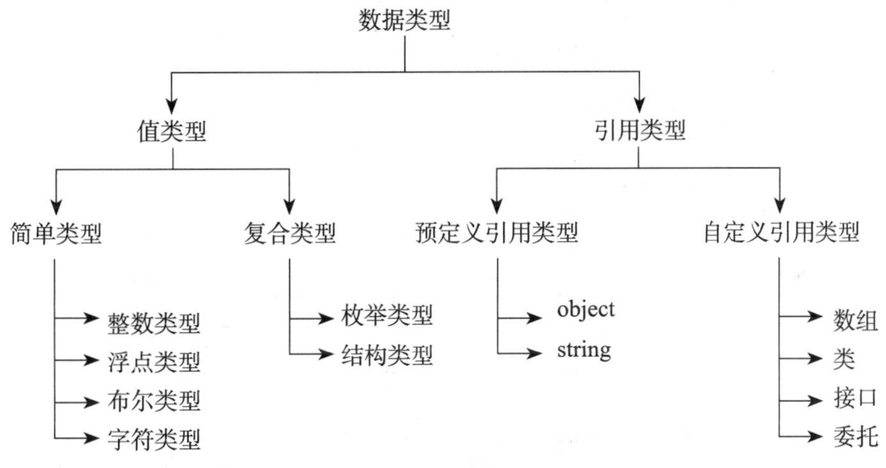

图 3.2　C# 中的数据类型结构

从图 3.2 可以看出，值类型主要包括简单类型和复合类型两种，其中简单类型是程序中使用的最基本类型，主要包括整数类型、浮点类型、布尔类型和字符类型 4 种，这 4 种简单类型都是 .NET 中预定义的；而复合类型主要包括枚举类型和结构类型，这两种复合类型既可以是 .NET 中预定义的，也可以用户自定义。本节主要对简单类型进行详细讲解，简单类型在实际中的应用如图 3.3 所示。

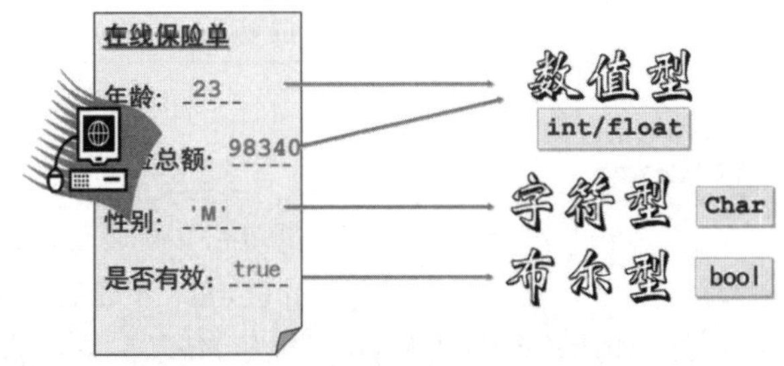

图 3.3　简单类型在实际中的应用

1. 整数类型

整数类型用来存储整数数值，即没有小数部分的数值。可以是正数，也可以是负数。整数数据在

C# 程序中有 3 种表示形式，分别为十进制、八进制和十六进制。

- 十进制：十进制的表现形式大家都很熟悉，如 120，0，–127。

注意

不能以 0 作为十进制数的开头（0 除外）。

- 八进制：以 0 开头的数，如 0123（转换成十进制数为 83）、–0123（转换成十进制数为 –83）。

注意

八进制必须以 0 开头。

- 十六进制：以 0x/0X 开头的数，如 0x25（转换成十进制数为 37）、0Xb01e（转换成十进制数为 45086）。

注意

十六进制必须以 0X 或 0x 开头。

C# 中内置的整数类型如表 3.1 所示。

表 3.1 C# 内置的整数类型

类　型	说明（8 位等于 1 字节）	范　围
sbyte	8 位有符号整数	–128 ~ 127
short	16 位有符号整数	–32768 ~ 32767
int	32 位有符号整数	–2147483648 ~ 2147483647
long	64 位有符号整数	–9223372036854775808 ~ 9223372036854775807
byte	8 位无符号整数	0 ~ 255
ushort	16 位无符号整数	0 ~ 65535
uint	32 位无符号整数	0 ~ 4294967295
ulong	64 位无符号整数	0 ~ 18446744073709551615

说明

表 3.1 中出现了“有符号 **”和“无符号 **”，其中，“无符号 **”是在“有符号 **”类型的前面加了一个 u，这里的 u 是 unsigned 的缩写。它们的主要区别是：“有符号 **”既可以存储正数，也可以存储负数；“无符号 **”只能存放不带符号的整数，因此，它只能存放正数。例如下面的代码：

```
int i = 10;                    // 正确
```

```
int j = –10;                    // 正确
uint m = 10;                    // 正确
uint n = –10;                   // 错误
```

例如，定义一个 int 类型的变量 i 和一个 byte 类型的变量 j，并分别赋值为 2017 和 255，代码如下：

```
int i = 2017;                   // 声明一个 int 类型的变量 i
byte j = 255;                   // 声明一个 byte 类型的变量 j
```

此时，如果将 byte 类型的变量 j 赋值为 256，即将代码修改如下：

```
int i = 2017;                   // 声明一个 int 类型的变量 i
byte j = 256;                   // 将 byte 类型变量 j 的值修改为 256
```

此时在 Visual Studio 开发环境中编译程序，会出现如图 3.4 所示的错误提示。

图 3.4　取值超出指定类型的范围时出现的错误提示

分析图 3.4 中出现的错误提示，主要是由于 byte 类型的变量是 8 位无符号整数，它的范围在 0~255，而 256 这个值已经超出了 byte 类型的范围，所以编译程序会出现错误提示。

整数类型变量的默认值为 0。

2. 浮点类型

浮点类型变量主要用于处理含有小数的数据，浮点类型主要包含 float 和 double 两种类型。表 3.2 列出了这两种浮点类型的描述信息。

表 3.2　浮点类型及描述

类　型	说　明	范　围
float	精确到 7 位数	$\pm 1.5 \times 10^{-45} \sim \pm 3.4 \times 10^{38}$
double	精确到 15~16 位数	$\pm 5.0 \times 10^{-324} \sim \pm 1.7 \times 10^{308}$

如果不做任何设置，包含小数点的数值都被认为是 double 类型，例如 9.27，没有特别指定的情况

下，这个数值是 double 类型。如果要将数值以 float 类型来处理，就应该通过强制使用 f 或 F 将其指定为 float 类型。

例如，下面的代码就是将数值强制指定为 float 类型。

```
float theMySum = 9.27f;                    //使用 f 强制指定为 float 类型
float theMuSums = 1.12F;                   //使用 F 强制指定为 float 类型
```

如果要将数值强制指定为 double 类型，则应该使用 d 或 D 进行设置，但加不加“d”或“D”没有硬性规定，可以加也可以不加。

例如，下面的代码就是将数值强制指定为 double 类型。

```
double myDou = 927d;                       //使用 d 强制指定为 double 类型
double mudou = 112D;                       //使用 D 强制指定为 double 类型
```

注意

（1）需要使用 float 类型变量时，必须在数值的后面跟随 f 或 F，否则编译器会直接将其作为 double 类型处理；另外，也可以在 double 类型的值前面加上 (float)，对其进行强制转换。

（2）浮点类型变量的默认值是 0，而不是 0.0。

3. decimal 类型

decimal 类型表示 128 位数据类型，它是一种精度更高的浮点类型，其精度可以达到 28 位，取值范围为 $\pm 1.0 \times 10^{-28} \sim \pm 7.9 \times 10^{28}$。

技巧

由于 decimal 类型的高精度特性，它更合适于财务和货币计算。

如果希望一个小数被当成 decimal 类型使用，需要使用后缀 m 或 M，例如：

```
decimal myMoney = 1.12m;
```

如果小数没有后缀 m 或 M，数值将被视为 double 类型，从而导致编译器错误，例如，在开发环境中运行下面代码：

```
static void Main(string [ ] args)
{
    decimal d = 3.14;
    Console.WriteLine(d);
}
```

将会出现如图 3.5 所示的错误提示。

从图 3.5 可以看出，3.14 这个数如果没有后缀，直接被当成了 double 类型，所以赋值给 decimal 类型的变量时，就会出现错误提示。

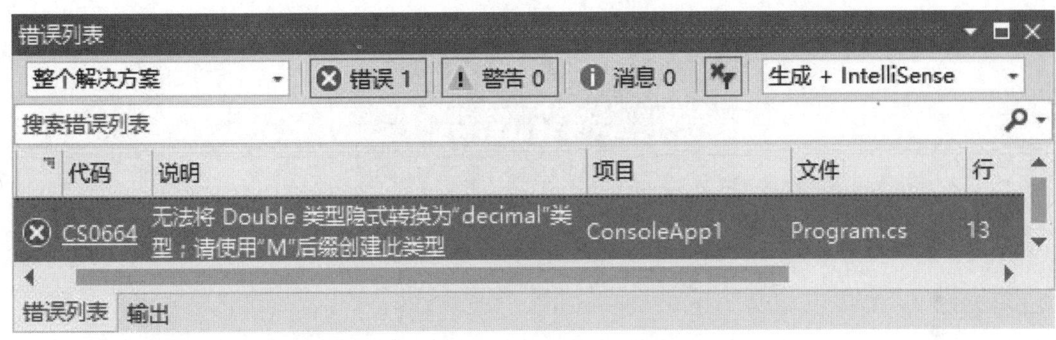

图 3.5　不加后缀 m/M 时，decimal 出现的错误

【例 3.01】 创建一个控制台应用程序，声明 double 型变量 height 来记录身高，单位为米，声明 int 型变量 weight 记录体重，单位为千克，根据"BMI = 体重 /（身高 * 身高）"的公式计算 BMI 指数（身体质量指数），代码如下：（**实例位置：资源包 \ 源码 \03\3.01**）

```
static void Main(string [ ] args)
{
    double height = 1.78;                              // 身高变量，单位：米
    int weight = 75;                                   // 体重变量，单位：千克
    dcuble exponent = weight / (height * height);      // BMI 计算公式
    Console.WriteLine(" 您的身高为：" + height);
    Console.WriteLine(" 您的体重为：" + weight);
    Console.WriteLine(" 您的 BMI 指数为：" + exponent);
    Console.Write(" 您的体重属于：");
    if (exponent < 18.5)
    {// 判断 BMI 指数是否小于 18.5
          Console.WriteLine(" 体重过轻 ");
     }
     else if (exponent >= 18.5 && exponent < 24.9)
     {// 判断 BMI 指数是否在 18.5~24.9
          Console.WriteLine(" 正常范围 ");
     }
     else if (exponent >= 24.9 && exponent < 29.9)
     {// 判断 BMI 指数是否在 24.9~29.9
          Console.WriteLine(" 体重过重 ");
     }
     else if (exponent >= 29.9)
     {// 判断 BMI 指数是否大于等于 29.9
          Console.WriteLine(" 肥胖 ");
     }
     Console.ReadLine();
}
```

程序运行效果如图 3.6 所示。

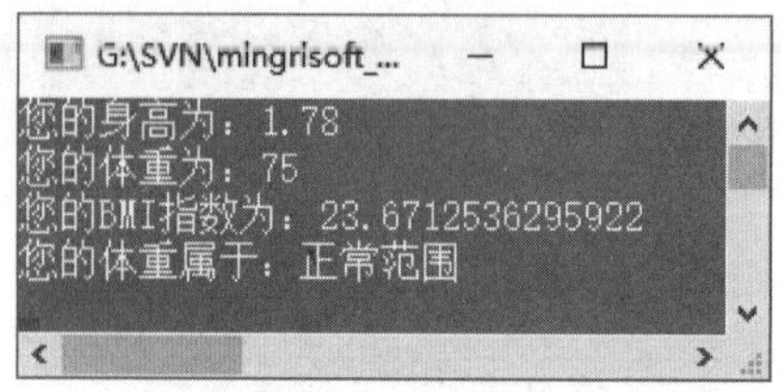

图 3.6　根据身高体重计算 BMI 指数

4. bool 类型

布尔类型主要用来表示 true/false 值，C# 中定义布尔类型时，需要使用 bool 关键字。例如，下面代码定义一个布尔类型的变量：

```
bool x = true;
```

布尔类型通常被用在流程控制语句中作为判断条件。

这里需要注意的是，布尔类型变量的值只能是 true 或者 false，不能将其他的值指定给布尔类型变量，例如，将一个整数 10 赋值给布尔类型变量，代码如下：

```
bool x = 10;
```

在 Visual Studio 开发环境中运行这句代码，会出现如图 3.7 所示的错误提示。

图 3.7　将整数值赋值给布尔类型变量时出现的错误

布尔类型变量的默认值为 false。

5. 字符类型

字符类型在 C# 中使用 Char 类来表示，该类主要用来存储单个字符，它占用 16 位（两个字节）的内存空间。在定义字符型变量时，要以单引号（' '）表示，如 'a' 表示一个字符，而 "a" 则表示一个字符串，虽然其只有一个字符，但由于使用双引号，所以它仍然表示字符串，而不是字符。字符类型变量的声明非常简单，代码如下：

```
char ch1 = 'L';
char ch2 = '1';
```

注意

Char 类只能定义一个 Unicode 字符。Unicode 字符是目前计算机中通用的字符编码，它为针对不同语言中的每个字符设定了统一的二进制编码，用于满足跨语言、跨平台的文本转换和处理的要求，这里了解 Unicode 即可。

◆　Char 类的使用

Char 类为开发人员提供了许多的方法，可以通过这些方法灵活地对字符进行各种操作。Char 类的常用方法及说明如表 3.3 所示。

表 3.3　Char 类的常用方法及说明

方　法	说　明
IsDigit	指示某个 Unicode 字符是否属于十进制数字类别
IsLetter	指示某个 Unicode 字符是否属于字母类别
IsLetterOrDigit	指示某个 Unicode 字符是属于字母类别还是属于十进制数字类别
IsLower	指示某个 Unicode 字符是否属于小写字母类别
IsNumber	指示某个 Unicode 字符是否属于数字类别
IsPunctuation	指示某个 Unicode 字符是否属于标点符号类别
IsSeparator	指示某个 Unicode 字符是否属于分隔符类别
IsUpper	指示某个 Unicode 字符是否属于大写字母类别
IsWhiteSpace	指示某个 Unicode 字符是否属于空白类别
Parse	将指定字符串的值转换为它的等效 Unicode 字符
ToLower	将 Unicode 字符的值转换为它的小写等效项
ToString	将字符的值转换为其等效的字符串表示
ToUpper	将 Unicode 字符的值转换为它的大写等效项
TryParse	将指定字符串的值转换为它的等效 Unicode 字符

从表 3.3 可以看到，C# 中的 Char 类提供了很多操作字符的方法，其中以 Is 和 To 开始的方法比较常用。以 Is 开始的方法大多是判断 Unicode 字符是否为某个类别，例如，是否大小写、是否是数字等；而以 To 开始的方法主要是对字符进行转换大小写及转换字符串的操作。

【例 3.02】 创建一个控制台应用程序，演示如何使用 Char 类提供的常见方法，代码如下：

（实例位置：资源包 \ 源码 \03\3.02）

```
static void Main(string [] args)
{
    char a = 'a';                       // 声明字符 a
    char b = '8';                       // 声明字符 b
    char c = 'L';                       // 声明字符 c
    char d = '.';                       // 声明字符 d
    char e = '|';                       // 声明字符 e
```

```
    char f = ' ';                                    // 声明字符 f
    // 使用 IsLetter 方法判断 a 是否为字母
    Console.WriteLine("IsLetter 方法判断 a 是否为字母：{0}", Char.IsLetter(a));
    // 使用 IsDigit 方法判断 b 是否为数字
    Console.WriteLine("IsDigit 方法判断 b 是否为数字：{0}", Char.IsDigit(b));
    // 使用 IsLetterOrDigit 方法判断 c 是否为字母或数字
    Console.WriteLine("IsLetterOrDigit 方法判断 c 是否为字母或数字：{0}", Char.IsLetterOrDigit(c));
    // 使用 IsLower 方法判断 a 是否为小写字母
    Console.WriteLine("IsLower 方法判断 a 是否为小写字母：{0}", Char.IsLower(a));
    // 使用 IsUpper 方法判断 c 是否为大写字母
    Console.WriteLine("IsUpper 方法判断 c 是否为大写字母：{0}", Char.IsUpper(c));
    // 使用 IsPunctuation 方法判断 d 是否为标点符号
    Console.WriteLine("IsPunctuation 方法判断 d 是否为标点符号：{0}", Char.IsPunctuation(d));
    // 使用 IsSeparator 方法判断 e 是否为分隔符
    Console.WriteLine("IsSeparator 方法判断 e 是否为分隔符：{0}", Char.IsSeparator(e));
    // 使用 IsWhiteSpace 方法判断 f 是否为空白
    Console.WriteLine("IsWhiteSpace 方法判断 f 是否为空白：{0}", Char.IsWhiteSpace(f));
    Console.ReadLine();
}
```

程序的运行结果如图 3.8 所示。

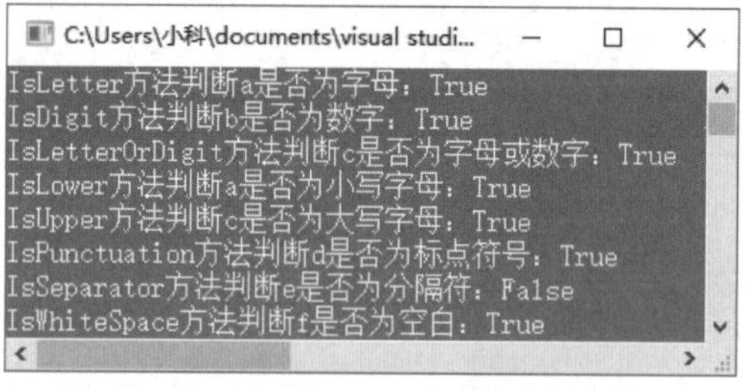

图 3.8　Char 类常用方法的应用

◆　转义字符

前面讲到了字符只能存储单个字符，但是，如果在 Visual Studio 开发环境中编写如下代码：

```
char ch = '\';
```

会出现如图 3.9 所示的错误提示。

图 3.9　定义反斜线时的错误提示

从代码表面上看，反斜线“\”是一个字符，正常应该是可以定义为字符的，但为什么会出现错误呢？这里就引出了转义字符的概念。

转义字符是一种特殊的字符变量，以反斜线“\”开头，后跟一个或多个字符，也就是说，在 C# 中，反斜线“\”是一个转义字符，不能单独作为字符使用。因此，如果要在 C# 中使用反斜线，可以使用下面代码表示：

```
char ch = '\\';
```

转义字符就相当于一个电源变换器，电源变换器就是通过一定的手段获得所需的电源形式，例如交流变成直流、高电压变为低电压、低频变为高频等。转义字符也是，它是将字符转换成另一种操作形式，或是将无法一起使用的字符进行组合。

注意

转义符\（单个反斜杠）只针对后面紧跟着的单个字符进行操作。

C# 中的常用转义字符如表 3.4 所示。

表 3.4　转义字符及其作用

转 义 字 符	说　明
\n	回车换行
\t	横向跳到下一制表位置
\"	双引号
\b	退格
\r	回车
\f	换页
\\	反斜线符
\’	单引号符
\uxxxx	4 位十六进制所表示的字符，如 \u0052

【例 3.03】 创建一个控制台应用程序，通过使用转义字符在控制台窗口中输出 Windows 的系统目录，代码如下：（**实例位置：资源包 \ 源码 \03\3.03**）

```
static void Main(string [ ] args)
{
    Console.WriteLine("Windows 的系统目录为：C:\\Windows");        // 输出 Windows 的系统目录
    Console.ReadLine();
}
```

程序的运行结果如图 3.10 所示。

图 3.10　输出 Windows 的系统目录

技巧

例 3.03 中输出系统目录时，遇到反斜杠时，使用“\\”表示，但是，如果遇到下面的情况：

```
Console.WriteLine("C:\\Windows\\Microsoft.NET\\Framework\\v4.0.30319\\2052");
```

从上面代码看到，如果有多级目录，遇到反斜杠时，如果都使用“\\”，会显得非常麻烦，这时可以用一个 @ 符号来进行多级转义，代码修改如下：

```
Console.WriteLine(@"C:\Windows\Microsoft.NET\Framework\v4.0.30319\2052");
```

3.3.3　变量的初始化

变量的初始化实际上就是给变量赋值，以便在程序中使用。首先，在 Visual Studio 2017 开发环境中运行下面一段代码：

```
static void Main(string [ ] args)
{
    string title;
    Console.WriteLine(title);
}
```

运行上面代码时，会出现如图 3.11 所示的错误提示。

从图 3.11 可以看出，如果直接定义一个变量进行使用，会提示使用了未赋值的变量，这说明：在程序中使用变量时，一定要对其进行赋值，也就是初始化，然后才可以使用。那么如何对变量进行初始化呢？

初始化变量有 3 种方法，分别是单独初始化变量、声明时初始化变量、同时初始化多个变量，下面分别进行讲解。

图 3.11　变量未赋值时的错误

1. 单独初始化变量

在 C# 中，使用赋值运算符“=”（等号）对变量进行初始化，即将等号右边的值赋给左边的变量。

例如，声明一个变量 sum，并初始化其默认值为 2014，代码如下：

```
int sum;                                    // 声明一个变量
sum = 2017;                                 // 使用赋值运算符 "=" 给变量赋值
```

说明

在对变量进行初始化时，等号右边也可以是一个已经被赋值的变量。例如，首先声明两个变量 sum 和 num，然后将变量 sum 赋值为 2014，最后将变量 sum 赋值给变量 num，代码如下：

```
int sum, num;                 // 声明两个变量
sum = 2017;                   // 将变量 sum 初始化为 2014
num = sum;                    // 将变量 sum 赋值给变量 num
```

2. 声明时初始化变量

声明变量时可以同时对变量进行初始化，即在每个变量名后面加上给变量赋初始值的指令。

例如，声明一个整型变量 a，并且赋值为 927。然后，再同时声明 3 个字符串型变量并初始化，代码如下：

```
int mr = 927;                    // 初始化整型变量 mr
// 初始化字符串变量 mr_1、mr_2 和 mr_3
string mr_1 = " 零基础学 ", mr_2 = " 项目入门 ", mr_3 = " 实例精粹 ";
```

3. 同时初始化多个变量

在对多个同类型的变量赋同一个值时，为了节省代码的行数，可以同时对多个变量进行初始化。

例如，声明 5 个 int 类型的变量 a，b，c，d，e，然后将这 5 个变量都初始化为 0，代码如下：

```
int a, b, c, d, e;
a = b = c = d = e = 0;
```

上面讲解了初始化变量的 3 种方法，这时，我们对本节开始的代码段进行修改，使其能够正常运行，修改后的代码如下：

```
static void Main(string [ ] args)
{
    // 第一种方法
    //string title=" 零基础学 C#";
    // 第二种方法
    string title;
    title = " 零基础学 C#";
    Console.WriteLine(title);
}
```

再次运行程序，即可正常运行。

3.3.4 变量的作用域

由于变量被定义后，只是暂时存储在内存中，等程序执行到某一个点后，该变量会被释放掉，也就是说变量有它的生命周期。因此，变量的作用域是指程序代码能够访问该变量的区域，如果超出该区域，则在编译时会出现错误。在程序中，一般会根据变量的“有效范围”将变量分为“成员变量”和“局部变量”。

1. 成员变量

在类体中定义的变量被称为成员变量，成员变量在整个类中都有效。类的成员变量又可以分为两种，即静态变量和实例变量。

例如，在 Test 类中声明静态变量和实例变量，代码如下：

```
class Test
{
    int x = 45;
    static int y = 90;
}
```

其中，x 为实例变量，y 为静态变量（也称类变量）。如果在成员变量的类型前面加上关键字 static，这样的成员变量称为静态变量。静态变量的有效范围可以跨类，甚至可达到整个应用程序之内。对于静态变量，除了能在定义它的类内存取，还能直接以“类名 . 静态变量”的方式在其他类内使用。

2. 局部变量

在类的方法体中定义的变量（定义方法的“{”与“}”之间的区域）称为局部变量，局部变量只在当前代码块中有效。

在类的方法中声明的变量，包括方法的参数，都属于局部变量。局部变量只有在当前定义的方法内有效，不能用于类的其他方法中。局部变量的生命周期取决于方法，当方法被调用时，C# 编译器为方法中的局部变量分配内存空间，当该方法的调用结束后，则会释放方法中局部变量占用的内存空间，局部变量也将会销毁。

变量的有效范围如图 3.12 所示。

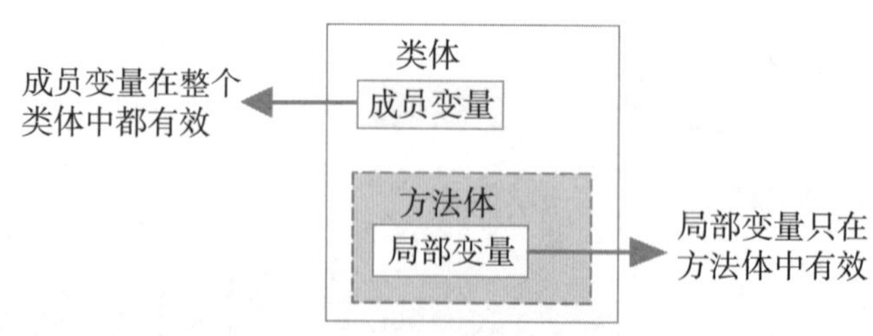

图 3.12 变量的有效范围

【例 3.04】 创建一个控制台应用程序，使用一个局部变量记录用户的登录名，代码如下：**（实例位置：资源包 \ 源码 \04\3.04）**

```
static void Main(string [ ] args)
{
    Console.WriteLine("     欢迎进入明日科技官网 \n\n     请首先输入用户名: ");
    string Name = Console.ReadLine();                    // 记录用户的输入
    Console.WriteLine("     登录用户: " + Name);         // 输出当前登录用户
    Console.ReadLine();
}
```

程序运行结果如图 3.13 所示。

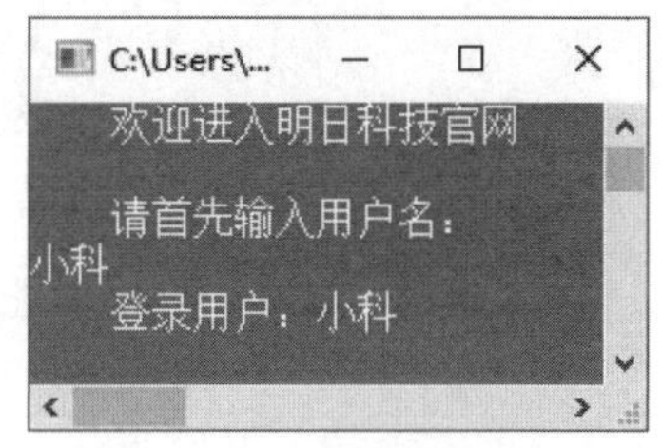

图 3.13　使用一个局部变量记录用户的登录名

3.4　常　　量

通过对前面知识的学习，我们知道了变量是随时可以改变值的量，那么，在遇到不允许改变值的情况时，该怎么办呢？这就是本节要讲解的常量。

3.4.1　常量是什么

常量就是程序运行过程中，值不能改变的量，比如现实生活中的居民身份证号码、数学运算中的π值等，这些都是不会发生改变的，它们都可以定义为常量。常量可以区分为不同的类型，比如 98，368 是整型常量，3.14，0.25 是实数常量，即浮点类型的常量，m、r 是字符常量。

3.4.2　常量的分类

常量主要有两种，分别是 const 常量和 readonly 常量，下面分别对这两种常量进行讲解。

1. const 常量

在 C# 中提到常量，通常指的是 const 常量。const 常量也叫静态常量，它在编译时就已经确定了值。const 常量的值必须在声明时就进行初始化，而且之后不可以再进行更改。

例如，声明一个正确的 const 常量，同时再声明一个错误的 const 常量，以便读者对比参考，代码如下：

```
const double PI = 3.1415926;                  // 正确的声明方法
```

```
const int MyInt;                          // 错误：定义常量时没有初始化
```

2. readonly 常量

readonly 常量是一种特殊的常量，也称为动态常量，从字面理解上看，readonly 常量可以进行动态赋值，但需要注意的是，这里的动态赋值是有条件的，它只能在构造函数中进行赋值，例如下面的代码：

```
class Program
{
    readonly int Price;                   // 定义一个 readonly 常量
    Program()                             // 构造函数
    {
        Price = 368;                      // 在构造函数中修改 readonly 常量的值
    }
    static void Main(string [ ] args)
    {
    }
}
```

如果要在构造函数以外的位置修改 readonly 常量的值，比如，在 Main 方法中进行修改，代码如下：

```
class Program
{
    readonly int Price;                   // 定义一个 readonly 常量
    Program()                             // 构造函数
    {
        Price = 368;                      // 在构造函数中修改 readonly 常量的值
    }
    static void Main(string [ ] args)
    {
        Program p = new Program();        // 创建类的对象
        p.Price = 365;                    // 试图对 readonly 常量值修改
    }
}
```

这时再运行程序，将会出现如图 3.14 所示的错误提示。

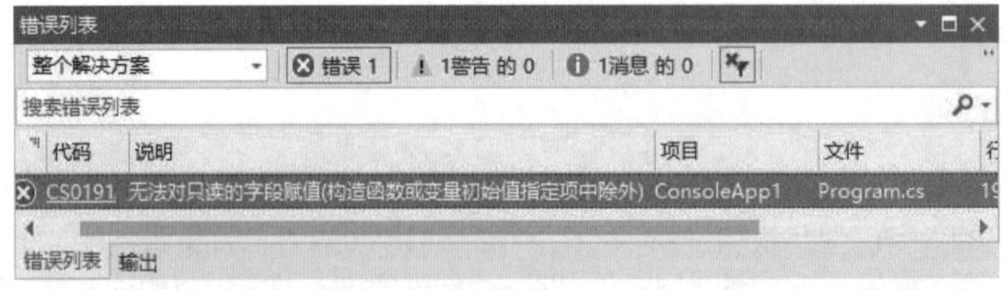

图 3.14　试图在构造函数以外的位置修改 readonly 常量值的错误提示

3. const 常量与 readonly 常量的区别

const 常量与 readonly 常量的主要区别如下：

- ◆ const 常量必须在声明时初始化，而 readonly 常量则可以延迟到构造函数中初始化。
- ◆ const 常量在编译时就被解析，即将常量的值替换成了初始化的值，而 readonly 常量的值需要在运行时确定。
- ◆ const 常量可以定义在类中或者方法体中，而 readonly 常量只能定义在类中。

3.5　数据类型转换

类型转换是将一个值从一种数据类型更改为另一种数据类型的过程。例如，可以将 string 类型数据 457 转换为一个 int 类型，而且可以将任意类型的数据转换为 string 类型。

数据类型转换有两种方式，即隐式转换与显式转换。如果从低精度数据类型向高精度数据类型转换，则永远不会溢出，并且总是成功的；而把高精度数据类型向低精度数据类型转换，则必然会有信息丢失，甚至有可能失败，这种转换规则就像如图 3.15 所示的两个场景，高精度相当于一个大水杯，低精度相当于一个小水杯，大水杯可以轻松装下小水杯中所有的水，但小水杯无法装下大水杯中所有的水，装不下的部分必然会溢出。

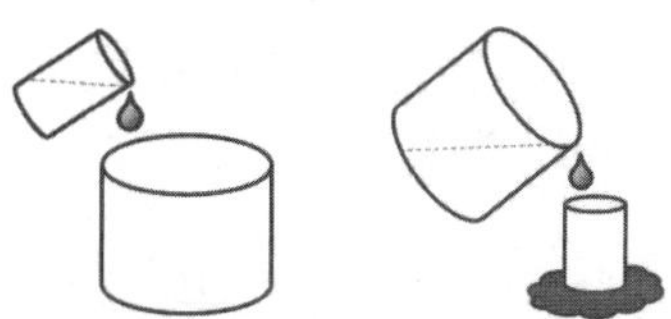

图 3.15　大小水杯转换类比数据类型转换的示意图

3.5.1　隐式类型转换

隐式类型转换就是不需要声明就能进行的转换，进行隐式类型转换时，编译器不需要进行检查就能自动进行转换。下列基本数据类型会涉及数据转换（不包括逻辑类型），这些类型按精度从“低”到“高”排列的顺序为 byte < short < int < long < float < double，可对照图 3.16，其中 char 类型比较特殊，它可以与部分 int 型数字兼容，且不会发生精度变化。

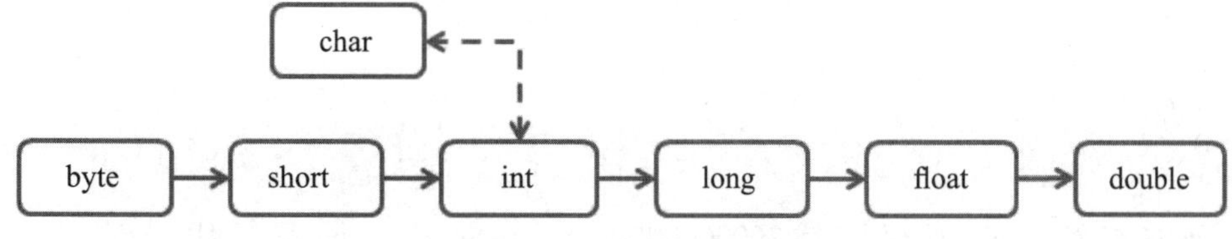

图 3.16　自动转换的兼容顺序图

例如，将 int 类型的值隐式转换成 long 类型，代码如下：

```
int i = 927;                //声明一个整型变量 i 并初始化为 927
long j = i;                 //隐式转换成 long 类型
```

3.5.2 显式类型转换

有很多场合不能隐式的进行类型转换，否则编译器会出现错误，例如，下面的类型在进行隐式转换时会出现错误：

- int 转换为 short——会丢失数据。
- int 转换为 uint——会丢失数据。
- float 转换为 int——会丢失小数点后面的所有数据。
- double 转换为 int——会丢失小数点后面的所有数据。
- 数值类型转换为 char——会丢失数据。
- decimal 转换为其他数值类型——decimal 类型的内部结构不同于整数和浮点数。

如果遇到上面类型之间的转换，就需要用到 C# 中的显式类型转换。显式类型转换也称为强制类型转换，它需要在代码中明确地声明要转换的类型。如果要把高精度的变量转换为低精度的变量，就需要使用显式类型转换。

显式类型转换的一般形式为：

```
(类型说明符)表达式
```

其功能是把表达式的运算结果强制转换成类型说明符所表示的类型。

例如，下面的代码用来把 x 转换为 float 类型：

```
(float) x;
```

通过显式类型转换，就可以解决高精度数据向低精度转换的问题，例如，将 double 类型的值 4.5 赋值给 int 类型变量时，可以使用下面的代码实现：

```
int  i ;
i = (int)4.5;               //使用显式类型转换
```

3.5.3 使用 Convert 类进行转换

3.5.2 节中讲解了使用“(类型说明符)表达式”可以进行显式类型转换，下面使用这种方式实现下面的类型转换：

```
long l=3000000000;
int i = (int)l;
```

按照代码的本意，i 的值应该是 3000000000，但在运行上面两行代码时，却发现 i 的值是 –1294967296，这主要是由于 int 类型的最大值为 2147483647，很明显，3000000000 要比 2147483647 大，所以在使用上面代码进行显式类型转换时，出现了与预期不符的结果，但是程序并没有报告错误，如果在实际开发中遇到这种情况，可能会引起大的 BUG，那么，在遇到这种类型的错误时，有没有一种方式能够向开发人员报告错误呢？答案是肯定的。C# 中提供了 Convert 类，该类也可以进行显式类型转换，它的主要作用是将一个基本数据类型转换为另一个基本数据类型。Convert 类的常用方法及说明如表 3.5 所示。

表 3.5　Convert 类的常用方法及说明

方　法	说　明
ToBoolean	将指定的值转换为等效的布尔值
ToByte	将指定的值转换为 8 位无符号整数
ToChar	将指定的值转换为 Unicode 字符
ToDateTime	将指定的值转换为 DateTime
ToDecimal	将指定值转换为 Decimal 数字
ToDouble	将指定的值转换为双精度浮点数字
ToInt32	将指定的值转换为 32 位有符号整数
ToInt64	将指定的值转换为 64 位有符号整数
ToSByte	将指定的值转换为 8 位有符号整数
ToSingle	将指定的值转换为单精度浮点数字
ToString	将指定值转换为其等效的 String 表示形式
ToUInt32	将指定的值转换为 32 位无符号整数
ToUInt64	将指定的值转换为 64 位无符号整数

例如，定义一个 double 类型的变量 x，并赋值为 198.99，使用 Convert 类将其显式转换为 int 类型，代码如下：

```
double x = 198.99;                    //定义 double 类型变量并初始化
int y = Convert.ToInt32(x);           //使用 Convert 类的方法进行显式类型转换
```

下面使用 Convert 类的 ToInt32 对本节开始的两行代码进行修改，修改后的代码如下：

```
long l=3000000000;
int i = Convert.ToInt32(l);
```

再次运行这两行代码，则会出现如图 3.17 所示的错误提示。

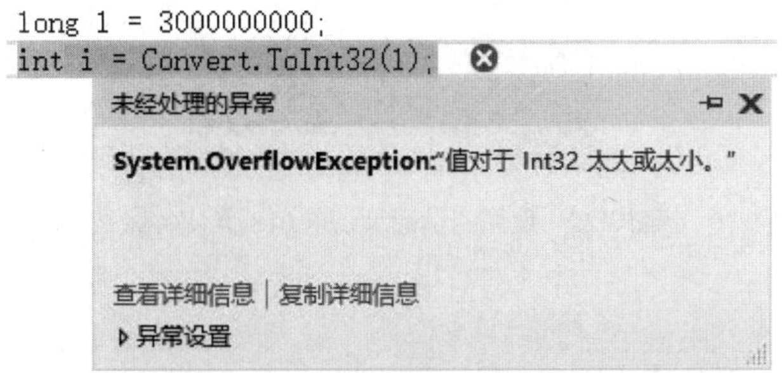

图 3.17　显式类型转换的错误提示

这样，开发人员即可根据图 3.17 中的错误提示对程序代码进行修改，避免程序出现逻辑错误。

3.6 小　　结

本章向读者介绍的是 C# 的基础语法，其中需要读者重点掌握的是 C# 中的基本数据类型、变量与常量以及数据类型的转换等内容。在使用变量时，需要读者注意的是变量的有效范围，否则在使用时会出现编译错误或浪费内存资源。

3.7 实　　战

3.7.1　实战一：打印保险单详细列表

打印保险单详细列表时，使用 Char 类型记录用户的性别是 M（男）还是 W（女），效果如图 3.18 所示。**（实例位置：资源包 \ 源码 \03\ 实战 \01）**

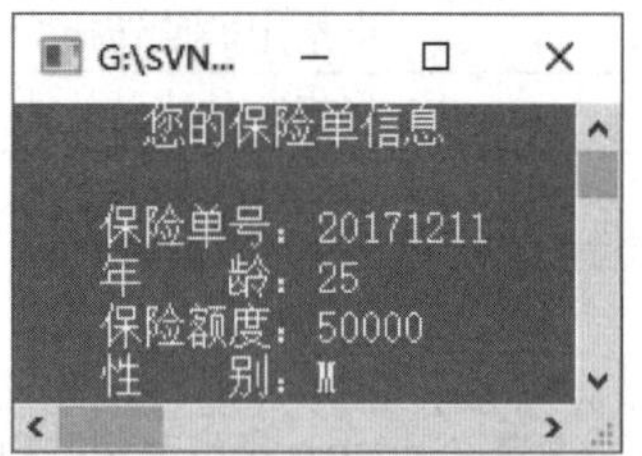

图 3.18　使用字符记录用户性别

3.7.2　实战二：记录京东 618 节日名称

使用一个 int 类型的变量记录每年京东的年中促销活动节日名称（提示：618），运行效果如图 3.19 所示。**（实例位置：资源包 \ 源码 \03\ 实战 \02）**

图 3.19　使用变量记录京东 618 节日名称

第 4 章

运算符

（视频讲解：1小时39分钟）

表达式在C#程序中应用广泛，尤其是在计算功能中，往往需要大量的表达式。而大多数表达式都使用运算符，运算符结合一个或一个以上的操作数，便形成了表达式，并且返回运算结果。本章将对C#中的表达式与运算符进行详细讲解。

通过学习本章，读者主要掌握以下内容：

- 熟悉算术运算符的使用
- 掌握赋值运算符
- 掌握如何使用关系运算符
- 掌握逻辑运算符的使用方法
- 掌握如何对变量进行位操作
- 熟悉运算符的优先级顺序

4.1 运算符分类

运算符是具有运算功能的符号，根据使用运算符的个数，可以将运算符分为单目运算符、双目运算符和三目运算符，其中，单目运算符是作用在一个操作数上的运算符，如正号（+）等；双目运算符是作用在两个操作数上的运算符，如加法（+）、乘法（*）等；三目运算符是作用在 3 个操作数上的运算符，C# 中唯一的三目运算符就是条件运算符（?:）。本节将详细讲解 C# 中的运算符。

4.1.1 算术运算符

C# 中的算术运算符是双目运算符，主要包括 +、–、*、／和 % 5 种，它们分别用于进行加、减、乘、除和模（求余数）运算。C# 中算术运算符的功能及使用方式如表 4.1 所示。

表 4.1 算术运算符

运 算 符	说 明	实 例	结 果
+	加	12.45f+15	27.45
–	减	4.56–0.16	4.4
*	乘	5L*12.45f	62.25
/	除	7/2	3
%	求余	12%10	2

【例 4.01】 某学员 3 门课成绩如图 4.1 所示，编程实现：

- C# 课和 SQL 课的分数之差。
- 3 门课的平均分。

课程	分数
C	89
C#	90
SQL	60

图 4.1 3 门课的成绩

代码如下：（**实例位置：资源包 \ 源码 \04\4.01**）

```
static void Main(string [ ] args)
{
    int c = 89, csharp = 90, sql = 60;          // 定义 3 个变量，分别存储 C 语言、C# 和 SQL 的分数
    int sub = csharp – sql;                     // 计算 C# 和 SQL 的分数差
    double avg = (c + csharp + sql) / 3;        // 计算平均成绩
    Console.WriteLine("C# 课和 SQL 课的分数之差：" + sub + " 分 ");
    Console.WriteLine("3 门课的平均分：" + avg + " 分 ");
    Console.ReadLine();
}
```

程序运行结果如图 4.2 所示。

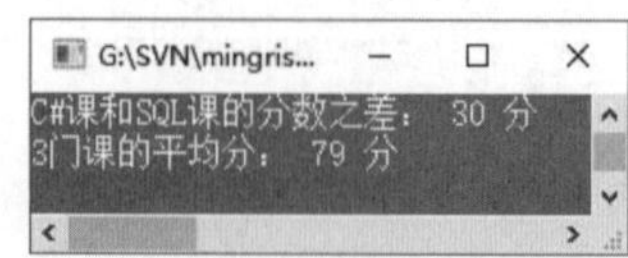

图 4.2 计算学生成绩的分差及平均分

注意

使用除法（/）运算符和求余运算符时，除数不能为 0，否则将会出现异常。

4.1.2 自增、自减运算符

使用算术运算符时，如果需要对数值型变量的值进行加 1 或者减 1 操作，可以使用下面的代码：

```
int i=5;
i=i+1;
i=i–1;
```

针对以上功能，C# 中还提供了另外的实现方式：自增、自减运算符，它们分别用 ++ 和 –– 表示，下面分别对它们进行讲解。

自增、自减运算符是单目运算符，在使用时有两种形式，分别是 ++expr、expr++，或者 --expr、expr--，其中，++expr、--expr 是前置形式，它表示 expr 自身先加 1 或者减 1，其运算结果是自身修改后的值，再参与其他运算；而 expr++、expr-- 是后置形式，它也表示自身加 1 或者减 1，但其运算结果是自身未修改的值，也就是说，expr++、expr-- 是先参加完其他运算，然后在进行自身加 1 或者减 1 操作，自增、自减运算符放在不同位置时的运算示意图如图 4.3 所示。

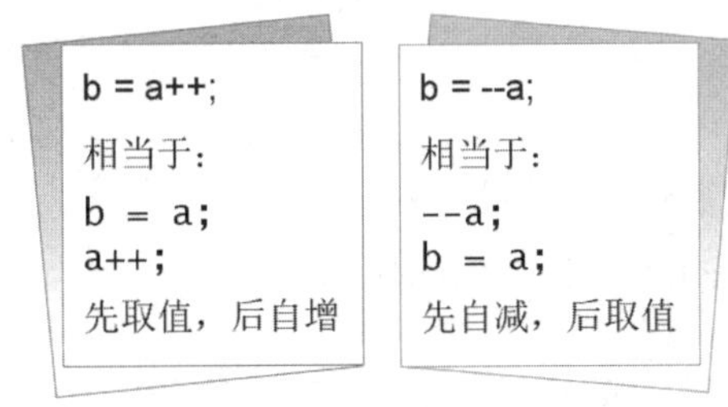

图 4.3 自增、自减运算符放在不同位置时的运算示意图

例如，下面代码演示自增运算符放在变量的不同位置时的运算结果：

```
int i = 0, j = 0;           // 定义 int 类型的 i、j
int post_i, pre_j;          // post_i 表示后置形式运算的返回结果，pre_j 表示前置形式运算的返回结果
post_i = i++;               // 后置形式的自增，post_i 是 0
Console.WriteLine(i);       // 输出结果是 1
pre_j = ++j;                // 前置形式的自增，pre_j 是 1
Console.WriteLine(j);       // 输出结果是 1
```

注意

自增、自减运算符只能作用于变量，因此，下面的形式是不合法的：

```
3++;                        // 不合法，因为 3 是一个常量
(i+j)++;                    // 不合法，因为 i+j 是一个表达式
```

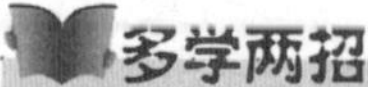

多学两招

如果程序中不需要使用操作数原来的值，只是需要其自身进行加（减）1，那么建议使用前置自加（减），因为后置自加（减）必须先保存原来的值，而前置自加（减）不需要保存原来的值。

4.1.3 赋值运算符

赋值运算符主要用来为变量等赋值，它是双目运算符。C# 中的赋值运算符分为简单赋值运算符和复合赋值运算符，下面分别进行讲解。

1. 简单赋值运算符

简单赋值运算符以符号“=”表示，其功能是将右操作数所含的值赋给左操作数。例如：

```
int a = 100;                    // 该表达式是将 100 赋值给变量 a
```

2. 复合赋值运算符

在程序中对某个对象进行某种操作后，如果要再将操作结果重新赋值给该对象，则可以通过下面的代码实现：

```
int a = 3;
int temp = 0 ;
temp = a + 2 ;
a= temp ;
```

上面的代码看起来很烦琐，在 C# 中，上面的代码等价于：

```
int a = 3;
a += 2;
```

上面代码中的 += 就是一种复合赋值运算符，复合赋值运算符又称为带运算的赋值运算符，它其实是将赋值运算符与其他运算符合并成一个运算符来使用，从而同时实现两种运算符的效果。

C# 提供了很多复合赋值运算符，其说明及运算规则如表 4.2 所示。

表 4.2　复合赋值运算符的说明及运算规则

名　称	运 算 符	运 算 规 则	意　义
加赋值	+=	x+=y	x=x+y
减赋值	–=	x–=y	x=x–y
除赋值	/=	x/=y	x=x/y
乘赋值	*=	x*=y	x=x*y
模赋值	%=	x%=y	x=x%y
位与赋值	&=	x&=y	x=x&y

续表

名　称	运　算　符	运算规则	意　义
位或赋值	|=	x|=y	x=x|y
右移赋值	>>=	x>>=y	x=x>>y
左移赋值	<<=	x<<=y	x=x<<y
异或赋值	^=	x^=y	x=x^y

3. 复合赋值运算符的优势及劣势

使用复合赋值运算符时，虽然“a += 1”与“a = a + 1”两者的计算结果是相同的，但是在不同的场景下，两种使用方法都有各自的优势和劣势，下面分别介绍。

（1）低精度类型自增

在 C# 中，整数的默认类型是 int 型，所以下面的代码会报错：

```
byte a=1;                    // 创建 byte 型变量 a
a=a+1;                       // 让 a 的值 +1，错误提示：无法将 int 型转换成 byte 型
```

上面的代码中，在没有进行强制类型转换的条件下，a+1 的结果是一个 int 值，无法直接赋给一个 byte 变量。但是如果使用“+=”实现递增计算，就不会出现这个问题，代码如下：

```
byte a=1;                    // 创建 byte 型变量 a
a+=1;                        // 让 a 的值 +1
```

（2）不规则的多值运算

复合赋值运算符虽然简洁、强大，但是有些时候是不推荐使用的，例如下面的代码：

```
a = (2 + 3 – 4) * 92 / 6;
```

上面的代码如果改成复合赋值运算符实现，就会显得非常烦琐，代码如下：

```
a += 2;
a += 3;
a –= 4;
a *= 92;
a /= 6;
```

说明

在 C# 中可以把赋值运算符连在一起使用。例如：

```
x = y = z = 5;
```

在这个语句中，变量 x，y，z 都得到同样的值 5，但在程序开发中不建议使用这种赋值语法。

4.1.4 关系运算符

关系运算符是双目运算符，它用于在程序中的变量之间，以及其他类型的对象之间的比较，它返回一个代表运算结果的布尔值。当运算符对应的关系成立时，运算结果为 true，否则为 false。关系运算符通常用在条件语句中来作为判断的依据。C# 中的关系运算符共有 6 个，其使用及说明如表 4.3 所示。

表 4.3 关系运算符

运 算 符	作 用	举 例	操 作 数 据	结 果
>	大于	'a' > 'b'	整型、浮点型、字符型	false
<	小于	156 < 456	整型、浮点型、字符型	true
==	等于	'c' == 'c'	基本数据类型、引用型	true
!=	不等于	'y' != 't'	基本数据类型、引用型	true
>=	大于等于	479>=426	整型、浮点型、字符型	true
<=	小于等于	12.45<=45.5	整型、浮点型、字符型	true

说明

不等运算符 (!=) 是与相等运算符相反的运算符，它与 !(a==b) 是等效的。

【例 4.02】 创建一个控制台应用程序，声明 3 个 int 类型的变量，并分别对它们进行初始化，然后分别使用 C# 中的各种关系运算符对它们的大小关系进行比较，代码如下：**（实例位置：资源包 \ 源码 \04\4.02）**

```
static void Main(string [ ] args)
{
    int num1 = 4, num2 = 7, num3 = 7;                              //定义 3 个 int 变量，并初始化
    //输出 3 个变量的值
    Console.WriteLine("num1=" + num1 + ", num2=" + num2 + ", num3=" + num3);
    Console.WriteLine();                                           //换行
    Console.WriteLine("num1<num2 的结果：" + (num1 < num2));        //小于操作
    Console.WriteLine("num1>num2 的结果：" + (num1 > num2));        //大于操作
    Console.WriteLine("num1==num2 的结果：" + (num1 == num2));      //等于操作
    Console.WriteLine("num1!=num2 的结果：" + (num1 != num2));      //不等于操作
    Console.WriteLine("num1<=num2 的结果：" + (num1 <= num2));      //小于等于操作
    Console.WriteLine("num2>=num3 的结果：" + (num2 >= num3));      //大于等于操作
    Console.ReadLine();
}
```

程序运行结果如图 4.4 所示。

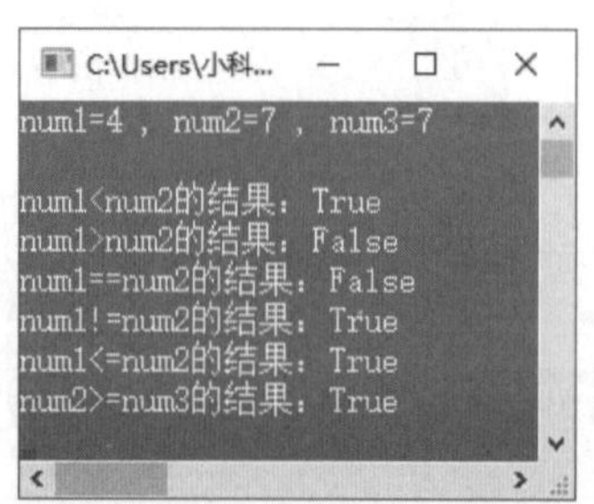

图 4.4 使用关系运算符比较大小关系

4.1.5 逻辑运算符

假定某面包店，在每周二的下午 7 点至 8 点和每周六的下午 5 点至 6 点，对生日蛋糕商品进行折扣让利活动，那么想参加折扣活动的顾客，就要在时间上满足这样的条件（周二并且 7:00PM ~ 8:00PM 或者周六并且 5:00PM ~ 6:00PM），这里就用到了逻辑关系，C# 中也提供了这样的逻辑运算符来进行逻辑运算。

逻辑运算符是对真和假这两种布尔值进行运算，运算后的结果仍是一个布尔值，C# 中的逻辑运算符主要包括 &（&&）（逻辑与）、|（||）（逻辑或）、!（逻辑非）。在逻辑运算符中，除了“!”是单目运算符之外，其他都是双目运算符。表 4.4 列出了逻辑运算符的用法和说明。

表 4.4　逻辑运算符

运　算　符	含　　义	用　　法	结 合 方 向
&&、&	逻辑与	op1&&op2	左到右
||、|	逻辑或	op1||op2	左到右
!	逻辑非	!op	右到左

使用逻辑运算符进行逻辑运算时，其运算结果如表 4.5 所示。

表 4.5　使用逻辑运算符进行逻辑运算

表达式 1	表达式 2	表达式 1&& 表达式 2	表达式 1|| 表达式 2	! 表达式 1
true	true	true	true	false
true	false	false	true	false
false	false	false	false	true
false	true	false	true	true

技巧

逻辑运算符“&&”与“&”都表示“逻辑与”，那么它们之间的区别在哪里呢？从表 4.5 可以看出，当两个表达式都为 true 时，逻辑与的结果才会是 true。使用“&”会判断两个表达式；而“&&”则是针对 bool 类型的数据进行判断，当第一个表达式为 false 时，则不去判断第二个表达式，直接输出结果从而节省计算机判断的次数。通常将这种在逻辑表达式中从左端的表达式可推断出整个表达式的值称为“短路”，而那些始终执行逻辑运算符两边的表达式称为“非短路”。“&&”属于“短路”运算符，而“&”则属于“非短路”运算符。“||”与“|”的区别跟“&&”与“&”的区别类似。

【例 4.03】 创建一个控制台应用程序，使用代码实现 4.1.5 节开始描述的场景——参加面包店的打折活动，代码如下：（**实例位置：资源包 \ 源码 \04\4.03**）

```
static void Main(string [ ] args)
{
    Console.WriteLine(" 面包店正在打折，活动进行中……\n");          // 输出提示信息
    Console.Write(" 请输入星期：");                                  // 输出提示信息
    string strWeek = Console.ReadLine();                             // 记录用户输入的星期
    Console.Write(" 请输入时间：");                                  // 输出提示信息
```

```
    int intTime = Convert.ToInt32(Console.ReadLine());                    // 记录用户输入的事件
    // 判断是否满足活动参与条件（使用了 if 条件语句）
    if((strWeek == " 星期二 " && (intTime >= 19 && intTime <= 20)) || (strWeek == " 星期六 " && (intTime >=
17 && intTime <= 18)))
    {
        Console.WriteLine(" 恭喜您，你获得了折扣活动参与资格，请尽情选购吧！ ");     // 输出提示信息
    }
    else
    {
        Console.WriteLine(" 对不起，您来晚了一步，期待下次活动……");              // 输出提示信息
    }
    Console.ReadLine();
}
```

程序运行结果如图 4.5 和图 4.6 所示。

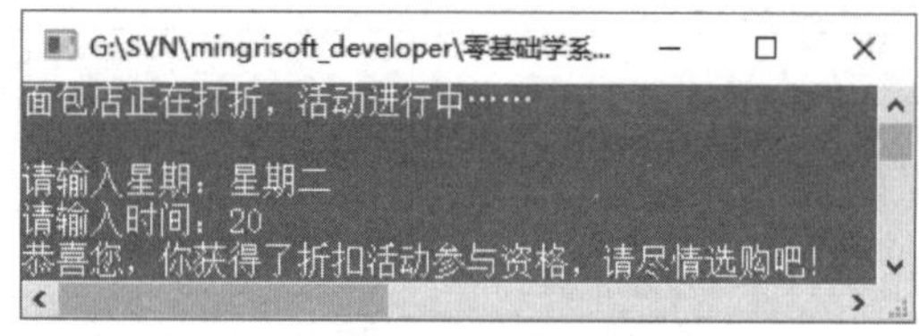

图 4.5　符合条件的运行效果

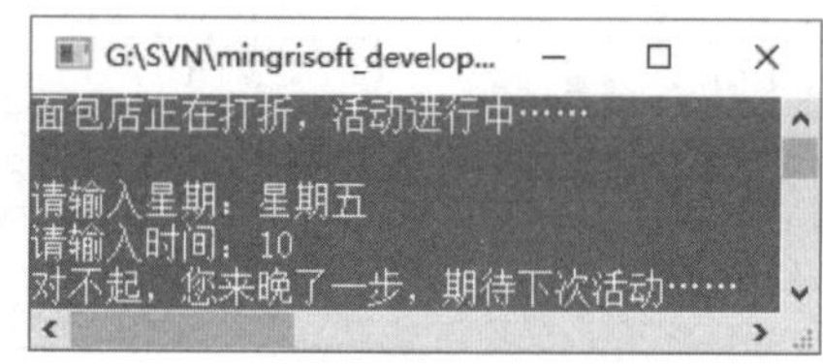

图 4.6　不符合条件的运行效果

4.1.6　位运算符

位运算符的操作数类型是整型，可以是有符号的也可以是无符号的。C# 中的位运算符有位与、位或、位异或和取反运算符，其中位与、位或、位异或为双目运算符，取反运算符为单目运算符。位运算是完全针对位方面的操作，因此，它在实际使用时，需要先将要执行运算的数据转换为二进制，然后才能进行执行运算。

整型数据在内存中以二进制的形式表示，如整型变量 7 的 32 位二进制表示是 00000000 00000000 00000000 00000111，其中，左边最高位是符号位，最高位是 0 表示正数，若为 1 则表示负数。负数采用补码表示，如 –8 的 32 位二进制表示为 11111111 11111111 11111111 11111000。

1. “位与”运算

“位与”运算的运算符为“&”，“位与”运算的运算法则是：如果两个整型数据 a、b 对应位都是 1，则结果位才是 1，否则为 0。如果两个操作数的精度不同，则结果的精度与精度高的操作数相同，如图 4.7 所示。

2. “位或”运算

“位或”运算的运算符为“|”，“位或”运算的运算法则是：如果两个操作数对应位都是 0，则

结果位才是 0，否则为 1。如果两个操作数的精度不同，则结果的精度与精度高的操作数相同，如图 4.8 所示。

```
  0000 0000 0000 1100
& 0000 0000 0000 1000
---------------------
  0000 0000 0000 1000
```

图 4.7　12&8 的运算过程

```
  0000 0000 0000 0100
| 0000 0000 0000 1000
---------------------
  0000 0000 0000 1100
```

图 4.8　4|8 的运算过程

3. "位异或"运算

"位异或"运算的运算符是"^"，"位异或"运算的运算法则是：当两个操作数的二进制表示相同（同时为 0 或同时为 1）时，结果为 0，否则为 1。若两个操作数的精度不同，则结果数的精度与精度高的操作数相同，如图 4.9 所示。

4. "取反"运算

"取反"运算也称"按位非"运算，运算符为"～"。"取反"运算就是将操作数对应二进制中的 1 修改为 0，0 修改为 1，如图 4.10 所示。

```
  0000 0000 0001 1111
^ 0000 0000 0001 0110
---------------------
  0000 0000 0000 1001
```

图 4.9　31^22 的运算过程

```
~ 0000 0000 0111 1011
---------------------
  1111 1111 1000 0100
```

图 4.10　～ 123 的运算过程

4.1.7　移位运算符

C# 中的移位运算符有两个，分别是左移位 << 和右移位 >>，这两个运算符都是双目运算符，它们主要用来对整数类型数据进行移位操作。移位运算符的右操作数不可以是负数，并且要小于左操作数的位数。下面分别对左移位 << 和右移位 >> 进行讲解。

1. 左移位运算符 <<

左移位运算符 << 是将一个二进制操作数向左移动指定的位数，左边（高位端）溢出的位被丢弃，右边（低位端）的空位用 0 补充。左移位运算相当于乘以 2 的 n 次幂。

例如，int 类型数据 48 对应的二进制数为 00110000，将其左移 1 位，根据左移位运算符的运算规则可以得出 (00110000<<1)=01100000，所以转换为十进制数就是 96（48*2）；将其左移 2 位，根据左移位运算符的运算规则可以得出 (00110000<<2)=11000000，所以转换为十进制数就是 192（$48*2^2$），其执行过程如图 4.11 所示。

图 4.11　左移位运算

2. 右移位运算符 >>

右移位运算符 >> 是将一个二进制操作数向右移动指定的位数，右边（低位端）溢出的位被丢弃，而在填充左边（高位端）的空位时，如果最高位是 0（正数），左侧空位填入 0；如果最高位是 1（负数），左侧空位填入 1。右移位运算相当于除以 2 的 n 次幂。

正数 48 右移 1 位的运算过程如图 4.12 所示。

负数 –80 右移 2 位的运算过程如图 4.13 所示。

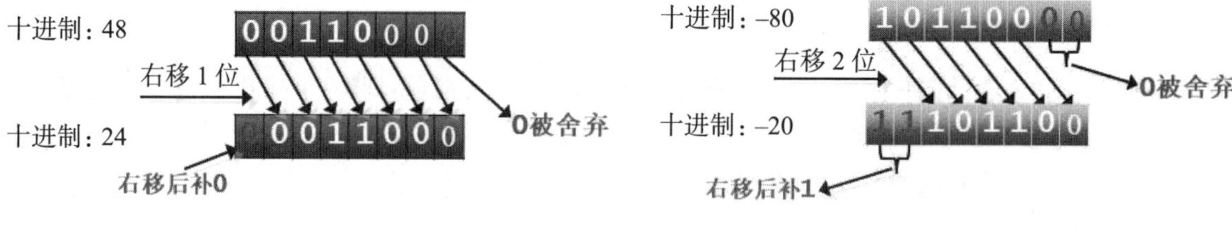

图 4.12　正数的右移位运算过程　　　图 4.13　负数的右移位运算过程

多学两招

由于移位运算的速度很快，在程序中遇到表达式乘以或除以 2 的 n 次幂的情况时，一般采用移位运算来代替。

4.1.8　条件运算符

条件运算符用“?:”表示，它是 C# 中唯一的三目运算符，该运算符需要 3 个操作数，形式如下：

```
< 表达式 1> ? < 表达式 2> : < 表达式 3>
```

其中，表达式 1 是一个布尔值，可以为真或假，如果表达式 1 为真，返回表达式 2 的运算结果，如果表达式 1 为假，则返回表达式 3 的运算结果。例如：

```
int  x=5, y=6, max;
max=x<y? y : x ;
```

技巧

条件运算符相当于一个 if 语句，因此，上面的第 2 行代码可以修改如下：

```
f(x<y)
    max=y;
else
    max=x;
```

关于 if 语句的详细讲解，请参见第 5 章。

另外，条件运算符的结合性是从右向左的，即从右向左运算，例如：

```
int  x =5, y = 6 ;
```

```
int  a = 1, b = 2 ;
int  z=0;
z= x>y? x : a>b? a : b ;          // z 的值是 2
```

等价于：

```
int  x =5, y = 6 ;
int  a = 1, b = 2 ;
int  z=0;
z= x>y? x : (a>b? a : b) ;        // z 的值是 2
```

【例 4.04】 创建一个控制台应用程序，使用条件运算符判断输入年龄所处的阶段，并输出相应的提示信息，代码如下：（**实例位置：资源包 \ 源码 \04\4.04**）

```
static void Main(string [ ] args)
{
    Console.Write(" 请输入一个年龄：");                    // 屏幕输入提示字符串
    int age = Int32.Parse(Console.ReadLine());          // 将输入的年龄转换成 int 类型
    // 利用条件运算符判断年龄是否大于 40，并输出相应的内容
    string info = age > 40 ? " 人到中年了！ " : " 这正是奋斗的黄金年龄 ";
    Console.WriteLine(info);
    Console.ReadLine();
}
```

程序运行结果如图 4.14 所示。

图 4.14　使用条件运算符判断人的年龄阶段

4.2　运算符优先级与结合性

C# 中的表达式是使用运算符连接起来的符合 C# 规范的式子，运算符的优先级决定了表达式中运算执行的先后顺序。运算符优先级其实相当于进销存的业务流程，如进货、入库、销售、出库，只能按这个步骤进行操作。运算符的优先级也是这样的，它是按照一定的先后顺序进行计算的，C# 中的运算符优先级由高到低的顺序依次是：

（1）单目运算符。

（2）算术运算符。

（3）移位运算符。

（4）关系运算符。

（5）逻辑运算符。

（6）条件运算符。

（7）赋值运算符。

如果两个运算符具有相同的优先级，则会根据其结合性确定是从左至右运算，还是从右至左运算。表 4.6 列出了运算符从高到低的优先级顺序及结合性。

表 4.6　运算符的优先级顺序及结合性

运算符类别	运　算　符	数　　目	结　合　性
单目运算符	++, --, !	单目	←
算术运算符	*, /, %	双目	→
	+, -	双目	→
移位运算符	<<, >>	双目	→
关系运算符	>, >=, <, <=	双目	→
	==, !=	双目	→
逻辑运算符	&&	双目	→
	||	双目	→
条件运算符	? :	三目	←
赋值运算符	=, +=, -=, *=, /=, %=	双目	←

说明

表 4.6 中的“←”表示从右至左，“→”表示从左至右，从表 4.6 中可以看出，C# 中的运算符中，只有单目、条件和赋值运算符的结合性为从右至左，其他运算符的结合性都是从左至右，所以，下面的代码是等效的：

```
!a++;          等效于：  !(a++);
a ? b : c ? d : e;   等效于：  a ? b : (c ? d : e);
a = b = c;       等效于：  a = (b = c);
a + b – c;       等效于：  (a + b) – c;
```

4.3　小　　结

本章主要的内容是运算符，几种常用的运算符需要读者重点掌握。在应用程序开发中，运算符被频繁地使用，可见其重要性。最常见的运算符有算术运算符、自增自减运算符、赋值运算符、关系运算符、逻辑运算符、位运算符以及其他一些特殊的运算符。如果表达式中需要同时存在几个运算符，那么就必须考虑运算符的优先级顺序，优先级顺序高的要比优先级顺序低的先被执行。

4.4　实　　战

4.4.1　实战一：谁家是“超生游击队”

国家推出二胎政策，A 家庭陆续生了 2 个孩子，B 家庭陆续生了 4 个孩子，哪个家庭属于超生家庭？实战效果如图 4.15 所示。（**实例位置：资源包 \ 源码 \04\ 实战 \01**）

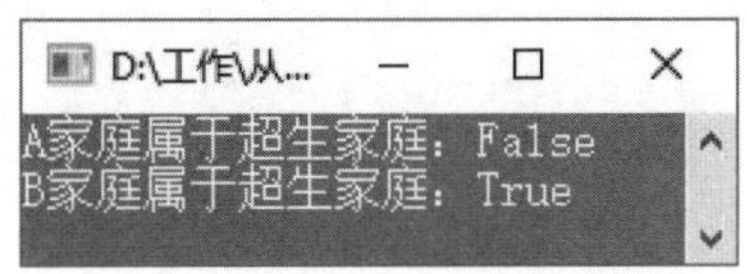

图 4.15　谁家是“超生游击队”

4.4.2　实战二：模拟用户登录

使用逻辑运算符判断用户输入的用户名和密码是否同时满足条件，如果是，输出“登录成功”，否则，输出“登录失败”。提示：默认的用户名和密码分别是 mr 和 mrsoft，另外，该程序实现时需要用到关系运算符“==”和条件运算符“?:”。登录成功和失败的效果分别如图 4.16 和图 4.17 所示。（**实例位置：资源包 \ 源码 \04\ 实战 \02**）

图 4.16　登录成功

图 4.17　登录失败

第 5 章

条件控制语句

（视频讲解：1 小时 3 分钟）

做任何事情都要遵循一定的原则。例如，到图书馆去借书，就必须要有借书证，并且借书证不能过期，这两个条件缺一不可。程序设计也是如此，需要利用流程控制实现与用户的交流，并根据用户的需求决定程序“做什么”“怎么做”。

流程控制对于任何一门编程语言来说都是至关重要的，它提供了控制程序如何执行的方法。如果没有流程控制语句，整个程序将按照线性顺序来执行，而不能根据用户的需求决定程序执行的顺序。本章将对 C# 中的条件控制语句进行详细讲解。

通过学习本章，读者主要掌握以下内容：

- 了解程序的决策分支
- if 语句的使用
- if...else 语句的使用
- if...else if...else 语句的使用
- if 语句的嵌套使用
- switch 语句的使用
- switch 与 if...else if...else 的区别

5.1 决策分支

计算机的主要功能是提供用户计算功能，但在计算的过程中会遇到各种各样的情况，针对不同的情况会有不同的处理方法，这就要求程序开发语言要有处理决策的能力。汇编语言使用判断指令和跳转指令实现决策，高级语言使用选择判断语句实现决策。

一个决策系统就是一个分支结构，这种分支结构就像一个树形结构，每到一个节点都需要做决定，就像人走到十字路口，是向前走，还是向左走或是向右走都需要做决定，不同的分支代表不同的决定。例如，十字路口的分支结构如图 5.1 所示。

为描述决策系统的流通，设计人员开发了流程图。流程图使用图形方式描述系统不同状态的不同处理方法。开发人员使用流程图表现程序的结构，主要的流程图符号如图 5.2 所示。

使用流程图描述十字路口转向的决策，利用方位做决定，判断是否是南方，如果是南方向，则前行，如果不是南方，寻找南方，流程图如图 5.3 所示。

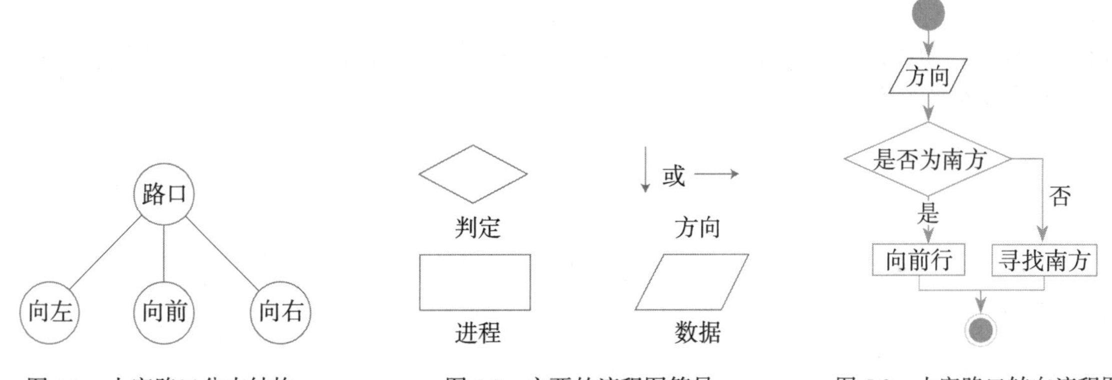

图 5.1　十字路口分支结构　　图 5.2　主要的流程图符号　　图 5.3　十字路口转向流程图

程序中使用选择结构语句来做决策，选择结构是编程语言的基础语句，在 C# 语言中有两种选择结构语句，分别是 if 语句和 switch 语句，下面分别对这两种选择结构语句进行讲解。

选择结构语句也称为条件判断语句或者分支语句。

5.2 if 语句

在生活中，每个人都要做出各种各样的选择。例如，吃什么菜？走哪条路？找什么人？那么当程序遇到选择时，该怎么办呢？这时需要使用的就是选择结构语句。if 语句是最基础的一种选择结构语句，它主要有 3 种形式，分别为 if 语句、if...else 语句和 if...else if...else 多分支语句，本节将分别对它们进行详细讲解。

5.2.1 最简单的 if 语句

C# 语言中使用 if 关键字来组成选择语句，其最简单的语法形式如下：

```
if( 表达式 )
{
        语句块
}
```

说明

使用 if 语句时，如果只有一条语句，省略 {} 是没有语法错误的，而且不影响程序的执行，但是为了程序代码的可读性，建议不要省略。

其中，表达式部分必须用 () 括起来，它可以是一个单纯的布尔变量或常量，也可以是关系表达式或逻辑表达式，如果表达式为真，则执行“语句块”，之后继续执行“下一条语句”；如果表达式的值为假，就跳过“语句块”，执行“下一条语句”，这种形式的 if 语句相当于汉语里的“如果……那么……”，其流程图如图 5.4 所示。

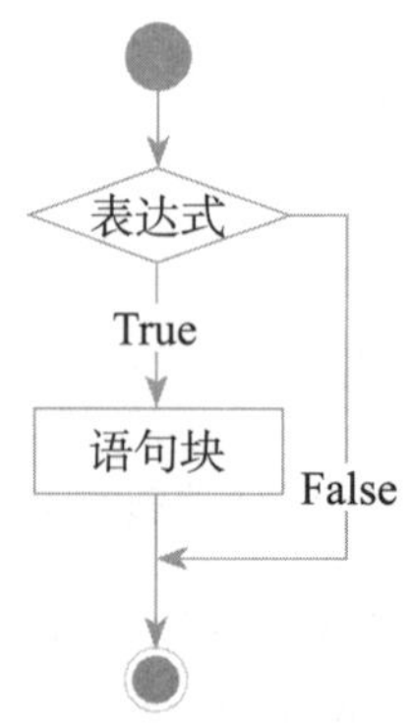

图 5.4　if 语句流程图

【例 5.01】 使用 if 语句判断用户输入的数字是不是奇数，代码如下：（**实例位置：资源包 \ 源码 \05\5.01**）

```
static void Main(string [ ] args)
{
    Console.WriteLine(" 请输入一个数字：");
    int iInput = Convert.ToInt32(Console.ReadLine());              // 记录用户的输入
    if (iInput % 2 != 0)                                          // 使用 if 语句进行判断
    {
        Console.WriteLine(iInput + " 是一个奇数！ ");
    }
    Console.ReadLine();
}
```

运行程序，当输入 5 时，效果如图 5.5 所示；当输入 6 时，效果如图 5.6 所示。

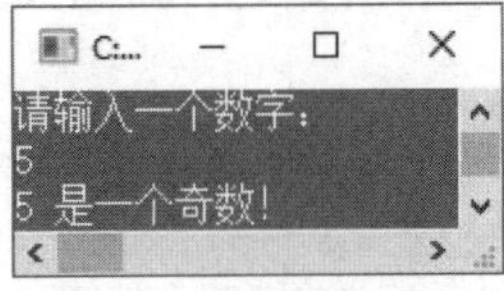

图 5.5　奇数运行结果

图 5.6　不是奇数的运行结果

if 语句后面如果只有一条语句时，可以不使用大括号 {}，例如下面的代码：

```
if (a > b)
    max = a;
```

但是，不建议开发人员使用这种形式，不管 if 语句后面有多少要执行的语句，都建议使用大括号 {} 括起来，这样方便代码的阅读。

5.2.2　if...else 语句

如果遇到只能二选一的条件，比如某个公司在发展过程中遇到了“扩张”和“求稳”的抉择，C# 中提供了 if...else 语句解决类似问题，其语法如下：

```
if( 表达式 )
{
    语句块 1;
}
else
{
    语句块 2;
}
```

使用 if...else 语句时，表达式可以是一个单纯的布尔变量或常量，也可以是关系表达式或逻辑表达式，如果满足条件，则执行 if 后面的语句块，否则，执行 else 后面的语句块，这种形式的选择语句相当于汉语里的“如果……否则……”，其流程图如图 5.7 所示。

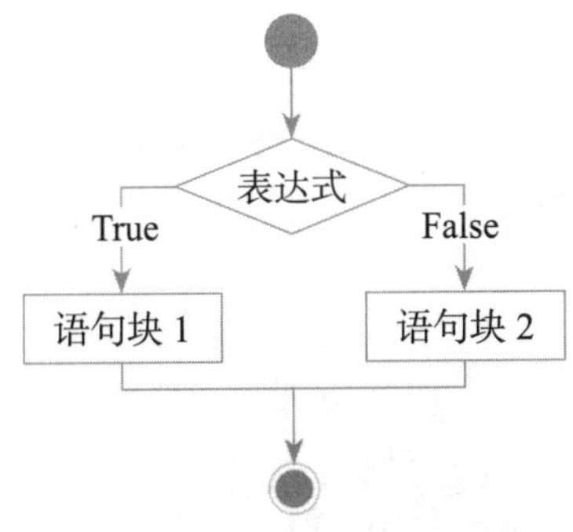

图 5.7　if...else 语句流程图

【例 5.02】 使用 if...else 语句判断用户输入的分数是不是足够优秀，如果大于 90，则表示优秀，否则，输出“希望你继续努力！”，代码如下：（**实例位置：资源包 \ 源码 \05\5.02**）

```
static void Main(string [ ] args)
{
    Console.WriteLine(" 请输入你的分数：");
    int score = Convert.ToInt32(Console.ReadLine());          // 记录用户的输入
    if (score > 90)                                           // 判断输入是否大于 90
    {
        Console.WriteLine(" 你非常优秀 !");
    }
    else                                                      // 不大于 90 的情况
    {
        Console.WriteLine(" 希望你继续努力 !");
    }
    Console.ReadLine();
}
```

运行程序，当输入一个大于 90 的数时（如 93），效果如图 5.8 所示；当输入一个小于 90 的数时（如 87），效果如图 5.9 所示。

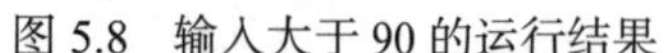

图 5.8 输入大于 90 的运行结果

图 5.9 输入小于 90 的运行结果

注意

在使用 else 语句时，else 一定不可以单独使用，它必须和关键字 if 一起使用，例如下面的代码是错误的：

```
else
{
    max=a;
}
```

程序中使用 if...else 语句时，如果出现 if 语句多于 else 语句的情况，将会出现悬垂 else 问题：究竟 else 和哪个 if 相匹配呢？例如下面的代码：

```
if(x>1)
    if(y>x)
        y++;
else
    x++;
```

如果遇到上面的情况，记住：在没有特殊处理的情况下，else 永远都与最后出现的 if 语句相匹配，即：上面代码中的 else 是与 if(y>x) 语句相匹配的。如果要改变 else 语句的匹配对象，可以使用大括号，例如将上面代码修改如下：

```
if(x>1)
{
    if(y>x)
      y++;
}
else
    x++;
```

如果修改成这样，else 将与 if(x>1) 语句相匹配。

技巧

建议总是在 if 后面使用大括号 {} 将要执行的语句括起来，这样可以避免程序代码混乱。

5.2.3　if...else if...else 语句

大家平时在网上购物付款时通常都有多种选择，如图 5.10 所示。

图 5.10　购物时的付款页面

图 5.10 中提供了 5 种付款方式，这时用户就需要从多个选项中选择一个。在开发程序时，如果遇到多选一的情况，则可以使用 if...else if...else 语句，该语句是一个多分支选择语句，通常表现为“如果满足某种条件，进行某种处理，否则，如果满足另一种条件，则执行另一种处理……”。if...else if...else 语句的语法格式如下：

```
if( 表达式 1)
{
      语句 1;
}
else if( 表达式 2)
{
      语句 2;
}
else if( 表达式 3)
```

```
{
    语句 3;
}
  …
else
{
    语句 n;
}
```

使用 if...else if...else 语句时，表达式部分必须用 () 括起来，它可以是一个单纯的布尔变量或常量，也可以是关系表达式或逻辑表达式，如果表达式为真，执行语句；而如果表达式为假，则跳过该语句，进行下一个 else if 的判断，只有在所有表达式都为假的情况下，才会执行 else 中的语句。if...else if...else 语句的流程图如图 5.11 所示。

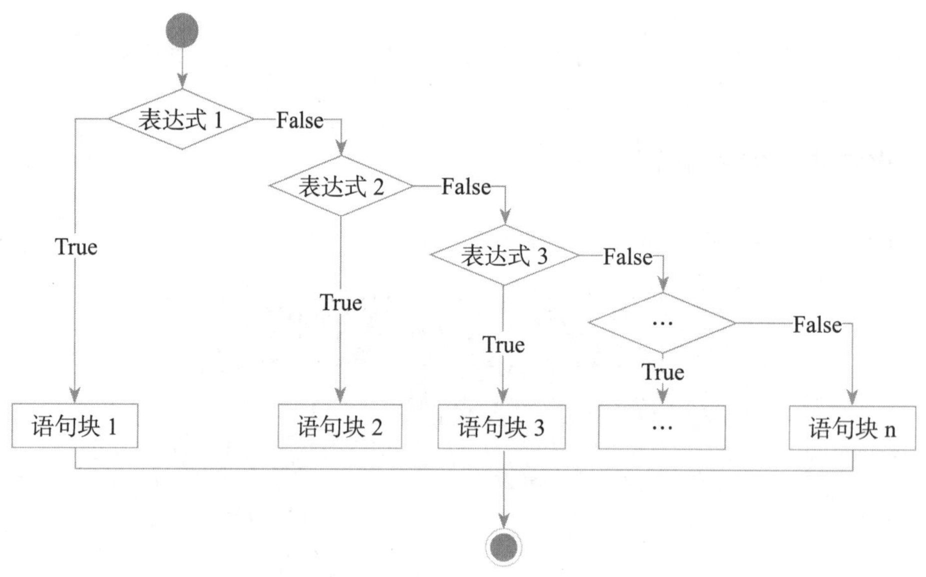

图 5.11　if...else if...else 语句的流程图

注意

if 和 else if 都需要判断表达式的真假，而 else 则不需要判断；另外，else if 和 else 都必须跟 if 一起使用，不能单独使用。

【例 5.03】 使用 if...else if...else 多分支语句实现根据用户输入的年龄输出相应信息提示的功能，代码如下：（**实例位置：资源包 \ 源码 \05\5.03**）

```
static void Main(string [ ] args)
{
    int YouAge = 0;                                   // 声明一个 int 类型的变量 YouAge，值为 0
    Console.WriteLine(" 请输入您的年龄：");
    YouAge = int.Parse(Console.ReadLine());           // 获取用户输入的数据
```

```
    if (YouAge <= 18)                              // 调用 if 语句判断输入的数据是否小于等于 18
    {
        // 如果小于等于 18 则输出提示信息
        Console.WriteLine(" 您的年龄还小，要努力奋斗哦！ ");
    }
    else if (YouAge > 18 && YouAge <= 30)          // 判断是否大于 18 岁小于等于 30 岁
    {
        // 如果输入的年龄大于 18 岁并且小于等于 30 岁则输出提示信息
        Console.WriteLine(" 您现在的阶段正是努力奋斗的黄金阶段！ ");
    }
    else if (YouAge > 30 && YouAge <= 50)          // 判断输入的年龄是否大于 30 岁小于等于 50 岁
    {
        // 如果输入的年龄大于 30 岁而小于等于 50 岁则输出提示信息
        Console.WriteLine(" 您现在的阶段正是人生的黄金阶段！ ");
    }
    else
    {
        Console.WriteLine(" 最美不过夕阳红！ ");
    }
    Console.ReadLine();
}
```

运行程序，输入一个年龄值，按回车键，即可输出相应的信息提示，效果如图 5.12 所示。

图 5.12　if...else if...else 多分支语句的使用

技巧

使用 if 选择语句时，尽量遵循以下原则。

（1）使用 bool 变量作为判断条件，假设 bool 变量 flag，较为规范的书写：

```
if(flag)          // 表示为真
if(!flag)         // 表示为假
```

不符合规范的书写：

```
if(flag==true)
if(flag==false)
```

（2）使用浮点类型变量与 0 值进行比较时，规范的书写格式如下：

```
if(d_value>=–0.00001&&d_value<=0.00001)// 这里的 0.00001 是 d_value 的精度，d_value 是 double 类型
```

不符合规范的书写格式如下：

```
if(d_value==0.0)
```

（3）使用 if(1==a) 这样的书写格式可以防止错写成 if(a=1) 这种形式，以避免逻辑上的错误。

5.2.4 if 语句的嵌套

前面讲过 3 种形式的 if 选择语句，这 3 种形式的选择语句之间都可以进行互相嵌套。例如，在最简单的 if 语句中嵌套 if...else 语句，形式如下：

```
if( 表达式 1)
{
    if( 表达式 2)
        语句 1;
    else
        语句 2;
}
```

例如，在 if...else 语句中嵌套 if...else 语句，形式如下：

```
if( 表达式 1)
{
    if( 表达式 2)
        语句 1;
    else
        语句 2;
}
else
{
    if( 表达式 2)
        语句 1;
    else
        语句 2;
}
```

说明

if 选择语句可以有多种嵌套方式，开发程序时，可以根据自身需要选择合适的嵌套方式，但一定要注意逻辑关系的正确处理。

【例 5.04】 通过使用嵌套的 if 语句实现判断用户输入的年份是不是闰年的功能，代码如下：（**实例位置：资源包 \ 源码 \05\5.04**）

```
static void Main(string [ ] args)
{
    Console.WriteLine(" 请输入一个年份：");
    int iYear = Convert.ToInt32(Console.ReadLine());        // 记录用户输入的年份
    if (iYear % 4 == 0)                                     // 四年一闰
    {
        if (iYear % 100 == 0)
        {
            if (iYear % 400 == 0)                           // 四百年再闰
            {
```

```
                Console.WriteLine(" 这是闰年 ");
            }
            else                                                    //百年不闰
            {
                Console.WriteLine(" 这不是闰年 ");
            }
        }
        else
        {
            Console.WriteLine(" 这是闰年 ");
        }
    }
    else
    {
        Console.WriteLine(" 这不是闰年 ");
    }
    Console.ReadLine();
}
```

说明

判断闰年的方法是“四年一闰，百年不闰，四百年再闰”。程序使用嵌套的 if 语句对这 3 个条件逐一判断，第 5 行代码首先判断年份能否被 4 整除 iYear%4==0，如果不能整除，输出字符串“这不是闰年”，如果能整除，第 7 行代码继续判断能否被 100 整除 iYear%100==0，如果不能整除，输出字符串“这是闰年”，如果能整除，第 9 行代码继续判断能否被 400 整除 iYear%400==0，如果能整除，输出字符串“这是闰年”，如果不能整除，输出字符串“这不是闰年”。

运行程序，当输入一个闰年年份时（如 2000），效果如图 5.13 所示；当输入一个非闰年年份时（如 2017），效果如图 5.14 所示。

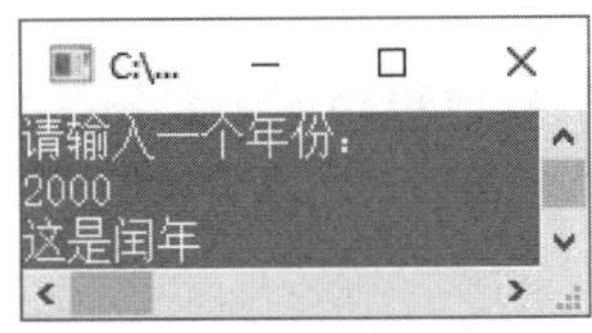

图 5.13　输入闰年年份的结果

图 5.14　输入非闰年年份的结果

说明

（1）使用 if 语句嵌套时，要注意 else 关键字要和 if 关键字成对出现，并且遵守临近原则，即 else 关键字总是和自己最近的 if 语句相匹配。

（2）在进行条件判断时，应该尽量使用复合语句，以免产生二义性，导致运行结果和预想的不一致。

5.3 switch 多分支语句

在开发中一个常见的问题就是检测一个变量是否符合某个条件，如果不符合，再用另一个值来检测它，依此类推，当然，这种问题可以使用 if 选择语句完成。

例如，使用 if 语句检测变量是否符合某个条件。

```
char grade = 'B';
if (grade == 'A')
{
    Console.WriteLine(" 真棒 ");
}
if (grade == 'B')
{
    Console.WriteLine(" 做得不错 ");
}
if (grade == 'C')
{
    Console.WriteLine(" 再接再厉 ");
}
```

在执行上面代码时，每一条 if 语句都会进行判断，这样显得非常烦琐，为了简化这种编写代码的方式，C# 中提供了 switch 语句，将判断动作组织了起来，以一个比较简单的方式实现“多选一”的逻辑。本节将对 switch 语句进行详细讲解。

5.3.1 switch 语句

switch 语句是多分支条件判断语句，它根据参数的值使程序从多个分支中选择一个用于执行的分支，其基本语法如下：

```
switch( 判断参数 )
{
   case 常量值 1:
        语句块 1
        break;
   case 常量值 2:
        语句块 2
        break;
        …
   case 常量值 n:
        语句块 n
        break;
   default:
```

```
        语句块 n+1
        break;
}
```

switch 关键字后面的括号 () 中是要判断的参数，参数必须是 sbyte，byte，short，ushort，int，uint，long，ulong，char，string，bool 或者枚举类型中的一种，大括号 { } 中的代码是由多个 case 子句组成的，每个 case 关键字后面都有相应的语句块，这些语句块都是 switch 语句可能执行的语句块。如果符合常量值，则 case 下的语句块就会被执行，语句块执行完毕后，执行 break 语句，使程序跳出 switch 语句；如果条件都不满足，则执行 default 中的语句块。

注意

（1）case 后的各常量值不可以相同，否则会出现错误。

（2）case 后面的语句块可以多条语句，不必使用大括号 {} 括起来。

（3）case 语句和 default 语句的顺序可以改变，但不会影响程序执行结果。

（4）一个 switch 语句中只能有一个 default 语句，而且 default 语句可以省略。

switch 语句的执行流程图如图 5.15 所示。

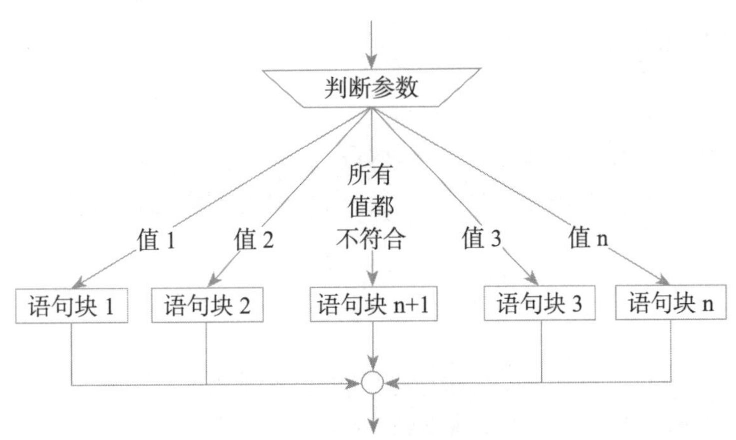

图 5.15　switch 语句的执行过程

【例 5.05】 使用 switch 多分支语句实现查询高考录取分数线的功能，其中，民办本科：350 分，艺术类本科：290 分，体育类本科：280 分，二本：445 分，一本：555 分。代码如下：（**实例位置：资源包 \ 源码 \05\5.05**）

```
static void Main(string [ ] args)
{
    // 输出提示问题
    Console.WriteLine("请输入要查询的录取分数线(比如民办本科、艺术类本科、体育类本科、二本、一本)");
    string strNum = Console.ReadLine();          // 获取用户输入的数据
    switch (strNum)
    {
```

```
        case " 民办本科 ":                      // 查询民办本科分数线
            Console.WriteLine(" 民办本科录取分数线：350");
            break;
        case " 艺术类本科 ":                    // 查询艺术类本科分数线
            Console.WriteLine(" 艺术类本科录取分数线：290");
            break;
        case " 体育类本科 ":                    // 查询体育类本科分数线
            Console.WriteLine(" 体育类本科录取分数线：280");
            break;
        case " 二本 ":                          // 查询二本分数线
            Console.WriteLine(" 二本录取分数线：445");
            break;
        case " 一本 ":                          // 查询一本分数线
            Console.WriteLine(" 一本录取分数线：555");
            break;
        default:                                // 如果不是以上输入，则输入错误
            Console.WriteLine(" 您输入的查询信息有误！ ");
            break;
    }
    Console.ReadLine();
}
```

程序运行效果如图 5.16 所示。

图 5.16 查询高考录取分数线

常见错误

（1）使用 switch 语句时，常量表达式的值绝不可以是浮点类型。例如下面的代码就是不合法的：

```
double dNum = Convert.ToDouble(Console.ReadLine());
switch (dNum)
{
    case 1.0:
        Console.WriteLine(" 分支一 ");
        break;
    case 2.0:
        Console.WriteLine(" 分支二 ");
        break;
}
```

在 Visual Studio 2017 开发环境中运行上面代码时，将会出现如图 5.17 所示的错误提示。

图 5.17　判断参数为浮点类型时出现的错误提示

（2）使用 switch 语句时，每一个 case 语句或者 default 后面必须有一个 break 关键字，否则，将会出现如图 5.18 所示的错误提示。

图 5.18　缺少 break 关键字时的错误提示

5.3.2　switch 与 if...else if...else 的区别

5.2.3 节中讲到的 if...else if...else 语句也可以实现多分支选择的情况，但它主要是对布尔表达式、关系表达式或者逻辑表达式进行判断，而 switch 多分支语句主要对常量值进行判断。因此，在程序开发中，如果遇到多分支选择的情况，并且判断的条件不是关系表达式、逻辑表达式或者浮点类型，就可以将使用 switch 语句代替 if...else if...else 语句，这样执行效率会更高。

5.4　小　　结

本章详细介绍了条件语句的概念及用法。在程序中，语句是程序完成一次操作的基本单位，而流程语句控制语句执行的顺序，在讲解流程控制语句过程中，通过实例演示每种语句的用法。在学习本章内容时，读者要重点掌握 if 语句、switch 语句的用法，因为这两种语句在程序开发中会经常用到，希望通过对本章的学习，读者能够熟练掌握 C# 中条件控制语句的使用，并能够应用于实际的开发中。

5.5　实　　战

5.5.1　实战一：模拟到银行取钱场景

模拟到银行取钱场景：已知银行卡密码是 404328，密码正确才可以取钱。使用 if 语句判断取钱密码是否正确。如果输入的密码是 404328，则说明密码正确，运行效果如图 5.19 所示。（**实例位置：资源包 \ 源码 \05\ 实战 \01**）

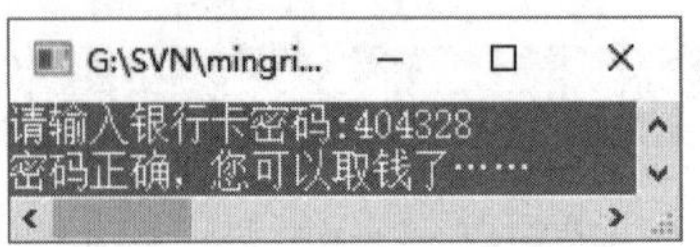

图 5.19　模拟到银行取钱场景

5.5.2　实战二：模拟设计游戏关卡

模拟设计游戏关卡，要求根据输入的数字，直接进入对应的关卡。如，输入的是数字 3，控制台输出“当前进入第 3 关”，游戏设置只有 3 关，因此，当输入不是 1，2，3 的数字时，提示“请输入正确的关数，当前游戏只有 3 关”。输入正确关数的效果如图 5.20 所示，输入不正确关数的效果如图 5.21 所示。（**实例位置：资源包 \ 源码 \05\ 实战 \02**）

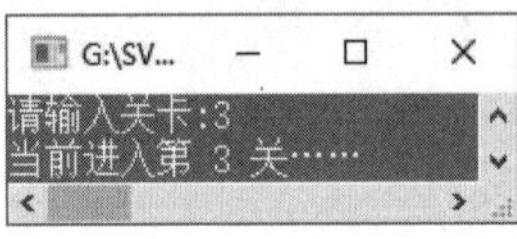

图 5.20　输入正确关数

图 5.21　输入不正确关数

第 6 章

循环控制语句

（视频讲解：57 分钟）

当程序要反复执行某一操作时，就必须使用循环结构，比如遍历二叉树、输出数组元素等。本章将对程序设计的另外一种结构——循环结构进行详细讲解。

通过学习本章，读者主要掌握以下内容：

- while 语句的使用
- do...while 语句的使用
- while 语句与 do...while 语句的区别
- for 语句的使用
- 循环语句的嵌套使用
- 跳转语句的使用

6.1 while 和 do...while 循环

学习和使用 C# 语言的目的是使用它编写出能够解决现实生活中问题的程序。生活中存在着很多重复性的工作，有时甚至不知道这种工作需要重复的次数，那么如何用简单的 C# 语句解决这种复杂的、带有重复性的问题呢？ C# 中提供了循环控制语句来解决这类问题。C# 中的循环语句主要有 while，do...while 和 for，本节将首先对 while 和 do...while 循环的使用进行讲解。

6.1.1 while 循环

while 语句用来实现“当型”循环结构，它的语法格式如下：

```
while( 表达式 )
{
    语句
}
```

表达式一般是一个关系表达式或一个逻辑表达式，其表达式的值应该是一个逻辑值真或假（true 和 false），当表达式的值为真时，开始循环执行语句；而当表达式的值为假时，退出循环，执行循环外的下一条语句。循环每次都是执行完语句后回到表达式处重新开始判断，重新计算表达式的值。

while 循环的流程图如图 6.1 所示。

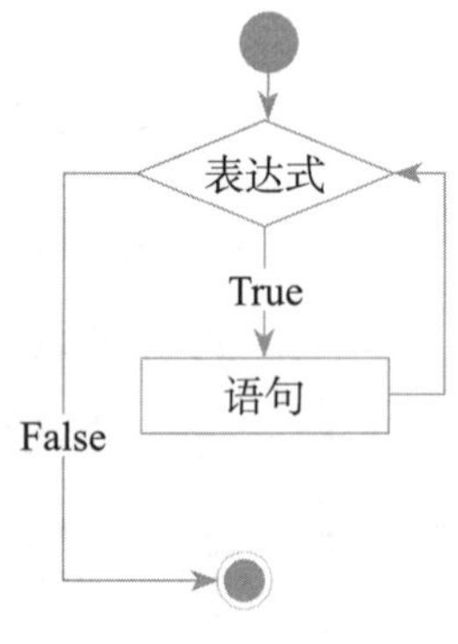

图 6.1 while 循环流程图

【例 6.01】 200 多年以前，在德国的一所乡村小学里，有一个很懒的老师，他总是要求学生们不停地做整数加法计算，在学生们将一长串整数求和的过程中，他就可以在旁边名正言顺地偷懒了。有一天，他又用同样的方法布置了一道从 1 加到 100 的求和问题。正当他打算偷懒时，就有一个学生说自己算出了答案。老师自然是不信的，不看答案就让学生再去算，可是学生还是站在老师面前不动。老师被激怒了，认为这个学生是在挑衅自己的威严，他是不会相信一个小学生能在几秒钟内就将从 1 到 100 这 100 个数的求和问题计算出结果。于是抢过学生的答案，正打算教训学生时，突然发现学生写的答案是 5050。老师愣住了，原来这个学生不是一个数一个数的加起来的，而是将 100 个数分成 1+100=101、2+99=101 一直到 50+51=101 等 50 对，然后使用 101*50=5050 计算得出的，这个聪明的学生就是德国著名的数学家高斯。本实例将使用 while 循环挑战高斯，通过程序实现 1 到 100 的累加，代码如下：**（实例位置：资源包 \ 源码 \06\6.01）**

```
static void Main(string [ ] args)
{
     int iNum = 1;                    // iNum 从 1 到 100 递增
     int iSum = 0;                    // 记录每次累加后的结果
     while (iNum <= 100)              // iNum <= 100 是循环条件
```

```
    {
        iSum += iNum;                    // 把每次的 iNum 的值累加到上次累加的结果中
        iNum++;                          // 每次循环 iNum 的值加 1
    }
    // 输出结果
    Console.WriteLine("1 到 100 的累加结果是：" + iSum);
    Console.ReadLine();
}
```

程序运行结果如下：

```
1 到 100 的累加结果是：5050
```

注意

（1）循环体如果是多条语句，需要用大括号括起来，如果不用大括号，则循环体只包含 while 语句后的第一条语句。

（2）循环体内或表达式中必须有使循环结束的条件，例如，例 6.01 中的循环条件是 iNum <= 100，iNum 的初始值为 1，循环体中就用 iNum++ 来使得 iNum 趋向于 100，使循环结束。

6.1.2　do...while 循环

有些情况下无论循环条件是否成立，循环体的内容都要被执行一次，这时可以使用 do...while 循环。do...while 循环的特点是先执行循环体，再判断循环条件，其语法格式如下：

```
do
{
    语句
}
while( 表达式 );
```

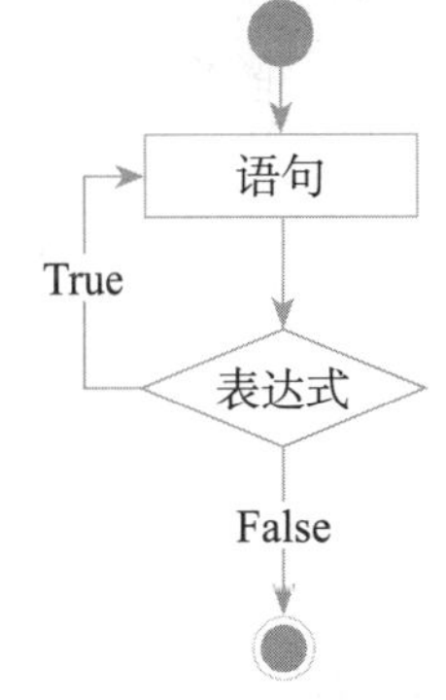

图 6.2　do...while 循环流程图

do 为关键字，必须与 while 配对使用。do 与 while 之间的语句称为循环体，该语句是用大括号 {} 括起来的复合语句。循环语句中的表达式与 while 语句中的相同，也为关系表达式或逻辑表达式，但特别值得注意的是：do...while 语句后一定要有分号“;”。do...while 循环的流程图如图 6.2 所示。

从图 6.2 中可以看出，当程序运行到 do...while 时，先执行一次循环体的内容，然后判断循环条件，当循环条件为“真”的时候，重新返回执行循环体的内容，如此反复，直到循环条件为“假”，循环结束，程序执行 do...while 循环后面的语句。

【例 6.02】 使用 do...while 循环编写程序实现 1 到 100 的累加，代码如下：（**实例位置：资源包 \ 源码 \06\6.02**）

```
static void Main(string [ ] args)
{
```

```
    int iNum = 1;                                          //iNum 从 1 到 100 递增
    int iSum = 0;                                          // 记录每次累加后的结果
    do
    {
        iSum += iNum;                                      // 把每次的 iNum 的值累加到上次累加的结果中
        iNum++;                                            // 每次循环 iNum 的值加 1
    } while (iNum <= 100);                                 //iNum <= 100 是循环条件
    Console.WriteLine("1 到 100 的累加结果是：" + iSum);   // 输出结果
    Console.ReadLine();
}
```

程序运行结果与例 6.01 的运行结果一样。

6.1.3 while 和 do...while 语句的区别

while 语句和 do...while 语句都用来控制代码的循环，但 while 语句适用于先条件判断，再执行循环结构的场合；而 do...while 语句则适合于先执行循环结构，再进行条件判断的场合。具体来说，使用 while 语句时，如果条件不成立，则循环结构一次都不会执行，而如果使用 do...while 语句时，即使条件不成立，程序也至少会执行一次循环结构。

请分析下边两段代码分别执行几次循环？

```
int iNum = 1;
while (iNum<1)
{
    Console. WriteLine (iNum);
    iNum++;
}
```

```
int iNum = 1;
do
{
    Console. WriteLine (iNum);
    iNum++;
} while (iNum<1);
```

6.2 for 循环

for 循环是 C# 中最常用、最灵活的一种循环结构，for 循环既能够用于循环次数已知的情况，又能够用于循环次数未知的情况，本节将对 for 循环的使用进行详细讲解。

6.2.1　for 循环的一般形式

for 循环的常用语法格式如下：

```
for( 表达式 1; 表达式 2; 表达式 3)
{
    语句组
}
```

for 循环的执行过程如下：

（1）求解表达式 1；

（2）求解表达式 2，若表达式 2 的值为“真”，则执行循环体内的语句组，然后执行下面第（3）步，若值为“假”，转到下面第（5）步；

（3）求解表达式 3；

（4）转回到第（2）步执行；

（5）循环结束，执行 for 循环接下来的语句。

for 循环的流程图如图 6.3 所示。

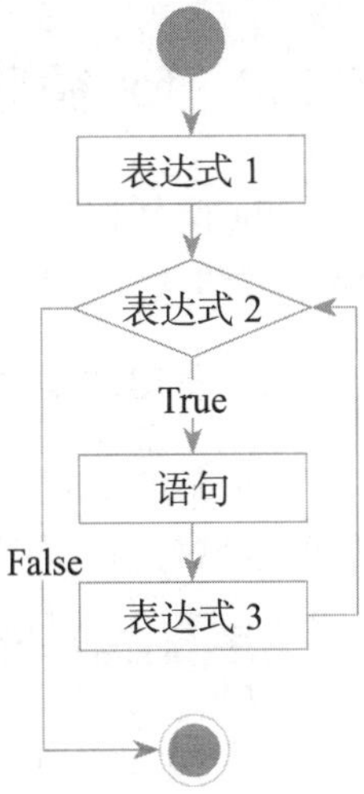

for 循环最常用的格式如下：

```
for( 循环变量赋初值; 循环条件; 循环变量增值 )
{
    语句组
}
```

表达式 1
表达式 2
True
语句
False
表达式 3

图 6.3　for 循环流程图

【例 6.03】 使用 for 循环编写程序实现 1 到 100 的累加，代码如下：（**实例位置：资源包\源码\06\6.03**）

```
static void Main(string [ ] args)
{
    int iSum = 0;                                          // 记录每次累加后的结果
    for (int iNum = 1; iNum <= 100; iNum++)
    {
        iSum += iNum;                                      // 把每次的 iNum 的值累加到上次累加的结果中
    }
    Console.WriteLine("1 到 100 的累加结果是：" + iSum);    // 输出结果
    Console.ReadLine();
}
```

说明

程序运行结果与例 6.01 的运行结果一样。

多学两招

可以把 for 循环改成 while 循环，代码如下：

```
表达式 1;
while( 表达式 2)
{
    语句组
    表达式 3;
}
```

6.2.2　for 循环的变体

for 循环在具体使用时，有很多种变体形式，比如，可以省略“表达式 1”、省略“表达式 2”、省略“表达式 3”或者 3 个表达式都省略，下面分别对 for 的常用变体形式进行讲解。

1. 省略“表达式 1”的情况

for 循环语句的一般格式中的“表达式 1”可以省略，在 for 循环中“表达式 1”一般是用于为循环变量赋初值，若省略了“表达式 1”，则需要在 for 循环的前面为循环条件赋初值，例如：

```
for(; iNum <= 100; iNum++)
{
    sum += iNum;
}
```

此时，需要在 for 循环之前，为 iNum 这个循环变量赋初值。程序执行时，跳过“表达式 1”这一步，其他过程不变。

常见错误

把上面 for 循环语句改成 for(iNum <= 100; iNum ++)，进行编译，会出现如图 6.4 所示的错误提示。

图 6.4　使用 for 循环语句中缺少分号错误

出错是因为省略“表达式 1”，但是其后面的分号不能省略。

2. 省略“表达式 2”的情况

使用 for 循环时，“表达式 2”也可以省略，如果省略了“表达式 2”，则循环没有终止条件，会无限地循环下去，针对这种使用方法，一般会配合后面将会学到的 break 语句等来结束循环。

省略“表达式 2”情况的举例：

```
for(iNum = 1;;iNum++)
{
      iSum += iNum;
}
```

这种情况的 for 循环相当于以下 while 语句：

```
while(true)                 // 条件永远为真
{
      iSum += iNum;
      iNum ++;
}
```

3. 省略“表达式 3”的情况

使用 for 循环时，“表达式 3”也可以省略，但此时程序设计者应另外设法保证循环变量的改变。例如，下面的代码在循环体中对循环变量的值进行了改变：

```
for(iNum = 1; iNum<=100;)
{
      iSum += iNum;
      iNum ++;
}
```

此时，在 for 循环的循环体内，对 iNum 这个循环变量的值进行了改变，这样才能使程序随着循环的进行逐渐趋近并满足程序终止条件。程序执行时，跳过“表达式 3”这一步，其他过程不变。

4. 3 个表达式都省略的情况

for 循环语句中的 3 个表达式都可以省略，这种情况既没有对循环变量赋初值的操作，又没有循环条件，也没有改变循环变量的操作，这种情况下，同省略“表达式 2”的情况类似，都需要配合使用 break 语句来结束循环，否则，会造成死循环。

例如，下面的代码就将会成为死循环，因为没有能够跳出循环的条件判断语句：

```
int i = 100;
for(;;)
{
      Console.WriteLine(i);
}
```

6.2.3　for 循环中逗号的应用

在 for 循环语句中，“表达式 1”和“表达式 3”处都可以使用逗号表达式，即包含一个以上的表达式，中间用逗号间隔。例如，在“表达式 1”处为变量 iNum 和 iSum 同时赋初值：

```
for(iSum = 0, iNum = 1; iNum <= 100; iNum++)
{
    iSum += iNum;
}
```

视频讲解

6.3　循环的嵌套

在一个循环里可以又包含另一个循环，组成循环的嵌套，而里层循环还可以继续进行循环嵌套，构成多层循环结构。

3 种循环（while 循环、do...while 循环和 for 循环）之间都可以相互嵌套。例如，下面的 6 种嵌套都是合法的嵌套形式：

◆　while 循环中嵌套 while 循环

```
while( 表达式 )
{
        语句组
        while( 表达式 )
        {
            语句组
        }
}
```

◆　do...while 循环中嵌套 do...while 循环

```
do
{
        语句组
        do
        {
            语句组
        }
        while( 表达式 );
}while( 表达式 );
```

◆　for 循环中嵌套 for 循环

```
for( 表达式 ; 表达式 ; 表达式 )
{
        语句组
        for( 表达式 ; 表达式 ; 表达式 )
        {
            语句组
        }
}
```

◆ while 循环中嵌套 do...while 循环

```
while( 表达式 )
{
        语句组
        do
        {
            语句组
        }
        while( 表达式 );
}
```

◆ while 循环中嵌套 for 循环

```
while( 表达式 )
{
        语句组
        for( 表达式 ; 表达式 ; 表达式 )
        {
            语句组
        }
}
```

◆ for 循环中嵌套 while 循环

```
for( 表达式 ; 表达式 ; 表达式 )
{
        语句组
        while( 表达式 )
        {
            语句组
        }
}
```

【例 6.04】 使用嵌套的 for 循环打印九九乘法表，代码如下：（**实例位置：资源包 \ 源码 \06\6.04**）

```
static void Main(string [] args)
{
    int iRow, iColumn;                                          // 定义行数和列数
    for (iRow = 1; iRow < 10; iRow++)                           // 行数循环
    {
        for (iColumn = 1; iColumn <= iRow; iColumn++)           // 列数循环
        {
            // 输出每一行的数据
            Console.Write("{0}*{1}={2} ", iColumn, iRow, iRow * iColumn);
        }
        Console.WriteLine();                                    // 换行
    }
    Console.ReadLine();
}
```

本实例的代码使用了双层 for 循环，第一个循环可以看成是对乘法表的行数的控制，同时也是每一个乘法公式的第二个因子；因为输出的九九乘法表是等腰直角三角形排列的，第二个循环控制乘法表的列数，列数的最大值应该等于行数，因此第二个循环的条件应该是在第一个循环的基础上建立的。

程序运行效果如图 6.5 所示。

```
C:\Users\小科\documents\visual studio 2017\Projects\Cons...
1*1=1
1*2=2 2*2=4
1*3=3 2*3=6 3*3=9
1*4=4 2*4=8 3*4=12 4*4=16
1*5=5 2*5=10 3*5=15 4*5=20 5*5=25
1*6=6 2*6=12 3*6=18 4*6=24 5*6=30 6*6=36
1*7=7 2*7=14 3*7=21 4*7=28 5*7=35 6*7=42 7*7=49
1*8=8 2*8=16 3*8=24 4*8=32 5*8=40 6*8=48 7*8=56 8*8=64
1*9=9 2*9=18 3*9=27 4*9=36 5*9=45 6*9=54 7*9=63 8*9=72 9*9=81
```

图 6.5　使用循环嵌套打印九九乘法表

6.4　跳 转 语 句

C# 语言中的跳转语句主要包括 break 语句和 continue 语句，跳转语句可以用于提前结束循环，本节将分别对它们进行详细讲解。

6.4.1　break 语句

第 5 章中已经介绍过使用 break 语句可以使流程跳出 switch 多分支结构，实际上，break 语句还可以用来跳出循环体，执行循环体之外的语句。break 语句通常应用在 switch，while，do...while 或 for 语句中，当多个 switch，while，do...while 或 for 语句互相嵌套时，break 语句只应用于最里层的语句。break 语句的语法格式如下：

```
break;
```

break 一般会结合 if 语句进行搭配使用，表示在某种条件下，循环结束。

【例 6.05】 修改例 6.01，在 iNum 的值为 50 时，退出循环，代码如下：（**实例位置：资源包 \ 源码 \06\6.05**）

```
static void Main(string [ ] args)
```

```
{
    int iNum = 1;                                    //iNum 从 1 到 100 递增
    int iSum = 0;                                    // 记录每次累加后的结果
    while (iNum <= 100)                              //iNum <= 100 是循环条件
    {
        iSum += iNum;                                // 把每次的 iNum 的值累加到上次累加的结果中
        iNum++;                                      // 每次循环 iNum 的值加 1
        if (iNum == 50)                              // 判断 iNum 的值是否为 50
            break;                                   // 退出循环
    }
    Console.WriteLine("1 到 49 的累加结果是：" + iSum);    // 输出结果
    Console.ReadLine();
}
```

程序运行结果如下：

```
1 到 49 的累加结果是：1225
```

6.4.2　continue 语句

continue 语句的作用是结束本次循环，它通常应用于 while，do...while 或 for 语句中，用来忽略循环语句内位于它后面的代码而直接开始一次的循环。当多个 while，do...while 或 for 语句互相嵌套时，continue 语句只能使直接包含它的循环开始一次新的循环。continue 的语法格式如下：

```
continue;
```

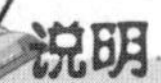说明

continue 一般会结合 if 语句进行搭配使用，表示在某种条件下不执行后面的语句，直接开始下一次的循环。

【例 6.06】　通过在 for 循环中使用 continue 语句实现 1 到 100 之间的偶数的和，代码如下：**（实例位置：资源包 \ 源码 \06\6.06）**

```
static void Main(string [] args)
{
    int iSum = 0;                                    // 定义变量，用来存储偶数和
    int iNum = 1;                                    // 定义变量，用来作为循环变量
    for (; iNum <= 100; iNum++)                      // 执行 for 循环
    {
        if (iNum % 2 == 1)                           // 判断是否为偶数
            continue;                                // 继续下一次循环
        iSum += iNum;                                // 记录偶数的和
    }
    Console.WriteLine("1 到 100 之间的偶数的和：" + iSum);   // 输出偶数和
    Console.ReadLine();
}
```

程序运行结果如下：

```
1 到 100 之间的偶数的和：2550
```

6.5 小　结

本章对流程控制语句中的循环结构控制语句进行了详细讲解，学习本章时，读者应该重点掌握 while 语句、do...while 语句和 for 语句，同时应该对循环结构中常用的跳转语句有所了解。通过对本章的学习，读者应该能够熟练掌握循环结构控制语句的使用方法，并能在实际应用中使用。

6.6 实　战

6.6.1　实战一：猜数字游戏

使用 C# 开发一个猜数字的小游戏，随机生成一个 1 ~ 200 的数字作为基准数，玩家每次通过键盘输入一个数字，如果输入的数字和基准数相同，则成功过关，否则重新输入。如果玩家输入 –1，表示退出游戏，运行结果如图 6.6 所示。（**实例位置：资源包 \ 源码 \06\ 实战 \01**）

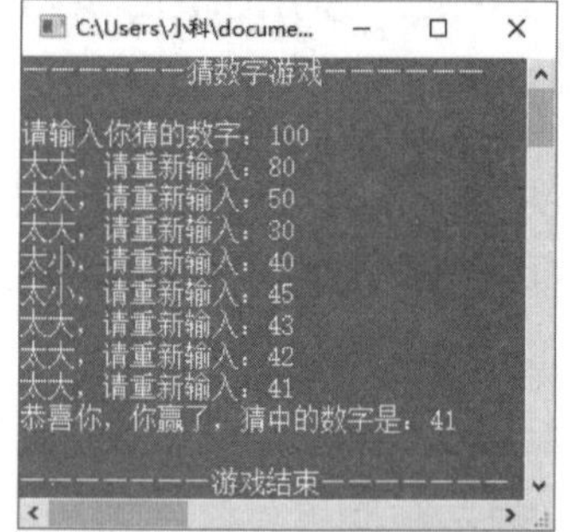

图 6.6　猜数字游戏

6.6.2　实战二：输出金字塔形状

使用循环嵌套输出金字塔形状，具体实现时，需要考虑的问题有 3 点：首先要控制三角形输出的行数，其次控制三角形的空白位置，最后将三角形进行显示，运行效果如图 6.7 所示。（**实例位置：资源包 \ 源码 \06\ 实战 \02**）

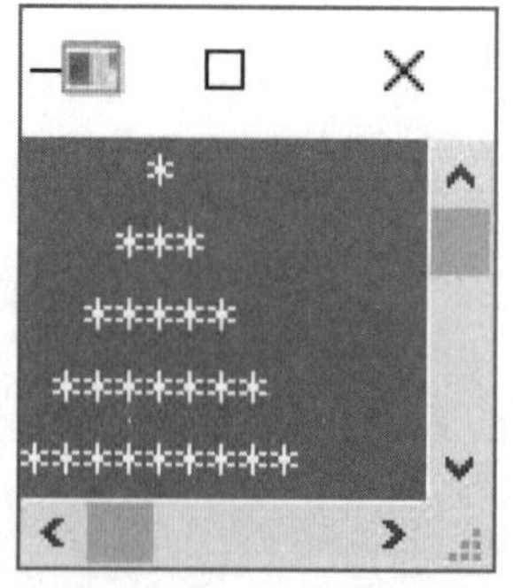

图 6.7　使用循环嵌套输出金字塔形状

第 7 章

数组的使用

（视频讲解：48 分钟）

数组是 C# 中非常特殊和重要的一项内容，在开发程序时，如果涉及数据不多，可以使用变量存取和处理数据，但对于批量的数据处理，就要用到数组。数组是一种相同类型的、用一个标识符封装到一起的基本类型数据，可以使用一个统一的数组名和索引来唯一确定数组中的元素，它的执行效率非常高。本章将对 C# 中的数组进行详细讲解。

通过学习本章，读者主要掌握以下内容：

- **熟悉数组的基本概念**
- **掌握一维数组和二维数组的使用**
- **熟悉不规则数组的定义**
- **掌握 Array 类的使用**
- **掌握数组的常用操作**

7.1 数组概述

假设正在编写一个程序，需要保存一个班级的学生数学成绩（假定是整数），如果有 5 个学生，用前面所学的知识实现，就需要声明 5 个整型变量来保存每个学生的成绩，代码如下：

```
int score1, score2, score3, score4, score5;
```

但如果是 100 个学生，难道要定义 100 个整型变量？这显然是不现实的，那怎么办呢？这时就可以使用数组来实现。

数组是具有相同数据类型的一组数据的集合，例如，球类的集合——足球、篮球、羽毛球等；电器集合——电视机、洗衣机、电风扇等。前面学过的变量用来保存单个数据，而数组则保存的是多个相同类型的数据。

数组中的每一个变量称为数组的元素，数组能够容纳元素的数量称为数组的长度。数组中的每个元素都具有唯一的索引与其相对应，数组的索引从零开始。

数组是通过指定数组的元素类型、数组的秩（维数）及数组每个维度的上限和下限来定义的，即一个数组的定义需要包含以下几个要素。

- ◆ 元素类型。
- ◆ 数组的维数。
- ◆ 每个维数的上下限。

数组的组成要素如图 7.1 所示。

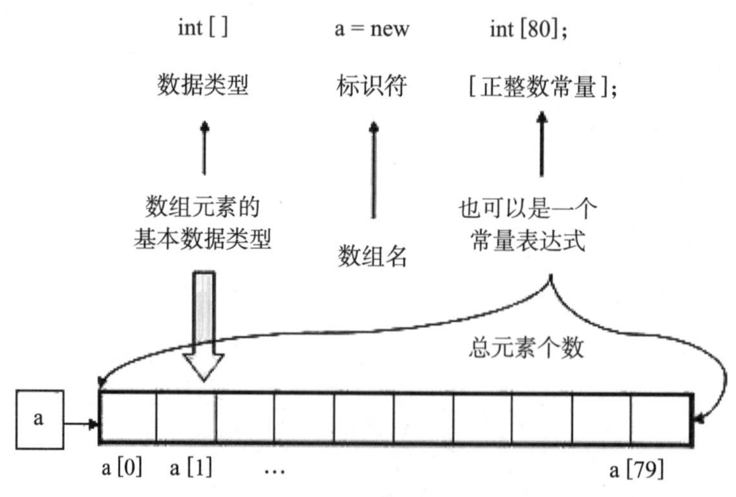

图 7.1 数组的组成要素

在程序设计中引入数组可以更有效地管理和处理数据，根据数组的维数将数组分为一维数组、多维数组和不规则数组等，下面分别讲解。

7.2　一维数组

一维数组实质上是一组相同类型数据的线性集合，例如学校中学生们排列的一字长队就是一个数组，每一位学生都是数组中的一个元素；再比如把一家快捷酒店看作一个一维数组，那么酒店里的每个房间都是这个数组中的元素。本节将介绍一维数组的创建及使用。

7.2.1　一维数组的创建

数组作为对象允许使用 new 关键字进行内存分配。在使用数组之前，必须首先定义数组变量所属的类型。一维数组的创建有两种形式。

1. 先声明，再用 new 运算符进行内存分配

声明一维数组使用以下形式：

```
数组元素类型 [ ] 数组名字 ;
```

数组元素类型决定了数组的数据类型，它可以是 C# 中任意的数据类型。数组名字为一个合法的标识符，符号“[ ]”表明是一个数组。单个“[ ]”表示要创建的数组是一个一维数组。

例如，声明一维数组，代码如下：

```
int [ ] arr;            // 声明 int 型数组，数组中的每个元素都是 int 型数值
string [ ] str;         // 声明 string 数组，数组中的每个元素都是 string 型数值
```

声明数组后，还不能访问它的任何元素，因为声明数组只是给出了数组名字和元素的数据类型，要想真正使用数组，还要为它分配内存空间。在为数组分配内存空间时，必须指明数组的长度。为数组分配内存空间的语法格式如下：

```
数组名字 = new 数组元素类型 [ 数组元素的个数 ];
```

通过上面的语法可知，使用 new 关键字分配数组时，必须指定数组元素的类型和数组元素的个数，即数组的长度。

例如，为数组分配内存，代码如下：

```
arr = new int [5];
```

使用 new 关键字为数组分配内存时，整型数组中各个元素的初始值都为 0。

以上代码表示要创建一个有 5 个元素的整型数组，其数据存储形式如图 7.2 所示。

arr
arr [0]
arr [1]
arr [2]
arr [3]
arr [4]

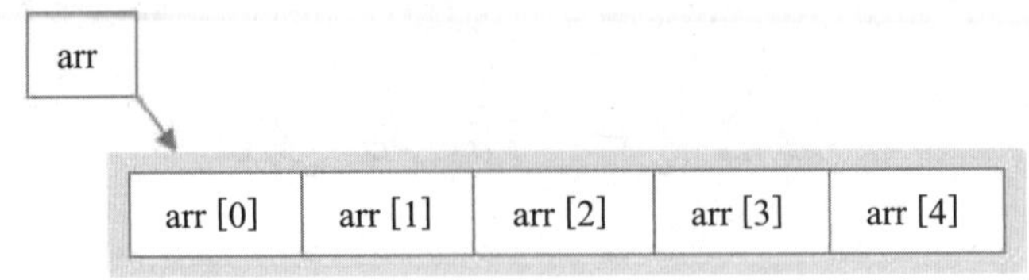

图 7.2　一维数组的内存模式

在图 7.2 中，arr 为数组名称，中括号“[ ]”中的值为数组的索引。数组通过索引来区分数组中不同的元素。数组的索引是从 0 开始的。由于创建的数组 arr 中有 5 个元素，因此数组中元素的索引为 0 ～ 4。

常见错误

上面代码中定义了一个长度为 5 的数组，但如果使用 arr [5]，将会引起索引超出范围异常，因为数组的索引是从 0 开始的。索引超出范围的异常提示如图 7.3 所示。

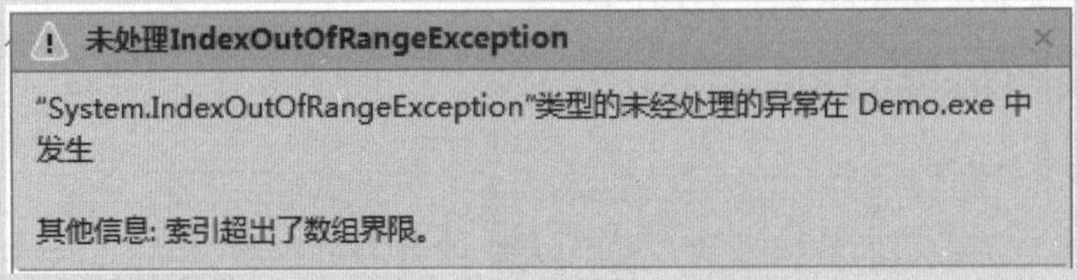

未处理IndexOutOfRangeException
“System.IndexOutOfRangeException”类型的未经处理的异常在 Demo.exe 中发生
其他信息: 索引超出了数组界限。

图 7.3　索引超出范围异常信息

2. 声明的同时为数组分配内存

这种创建数组的方法是将数组的声明和内存的分配合在一起执行。

语法如下：

```
数组元素类型 [ ] 数组名 = new 数组元素类型 [ 数组元素的个数 ];
```

例如，声明并为数组分配内存，代码如下：

```
int [ ] month = new int [12];
```

上面的代码创建数组 month，并指定了数组长度为 12。

7.2.2　一维数组的初始化

数组的初始化主要分为两种：为单个数组元素赋值和同时为整个数组赋值，下面分别介绍。

1. 为单个数组元素赋值

为单个数组元素赋值即首先声明一个数组，并指定长度，然后为数组中的每个元素进行赋值，例如：

```
int [ ] arr = new int [5];                     // 定义一个 int 类型的一维数组
arr [0] = 1;                                   // 为数组的第 1 个元素赋值
arr [1] = 2;                                   // 为数组的第 2 个元素赋值
arr [2] = 3;                                   // 为数组的第 3 个元素赋值
arr [3] = 4;                                   // 为数组的第 4 个元素赋值
arr [4] = 5;                                   // 为数组的第 5 个元素赋值
```

使用这种方式对数组进行赋值时，通常使用循环实现，例如，上面代码可以修改如下：

```
int [ ] arr = new int [5];                     // 定义一个 int 类型的一维数组
for (int i = 0; i < arr.Length; i++)           // 遍历数组
{
    arr [i] = i + 1;                           // 为遍历到的数组元素赋值
}
```

注意

数组大小必须与大括号中的元素个数相匹配，否则会产生编辑错误。

2. 同时为整个数组赋值

同时为整个数组赋值时需要使用大括号，将要赋值的数据包含在大括号中，并用逗号（,）隔开。例如：

```
string [ ] arrStr = new string [7] { "Sun", "Mon", "Tue", "Wed", "Thu", "Fri", "Sat" };
```

或者

```
string [ ] arrStr = new string [ ] { "Sun", "Mon", "Tue", "Wed", "Thu", "Fri", "Sat" };
```

或者

```
string [ ] arrStr = { "Sun", "Mon", "Tue", "Wed", "Thu", "Fri", "Sat" };
```

以上 3 种形式实现的效果是一样的，都是定义了一个长度为 7 的 string 类型数组，并进行了初始化，其中，后两种形式会自动计算数组的长度。

7.2.3　一维数组的使用

【例 7.01】 创建一个控制台应用程序，其中定义了一个 int 类型的一维数组，实现将各月的天数输出，代码如下：（**实例位置：资源包 \ 源码 \07\7.01**）

```
static void Main(string [ ] args)
{
    // 创建并初始化一维数组
    int [ ] day = new int [ ] { 31, 28, 31, 30, 31, 30, 31, 31, 30, 31, 30, 31 };
    for (int i = 0; i < 12; i++)                                   // 利用循环将信息输出
```

```
    {
        Console.WriteLine((i + 1) + " 月有 " + day [i] + " 天 ");          // 输出的信息
    }
    Console.ReadLine();
}
```

程序运行结果如图 7.4 所示。

图 7.4　输出 1 ～ 12 月份各月的天数

7.3　二 维 数 组

二维数组是一种特殊的多维数组，多维数组是指可以用多个索引访问的数组，声明时，用多个中括号（[ ]）或者在中括号内加逗号，就表明是多维数组，有 n 个中括号或者中括号内有 n 个逗号，就是 n+1 维数组。下面以最常用的二维数组为例讲解多维数组的使用。

7.3.1　二维数组的创建

前文提到快捷酒店每一个楼层都有很多房间，这些房间都可以构成一维数组，如果这个酒店有 500 个房间，并且所有房间都在同一个楼层里，那么拿到 499 号房钥匙的旅客可能就不高兴了，从 1 号房走到 499 号房要花好长时间，因此每个酒店都不只有一个楼层，而是很多楼层，每一个楼层都会有很多房间，形成一个立体的结构，把大量的房间均摊到每个楼层，这种结构就是二维表结构。在计算机中，二维表结构可以使用二维数组来表示。使用二维表结构表示快捷酒店每一个楼层的房间号的效果如图 7.5 所示。

二维数组常用于表示二维表，表中的信息以行和列的形式表示，第一个下标代表元素所在的行，第二个下标代表元素所在的列。

楼层	房间号						
一楼	1101	1102	1103	1104	1105	1106	1107
二楼	2101	2102	2103	2104	2105	2106	2107
三楼	3101	3102	3103	3104	3105	3106	3107
四楼	4101	4102	4103	4104	4105	4106	4107
五楼	5101	5102	5103	5104	5105	5106	5107
六楼	6101	6102	6103	6104	6105	6106	6107
七楼	7101	7102	7103	7104	7105	7106	7107

图 7.5　二维表结构的楼层房间号

二维数组的声明语法如下：

```
type [,] arrayName;
type [ ] [ ] arrayName;
```

☑　type：二维数组的数据类型。

☑　arrayName：二维数组的名称。

例如，声明一个 int 类型的二维数组，可以使用下面两种形式：

```
int [,] myarr;                    // 声明一个 int 类型的二维数组，名称为 myarr
```

或者

```
int [ ] [ ] myarr;                // 声明一个 int 类型的二维数组，名称为 myarr
```

同一维数组一样，二维数组在声明时也没有分配内存空间，同样可以使用关键字 new 来分配内存，然后才可以访问每个元素。

对于二维数组，有两种为数组分配内存的方式。

1. 直接为每一维分配内存空间

例如，定义一个二维数组，并直接为其分配内存空间，代码如下：

```
int [,] a = new int [2, 4];       // 定义一个 2 行 4 列的 int 类型二维数组
```

上面代码创建了一个 int 类型的二维数组 a，二维数组 a 中包括两个长度为 4 的一维数组，内存分配如图 7.6 所示。

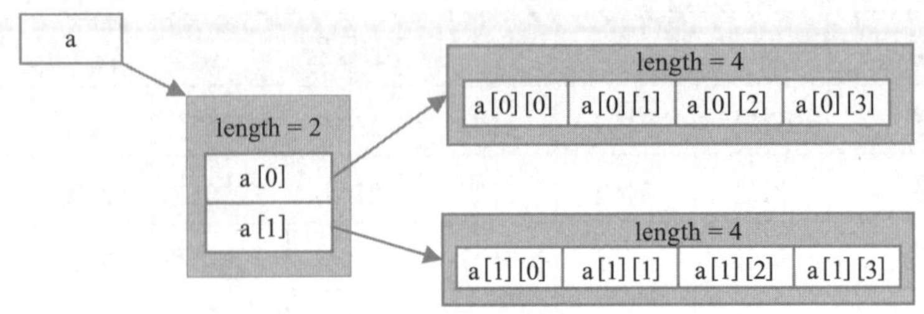

图 7.6　二维数组内存分配（第一种方式）

2. 分别为每一维分配内存空间

例如，定义一个二维数组，分别为每一维分配内存空间，代码如下：

```
int [ ] [ ] a = new int [2] [ ];            // 定义一个 2 行的 int 类型二维数组
a [0] = new int [2];                        // 初始化二维数组的第 1 行有 2 个元素
a [1] = new int [3];                        // 初始化二维数组的第 2 行有 3 个元素
```

通过第二种方式为二维数组分配内存如图 7.7 所示。

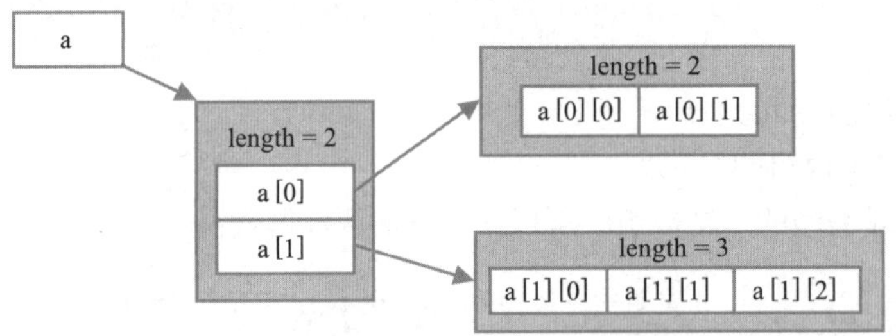

图 7.7　二维数组内存分配（第二种方式）

在上面的代码中，由于为每一维分配的内存空间不同，因此，a 相当于一个不规则二维数组。

7.3.2　二维数组的初始化

二维数组有两个索引（即下标），构成由行列组成的一个矩阵，如图 7.8 所示。

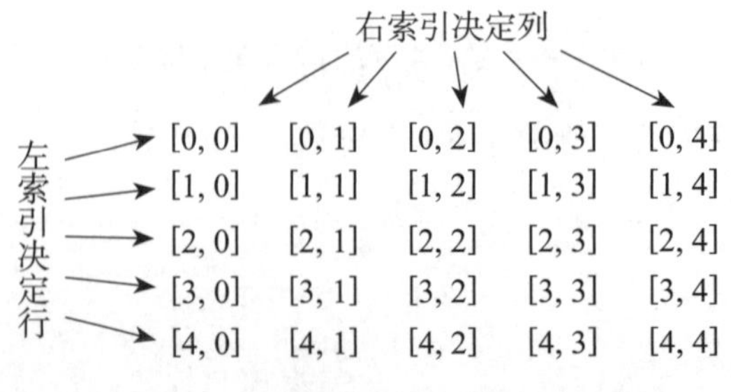

图 7.8　二维数组索引与行列的关系

二维数组的初始化主要分为两种：为单个二维数组元素赋值、为每一维数组元素赋值和同时为整个二维数组赋值，下面分别介绍。

1. 为单个二维数组元素赋值

为单个二维数组元素赋值即首先声明一个二维数组，并指定行数和列数，然后为二维数组中的每个元素进行赋值，例如：

```
int [,] myarr = new int [2, 2];          // 定义一个 int 类型的二维数组
myarr [0, 0] = 0;                        // 为二维数组中的第 1 行第 1 列赋值
myarr [0, 1] = 1;                        // 为二维数组中的第 1 行第 2 列赋值
myarr [1, 0] = 1;                        // 为二维数组中的第 2 行第 1 列赋值
myarr [1, 1] = 2;                        // 为二维数组中的第 2 行第 2 列赋值
```

使用这种方式对二维数组进行赋值时，通常使用嵌套的循环实现，例如，上面代码可以修改为：

```
int [,] myarr = new int [2, 2];          // 定义一个 int 类型的二维数组
for (int i = 0; i < 2; i++)              // 遍历二维数组的行
{
    for (int j = 0; j < 2; j++)          // 遍历二维数组的列
    {
        myarr [i, j] = i + j;            // 为遍历到的二维数组中的第 i 行第 j 列赋值
    }
}
```

2. 为每一维数组元素赋值

为二维数组中的每一维数组元素赋值时，首先需要使用“数组类型 [ ] [ ]”形式声明一个数组，并指定数组的行数，然后再分别为每一维数组元素赋值。例如：

```
int [ ] [ ] myarr = new int [2] [ ];     // 定义一个 2 行的 int 类型二维数组
myarr [0] = new int [ ] {0, 1};          // 初始化二维数组的第 1 行
myarr [1] = new int [ ] {1, 2};          // 初始化二维数组的第 2 行
```

3. 同时为整个二维数组赋值

同时为整个二维数组赋值时需要使用嵌套的大括号，将要赋值的数据包含在里层大括号中，每个大括号中间用逗号（,）隔开。例如：

```
int [,] myarr = new int [2, 2] { { 12, 0 }, { 45, 10 } };
```

或者

```
int [,] myarr = new int [,] { { 12, 0 }, { 45, 10 } };
```

或者

```
int [,] myarr = {{12, 0}, {45, 10}};
```

以上 3 种形式实现的效果是一样的，都是定义了一个长度为 2 行 2 列的 int 类型二维数组，并进行了初始化，其中，后两种形式会自动计算数组的行数和列数。

7.3.3 二维数组的使用

【例 7.02】 创建一个控制台应用程序，模拟制作一个简单的客车售票系统，假设客车的座位数是 9 行 4 列，使用一个二维数组记录客车售票系统中的所有座位号，并在每个座位号上都显示“【有票】”，然后用户输入一个坐标位置，按回车键，即可将该座位号显示为“【已售】”，代码如下：（**实例位置：资源包 \ 源码 \07\7.02**）

```
static void Main(string [ ] args)
{
    Console.Title = " 简单客车售票系统 ";                          // 设置控制台标题
    string [,] zuo = new string [9, 4];                            // 定义二维数组
    for (int i = 0; i < 9; i++)                                    //for 循环开始
    {
        for (int j = 0; j < 4; j++)                                //for 循环开始
        {
            zuo [i, j] = "【有票】";                                // 初始化二维数组
        }
    }
    string s = string.Empty;                                       // 定义字符串变量
    while (true)                                                   // 开始售票
    {
        Console.Clear();                                           // 清空控制台信息
        Console.WriteLine("\n        简单客车售票系统 " + "\n");     // 输出字符串
        for (int i = 0; i < 9; i++)
        {
            for (int j = 0; j < 4; j++)
            {
                System.Console.Write(zuo [i, j]);                  // 输出售票信息
            }
            Console.WriteLine();                                   // 输出换行符
        }
        Console.Write(" 请输入座位行号和列号 ( 如：0, 2) 输入 q 键退出：");
        s = Console.ReadLine();                                    // 售票信息输入
        if (s == "q") break;                                       // 输入字符串 "q" 退出系统
        string [ ] ss = s.Split(',');                              // 拆分字符串
        int one = int.Parse(ss [0]);                               // 得到座位行数
        int two = int.Parse(ss [1]);                               // 得到座位列数
        zuo [one, two] = "【已售】";                                // 标记售出票状态
    }
}
```

说明

第 28 行代码中用到了字符串的 Split 方法，该方法用来根据指定的符号对字符串进行分割，这里了解即可，该方法将在第 8 章进行详细讲解。

程序运行效果如图 7.9 所示。

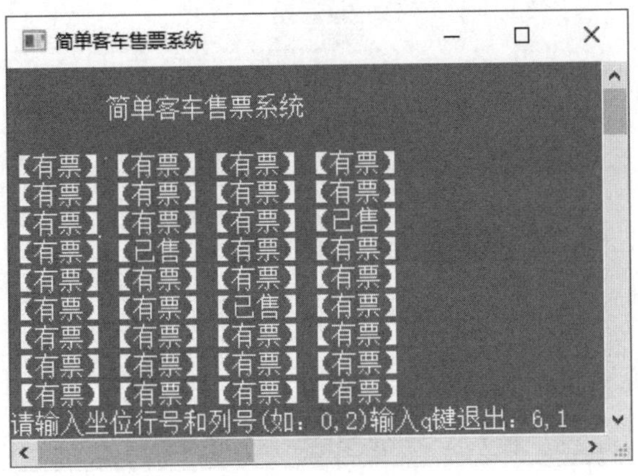

图 7.9　模拟客车售票系统

7.3.4　不规则数组的定义

前面讲的二维数组是行和列固定的矩形方阵，如 4×4、3×2 等，另外，C# 中还支持不规则的数组，例如，二维数组中，不同行的元素个数完全不同，例如：

```
int [ ] [ ] a = new int [3] [ ];                // 创建二维数组，指定行数，不指定列数
a [0] = new int [5];                            // 第一行分配 5 个元素
a [1] = new int [3];                            // 第二行分配 3 个元素
a [2] = new int [4];                            // 第三行分配 4 个元素
```

上面代码中定义的不规则二维数组所占的内存空间如图 7.10 所示。

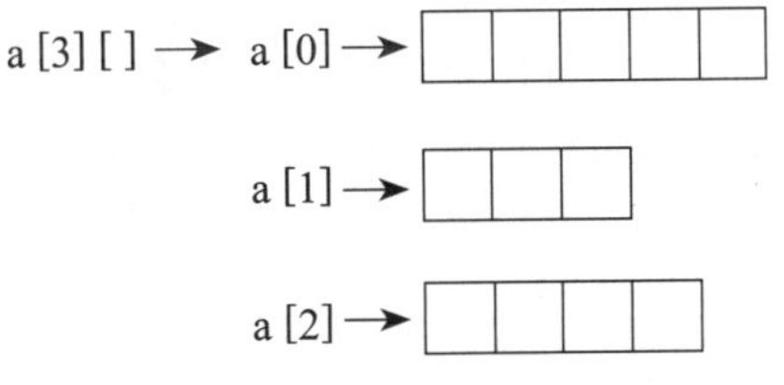

图 7.10　不规则二维数组的空间占用

7.4　数组与 Array 类

C# 中的数组是由 System.Array 类派生而来的引用对象，其关系图如图 7.11 所示。

可以使用 Array 类中的各种属性或者方法对数组进行各种操作。例如，可以使用 Array 类的 Length 属性获取数组元素的长度，可以使用 Rank 属性获取数组的维数。

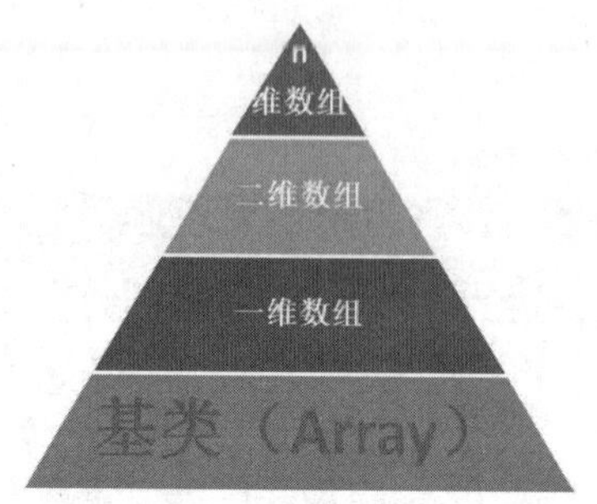

图 7.11　数组与 Array 类的关系图

Array 类的常用方法及说明如表 7.1 所示。

表 7.1　Array 类的常用方法及说明

方　法	说　明
Copy	将数组中的指定元素复制到另一个 Array 中
CopyTo	从指定的目标数组索引处开始，将当前一位数组中的所有元素复制到另一个一位数组中
Exists	判断数组中是否包含指定的元素
GetLength	获取 Array 的指定维中的元素数
GetLowerBound	获取 Array 中指定维度的下限
GetUpperBound	获取 Array 中指定维度的上限
GetValue	获取 Array 中指定位置的值
Reverse	反转一维 Array 中元素的顺序
SetValue	设置 Array 中指定位置的元素
Sort	对一维 Array 数组元素进行排序

【例 7.03】 使用数组打印杨辉三角，杨辉三角是一个由数字排列成的三角形数表，其最本质的特征是它的两条边都是由数字 1 组成的，而其余的数则等于它上方的两个数之和，代码如下：（**实例位置：资源包 \ 源码 \07\7.03**）

```
static void Main(string [ ] args)
{
    int [ ] [ ] Array_int = new int [10] [ ];                 // 定义一个 10 行的二维数组
    // 向数组中记录杨辉三角形的值
    for (int i = 0; i < Array_int.Length; i++)                 // 遍历行数
    {
        Array_int [i] = new int [i + 1];                       // 定义二维数组的列数
        for (int j = 0; j < Array_int [i].Length; j++)         // 遍历二维数组的列数
        {
            if (i <= 1)                                        // 如果是数组的前两行
            {
                Array_int [i] [j] = 1;                         // 将其设置为 1
                continue;
```

```
            }
            else
            {
                if (j == 0 || j == Array_int [i].Length – 1)            // 如果是行首或行尾
                    Array_int [i] [j] = 1;                              // 将其设置为 1
                else                                                    // 根据杨辉算法进行计算
                    Array_int [i] [j] = Array_int [i – 1] [j – 1] + Array_int [i – 1] [j];
            }
        }
    }
    for (int i = 0; i <= Array_int.Length–1; i++)                       // 输出杨辉三角
    {
        // 循环控制每行前面打印的空格数
        for (int k = 0; k <= Array_int.Length – i; k++)
        {
            Console.Write("   ");
        }
        // 循环控制每行打印的数据
        for (int j = 0; j < Array_int [i].Length; j++)
        {
            Console.Write("{0}    ", Array_int [i] [j]);
        }
        Console.WriteLine();                                            // 换行
    }
    Console.ReadLine();
}
```

程序运行效果如图 7.12 所示。

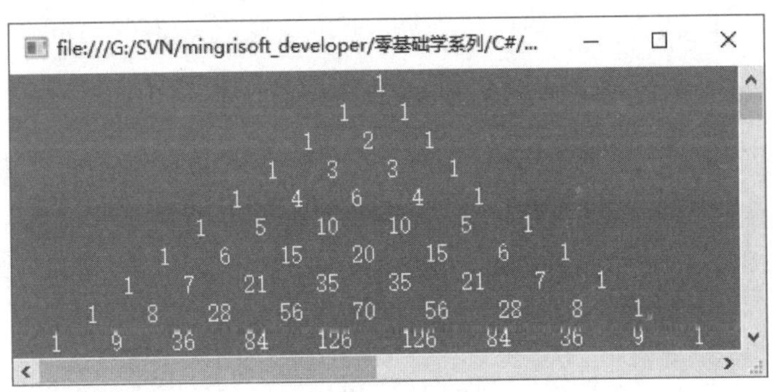

图 7.12　杨辉三角

7.5　数组的常用操作

开发程序时，数组最常用的操作是遍历及排序，本节将对这两种操作分别进行详细讲解。

7.5.1 使用 foreach 语句遍历数组

除了使用循环输出数组的元素，C# 中还提供了一种 foreach 语句，该语句用来遍历集合中的每个元素，而数组也属于集合类型，因此，foreach 语句可以遍历数组。foreach 语句语法格式如下：

```
foreach(【类型】【迭代变量名】in【集合】)
{
        语句
}
```

其中，【类型】和【迭代变量名】用于声明迭代变量，迭代变量相当于一个范围覆盖整个语句块的局部变量，在 foreach 语句执行期间，迭代变量表示当前正在为其执行迭代的集合元素；【集合】必须有一个从该集合的元素类型到迭代变量的类型的显式转换，如果【集合】的值为 null，则会出现异常。

foreach 语句的执行流程如图 7.13 所示。

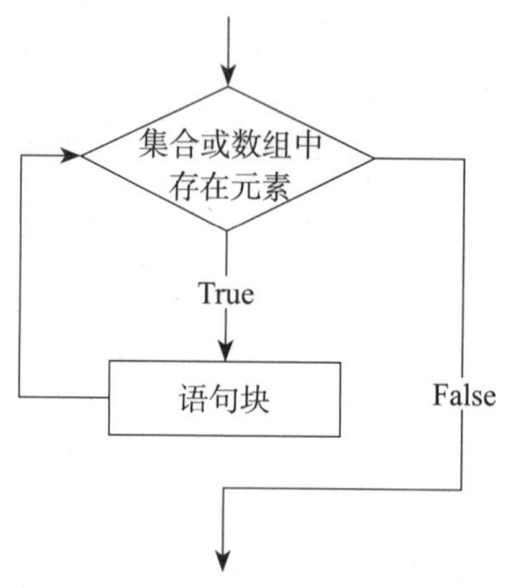

图 7.13　foreach 语句执行流程

【例 7.04】 在控制台中输入学生的学号及语文、数学、英语成绩，然后输出学生的各科成绩信息、平均成绩和总成绩，代码如下：（**实例位置：资源包\源码\07\7.04**）

```
static void Main(string [ ] args)
{
    Console.Write(" 请输入本班学生总数：");                          // 提示信息
    int studentcout = Convert.ToInt32(Console.ReadLine());          // 记录学生总数
    int [,] achivement = new int [studentcout, 4];                  // 创建二维数组，用来记录学生各科成绩
    for (int i = 0; i < studentcout; i++)                           // 遍历二维数组的每一行
    {
        Console.Write(" 请输入第 " + (i + 1) + " 个学生的编号：");    // 显示第几个学生
        achivement [i, 0] = Convert.ToInt32(Console.ReadLine());    // 记录学生编号
        Console.Write(" 请输入语文成绩：");
        achivement [i, 1] = Convert.ToInt32(Console.ReadLine());    // 记录学生语文成绩
        Console.Write(" 请输入数学成绩：");
        achivement [i, 2] = Convert.ToInt32(Console.ReadLine());    // 记录学生数学成绩
```

```
        Console.Write(" 请输入英语成绩：");
        achivement [i, 3] = Convert.ToInt32(Console.ReadLine());     // 记录学生英语成绩
    }
    Console.WriteLine(" 学生成绩结果如下 :");
    Console.WriteLine("--------------------------------------------");
    Console.WriteLine(" 学生编号 \t 语文成绩 \t 数学成绩 \t 英语成绩 \t 平均成绩 \t 总成绩 ");
    for (int i = 0; i < achivement.GetLength(0); i++)                // 遍历行
    {
        double sum = 0;                                              // 总成绩
        double ave = 0;                                              // 平均成绩
        for (int j = 0; j < achivement.GetLength(1); j++)            // 遍历列
        {
            Console.Write(achivement [i, j] + "\t\t");               // 输出每个学生的成绩
            if (j > 0)
            {
                sum += achivement [i, j];                            // 计算总成绩
            }
        }
        ave = sum / 3;                                               // 计算平均成绩
        // 输出平均成绩和总成绩
        Console.Write(string.Format("{0:F2}", ave) + "\t\t" + (int)sum  + "\n");
    }
    Console.ReadLine();
}
```

程序运行结果如图 7.14 所示。

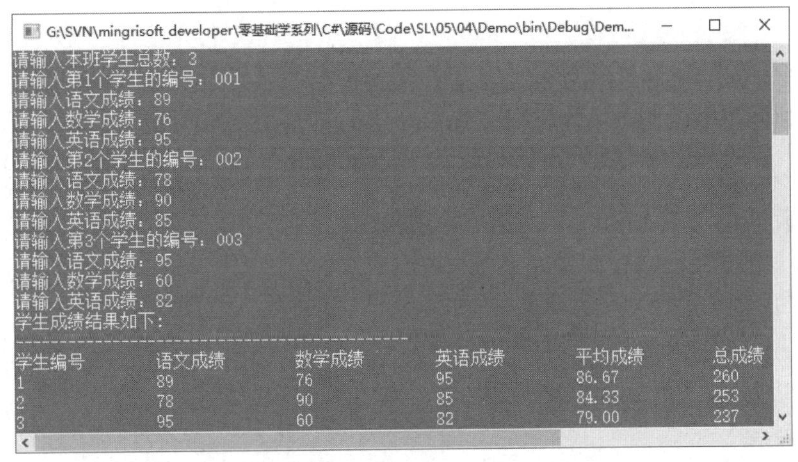

图 7.14　输出学生的成绩信息以及班级平均成绩、总成绩

说明

foreach 语句通常用来遍历集合，而数组也是一种简单的集合。

7.5.2 对数组进行排序

C# 中提供了用于对数组进行排序的方法 Array.Sort 和 Array.Reverse，下面分别进行讲解。

1. Sort 方法

Array.Sort 方法用于对一维 Array 中的元素进行排序，该方法有多种形式，其最常用的两种形式如下：

```
public static void Sort(Array array)
public static void Sort(Array array, int index, int length)
```

☑ array：要排序的一维 Array。
☑ index：排序范围的起始索引。
☑ length：排序范围内的元素数。

例如，使用 Array.Sort 方法对数组中的元素进行从小到大排序，代码如下：

```
int [ ] arr = new int [ ] { 3, 9, 27, 6, 18, 12, 21, 15 };
Array.Sort(arr);                                        // 对数组元素排序
```

注意

在 Sort 方法中所用到的数组不能为空，也不能是多维数组，它只对一维数组进行排序。

2. Reverse 方法

Array.Reverse 方法用于反转一维 Array 中元素的顺序，该方法有两种形式，分别如下：

```
public static void Reverse(Array array)
public static void Reverse(Array array, int index, int length)
```

☑ array：要反转的一维 Array。
☑ index：要反转的部分的起始索引。
☑ length：要反转的部分中的元素数。

例如，下面使用 Array. Reverse 方法对数组的元素进行反转，代码如下：

```
int [ ] arr = new int [ ] { 3, 9, 27, 6, 18, 12, 21, 15 };
Array.Reverse(arr);                                     // 对数组元素反转
```

注意

对数组进行反转，并不是反向排序，比如，有一个一维数组，元素为“36 89 76 45 32”，反转之后为“32 45 76 89 36”，而不是“89 76 45 36 32”。

7.6　小　　结

本章主要对 C# 中的数组进行了详细讲解，包括什么是数组、一维数组和二维数组的创建、初始化及使用，数组的基类——Array 类的使用，数组的遍历及排序等基本操作，在学习本章内容时，重点需要掌握数组的创建、初始化以及遍历操作。

7.7　实　　战

7.7.1　实战一：模拟火车票预订

模拟火车票预订，运行效果如图 7.15 所示。（**实例位置：资源包 \ 源码 \07\ 实战 \01**）

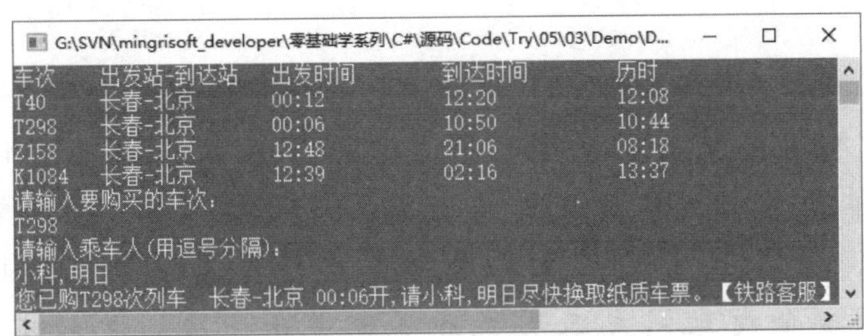

图 7.15　模拟火车订票的效果图

7.7.2　实战二：五子棋游戏

编写一个简易的五子棋游戏，利用二维数组控制一个 10×10 的棋盘，通过控制台输入棋子的坐标来下棋，效果如图 7.16 所示。（**实例位置：资源包 \ 源码 \07\ 实战 \02**）

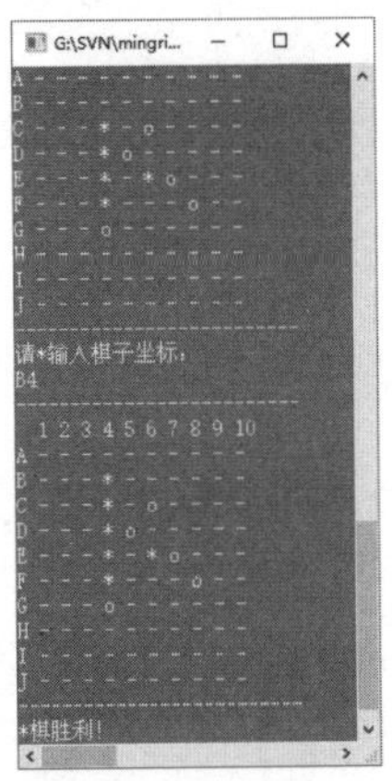

图 7.16　五子棋游戏

第 8 章

字符串处理

（视频讲解：2 小时 19 分钟）

字符串几乎是所有编程语言在项目开发过程中涉及最多的一块内容。大部分项目的运行结果，都需要以文本的形式展示给客户，比如财务系统的总账报表，电子游戏的比赛结果，火车站的列车时刻表等。这些都是经过程序精密的计算、判断和梳理，将我们想要的内容用文本形式直观的展示出来。曾经有一位“久经沙场”的老程序员说过一句话：“开发一个项目，基本上就是在不断的处理字符串。”本章将对 C# 中的字符串进行详细讲解。

通过学习本章，读者主要掌握以下内容：

- 字符串的声明及初始化
- 如何提取字符串信息
- 字符串的常见操作
- 可变字符串类的使用
- 字符串与可变字符串类的区别

视频讲解

8.1　什么是字符串

前面的章节介绍了 char 类型可以保存字符，但它只能表示单个字符。如果要用 char 类型来展示如“版权说明”“功能简介”之类的内容，那程序员就无计可施了，这时我们就可以使用 C# 中最常用到的一个概念——字符串。

字符串，顾名思义，就是用字符拼接成的文本值。字符串在存储上类似数组，不仅字符串的长度可取，而且每一位上的元素也可取。C# 语言中，可以通过 string 类创建字符串。

视频讲解

8.2　字符串的声明与初始化

C# 语言中的字符串通过 string 类来创建，本节将对字符串的声明及初始化进行讲解。

8.2.1　声明字符串

在 C# 语言中，字符串必须包含在一对双引号（""）之内。例如：

```
"23.23""ABCDE"" 你好 "
```

这些都是字符串常量，字符串常量是系统能够显示的任何文字信息，甚至是单个字符。

注意

在 C# 中，由双引号（""）包围的都是字符串，不能作为其他数据类型来使用，例如 "1+2" 的输出结果永远也不会是 3。

可以通过以下语法格式来声明字符串：

```
string str = [null]
```

- string：指定该变量为字符串类型。
- str：任意有效的标识符，表示字符串变量的名称。
- null：如果省略 null，表示 str 变量是未初始化的状态，否则，表示声明的字符串的值就等于 null。

例如，声明一个字符串变量 strName，代码如下：

```
string strName;
```

8.2.2 字符串的初始化

声明字符串之后，如果要使用该字符串，例如下面的代码：

```
string str;
Console.WriteLine(str);
```

运行上面代码，将会出现如图 8.1 所示的错误提示。

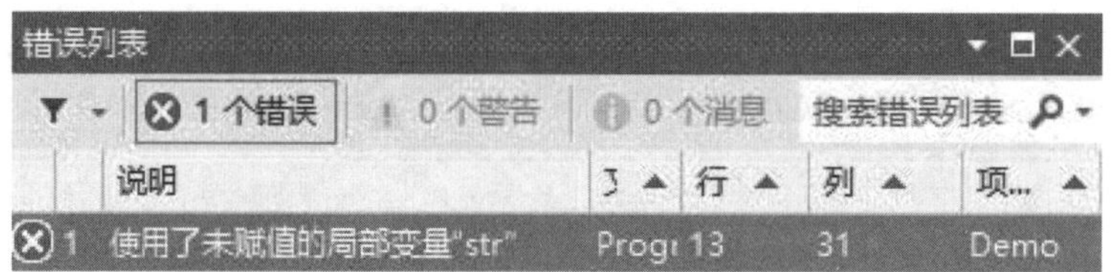

图 8.1 使用未初始化的变量时的错误提示

从图 8.1 可以看出，要使用一个字符串，必须首先对其进行初始化（即赋值），对字符串进行初始化的方法主要有以下几种。

◆ 引用字符串常量，示例代码如下：

```
string a = " 时间就是金钱，我的朋友。";
string b = " 锄禾日当午 ";
string str1, str2;
str1 = "We are students";
str2 = "We are students";
```

说明

当两个字符串对象引用相同的常量，就会具有相同的实体，例如，上面代码中的 str1 和 str2 的内存示意图如图 8.2 所示。

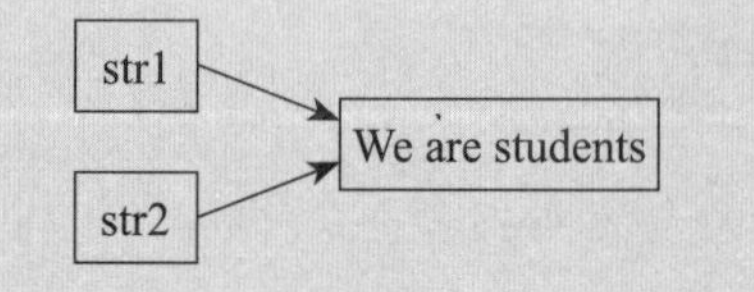

图 8.2 两个字符串对象引用相同的常量

◆ 利用字符数组初始化，示例代码如下：

```
char [ ] charArray = { 't', 'i', 'm', 'e' };
string str = new string(charArray);
```

◆ 提取字符数组中的一部分初始化字符串，示例代码如下：

```
char [ ] charArray = { ' 时 ', ' 间 ', ' 就 ', ' 是 ', ' 金 ', ' 钱 ' };
string str = new string(charArray, 4, 2);
```

8.3　提取字符串信息

字符串作为对象，可以通过相应的方法获取字符串的有效信息，如获取某字符串的长度、某个索引位置的字符等。本节将对常用的获取字符串信息的方法进行讲解。

8.3.1　获取字符串长度

获取字符串的长度可以使用 string 类的 Length 属性，其语法格式如下：

```
public int Length { get; }
```

属性值：表示当前字符串中字符的数量。

例如，定义一个字符串变量，并为其赋值，然后使用 Length 属性获取该字符串的长度，代码如下：

```
string num = "12345 67890";
int size = num.Length;
```

输出变量 size 的值，得到的结果是：11，这表示使用 Length 属性返回的字符串长度是包括字符串中空格的。

8.3.2　获取指定位置的字符

获取指定位置的字符可以使用 string 类的 char 属性，其语法格式如下：

```
public char this [
    int index
] { get; }
```

☑　index：当前的字符串中的位置。

☑　属性值：位于 index 位置的字符。

例如，定义一个字符串变量，并为其赋值，然后获取该字符串索引位置 5 处的字符并输出，代码如下：

```
string str = " 努力工作是人生最好的投资 ";                    // 创建字符串对象 str
char chr = str [5];                                          // 将字符串 str 中索引位置为 5 的字符赋值给 chr
Console.WriteLine(" 字符串中索引位置为 5 的字符是：" + chr);    // 输出 chr
```

运行结果如下：

```
字符串中索引位置为 5 的字符是：人
```

说明

字符串中的索引位置是从 0 开始的。

8.3.3 获取子字符串索引位置

string 类提供了两种查找字符串索引的方法，即 IndexOf 与 LastIndexOf 方法。其中，IndexOf 方法返回的是搜索的字符或字符串首次出现的索引位置，而 LastIndexOf 方法返回的是搜索的字符或字符串最后一次出现的索引位置，本节将分别对这两个方法进行详细讲解。

1. IndexOf 方法

IndexOf 方法返回的是搜索的字符或字符串首次出现的索引位置，其常用的几种语法格式如下：

```
public int IndexOf(char value)
public int IndexOf(string value)
public int IndexOf(char value, int startIndex)
public int IndexOf(string value, int startIndex)
public int IndexOf(char value, int startIndex, int count)
public int IndexOf(string value, int startIndex, int count)
```

- value：要搜寻的字符或字符串。
- startIndex：搜索起始位置。
- count：要检查的字符位置数。
- 返回值：如果找到字符或字符串，则为 value 的从零开始的索引位置；如果未找到字符或字符串，则为 –1。

例如，查找字符 e 在字符串 str 中第一次出现的索引位置，代码如下：

```
string str = "We are the world";
int size = str.IndexOf('e');                    //size 的值为 1
```

理解字符串的索引位置，要对字符串的下标有所了解。在计算机中，string 对象是用数组表示的。字符串的下标是 0 ~ Length–1。上面代码中的字符串 str 的下标排列如图 8.3 所示。

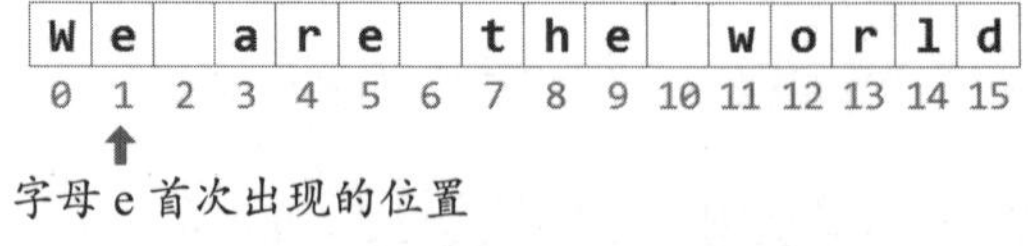

图 8.3　字符串 str 的下标排列

技巧

在日常开发工作中，经常会遇到判断一个字符串中是否包含某个字符或者某个子字符串的情况，这时就用到了 IndexOf 这个方法。

【例 8.01】 查找字符串“We are the world”中“r”第一、二、三次出现的索引位置，代码如下：**（实例位置：资源包\源码\08\8.01）**

```
static void Main(string [ ] args)
{
    string str = "We are the world";                    // 创建字符串
    int firstIndex = str.IndexOf("r");                  // 获取字符串中 "r" 第一次出现的索引位置
    // 获取字符串中 "r" 第二次出现的索引位置，从第一次出现的索引位置之后开始查找
    int secondIndex = str.IndexOf("r", firstIndex + 1);
    // 获取字符串中 "r" 第三次出现的索引位置，从第二次出现的索引位置之后开始查找
    int thirdIndex = str.IndexOf("r", secondIndex + 1);
    // 输出三次获取的索引位置
    Console.WriteLine("r 第一次出现的索引位置是：" + firstIndex);
    Console.WriteLine("r 第二次出现的索引位置是：" + secondIndex);
    Console.WriteLine("r 第三次出现的索引位置是：" + thirdIndex);
    Console.ReadLine();
}
```

程序运行结果如图 8.4 所示。

从图 8.4 中可以看出，由于字符串中只有两个“r”，所以程序输出了这两个“r”的索引位置，第 3 次搜索时已经找不到“r”了，所以返回 –1。

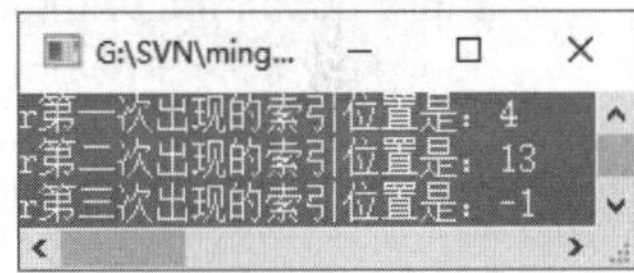

图 8.4　查找“r”第一、二、三次出现的索引位置

2. LastIndexOf 方法

LastIndexOf 方法返回的是搜索的字符或字符串最后一次出现的索引位置，其常用的几种语法格式如下：

```
public int LastIndexOf(char value)
public int LastIndexOf(string value)
public int LastIndexOf(char value, int startIndex)
public int LastIndexOf(string value, int startIndex)
public int LastIndexOf(char value, int startIndex, int count)
public int LastIndexOf(string value, int startIndex, int count)
```

- value：要搜寻的字符或字符串。
- startIndex：搜索起始位置。
- count：要检查的字符位置数。
- 返回值：如果找到字符或字符串，则为 value 的从零开始的索引位置；如果未找到字符或字符串，则为 –1。

例如，查找字符 e 在字符串 str 中最后一次出现的索引位置，代码如下：

```
string str = "We are the world";
int size = str.LastIndexOf('e');                //size 的值为 9
```

字符 e 在字符串 str 中最后一次出现的索引位置如图 8.5 所示。

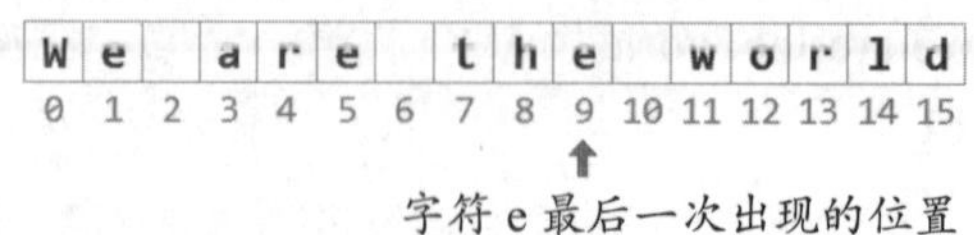

图 8.5　字符 e 在字符串 str 中最后一次出现的索引位置

8.3.4　判断字符串首尾内容

string 类提供了两种查找字符串索引的方法，即 StartsWith 与 EndsWith 方法。其中，StartsWith 方法用来判断字符串是否以指定的内容开始，而 EndsWith 方法用来判断字符串是否以指定的内容结束，本节将分别对这两个方法进行详细讲解。

1. StartsWith 方法

StartsWith 方法用来判断字符串是否以指定的内容开始，其常用的几种语法格式如下：

```
public bool StartsWith(string value)
public bool StartsWith(string value, bool ignoreCase, CultureInfo culture)
```

- value：要比较的字符串。
- ignoreCase：要在比较过程中忽略大小写，则为 true；否则为 false。
- culture：CultureInfo 对象，用来确定如何对字符串与 value 进行比较的区域性信息。如果 culture 为 null，则使用当前区域性。
- 返回值：如果 value 与字符串的开头匹配，则为 true；否则为 false。

例如，使用 StartsWith 方法判断一个字符串是否以“梦想”开始，代码如下：

```
string str = " 梦想还是要有的，万一实现了呢 !";            // 定义一个字符串，并初始化
bool result = str.StartsWith(" 梦想 ");                   // 判断 str 是否以 " 梦想 " 开始
Console.WriteLine(result);
```

上面代码的运行结果为：True。

技巧

如果在判断某一个英文字符串是否以某字母开始时，需要忽略大小写，可以使用第 2 种形式，并将第 2 个参数设置为 true。例如，定义一个字符串“Keep on going never give up”，然后使用 StartsWith 方法判断该字符串是否以“keep”开始，代码如下：

```
string str = "Keep on going never give up";
bool result = str.StartsWith("keep", true, null);        // 判断 str 是否以 keep 开始
Console.WriteLine(result);
```

上面代码的返回结果为 True，因为这里使用了 StartsWith 方法的第 2 种形式，并且第 2 个参数为 true，因此在比较时，“Keep”和“keep”会忽略大小写，因此返回结果为 True。

2. EndsWith 方法

EndsWith 方法用来判断字符串是否以指定的内容结束，其常用的几种语法格式如下：

```
public bool EndsWith(string value)
public bool EndsWith(string value, bool ignoreCase, CultureInfo culture)
```

◆ value：要比较的字符串。
◆ ignoreCase：要在比较过程中忽略大小写，则为 true；否则为 false。
◆ culture：CultureInfo 对象，用来确定如何对字符串与 value 进行比较的区域性信息。如果 culture 为 null，则使用当前区域性。
◆ 返回值：如果 value 与字符串的末尾匹配，则为 true；否则为 false。

技巧

如果在比较时需要忽略大小写，通常使用第 2 种形式，并将第 2 个参数设置为 true。

例如，使用 EndsWith 方法判断一个字符串是否以句号（。）结束，代码如下：

```
string str = "梦想还是要有的，万一实现了呢！";        //定义一个字符串，并初始化
bool result = str.EndsWith("。");                    //判断 str 是否以 "。" 结尾
Console.WriteLine(result);
```

上面代码的运行结果为：False。

视频讲解

8.4　字符串操作

8.4.1　字符串的拼接

使用“+”运算符可完成对多个字符串的拼接，“+”运算符可以连接多个字符串并产生一个 string 对象。例如，定义两个字符串，使用“+”运算符连接，代码如下：

```
string s1 = "hello";                 // 声明 string 对象 s1
string s2 = "world";                 // 声明 string 对象 s2
string s = s1 + " " + s2;            // 将对象 s1 和 s2 连接后的结果赋值给 s
```

技巧

C# 中一个相连的字符串不能分开在两行中写，例如：

```
Console.WriteLine("I like
C#");
```

这种写法是错误的，如果一个字符串太长，为了便于阅读，可以将这个字符串分在两行上书写，此时就可以使用“+”将两个字符串拼接起来，之后在加号处换行。因此，上面的语句可以修改如下：

```
Console.WriteLine("I like" +
"C#");
```

8.4.2 比较字符串

对字符串值进行比较时，可以使用前面学过的关系运算符“==”实现。

例如，使用关系运算符比较两个字符串的值是否相等，代码如下：

```
string str1 = "mingrikeji";
string str2 = "mingrikeji";
Console.WriteLine((str1 == str2));
```

上面代码的输出结果为 True。

除了使用关系运算符“==”，在 C# 中最常见的比较字符串的方法还有 Equals 方法，下面对其进行讲解。

Equals 方法主要用于比较两个字符串是否相同，如果相同返回值是 true，否则为 false，其常用的两种语法格式如下：

```
public bool Equals (string value)
public static bool Equals (string a, string b)
```

- value：与此字符串比较的字符串。
- a 和 b：要进行比较的两个字符串。
- 返回值：第一种形式：如果 value 参数的值与此字符串相同，则为 true；否则为 false。第二种形式：如果 a 的值与 b 的值相同，则为 true；否则为 false。如果 a 和 b 均为 null，该方法返回 true。

【例 8.02】 假设明日学院网站的登录用户名和密码分别是 mr，mrsoft，请编程验证用户输入的用户名和密码是否正确，代码如下：**（实例位置：资源包 \ 源码 \08\8.02）**

```
static void Main(string [ ] args)
{
    Console.Write(" 请输入登录用户名：");
    string name = Console.ReadLine();                    // 记录输入的用户名
    Console.Write(" 请输入登录密码：");
    string pwd = Console.ReadLine();                     // 记录输入的密码
    if (name=="mr" && pwd.Equals("mrsoft"))              // 判断用户名和密码是否正确
    {
        Console.WriteLine(" 登录成功，欢迎你访问明日学院网站……");
    }
    else
    {
        Console.WriteLine(" 输入的用户名和密码错误！！！ ");
    }
    Console.ReadLine();
}
```

运行程序，用户名和密码正确、不正确的效果分别如图 8.6 和图 8.7 所示。

图 8.6　用户名和密码正确的效果

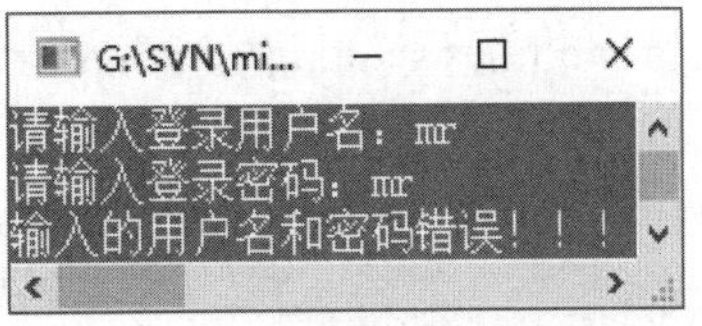

图 8.7　用户名和密码不正确的效果

8.4.3　字符串的大小写转换

对字符串进行大小写转换时，需要使用 string 类提供的 ToUpper 方法和 ToLower 方法，其中，ToUpper 方法用来将字符串转换为大写形式，而 ToLower 方法用来将字符串转换为小写形式，它们的语法格式如下：

```
public string ToUpper()
public string ToLower()
```

说明

如果字符串中没有需要被转换的字符（比如数字或者汉字），则返回原字符串。

例如，定义一个字符串，赋值为“Learn and live”，分别用大写、小写两种格式输出该字符串，代码如下：

```
string str = "Learn and live";
Console.WriteLine(str.ToUpper());        // 大写输出
Console.WriteLine(str.ToLower());        // 小写输出
```

运行结果为：

```
LEARN AND LIVE
learn and live
```

技巧

在各种网站的登录页面中，验证码的输入通常都是不区分大小写的，这样的情况，就可以使用 ToUpper 或者 ToLower 方法将网页显示的验证码和用户输入的验证码同时转换为大写或者小写，以方便验证。

8.4.4　格式化字符串

在 C# 中，string 类提供了一个静态的 Format 方法，用于将字符串数据格式化成指定的格式，其常用的语法格式如下：

```
public static string Format(string format, Object arg0)
```

```
public static string Format(string format,params Object [ ] args)
```

◆ format：用来指定字符串所要格式化的形式，该参数的基本格式如下：

```
{index [,length] [:formatString]}
```

◎ index：要设置格式的对象的参数列表中的位置（从零开始）。
◎ length：参数的字符串表示形式中包含的最小字符数。如果该值是正的，则参数右对齐；如果该值是负的，则参数左对齐。
◎ formatString：要设置格式的对象支持的标准或自定义格式字符串。

◆ arg0：要设置格式的对象。
◆ arg：一个对象数组，其中包含零个或多个要设置格式的对象。
◆ 返回值：格式化后的字符串。

格式化字符串主要有两种情况，分别是数值类型数据的格式化和日期时间类型数据的格式化，下面分别讲解。

1. 数值类型的格式化

实际开发中，数值类型有多种显示方式，比如货币形式、百分比形式等，C# 支持的标准数值格式规范如表 8.1 所示。

表 8.1　C# 支持的标准数值格式规范

格式说明符	名　称	说　明	示　例
C 或 c	货币	结果：货币值 受以下类型支持：所有数值类型 精度说明符：小数位数	¥123 或 –¥123.456
D 或 d	Decimal	结果：整型数字，负号可选 受以下类型支持：仅整型 精度说明符：最小位数	1234 或 –001234
E 或 e	指数（科学型）	结果：指数记数法 受以下类型支持：所有数值类型 精度说明符：小数位数	1.052033E+003 或 –1.05e+003
F 或 f	定点	结果：整数和小数，负号可选 受以下类型支持：所有数值类型 精度说明符：小数位数	1234.57 或 –1234.5600
N 或 n	Number	结果：整数和小数、组分隔符和小数分隔符，负号可选 受以下类型支持：所有数值类型 精度说明符：所需的小数位数	1,234.57 或 –1,234.560
P 或 p	百分比	结果：乘以 100 并显示百分比符号的数字 受以下类型支持：所有数值类型 精度说明符：所需的小数位数	100.00 % 或 100 %

续表

格式说明符	名　　称	说　　明	示　　例
“X” 或 “x”	十六进制	结果：十六进制字符串 受以下类型支持：仅整型 精度说明符：结果字符串中的位数	FF 或 00ff

注意

使用 string.Format 方法对数值类型数据格式化时，传入的参数必须为数值类型。

【例 8.03】 使用表 8.1 中的标准数值格式规范对不同的数值类型数据进行格式化并输出，代码如下：（**实例位置：资源包 \ 源码 \08\8.03**）

```
static void Main(string [] args)
{
    // 输出金额
    Console.WriteLine(string.Format("1251+3950 的结果是 ( 以货币形式显示 ): {0:C}", 1251 + 3950));
    // 输出科学记数法
    Console.WriteLine(string.Format("120000.1 用科学记数法表示: {0:E}", 120000.1));
    // 输出以分隔符显示的数字
    Console.WriteLine(string.Format("12800 以分隔符数字显示的结果是: {0:N0}", 12800));
    // 输出小数点后两位
    Console.WriteLine(string.Format("π 取两位小数点: {0:F2}", Math.PI));
    // 输出 16 进制
    Console.WriteLine(string.Format("33 的 16 进制结果是: {0:X4}", 33));
    // 输出百分号数字
    Console.WriteLine(string.Format(" 天才是由 {0:P0} 的灵感，加上 {1:P0} 的汗水。", 0.01, 0.99));
    Console.ReadLine();
}
```

程序运行结果如图 8.8 所示。

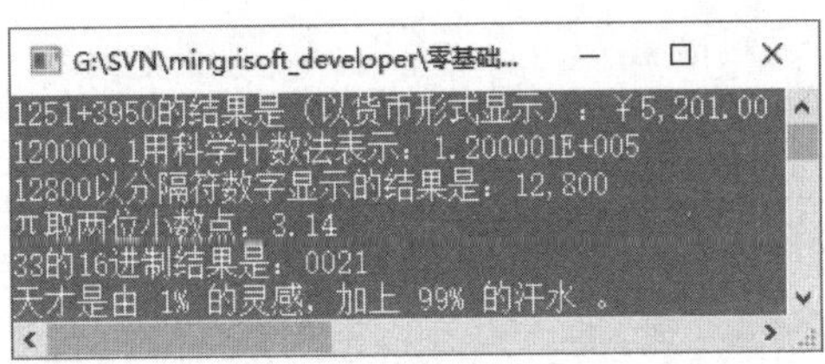

图 8.8　数值类型的格式化

2. 日期时间类型的格式化

如果希望日期时间按照某种标准格式输出，比如短日期格式、完整日期时间格式等，那么可以使用 string 类的 Format 方法将日期时间格式化为指定的格式。C# 支持的日期时间类型格式规范如表 8.2 所示。

表 8.2　C# 支持的日期时间类型格式规范

格式说明符	说　　明	举　　例
d	短日期格式	YYYY-MM-dd
D	长日期格式	YYYY 年 MM 月 dd 日
f	完整日期 / 时间格式（短时间）	YYYY 年 MM 月 dd 日 hh:mm
F	完整日期 / 时间格式（长时间）	YYYY 年 MM 月 dd 日 hh:mm:ss
g	常规日期 / 时间格式（短时间）	YYYY-MM-dd hh:mm
G	常规日期 / 时间格式（长时间）	YYYY-MM-dd hh:mm:ss
M 或 m	月 / 日格式	MM 月 dd 日
t	短时间格式	hh:mm
T	长时间格式	hh:mm:ss
Y 或 y	年 / 月格式	YYYY 年 MM 月

注意

使用 string.Format 方法对日期时间类型数据格式化时，传入的参数必须为 DataTime 类型。

【例 8.04】 使用表 8.2 中的标准日期时间格式规范对不同的日期时间数据进行格式化并输出，代码如下：（**实例位置：资源包 \ 源码 \08\8.04**）

```
static void Main(string [ ] args)
{
    DateTime strDate = DateTime.Now;                          // 获取当前日期时间
    // 输出短日期格式
    Console.WriteLine(string.Format(" 当前日期的短日期格式表示：{0:d}", strDate));
    // 输出长日期格式
    Console.WriteLine(string.Format(" 当前日期的长日期格式表示：{0:D}", strDate));
    Console.WriteLine();                                      // 换行
    // 输出完整日期 / 时间格式（短时间）
    Console.WriteLine(string.Format(" 当前日期时间的完整日期 / 时间格式（短时间）表示：{0:f}", strDate));
    // 输出完整日期 / 时间格式（长时间）
    Console.WriteLine(string.Format(" 当前日期时间的完整日期 / 时间格式（长时间）表示：{0:F}", strDate));
    Console.WriteLine();                                      // 换行
    // 输出常规日期 / 时间格式（短时间）
    Console.WriteLine(string.Format(" 当前日期时间的常规日期 / 时间格式（短时间）表示：{0:g}", strDate));
    // 输出常规日期 / 时间格式（长时间）
    Console.WriteLine(string.Format(" 当前日期时间的常规日期 / 时间格式（长时间）表示：{0:G}", strDate));
    Console.WriteLine();                                      // 换行
    // 输出时间格式
    Console.WriteLine(string.Format(" 当前时间的短时间格式表示：{0:t}", strDate));
    // 输出长时间格式
    Console.WriteLine(string.Format(" 当前时间的长时间格式表示：{0:T}", strDate));
    Console.WriteLine();                                      // 换行
```

```
    // 输出月 / 日格式
    Console.WriteLine(string.Format(" 当前日期的月 / 日格式表示：{0:M}", strDate));
    // 输出年 / 月格式
    Console.WriteLine(string.Format(" 当前日期的年 / 月格式表示：{0:Y}", strDate));
    Console.ReadLine();
}
```

程序运行结果如图 8.9 所示。

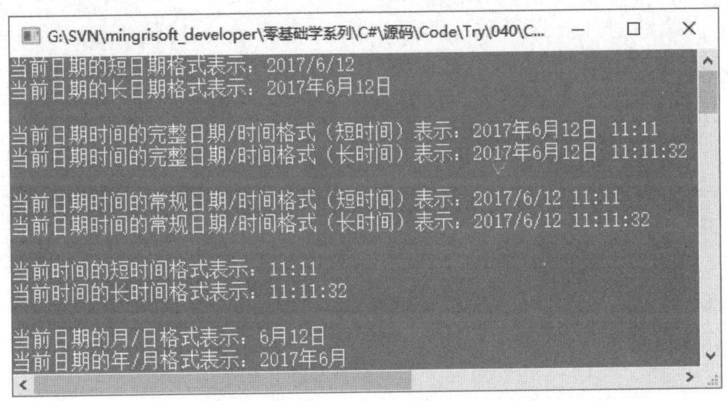

图 8.9　日期时间类型的格式化

技巧

通过在 ToString 方法中传入指定的“格式说明符”，也可以实现对数值型数据和日期时间型数据的格式化，例如，下面的代码分别使用 ToString 方法将数字 1298 格式化为货币形式、当前日期格式化为年 / 月格式，代码如下：

```
int money = 1298;
Console.WriteLine(money.ToString("C"));          // 使用 ToString 方法格式化数值类型
DateTime dTime = DateTime.Now;
Console.WriteLine(dTime.ToString("Y"));          // 使用 ToString 方法格式化日期时间类型
```

8.4.5　截取字符串

string 类提供了一个 Substring 方法，该方法可以截取字符串中指定位置和指定长度的子字符串，该方法有两种使用形式，分别如下：

```
public string Substring(int startIndex)
public string Substring (int startIndex, int length)
```

- startIndex：子字符串的起始位置的索引。
- length：子字符串中的字符数。
- 返回值：截取的子字符串。

【例 8.05】 使用 SubString 方法的两种形式从一个完整文件名中分别获取文件名称和文件扩展名，

代码如下：（**实例位置：资源包 \ 源码 \08\8.05**）

```
static void Main(string [ ] args)
{
    string strFile = "Program.cs";                                      // 定义字符串
    Console.WriteLine(" 文件完整名称：" + strFile);                      // 输出文件完整名称
    string strFileName = strFile.Substring(0, strFile.IndexOf('.'));   // 获取文件名
    string strExtension = strFile.Substring(strFile.IndexOf('.'));     // 获取扩展名
    Console.WriteLine(" 文件名：" + strFileName);                        // 输出文件名
    Console.WriteLine(" 扩展名：" + strExtension);                       // 输出扩展名
    Console.ReadLine();
}
```

程序运行结果如图 8.10 所示。

图 8.10　获取文件名及扩展名

8.4.6　分割字符串

string 类提供了一个 Split 方法，用于根据指定的字符数组或者字符串数组对字符串进行分割，该方法有 5 种使用形式，分别如下：

```
public string [ ] Split(params char [ ] separator)
public string [ ] Split(char [ ] separator, int count)
public string [ ] Split(string [ ] separator, StringSplitOptions options)
public string [ ] Split(char [ ] separator, int count, StringSplitOptions options)
public string [ ] Split(string [ ] separator, int count, StringSplitOptions options)
```

- separator：分隔字符串的字符数组或字符串数组。
- count：要返回的子字符串的最大数量。
- options：要省略返回的数组中的空数组元素，则为 RemoveEmptyEntries；要包含返回的数组中的空数组元素，则为 None。
- 返回值：一个数组，其元素包含分割得到的子字符串，这些子字符串由 separator 中的一个或多个字符或字符串分隔。

【例 8.06】 有一段体现学习编程最终目标的文字“让编程学习不再难，让编程创造财富不再难，让编程改变工作和人生不再难”，请使用 Split 方法对其进行分割并输出，代码如下：（**实例位置：资源包 \ 源码 \08\8.06**）

```
static void Main(string [ ] args)
{
    // 声明字符串
    string str = " 让编程学习不再难 , 让编程创造财富不再难 , 让编程改变工作和人生不再难 ";
    char [ ] separator = { ',' };                // 声明分割字符的数组
    // 分割字符串
    string [ ] splitStrings = str.Split(separator, StringSplitOptions.RemoveEmptyEntries);
    // 使用 for 循环遍历数组，并输出
    for (int i = 0; i < splitStrings.Length; i++)
```

```
    {
        Console.WriteLine(splitStrings [i]);
    }
    Console.ReadLine();
}
```

程序运行结果如图 8.11 所示。

图 8.11　分割字符串

8.4.7　去除空白内容

string 类提供了一个 Trim 方法，用来移除字符串中的所有开头空白字符和结尾空白字符，其语法格式如下：

```
public string Trim()
```

Trim 方法的返回值是从当前字符串的开头和结尾删除所有空白字符后剩余的字符串。

例如，定义一个字符串 strOld，并初始化为“　　　abc　　　”，然后使用 Trim 方法删除该字符串中开头和结尾处的所有空白字符，代码如下：

```
string str = "      abc      ";                         // 定义原始字符串
string shortStr = str.Trim();                           // 去掉字符串的首尾空格
Console.WriteLine("str 的原值是：[" + str + "]");
Console.WriteLine(" 去掉首尾空白的值：[" + shortStr + "]");
```

上面代码的运行结果如下：

```
str 的原值是：[          abc           ]
去掉首尾空白的值：[abc]
```

技巧

使用 Trim 方法还可以从字符串的开头和结尾删除指定的字符，它的使用形式如下：

```
public string Trim(params char [ ] trimChars)
```

例如，使用 Trim 方法删除字符串开头和结尾处的“*”字符，代码如下：

```
char [ ] charsToTrim = { '*' };                    // 定义要删除的字符数组
string str = "*****abc*****";                      // 定义原始字符串
string shortStr = str.Trim(charsToTrim);           // 去掉字符串的首尾空格
```

8.4.8　替换字符串

string 类提供了一个 Replace 方法，用于将字符串中的某个字符或字符串替换成其他的字符或字符串，该方法有两种语法形式，分别如下：

```
public string Replace(char OChar, char NChar)
```

```
public string Replace(string OValue, string NValue)
```

◆ OChar：待替换的字符。
◆ NChar：替换后的新字符。
◆ OValue：待替换的字符串。
◆ NValue：替换后的新字符串。
◆ 返回值：替换字符或字符串之后得到的新字符串。

如果要替换的字符或字符串在原字符串中重复出现多次，Replace 方法会将所有的都进行替换。

【例 8.07】 创建一个控制台应用程序，声明一个 string 类型变量 a，并初始化为“one world, one dream”。然后使用 Replace 方法的第一种语法格式将字符串中的“,”替换成“*”，最后使用 Replace 方法的第二种语法格式将字符串中的“one”替换成“One”，代码如下：（**实例位置：资源包\源码\08\8.07**）

```
static void Main(string [ ] args)
{
    string strOld = "one world, one dream";                  // 声明一个字符串变量并初始化
    Console.WriteLine(" 原始字符串：" + strOld);             // 输出原始字符串
    string strNew1 = strOld.Replace(',', '*');               // 使用 Replace 将字符串中的 "," 替换为 "*"
    Console.WriteLine("\n 第一种形式的替换：" + strNew1);
    // 使用 Replace 方法将字符串中的 "one" 替换为 "One"
    string strNew2 = strOld.Replace("one", "One");
    Console.WriteLine("\n 第二种形式的替换：" + strNew2);
    Console.ReadLine();
}
```

程序运行结果如图 8.12 所示。

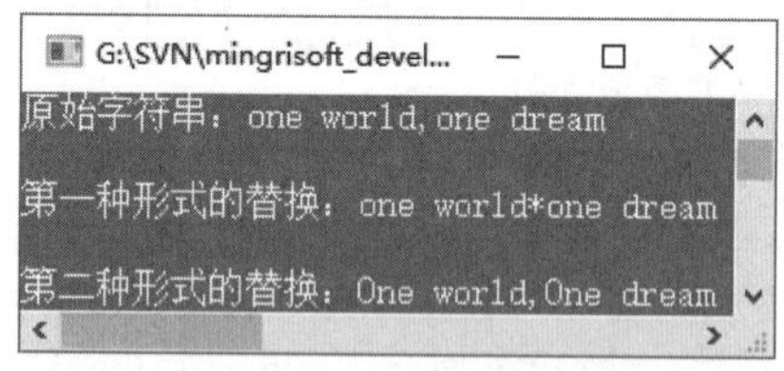

图 8.12　字符串的替换

注意

要替换的字符 / 字符串的大小写要与原字符串中字符 / 字符串的大小写保持一致，否则不能成功地替换。例如，将上面的代码修改如下，将不能成功替换：

```
string strOld = "one world, one dream";              // 声明一个字符串变量并初始化
string strNew2 = strOld.Replace("ONE", "One");       // 字符串替换
```

8.5　可变字符串类

对于创建成功的 string 字符串，它的长度是固定的，内容不能被改变和编译。虽然使用“+”可以达到附加新字符或字符串的目的，但“+”会产生一个新的 string 对象，会在内存中创建新的字符串对象。如果重复地对字符串进行修改，将会极大地增加系统开销。而 C# 中提供了一个可变的字符序列 StringBuilder 类，大大提高了频繁增加字符串的效率。本节将对其使用进行讲解。

8.5.1　StringBuilder 类的定义

StringBuilder 类位于 System.Text 命名空间中，如果要创建 StringBuilder 对象，首先必须引用该命名空间。StringBuilder 类有 6 种不同的构造方法，分别如下：

```
public StringBuilder()
public StringBuilder(int capacity)
public StringBuilder(string value)
public StringBuilder(int capacity, int maxCapacity)
public StringBuilder(string value, int capacity)
public StringBuilder(string value, int startIndex, int length, int capacity)
```

- capacity：StringBuilder 对象的建议起始大小。
- value：字符串，包含用于初始化 StringBuilder 对象的子字符串。
- maxCapacity：当前字符串可包含的最大字符数。
- startIndex：value 中子字符串开始的位置。
- length：子字符串中的字符数。

例如，创建一个 StringBuilder 对象，其初始引用的字符串为“Hello World!”，代码如下：

```
StringBuilder MyStringBuilder = new StringBuilder("Hello World!");
```

StringBuilder 类表示值为可变字符序列的类似字符串的对象，之所以说值是可变的，是因为在通过追加、移除、替换或插入字符而创建后可以对它进行修改。

8.5.2　StringBuilder 类的使用

StringBuilder 类中常用的方法及说明如表 8.3 所示。

表 8.3　StringBuilder 类中的常用方法及说明

方　　法	说　　明
Append	将文本或字符串追加到指定对象的末尾
AppendFormat	自定义变量的格式并将这些值追加到 StringBuilder 对象的末尾
Insert	将字符串或对象添加到当前 StringBuilder 对象中的指定位置
Remove	从当前 StringBuilder 对象中移除指定数量的字符
Replace	用另一个指定的字符来替换 StringBuilder 对象内的字符

说明

StringBuilder 类提供的方法都有多种使用形式，开发者可以根据需要选择合适的使用形式。

【例 8.08】 创建一个控制台应用程序，声明一个 int 类型的变量 Num，并初始化为 368，然后创建一个 StringBuilder 对象 SBuilder，其初始值为“明日科技”，之后分别使用 StringBuilder 类的 Append，AppendFormat，Insert，Remove 和 Replace 方法对 StringBuilder 对象进行操作，并输出相应的结果，代码如下：（**实例位置：资源包 \ 源码 \08\8.08**）

```
static void Main(string [ ] args)
{
    int Num = 368;                              // 声明一个 int 类型变量 Num 并初始化为 368
    // 实例化一个 StringBuilder 类，并初始化为 " 明日科技 "
    StringBuilder SBuilder = new StringBuilder(" 明日科技 ");
    SBuilder.Append("》C# 编程词典 ");           // 使用 Append 方法将字符串追加到 SBuilder 的末尾
    Console.WriteLine(SBuilder);                // 输出 SBuilder
    // 使用 AppendFormat 方法将字符串按照指定的格式追加到 SBuilder 的末尾
    SBuilder.AppendFormat("{0:C0}", Num);
    Console.WriteLine(SBuilder);                // 输出 SBuilder
    SBuilder.Insert(0, " 软件：");               // 使用 Insert 方法将 " 软件：" 追加到 SBuilder 的开头
    Console.WriteLine(SBuilder);                // 输出 SBuilder
    // 使用 Remove 方法从 SBuilder 中删除索引 14 以后的字符串
    SBuilder.Remove(14, SBuilder.Length – 14);
    Console.WriteLine(SBuilder);                // 输出 SBuilder
    // 使用 Replace 方法将 " 软件：" 替换成 " 软件工程师必备 "
    SBuilder.Replace(" 软件 ", " 软件工程师必备 ");
    Console.WriteLine(SBuilder);                // 输出 SBuilder
    Console.ReadLine();
}
```

程序的运行结果如图 8.13 所示。

图 8.13　StringBuilder 类中几种方法的应用

8.5.3　StringBuilder 类与 string 类的区别

string 本身是不可改变的，它只能赋值一次，每一次内容发生改变，都会生成一个新的对象，然后原有的对象引用新的对象，而每一次生成新对象都会对系统性能产生影响，这会降低 .NET 编译器的工作效率，string 操作示意图如图 8.14 所示。

而 StringBuilder 类则不同，每次操作都是对自身对象进行操作，而不是生成新的对象，其所占空间会随着内容的增加而扩充，这样，在做大量的修改操作时，不会因生成大量匿名对象而影响系统性能。StringBuilder 操作示意图如图 8.15 所示。

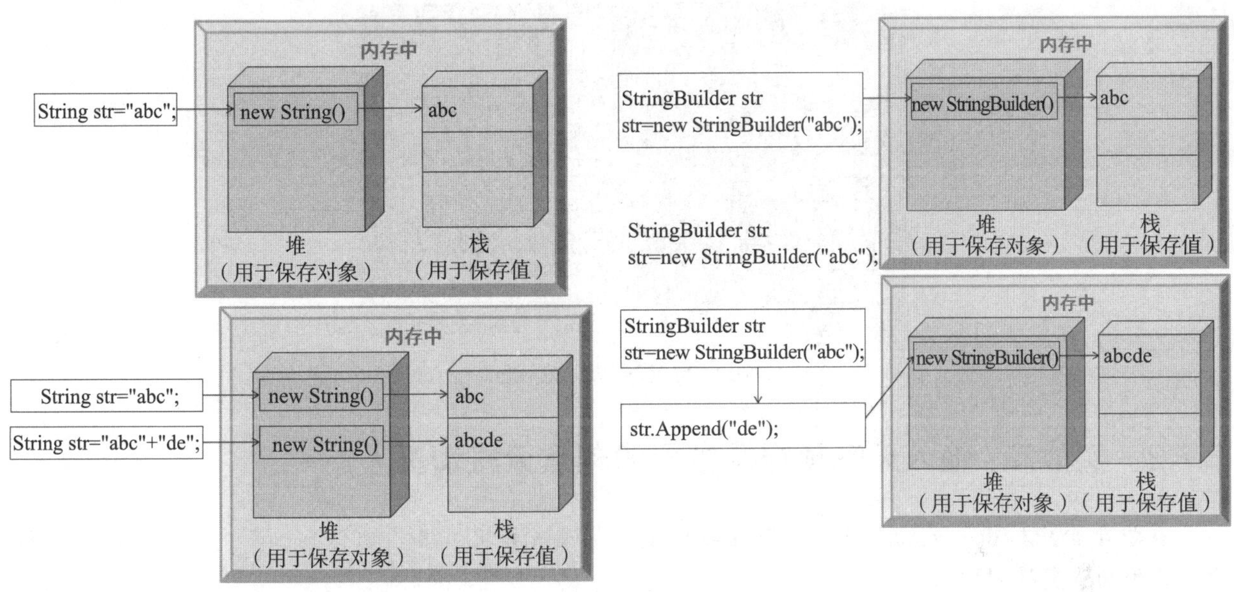

图 8.14　string 操作示意图　　　　图 8.15　StringBuilder 操作示意图

技巧

当程序中需要大量地对某个字符串进行操作时，应该考虑应用 StringBuilder 类处理该字符串，其设计目的就是针对大量 string 操作的一种改进办法，避免产生太多的临时对象；而当程序中只是对某个字符串进行一次或几次操作时，采用 string 类即可。

8.6　小　　结

因为在日常开发工作中，处理字符串的代码在程序中占据很大比例，所以对理解、学习和操作字符串打下基础，可谓是学习编程的重中之重，本章主要对 C# 中字符串和可变字符串进行了详细讲解，在学习本章时，读者需要重点掌握 string 类中处理字符串的一些方法，这些方法在开发程序时会经常用到；另外，StringBuilder 类允许使用同一个字符串对象进行字符串的维护操作，这样，可以在操作字符串数据的过程中提高效率，尤其是处理大量数据时。

8.7 实　　战

8.7.1 实战一：模拟微信抢红包

模拟微信抢红包（提示：实现本实例时用到了 Random 类，该类用来生成随机数），运行效果如图 8.16 所示。**（实例位置：资源包 \ 源码 \08\ 实战 \01）**

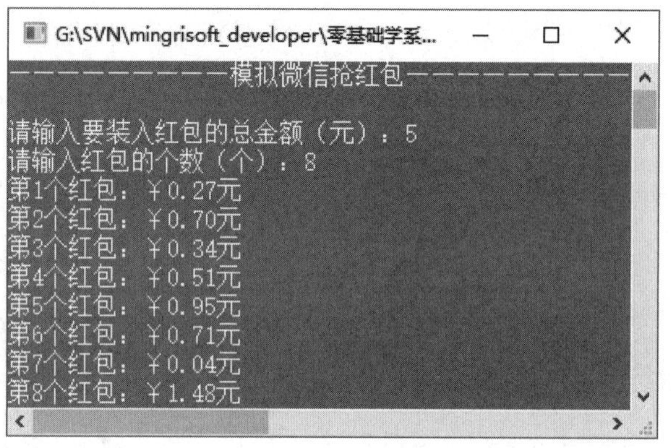

图 8.16　模拟微信抢红包

8.7.2 实战二：输入天气预报及主要时刻点天气情况

在控制台中输出一天的天气预报及主要时刻点的天气情况，其输出信息如下：**（实例位置：资源包 \ 源码 \08\ 实战 \02）**

```
2017 年 5 月 1 日　天气预报：晴　7℃ ~ 18℃　微风转 3 ~ 4 级
4:00　天气预报：晴　9℃　微风
8:00　天气预报：晴　12℃　微风
12:00　天气预报：晴　18℃　微风
16:00　天气预报：晴　16℃　西风 3 ~ 4 级
20:00　天气预报：晴　12℃　西风 3 ~ 4 级
0:00　天气预报：晴　7℃　微风
```

第 9 章

类和对象

（视频讲解：1小时56分钟）

面向对象程序设计是在面向过程程序设计的基础上发展而来的，它将数据和对数据的操作看作是一个不可分割的整体，力求将现实问题简单化，因为这样不仅符合人们的思维习惯，同时也可以提高软件的开发效率，并方便后期的维护。本章将对面向对象程序设计进行详细讲解。

通过学习本章，读者主要掌握以下内容：

- 面向对象的三大基本特征
- 类的声明及使用
- 类中的成员
- 方法的声明及使用
- 重载方法的使用
- 类的静态成员
- 对象的创建及销毁
- 类与对象的关系

9.1 面向对象概述

面向对象技术源于面向对象的编程语言（Object Oriented Programming Language，OOPL），从 20 世纪 60 年代提出面向对象的概念到现在，它已经发展成为一种比较成熟的编程思想，并且逐步成为目前软件开发领域的主流技术。面向对象（Object Oriented）的英文缩写是 OO，它是一种设计思想。

面向对象中的对象（Object），通常是指客观世界中存在的对象，这个对象具有唯一性，对象之间各不相同，各有各的特点，每一个对象都有自己的运动规律和内部状态；对象与对象之间又是可以相互联系、相互作用的。另外，对象也可以是一个抽象的事物，例如，可以从圆形、正方形、三角形等图形抽象出一个简单图形，简单图形就是一个对象，它有自己的属性和行为，图形中边的个数是它的属性，图形的面积也是它的属性，输出图形的面积就是它的行为。概括地讲，面向对象技术是一种从组织结构上模拟客观世界的方法。

9.1.1 对象

现实世界中，随处可见的一种事物就是对象，对象是事物存在的实体，如人类、书桌、计算机、高楼大厦等。人类解决问题的方式总是将复杂的事物简单化，于是就会思考这些对象都是由哪些部分组成的。通常会将对象划分为两个部分，即静态部分与动态部分。静态部分，顾名思义就是不能动的部分，这个部分被称为“属性”，任何对象都会具备其自身属性，比如一个人，它包括高矮、胖瘦、性别、年龄等属性；然而具有这些属性的人会执行哪些动作是一个值得探讨的部分，人可以哭泣、微笑、说话、行走等，这些是人所具备的行为，也就是动态部分。

现实世界中的对象具有以下特征：

（1）每一个对象必须有一个名字以区别其他对象；

（2）用属性来描述对象的某些特征；

（3）有一组操作，每一个操作决定对象的一种行为；

（4）对象的操作可以分为两类：一类是自身所承受的操作；另一类是施加于其他对象的操作。

综上所述，现实世界中的对象可以表示为“属性 + 行为”，其示意图如图 9.1 所示。

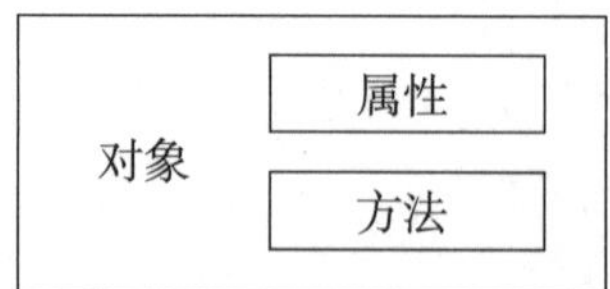

图 9.1 对象表示为“属性 + 行为”

在计算机世界中，面向对象程序设计的思想要以对象来思考问题，首先要将现实世界的实体抽象为对象，然后考虑这个对象具备的属性和行为。例如，现在面临一只大雁要从北方飞往南方这样一个实际问题，尝试以面向对象的思想来解决这一实际问题，步骤如下：

（1）首先可以从这一问题中抽象出对象，这里抽象出的对象为大雁。

（2）识别这个对象的属性。对象具备的属性都是静态属性，如大雁有一对翅膀、一双脚等，这些属性如图 9.2 所示。

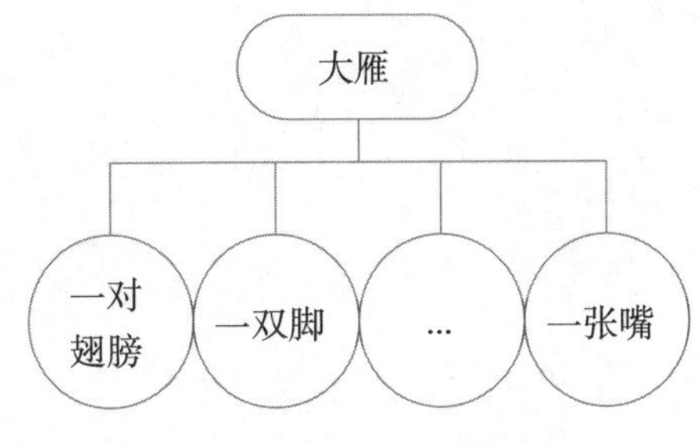

图 9.2　识别对象的属性

（3）识别这个对象的动态行为，即这只大雁可以进行的动作，如飞行、觅食等，这些行为都是由于这个对象基于其属性而具有的动作，这些行为如图 9.3 所示。

（4）识别出这个对象的属性和行为后，这个对象就被定义完成，然后可以根据这只大雁具有的特性制定这只大雁要从北方飞向南方的具体方案以解决问题。

实质上究其本质，所有的大雁都具有以上的属性和行为，因此可以将这些属性和行为封装起来以描述大雁这类动物。由此可见，类实质上就是封装对象属性和行为的载体，而对象则是类抽象出来的一个实例，两者之间的关系如图 9.4 所示。

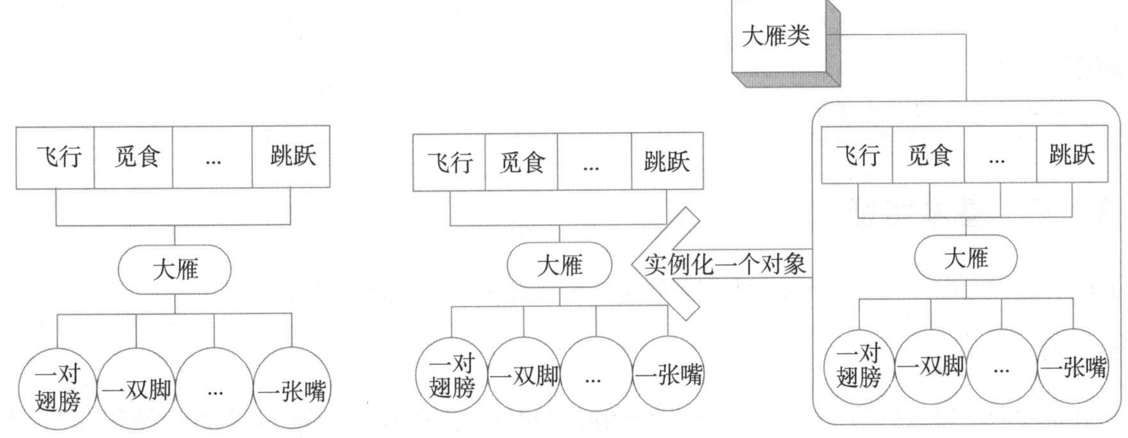

图 9.3　识别对象具有的行为

图 9.4　描述对象与类之间的关系

9.1.2　类

不能将所谓的一个事物描述成一类事物，一只鸟不能称为鸟类，如果需要对同一类事物进行统称，就不得不说明类这个概念。

类就是同一类事物的统称，如果将现实世界中的一个事物抽象成对象，类就是这类对象的统称，比如鸟类、家禽类、人类等。类是创建对象时所依赖的规范，如一只鸟具有一对翅膀，它可以通过这对翅膀飞行，所有的鸟都具有翅膀这个特性，绝大多数都会飞行，这样的具有相同特性和行为的一类事物就称为类，类的思想就是这样产生的。在图 9.4 中已经描述过类与对象之间的关系，对象就是符合某个类定义所产生出来的实例。更为恰当的描述是：类是世间事物的抽象称呼，而对象则是这个事物相对应的实体。如果面临实际问题，通常需要实例化类对象来解决。例如，解决大雁南飞的问题，这里只能拿这只大雁来处理这个问题，不能拿大雁类来解决。

类是封装对象的属性和行为的载体，反过来说具有相同属性和行为的一类实体被称为类。例如，一个鸟类，鸟类封装了所有鸟的共同属性和应具有的行为，其结构如图 9.5 所示。

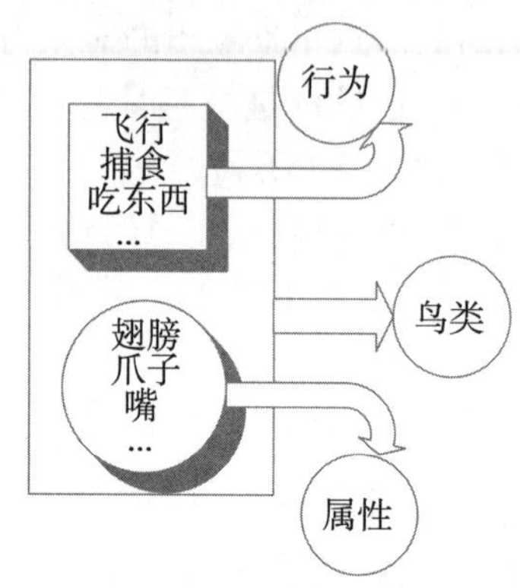

图 9.5　鸟类结构

在类中，对象的行为是以方法的形式定义的，对象的属性是以成员变量的形式定义的，而类包括对象的属性和方法。

说明

一个对象是类的一个实例。

9.1.3　三大基本特征

面向对象程序设计具有三大基本特征：封装、继承和多态，下面分别描述。

1. 封装

封装是面向对象编程的核心思想，将对象的属性和行为封装起来，而将对象的属性和行为封装起来的载体就是类，类通常对客户隐藏其实现细节，这就是封装的思想。例如，用户使用计算机，只需要使用手指敲击键盘就可以实现一些功能，而无须知道计算机内部是如何工作的。

采用封装思想保证了类内部数据结构的完整性，使用该类的用户不能直接看到类中的数据结构，而只能执行类允许公开的数据，这样就避免了外部对内部数据的影响，提高了程序的可维护性。

使用类实现封装特性如图 9.6 所示。

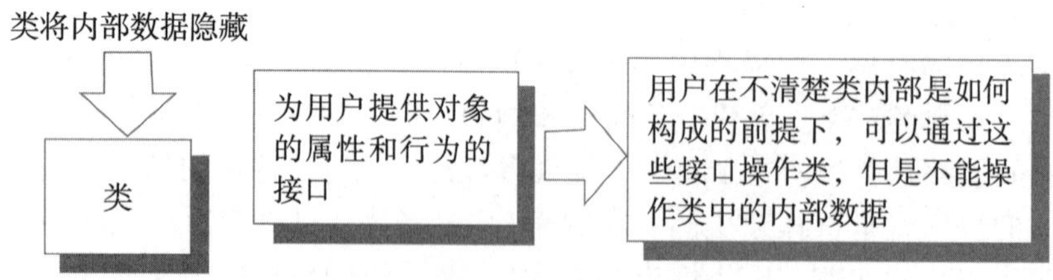

图 9.6　封装特性示意图

2. 继承

矩形、菱形、平行四边形和梯形等都是四边形。因为四边形与它们具有共同的特征：拥有 4 个边。

只要将四边形适当地延伸，就会得到上述图形。以平行四边形为例，如果把平行四边形看作四边形的延伸，那么平行四边形就复用了四边形的属性和行为，同时添加了平行四边形特有的属性和行为，如平行四边形的对边平行且相等。Java 中，可以把平行四边形类看作是继承四边形类后产生的类，其中，将类似于平行四边形的类称为子类，将类似于四边形的类称为父类或超类。值得注意的是，在阐述平行四边形和四边形的关系时，可以说平行四边形是特殊的四边形，但不能说四边形是平行四边形。同理，C# 中可以说子类的实例都是父类的实例，但不能说父类的实例是子类的实例，四边形类层次结构示意图如图 9.7 所示。

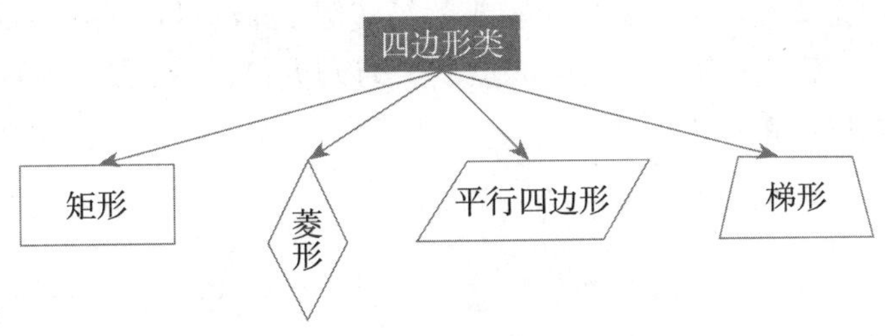

图 9.7　四边形类层次结构示意图

综上所述，继承是实现重复利用的重要手段，子类通过继承复用了父类的属性和行为的同时又添加了子类特有的属性和行为。

3. 多态

将父类对象应用于子类的特征就是多态。比如创建一个螺丝类，螺丝类有两个属性：粗细和螺纹密度；然后再创建了两个类，一个是长螺丝类，一个短螺丝类，并且它们都继承了螺丝类。这样长螺丝类和短螺丝类不仅具有相同的特征（粗细相同，且螺纹密度也相同），还具有不同的特征（一个长，一个短，长的可以用来固定大型支架，短的可以固定生活中的家具）。综上所述，一个螺丝类衍生出不同的子类，子类继承父类特征的同时，也具备了自己的特征，并且能够实现不同的效果，这就是多态化的结构。

9.2　类

类是一种数据结构，它可以包含数据成员（常量和变量）、函数成员（方法、属性、构造函数和析构函数等）和嵌套类型。

9.2.1　类的声明

C# 中，类是使用 class 关键字来声明的，语法如下：

```
class 类名
{
}
```

下面以汽车为例声明一个类，代码如下：

```
class Car
{
}
```

9.2.2 类的成员

类的定义包括类头和类体两部分，其中，类头就是使用 class 关键字定义的类名，而类体是用一对大括号 {} 括起来的，在类体中主要定义类的成员，类的成员包括：字段、属性、方法、构造函数等，本节将对常用的类成员进行讲解。

1. 字段

字段就是程序开发中常见的常量或者变量，它是类的一个构成部分，它使得类可以封装数据。

【例 9.01】 创建一个控制台应用程序，在默认的 Program 类中定义一个变量，用来存储圆半径；定义一个常量，用来存储 π 的值；然后在 Main 方法中计算圆面积并输出，代码如下：（**实例位置：资源包 \ 源码 \09\9.01**）

```
class Program
{
    static double r;                                              // 定义一个变量，用来存储圆半径
    const double PI = 3.14;                                       // 定义常量，存储 π 的值
    static void Main(string [ ] args)
    {
        Console.Write(" 请输入半径：");
        Program.r = Convert.ToDouble(Console.ReadLine());         // 输入圆半径
        Console.WriteLine(" 圆面积为：" + PI * Math.Pow(r, 2));    // 计算圆面积
        Console.ReadLine();
    }
}
```

程序运行效果如图 9.8 所示。

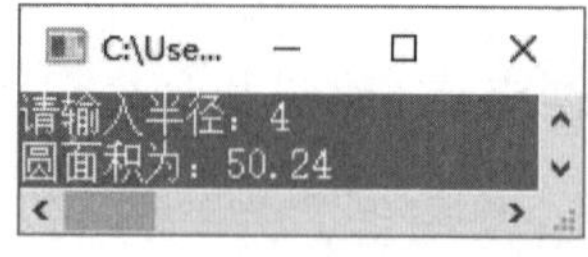

图 9.8　计算圆的面积

说明

字段属于类级别的变量，未初始化时，C# 将其初始化为默认值，但不会将局部变量初始化为默认值。例如，下面代码是正确的，输出为 0。

```
class Program
{
    static int i;
    static void Main(string [ ] args)
    {
        Console.WriteLine(i);
    }
}
```

但是，如果将变量 i 的定义放在 Main 方法中，则运行时会出现如图 9.9 所示的错误提示。

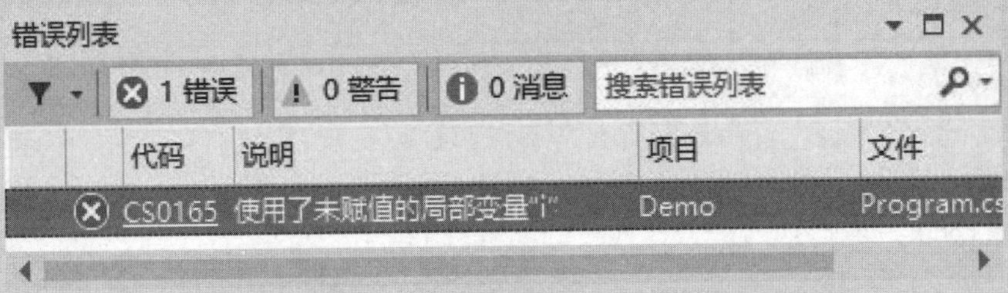

错误列表

1 错误　0 警告　0 消息　搜索错误列表

	代码	说明	项目	文件
	CS0165	使用了未赋值的局部变量"i"	Demo	Program.cs

图 9.9　局部变量未初始化时的错误

2. **属性**

属性是对现实实体特征的抽象，提供对类或对象的访问。类的属性描述的是状态信息，在类的实例中，属性的值表示对象的状态值。C# 中的属性具有访问器，这些访问器指定在它们的值被读取或写入时需要执行的语句，因此属性提供了一种机制，把读取和写入对象的某些特性与一些操作关联起来，开发人员可以像使用公共数据成员一样使用属性，属性的声明语法如下：

```
【权限修饰符】【类型】【属性名】
{
    get {get 访问器体}
    set {set 访问器体}
}
```

- 【修饰符】：指定属性的访问级别。
- 【类型】：指定属性的类型，可以是任何的预定义或自定义类型。
- 【属性名】：一种标识符，命名规则与变量相同，但是，属性名的第一个字母通常都大写。
- get 访问器：相当于一个具有属性类型返回值的无参数方法，它除了作为赋值的目标外，当在表达式中引用属性时，将调用该属性的 get 访问器获取属性的值。get 访问器体需要用 return 语句来返回，并且所有的 return 语句都必须返回一个可隐式转换为属性类型的表达式。
- set 访问器：相当于一个具有单个属性类型值参数和 void 返回类型的方法。set 访问器的隐式参数始终命名为 value。当一个属性作为赋值的目标被引用时，就会调用 set 访问器，所传递的参数将提供新值。由于 set 访问器存在隐式的参数 value，因此，在 set 访问器中不能自定义名称为 value 的局部变量或常量。

根据是否存在 get 和 set 访问器，属性可以分为以下 3 种。

◆ 可读可写属性：包含 get 和 set 访问器；
◆ 只读属性：只包含 get 访问器；
◆ 只写属性：只包含 set 访问器。

属性的主要用途是限制外部类对类中成员的访问权限，定义在类级别上。

例如，自定义一个 TradeCode 属性，表示商品编号，要求该属性为可读可写属性，并设置其访问级别为 public，代码如下：

```
private string tradecode = "";
public string TradeCode
{
    get { return tradecode; }
    set { tradecode = value; }
}
```

由于属性的 set 访问器中可以包含大量的语句，因此可以对赋予的值进行检查，如果值不安全或者不符合要求，就可以进行处理操作，这样可以避免因为给属性设置了错误的值而导致的异常。

【例 9.02】 创建一个控制台应用程序，在默认的 Program 类中定义一个 Age 属性，设置访问级别为 public，因为该属性提供了 get 和 set 访问器，因此它是可读可写属性；然后在该属性的 set 访问器中对属性的值进行控制，控制只能输入 1 ~ 70 的数据，如果输出其他数据，会提示相应的信息，代码如下：**（实例位置：资源包 \ 源码 \09\9.02）**

```
class Program
{
    private int age;                                    // 定义字段
    public int Age                                      // 定义属性
    {
        get                                             // 设置 get 访问器
        {
            return age;
        }
        set                                             // 设置 get 访问器
        {
            if (value > 0 && value < 70)                // 如果数据合理将值赋给字段
            {
                age = value;
            }
            else
            {
                Console.WriteLine(" 输入数据不合理！ ");
            }
        }
    }
```

```
    static void Main(string [ ] args)
    {
        Program p = new Program();                              // 创建 Program 类的对象
        while (true)
        {
            Console.Write(" 请输入年龄：");
            p.Age = Convert.ToInt16(Console.ReadLine());         // 为年龄属性赋值
        }
    }
}
```

运行结果如图 9.10 所示。

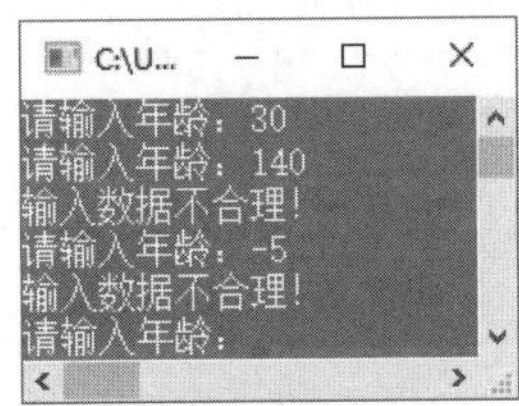

图 9.10　通过属性控制年龄的输入范围

说明

C# 中支持自动实现的属性，即在属性的 get 和 set 访问器中没有任何逻辑，代码如下：

```
public int Age
{
    get;
    set;
}
```

使用自动实现的属性，就不能在属性设置中进行属性的有效验证。

9.2.3　构造函数

构造函数是一个特殊的函数，它是在创建对象时执行的方法，构造函数具有与类相同的名称，它通常用来初始化对象的数据成员。构造函数的特点如下：

- 构造函数没有返回值。
- 构造函数的名称要与本类的名称相同。

1. 构造函数的定义

构造函数的定义语法如下：

```
public class Book
{
```

```
    public Book()                          // 无参数构造方法
    {
    }
    public Book(int args)                  // 有参数构造方法
    {
        args = 2 + 3;
    }
}
```

- public：构造函数修饰符。
- Book：构造函数的名称。
- args：构造函数的参数。

2. 默认构造函数和有参构造函数

定义类时，如果没有定义构造函数，则编译器会自动创建一个不带参数的默认构造函数，例如，下面代码定义一个 Book 类：

```
class Book
{
}
```

在创建 Book 类的对象时，可以直接使用如下代码：

```
Book book = new Book();
```

但是，如果在定义类时，定义了含有参数的构造函数，这时如果还想要使用默认构造函数，就需要显式的进行定义了，例如，下面的代码是错误的：

```
class Book
{
    public string Name { get; set; }
    public Book(string name)
    {
        Name = name;
    }
    void ShowInfo()
    {
        Book book = new Book();
    }
}
```

上面代码运行时，将会出现如图 9.11 所示的错误提示。

上面的错误主要是由于程序中已经定义了一个有参的构造函数，这时在创建对象时，如果想要使用无参构造函数，就必须进行显式定义。

图 9.11　使用无参构造函数创建对象时的错误

3. 静态构造函数

在 C# 中，可以为类定义静态构造函数，这种构造函数只执行一次。编写静态构造函数的主要原因是，类有一些静态字段或者属性，需要在第一次使用类之前，从外部源中初始化这些静态字段和属性。

定义静态构造函数时，不能设置访问修饰符，因为其他 C# 代码从来不会调用它，它只在引用类之前执行一次；另外，静态构造函数不能带任何参数，而且一个类中只能有一个静态构造函数，它只能访问类的静态成员，不能访问实例成员。例如，下面代码用来定义一个静态构造函数：

```
static Program()
{
    Console.WriteLine("static");
}
```

在类中，静态构造函数和无参数的实例构造函数是可以共存的，因为静态构造函数是在加载类时执行，而实例构造函数是在创建类的对象时执行。

【例 9.03】 创建一个控制台应用程序，在 Program 类中定义一个静态构造函数和一个实例构造函数，然后在 Main 方法中创建 3 个 Program 类的对象，代码如下：（**实例位置：资源包 \ 源码 \09\9.03**）

```
public class Program
{
    static Program()                          // 静态构造函数
    {
        Console.WriteLine("static");
    }
    private Program()                         // 实例构造函数
    {
        Console.WriteLine(" 实例构造函数 ");
    }
    static void Main(string [] args)
    {
        Program p1 = new Program();  // 创建类的对象 p1
        Program p2 = new Program();  // 创建类的对象 p2
        Program p3 = new Program();  // 创建类的对象 p3
        Console.ReadLine();
    }
}
```

上面代码的运行结果如图 9.12 所示。

从图 9.12 可以看出，静态构造函数只在引用类之前执行了一次，而实例构造函数则每创建一个对象都会执行一次。

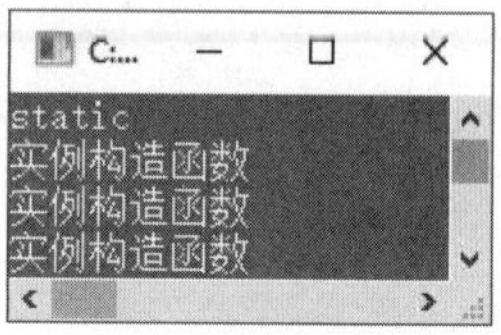

图 9.12 静态构造函数和实例构造函数的使用

9.2.4 析构函数

析构函数主要用来释放对象资源，.NET Framework 类库有垃圾回收功能，当某个类的实例被认为是不再有效，并符合析构条件时，.NET Framework 类库的垃圾回收功能就会调用该类的析构函数实现垃圾回收。析构函数是以类名加 ~ 来命名的，例如，为 Program 类定义一个析构函数，代码如下：

```
~Program()                                  // 析构函数
{
    Console.WriteLine(" 析构函数自动调用 ");
}
```

说明

严格来说，析构函数是自动调用的，不需要开发人员显式定义。如果需要定义析构函数，一个类中只能定义一个析构函数。

构造函数和析构函数是类中比较特殊的两种成员函数，主要用来对对象进行初始化和释放对象资源。一般来说，对象的生命周期从构造函数开始，以析构函数结束。

9.2.5 权限修饰符

C# 中的权限修饰符主要包括 private，protected，internal，protected internal 和 public，这些修饰符控制着对类和类的成员变量、成员方法的访问，表 9.1 中描述了这些修饰符的修饰权限。

表 9.1 C# 语言中的权限修饰符

权限修饰符	应 用 于	访 问 范 围
private	所有类或者成员	只能在本类中访问
protected	类和内嵌类的所有成员	在本类和其子类中访问
internal	类和内嵌类的所有成员	在同一程序集中访问
protected internal	类和内嵌类的所有成员	在同一程序集和子类中访问
public	所有类或者成员	任何代码都可以访问

这里需要注意的是，定义类时，只能使用 public 或者 internal，这取决于是否希望在包含类的程序集外部访问它，例如，下面的类定义是合法的：

```
namespace Demo
{
    public class Program
```

```
    {
    }
}
```

但是，不能把类定义为 private，protected 或者 protected internal 类型，因为这些修饰符对于包含在命名空间中的类是没有意义的，因此，这些修饰符只能应用于成员；但是，可以使用这些修饰符定义内嵌类（即包含在其他类中的类），因为在这种情况下，类也具有成员的状态，例如，下面的代码是合法的：

```
namespace Demo
{
    public class Program
    {
        private class Test
        {
        }
    }
}
```

说明

如果有内嵌类型，那么内嵌类型总是可以访问外部类型的所有成员，因此，上面代码中的 Test 类中可以访问 Program 类的所有成员，包括其 private 成员。

视频讲解

9.3　方　　法

方法是用来定义类可执行的操作，它是包含一系列语句的代码块。本质上讲，方法就是和类相关联的动作。

9.3.1　方法的声明

方法在类或结构中声明，声明时需要指定访问级别、返回值、方法名称及方法参数，方法参数放在括号中，并用逗号隔开。括号中没有内容表示声明的方法没有参数。

声明方法的基本格式如下：

```
修饰符　返回值类型　方法名 ( 参数列表 )
{
    // 方法的具体实现 ;
}
```

其中，修饰符可以是 private，public，protected，internal 中的任一个；“返回值类型”指定方法返回数据的类型，可以是任何类型，如果方法不需要返回一个值，则使用 void 关键字；“参数列表”是用逗号分隔的类型、标识符，如果方法中没有参数，则“参数列表”为空。

一个方法的名称和参数列表定义了该方法的签名，具体地讲，一个方法的签名由它的名称以及参数的个数、修饰符和类型组成。返回值类型不是方法签名的组成部分，参数的名称也不是方法签名的组成部分。

例如，定义一个 ShowGoods 方法，用来输出库存商品信息，代码如下：

```
public void ShowGoods()
{
    Console.WriteLine(" 库存商品名称：");
    Console.WriteLine(FullName);
}
```

说明

方法的定义必须在某个类中，定义方法时如果没有声明访问修饰符，方法的默认访问权限为 private。

如果定义的方法有返回值，则必须使用 return 关键字返回一个指定类型的数据，例如，定义一个返回值类型为 int 的方法，就必须使用 return 返回一个 int 类型的值，代码如下：

```
public int ShowGoods()
{
    Console.WriteLine(" 商品信息 ");
    return 1;
}
```

上面代码中，如果将“return 1;”删除，将会出现如图 9.13 所示的错误提示。

图 9.13　方法无返回值的错误提示

9.3.2　方法的参数

调用方法时可以给该方法传递一个或多个值，传给方法的值叫作实参，在方法内部，接收实参的变量叫作形参，形参在紧跟着方法名的括号中声明，形参的声明语法与变量的声明语法一样。形参只在方法内部有效。C# 中方法的参数主要有 4 种，分别为值参数、ref 参数、out 参数和 params 参数，下面分别进行讲解。

◆　值参数

值参数就是在声明时不加修饰的参数，它表明实参与形参之间按值传递。当使用值参数的方法被调用时，编译器为形参分配存储单元，然后将对应的实参的值复制到形参中，由于是值类型的传递方式，所以，在方法中对值类型的形参的修改并不会影响实参。

◆　ref 参数

ref 参数使形参按引用传递（即使形参是值类型），其效果是：在方法中对形参所做的任何更改都将反映在实参中。如果要使用 ref 参数，则方法声明和方法调用都必须显式使用 ref 关键字。

◆　out 参数

out 关键字用来定义输出参数，它会导致参数通过引用来传递，这与 ref 关键字类似，不同之处在于：ref 要求变量必须在传递之前进行赋值，而使用 out 关键字定义的参数，不用进行赋值即可使用。如果要使用 out 参数，则方法声明和方法调用都必须显式使用 out 关键字。

◆　params 参数

声明方法时，如果有多个相同类型的参数，可以定义为 params 参数。params 参数是一个一维数组，主要用来指定在参数数目可变时所采用的方法参数。

【例 9.04】 创建一个控制台应用程序，定义 4 个 Add 方法，用来计算整型类型数据的和，这 4 个方法中分别使用值参数、ref 参数、out 参数和 params 参数，然后在 Main 方法中调用这 4 个方法，比较它们的运算结果，代码如下：**（实例位置：资源包 \ 源码 \09\9.04）**

```
class Program
{
    private int Add(int x, int y)                           // 值参数
    {
        x = x + y;                                          // 对 x 进行加 y 操作
        return x;                                           // 返回 x
    }
    private int Add(ref int x, int y)                       //ref 参数
    {
        x = x + y;                                          // 对 x 进行加 y 操作
        return x;                                           // 返回 x
    }
    private int Add(int x, int y, out int z)                //out 参数
    {
        z = x + y;                                          // 记录 x+y 的结果
        return z;                                           // 返回 out 参数 z
    }
    private int Add(params int [] x)                        //params 参数
    {
        int result = 0;                                     // 记录运算结果
        for (int i = 0; i < x.Length; i++)                  // 遍历参数数组
        {
            result += x [i];                                // 执行相加操作
        }
        return result;                                      // 返回运算结果
    }
```

```
    static void Main(string [ ] args)
    {
        Program pro = new Program();                          // 创建 Program 对象
        int x = 30;                                           // 定义实参变量 x
        int y = 40;                                           // 定义实参变量 y
        Console.WriteLine(" 值参数的使用：" + pro.Add(x, y));
        Console.WriteLine(" 值参数中实参 x 的值：" + x);        // 输出值参数方法中实参 x 的值
        Console.WriteLine("ref 参数的使用：" + pro.Add(ref x, y));
        Console.WriteLine("ref 参数中实参 x 的值：" + x);      // 输出 ref 参数方法中实参 x 的值
        Console.WriteLine("out 参数的使用：" + pro.Add(x, y, out int z));
        Console.WriteLine("params 参数的使用：" + pro.Add(20, 30, 40, 50, 60));
        Console.ReadLine();
    }
}
```

按 Ctrl+F5 键查看运行结果，如图 9.14 所示。

仔细观察图 9.14，发现第 3 行和第 4 行中的实参 x 的值不一样，第 3 行中的实参 x 的值并没有因为值参数方法的计算结果而改变，但是由于接下来调用了 ref 参数的方法，所有在输出第 4 行内容时，实参 x 的值随之发生了更改。

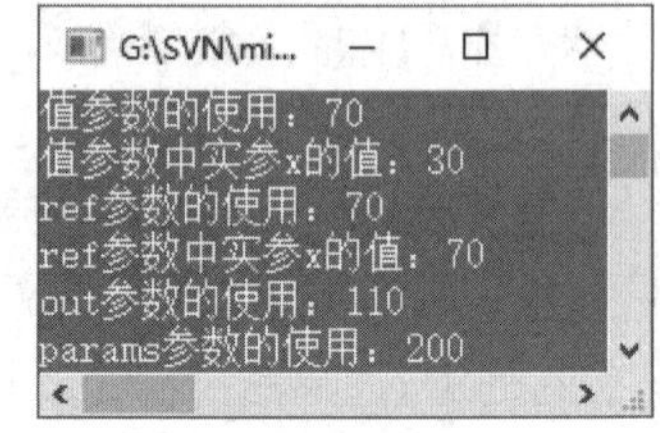

图 9.14　不同类型参数方法的使用

9.3.3　方法的重载

方法重载是指方法名相同，但参数的数据类型、个数或顺序不同的方法。只要类中有两个以上的同名方法，但是使用的参数类型、个数或顺序不同，调用时，编译器即可判断在哪种情况下调用哪种方法。

【例 9.05】 创建一个控制台应用程序，定义一个 Add 方法，该方法有 3 种重载形式，分别用来计算两个 int 数据的和、计算一个 int 和一个 double 数据的和、计算 3 个 int 数据的和；然后在 Main 方法中分别调用 Add 方法的 3 种重载形式，并输出计算结果，代码如下：**（实例位置：资源包 \ 源码 \09\9.05）**

```
class Program
{
     // 定义方法 Add，返回值为 int 类型，有两个 int 类型参数
    public static int Add(int x, int y)
    {
        return x + y;
    }
    public double Add(int x, double y)              // 重新方法 Add，它与第一个的参数类型不同
    {
        return x + y;
    }
    public int Add(int x, int y, int z)             // 重新方法 Add，它与第一个的参数个数不同
    {
        return x + y + z;
    }
    static void Main(string [ ] args)
```

```
    {
        Program program = new Program();        // 创建类对象
        int x = 3;
        int y = 5;
        int z = 7;
        double y2 = 5.5;
        // 根据传入的参数类型及参数个数的不同调用不同的 Add 重载方法
        Console.WriteLine(" 第 1 种重载形式：" + x + "+" + y + "=" + Program.Add(x, y));
        Console.WriteLine(" 第 2 种重载形式：" + x + "+" + y2 + "=" + program.Add(x, y2));
        Console.WriteLine(" 第 3 种重载形式：" + x + "+" + y + "+" + z + "=" + program.Add(x, y, z));
        Console.ReadLine();
    }
}
```

运行结果如图 9.15 所示。

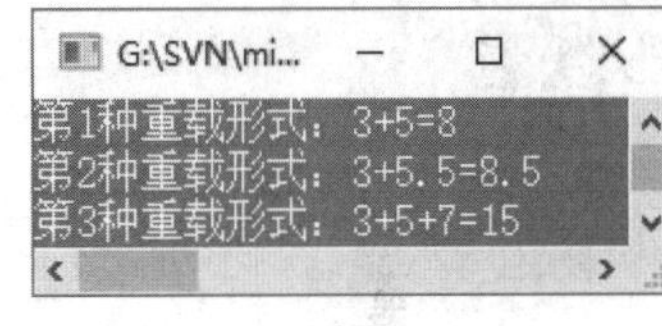

图 9.15　重载方法的应用

定义重载方法时，需要注意以下两点：

- 重载方法不能仅在返回值类型上不同，因为返回值类型不是方法签名的一部分。
- 重载方法不能仅根据参数是否声明为 ref，out 或者 params 来区分。

9.4　类的静态成员

很多时候，不同的类之间需要对同一个变量进行操作，比如一个水池，同时打开入水口和出水口，进水和出水这两个动作会同时影响到池中的水量，此时池中的水量就可以认为是一个共享的变量。在 C# 程序中，把共享的变量或者方法用 static 修饰，它们被称作静态变量和静态方法，也被称为类的静态成员，静态成员是属于类所有的，调用时，不用创建类的对象，而且直接使用类名调用。

【例 9.06】 创建一个控制台应用程序，在 Program 类中定义一个静态方法 Add，实现两个整型数相加，然后在 Main 方法直接使用类名调用静态方法，代码如下：（**实例位置：资源包 \ 源码 \09\9.06**）

```
class Program
{
    public static int Add(int x, int y)        // 定义静态方法实现整型数相加
    {
        return x + y;
    }
    static void Main(string [ ] args)
    {
        // 类名调用静态方法
        Console.WriteLine("{0}+{1}={2}", 23, 34, Program.Add(23, 34));
        Console.ReadLine();
    }
}
```

运行结果为：

```
23+34=57
```

如果在声明类时使用了 static 关键字，则该类就是一个静态类，静态类中定义的成员必须是静态的，不能定义实例变量、实例方法或者实例构造函数。例如，下面的代码是错误的：

```
static class Test
{
    public Test()                              //错误，因为静态类中不能定义非静态成员
    {
    }
}
```

视频讲解

9.5 对象的创建及使用

C# 是面向对象的程序设计语言，所有的问题都通过对象来处理，对象可以通过操作类的属性和方法解决相应的问题，所以了解对象的产生、操作和销毁对学习 C# 是十分必要的。本节将讲解对象在 C# 语言中的应用。

9.5.1 对象的创建

对象可以认为是在一类事物中抽象出某一个特例，通过这个特例来处理这类事物出现的问题。在 C# 语言中通过 new 操作符来创建对象。前文在讲解构造函数时介绍过每实例化一个对象就会自动调用一次构造函数，实质上这个过程就是创建对象的过程。准确地说，可以在 C# 语言中使用 new 操作符调用构造函数创建对象。

语法如下：

```
Test test=new Test();
Test test=new Test("a");
```

创建对象语法中的参数及说明如表 9.2 所示。

表 9.2 创建对象语法中的参数及说明

参　数	说　明
Test	类名
test	创建 Test 类对象
new	创建对象操作符
“a”	构造函数的参数

当用户使用 new 操作符创建一个对象后，可以使用“对象 . 类成员”来获取对象的属性和行为。前文已经提到过，对象的属性和行为在类中是通过类成员变量和成员方法的形式来表示的，所以当对象获取类成员时，也就相应地获取了对象的属性和行为。

【例 9.07】 创建一个控制台应用程序，在程序中创建一个 cStockInfo 类，表示库存商品类，在该类中定义一个 FullName 属性和 ShowGoods 方法；然后在 Program 类中创建 cStockInfo 类的对象，并使用该对象调用其中的属性和方法，代码如下：（**实例位置：资源包 \ 源码 \09\9.07**）

```
public class cStockInfo                                    // 自定义库存商品类
{
    public string FullName                                 // 自动实现属性
    {
        get;
        set;
    }
    public void ShowGoods()                                // 定义一个无返回值类型的方法
    {
        Console.WriteLine(" 库存商品名称：");
        Console.WriteLine(FullName);                       // 输出属性值
    }
}
class Program
{
    static void Main(string [ ] args)
    {
        cStockInfo stockInfo = new cStockInfo();           // 创建 cStockInfo 对象
        stockInfo.FullName = " 笔记本电脑 ";                 // 使用对象调用类成员属性
        stockInfo.ShowGoods();                             // 使用对象调用类成员方法
        Console.ReadLine();
    }
}
```

运行程序，结果如图 9.16 所示。

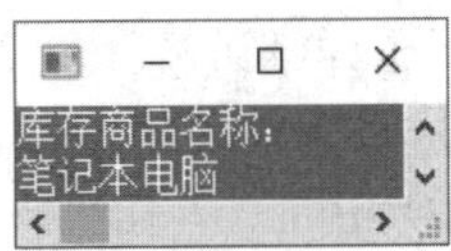

图 9.16　使用对象调用类成员

说明

C# 中提供了一个 this 关键字，表示本类的一个对象，在局部变量或方法参数覆盖了成员变量时，可以使用 this 关键字明确引用的是类成员还是方法的形参。另外，this 除了可以调用成员变量或成员方法之外，还可以作为方法的返回值，用来返回本类的对象。

9.5.2 对象的销毁

每个对象都有生命周期，当对象的生命周期结束时，分配给该对象的内存地址将会被回收。在其他语言中需要手动回收废弃的对象，但是 C# 拥有一套完整的垃圾回收机制，用户不必担心废弃的对象占用内存，垃圾回收器将回收无用的、但占用内存的资源。

在谈到垃圾回收机制之前，首先需要了解何种对象会被 .NET 垃圾回收器视为垃圾。主要包括以下两种情况：

- 对象引用超过其作用范围，则这个对象将被视为垃圾，如图 9.17 所示。
- 将对象赋值为 null，如图 9.18 所示。

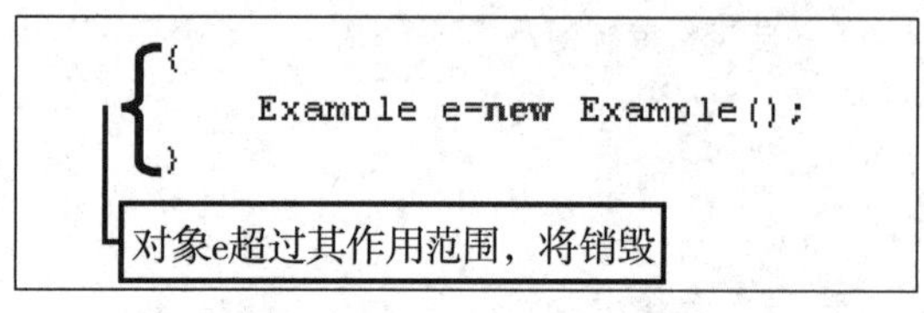

图 9.17　对象超过作用范围将销毁

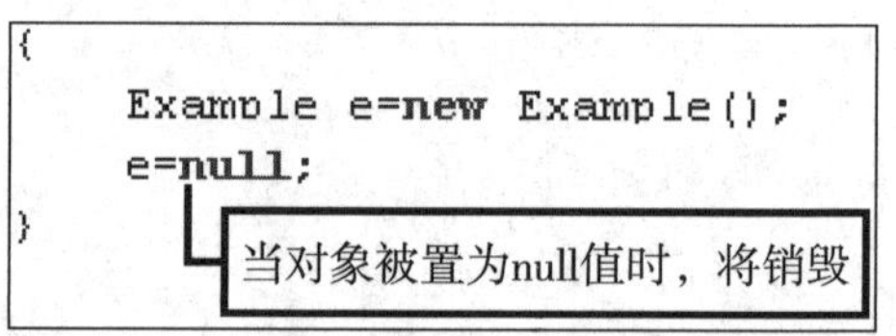

图 9.18　对象被设置为 null 值时将销毁

9.5.3　类与对象的关系

类是一种抽象的数据类型，但是其抽象的程度可能不同，而对象是一个类的实例，例如，将农民设计为一个类，张三和李四就可以各为一个对象。

从这里可以看出，张三和李四有很多共同点，他们都在某个农村生活，早上都要出门务农，晚上都会回家。对于这样相似的对象，就可以将其抽象出一个数据类型，此处抽象为农民。这样，只要将农民这个类型编写好，程序中就可以方便地创建张三和李四这样的对象。在代码需要更改时，只需要对农民类型进行修改即可。

综上所述，可以看出类与对象的区别：类是具有相同或相似结构、操作和约束规则的对象组成的集合，而对象是某一类的具体化实例，每一个类都是具有某些共同特征的对象的抽象。

9.6　小　　结

本章主要对 C# 中的面向对象编程进行了详细讲解，包括面向对象的基本概念及特征、类的声明、类的成员、方法的定义及使用、类的静态成员、对象的创建及使用等。在面向对象的程序设计中，其设计思路和人们日常生活中处理问题的方法相同，一切事物皆对象，任何东西都可以用对象来表示，我们把抽象的轮廓用类来表示，然后使用类衍生出各种各样的实体，这就叫类的实例化。学习本章时，应该重点掌握面向对象的编程思想，以及类与对象的使用。

9.7　实　　战

9.7.1　实战一：银行账户资金交易管理

使用面向对象思想实现一个银行账号的资金交易管理，包括存款、取款和打印交易详情。交易

详情中会包含每一次交易的时间、存款或取款对应的金额，以及每一次交易后的余额，运行结果如图 9.19 所示。（**实例位置：资源包 \ 源码 \09\ 实战 \01**）

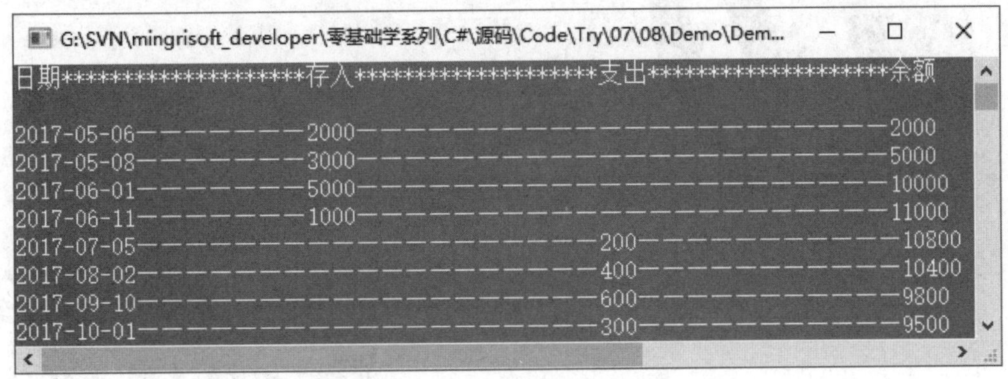

图 9.19　银行账户资金交易管理

9.7.2　实战二：模拟华容道游戏场景

“曹瞒兵败走华容，正与关公狭路逢。只为当初恩义重，放开金锁走蛟龙。”这是《三国演义》一个家喻户晓的故事。曹操赤壁失利，败走华容道。来到华容道看没有兵埋伏，哈哈大笑，笑出个赵云，徐晃、张郃拦住赵云，曹操逃跑；曹操见无人追赶，再次大笑，笑出张翼德，张辽、徐晃拦住张飞，曹操再次逃跑；曹操见第三次无人追赶，大笑笑出关云长，但关云长念旧日恩情，义释曹操。使用 C# 创建一个 Person 类来模拟这个场景，运行效果如图 9.20 所示。（**实例位置：资源包 \ 源码 \09\ 实战 \02**）

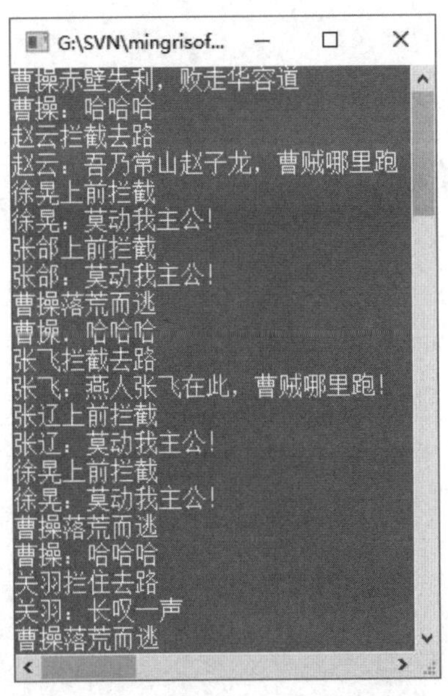

图 9.20　模拟华容道游戏场景

第 10 章

继承和多态

（视频讲解：40 分钟）

第 9 章我们介绍了面向对象编程的基础知识：类和对象的使用，我们知道，面向对象有三大基本特征：封装、继承和多态，那么，封装主要通过类来体现，而本章，我们将继续学习面向对象的其他两个特征：继承和多态。

通过学习本章，读者主要掌握以下内容：

- 如何实现继承
- base 关键字的使用
- 多态如何实现
- 抽象类与抽象方法的使用
- 接口的使用
- 抽象类与接口的区别

10.1　继　承

继承是面向对象编程最重要的特性之一，它源于人们认识客观世界的过程，是自然界普遍存在的一种现象。比如，我们每一个人都从祖辈和父母那里继承了一些体貌特征，但是每个人却又不同于父母，因为每个人都存在自己的一些特性，这些特性是独有的，在父母身上并没有体现。在程序设计中实现继承，表示这个类拥有它继承的类的所有公有成员或者受保护成员。在面向对象编程中，被继承的类称为父类或基类，实现继承的类称为子类或派生类。

10.1.1　继承的实现

继承的基本思想是基于某个基类的扩展，制定出一个新的派生类，派生类可以继承基类原有的属性和方法，也可以增加原来基类所不具备的属性和方法，或者直接重写基类中的某些方法。例如，平行四边形是特殊的四边形，可以说平行四边形类继承了四边形类，这时平行四边形类将所有四边形具有的属性和方法都保留下来，并基于四边形类扩展一些新的平行四边形类特有的属性和方法。

下面演示一下继承性。创建一个新类 Test，同时创建另一个新类 Test2 继承 Test 类，其中包括重写的基类成员方法以及新增成员方法等。在图 10.1 中描述了类 Test 与 Test2 的结构以及两者之间的关系。

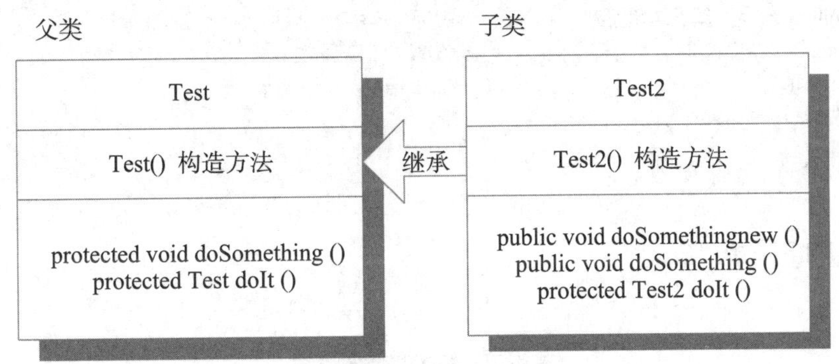

图 10.1　Test 与 Test2 类之间的继承关系

C# 中使用“:”来标识两个类的继承关系。继承一个类时，类成员的可访问性是一个重要的问题。派生类（子类）不能访问基类的私有成员，但是可以访问其公共成员，这就是说，只要使用 public 声明类成员，就可以让一个类成员被基类和派生类（子类）同时访问，同时也可以被外部的代码访问。

另外，为了解决基类成员的访问问题，C# 还提供了另外一种可访问性：protected，它表示受保护成员，只有父类和派生类（子类）才能访问 protected 成员，外部代码不能访问 protected 成员。

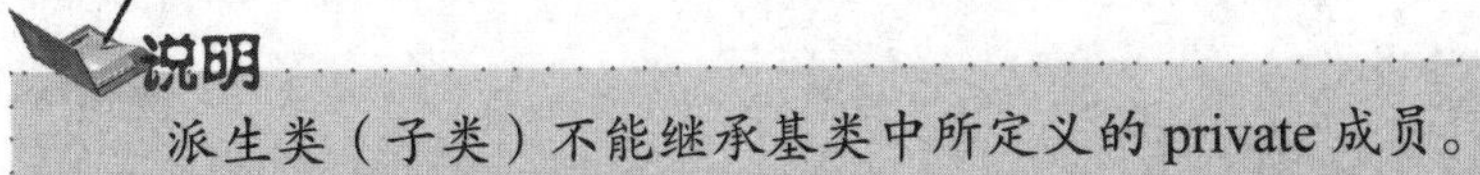

派生类（子类）不能继承基类中所定义的 private 成员。

【例 10.01】 创建一个控制台应用程序，模拟实现进销存管理系统的进货信息并输出。自定义一个 Goods 类，该类中定义两个公有属性，表示商品编号和名称；然后自定义 JHInfo 类，继承自 Goods 类，在该类中定义进货编号属性，以及输出进货信息的方法；最后在 Program 类的 Main 方法中创建派生类 JHInfo 的对象，并使用该对象调用基类 Goods 中定义的公有属性，代码如下：（**实例位置：资源包 \ 源码 \10\10.01**）

```
class Goods
{
    public string TradeCode { get; set; }          // 定义商品编号
    public string FullName { get; set; }           // 定义商品名称
}
class JHInfo : Goods                               // 继承 Goods 类
{
    public string JHID { get; set; }               // 定义进货编号
    public void showInfo()                         // 输出进货信息
    {
        Console.WriteLine(" 进货编号：{0}\n 商品编号：{1}\n 商品名称：{2}", JHID, TradeCode, FullName);
    }
}
class Program
{
    static void Main(string [ ] args)
    {
        JHInfo jh = new JHInfo();                  // 创建 JHInfo 对象
        jh.TradeCode = "T100001";                  // 设置基类中的 TradeCode 属性
        jh.FullName = " 笔记本电脑 ";              // 设置基类中的 FullName 属性
        jh.JHID = "JH00001";                       // 设置 JHID 属性
        jh.showInfo();                             // 输出信息
        Console.ReadLine();
    }
}
```

程序运行结果如图 10.2 所示。

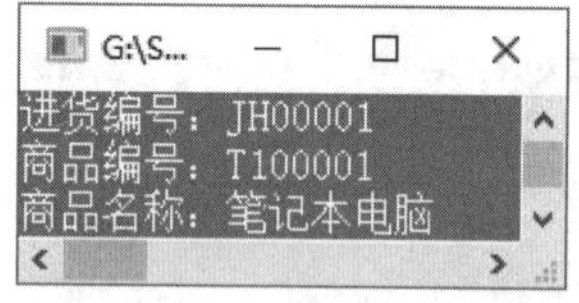

图 10.2　输出进货信息

常见错误

C# 中只支持单继承，而不支持多重继承，即在 C# 中一次只允许继承一个类，不能同时继承多个类，例如，下面的代码是错误的：

```
class Goods
{
}
```

```
class JHInfo : Goods                    // 正确：继承单个类
{
}
class Program : Goods, JHInfo           // 错误：继承多个类
{
}
```

上面代码在 Visual Studio 2017 开发环境中将会出现如图 10.3 所示的错误提示。

图 10.3　继承多个类时出现的错误提示

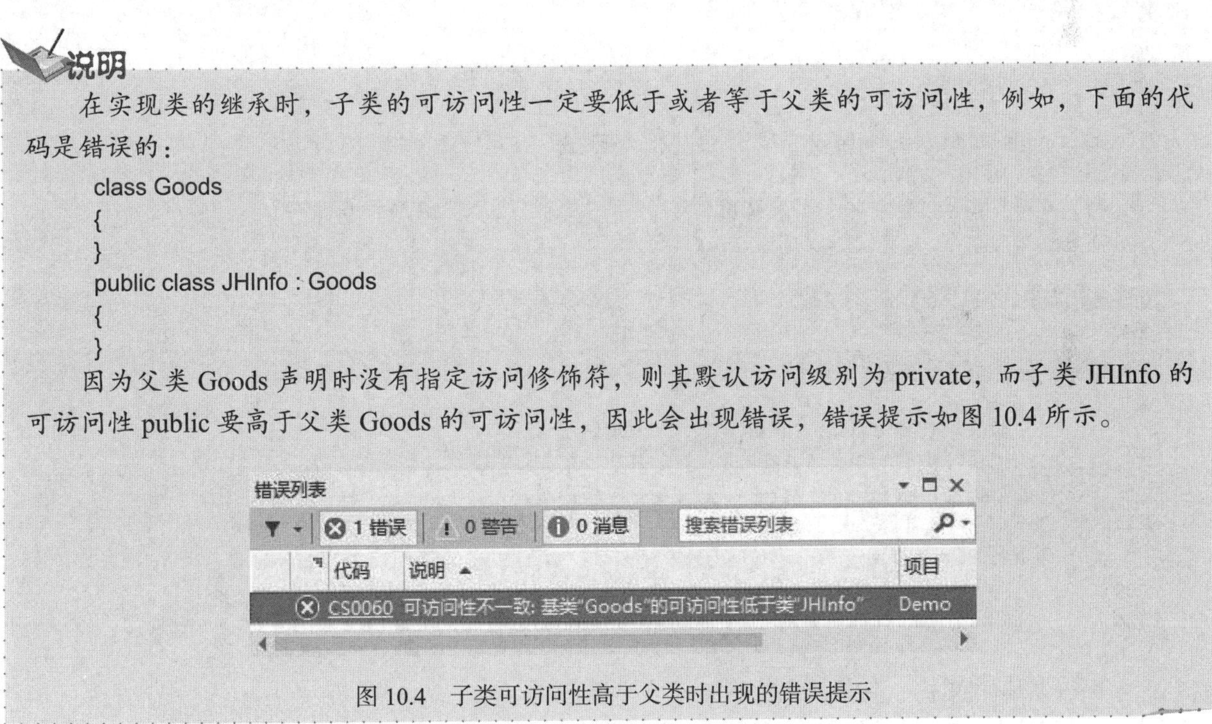

说明

在实现类的继承时，子类的可访问性一定要低于或者等于父类的可访问性，例如，下面的代码是错误的：

```
class Goods
{
}
public class JHInfo : Goods
{
}
```

因为父类 Goods 声明时没有指定访问修饰符，则其默认访问级别为 private，而子类 JHInfo 的可访问性 public 要高于父类 Goods 的可访问性，因此会出现错误，错误提示如图 10.4 所示。

图 10.4　子类可访问性高于父类时出现的错误提示

10.1.2　base 关键字

如果子类重写了父类的方法，就无法调用到父类的方法了吗？如果想在子类的方法中实现父类原有的方法怎么办？为了解决这种需求，C# 中提供了 base 关键字。

base 关键字的使用方法与 this 关键字类似。this 关键字代表本类对象，base 关键字代表父类对象，使用方法如下：

```
base.property;                // 调用父类的属性
base.method();                // 调用父类的方法
```

说明

如果要在子类中使用 base 关键字调用父类的属性或者方法，父类的属性和方法必须定义为 public 或者 protected 类型。

【例 10.02】 创建一个 Computer 类，用来作为父类，再创建一个 Pad 类，继承 Computer 类，重写父类方法，并使用 base 关键字调用父类方法原有的逻辑，代码如下：（**实例位置：资源包 \ 源码 \10\10.02**）

```
class Computer                                  // 父类：电脑
{
    public string sayHello()
    {
        return " 欢迎使用 ";
    }
}
class Pad : Computer                            // 子类：平板电脑
{
    public new string sayHello()                // 子类重写父类方法
    {
        return base.sayHello() + " 平板电脑 ";  // 调用父类方法，在结果后添加字符串
    }
}
class Program
{
    static void Main(string [ ] args)
    {
        Computer pc = new Computer();           // 电脑类
        Console.WriteLine(pc.sayHello());
        Pad ipad = new Pad();                   // 平板电脑类
        Console.WriteLine(ipad.sayHello());
        Console.ReadLine();
    }
}
```

程序运行结果如图 10.5 所示。

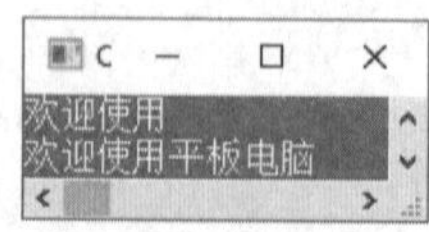

图 10.5　使用 base 关键字访问父类成员

另外，使用 base 关键字还可以指定创建派生类实例时应调用的基类构造函数。例如，修改例 10.01，在基类 Goods 中定义一个构造函数，用来为定义的属性赋初始值，代码如下：

```
public Goods(string tradecode, string fullname)
{
    TradeCode = tradecode;
    FullName = fullname;
}
```

在派生类 JHInfo 中定义构造函数时，即可使用 base 关键字调用基类的构造函数，代码如下：

```
public JHInfo(string jhid, string tradecode, string fullname) : base(tradecode, fullname)
{
    JHID = jhid;
}
```

注意

访问父类成员只能在构造函数、实例方法或实例属性中进行，因此，从静态方法中使用 base 关键字是错误的。

10.1.3　继承中的构造函数与析构函数

在进行类的继承时，派生类的构造函数会隐式的调用基类的无参构造函数，但是，如果基类也是从其他类派生的，C# 会根据层次结构找到最顶层的基类，并调用基类的构造函数，然后再依次调用各级派生类的构造函数。析构函数的执行顺序正好与构造函数相反。继承中的构造函数和析构函数执行顺序示意图如图 10.6 所示。

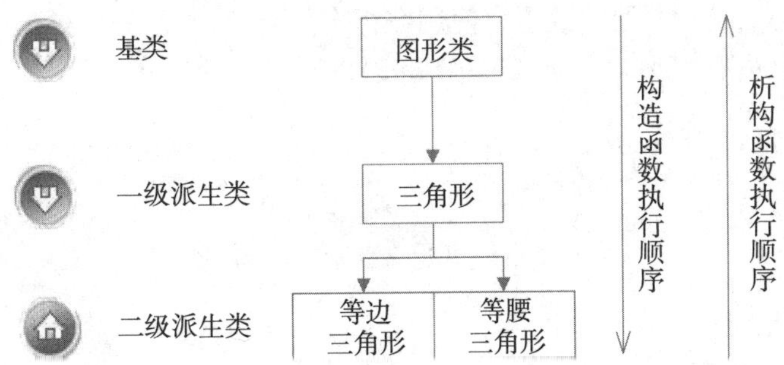

图 10.6　继承中的构造函数和析构函数执行顺序示意图

10.2　多　　态

多态是面向对象编程的基本特征之一，它使得派生类的实例可以直接赋予基类的对象，然后直接就可以通过这个对象调用派生类的方法。C# 中，类的多态性是通过在派生类中重写基类的虚方法来实现的。

10.2.1 虚方法的重写

C# 中，方法在默认情况下不是虚拟的，但（除了构造函数以外）可以显式的声明为 virtual，在方法前面加上关键字 virtual，则称该方法为虚方法，例如，下面代码声明了一个虚方法：

```
public virtual void Move()
{
    Console.WriteLine(" 交通工具都可以移动 ");
}
```

定义为虚方法后，可以在派生类中重写虚方法，重写虚方法使用 override 关键字，这样在调用方法时，可以调用对象类型的合适方法。例如，使用 override 关键字重写上面的虚方法：

```
public override void Move()
{
    Console.WriteLine(" 火车都可以移动 ");
}
```

注意

类中的成员字段和静态方法不能声明为 virtual，因为 virtual 只对类中的实例函数和属性有意义。

【例 10.03】 创建一个控制台应用程序，其中自定义一个 Vehicle 类，用来作为基类，该类中自定义一个虚方法 Move；然后自定义 Train 类和 Car 类，都继承自 Vehicle 类，在这两个派生类中重写基类中的虚方法 Move，输出不同交通工具的形态；最后，在 Program 类的 Main 方法中，分别使用基类和派生类的对象生成一个 Vehicle 类型的数组，使用数组中的每个对象调用 Move 方法，比较它们的输出信息，代码如下：（**实例位置：资源包 \ 源码 \10\10.03**）

```
class Vehicle
{
    string name;                              // 定义字段
    public string Name                        // 定义属性为字段赋值
    {
        get { return name; }
        set { name = value; }
    }
    public virtual void Move()                // 定义方法输出交通工具的形态
    {
        Console.WriteLine("{0} 都可以移动 ", Name);
    }
}
class Train : Vehicle
{
    public override void Move()               // 重写方法输出交通工具形态
    {
```

```
            Console.WriteLine("{0} 在铁轨上行驶 ", Name);
        }
}
class Car : Vehicle
{
        public override void Move()                         // 重写方法输出交通工具形态
        {
            Console.WriteLine("{0} 在公路上行驶 ", Name);
        }
}
class Program
{
        static void Main(string [ ] args)
        {
            Vehicle vehicle = new Vehicle();        // 创建 Vehicle 类的实例
            Train train = new Train();              // 创建 Train 类的实例
            Car car = new Car();                    // 创建 Car 类的实例
            // 使用基类和派生类对象创建 Vehicle 类型数组
            Vehicle [ ] vehicles = { vehicle, train, car };
            vehicle.Name = " 交通工具 ";              // 设置交通工具的名字
            train.Name = " 火车 ";                    // 设置交通工具的名字
            car.Name = " 汽车 ";                      // 设置交通工具的名字
            vehicles[0].Move();                     // 输出交通工具的形态
            vehicles[1].Move();                     // 输出交通工具的形态
            vehicles[2].Move();                     // 输出交通工具的形态
            Console.ReadLine();
        }
}
```

程序运行结果如图 10.7 所示。

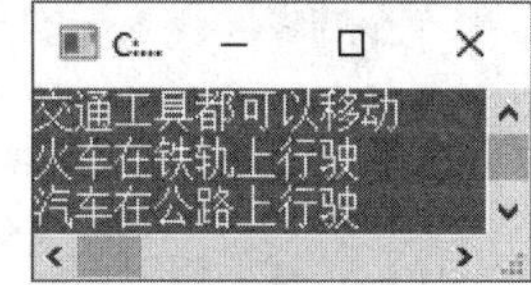

图 10.7　交通工具的形态

10.2.2　抽象类与抽象方法

如果一个类不与具体的事物相联系，而只是表达一种抽象的概念或行为，仅仅是作为其派生类的一个基类，这样的类就可以声明为抽象类，比如“去商场买衣服”，这句话描述的就是一个抽象的行为。到底去哪个商场买衣服，买什么样的衣服，是短衫、裙子，还是其他的什么衣服？在“去商场买衣服”这句话中，并没有对“买衣服”这个抽象行为指明一个确定的信息。如果要将“去商场买衣服”这个动作封装为一个行为类，那么这个类就应该是一个抽象类。

C# 中声明抽象类时需要使用 abstract 关键字，具体语法格式如下：

```
访问修饰符 abstract class 类名 : 基类或接口
{
        // 类成员
}
```

说明

声明抽象类时，除 abstract 关键字、class 关键字和类名外，其他的都是可选项。

抽象类主要用来提供多个派生类可共享的基类的公共定义，它与非抽象类的主要区别如下：

- 抽象类不能直接实例化。
- 抽象类中可以包含抽象成员，但非抽象类中不可以。
- 抽象类不能被密封。

多学两招

由于抽象类本身不能直接实例化，因此很多人认为在抽象类中声明构造函数是没有意义的，其实不然，即使我们不为抽象类声明构造函数，编译器也会自动为其生成一个默认的构造函数。抽象类中的构造函数主要有两个作用：初始化抽象类的成员和为继承自它的子类使用，因为子类在实例化时，如果是无参实例化，则首先调用父类（包括抽象类）的无参构造函数，然后再调用子类自身的无参构造函数；如果是有参实例化，则首先调用父类（包括抽象类）的有参构造函数，然后再调用子类自身的有参构造函数。

在抽象类中定义的方法，如果加上 abstract 关键字，就是一个抽象方法，抽象方法不提供具体的实现。引入抽象方法的原因在于抽象类本身是一个抽象的概念，有的方法并不需要具体的实现，而是留下让派生类来重写实现。声明抽象方法时需要注意以下两点：

- 抽象方法必须声明在抽象类中。
- 声明抽象方法时，不能使用 virtual，static 和 private 修饰符。

例如，声明一个抽象类，该抽象类中声明一个抽象方法，代码如下：

```
public abstract class TestClass
{
    public abstract void AbsMethod();  //抽象方法
}
```

说明

在 C# 中规定，类中只要有一个方法声明为抽象方法，这个类也必须被声明为抽象类。

当从抽象类派生一个非抽象类时，需要在非抽象类中重写抽象方法，以提供具体的实现，重写抽象方法时使用 override 关键字。

【例 10.04】 使用抽象类模拟“去商场买衣服”的案例，然后通过派生类确定到底去哪个商场买衣服，买什么样的衣服，代码如下：（**实例位置：资源包 \ 源码 \10\10.04**）

```
public abstract class Market
{
    public string Name { get; set; }                //商场名称
    public string Goods { get; set; }               //商品名称
```

```
    public abstract void Shop();                    // 抽象方法，用来输出信息
}
public class WallMarket : Market                    // 继承抽象类
{
    public override void Shop()                     // 重写抽象方法
    {
        Console.WriteLine(Name + " 购买 " + Goods);
    }
}
public class TaobaoMarket : Market                  // 继承抽象类
{
    public override void Shop()                     // 重写抽象方法
    {
        Console.WriteLine(Name + " 购买 " + Goods);
    }
}
class Program
{
    static void Main(string [ ] args)
    {
        Market market = new WallMarket();   // 使用派生类对象创建抽象类对象
        market.Name = " 沃尔玛 ";
        market.Goods = " 七匹狼西服 ";
        market.Shop();
        market = new TaobaoMarket();        // 使用派生类对象创建抽象类对象
        market.Name = " 淘宝 ";
        market.Goods = " 韩都衣舍花裙 ";
        market.Shop();
        Console.ReadLine();
    }
}
```

程序运行结果如图 10.8 所示。

图 10.8　使用抽象类模拟“去商场买衣服”

10.2.3　接口的使用

由于 C# 中的类不支持多重继承，但是客观世界出现多重继承的情况又比较多。为了避免传统的多重继承给程序带来的复杂性等问题，同时保证多重继承带给程序员的诸多好处，C# 中提出了接口的概念，通过接口可以实现多重继承的功能。

接口提出了一种契约（或者说规范），让使用接口的程序设计人员必须严格遵守接口提出的约定。例如，在组装电脑时，主板与机箱之间就存在一种事先约定，不管什么型号或品牌的机箱，什么种类或品牌的主板，都必须遵照一定的标准来设计制造，因此在组装电脑时，电脑的零配件都可以安装在现今的大多数机箱上，接口就可以看作是这种标准，它强制性地要求派生类必须实现接口约定的规范，以保证派生类必须拥有某些特性。

C# 中声明接口时，使用 interface 关键字，其语法格式如下：

```
修饰符 interface 接口名称 : 继承的接口列表
{
    接口内容 ;
}
```

接口可以继承其他接口，类可以通过其继承的基类（或接口）多次继承同一个接口。

接口具有以下特征：

- 接口类似于抽象基类，继承接口的任何类型都必须实现接口的所有成员。
- 接口中不能包括构造函数，因此不能直接实例化接口。
- 接口可以包含属性、方法、索引器和事件。
- 接口中只能定义成员，不能实现成员。
- 接口中定义的成员不允许加访问修饰符，因为接口成员永远是公共的。
- 接口中的成员不能声明为虚拟或者静态。

例如，使用 interface 关键字定义一个 Information 接口，该接口中声明 Code 和 Name 两个属性，分别表示编号和名称；声明一个方法 ShowInfo，用来输出信息，代码如下：

```
interface Information                    // 定义接口
{
    string Code { get; set; }            // 编号属性及实现
    string Name { get; set; }            // 名称属性及实现
    void ShowInfo();                     // 用来输出信息
}
```

注意

接口中的成员默认是公共的，因此，不允许加访问修饰符。

接口的实现通过类继承来实现，一个类虽然只能继承一个基类，但可以继承任意多个接口。声明实现接口的类时，需要在继承列表中包含所实现的接口的名称，多个接口之间用逗号（,）分割。

【例 10.05】 创建一个 IPerson 接口，定义姓名、年龄两个属性，定义说话、工作两个行为，再创建 Student 类和 Teacher 类，两者继承 IPerson 接口并重写各自的属性和行为。创建两个人 peter 和 mike，让这两个人模拟上课的场景，代码如下：（**实例位置：资源包\源码\10\10.05**）

```
interface IPerson                              // 定义 IPerson 接口
{
    string Name { get; set; }                  // 姓名属性
    int Age { get; set; }                      // 年龄属性
    void Speek();                              // 说话行为
    void Work();                               // 工作行为
}
class Student : IPerson                        // 定义学生类，继承自 IPerson 接口
```

```
{
    public string Name { get; set; }                    // 实现 Name 属性
    private int age;                                    // 定义 age 字段，用来表示年龄
    public int Age                                      // 实现 Age 属性
    {
        get
        {
            return age;
        }
        set
        {
            if (age > 0 && age < 120)                   // 控制输入范围
            {
                age = value;
            }
        }
    }
    public void Speek()                                 // 实现 Speek 方法
    {
        Console.WriteLine(Name + "：老师好 ");
    }
    public void Work()                                  // 实现 Work 方法
    {
        Console.WriteLine(Name + " 同学开始记笔记 ");
    }
}
class Teacher : IPerson                                 // 定义老师类，继承自 IPerson 接口
{
    public string Name { get; set; }                    // 实现 Name 属性
    private int age;                                    // 定义 age 字段，用来表示年龄
    public int Age                                      // 实现 Age 属性
    {
        get
        {
            return age;
        }
        set
        {
            if (age > 0 && age < 120)                   // 控制输入范围
            {
                age = value;
            }
        }
    }
    public void Speek()                                 // 实现 Speek 方法
    {
        Console.WriteLine(Name + "：同学们好 ");
    }
    public void Work()                                  // 实现 Work 方法
```

```
        {
            Console.WriteLine(Name + " 老师开始上课 ");
        }
}
class Program
{
    static void Main(string [ ] args)
    {
        // 使用派生类对象创建接口数组
        IPerson [ ] person = new IPerson [ ] { new Student(), new Teacher() };
        person [0].Name = "peter";                  // 为学生姓名赋值
        person [0].Age = 20;                        // 为学生年龄赋值
        person [1].Name = "mike";                   // 为老师姓名赋值
        person [1].Age = 40;                        // 为老师年龄赋值
        person [0].Speek();                         // 学生的说话行为
        person [1].Speek();                         // 老师的说话行为
        Console.WriteLine();                        // 换行
        person [1].Work();                          // 老师的工作行为
        person [0].Work();                          // 学生的工作行为
        Console.ReadLine();
    }
}
```

运行效果如图 10.9 所示。

图 10.9　模拟上课场景

说明

上面的实例中只继承了一个接口，接口还可以多重继承，使用多重继承时，要继承的接口之间用逗号（,）分割，例如，下面代码继承 3 个接口：

```
interface ITest1
{
}
interface ITest2
{
}
interface ITest3
{
}
class Test : ITest1, ITest2, ITest3              // 继承 3 个接口，接口之间用逗号分隔
{
}
```

10.2.4　抽象类与接口的区别

抽象类和接口都包含可以由子类继承实现的成员，但抽象类是对根源的抽象，而接口是对动作的抽象，抽象类和接口的区别主要有以下几点：

- 派生类只能继承一个抽象类，但可以继承任意多个接口。
- 抽象类中可以定义成员的实现，但接口中不可以。
- 抽象类中可以包含字段、构造函数、析构函数、静态成员或常量等，接口中不可以。
- 抽象类中的成员可以添加访问修饰符，但接口中的成员默认是公共的，定义时不能加修饰符。

综上所述，抽象类和接口在主要成员及继承关系上的不同如表 10.1 所示。

表 10.1　抽象类与接口的不同

比　较　项	抽　象　类	接　　口
方法	可以有非抽象方法	所有方法都是抽象方法
属性	属性中可以有非静态常量	所有的属性都是静态常量
构造方法	有构造方法	没有构造方法
继承	一个类只能继承一个父类	一个类可以同时实现多个接口
被继承	一个类只能继承一个父类	一个接口可以同时继承多个接口

10.3　小　　结

本章主要对 C# 面向对象的两大特征继承和多态进行了详细讲解，面向对象是 C# 程序设计的核心，在学习本章内容时，读者一定要熟练掌握所讲的所有知识，并能够通过查询资料拓展学习，深刻理解继承和多态的使用，以便在实际开发中完美应用。

10.4　实　　战

10.4.1　实战一：Pad 和计算机的关系

使用继承表现 pad 和 computer 的关系。创建一个电脑类 Computer，Computer 类中有屏幕属性 screen 和开机方法 startup()；现 Computer 类有一个子类 Pad（平板电脑）类，除了和 Computer 类具有相同的屏幕属性和开机方法以外，Pad 类还有电池属性 battery，使用继承表现 pad 和 computer 的关系，运行效果如图 10.10 所示。（**实例位置：资源包 \ 源码 \10\ 实战 \01**）

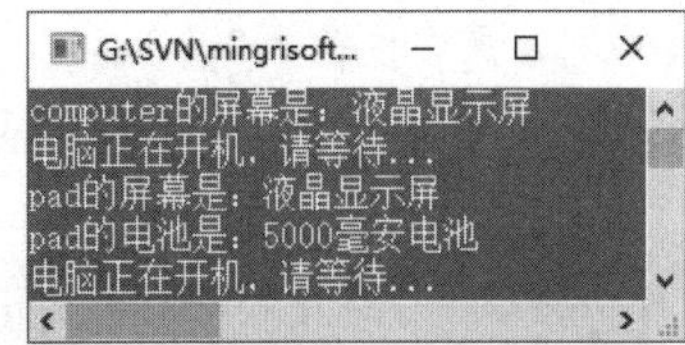

图 10.10　使用继承表现 pad 和 computer 的关系

10.4.2　实战二：打印每月销售明细

模拟实现输出进销存管理系统中的每月销售明细，运行程序，输入要查询的月份，如果输入的月份正确，则显示本月商品销售明细；如果输入的月份不存在，则提示“该月没有销售数据或者输入的月份有误！”信息；如果输入的月份不是数字，则显示异常信息，运行结果如图 10.11 所示。（**实例位置：资源包 \ 源码 \10\ 实战 \02**）

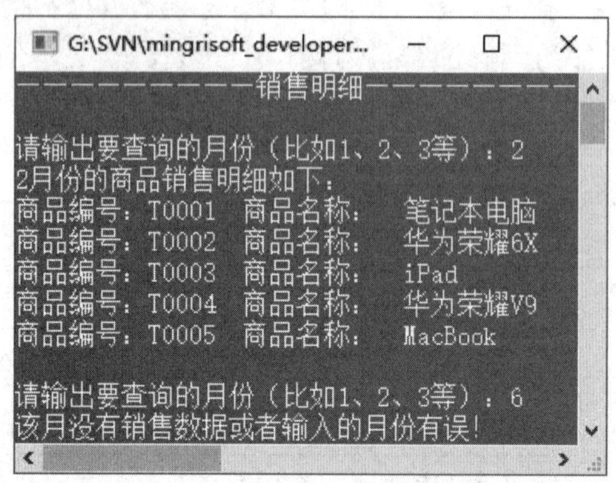

图 10.11　打印每月销售明细

第 11 章

程序调试与异常处理

（视频讲解：22 分钟）

开发应用程序的代码必须安全、准确。但是在编写的过程中，不可避免地会出现错误，而有的错误不容易被发觉，从而导致程序运行错误。为了排除这些非常隐蔽的错误，对编写好的代码要进行程序调试，这样才能确保应用程序能够成功运行。另外，开发程序时，不仅要注意程序代码的准确性与合理性，还要处理程序中可能出现的异常情况，.NET 框架提供了一套称为结构化异常处理的标准错误机制，在这种机制中，如果出现错误或者任何预期之外的事件，都会引发异常。本章将对 .NET 中的程序调试与异常处理进行详细讲解。

通过学习本章，读者主要掌握以下内容：

- **使用** Visual Studio **编辑器调试程序**
- **使用** Visual Studio **调试器调试程序**
- try...catch **语句的使用**
- try...catch...finally **语句的使用**
- **使用** throw **语句抛出异常**

11.1 程序调试

在程序开发过程中会不断体会到程序调试的重要性。为验证 C# 的运行状况，会经常在某个方法调用的开始和结束位置分别使用 Console.WriteLine() 方法或者 MessageBox.Show() 方法输出信息，并根据这些信息判断程序执行状况，这是非常古老的程序调试方法，而且经常导致程序代码混乱。下面将介绍几种使用 Visual Studio 开发工具调试 C# 程序的方法。

11.1.1 Visual Studio 编辑器调试

在使用 Visual Studio 2017 开发 C# 程序时，编辑器不但能够为开发者提供代码编写、辅助提示和实时编译等常用功能，而且还提供对 C# 源代码进行快捷修改、重构和语法纠错等高级操作。通过 Visual Studio 2017，可以很方便地找到一些语法错误，并且根据提示进行快速修正。下面对 Visual Studio 2017 提供的常用调试功能进行介绍。

1. 错误提示符

错误提示符 ▪ 位于出现错误的代码行的最左侧，用于指出错误所在的位置，右击该提示符，可以弹出快捷菜单，在快捷菜单中可以对其进行基本的查看操作，如图 11.1 所示。

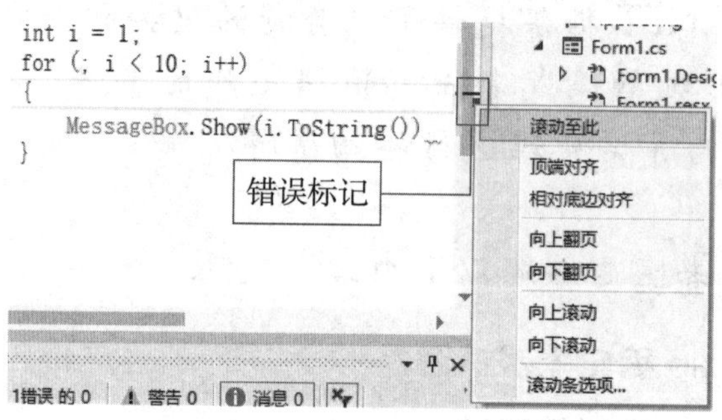

图 11.1　对错误提示符的操作

2. 代码下方的红色波浪线

在出现错误的代码下方，会显示红色的波浪线，将鼠标移动到红色波浪线上，将显示具体的错误内容（如图 11.2 所示的提示框），开发人员可根据该提示对代码进行修改。

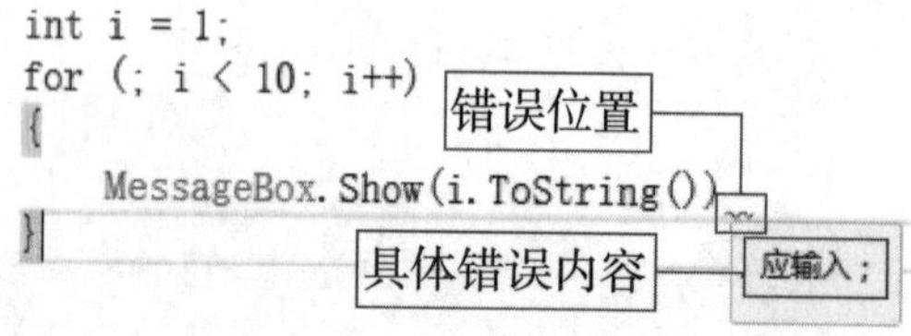

图 11.2　显示具体错误内容

3. 代码下方的绿色波浪线

在出现警告的代码下方，会显示绿色的波浪线，警告不会影响程序的正常运行，将鼠标移动到绿色波浪线上，将显示具体的警告信息（如图 11.3 所示的提示框），开发人员可以根据该警告信息对代码进行优化。

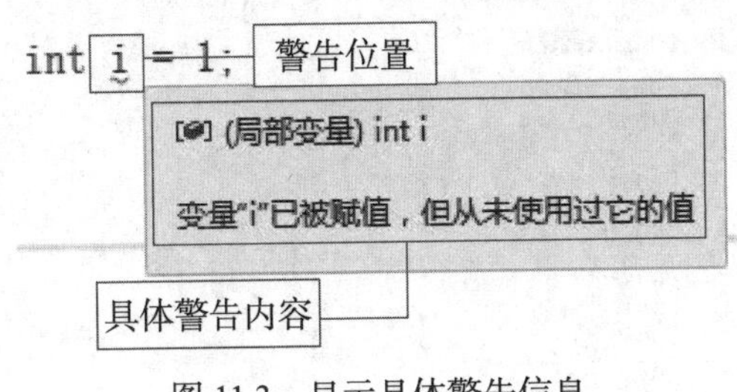

图 11.3　显示具体警告信息

11.1.2　Visual Studio 调试器调试

当代码不能正常运行时，可以通过调试定位错误。常用的程序调试操作包括设置断点、开始、中断和停止程序的执行、单步执行程序以及使程序运行到指定的位置。下面将对这几种常用的程序调试操作进行详细的介绍。

1. 断点操作

断点通知调试器，使应用程序在某点上（暂停执行）或某情况发生时中断。发生中断时，称程序和调试器处于中断模式。进入中断模式并不会终止或结束程序的执行，所有元素（如函数、变量和对象）都保留在内存中。执行可以在任何时候继续。

插入断点有 3 种方式：在要设置断点的代码行旁边的灰色空白中单击；右击要设置断点的代码行，在弹出的快捷菜单中选择“断点”→“插入断点”命令，如图 11.4 所示；单击要设置断点的代码行，选择菜单中的“调试”→“切换断点 (G)”命令，如图 11.5 所示。

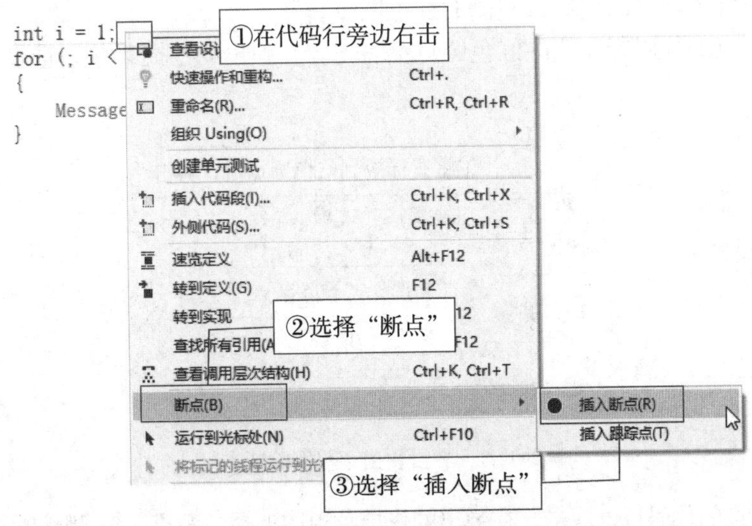

图 11.4　右击快捷菜单插入断点

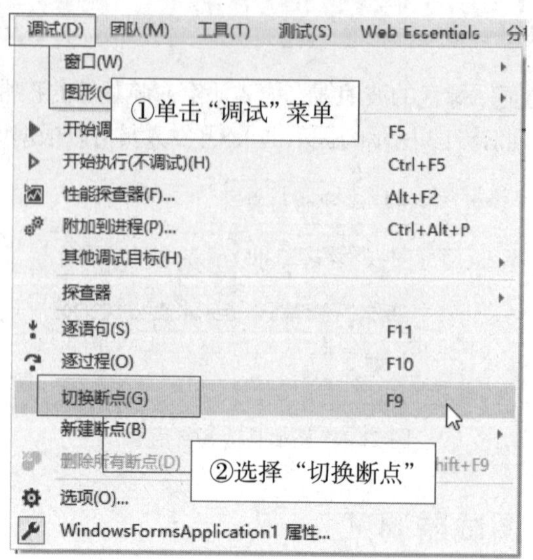

图 11.5　菜单栏插入断点

插入断点后，就会在设置断点的行旁边的灰色空白处出现一个红色圆点，并且该行代码也呈高亮显示，如图 11.6 所示。

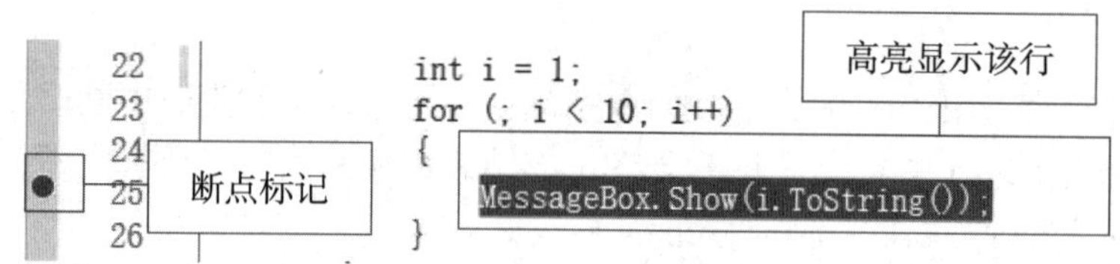

图 11.6　插入断点后的效果图

删除断点主要有 3 种方式，分别如下：

（1）可以单击设置了断点的代码行左侧的红色圆点。

（2）在设置了断点的代码行左侧的红色圆点上右击，在弹出的快捷菜单中选择“删除断点”命令，如图 11.7 所示。

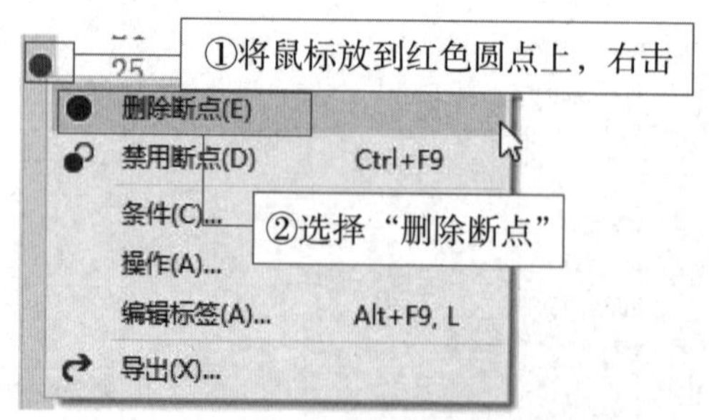

图 11.7　右击快捷菜单删除断点

（3）在设置了断点的代码行上右击，在弹出的快捷菜单中选择“断点”/“删除断点”命令。

2. 开始执行

开始执行是最基本的调试功能之一，从“调试”菜单（如图 11.8 所示）中选择“开始调试”菜单，或在源代码窗口中右键单击可执行代码中的某行，从弹出的快捷菜单中选择“运行到光标处”菜单，如图 11.9 所示。

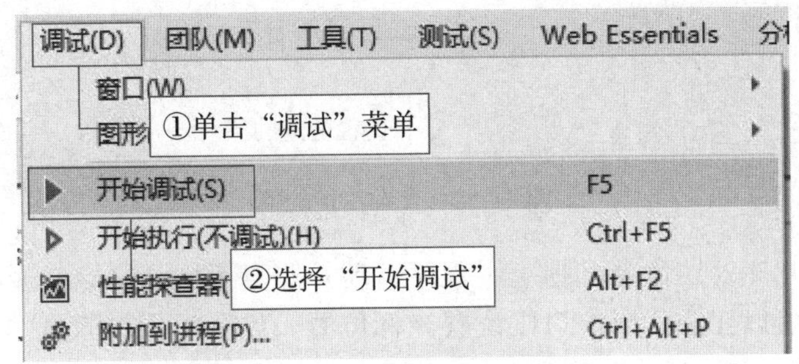

图 11.8　选择“启动调试”菜单

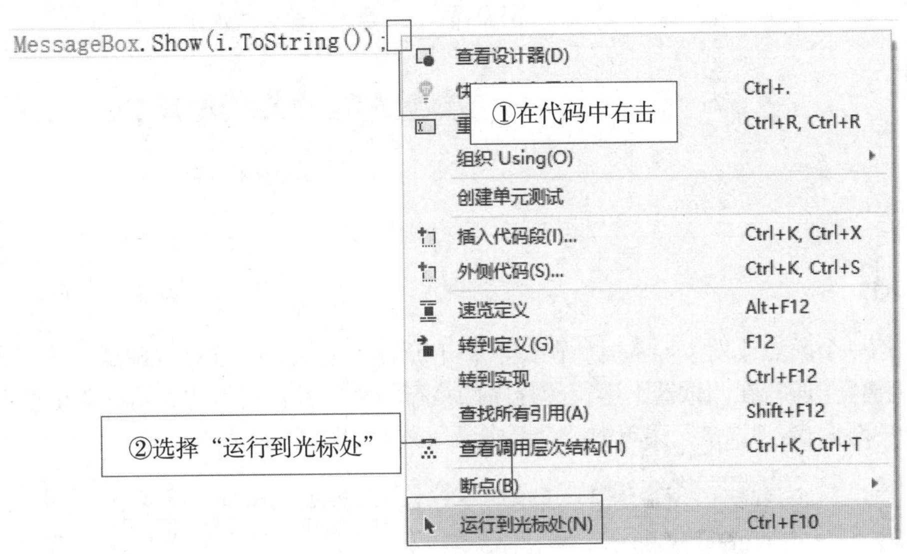

图 11.9　选择“运行到光标处”菜单

除了使用上述的方法开始执行外，还可以直接单击工具栏中的▶启动按钮，启动调试，如图 11.10 所示。

图 11.10　工具栏中的启动调试按钮

如果选择“启动调试”菜单，则应用程序启动并一直运行到断点，此时断点处的代码以黄色底色显示，如图 11.11 所示。可以在任何时刻中断执行，以查看值（将鼠标移动到相应的变量或者对象上，即可查看其具体值，如图 11.12 所示）、修改变量或观察程序状态。

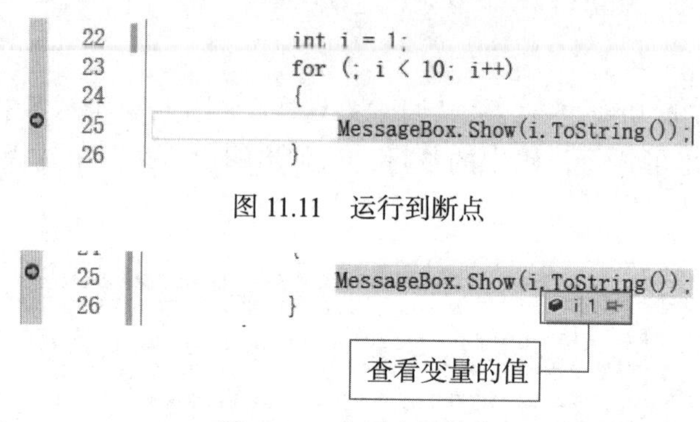

图 11.11　运行到断点

图 11.12　查看变量的值

如果选择“运行到光标处”命令，则应用程序启动并一直运行到断点或光标位置，具体要看是断点在前还是光标在前，可以在源代码窗口中设置光标位置。如果光标在断点的前面，则代码首先运行到光标处，如图 11.13 所示。

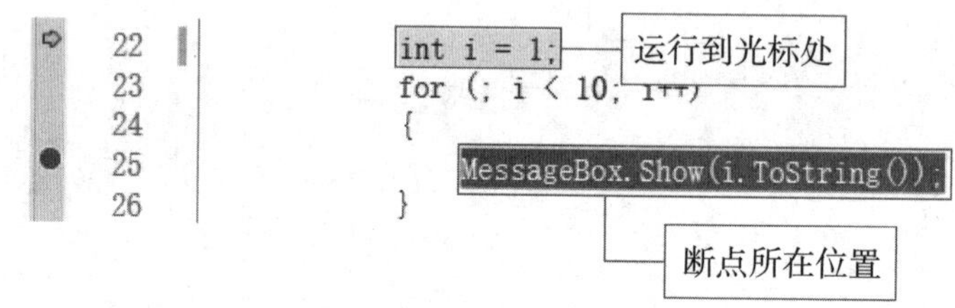

图 11.13　运行到光标处

3. 中断执行

当执行到达一个断点或发生异常时，调试器将中断程序的执行。选择“调试”→“全部中断”菜单后，调试器将停止所有在调试器下运行的程序的执行。程序并没有退出，可以随时恢复执行，此时应用程序处于中断模式。“调试”菜单中“全部中断”菜单如图 11.14 所示。

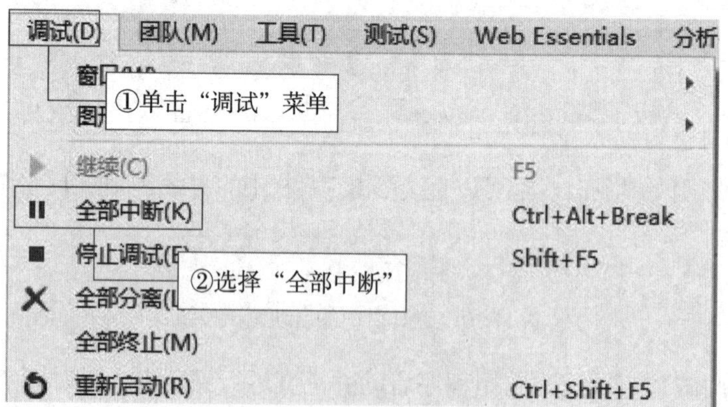

图 11.14　“调试”→“全部中断”菜单

除了通过选择“调试”→“全部中断”命令中断执行外，也可以单击工具栏中的 ‖ 按钮中断执行，如图 11.15 所示。

图 11.15　工具栏中的中断执行按钮

4. 停止执行

停止执行意味着终止正在调试的进程并结束调试会话，可以通过选择菜单中的“调试”→“停止调试”命令来结束运行和调试。也可以选择工具栏中的■按钮停止执行。

5. 单步执行和逐过程执行

通过单步执行，调试器每次只执行一行代码，单步执行主要是通过逐语句、逐过程和跳出这 3 种命令实现的。“逐语句”和“逐过程”的主要区别是当某一行包含函数调用时，“逐语句”仅执行调用本身，然后在函数内的第一个代码行处停止。而“逐过程”执行整个函数，之后在函数外的第一行代码处停止。如果位于函数调用的内部并想返回到调用函数时，应使用“跳出”，“跳出”将一直执行代码，直到函数返回，然后在调用函数中的返回点处中断。

当启动调试后，可以单击工具栏中的按钮执行“逐语句”操作，单击按钮执行“逐过程”操作，单击按钮执行“跳出”操作，如图 11.16 所示。

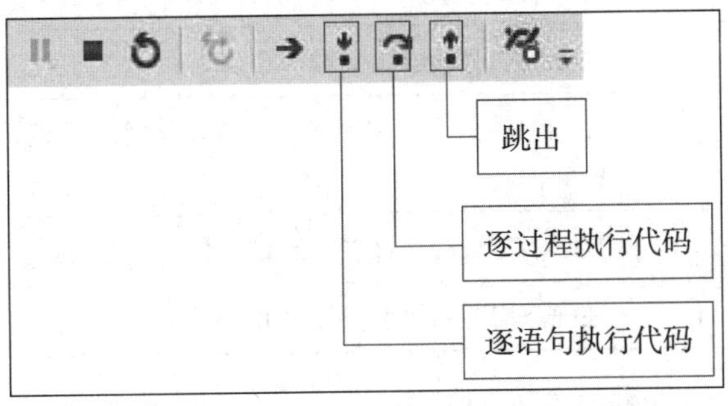

图 11.16　单步执行的 3 种命令

说明

除了在工具栏中单击这 3 个按钮外，还可以通过快捷键执行这 3 种操作，启动调试后，按下 F11 键执行“逐语句”操作、F10 键执行“逐过程”操作、Shift+F10 键执行“跳出”操作。

11.2 异常处理

在编写程序时，不仅要关心程序的正常操作，还应该检查代码错误及可能发生的各类不可预期的事件。在现代编程语言中，异常处理是解决这些问题的主要方法。异常处理是一种功能强大的机制，用于处理应用程序可能产生的错误或是其他可以中断程序执行的异常情况。异常处理可以捕捉程序执行所发生的错误，通过异常处理可以有效、快速地构建各种用来处理程序异常情况的程序代码。

异常处理实际上就相当于大楼失火时（发生异常），烟雾感应器捕获到高于正常密度的烟雾（捕获异常），将自动喷水进行灭火（处理异常）。

在 .NET 类库中，提供了针对各种异常情形所设计的异常类，这些类包含了异常的相关信息。配合异常处理语句，应用程序能够轻易地避免程序执行时可能中断应用程序的各种错误。.NET 框架中公共异常类如表 11.1 所示，这些异常类都是 System.Exception 的直接或间接子类。

表 11.1　公共异常类及说明

异　常　类	描　　述
System.ArithmeticException	在算术运算期间发生的异常
System.ArrayTypeMismatchException	当存储一个数组时，如果由于被存储的元素的实际类型与数组的实际类型不兼容而导致存储失败，就会引发此异常
System.DivideByZeroException	在试图用零除整数值时引发
System.IndexOutOfRangeException	在试图使用小于零或超出数组界限的下标索引数组时引发
System.InvalidCastException	当从基类型或接口到派生类型的显示转换在运行时失败，就会引发此异常
System.NullReferenceException	在需要使用引用对象的场合，如果使用 null 引用，就会引发此异常
System.OutOfMemoryException	在分配内存的尝试失败时引发
System.OverflowException	在选中的上下文中所进行的算术运算、类型转换或转换操作导致溢出时引发的异常
System.StackOverflowException	挂起的方法调用过多而导致执行堆栈溢出时引发的异常
System.TypeInitializationException	在静态构造函数引发异常并且没有可以捕捉到它的 catch 子句时引发

C# 程序中，可以使用异常处理语句处理异常。主要的异常处理语句有 try...catch 语句、try...catch...finally 语句和 throw 语句，通过这 3 个异常处理语句，可以对可能产生异常的程序代码进行监控。下面将对这 3 个异常处理语句进行详细讲解。

11.2.1　try...catch 语句

try...catch 语句允许在 try 后面的大括号 {} 中放置可能发生异常情况的程序代码，对这些程序代码进行监控。在 catch 后面的大括号 {} 中则放置处理错误的程序代码，以处理程序发生的异常。try...catch 语句的基本格式如下：

```
try
{
    被监控的代码
}
```

```
catch( 异常类名　异常变量名 )
{
    异常处理
}
```

在 catch 子句中，异常类名必须为 System.Exception 或从 System.Exception 派生的类型。当 catch 子句指定了异常类名和异常变量名后，就相当于声明了一个具有给定名称和类型的异常变量，此异常变量表示当前正在处理的异常。

【例 11.01】 创建一个控制台应用程序，声明一个 object 类型的变量 obj，其初始值为 null。然后将 obj 强制转换成 int 类型赋给 int 类型变量 N，使用 try...catch 语句捕获异常，代码如下：（**实例位置：资源包 \ 源码 \11\11.01**）

```
static void Main(string [] args)
{
    try                                                  // 使用 try...catch 语句
    {
        object obj = null;                               // 声明一个 object 变量，初始值为 null
        int i = (int)obj;                                // 将 object 类型强制转换成 int 类型
    }
    catch (Exception ex)                                 // 捕获异常
    {
        Console.WriteLine(" 捕获异常：" + ex);            // 输出异常
    }
    Console.ReadLine();
}
```

程序的运行结果如图 11.17 所示。

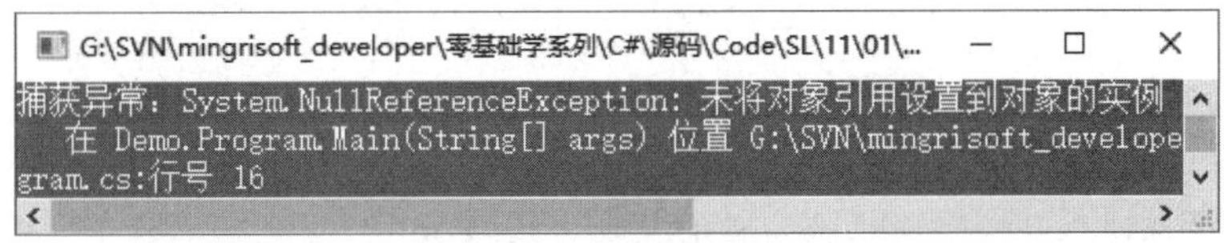

图 11.17　捕获异常

查看运行结果，抛出了异常。因为声明的 object 变量 obj 被初始化为 null，然后又将 obj 强制转换成 int 类型，这样就产生了异常，由于使用了 try...catch 语句，所以将这个异常捕获，并将异常输出。

注意

有时为了编程简单会忽略 catch 代码块中的代码，这样 try...catch 语句就成了一种摆设，一旦程序在运行过程中出现了异常，这个异常将很难查找。因此要养成良好的编程习惯：在 catch 代码块中写入处理异常的代码。

11.2.2 try...catch...finally 语句

完整的异常处理语句应该包含 finally 代码块，通常情况下，无论程序中有无异常产生，finally 代码块中的代码都会被执行。其基本格式如下：

```
try
{
    被监控的代码
}
catch( 异常类名  异常变量名 )
{
    异常处理
}
…
finally
{
    程序代码
}
```

对于 try...catch...finally 语句的理解并不复杂，它只是比 try...catch 语句多了一个 finally 语句，如果程序中有一些在任何情形中都必须执行的代码，那么就可以将它们放在 finally 语句的区块中。

说明

使用 catch 子句是为了允许处理异常。无论是否引发了异常，使用 finally 子句都可以执行清理代码。如果分配了昂贵或有限的资源（如数据库连接或流），则应将释放这些资源的代码放置在 finally 块中。

【例 11.02】 创建一个控制台应用程序，声明一个 string 类型变量 str，并初始化为"零基础学 C#"。然后声明一个 object 变量 obj，将 str 赋给 obj。最后声明一个 int 类型的变量 i，将 obj 强制转换成 int 类型后赋给变量 i，这样必然会导致转换错误，抛出异常。然后在 finally 语句中输出"程序执行完毕 ..."，这样，无论程序是否抛出异常，都会执行 finally 语句中的代码，代码如下：（**实例位置：资源包 \ 源码 \11\11.02**）

```
static void Main(string [ ] args)
{
    string str = " 零基础学 C#";                    // 声明一个 string 类型的变量 str
    object obj = str;                               // 声明一个 object 类型的变量 obj
    try                                             // 使用 try...catch 语句
    {
        int i = (int)obj;                           // 将 obj 强制转换成 int 类型
    }
    catch (Exception ex)                            // 获取异常
    {
        Console.WriteLine(ex.Message);              // 输出异常信息
```

```
    }
    finally                                          //finally 语句
    {
        Console.WriteLine(" 程序执行完毕 ...");      // 输出 " 程序执行完毕 ..."
    }
    Console.ReadLine();
}
```

程序的运行结果为：

```
指定的转换无效。
程序执行完毕 ...
```

11.2.3　throw 语句

throw 语句用于主动引发一个异常，使用 throw 语句可以在特定的情形下，自行抛出异常。throw 语句的基本格式如下：

```
throw  ExObject
```

ExObject：所要抛出的异常对象，这个异常对象是派生自 System.Exception 类的类对象。

说明

通常 throw 语句与 try...catch 或 try...finally 语句一起使用。当引发异常时，程序查找处理此异常的 catch 语句。也可以用 throw 语句重新引发已捕获的异常。

【例 11.03】 创建一个控制台应用程序，创建一个 int 类型的方法 MyInt，此方法有两个 string 类型的参数 a 和 b。在这个方法中，使 a 做被除数，b 做除数，如果除数的值是 0，则通过 throw 语句抛出 DivideByZeroException 异常，这个异常被此方法中的 catch 子句捕获并输出，代码如下：（**实例位置：资源包 \ 源码 \11\11.03**）

```
static int MyInt(string a, string b)                 // 创建一个 int 类型的方法，参数分别是 a 和 b
{
    int int1;                                        // 定义被除数
    int int2;                                        // 定义除数
    int num;                                         // 定义商
    try                                              // 使用 try...catch 语句
    {
        int1 = int.Parse(a);                         // 将参数 a 强制转换成 int 类型后赋给 int1
        int2 = int.Parse(b);                         // 将参数 b 强制转换成 int 类型后赋给 int2
        if (int2 == 0)                               // 判断 int2 是否等于 0，如果等于 0，抛出异常
        {
            throw new DivideByZeroException();       // 抛出 DivideByZeroException 类的异常
        }
```

```
            num = int1 / int2;                              // 计算 int1 除以 int2 的值
            return num;                                     // 返回计算结果
        }
        catch (DivideByZeroException de)                    // 捕获异常
        {
            Console.WriteLine(" 用零除整数引发异常！ ");
            Console.WriteLine(de.Message);
            return 0;
        }
    }
    static void Main(string [ ] args)
    {
        try                                                 // 使用 try...catch 语句
        {
            Console.Write(" 请输入分子：");                   // 提示输入分子
            string str1 = Console.ReadLine();               // 获取键盘输入的值
            Console.Write(" 请输入分母：");                   // 提示输入分母
            string str2 = Console.ReadLine();               // 获取键盘输入的值
            // 调用 MyInt 方法，获取键盘输入的分子与分母相除得到的值
            Console.WriteLine(" 分子除以分母的值：" + MyInt(str1, str2));
        }
        catch (FormatException)                             // 捕获异常
        {
            Console.WriteLine(" 请输入数值格式数据 ");          // 输出提示
        }
        Console.ReadLine();
    }
```

程序的运行结果如图 11.18 所示。

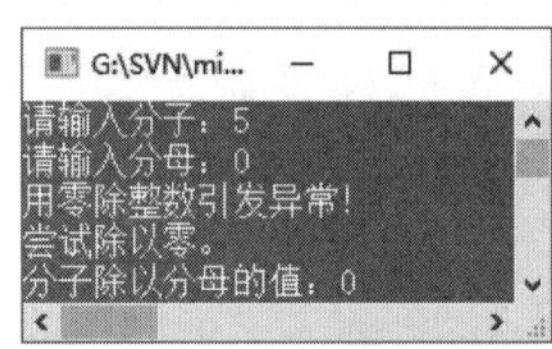

图 11.18　抛出除数为 0 的异常

11.3　小　　结

本章主要对程序调试及异常处理进行了详细讲解。在讲解过程中，重点讲解了常用的程序调试操作及异常处理语句的使用。程序调试和异常处理在程序开发过程中起着非常重要的作用，一个完善的程序，在其开发过程中必然会对可能出现的所有异常进行处理，并进行步步调试，以保证程序的可用性。通过学习本章，读者应掌握 C# 中的异常处理语句的使用，并能熟练使用常用的程序调试操作对开发的程序进行调试。

提高篇

本篇介绍了 Windows 窗体程序设计、Windows 控件的使用、C# 操作数据库、Entity Framework 编程、文件及数据流技术、GDI+ 绘图应用、Socket 网络编程、多线程编程技术等内容。学习完本篇，能够开发一些中小型应用程序。

第 12 章

Windows 窗体程序设计

（视频讲解：35 分钟）

Windows 环境中主流的应用程序都是窗体应用程序，Windows 窗体应用程序比命令行应用程序要复杂得多，理解它的结构的基础是理解窗体。所以深刻认识 Windows 窗体变得尤为重要。本章将对 Windows 窗体应用程序的基本开发步骤、Form 窗体的使用和 MDI 窗体的使用进行详细讲解。

通过学习本章，读者主要掌握以下内容：

- **开发应用程序的步骤**
- **如何添加和删除窗体**
- **窗体的常用属性、方法和事件**
- **MDI 窗体的使用**

12.1　开发应用程序的步骤

使用 C# 开发应用程序时，一般包括创建项目、界面设计、设置属性、编写程序代码、保存项目、程序运行 6 个步骤。

下面以进销存管理系统的登录窗体为例说明开发应用程序的具体步骤。

1. 创建项目

在 Visual Studio 2017 开发环境中选择“文件”→“新建”→“项目”菜单，弹出“新建项目”对话框，如图 12.1 所示。

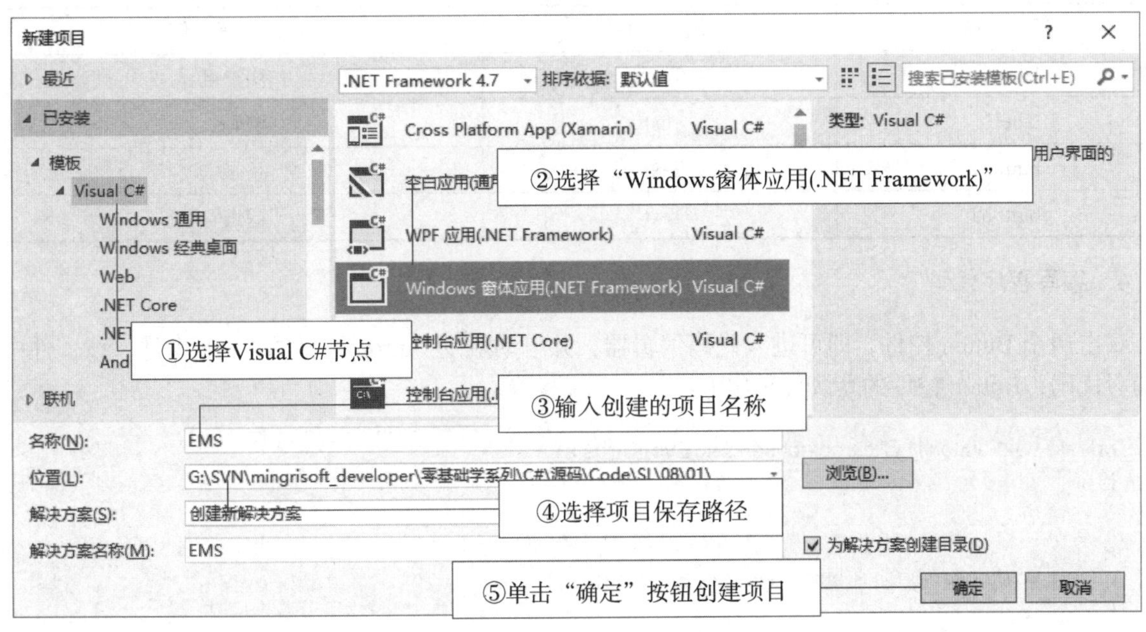

图 12.1　“新建项目”对话框

选择“Windows 窗体应用 (.NET Framework)”、输入项目的名称、选择保存路径，然后单击“确定”按钮，即可创建一个 Windows 窗体应用程序。

2. 界面设计

创建完项目后，在 Visual Studio 2017 开发环境中会有一个默认的窗体，可以通过工具箱向其中添加各种控件来设计窗体界面。具体步骤是：用鼠标按住工具箱中要添加的控件，然后将其拖放到窗体中的指定位置即可。本实例分别向窗体中添加两个 Label 控件、两个 TextBox 控件和两个 Button 控件，设计效果如图 12.2 所示。

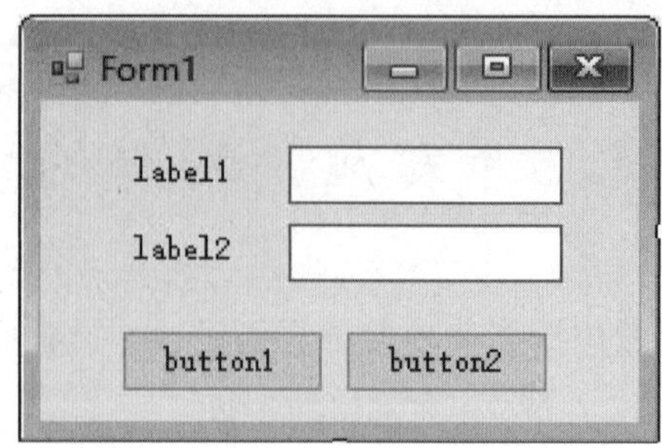

图 12.2　界面设计效果

3. 设置属性

在窗体中选择指定控件，在“属性”窗口中对控件的相应属性进行设置，如表 12.1 所示。

表 12.1　设置属性

名　称	属　性	设　置　值
label1	Text	用户名：
label2	Text	密码：
button1	Text	登录
button2	Text	退出

4. 编写程序代码

双击两个 Button 控件，即可进入代码编辑器，并自动触发 Button 控件的 Click 事件，该事件中即可编写代码，Button 控件的默认代码如下：

```
private void button1_Click(object sender, EventArgs e)
{

}
private void button2_Click(object sender, EventArgs e)
{

}
```

5. 保存项目

单击 Visual Studio 2017 开发环境工具栏中的按钮，或者选择“文件”/“全部保存”菜单，即可保存当前项目。

6. 运行程序

单击 Visual Studio 2017 开发环境工具栏中的▶启动按钮，或者选择“调试”→“开始调试”菜单，即可运行当前程序，效果如图 12.3 所示。

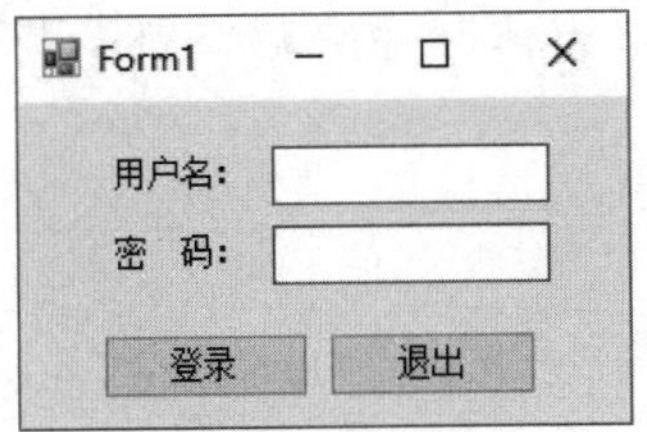

图 12.3　程序运行

12.2　Form 窗　体

Form 窗体也称为窗口，它是向用户显示信息的可视界面，是 Windows 应用程序的基本单元。窗体都具有自己的特征，可以通过编程来设置。窗体也是对象，窗体类定义了生成窗体的模板，每实例化一个窗体类，就产生一个窗体。.NET 框架类库的 System.Windows.Forms 命名空间中定义的 Form 类是所有窗体类的基类。

如果要编写窗体应用程序，推荐使用 Visual Studio 2017。Visual Studio 2017 提供了一个图形化的可视化窗体设计器，可以实现所见即所得的设计效果，可以快速开发窗体应用程序。本节将对窗体的基本操作进行详细讲解。

12.2.1　添加和删除窗体

添加或删除窗体，首先要创建一个 Windows 应用程序，创建步骤可以参考 12.1 节的步骤。

如果要向项目中添加一个新窗体，可以在项目名称上右击，在弹出的快捷菜单中选择“添加”→“Windows 窗体”或者“添加”→“新建项”菜单，如图 12.4 所示。

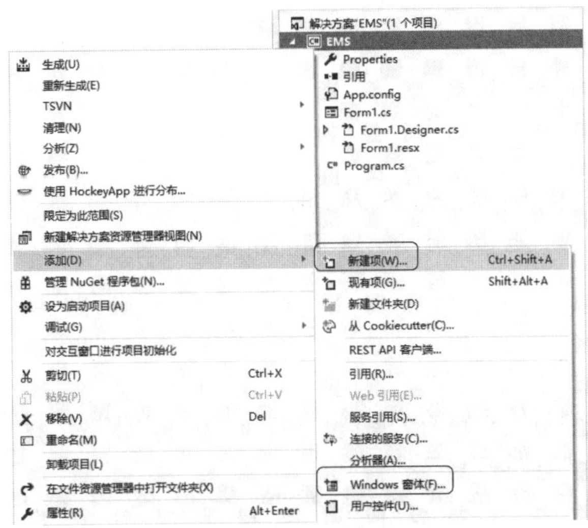

图 12.4　添加新窗体的右键菜单

选择“新建项”或者“Windows 窗体”命令后，都会打开“添加新项”对话框，如图 12.5 所示。

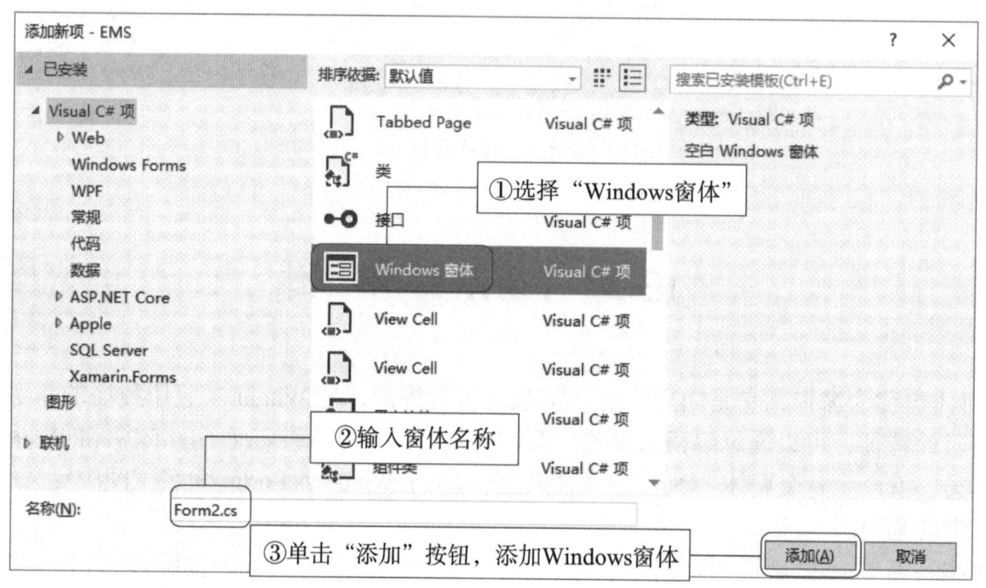

图 12.5 “添加新项”对话框

选择“Windows 窗体”选项，输入窗体名称后，单击“添加”按钮，即可向项目中添加一个新的窗体。

说明

在设置窗体的名称时，不要用关键字进行设置。

删除窗体的方法非常简单，只需在要删除的窗体名称上右击，在弹出的快捷菜单中选择“删除”菜单，即可将窗体删除。

12.2.2 多窗体的使用

一个完整的 Windows 应用程序是由多个窗体组成，此时，就需要对多窗体设计有所了解。多窗体即向项目中添加多个窗体，在这些窗体中实现不同的功能。下面对多窗体的建立以及如何设置启动窗体进行讲解。

1. 多窗体的建立

多窗体的建立是向某个项目中添加多个窗体，还是以 12.1 节中的项目为例，演示如何建立多窗体应用程序，添加多窗体后的项目如图 12.6 所示。

具体添加窗体的方法在 12.2.1 节中已经做了详细的介绍，此处不再赘述。以向项目中添加 3 个窗体为例演示多窗体的建立，实际项目中可以添加任意多个窗体。

图 12.6　向项目中添加多个窗体

说明

在添加多个窗体时，其名称不能重名。

2. 设置启动窗体

向项目中添加了多个窗体以后，如果要调试程序，必须要设置先运行的窗体。这样就需要设置项目的启动窗体。项目的启动窗体是在 Program.cs 文件中设置的，在 Program.cs 文件中改变 Run 方法的参数，即可实现设置启动窗体。

Run 方法用于在当前线程上开始运行标准应用程序，并使指定窗体可见。

语法如下：

```
public static void Run (Form mainForm)
```

参数 mainForm 表示要设为启动窗体的对象。

例如，要将 Form1 窗体设置为项目的启动窗体，就可以通过下面的代码实现：

```
Application.Run(new Form1());
```

12.2.3　窗体的属性

窗体包含一些基本的组成要素，包括图标、标题、位置和背景等，这些要素可以通过窗体的“属性”窗口进行设置，也可以通过代码实现。但是为了快速开发窗体应用程序，通常都是通过“属性”窗口进行设置。下面详细介绍窗体的常见属性设置。

1. 更换窗体的图标

添加一个新的窗体后，窗体的图标是系统默认的图标。如果想更换窗体的图标，可以在“属性”窗口中设置窗体的 Icon 属性，窗体的默认图标和更换后的图标如图 12.7 所示。更换窗体图标的过程非常简单，具体操作如下：

（1）选中窗体，然后在窗体的“属性”窗口中选中 Icon 属性，会出现□按钮，如图 12.8 所示。

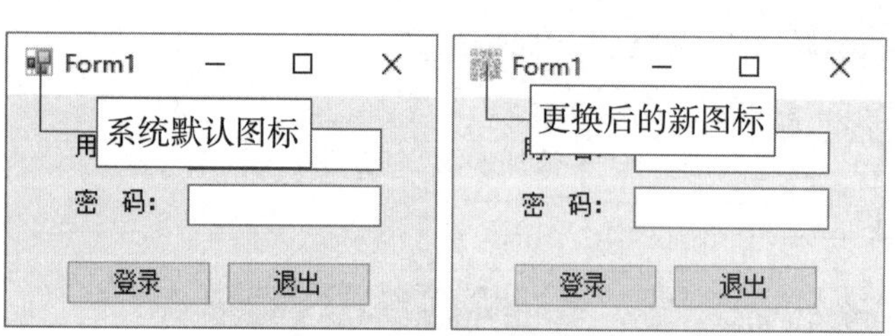

图 12.7　窗体的默认图标与更换后的图标

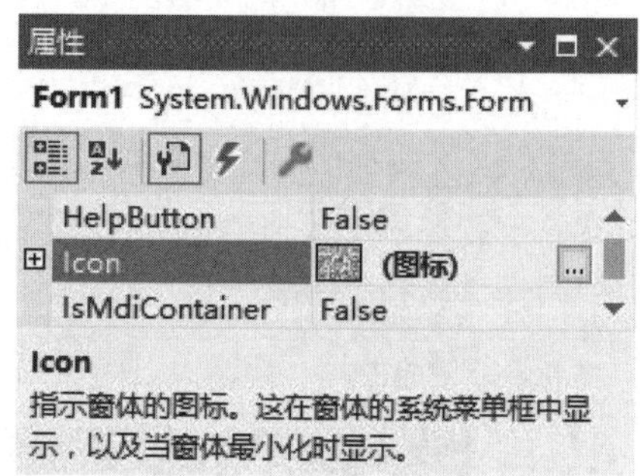

图 12.8　窗体的 Icon 属性

注意

在设置窗体图标时，其图片格式只能是 ico。

（2）单击□按钮，打开选择图标文件的窗体，如图 12.9 所示。

图 12.9　选择图标文件的窗体

（3）选择新的窗体图标文件之后，单击“打开”按钮，完成窗体图标的更换。

2. 隐藏窗体的标题栏

在某种情况下需要隐藏窗体的标题栏，例如，软件的加载窗体，大多数都采用无标题栏的窗体。通过设置窗体 FormBorderStyle 属性的属性值，即可隐藏窗体的标题栏。FormBorderStyle 属性有 7 个属性值，其属性值及说明如表 12.2 所示。

表 12.2　FormBorderStyle 属性的属性值及说明

属　性　值	说　　明
Fixed3D	固定的三维边框
FixedDialog	固定的对话框样式的粗边框

续表

属　性　值	说　　明
FixedSingle	固定的单行边框
FixedToolWindow	不可调整大小的工具窗口边框
None	无边框
Sizable	可调整大小的边框
SizableToolWindow	可调整大小的工具窗口边框

隐藏窗体的标题栏，只需将 FormBorderStyle 属性设置为 None 即可。

3. 控制窗体的显示位置

可以通过窗体的 StartPosition 属性，设置窗体加载时窗体在显示器中的位置。StartPosition 属性有 5 个属性值，其属性值及说明如表 12.3 所示。

表 12.3　StartPosition 属性的属性值及说明

属　性　值	说　　明
CenterParent	窗体在其父窗体中居中
CenterScreen	窗体在当前显示窗口中居中，其尺寸在窗体大小中指定
Manual	窗体的位置由 Location 属性确定
WindowsDefaultBounds	窗体定位在 Windows 默认位置，其边界也由 Windows 默认决定
WindowsDefaultLocation	窗体定位在 Windows 默认位置，其尺寸在窗体大小中指定

在设置窗体的显示位置时，只需根据不同的需要选择属性值即可。

4. 修改窗体的大小

在窗体的属性中，通过 Size 属性设置窗体的大小。双击窗体“属性”窗口中的 Size 属性，可以看到其下拉菜单中有 Width 和 Height 两个属性，分别用于设置窗体的宽和高。修改窗体的大小，只需更改 Width 和 IIcight 属性的值即可。

说明

在设置窗体的大小时，其值是 Int32 类型（即整数）的，不能使用单精度和双精度（即小数）进行设置。

5. 设置窗体的背景图片

为使窗体设计更加美观，通常会设置窗体的背景，这主要通过设置窗体的 BackgroundImage 属性实现，具体操作如下：

（1）选中窗体“属性”窗口中的 BackgroundImage 属性，会出现□按钮，如图 12.10 所示。

（2）单击□按钮，打开“选择资源”对话框，如图 12.11 所示。

图 12.10　BackgroundImage 属性

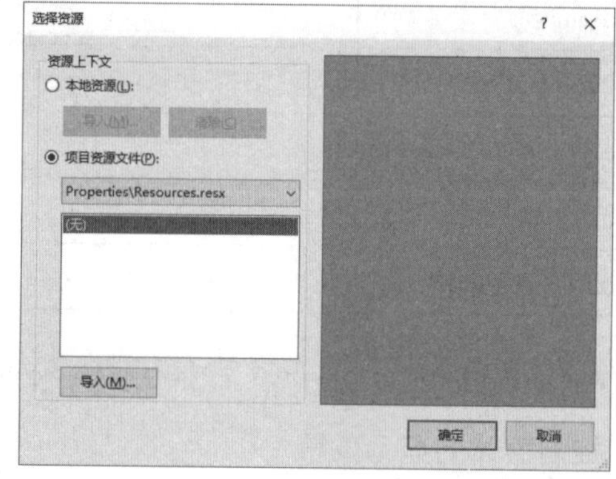

图 12.11　“选择资源”对话框

如图 12.11 所示的“选择资源”对话框中，有两个单选按钮。一个是“本地资源”，另一个是“项目资源文件”，其差别是选中“本地资源”单选按钮后，直接选择图片，保存的是图片的路径。而选中“项目资源文件”单选按钮后，会将选择的图片保存到项目资源文件 Resources.resx 中。无论选择哪种方式，都需要单击“导入”按钮选择背景图片，单击“确定”按钮完成窗体背景图片的设置。Form1 窗体背景图片设置前后对比如图 12.12 所示。

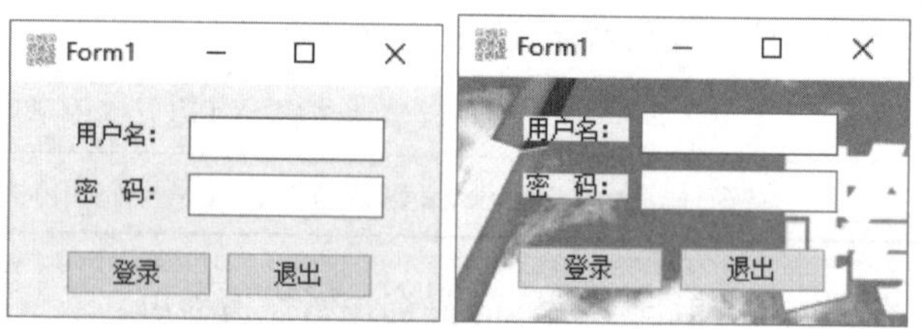

图 12.12　设置窗体背景图片前后对比

12.2.4　窗体的显示与隐藏

1. 窗体的显示

如果要在一个窗体中通过按钮打开另一个窗体，就必须通过调用 Show 方法显示窗体。语法如下：

```
public void Show ()
```

例如，在 Form1 窗体中添加一个 Button 按钮，在按钮的 Click 事件中调用 Show 方法，打开 Form2 窗体，关键代码如下：

```
Form2 frm2 = new Form2();              // 创建 Form2 窗体的对象
frm2.Show();                           // 调用 Show 方法显示 Form2 窗体
```

2. 窗体的隐藏

通过调用 Hide 方法可以隐藏窗体。语法如下：

```
public void Hide ()
```

例如，在 Form1 窗体中打开 Form2 窗体后，隐藏当前窗体，关键代码如下：

```
Form2 frm2 = new Form2();                    // 创建 Form2 窗体的对象
frm2.Show();                                 // 调用 Show 方法显示 Form2 窗体
this.Hide();                                 // 调用 Hide 方法隐藏当前窗体
```

12.2.5　窗体的事件

Windows 是事件驱动的操作系统，对 Form 类的任何交互都是基于事件来实现的。Form 类提供了大量的事件用于响应对窗体执行的各种操作。下面详细介绍窗体的 Click，Load 和 FormClosing 事件。

1. Click（单击）事件

当单击窗体时，将会触发窗体的 Click 事件。语法如下：

```
public event EventHandler Click
```

例如，在窗体的 Click 事件中编写代码，实现当单击窗体时，弹出提示框，代码如下：

```
private void Form1_Click(object sender, EventArgs e)
{
    MessageBox.Show(" 已经单击了窗体！ ");       // 弹出提示框
}
```

运行上面代码，在窗体中单击，弹出提示框，效果如图 12.13 所示。

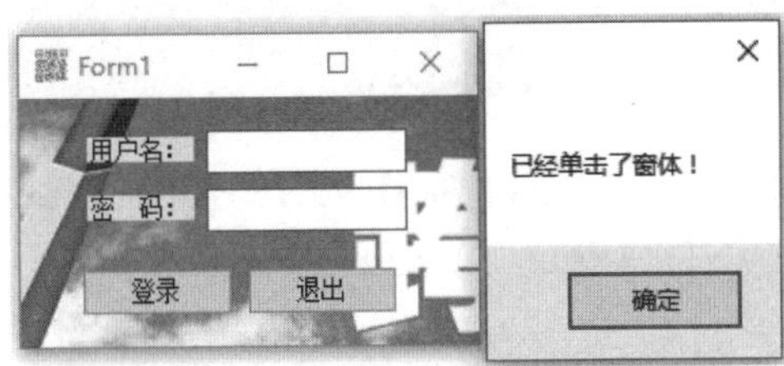

图 12.13　单击窗体触发 Click 事件

技巧

触发窗体或者控件的相关事件时，只需要选中指定的窗体或者控件，右击，在弹出的快捷菜单中选择“属性”，然后在弹出的“属性”对话框中单击⚡按钮，在列表中找到相应的事件名称，双击即可生成该事件的代码，步骤如图 12.14 所示。

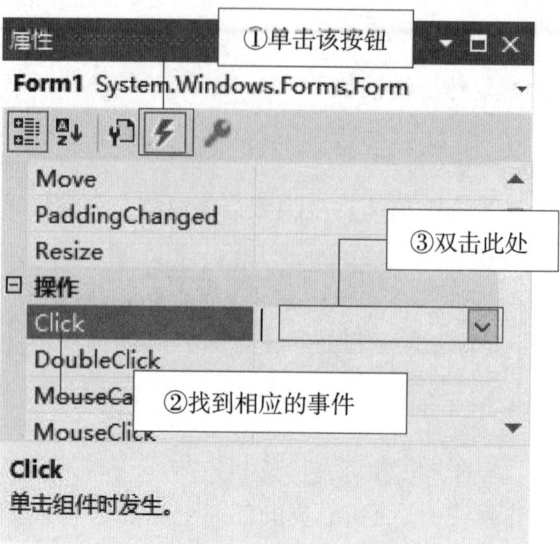

图 12.14　触发窗体或者控件的事件

2. Load（加载）事件

窗体加载时，将触发窗体的 Load 事件。语法如下：

```
public event EventHandler Load
```

例如，当窗体加载时，弹出提示框，询问是否查看窗体，单击“是”按钮，查看窗体，代码如下：

```
private void Form1_Load(object sender, EventArgs e)    // 窗体的 Load 事件，加载时执行
{
    // 使用 if 语句判断是否单击了 " 是 " 按钮
    if (MessageBox.Show(" 是否查看窗体！ ", "", MessageBoxButtons.YesNo, MessageBoxIcon.Information)
== DialogResult.Yes)
    {
    }
}
```

运行上面代码，在窗体显示之前，首先弹出如图 12.15 所示的对话框。

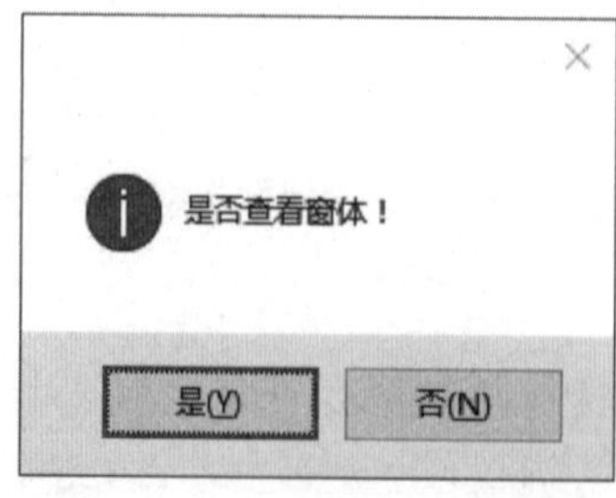

图 12.15　触发窗体的 Load 事件

3. FormClosing（关闭）事件

窗体关闭时，触发窗体的 FormClosing 事件。语法如下：

```
public event FormClosingEventHandler FormClosing
```

例如，实现当关闭窗体之前，弹出提示框，询问是否关闭当前窗体，单击“是”按钮，关闭窗体，单击“否”按钮，不关闭窗体，代码如下：

```
private void Form1_FormClosing(object sender, FormClosingEventArgs e)
{
    DialogResult dr = MessageBox.Show(" 是否关闭窗体 ", " 提示 ", MessageBoxButtons.YesNo,
MessageBoxIcon.Warning);                    // 创建对话框对象
    if (dr == DialogResult.Yes)             // 使用 if 语句判断是否单击 " 是 " 按钮
    {
        e.Cancel = false;                   // 如果单击 " 是 " 按钮则关闭窗体
    }
    else                                    // 否则
    {
        e.Cancel = true;                    // 不执行操作
    }
}
```

运行上面代码，单击窗体上的关闭按钮，如图 12.16 所示，弹出如图 12.17 所示的提示框，单击“是”按钮，关闭窗体，单击“否”按钮，不执行任何操作。

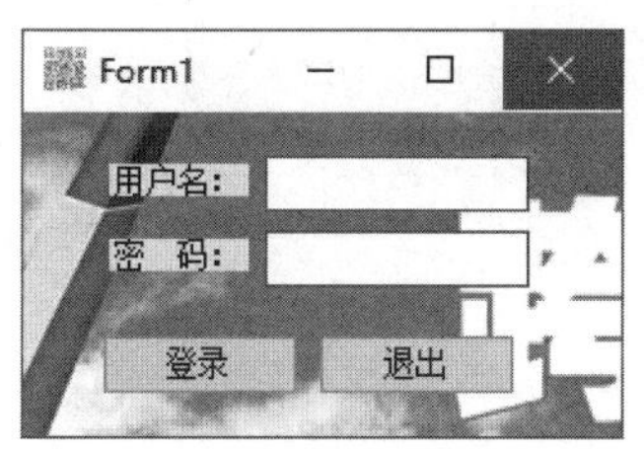

图 12.16　单击窗体上的关闭按钮

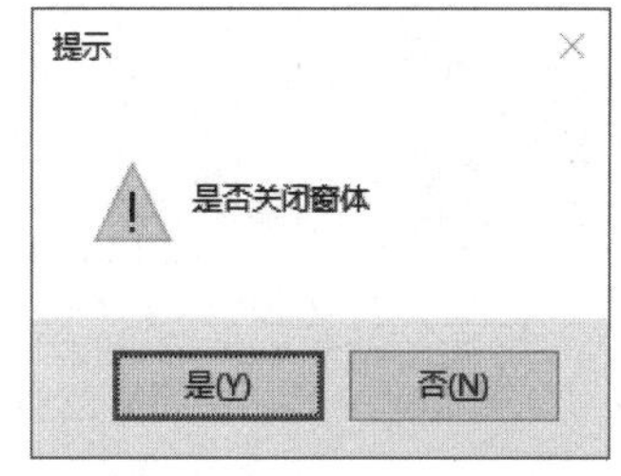

图 12.17　单击“是”或者“否”按钮

可以使用 FormClosing 事件执行一些任务，如释放窗体使用的资源，还可使用此事件保存窗体中的信息或更新其父窗体。

12.3 MDI 窗　体

窗体是所有界面的基础，这就意味着为了打开多个文档，需要具有能够同时处理多个窗体的应用程序。为了适应这个需求，产生了 MDI 窗体，即多文档界面。本节将对 MDI 窗体进行详细讲解。

12.3.1　MDI 窗体的概念

多文档界面（Multiple-Document Interface）简称 MDI 窗体。MDI 窗体用于同时显示多个文档，每个文档显示在各自的窗口中。MDI 窗体中通常有包含子菜单的窗口菜单，用于在窗口或文档之间进行切换。MDI 窗体十分常见。如图 12.18 所示为一个 MDI 窗体界面。

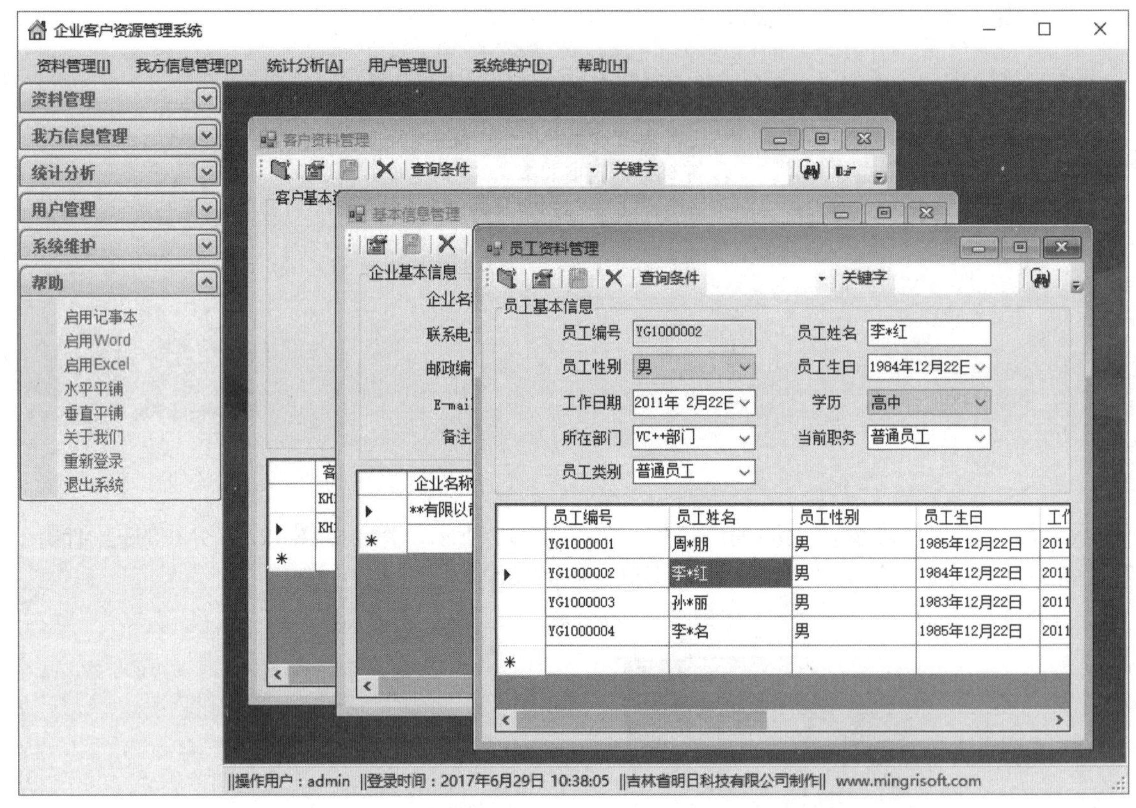

图 12.18　MDI 窗体界面

MDI 窗体的应用非常广泛，例如，如果某公司的库存系统需要实现自动化，则需要使用窗体来输入客户和货物的数据、发出订单以及跟踪订单。这些窗体必须链接或者从属于一个界面，并且必须能够同时处理多个文件。这样，就需要建立 MDI 窗体以解决这些需求。

12.3.2　如何设置 MDI 窗体

在 MDI 窗体中，起到容器作用的窗体被称为“父窗体”，可以放在父窗体中的其他窗体被称为“子窗体”，也称为“MDI 子窗体”。当 MDI 应用程序启动时，首先会显示父窗体。所有的子窗体都在父窗体中打开，在父窗体中可以在任何时候打开多个子窗体。每个应用程序只能有一个父窗体，其他子窗体不能移出父窗体的框架区域。下面介绍如何将窗体设置成父窗体或子窗体。

1. 设置父窗体

如果要将某个窗体设置为父窗体，只要在窗体的“属性”窗口中，将 IsMdiContainer 属性设置为 True 即可，如图 12.19 所示。

图 12.19　设置父窗体

2. 设置子窗体

设置完父窗体，通过设置某个窗体的 MdiParent 属性来确定子窗体。语法如下：

```
public Form MdiParent { get; set; }
```

属性值表示 MDI 父窗体。

例如，将 Form2、Form3 这两个窗体设置成子窗体，并且在父窗体中打开这两个子窗体，代码如下：

```
Form2 frm2 = new Form2();          //创建 Form2 窗体的对象
frm2.MdiParent = this;             //设置 MdiParent 属性，将当前窗体作为父窗体
frm2.Show();                       //使用 Show 方法打开窗体
Form3 frm3 = new Form3();          //创建 Form3 窗体的对象
frm3.MdiParent = this;             //设置 MdiParent 属性，将当前窗体作为父窗体
frm3.Show();                       //使用 Show 方法打开窗体
```

12.3.3　排列 MDI 子窗体

如果一个 MDI 窗体中有多个子窗体同时打开，假如不对其排列顺序进行调整，那么界面会非常混乱，而且不容易浏览。那么如何解决这个问题呢？可以通过使用带有 MdiLayout 枚举的 LayoutMdi 方法来排列多文档界面父窗体中的子窗体。语法如下：

```
public void LayoutMdi (MdiLayout value)
```

参数 value 用来定义 MDI 子窗体的布局，它的值是 MdiLayout 枚举值之一。MdiLayout 枚举用于指定 MDI 父窗体中子窗体的布局，其枚举成员及说明如表 12.4 所示。

表 12.4　MdiLayout 的枚举成员

枚 举 成 员	说　　明
Cascade	所有 MDI 子窗体均层叠在 MDI 父窗体的工作区内
TileHorizontal	所有 MDI 子窗体均水平平铺在 MDI 父窗体的工作区内
TileVertical	所有 MDI 子窗体均垂直平铺在 MDI 父窗体的工作区内

【例 12.01】 排列 MDI 父窗体中的多个子窗体，程序开发步骤如下。（**实例位置：资源包\源码\12\12.01**）

（1）新建一个 Windows 窗体应用程序，命名为 Demo，默认窗体为 Form1.cs。

（2）将窗体 Form1 的 IsMdiContainer 属性设置为 True，以用作 MDI 父窗体，然后再添加 3 个

Windows 窗体，用作 MDI 子窗体。

（3）在 Form1 窗体中，添加一个 MenuStrip 控件，用作该父窗体的菜单项。

（4）通过 MenuStrip 控件建立 4 个菜单项，分别为“加载子窗体”“水平平铺”“垂直平铺”和“层叠排列”。运行程序时，单击“加载子窗体”菜单后，可以加载所有的子窗体，代码如下：

```
private void 加载子窗体 ToolStripMenuItem_Click(object sender, EventArgs e)
{
    Form2 frm2 = new Form2();                    // 创建 Form2 窗体的对象
    frm2.MdiParent = this;                       // 设置 MdiParent 属性，将当前窗体作为父窗体
    frm2.Show();                                 // 使用 Show 方法打开窗体
    Form3 frm3 = new Form3();                    // 创建 Form3 窗体的对象
    frm3.MdiParent = this;                       // 设置 MdiParent 属性，将当前窗体作为父窗体
    frm3.Show();                                 // 使用 Show 方法打开窗体
    Form4 frm4 = new Form4();                    // 创建 Form4 窗体的对象
    frm4.MdiParent = this;                       // 设置 MdiParent 属性，将当前窗体作为父窗体
    frm4.Show();                                 // 使用 Show 方法打开窗体
}
```

（5）加载所有的子窗体之后，单击“水平平铺”菜单，使窗体中所有的子窗体水平排列，代码如下：

```
private void 水平平铺 ToolStripMenuItem_Click(object sender, EventArgs e)
{
    LayoutMdi(MdiLayout.TileHorizontal);         // 使用 MdiLayout 枚举实现窗体的水平平铺
}
```

（6）单击“垂直平铺”菜单，使窗体中所有的子窗体垂直排列，代码如下：

```
private void 垂直平铺 ToolStripMenuItem_Click(object sender, EventArgs e)
{
    LayoutMdi(MdiLayout.TileVertical);           // 使用 MdiLayout 枚举实现窗体的垂直平铺
}
```

（7）单击“层叠排列”菜单，使窗体中所有的子窗体层叠排列，代码如下：

```
private void 层叠排列 ToolStripMenuItem_Click(object sender, EventArgs e)
{
    LayoutMdi(MdiLayout.Cascade);                // 使用 MdiLayout 枚举实现窗体的层叠排列
}
```

运行程序，单击“加载子窗体”菜单，效果如图 12.20 所示；单击“水平平铺”菜单，效果如图 12.21 所示；单击“垂直平铺”菜单，效果如图 12.22 所示；单击“层叠排列”菜单，效果如图 12.23 所示。

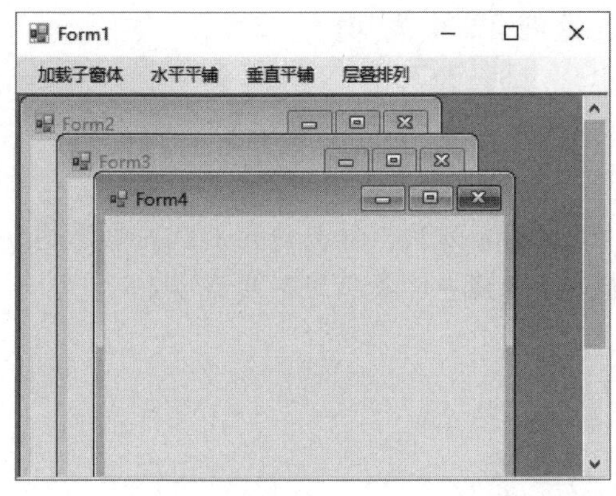

图 12.20 加载所有子窗体

图 12.21 水平平铺子窗体

图 12.22 垂直平铺子窗体

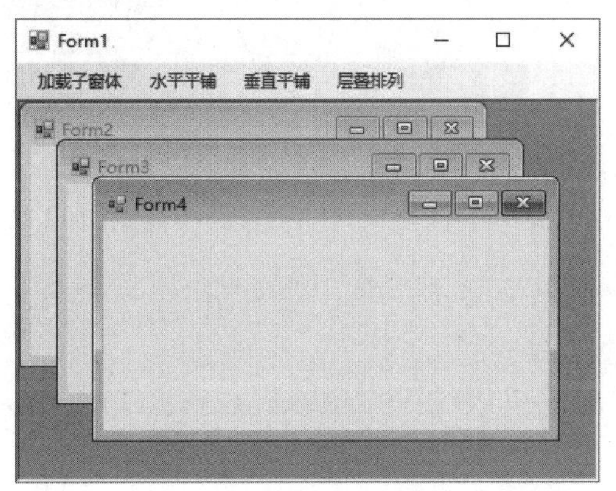

图 12.23 层叠排列子窗体

12.4 小 结

本章主要介绍了 Windows 窗体应用程序的开发基础及 MDI 窗体，Form 窗体是开发 Windows 窗体应用程序的基本单位，熟练掌握 Form 窗体的应用，为快速开发 C# 窗体应用程序打下坚实的基础。读者应该了解窗体的属性、事件的使用，掌握如何对窗体进行基本的设置；另外，多文档界面被称为 MDI 窗体，大多数窗体应用程序都使用 MDI 窗体开发，所以要重点掌握 MDI 窗体的设置以及如何排列子窗体。

12.5 实 战

12.5.1 实战一：最大化打开子窗体

创建一个 Windows 窗体应用程序，并在其中添加多个窗体，设置为 MDI 窗体程序，然后设置打

开子窗体时，以最大化方式打开。**（实例位置：资源包 \ 源码 \12\ 实战 \01）**

12.5.2　实战二：制作圆形窗体

创建一个圆形窗体（提示：实现时需要重写窗体的 OnPaint 方法，并且使用 GDI+ 中的 Graphics 对象的 DrawImage 方法），效果如图 12.24 所示。**（实例位置：资源包 \ 源码 \12\ 实战 \02）**

图 12.24　圆形窗体

第 13 章

Windows 控件的使用

（视频讲解：1 小时 45 分钟）

控件是窗体的基本组成单位，通过使用控件可以高效地开发 Windows 窗体应用程序。所以，熟练掌握控件是合理、有效地进行程序开发的重要前提。本章将对开发 Windows 窗体应用程序中经常用到的控件进行详细讲解。

通过学习本章，读者主要掌握以下内容：

- **控件的基本操作**
- **常用的 Windows 控件的使用**
- **菜单、工具栏与状态栏的设计**
- **常见的几种对话框**

视频讲解

13.1 控 件 概 述

控件是用户可以用来输入或操作数据的对象，也就相当于汽车中的方向盘、油门、刹车、离合器等，它们都是对汽车进行操作的控件。在 C# 中，控件的基类是位于 System.Windows.Forms 命名空间下的 Control 类。Control 类定义了控件类的共同属性、方法和事件，其他的控件类都直接或间接地派生自这个基类。

在使用控件的过程中，可以通过控件默认的名称调用。如果自定义控件名称，应该遵循控件的命名规范。控件的常用命名规范如表 13.1 所示。

表 13.1　控件的常用命名规范

控 件 名 称	命　　名
TextBox	txt
Button	btn
ComboBox	cbox
Label	lab
DataGridView	dgv
ListBox	lbox
Timer	tmr
CheckBox	chbox
RichTextBox	rtbox
RadioButton	rbtn
Panel	pl
GroupBox	gbox
ImageList	ilist
ListView	lv
TreeView	tv
MenuStrip	menu
ToolStrip	tool
StatusStrip	status
……	……

13.2　控件的相关操作

对控件的相关操作包括添加控件、对齐控件、锁定控件和删除控件等，在以下内容中将会对这几种操作进行讲解。

13.2.1　添加控件

可以通过“在窗体上绘制控件”“将控件拖曳到窗体上”和“以编程方式向窗体添加控件”这 3 种方法添加控件。

1. 在窗体上绘制控件

在工具箱中单击要添加到窗体的控件，然后在该窗体上使用鼠标左键单击希望控件左上角所处的位置，然后拖动到希望该控件右下角所处位置，释放鼠标左键，控件即按指定的位置和大小添加到窗体中。

2. 将控件拖曳到窗体上

在工具箱中单击所需的控件并将其拖到窗体上，控件以其默认大小添加到窗体上的指定位置。

3. 以编程方式向窗体添加控件

通过 new 关键字实例化要添加控件所在的类，然后将实例化的控件添加到窗体中。

例如，通过 Button 按钮的 Click 事件添加一个 TextBox 控件，代码如下：

```
private void button1_Click(object sender, System.EventArgs e)        // Button 按钮的 Click 事件
{
    TextBox myText = new TextBox();                                  // 实例化 TextBox 类
    myText.Location = new Point(25, 25);                             // 设置 TextBox 放的位置
    this.Controls.Add(myText);                                       // 将控件添加到当前窗体中
}
```

13.2.2　对齐控件

选定一组控件，这些控件需要对齐。在执行对齐之前，首先选定主导控件（第一个被选定的控件就是主导控件），控件组的最终位置取决于主导控件的位置，再选择菜单栏中的“格式”→“对齐”菜单，然后选择对齐方式。

- ◆ 左对齐：将选定控件沿它们的左边对齐。
- ◆ 居中对齐：将选定控件沿它们的中心点水平对齐。
- ◆ 右对齐：将选定控件沿它们的右边对齐。

◆ 顶端对齐：将选定控件沿它们的顶边对齐。
◆ 中间对齐：将选定控件沿它们的中心点垂直对齐。
◆ 底部对齐：将选定控件沿它们的底边对齐。

13.2.3 删除控件

删除控件的方法非常简单，可以在控件上右击，在弹出的快捷菜单中选择“删除”菜单进行删除；也可以选中控件，然后按下 Delete 键，对控件进行删除。

13.3 Windows 控件的使用

在 Windows 应用程序开发中，控件的使用非常重要，本节将对 Windows 常用控件的使用进行详细讲解。

13.3.1 Label 控件

Label 控件，又称为标签控件，它主要用于显示用户不能编辑的文本，标识窗体上的对象（例如，给文本框、列表框添加描述信息等），另外，也可以通过编写代码来设置要显示的文本信息。

1. 设置标签文本

可以通过两种方法设置标签控件（Label 控件）显示的文本：第一种是直接在标签控件（Label 控件）的属性面板中设置 Text 属性，第二种是通过代码设置 Text 属性。

例如，向窗体中拖曳一个 Label 控件，然后将其显示文本设置为“用户名：”，代码如下：

```
label1.Text = " 用户名：";         // 设置 Label 控件的 Text 属性
```

2. 显示 / 隐藏控件

通过设置 Visible 属性来设置显示 / 隐藏标签控件（Label 控件），如果 Visible 属性的值为 true，则显示控件。如果 Visible 属性的值为 false，则隐藏控件。

例如，通过代码将 Label 控件设置为可见，将其 Visible 属性设置为 true 即可，代码如下：

```
label1.Visible = true;             // 设置 Label 控件的 Visible 属性
```

13.3.2 Button 控件

Button 控件，又称为按钮控件，它允许用户通过单击来执行操作。Button 控件既可以显示文本，也可以显示图像，当该控件被单击时，它看起来像是被按下，然后被释放。Button 控件最常用的是

Text 属性和 Click 事件，其中，Text 属性用来设置 Button 控件显示的文本，Click 事件用来指定单击 Button 控件时执行的操作。

【例 13.01】 创建一个 Windows 应用程序，在默认窗体中添加两个 Label 控件，分别设置它们的 Text 属性为“用户名：”和“密码：”；再添加两个 Button 控件，分别设置它们的 Text 属性为“登录”和“退出”，然后触发它们的 Click 事件，执行相应的操作，代码如下：（**实例位置：资源包\源码\13\13.01**）

```
private void button1_Click(object sender, EventArgs e)
{
    MessageBox.Show(" 系统登录 ");            // 输出信息提示
}
private void button2_Click(object sender, EventArgs e)
{
    Application.Exit();                        // 退出当前程序
}
```

程序运行结果如图 13.1 所示，单击“登录”按钮，弹出如图 13.2 所示的信息提示，单击“退出”按钮，退出当前的程序。

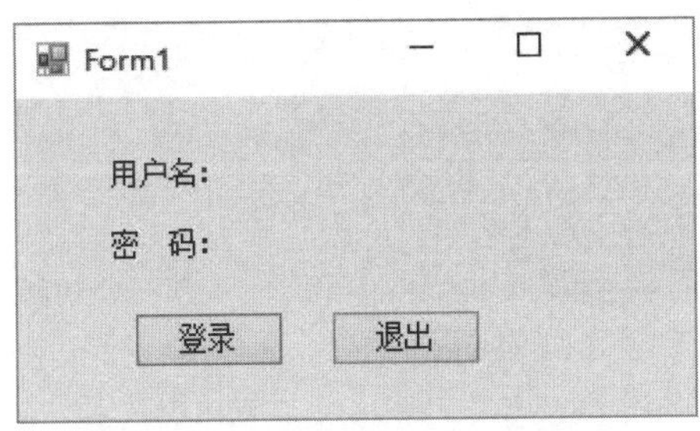

图 13.1　显示 Button 控件

图 13.2　弹出信息提示

13.3.3　TextBox 控件

TextBox 控件，又称为文本框控件，它主要用于获取用户输入的数据或者显示文本，它通常用于可编辑文本，也可以使其成为只读控件。文本框可以显示多行，开发人员可以使文本换行以便符合控件的大小。

下面对 TextBox 控件的一些常见使用方法进行介绍。

1. 创建只读文本框

通过设置文本框控件（TextBox 控件）的 ReadOnly 属性，可以设置文本框是否为只读。如果 ReadOnly 属性为 true，那么不能编辑文本框，而只能通过文本框显示数据。

例如，将文本框设置为只读，代码如下：

```
textBox1.ReadOnly = true;                // 将文本框设置为只读
```

2. 创建密码文本框

通过设置文本框的 PasswordChar 属性或者 UseSystemPasswordChar 属性可以将文本框设置成密码文本框，使用 PasswordChar 属性，可以设置输入密码时文本框中显示的字符（例如，将密码显示成“*”或“#”等）。而如果将 UseSystemPasswordChar 属性设置为 true，则输入密码时，文本框中将密码显示为“*”。

【例 13.02】 修改例 13.01，在窗体中添加两个 TextBox 控件，分别用来输入用户名和密码，其中，将第二个 TextBox 控件的 PasswordChar 属性设置为 *，以便使密码文本框中的字符显示为“*”，代码如下：（**实例位置：资源包 \ 源码 \13\13.02**）

```
private void Form1_Load(object sender, EventArgs e)          // 窗体的 Load 事件
{
    textBox2.PasswordChar = '*';                              // 设置文本框的 PasswordChar 属性为字符 *
}
```

程序的运行结果如图 13.3 所示。

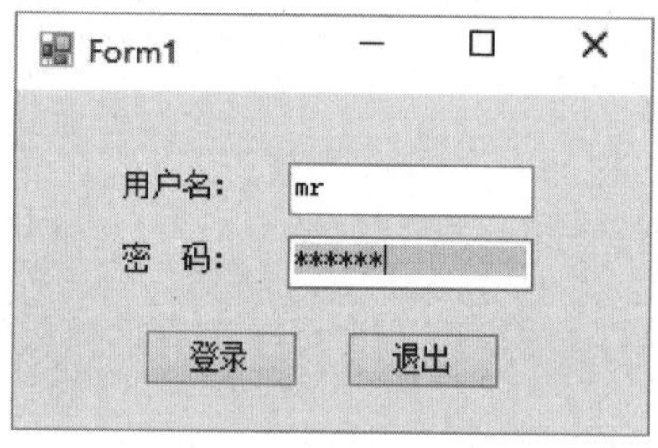

图 13.3 密码文本框

3. 创建多行文本框

默认情况下，文本框控件（TextBox 控件）只允许输入单行数据，如果将其 Multiline 属性设置为 true，文本框控件（TextBox 控件）中即可输入多行数据。

例如，将文本框的 Multiline 属性设置为 true，使其能够输入多行数据，代码如下：

```
textBox1.Multiline = true;                  // 设置文本框的 Multiline 属性
```

多行文本框效果如图 13.4 所示。

图 13.4 多行文本框

4. 响应文本框的文本更改事件

当文本框中的文本发生更改时，将会引发文本框的 TextChanged 事件。

例如，在文本框的 TextChanged 事件中编写代码。实现当文本框中的文本更改时，Label 控件中显示更改后的文本，代码如下：

```
private void textBox1_TextChanged(object sender, EventArgs e)
{
```

```
    label1.Text = textBox1.Text;            //label 控件显示的文字随文本框中的数据而改变
}
```

13.3.4　RadioButton 控件

单选按钮控件（RadioButton 控件）为用户提供由两个或多个互斥选项组成的选项集。当用户选中某单选按钮时，同一组中的其他单选按钮不能同时选定。

说明

单选按钮必须在同一组中才能实现单选效果。

下面详细介绍单选按钮控件（RadioButton 控件）的一些常见用法。

1. 判断单选按钮是否选中

通过 Checked 属性可以判断 RadioButton 控件的选中状态，如果属性值是 true，则控件被选中；属性值为 false，则控件选中状态被取消。

2. 响应单选按钮选中状态更改事件

当 RadioButton 控件的选中状态发生更改时，会引发控件的 CheckedChanged 事件。

【例 13.03】 修改例 13.02，在窗体中添加两个 RadioButton 控件，用来选择管理员登录还是普通用户登录，它们的 Text 属性分别设置为“管理员”和“普通用户”，然后分别触发这两个 RadioButton 控件的 CheckedChanged 事件，在该事件中，通过判断其 Checked 属性确定是否选中，代码如下：（**实例位置：资源包\源码\13\13.03**）

```
private void radioButton1_CheckedChanged(object sender, EventArgs e)
{
    if (radioButton1.Checked)               // 判断 " 管理员 " 单选按钮是否选中
    {
        MessageBox.Show(" 您选择的是管理员登录 ");
    }
}
private void radioButton2_CheckedChanged(object sender, EventArgs e)
{
    if (radioButton2.Checked)               // 判断 " 普通用户 " 单选按钮是否选中
    {
        MessageBox.Show(" 您选择的是普通用户登录 ");
    }
}
```

运行程序，选中“管理员”单选按钮，弹出“您选择的是管理员登录”提示框，如图 13.5 所示，选中“普通用户”单选按钮，弹出“您选择的是普通用户登录”提示框，如图 13.6 所示。

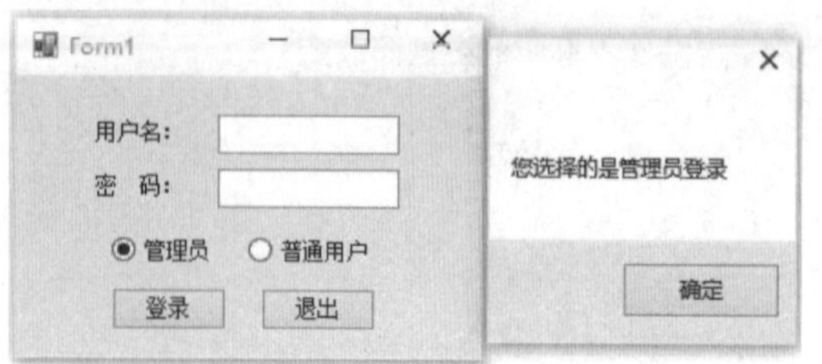

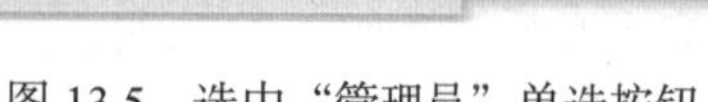

图 13.5　选中“管理员”单选按钮

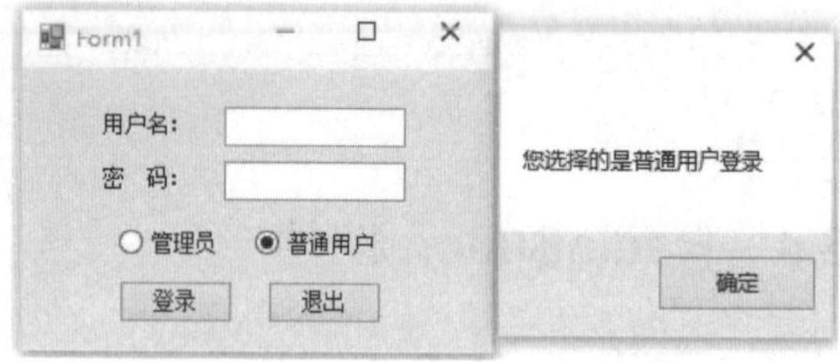

图 13.6　选中“普通用户”单选按钮

13.3.5　CheckBox 控件

复选框控件（CheckBox 控件）用来表示是否选取了某个选项条件，常用于为用户提供具有是 / 否或真 / 假值的选项。

下面详细介绍复选框控件（CheckBox 控件）的一些常见用法。

1. 判断复选框是否选中

通过 CheckState 属性可以判断复选框是否被选中。CheckState 属性的返回值是 Checked 或 Unchecked，返回值 Checked 表示控件处在选中状态，而返回值 Unchecked 表示控件已经取消选中状态。

说明

CheckBox 控件指示某个特定条件是处于打开状态还是处于关闭状态，它常用于为用户提供是 / 否或真 / 假选项。可以成组使用复选框（CheckBox）控件以显示多重选项，用户可以从中选择一项或多项。

2. 响应复选框的选中状态更改事件

当 CheckBox 控件的选择状态发生改变时，将会引发控件的 CheckStateChanged 事件。

【例 13.04】 创建一个 Windows 窗体应用程序，通过复选框的选中状态设置用户的操作权限。在默认窗体中添加 5 个 CheckBox 控件，Text 属性分别设置为“基本信息管理”“进货管理”“销售管理”“库存管理”和“系统管理”，主要用来表示要设置的权限；添加一个 Button 控件，用来显示选择的权限，代码如下：（**实例位置：资源包 \ 源码 \13\13.04**）

```
private void button1_Click(object sender, EventArgs e)
{
    string strPop = " 您选择的权限如下：";
    foreach (Control ctrl in this.Controls)              // 遍历窗体中的所有控件
    {
        if (ctrl.GetType().Name == "CheckBox")       // 判断是否为 CheckBox
        {
            CheckBox cBox = (CheckBox)ctrl;          // 创建 CheckBox 对象
            if (cBox.Checked == true)                // 判断 CheckBox 控件是否选中
            {
```

```
                strPop += "\n" + cBox.Text;          //获取 CheckBox 控件的文本
            }
        }
    }
    MessageBox.Show(strPop);
}
```

程序的运行结果如图 13.7 所示。

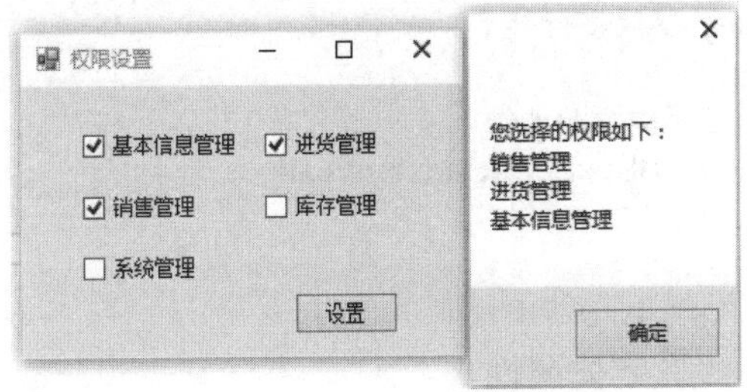

图 13.7　通过复选框的选中状态设置用户权限

13.3.6　RichTextBox 控件

RichTextBox 控件，又称为有格式文本框控件，它主要用于显示、输入和操作带有格式的文本，比如它可以实现显示字体、颜色、链接、从文件加载文本及嵌入的图像、撤销和重复编辑操作以及查找指定的字符等功能。

下面详细介绍 RichTextBox 控件的常见用法。

1. 在 RichTextBox 控件中显示滚动条

通过设置 RichTextBox 控件的 Multiline 属性，可以控制控件中是否显示滚动条。将 Multiline 属性设置为 true，则显示滚动条；否则，不显示滚动条。默认情况下，此属性被设置为 true。滚动条分为水平滚动条和垂直滚动条，通过 ScrollBars 属性可以设置如何显示滚动条。ScrollBars 属性的属性值及说明如表 13.2 所示。

表 13.2　ScrollBars 属性的属性值及说明

属　性　值	说　　明
Both	只有当文本超过控件的宽度或长度时，才显示水平滚动条或垂直滚动条，或两个滚动条都显示
None	从不显示任何类型的滚动条
Horizontal	只有当文本超过控件的宽度时，才显示水平滚动条。必须将 WordWrap 属性设置为 false，才会出现这种情况
Vertical	只有当文本超过控件的高度时，才显示垂直滚动条
ForcedHorizontal	当 WordWrap 属性设置为 false 时，显示水平滚动条。在文本未超过控件的宽度时，该滚动条显示为浅灰色
ForcedVertical	始终显示垂直滚动条。在文本未超过控件的长度时，该滚动条显示为浅灰色

续表

属 性 值	说　　明
ForcedBoth	始终显示垂直滚动条。当 WordWrap 属性设置为 false 时，显示水平滚动条。在文本未超过控件的宽度或长度时，两个滚动条均显示为灰色

例如，使 RichTextBox 控件只显示垂直滚动条。首先将 Multiline 属性设置为 True，然后设置 ScrollBars 属性的值为 Vertical，代码如下：

```
// 将 Multiline 属性设置为 True，实现多行显示
richTextBox1.Multiline = true;
// 设置 ScrollBars 属性实现只显示垂直滚动条
richTextBox1.ScrollBars = RichTextBoxScrollBars.Vertical;
```

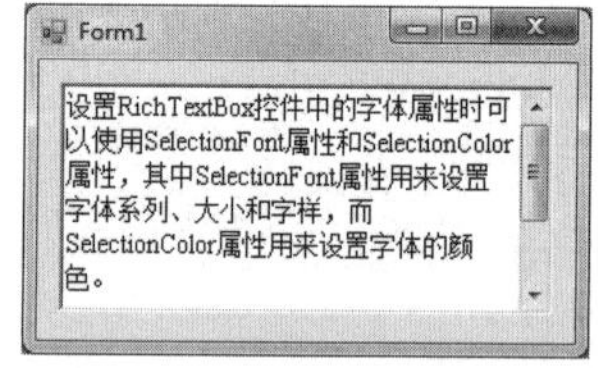

图 13.8　显示垂直滚动条

效果如图 13.8 所示。

2. 在 RichTextBox 控件中设置字体属性

设置 RichTextBox 控件中的字体属性时可以使用 SelectionFont 属性和 SelectionColor 属性，其中 SelectionFont 属性用来设置字体系列、大小和字样，而 SelectionColor 属性用来设置字体的颜色。

例如，将 RichTextBox 控件中文本的字体设置为楷体，大小设置为 12，字样设置为粗体，文本的颜色设置为红色，代码如下：

```
// 设置 SelectionFont 属性实现控件中的文本为楷体，大小为 12，字样是粗体
richTextBox1.SelectionFont = new Font(" 楷体 ", 12, FontStyle.Bold);
// 设置 SelectionColor 属性实现控件中的文本颜色为红色
richTextBox1.SelectionColor = System.Drawing.Color.Red;
```

效果如图 13.9 所示。

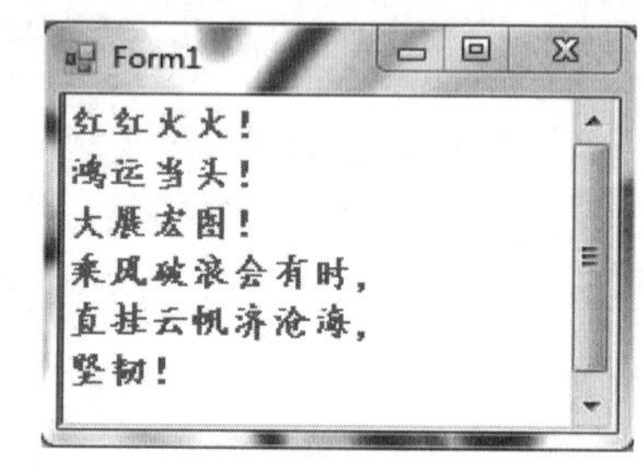

图 13.9　设置控件中文本的字体属性

3. 将 RichTextBox 控件显示为超链接样式

利用 RichTextBox 控件可以将 Web 链接显示为彩色或下画线形式，然后通过编写代码，在单击链接时打开浏览器窗口，显示链接文本中指定的网站。其设计思路是：首先通过 Text 属性设置控件中含有超链接的文本，然后在控件的 LinkClicked 事件中编写事件处理程序，将所需的文本发送到浏览器。

例如，在 RichTextBox 控件的文本内容中含有超链接地址（链接地址显示为彩色并且带有下画线），单击该超链接地址将打开相应的网站，代码如下：

```
private void Form1_Load(object sender, EventArgs e)
{
    richTextBox1.Text = " 欢迎登录 http://www.mingrisoft.com 明日学院网 ";
}
private void richTextBox1_LinkClicked(object sender, LinkClickedEventArgs e)
{
```

```
    // 在控件的 LinkClicked 事件中编写如下代码实现内容中的网址带下划线
    System.Diagnostics.Process.Start(e.LinkText);
}
```

效果如图 13.10 所示。

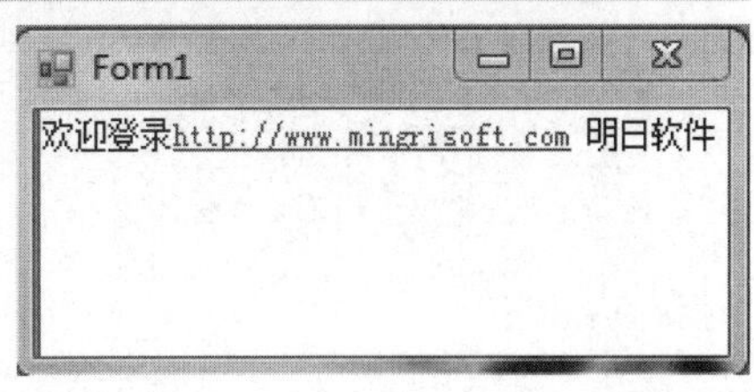

图 13.10　文本中含有超链接地址

4. 在 RichTextBox 控件中设置段落格式

RichTextBox 控件具有多个用于设置所显示文本的格式的选项，比如可以通过设置 SelectionBullet 属性将选定的段落设置为项目符号列表的格式，也可以使用 SelectionIndent 和 SelectionHangingIndent 属性设置段落相对于控件的左右边缘的缩进位置。

例如，将 RichTextBox 控件的 SelectionBullet 属性设为 True，使控件中的内容以项目符号列表的格式排列，代码如下：

```
richTextBox1.SelectionBullet = true;
```

向 RichTextBox 控件中输入数据，效果如图 13.11 所示。

图 13.11　将控件中的内容设置为项目符号列表

13.3.7　ComboBox 控件

ComboBox 控件，又称为下拉组合框控件，它主要用于在下拉组合框中显示数据，该控件主要由两部分组成，其中，第一部分是一个允许用户输入列表项的文本框；第二部分是一个列表框，它显示一个选项列表，用户可以从中选择项。

下面详细介绍 ComboBox 控件的一些常见用法。

1. 创建只可以选择的下拉组合框

通过设置 ComboBox 控件的 DropDownStyle 属性，可以将其设置成可以选择的下拉组合框。DropDownStyle 属性有 3 个属性值，这 3 个属性值对应不同的样式。

- Simple：使得 ComboBox 控件的列表部分总是可见的。
- DropDown：DropDownStyle 属性的默认值，使得用户可以编辑 ComboBox 控件的文本框部分，只有单击右侧的箭头才能显示列表部分。
- DropDownList：用户不能编辑 ComboBox 控件的文本框部分，呈现下拉列表框的样式。

将 ComboBox 控件的 DropDownStyle 属性设置为 DropDownList，它就只能是可以选择的下拉列表框，而不能编辑文本框部分的内容。

2. 响应下拉组合框的选项值更改事件

当下拉列表的选择项发生改变时，将会引发控件的 SelectedValueChanged 事件。

【例 13.05】 创建一个 Windows 应用程序，在默认窗体中添加一个 ComboBox 控件和一个 Label 控件，其中 ComboBox 控件用来显示并选择职位，Label 控件用来显示选择的职位，代码如下：（**实例**

位置：资源包 \ 源码 \13\13.05）

```
private void Form1_Load(object sender, EventArgs e)
{
    comboBox1.DropDownStyle = ComboBoxStyle.DropDownList;            // 设置 comboBox1 的下拉框样式
    string [ ] str = new string [ ] { " 总经理 ", " 副总经理 ", " 人事部经理 ", " 财务部经理 ", " 部门经理 ", " 普通
员工 " };                                                              // 定义职位数组
     comboBox1.DataSource = str;                                       // 指定 comboBox1 控件的数据源
     comboBox1.SelectedIndex = 0;                                      // 指定默认选择第一项
}
// 触发 comboBox1 控件的选择项更改事件
private void comboBox1_SelectedIndexChanged(object sender, EventArgs e)
{
     label2.Text = " 您选择的职位为：" + comboBox1.SelectedItem;          // 获取 comboBox1 中的选中项
}
```

程序运行结果如图 13.12 所示。

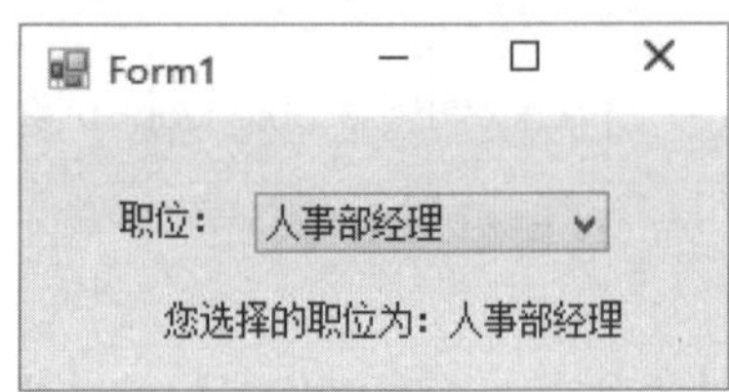

图 13.12　使用 ComboBox 控件选择职位

13.3.8　ListBox 控件

ListBox 控件，又称为列表控件，它主要用于显示一个列表，用户可以从中选择一项或多项，如果选项总数超出可以显示的项数，则控件会自动添加滚动条。

下面详细介绍 ListBox 控件的常见用法。

1. 在 ListBox 控件中添加和移除项

通过 ListBox 控件的 Items 属性的 Add 方法，可以向 ListBox 控件中添加项目。通过 ListBox 控件的 Items 属性的 Remove 方法，可以将 ListBox 控件中选中的项目移除。

例如，通过 ListBox 控件的 Items 属性的 Add 方法和 Remove 方法，实现向控件中添加项以及移除项，代码如下：

```
listBox1.Items.Add(" 品牌电脑 ");              // 添加项
listBox1.Items.Add("iPhone 6");
listBox1.Items.Add(" 引擎耳机 ");
listBox1.Items.Add(" 充电宝 ");
listBox1.Items.Remove(" 引擎耳机 ");          // 移除项
```

效果如图 13.13 所示。

图 13.13　添加和移除项

2. 创建总显示滚动条的列表控件

通过设置 ListBox 控件的 HorizontalScrollbar 属性和 ScrollAlwaysVisible 属性可以使列表框总显示滚动条。如果将 HorizontalScrollbar 属性设置为 true，则显示水平滚动条。如果将 ScrollAlwaysVisible 属性设置为 true，则始

终显示垂直滚动条。

例如，将 ListBox 控件的 HorizontalScrollbar 属性和 ScrollAlwaysVisible 属性都设置为 true，使其显示水平和垂直方向的滚动条，代码如下：

```
//HorizontalScrollbar 属性设置为 true，使其能显示水平方向的滚动条
listBox1.HorizontalScrollbar = true;
//ScrollAlwaysVisible 属性设置为 true，使其能显示垂直方向的滚动条
listBox1.ScrollAlwaysVisible = true;
```

效果如图 13.14 所示。

图 13.14 控件总显示滚动条

3. 在 ListBox 控件中选择多项

通过设置 SelectionMode 属性的值可以实现在 ListBox 控件中选择多项。SelectionMode 属性的属性值是 SelectionMode 枚举值之一，默认为 SelectionMode.One。SelectionMode 枚举成员及说明如表 13.3 所示。

表 13.3 SelectionMode 枚举成员及说明

枚举成员	说明
MultiExtended	可以选择多项，并且用户可使用 Shift 键、Ctrl 键和箭头键来进行选择
MultiSimple	可以选择多项
None	无法选择项
One	只能选择一项

例如，通过设置 ListBox 控件的 SelectionMode 属性值为 SelectionMode 枚举成员 MultiExtended，实现在控件中可以选择多项，用户可使用 Shift 键、Ctrl 键和箭头键来进行选择，代码如下：

```
//SelectionMode 属性值为 SelectionMode 枚举成员 MultiExtended，实现在控件中可以选择多项
listBox1.SelectionMode = SelectionMode.MultiExtended;
```

效果如图 13.15 所示。

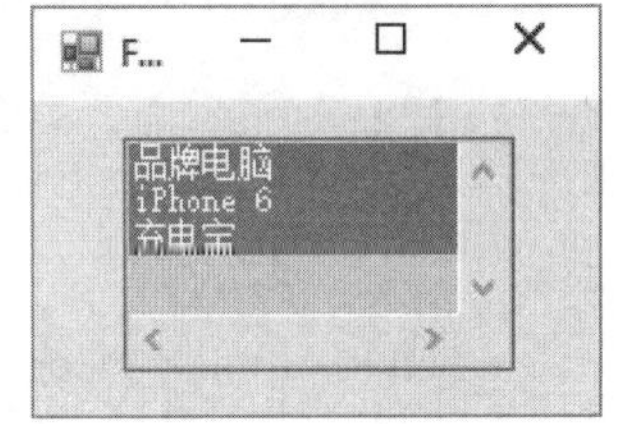

图 13.15 设置列表多选

13.3.9 GroupBox 控件

GroupBox 控件，又称为分组框控件，它主要为其他控件提供分组，并且按照控件的分组来细分窗体的功能，其在所包含的控件集周围总是显示边框，而且可以显示标题，但是没有滚动条。

GroupBox 控件最常用的是 Text 属性，用来设置分组框的标题，例如，下面代码用来为 GroupBox 控件设置标题“系统登录”，代码如下：

```
groupBox1.Text = " 系统登录 ";          // 设置 groupBox1 控件的标题
```

13.3.10 ListView 控件

ListView 控件，又称为列表视图控件，它主要用于显示带图标的项列表，其中可以显示大图标、小图标和数据。使用 ListView 控件可以创建类似 Windows 资源管理器右边窗口的用户界面。

1. 在 ListView 控件中添加项

向 ListView 控件中添加项时需要用到其 Items 属性的 Add 方法，该方法主要用于将项添加至项的集合中，其语法格式如下：

```
public virtual ListViewItem Add (string text)
```

- text：项的文本。
- 返回值：已添加到集合中的 ListViewItem。

例如，通过使用 ListView 控件的 Items 属性的 Add 方法向控件中添加项，代码如下：

```
listView1.Items.Add(textBox1.Text.Trim());
```

2. 在 ListView 控件中移除项

移除 ListView 控件中的项目时可以使用其 Items 属性的 RemoveAt 方法或 Clear 方法，其中 RemoveAt 方法用于移除指定的项，而 Clear 方法用于移除列表中的所有项。

（1）RemoveAt 方法用于移除集合中指定索引处的项，其语法格式如下：

```
public virtual void RemoveAt (int index)
```

- index：从零开始的索引（属于要移除的项）。

例如，调用 ListView 控件的 Items 属性的 RemoveAt 方法移除选中的项，代码如下：

```
listView1.Items.RemoveAt (listView1.SelectedItems[0].Index);
```

（2）Clear 方法用于从集合中移除所有项，其语法格式如下：

```
public virtual void Clear ()
```

例如，调用 Clear 方法清空所有的项，代码如下：

```
listView1.Items.Clear ();                    //使用 Clear 方法移除所有项目
```

3. 选择 ListView 控件中的项

选择 ListView 控件中的项时可以使用其 Selected 属性，该属性主要用于获取或设置一个值，该值指示是否选定此项，其语法格式如下：

```
public bool Selected { get; set; }
```

- 属性值：如果选定此项，则为 true；否则为 false。

例如，将 ListView 控件中的第 3 项的 Selected 属性为 true，即设置为选中第 3 项，代码如下：

```
listView1.Items [2].Selected = true;      // 使用 Selected 方法选中第 3 项
```

4. 为 ListView 控件中的项添加图标

如果要为 ListView 控件中的项添加图标，需要使用 ImageList 控件设置 ListView 控件中项的图标。ListView 控件可显示 3 个图像列表中的图标，其中 List 视图、Details 视图和 SmallIcon 视图显示 SmallImageList 属性中指定的图像列表里的图像；LargeIcon 视图显示 LargeImageList 属性中指定的图像列表里的图像；列表视图在大图标或小图标旁显示 StateImageList 属性中设置的一组附加图标，实现的步骤如下。

（1）将相应的属性（SmallImageList，LargeImageList 或 StateImageList）设置为想要使用的现有 ImageList 控件。

（2）为每个具有关联图标的列表项设置 ImageIndex 属性或 StateImageIndex 属性，这些属性可以在代码中设置，也可以在"ListViewItem 集合编辑器"中进行设置。若要在"ListViewItem 集合编辑器"中进行设置，可在"属性"窗口中单击 Items 属性旁的省略号按钮。

例如，设置 ListView 控件的 LargeImageList 属性和 SmallImageList 属性为 imageList1 控件，然后设置 ListView 控件中的前两项的 ImageIndex 属性分别为 0 和 1，代码如下：

```
listView1.LargeImageList = imageList1;        // 设置控件的 LargeImageList 属性
listView1.SmallImageList = imageList1;        // 设置控件的 SmallImageList 属性
listView1.Items [0].ImageIndex = 0;           // 控件中第一项的图标索引为 0
listView1.Items [1].ImageIndex = 1;           // 控件中第二项的图标索引为 1
```

5. 在 ListView 控件中启用平铺视图

通过启用 ListView 控件的平铺视图功能，可以在图形信息和文本信息之间提供一种视觉平衡。在 ListView 控件中，平铺视图与分组功能或插入标记功能一起结合使用。如果要启用平铺视图，需要将 ListView 控件的 View 属性设置为 Tile；另外，还可以通过设置 TileSize 属性来调整平铺的大小。

6. 为 ListView 控件中的项分组

利用 ListView 控件的分组功能可以用分组形式显示相关项目组。显示时，这些组由包含组标题的水平组标头分隔。可以使用 ListView 按字母顺序、日期或任何其他逻辑组合对项进行分组，从而简化大型列表的导航。若要启用分组，首先必须在设计器中或以编程方式创建一个或多个组，然后即可向组中分配 ListView 项；另外，还可以用编程方式将一个组中的项移至另外一个组中。下面介绍为 ListView 控件中的项分组的步骤。

（1）添加组

使用 Groups 集合的 Add 方法可以向 ListView 控件中添加组，该方法用于将指定的 ListViewGroup 添加到集合，其语法格式如下：

```
public int Add (ListViewGroup group)
```

◆ group：要添加到集合中的 ListViewGroup。

◆ 返回值：该组在集合中的索引；如果集合中已存在该组，则为 –1。

例如，使用 Groups 集合的 Add 方法向控件 listView1 中添加一个分组，标题为“测试”，排列方式为左对齐，代码如下：

```
listView1.Groups.Add (new ListViewGroup(" 测试 ", _HorizontalAlignment.Left));
```

（2）移除组

使用 Groups 集合的 RemoveAt 方法或 Clear 方法可以移除指定的组或者移除所有的组。

RemoveAt 方法用来移除集合中指定索引位置的组，其语法格式如下：

```
public void RemoveAt (int index)
```

◆ index：要移除的 ListViewGroup 在集合中的索引。

Clear 方法用于从集合中移除所有组，其语法格式如下：

```
public void Clear ()
```

例如，使用 Groups 集合的 RemoveAt 方法移除索引为 1 的组，使用 Clear 方法移除所有的组，代码如下：

```
listView1.Groups.RemoveAt(1);            // 移除索引为 1 的组
listView1.Groups.Clear ();               // 使用 Clear 方法移除所有的组
```

（3）向组分配项或在组之间移动项

通过设置 ListView 控件中各个项的 System.Windows.Forms.ListViewItem.Group 属性，可以向组分配项或在组之间移动项。

例如，将 ListView 控件的第一项分配到第一个组中，代码如下。

```
listView1.Items[0].Group = listView1.Groups[0];
```

ListView 控件中的项分组示例效果如图 13.16 所示。

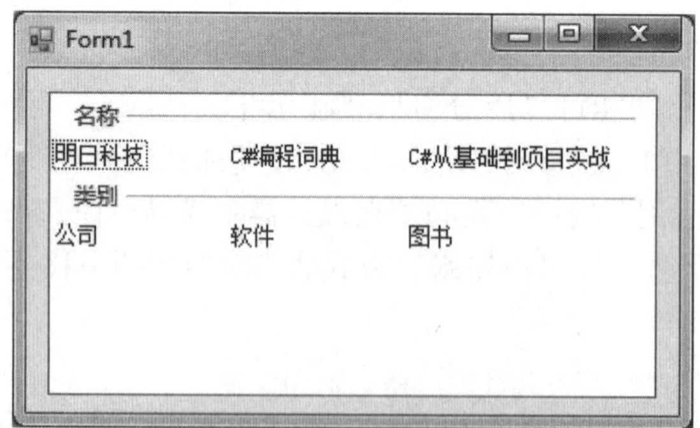

图 13.16　ListView 控件中的项分组示例效果

说明

ListView 是一种列表控件，在实现诸如显示文件详细信息这样的功能时，推荐使用该控件；另外，由于 ListView 有多种显示样式，因此在实现类似 Windows 系统的“缩略图”“平铺”“图标”“列表”和“详细信息”等功能时，经常需要使用 ListView 控件。

13.3.11　TreeView 控件

TreeView控件，又称为树控件，它可以为用户显示节点层次结构，而每个节点又可以包含子节点，包含子节点的节点叫父节点，其效果就像在 Windows 操作系统的 Windows 资源管理器功能的左窗口中显示文件和文件夹一样。

TreeView 控件经常用来设计导航菜单。

1. 添加和删除树节点

向 TreeView 控件中添加节点时，需要用到其 Nodes 属性的 Add 方法，其语法格式如下：

```
public virtual int Add (TreeNode node)
```

- node：要添加到集合中的 TreeNode。
- 返回值：添加到树节点集合中的 TreeNode 从零开始的索引值。

例如，使用 TreeView 控件的 Nodes 属性的 Add 方法向树控件中添加两个节点，代码如下：

```
treeView1.Nodes.Add (" 名称 ");
treeView1.Nodes.Add (" 类别 ");
```

从 TreeView 控件中移除指定的树节点时，需要使用其 Nodes 属性的 Remove 方法，其语法格式如下：

```
public void Remove (TreeNode node)
```

- node：要移除的 TreeNode。

例如，通过 TreeView 控件的 Nodes 属性的 Remove 方法删除选中的子节点，代码如下：

```
treeView1.Nodes.Remove (treeView1.SelectedNode);    // 使用 Remove 方法移除所选项
```

SelectedNode 属性用来获取 TreeView 控件的选中节点。

2. 获取树控件中选中的节点

要获取 TreeView 树控件中选中的节点，可以在该控件的 AfterSelect 事件中使用 EventArgs 对象返回对已选中节点对象的引用，其中，通过检查 TreeViewEventArgs 类（它包含与事件有关的数据）确定单击了哪个节点。

例如，在 TreeView 控件的 AfterSelect 事件中获取树控件中选中节点的文本，代码如下：

```
private void treeView1_AfterSelect (object sender, TreeViewEventArgse)
{
    label1.Text = " 当前选中的节点：" + e.Node.Text;      // 获取选中节点显示的文本
}
```

3. 为树控件中的节点设置图标

TreeView 控件可以在每个节点紧挨节点文本的左侧显示图标，但显示时，必须使 TreeView 控件与 ImageList 控件相关联。为 TreeView 控件中的节点设置图标的步骤如下。

（1）将 TreeView 控件的 ImageList 属性设置为想要使用的现有 ImageList 控件，该属性既可以在设计器中使用“属性”窗口进行设置，也可以在代码中设置。

例如，设置 treeView1 控件的 ImageList 属性为 imageList1，代码如下：

```
treeView1.ImageList = imageList1;
```

（2）设置树节点的 ImageIndex 和 SelectedImageIndex 属性，其中 ImageIndex 属性用来确定正常和展开状态下的节点显示图像，而 SelectedImageIndex 属性用来确定选定状态下的节点显示图像。

例如，设置 treeView1 控件的 ImageIndex 属性，确定正常或展开状态下的节点显示图像的索引为 0；设置 SelectedImageIndex 属性，确定选定状态下的节点显示图像的索引为 1，代码如下：

```
treeView1.ImageIndex = 0;
treeView1.SelectedImageIndex = 1;
```

【例 13.06】 创建一个 Windows 应用程序，在默认窗体中添加一个 TreeView 控件、一个 ImageList 控件和一个 ContextMenuStrip 控件，其中，TreeView 控件用来显示部门结构，ImageList 控件用来存储 TreeView 控件中用到的图片文件，ContextMenuStrip 控件用来作为 TreeView 控件的快捷菜单，代码如下：（**实例位置：资源包 \ 源码 \13\13.06**）

```
private void Form1_Load (object sender, EventArgs e)
{
    treeView1.ContextMenuStrip = contextMenuStrip1;              // 设置树控件的快捷菜单
    TreeNode TopNode = treeView1.Nodes.Add(" 公司 ");             // 建立一个顶级节点
    // 建立 4 个基础节点，分别表示 4 个大的部门
    TreeNode ParentNode1 = new TreeNode(" 人事部 ");
    TreeNode ParentNode2 = new TreeNode(" 财务部 ");
    TreeNode ParentNode3 = new TreeNode(" 基础部 ");
    TreeNode ParentNode4 = new TreeNode(" 软件开发部 ");
    // 将 4 个基础节点添加到顶级节点中
    TopNode.Nodes.Add(ParentNode1);
    TopNode.Nodes.Add(ParentNode2);
    TopNode.Nodes.Add(ParentNode3);
    TopNode.Nodes.Add(ParentNode4);
    // 建立 6 个子节点，分别表示 6 个部门
    TreeNode ChildNode1 = new TreeNode("C# 部门 ");
```

```
    TreeNode ChildNode2 = new TreeNode("ASP.NET 部门 ");
    TreeNode ChildNode3 = new TreeNode("VB 部门 ");
    TreeNode ChildNode4 = new TreeNode("VC 部门 ");
    TreeNode ChildNode5 = new TreeNode("JAVA 部门 ");
    TreeNode ChildNode6 = new TreeNode("PHP 部门 ");
    // 将 6 个子节点添加到对应的基础节点中
    ParentNode4.Nodes.Add(ChildNode1);
    ParentNode4.Nodes.Add(ChildNode2);
    ParentNode4.Nodes.Add(ChildNode3);
    ParentNode4.Nodes.Add(ChildNode4);
    ParentNode4.Nodes.Add(ChildNode5);
    ParentNode4.Nodes.Add(ChildNode6);
    // 设置 imageList1 控件中显示的图像
    imageList1.Images.Add(Image.FromFile("1.png"));
    imageList1.Images.Add(Image.FromFile("2.png"));
    // 设置 treeView1 的 ImageList 属性为 imageList1
    treeView1.ImageList = imageList1;
    imageList1.ImageSize = new Size(16, 16);
    // 设置 treeView1 控件节点的图标在 imageList1 控件中的索引是 0
    treeView1.ImageIndex = 0;
    // 选择某个节点后显示的图标在 imageList1 控件中的索引是 1
    treeView1.SelectedImageIndex = 1;
}
private void treeView1_AfterSelect(object sender, TreeViewEventArgs e)
{
    // 在 AfterSelect 事件中获取控件中选中节点显示的文本
    label1.Text = " 选择的部门：" + e.Node.Text;
}
private void 全部展开 ToolStripMenuItem_Click(object sender, EventArgs e)
{
    treeView1.ExpandAll();                                    // 展开所有树节点
}
private void 全部折叠 ToolStripMenuItem_Click(object sender, EventArgs e)
{
    treeView1.CollapseAll();                                  // 折叠所有树节点
}
```

程序运行结果如图 13.17 所示。

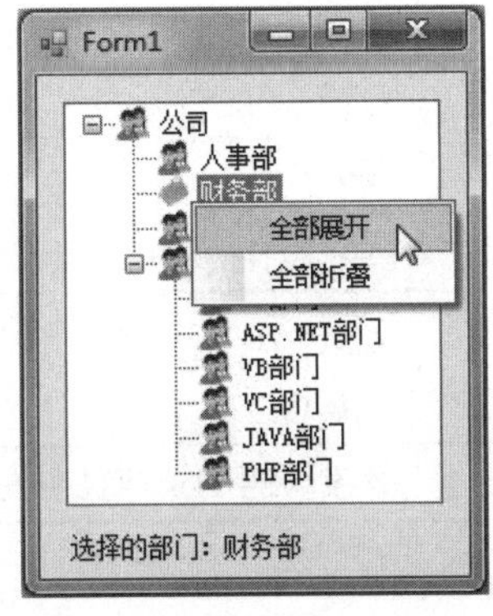

图 13.17　使用 TreeView 控件显示部门结构

本实例实现时，首先需要确保项目的 Debug 文件夹中存在 1.png 和 2.png 这两个图片文件，这两个文件用来设置树控件所显示的图标。

13.3.12 ImageList 组件

ImageList 组件，又称为图片存储组件，它主要用于存储图片资源，然后在控件上显示出来，这样就简化了对图片的管理。ImageList 组件的主要属性是 Images，它包含关联控件将要使用的图片。每个单独的图片可以通过其索引值或键值来访问；另外，ImageList 组件中的所有图片都将以同样的大小显示，该大小由其 ImageSize 属性设置，较大的图片将缩小至适当的尺寸。

ImageList 组件的常用属性及说明如表 13.4 所示。

表 13.4 ImageList 组件的常用属性及说明

属　性	说　明
ColorDepth	获取图像列表的颜色深度
Images	获取此图像列表的 ImageList.ImageCollection
ImageSize	获取或设置图像列表中的图像大小
ImageStream	获取与此图像列表关联的 ImageListStreamer

对于一些经常用到图片或图标的控件，与 ImageList 组件一起使用，比如在使用工具栏控件、树控件和列表控件等时，经常使用 ImageList 组件存储它们需要用到的一些图片或图标，然后在程序中通过 ImageList 组件的索引项来方便的获取需要的图片或图标。

13.3.13 Timer 组件

Timer 组件又称作计时器组件，它可以定期引发事件，时间间隔的长度由其 Interval 属性定义，其属性值以毫秒为单位。若启用了该组件，则每个时间间隔引发一次 Tick 事件，开发人员可以在 Tick 事件中添加要执行操作的代码。

Timer 组件的常用属性及说明如表 13.5 所示。

表 13.5 Timer 组件的常用属性及说明

属　性	说　明
Enabled	获取或设置计时器是否正在运行
Interval	获取或设置在相对于上一次发生的 Tick 事件引发 Tick 事件之前的时间（以毫秒为单位）

Timer 组件的常用方法及说明如表 13.6 所示。

表 13.6　Timer 组件的常用方法及说明

方　法	说　明
Start	启动计时器
Stop	停止计时器

Timer 组件的常用事件及说明如表 13.7 所示。

表 13.7　Timer 组件的常用事件及说明

事　件	说　明
Tick	当指定的计时器间隔已过去而且计时器处于启用状态时发生

【例 13.07】 使用 C# 实现模拟双色球选号的功能，程序开发步骤如下。（**实例位置：资源包 \ 源码 \ 13\13.07**）

（1）创建一个 Windows 应用程序，命名为 Double。

（2）在新建的项目的默认 Form1 窗体中，首先通过 BackgroundImage 属性设置背景图片，然后添加 7 个 Label 控件，并将它们的 BackColor 属性设置为 Transparent，以便使背景透明，这 7 个 Label 控件分别用来显示红球和蓝球数字；添加两个 Button 控件，并设置背景图片；添加一个 Timer 组件，作为计时器。

（3）在两个 Button 控件的 Click 事件中分别使用 Timer 的 Start 方法和 Stop 方法启动和停止计时器，代码如下：

```
private void button1_Click(object sender, EventArgs e)
{
    timer1.Start();                                   //启动计时器
}
private void button2_Click(object sender, EventArgs e)
{
    timer1.Stop();                                    //停止计时器
}
```

（4）触发 Timer 计时器的 Tick 事件，在该事件中通过随机生成器随机生成红球数字和蓝球数字，代码如下：

```
private void timer1_Tick(object sender, EventArgs e)
{
    Random rnd = new Random();                        //生成随机数生成器
    label1.Text = rnd.Next(1, 33).ToString("00");     //第 1 个红球数字
    label2.Text = rnd.Next(1, 33).ToString("00");     //第 2 个红球数字
    label3.Text = rnd.Next(1, 33).ToString("00");     //第 3 个红球数字
    label4.Text = rnd.Next(1, 33).ToString("00");     //第 4 个红球数字
    label5.Text = rnd.Next(1, 33).ToString("00");     //第 5 个红球数字
    label6.Text = rnd.Next(1, 33).ToString("00");     //第 6 个红球数字
    label7.Text = rnd.Next(1, 16).ToString("00");     //蓝球数字
}
```

运行程序，单击“开始”按钮，红球和蓝球同时滚动，单击“停止”按钮，则红球和蓝球停止滚

动，当前显示的数字就是程序选中的号码，如图 13.18 所示。

图 13.18　双色球彩票选号器

13.4　菜单、工具栏与状态栏

除了前面介绍的常用控件之外，在开发窗体程序时，还少不了菜单控件（MenuStrip 控件）、工具栏控件（ToolStrip 控件）和状态栏控件（StatusStrip 控件），本节将对这 3 种控件进行详细讲解。

13.4.1　MenuStrip 控件

菜单控件使用 MenuStrip 控件来表示，它主要用来设计程序的菜单栏，C# 中的 MenuStrip 控件支持多文档界面、菜单合并、工具提示和溢出等功能，开发人员可以通过添加访问键、快捷键、选中标记、图像和分隔条来增强菜单的可用性和可读性。

下面以“文件”菜单为例演示如何使用 MenuStrip 控件设计菜单栏，具体步骤如下。

（1）从工具箱中将 MenuStrip 控件拖曳到窗体中，如图 13.19 所示。

（2）在输入菜单名称时，系统会自动产生输入下一个菜单名称的提示，如图 13.20 所示。

图 13.19　将 MenuStrip 控件拖曳到窗体中

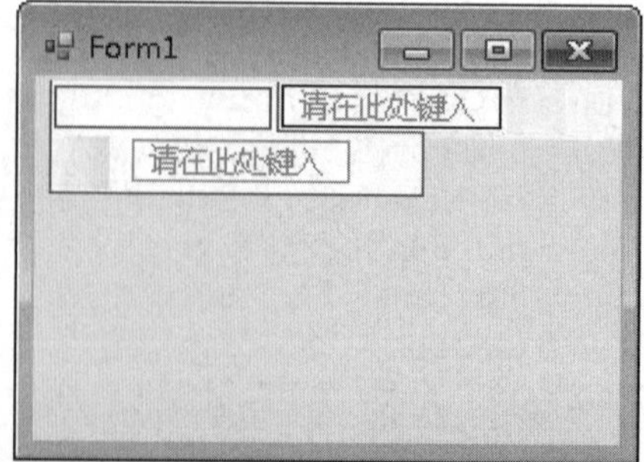

图 13.20　输入菜单名称

（3）在图 13.20 所示的输入框中输入“新建 (&N)”后，菜单中会自动显示“新建 (N)”，在此处，“&”被识别为确认热键的字符，例如，“新建 (N)”菜单就可以通过键盘上的 Alt+N 组合键打开。同样，在“新建 (N)”菜单下创建“打开 (O)”“关闭 (C)”和“保存 (S)”等子菜单，如图 13.21 所示。

（4）菜单设置完成后，运行程序，效果如图 13.22 所示。

图 13.21　添加菜单

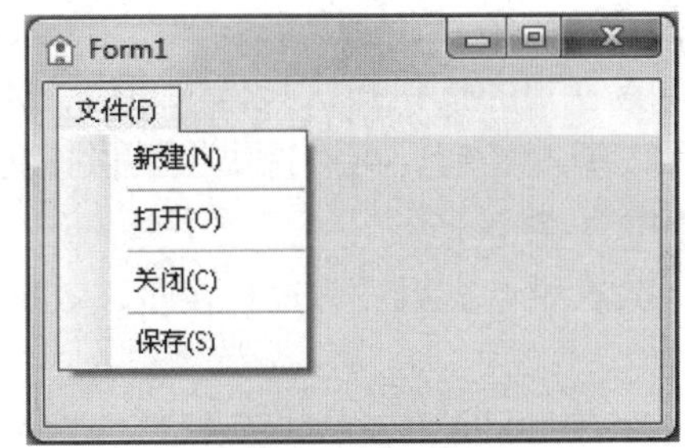

图 13.22　运行后菜单示意图

13.4.2　ToolStrip 控件

工具栏控件使用 ToolStrip 控件来表示，使用该控件可以创建具有 Windows，Office，IE 或自定义的外观和行为的工具栏及其他用户界面元素，这些元素支持溢出及运行时项重新排序。

使用 ToolStrip 控件创建工具栏的具体步骤如下。

（1）从工具箱中将 ToolStrip 控件拖曳到窗体中，如图 13.23 所示。

（2）单击工具栏上向下箭头的提示图标，如图 13.24 所示。

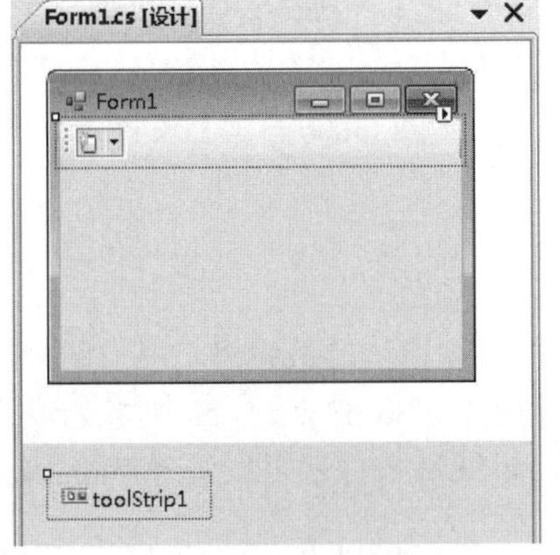

图 13.23　将 ToolStrip 控件拖曳到窗体中

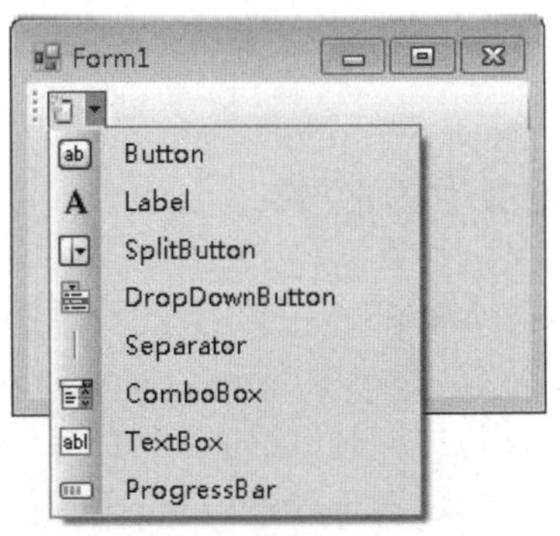

图 13.24　添加工具栏项目

从图 13.24 中可以看到，当单击工具栏中向下的箭头，在下拉菜单中有 8 种不同的类型，下面分别介绍。

- Button：包含文本和图像中可让用户选择的项。
- Label：包含文本和图像的项，不可以让用户选择，可以显示超链接。
- SplitButton：在 Button 的基础上增加了一个下拉菜单。
- DropDownButton：用于下拉菜单选择项。
- Separator：分隔符。
- ComboBox：显示一个 ComboBox 的项。
- TextBox：显示一个 TextBox 的项。
- ProgressBar：显示一个 ProgressBar 的项。

（3）添加相应的工具栏按钮后，可以设置其要显示的图像，具体方法是：选中要设置图像的工具栏按钮，右击，在弹出的快捷菜单中选择“设置图像”选项，如图 13.25 所示。

（4）工具栏中的按钮默认只显示图像，如果要以其他方式（比如只显示文本、同时显示图像和文本等）显示工具栏按钮，可以选中工具栏按钮，右击，在弹出的快捷菜单中选择“DisplayStyle”菜单项下面的各个子菜单项。

（5）工具栏设计完成后，运行程序，效果如图 13.26 所示。

图 13.25　设置按钮图像

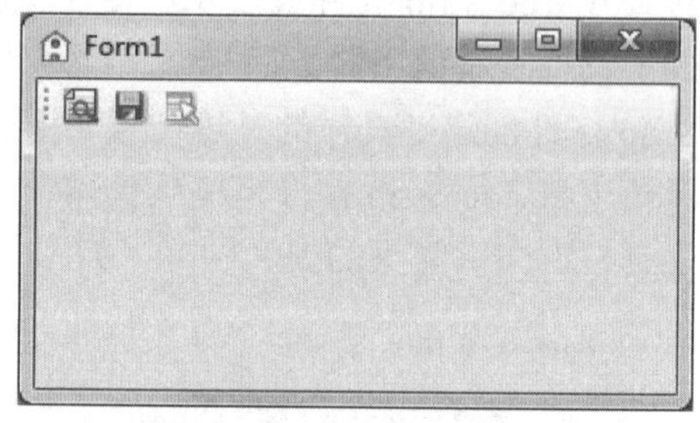

图 13.26　工具栏效果

13.4.3　StatusStrip 控件

状态栏控件使用 StatusStrip 控件来表示，它通常放置在窗体的最底部，用于显示窗体上一些对象的相关信息，或者显示应用程序的信息。StatusStrip 控件由 ToolStripStatusLabel 对象组成，每个这样的对象都可以显示文本、图像或同时显示这二者，另外，StatusStrip 控件还可以包含 ToolStripDropDownButton、ToolStripSplitButton 和 ToolStripProgressBar 等控件。

【例 13.08】 修改例 13.02，在例 13.02 的基础上再添加一个 Windows 窗体，用来作为登录进去后

的主窗体，该窗体中使用 StatusStrip 控件设计状态栏，并在其中显示登录用户及登录时间，具体步骤如下。（**实例位置：资源包 \ 源码 \13\13.08**）

（1）从工具箱中将 StatusStrip 控件拖曳到窗体中，如图 13.27 所示。

（2）单击状态栏上向下箭头的提示图标，选择“插入”菜单项，弹出子菜单，如图 13.28 所示。

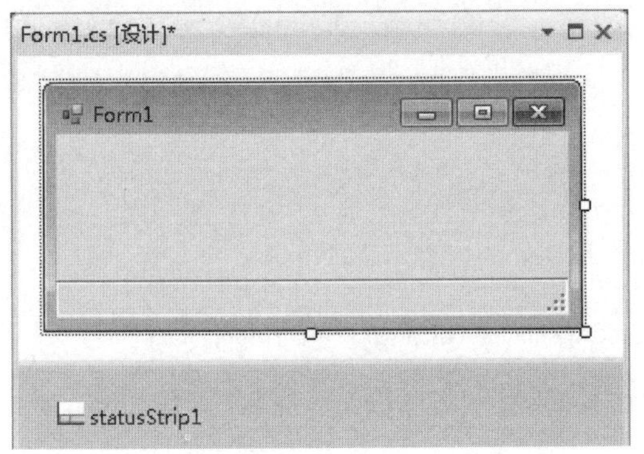

图 13.27　将 StatusStrip 控件拖曳到窗体中

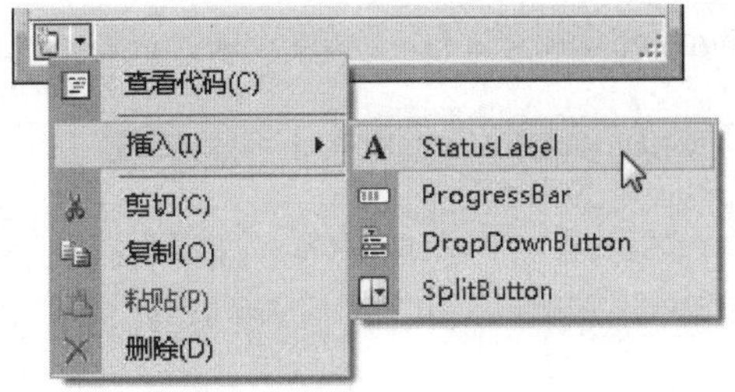

图 13.28　添加状态栏项目

从图 13.28 中可以看到，当单击“插入”菜单项时，在下拉子菜单中有 4 种不同的类型，下面分别介绍。

- StatusLabel：包含文本和图像的项，不可以让用户选择，可以显示超链接。
- ProgressBar：进度条显示。
- DropDownButton：用于下拉菜单选择项。
- SplitButton：在 Button 的基础上增加了一个下拉菜单。

（3）在图 13.28 中选择需要的项添加到状态栏中，这里添加两个 StatusLabel，状态栏设计效果如图 13.29 所示。

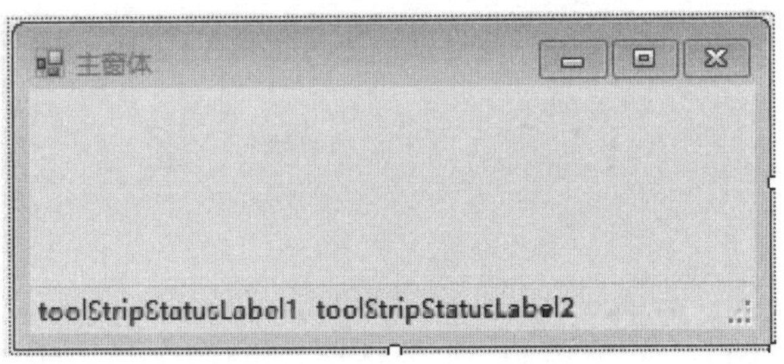

图 13.29　状态栏设计效果

（4）打开登录窗体（Form1），在其 .cs 文件中定义一个成员变量，用来记录登录用户名，代码如下：

```
public static string strName;                    //声明成员变量，用来记录登录用户名
```

（5）触发登录窗体中“登录”按钮的 Click 事件，在该事件中记录登录用户名并打开主窗体，代码如下：

```
private void button1_Click(object sender, EventArgs e)
```

```
{
    strName = textBox1.Text;                  // 记录登录用户
    Form2 frm = new Form2();                  // 创建 Form2 窗体对象
    this.Hide();                              // 隐藏当前窗体
    frm.Show();                               // 显示 Form2 窗体
}
```

（6）触发 Form2 窗体的 Load 事件，该事件中，在状态栏中显示登录用户及登录时间，代码如下：

```
private void Form2_Load(object sender, EventArgs e)
{
    toolStripStatusLabel1.Text = " 登录用户：" + Form1.strName; // 显示登录用户
    // 显示登录时间
    toolStripStatusLabel2.Text = " || 登录时间：" + DateTime.Now.ToLongTimeString();
}
```

运行程序，在登录窗体中输入用户名和密码，如图 13.30 所示，单击“登录”按钮，进入主窗体，在主窗体的状态栏中会显示登录用户及登录时间，如图 13.31 所示。

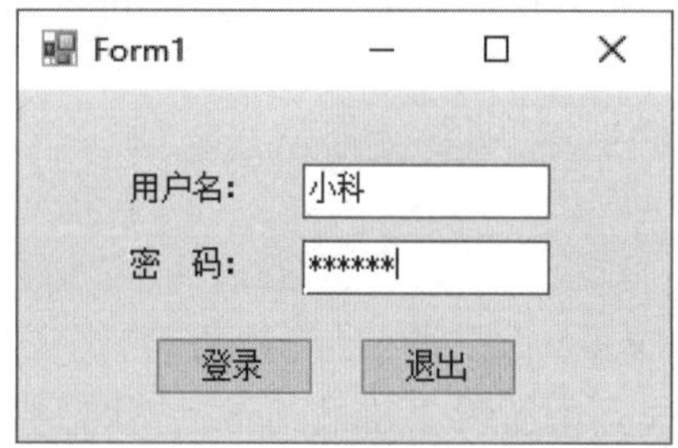

图 13.30　输入用户名和密码

图 13.31　显示登录用户及登录时间

13.5　对　话　框

如果一个窗体的弹出是为了对诸如打开文件之类的用户请求做出响应，同时停止所有其他“用户与应用程序之间”的交互活动，那么它就是一个对话框。比较常用的对话框操作（如打开文件、保存文件等）都是通过 Windows 提供的标准对话框实现的，C# 也可以利用这些对话框来实现相应的功能。

对话框控件主要包括打开对话框控件（OpenFileDialog 控件）、另存为对话框控件（SaveFileDialog 控件）、浏览文件夹对话框控件（FolderBrowserDialog 控件）等。

13.5.1　消息框

消息对话框是一个预定义对话框，主要用于向用户显示与应用程序相关的信息，以及来自用户的请求信息，在 .NET 中，使用 MessageBox 类表示消息对话框，通过调用该类的 Show 方法可以显示消息对话框，该方法有多种重载形式，其最常用的两种形式如下：

```
public static DialogResult Show(string text)
public static DialogResult Show(string text, string caption, MessageBoxButtons buttons, MessageBoxIcon icon)
```

- text：要在消息框中显示的文本。
- caption：要在消息框的标题栏中显示的文本。
- buttons：MessageBoxButtons 枚举值之一，可指定在消息框中显示哪些按钮。MessageBoxButtons 枚举值及说明如表 13.8 所示。

表 13.8　MessageBoxButtons 枚举值及说明

枚　举　值	说　　明
OK	消息框包含“确定”按钮
OKCancel	消息框包含“确定”和“取消”按钮
AbortRetryIgnore	消息框包含“终止”“重试”和“忽略”按钮
YesNoCancel	消息框包含“是”“否”和“取消”按钮
YesNo	消息框包含“是”和“否”按钮
RetryCancel	消息框包含“重试”和“取消”按钮

- icon：MessageBoxIcon 枚举值之一，它指定在消息框中显示哪个图标。MessageBoxIcon 枚举值及说明如表 13.9 所示。

表 13.9　MessageBoxIcon 枚举值及说明

枚　举　值	说　　明
None	消息框未包含符号
Hand	消息框包含一个符号，该符号是由一个红色背景的圆圈及其中的白色 X 组成的
Question	消息框包含一个符号，该符号是由一个圆圈和其中的一个问号组成的
Exclamation	消息框包含一个符号，该符号是由一个黄色背景的三角形及其中的一个感叹号组成的
Asterisk	消息框包含一个符号，该符号是由一个圆圈及其中的小写字母 i 组成的
Stop	消息框包含一个符号，该符号是由一个红色背景的圆圈及其中的白色 X 组成的
Error	消息框包含一个符号，该符号是由一个红色背景的圆圈及其中的白色 X 组成的
Warning	消息框包含一个符号，该符号是由一个黄色背景的三角形及其中的一个感叹号组成的
Information	消息框包含一个符号，该符号是由一个圆圈及其中的小写字母 i 组成的

- 返回值：DialogResult 枚举值之一。DialogResult 枚举值及说明如表 13.10 所示。

表 13.10　DialogResult 枚举值及说明

枚 举 值	说　　明
None	从对话框返回了 Nothing。这表明有模式对话框继续运行
OK	对话框的返回值是 OK（通常从标签为“确定”的按钮发送）
Cancel	对话框的返回值是 Cancel（通常从标签为“取消”的按钮发送）
Abort	对话框的返回值是 Abort（通常从标签为“终止”的按钮发送）
Retry	对话框的返回值是 Retry（通常从标签为“重试”的按钮发送）
Ignore	对话框的返回值是 Ignore（通常从标签为“忽略”的按钮发送）
Yes	对话框的返回值是 Yes（通常从标签为“是”的按钮发送）
No	对话框的返回值是 No（通常从标签为“否”的按钮发送）

例如，使用 MessageBox 类的 Show 方法弹出一个“警告”消息框，代码如下：

```
MessageBox.Show(" 确定要退出当前系统吗？ ", " 警告 ", MessageBoxButtons.YesNo, MessageBoxIcon.
Warning);
```

效果如图 13.32 所示。

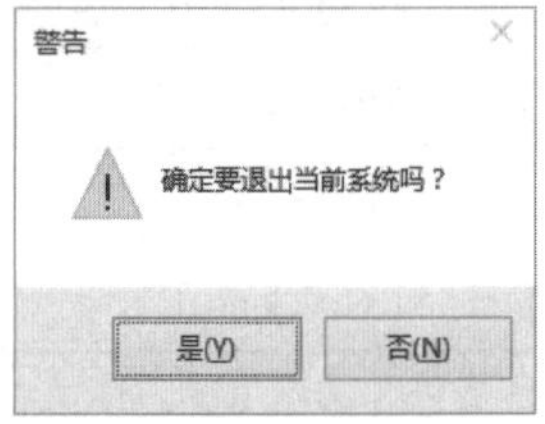

图 13.32　显示消息框

13.5.2　打开对话框控件

OpenFileDialog 控件表示一个通用对话框，用户可以使用此对话框来指定一个或多个要打开的文件的文件名。

OpenFileDialog 控件常用的属性及说明如表 13.11 所示。

表 13.11　OpenFileDialog 控件常用属性及说明

属　　性	说　　明
FileName	获取或设置一个包含在文件对话框中选定的文件名的字符串
FileNames	获取对话框中所有选定文件的文件名
Filter	获取或设置当前文件名筛选器字符串，该字符串决定对话框的“另存为文件类型”或“文件类型”框中出现的选择内容
Multiselect	获取或设置一个值，该值指示对话框是否允许选择多个文件

OpenFileDialog 控件常用的方法及说明如表 13.12 所示。

表 13.12　OpenFileDialog 控件常用方法及说明

方　　法	说　　明
OpenFile	此方法以只读模式打开用户选择的文件
ShowDialog	此方法显示 OpenFileDialog

说明

ShowDialog 方法是对话框的通用方法，用来打开相应的对话框。

例如，使用 OpenFileDialog 打开一个“打开文件”对话框，该对话框中只能选择图片文件，代码如下：

```
openFileDialog1.InitialDirectory = "C:\\";          // 设置初始目录
// 设置只能选择图片文件
openFileDialog1.Filter = "bmp 文件 (*.bmp)|*.bmp|gif 文件 (*.gif)|*.gif|jpg 文件 (*.jpg)|*.jpg";
openFileDialog1.ShowDialog();
```

13.5.3　另存为对话框控件

SaveFileDialog 控件表示一个通用对话框，用户可以使用此对话框来指定一个要将文件另存为的文件名。

SaveFileDialog 组件的常用属性及说明如表 13.13 所示。

表 13.13　SaveFileDialog 组件的常用属性及说明

属　　性	说　　明
FileName	获取或设置一个包含在文件对话框中选定的文件名的字符串
FileNames	获取对话框中所有选定文件的文件名
Filter	获取或设置当前文件名筛选器字符串，该字符串决定对话框的“另存为文件类型”或“文件类型”框中出现的选择内容

例如，使用 SaveFileDialog 控件来调用一个选择文件路径的对话框窗体，代码如下：

```
saveFileDialog1.ShowDialog();
```

例如，在保存对话框中设置保存文件的类型为 txt，代码如下：

```
saveFileDialog1.Filter = " 文本文件 (*.txt)|*.txt";
```

例如，获取在保存对话框中设置文件的路径全名，代码如下：

```
string strName = saveFileDialog1.FileName;
```

13.5.4　浏览文件夹对话框控件

FolderBrowserDialog 控件主要用来提示用户选择文件夹，其常用属性及说明如表 13.14 所示。

表 13.14　FolderBrowserDialog 控件的常用属性及说明

属　　性	说　　明
Description	获取或设置对话框中在树视图控件上显示的说明文本
RootFolder	获取或设置从其开始浏览的根文件夹
SelectedPath	获取或设置用户选定的路径
ShowNewFolderButton	获取或设置一个值，该值指示“新建文件夹”按钮是否显示在文件夹浏览对话框中

例如，设置在弹出的“浏览文件夹”对话框中不显示“新建文件夹”按钮，然后判断是否选择了文件夹，如果已经选择，则将选择的文件夹显示在 TextBox 文本框中，代码如下：

```
folderBrowserDialog1.ShowNewFolderButton = false;              //不显示新建文件夹按钮
if (folderBrowserDialog1.ShowDialog() == DialogResult.OK)      //判断是否选择了文件夹
{
    textBox1.Text = folderBrowserDialog1.SelectedPath;         //显示选择的文件夹名称
}
```

13.6 小　　结

本章主要对开发 Windows 窗体时经常用到的控件的使用进行了详细讲解，包括常用的文本类控件、按钮类控件、列表控件、树控件、计时器控件、菜单、工具栏、状态栏，以及常用的对话框，控件的熟练使用是开发一个 Windows 窗体程序必备的条件，因此，读者一定要熟练掌握本章所讲解的知识点，并能够在实际的开发中应用各种控件。

13.7 实　　战

13.7.1 实战一：动态添加控件

根据用户的选择，在窗体中动态地添加多个 Button 控件，效果如图 13.33 所示。（**实例位置：资源包 \ 源码 \13\ 实战 \01**）

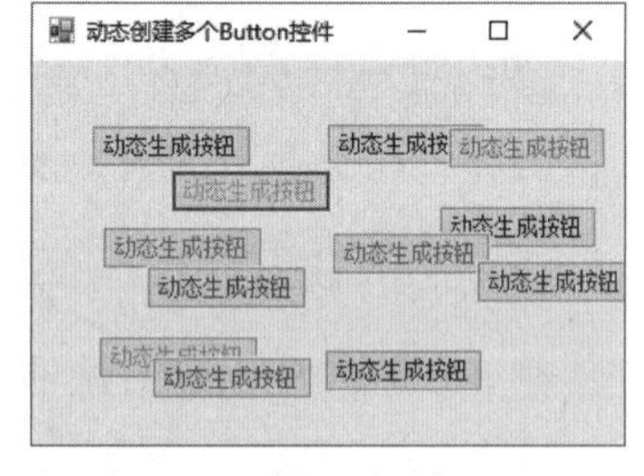

图 13.33　动态添加多个 Button 控件

13.7.2 实战二：模拟交通红绿灯

使用单选按钮模拟交通红绿灯，其中绿灯对应的单选按钮被默认选中。（提示：本实例需要借助 PictureBox 控件显示红、黄、绿灯图片），效果如图 13.34 ～图 13.36 所示。（**实例位置：资源包 \ 源码 \13\ 实战 \02**）

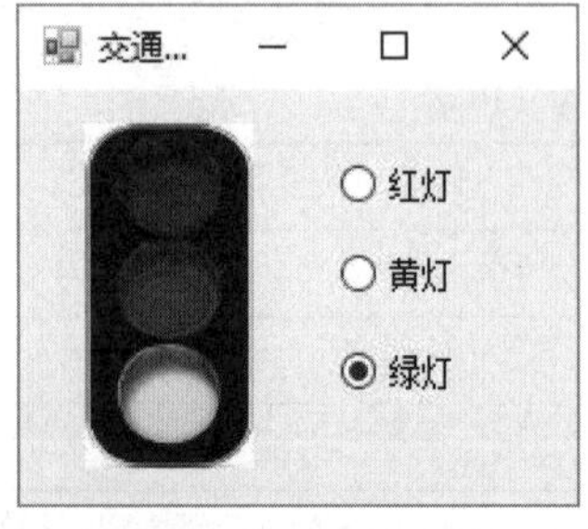

图 13.34　绿灯亮

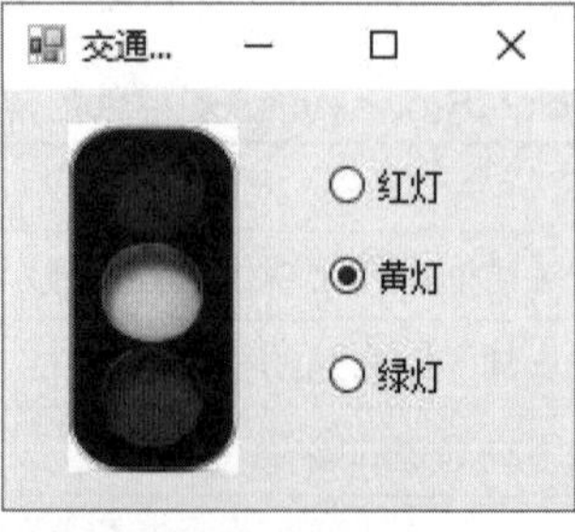

图 13.35　黄灯亮

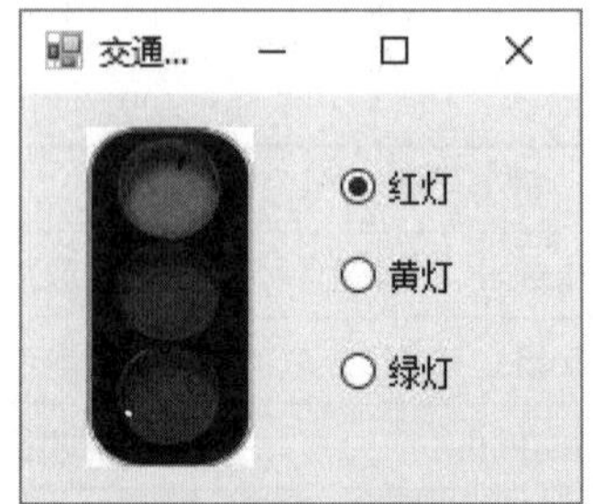

图 13.36　红灯亮

第 14 章

C# 操作数据库

（视频讲解：49 分钟）

学习 C# 语言，必然要学习 ADO.NET 技术，因为使用 ADO.NET 技术可以非常方便地操作各种主流数据库。大部分应用程序都是使用数据库存储数据的，通过 ADO.NET 技术，既可以根据指定条件查询数据库中的数据，又可以对数据库中的数据进行增加、删除、修改等操作。本章将详细讲解 ADO.NET 技术。

通过学习本章，读者主要掌握以下内容：

- ADO.NET 的基本概念
- Connection 数据连接对象的使用
- Command 命令执行对象的使用
- DataReader 数据读取对象的使用
- DataSet 和 DataAdapter 对象的使用
- DataGridView 数据表格控件的使用

14.1 ADO.NET 概述

ADO.NET 是微软 .NET 数据库的访问架构，它是数据库应用程序和数据源之间沟通的桥梁，主要提供一个面向对象的数据访问架构，用来开发数据库应用程序。

14.1.1 ADO.NET 对象模型

ADO.NET 技术主要包括 Connection，Command，DataReader，DataAdapter，DataSet 和 DataTable 6 个对象，下面分别进行介绍。

（1）Connection 对象主要提供与数据库的连接功能。

（2）Command 对象用于返回数据、修改数据、运行存储过程以及发送或检索参数信息的数据库命令。

（3）DataReader 对象通过 Command 对象提供从数据库检索信息的功能，它以一种只读的、向前的、快速的方式访问数据库。

（4）DataAdapter 对象提供连接 DataSet 对象和数据源的桥梁，它主要使用 Command 对象在数据源中执行 SQL 命令，以便将数据加载到 DataSet 数据集中，并确保 DataSet 数据集中数据的更改与数据源保持一致。

（5）DataSet 对象是 ADO.NET 的核心概念，它是支持 ADO.NET 断开式、分布式数据方案的核心对象。DataSet 对象是一个数据库容器，可以把它当作是存在于内存中的数据库，无论数据源是什么，它都会提供一致的关系编程模型。

（6）DataTable 对象表示内存中数据的一个表。

使用 ADO.NET 技术操作数据库的主要步骤如图 14.1 所示。

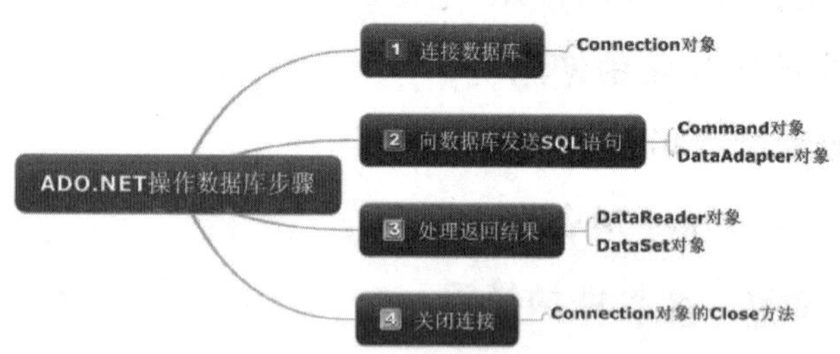

图 14.1　使用 ADO.NET 技术操作数据库的主要步骤

14.1.2 数据访问命名空间

在 .NET 中，用于数据访问的命名空间如下。

（1）System.Data：提供对表示 ADO.NET 结构的类的访问。通过 ADO.NET 可以生成一些组件，用于有效管理多个数据源的数据。

（2）System.Data.Common：包含由各种 .NET Framework 数据提供程序共享的类。

（3）System.Data.Odbc：ODBC.NET Framework 数据提供程序，描述用来访问托管空间中的 ODBC 数据源的类集合。

（4）System.Data.OleDb：OLE DB.NET Framework 数据提供程序，描述用于访问托管空间中的 OLE DB 数据源的类集合。

（5）System.Data.SqlClient：SQL 服务器 .NET Framework 数据提供程序，描述用于在托管空间中访问 SQL Server 数据库的类集合。

（6）System.Data.SqlTypes：提供 SQL Server 中本机数据类型的类，SqlTypes 中的每个数据类型在 SQL Server 中具有其等效的数据类型。

（7）System.Data.OracleClient：用于 Oracle 的 .NET Framework 数据提供程序，描述用于在托管空间中访问 Oracle 数据源的类集合。

14.2　Connection 数据连接对象

所有对数据库的访问操作都是从建立数据库连接开始的。在打开数据库之前，必须先设置好连接字符串（ConnectionString），然后再调用 Open 方法打开连接，此时便可对数据库进行访问，最后调用 Close 方法关闭连接。

14.2.1　熟悉 Connection 对象

Connection 对象用于连接到数据库和管理对数据库的事务，它的一些属性描述数据源和用户身份验证。Connection 对象还提供一些方法允许程序员与数据源建立连接或者断开连接。并且微软公司提供了以下 4 种数据提供程序的连接对象：

- SQL Server.NET 数据提供程序的 SqlConnection 连接对象，命名空间 System.Data.SqlClient。
- OLE DB.NET 数据提供程序的 OleDbConnection 连接对象，命名空间 System.Data.OleDb。
- ODBC.NET 数据提供程序的 OdbcConnection 连接对象，命名空间 System.Data.Odbc。
- Oracle.NET 数据提供程序的 OracleConnection 连接对象，命名空间 System.Data.OracleClient。

说明

本章所涉及的关于 ADO.NET 相关技术的所有实例都将以 SQL Server 数据库为例，引入的命名空间为 System.Data.SqlClient。

14.2.2　数据库连接字符串

为了让连接对象知道将要访问的数据库文件在哪里，用户必须将这些信息用一个字符串加以描述。数据库连接字符串中需要提供的必要信息包括服务器名、数据库名称和数据库的身份验证方式

（Windows 集成身份验证或 SQL Server 身份验证），另外，还可以指定其他信息（诸如连接超时等）。

数据库连接字符串常用的参数及说明如表 14.1 所示。

表 14.1 数据库连接字符串常用的参数及说明

参 数	说 明
Provider	设置或返回连接提供程序的名称，仅用于 OleDbConnection 对象
Connection Timeout	在终止尝试并产生异常前，等待连接到服务器的连接时间长度（以秒为单位）。默认值是 15 秒
Initial Catalog 或 Database	数据库的名称
Data Source 或 Server	连接打开时使用的 SQL Server 服务签名，或者是 Access 数据库的文件名
Password 或 pwd	SQL Server 账户的登录密码
User ID 或 uid	SQL Server 登录账户
Integrated Security	此参数决定连接是否是安全连接。可能的值有 True、False 和 SSPI（SSPI 是 True 的同义词）

表 14.1 中列出的数据库连接字符串中的参数不区分大小写，比如：uid，UID，Uid，uID，uId 表示的都是登录账户，它们在使用上没有任何分别。

下面分别以连接 SQL Server 数据库和 Access 数据库为例介绍如何定义数据库连接字符串。

（1）连接 SQL Server 数据库

语法格式如下：

```
string connectionString="Server= 服务器名 ; User Id= 用户 ; Pwd= 密码 ; DataBase= 数据库名称 "
```

例如，通过 ADO.NET 技术连接本地 SQL Server 的 db_EMS 数据库，代码如下：

```
string sqlStr = "Server=XIAOKE; User Id=sa; Pwd=; DataBase=db_EMS";
```

（2）连接 Access 数据库

语法格式如下：

```
string connectionString="provide= 提供者 ; Data Source=Access 文件路径 ";
```

例如，连接 C 盘根目录下的 db_access.mdb 数据库（Access 2003 以下版本），代码如下：

```
string strSQL ="provider = Microsoft.Jet.OLEDB.4.0; Data Source = C:\\db_access.mdb";
```

例如，连接 C 盘根目录下的 db_access.accdb 数据库（Access 2007 以下版本），代码如下：

```
string strSQL ="provider = Microsoft.ACE.OLEDB.12.0; Data Source = C:\\db_access.accdb";
```

14.2.3　应用 SqlConnection 对象连接数据库

调用 Connection 对象的 Open 方法或 Close 方法可以打开或关闭数据库连接，而且必须在设置好数据库连接字符串后才可以调用 Open 方法，否则 Connection 对象不知道要与哪一个数据库建立连接。

数据库联机资源是有限的，因此在需要的时候才打开连接，且一旦使用完就应该尽早地关闭连接，把资源归还给系统。

【例 14.01】 创建一个 Windows 应用程序，在默认窗体中添加两个 Label 控件，分别用来显示数据库连接的打开和关闭状态，然后在窗体的加载事件中，通过 SqlConnection 对象的 State 属性来判断数据库的连接状态。代码如下：**（实例位置：资源包 \ 源码 \14\14.01）**

```
private void Form1_Load(object sender, EventArgs e)
{
    //创建数据库连接字符串
    string SqlStr = "Server=XIAOKE; User Id=sa; Pwd=; DataBase=db_EMS";
    SqlConnection con = new SqlConnection(SqlStr);       //创建数据库连接对象
    con.Open();                                          //打开数据库连接
    if (con.State == ConnectionState.Open)               //判断连接是否打开
    {
        label1.Text = "SQL Server 数据库连接开启！ ";
        con.Close();                                     //关闭数据库连接
    }
    if (con.State == ConnectionState.Closed)             //判断连接是否关闭
    {
        label2.Text = "SQL Server 数据库连接关闭！ ";
    }
}
```

说明

上面的程序中由于用到 SqlConnection 类，所以首先需要添加 System.Data.SqlClient 命名空间，下面遇到这种情况时将不再说明。

程序运行结果如图 14.2 所示。

图 14.2　使用 SqlConnection 对象连接数据库

14.3　Command 命令执行对象

14.3.1　熟悉 Command 对象

使用 Connection 对象与数据源建立连接后，可以使用 Command 对象对数据源执行查询、添加、删除和修改等各种操作，操作实现的方式可以是使用 SQL 语句，也可以是使用存储过程。根据 .NET Framework 数据提供程序的不同，Command 对象也可以分成 4 种，分别是 SqlCommand，OleDbCommand，OdbcCommand 和 OracleCommand，在实际的编程过程中应该根据访问的数据源不同，选择相对应的 Command 对象。

Command 对象的常用属性及说明如表 14.2 所示。

表 14.2　Command 对象的常用属性及说明

属　　性	说　　明
CommandType	获取或设置 Command 对象要执行命令的类型
CommandText	获取或设置要对数据源执行的 SQL 语句或存储过程名或表名
CommandTimeOut	获取或设置在终止对执行命令的尝试并生成错误之前的等待时间
Connection	获取或设置 Command 对象使用的 Connection 对象的名称
Parameters	获取 Command 对象需要使用的参数集合

例如，使用 SqlCommand 对象对 SQL Server 数据库执行查询操作，代码如下：

```
// 创建数据库连接对象
SqlConnection conn = new SqlConnection("Server=XIAOKE; User Id=sa; Pwd=; DataBase=db_EMS");
SqlCommand comm = new SqlCommand();                          // 创建对象 SqlCommand
comm.Connection = conn;                                      // 指定数据库连接对象
comm.CommandType = CommandType.Text;                         // 设置要执行命令类型
comm.CommandText = "select * from tb_stock";                 // 设置要执行的 SQL 语句
```

Command 对象的常用方法及说明如表 14.3 所示。

表 14.3　Command 对象的常用方法及说明

方　　法	说　　明
ExecuteNonQuery	用于执行非 SELECT 命令，比如 INSERT、DELETE 或者 UPDATE 命令，并返回 3 个命令所影响的数据行数；另外也可以用来执行一些数据定义命令，比如新建、更新、删除数据库对象（如表、索引等）
ExecuteScalar	用于执行 SELECT 查询命令，返回数据中第一行第一列的值，该方法通常用来执行那些用到 COUNT 或 SUM 函数的 SELECT 命令
ExecuteReader	执行 SELECT 命令，并返回一个 DataReader 对象，这个 DataReader 对象是一个只读向前的数据集

说明

表 14.3 中这 3 种方法非常重要，如果要使用 ADO.NET 完成某种数据库操作，一定会用到上面这些方法，这 3 种方法没有任何的优劣之分，只是使用的场合不同罢了，所以一定要弄清楚它们的返回值类型以及使用方法，以便在合适的场合使用它们。

14.3.2 应用 Command 对象操作数据

以操作 SQL Server 数据库为例，向数据库中添加记录时，首先要创建 SqlConnection 对象连接数据库，然后定义添加数据的 SQL 字符串，最后调用 SqlCommand 对象的 ExecuteNonQuery 方法执行数据的添加操作。

【例 14.02】 创建一个 Windows 应用程序，在默认窗体中添加两个 TextBox 控件、一个 Label 控件和一个 Button 控件，其中，TextBox 控件用来输入要添加的信息，Label 控件用来显示添加成功或失败信息，Button 控件用来执行数据添加操作，代码如下：（**实例位置：资源包\源码\14\14.02**）

```
private void button1_Click(object sender, EventArgs e)
{
    // 创建数据库连接对象
    SqlConnection conn = new SqlConnection("Server=XIAOKE; User Id=sa; Pwd=; DataBase=db_EMS");
    string strsql = "insert into tb_PDic(Name, Money) values('" + textBox1.Text + "'," + Convert.ToDecimal
(textBox2.Text) + ")";                                         // 定义添加数据的 SQL 语句
    SqlCommand comm = new SqlCommand(strsql, conn);            // 创建 SqlCommand 对象
    if (conn.State == ConnectionState.Closed)                  // 判断连接是否关闭
    {
        conn.Open();                                           // 打开数据库连接
    }
    // 判断 ExecuteNonQuery 方法返回的参数是否大于 0，大于 0 表示添加成功
    if (Convert.ToInt32(comm.ExecuteNonQuery()) > 0)
    {
        label3.Text = " 添加成功！ ";
    }
    else
    {
        label3.Text = " 添加失败！ ";
    }
    conn.Close();                                              // 关闭数据库连接
}
```

程序运行结果如图 14.3 所示。

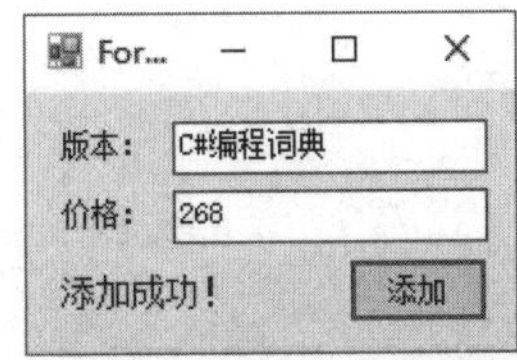

图 14.3 使用 Command 对象添加数据

14.3.3 应用 Command 对象调用存储过程

存储过程可以使管理数据库和显示数据库信息等操作变得非常容易，它是 SQL 语句和可选控制流语句的预编译集合，它存储在数据库内，在程序中可以通过 Command 对象来调用，其执行速度比 SQL 语句快，同时还保证了数据的安全性和完整性。

【例 14.03】 创建一个 Windows 应用程序，在默认窗体中添加两个 TextBox 控件、一个 Label 控件和一个 Button 控件，其中，TextBox 控件用来输入要添加的信息，Label 控件用来显示添加成功或失败信息，Button 控件用来调用存储过程执行数据添加操作，代码如下：（**实例位置：资源包\源码\14\14.03**）

```
private void button1_Click(object sender, EventArgs e)
{
    //创建数据库连接对象
    SqlConnection sqlcon = new SqlConnection("Server=XIAOKE; User Id=sa; Pwd=; DataBase=db_EMS");
    SqlCommand sqlcmd = new SqlCommand();                          //创建 SqlCommand 对象
    sqlcmd.Connection = sqlcon;                                    //指定数据库连接对象
    sqlcmd.CommandType = CommandType.StoredProcedure;              //指定执行对象为存储过程
    sqlcmd.CommandText = "proc_AddData";                           //指定要执行的存储过程名称
    //为 @name 参数赋值
    sqlcmd.Parameters.Add("@name", SqlDbType.VarChar, 20).Value = textBox1.Text;
    sqlcmd.Parameters.Add("@money", SqlDbType.Decimal).Value = Convert.ToDecimal(textBox2.
Text);                                                             //为 @money 参数赋值
    if (sqlcon.State == ConnectionState.Closed)                    //判断连接是否关闭
    {
        sqlcon.Open();                                             //打开数据库连接
    }
    //判断 ExecuteNonQuery 方法返回的参数是否大于 0，大于 0 表示添加成功
    if (Convert.ToInt32(sqlcmd.ExecuteNonQuery()) > 0)
    {
        label3.Text = " 添加成功！ ";
    }
    else
    {
        label3.Text = " 添加失败！ ";
    }
    sqlcon.Close();                                                //关闭数据库连接
}
```

本实例用到的存储过程代码如下：

```
CREATE PROCEDURE [dbo]. [proc_AddData]
(
    @name varchar(20),
    @money decimal
)
```

```
as
begin
    insert into tb_PDic(Name, Money) values(@name, @money)
end
GO
```

本实例的运行效果与例 14.02 一样，请参见图 14.3。

说明

proc_AddData 存储过程中使用了以@符号开头的两个参数：@name 和 @money，对于存储过程参数名称的定义，通常会参考数据表中的列的名称（本实例用到的数据表 tb_PDic 中的列分别为 Name 和 Money），这样可以比较方便地知道这个参数是套用在哪个列的。当然，参数名称可以自定义，但一般都参考数据表中的列进行定义。

14.4　DataReader 数据读取对象

视频讲解

14.4.1　DataReader 对象概述

DataReader 对象是一个简单的数据集，它主要用于从数据源中读取只读的数据集，其常用于检索大量数据。根据 .NET Framework 数据提供程序的不同，DataReader 对象可以分为 SqlDataReader，OleDbDataReader，OdbcDataReader 和 OracleDataReader 4 大类。

说明

由于 DataReader 对象每次只能在内存中保留一行，所以使用它的系统开销非常小。

使用 DataReader 对象读取数据时，必须一直保持与数据库的连接，所以也被称为连线模式，其架构如图 14.4 所示（这里以 SqlDataReader 为例）。

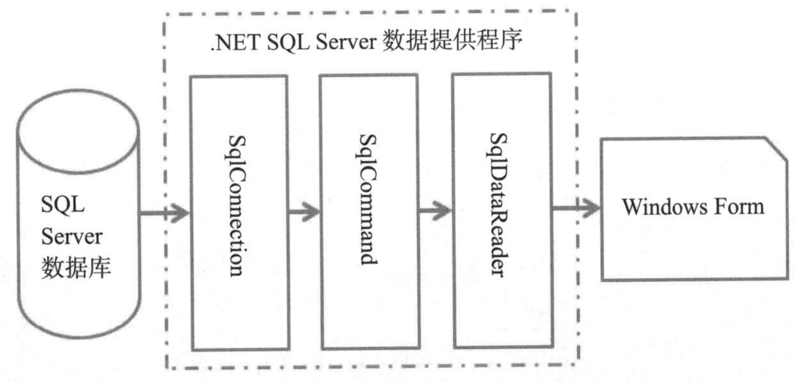

图 14.4　使用 SqlDataReader 对象读取数据

DataReader 对象是一个轻量级的数据对象，如果只需要将数据读出并显示，那么它是最合适的工具，因为它的读取速度比后面要讲解到的 DataSet 对象要快，占用的资源也更少；但是，一定要铭记：DataReader 对象在读取数据时，要求数据库一直保持在连接状态，只有在读取完数据之后才能断开连接。

开发人员可以通过 Command 对象的 ExecuteReader 方法从数据源中检索数据来创建 DataReader 对象，DataReader 对象常用属性及说明如表 14.4 所示。

表 14.4　DataReader 对象常用属性及说明

属　　性	说　　明
HasRows	判断数据库中是否有数据
FieldCount	获取当前行的列数
RecordsAffected	获取执行 SQL 语句所更改、添加或删除的行数

DataReader 对象常用方法及说明如表 14.5 所示。

表 14.5　DataReader 对象常用方法及说明

方　　法	说　　明
Read	使 DataReader 对象前进到下一条记录
Close	关闭 DataReader 对象
Get	用来读取数据集的当前行的某一列的数据

14.4.2　使用 DataReader 对象检索数据

使用 DataReader 对象读取数据时，首先需要使用其 HasRows 属性判断是否有数据可供读取，如果有数据，返回 True，否则返回 False；然后再使用 DataReader 对象的 Read 方法来循环读取数据表中的数据；最后通过访问 DataReader 对象的列索引来获取读取到的值，例如，sqldr ["ID"] 用来获取数据表中 ID 列的值。

【例 14.04】 创建一个 Windows 应用程序，在默认窗体中添加一个 RichTextBox 控件，用来显示使用 SqlDataReader 对象读取到的数据表中的数据，代码如下：（**实例位置：资源包 \ 源码 \14\14.04**）

```
private void Form1_Load(object sender, EventArgse)
{
    // 创建数据库连接对象
    SqlConnection sqlcon = new SqlConnection("Server=XIAOKE; User Id=sa; Pwd=; DataBase=db_EMS");
    // 创建 SqlCommand 对象
    SqlCommand sqlcmd = new SqlCommand("select * from tb_PDic order by ID asc", sqlcon);
    if (sqlcon.State == ConnectionState.Closed)              // 判断连接是否关闭
    {
        sqlcon.Open();                                        // 打开数据库连接
```

```
    }
    // 使用 ExecuteReader 方法的返回值创建 SqlDataReader 对象
    SqlDataReader sqldr = sqlcmd.ExecuteReader();
    richTextBox1.Text = " 编号      版本        价格 \n";       // 为文本框赋初始值
    try
    {
        if (sqldr.HasRows)                                   // 判断 SqlDataReader 对象中是否有数据
        {
            while (sqldr.Read())                             // 循环读取 SqlDataReader 对象中的数据
            {
                richTextBox1.Text += "" + sqldr ["ID"] + "    " + sqldr ["Name"] + "    " + sqldr ["Money"] + "\n";
                                                             // 显示读取的详细信息
            }
        }
    }
    catch (SqlException ex)                                  // 捕获数据库异常
    {
        MessageBox.Show(ex.ToString());                      // 输出异常信息
    }
    finally
    {
        sqldr.Close();                                       // 关闭 SqlDataReader 对象
        sqlcon.Close();                                      // 关闭数据库连接
    }
}
```

程序运行结果如图 14.5 所示。

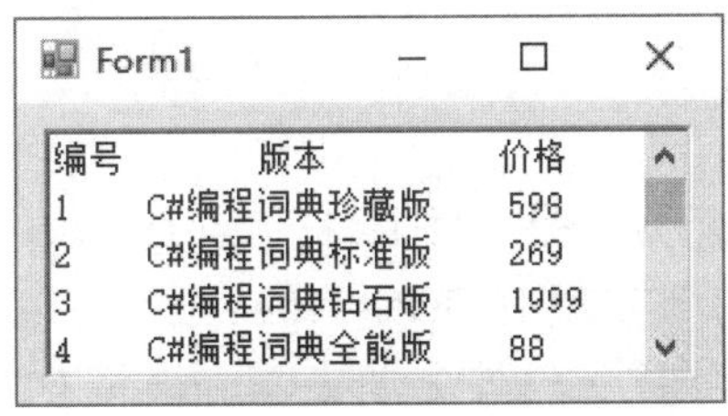

图 14.5　使用 DataReader 对象读取数据

14.5　DataSet 对象和 DataAdapter 操作对象

14.5.1　DataSet 对象

DataSet 对象是 ADO.NET 的核心成员，它是支持 ADO.NET 断开式、分布式数据方案的核心对象，也是实现基于非连接的数据查询的核心组件。DataSet 对象是创建在内存中的集合对象，它可以包含任意数量的数据表以及所有表的约束、索引和关系等，它实质上相当于在内存中的一个小型关系数据库。一个 DataSet 对象包含一组 DataTable 对象和 DataRelation 对象，其中每个 DataTable 对象都由

DataColumn，DataRow 和 Constraint 集合对象组成。

对于 DataSet 对象，可以将其看作是一个数据库容器，它将数据库中的数据复制了一份放在了用户本地的内存中，供用户在不连接数据库的情况下读取数据，以便充分利用客户端资源，降低数据库服务器的压力。

如图 14.6 所示，当把 SQL Server 数据库的数据通过起“桥梁”作用的 SqlDataAdapter 对象填充到 DataSet 数据集中后，就可以对数据库进行一个断开连接、离线状态的操作。

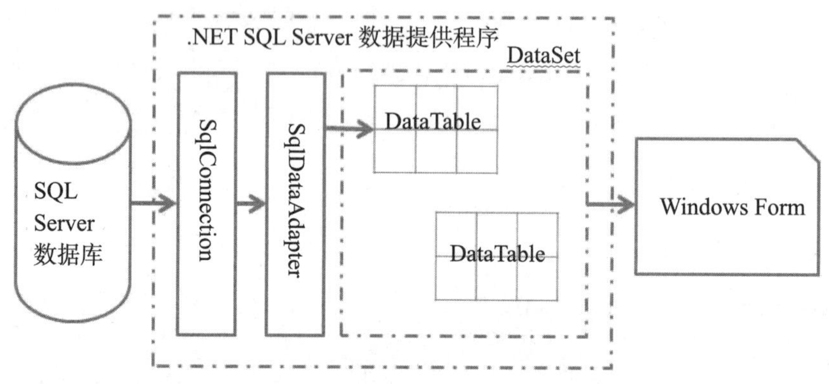

图 14.6　离线模式访问 SQL Server 数据库

DataSet 对象的用法主要有以下几种，这些用法可以单独使用，也可以综合使用。

（1）以编程方式在 DataSet 中创建 DataTable，DataRelation 和 Constraint，并使用数据填充表；

（2）通过 DataAdapter 对象用现有关系数据源中的数据表填充 DataSet；

（3）使用 XML 文件加载和保持 DataSet 内容。

14.5.2　DataAdapter 对象

DataAdapter 对象（即数据适配器）是一种用来充当 DataSet 对象与实际数据源之间桥梁的对象，可以说只要有 DataSet 对象的地方就有 DataAdapter 对象，它也是专门为 DataSet 对象服务的。DataAdapter 对象的工作步骤一般有两种：一种是通过 Command 对象执行 SQL 语句，从数据源中检索数据，并将检索到的结果集填充到 DataSet 对象中；另一种是把用户对 DataSet 对象做出的更改写入到数据源中。

说明

在 .NET Framework 中使用 4 种 DataAdapter 对象，即 OleDbDataAdapter，SqlDataAdapter，ODBCDataAdapter 和 OracleDataAdapter，其中，OleDbDataAdapter 对象适用于 OLEDB 数据源；SqlDataAdapter 对象适用于 SQL Server 7.0 或更高版本的数据源；ODBCDataAdapter 对象适用于 ODBC 数据源；OracleDataAdapter 对象适用于 Oracle 数据源。

DataAdapter 对象常用属性及说明如表 14.6 所示。

表 14.6　DataAdapter 对象常用属性及说明

属　性	说　明
SelectCommand	获取或设置用于在数据源中选择记录的命令
InsertCommand	获取或设置用于将新记录插入数据源中的命令
UpdateCommand	获取或设置用于更新数据源中记录的命令
DeleteCommand	获取或设置用于从数据集中删除记录的命令

由于 DataSet 对象是一个非连接的对象，它与数据源无关，也就是说该对象并不能直接跟数据源产生联系，而 DataAdapter 对象则正好负责填充它并把它的数据提交给一个特定的数据源，它与 DataSet 对象配合使用来执行数据查询、添加、修改和删除等操作。

例如，对 DataAdapter 对象的 SelectCommand 属性赋值，从而实现数据的查询操作，代码如下：

```
SqlConnection con = new SqlConnection(strCon);        // 创建数据库连接对象
SqlDataAdapter ada = new SqlDataAdapter();            // 创建 SqlDataAdapter 对象
// 给 SqlDataAdapter 的 SelectCommand 赋值
ada.SelectCommand = new SqlCommand("select * from authors", con);
......// 省略后继代码
```

同样，可以使用上述方法为 DataAdapter 对象的 InsertCommand，UpdateCommand 和 DeleteCommand 属性赋值，从而实现数据的添加、修改和删除等操作。

DataAdapter 对象常用方法及说明如表 14.7 所示。

表 14.7　DataAdapter 对象常用方法及说明

方　法	说　明
Fill	从数据源中提取数据以填充数据集
Update	更新数据源

14.5.3　填充 DataSet 数据集

使用 DataAdapter 对象填充 DataSet 数据集时，需要用到其 Fill 方法，该方法具有如下最常用的 3 种重载形式。

（1）int Fill(DataSet dataset)：添加或更新参数所指定的 DataSet 数据集，返回值是影响的行数。

（2）int Fill(DataTable datatable)：将数据填充到一个数据表中。

（3）int Fill(DataSet dataset，String tableName)：填充指定的 DataSet 数据集中的指定表。

【例 14.05】 创建一个 Windows 应用程序，在默认窗体中添加一个 DataGridView 控件，用来显示使用 DataAdapter 对象填充后的 DataSet 数据集中的数据，代码如下：（**实例位置：资源包\源码\14\14.05**）

```
private void Form1_Load(object sender, EventArgs e)
{
```

```
    string strCon = "Server=XIAOKE; User Id=sa; Pwd=; DataBase=db_EMS";   // 定义数据库连接字符串
    SqlConnection sqlcon = new SqlConnection(strCon);                     // 创建数据库连接对象
    // 执行 SQL 查询语句
    SqlDataAdapter sqlda = new SqlDataAdapter("select * from tb_PDic", sqlcon);
    DataSet myds = new DataSet();                                          // 创建数据集对象
    sqlda.Fill(myds, "tabName");                                           // 填充数据集中的指定表
    dataGridView1.DataSource = myds.Tables ["tabName"];                    // 为 dataGridView1 指定数据源
}
```

程序运行结果如图 14.7 所示。

图 14.7　使用 DataAdapter 对象填充 DataSet 数据集

14.6　DataGridView 控件的使用

DataGridView 控件，又称为数据表格控件，它提供一种强大而灵活的以表格形式显示数据的方式。将数据绑定到 DataGridView 控件非常简单和直观，在大多数情况下，只需设置 DataSource 属性即可。另外，DataGridView 控件具有极高的可配置性和可扩展性，它提供有大量的属性、方法和事件，可以用来对该控件的外观和行为进行自定义。当需要在 Windows 窗体应用程序中显示表格数据时，首先考虑使用 DataGridView 控件。如图 14.8 为 DataGridView 控件，其拖放到窗体中的效果如图 14.9 所示。

DataGridView

图 14.8　DataGridView 控件

图 14.9　DataGridView 控件在窗体中的效果

DataGridView 控件的常用属性及说明如表 14.8 所示。

表 14.8　DataGridView 控件的常用属性及说明

属　　性	说　　明
Columns	获取一个包含控件中所有列的集合
CurrentCell	获取或设置当前处于活动状态的单元格
CurrentRow	获取包含当前单元格的行
DataSource	获取或设置 DataGridView 所显示数据的数据源
RowCount	获取或设置 DataGridView 中显示的行数
Rows	获取一个集合，该集合包含 DataGridView 控件中的所有行

DataGridView 控件的常用事件及说明如表 14.9 所示。

表 14.9　DataGridView 控件的常用事件及说明

事　　件	说　　明
CellClick	在单元格的任何部分被单击时发生
CellDoubleClick	在用户双击单元格中的任何位置时发生

下面通过一个实例看一下如何使用 DataGridView 控件，该实例主要实现的功能有：禁止在 DataGridView 控件中添加 / 删除行、禁用 DataGridView 控件的自动排序、使 DataGridView 控件隔行显示不同的颜色、使 DataGridView 控件的选中行呈现不同的颜色和选中 DataGridView 控件中的某行时，将其详细信息显示在 TextBox 文本框中。

【例 14.06】 创建一个 Windows 应用程序，在默认窗体中添加两个 TextBox 控件和一个 DataGrid View 控件，其中，TextBox 控件分别用来显示选中记录的版本和价格信息，DataGridView 控件用来显示数据表中的数据，代码如下：**（实例位置：资源包 \ 源码 \14\14.06）**

```
// 定义数据库连接字符串
string strCon = "Server=XIAOKE; User Id=sa; Pwd=; DataBase=db_EMS";
SqlConnection sqlcon;                                              // 声明数据库连接对象
SqlDataAdapter sqlda;                                              // 声明数据库桥接器对象
DataSet myds;                                                      // 声明数据集对象
private void Form1_Load(object sender, EventArgs e)
{
    dataGridView1.AllowUserToAddRows = false;                      // 禁止添加行
    dataGridView1.AllowUserToDeleteRows = false;                   // 禁止删除行
    sqlcon = new SqlConnection(strCon);                            // 创建数据库连接对象
    // 获取数据表中所有数据
    sqlda = new SqlDataAdapter("select * from tb_PDic", sqlcon);
    myds = new DataSet();                                          // 创建数据集对象
    sqlda.Fill(myds);                                              // 填充数据集
```

```
    dataGridView1.DataSource = myds.Tables [0];                              // 为 dataGridView1 指定数据源
    // 禁用 DataGridView 控件的排序功能
    for (int i = 0; i < dataGridView1.Columns.Count; i++)
        dataGridView1.Columns [i].SortMode = DataGridViewColumnSortMode.NotSortable;
    // 设置 SelectionMode 属性为 FullRowSelect 使控件能够整行选择
    dataGridView1.SelectionMode = DataGridViewSelectionMode.FullRowSelect;
    // 设置 DataGridView 控件中的数据以各行换色的形式显示
    foreach (DataGridViewRow dgvRow in dataGridView1.Rows)                   // 遍历所有行
    {
        if (dgvRow.Index % 2 == 0)                                           // 判断是否是偶数行
        {
            // 设置偶数行颜色
            dataGridView1.Rows [dgvRow.Index].DefaultCellStyle.BackColor = Color.LightSalmon;
        }
        else                                                                 // 奇数行
        {
            // 设置奇数行颜色
            dataGridView1.Rows [dgvRow.Index].DefaultCellStyle.BackColor = Color.LightPink;
        }
    }
    dataGridView1.ReadOnly = true;                // 设置 dataGridView1 控件的 ReadOnly 属性，使其为只读
    // 设置 dataGridView1 控件的 DefaultCellStyle.SelectionBackColor 属性，使选中行颜色变色
    dataGridView1.DefaultCellStyle.SelectionBackColor = Color.LightSkyBlue;
}
private void dataGridView1_CellClick(object sender, DataGridViewCellEventArgs e)
{
    if (e.RowIndex > 0)                                                      // 判断选中行的索引是否大于 0
    {
        // 记录选中的 ID 号
        int intID = (int)dataGridView1.Rows [e.RowIndex].Cells [0].Value;
        sqlcon = new SqlConnection(strCon);                                  // 创建数据库连接对象
        // 执行 SQL 查询语句
        sqlda = new SqlDataAdapter("select * from tb_PDic where ID=" + intID + "", sqlcon);
        myds = new DataSet();                                                // 创建数据集对象
        sqlda.Fill(myds);                                                    // 填充数据集
        if (myds.Tables [0].Rows.Count > 0)                                  // 判断数据集中是否有记录
        {
            textBox1.Text = myds.Tables [0].Rows [0] [1].ToString();         // 显示版本
            textBox2.Text = myds.Tables [0].Rows [0] [2].ToString();         // 显示价格
        }
    }
}
```

程序运行结果如图 14.10 所示。

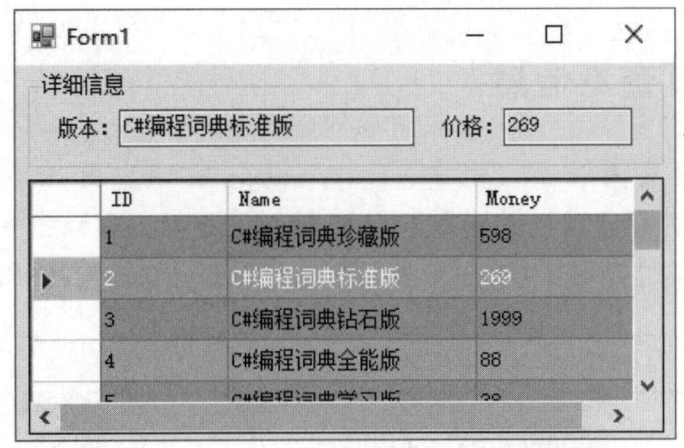

图 14.10　DataGridView 控件的使用

14.7　小　　结

本章主要对如何使用 C# 操作数据库进行了详细讲解，具体讲解时，重点对 ADO.NET 数据访问技术进行了详细讲解。在 ADO.NET 中提供了连接数据库对象（Connection 对象）、执行 SQL 语句对象（Command 对象）、读取数据对象（DataReader 对象）、数据适配器对象（DataAdapter 对象）以及数据集对象（DataSet 对象），这些对象是 C# 操作数据库的主要对象，需要读者重点掌握；然后对 Visual Studio 开发工具提供的 DataGridView 数据表格控件的使用进行了讲解。学习本章内容时，重点需要掌握 ADO.NET 技术的使用。

14.8　实　　战

14.8.1　实战一：在 DataGridView 控件中添加“合计”和“平均值”

在 DataGridView 控件中添加“合计”和“平均值”：为 DataGridView 控件中的第一列的所有行求和，并对第二列的所有行求平均数，效果如图 14.11 所示。（**实例位置：资源包 \ 源码 \14\ 实战 \01**）

在DataGridView控件中添加"合计"和"平均值"

水果	价格
苹果	30
橘子	40
鸭梨	33
水蜜桃	31
合计：134 元	平均值：33.5 元

图 14.11　在 DataGridView 控件中添加“合计”和“平均值”

14.8.2 实战二：分页查看信息

通过 DataGridView 分页查看信息，创建一个 Windows 窗体应用程序，在默认窗体中添加 6 个 Label 控件，分别用于显示页数索引、总页数和移动到指定分页；添加一个 DataGridView 控件，用于显示分页信息，效果如图 14.12 所示。（**实例位置：资源包 \ 源码 \14\ 实战 \02**）

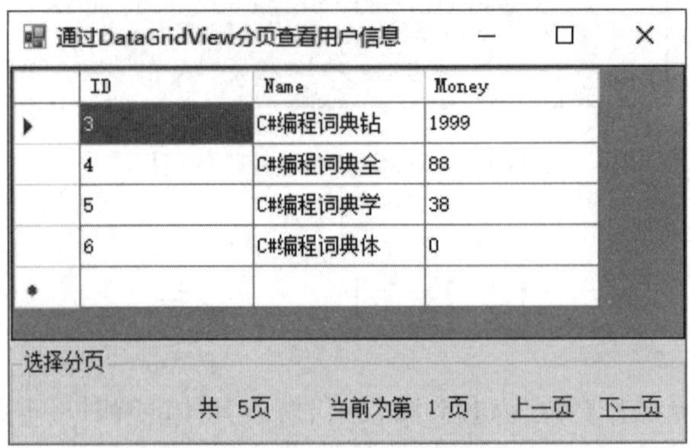

图 14.12　分页查看信息

第 15 章

Entity Framework 编程

（视频讲解：25 分钟）

Entity Framework 技术是从 ADO.NET 衍生出的一种操作数据库的技术，它能够很方便地将表映射到实体对象，或者将实体对象转换为数据库表，本章将对 Entity Framework 的使用进行讲解。

通过学习本章，读者主要掌握以下内容：

- Entity Framework 的使用场景
- Entity Framework 的实体数据模型
- Entity Framework 实体数据模型的创建
- Entity Framework 的具体使用方法
- Entity Framework 与 ADO.NET 的关系

15.1 什么是 Entity Framework

Entity Framework（以下简写为 EF）是微软官方发布的 ORM 框架，它有如下 3 种使用场景。

- 从数据库生成 Class。
- 由实体类生成数据库表结构。
- 通过数据库可视化设计器设计数据库，同时生成实体类。

技巧

ORM 是将数据存储从域对象自动映射到关系型数据库的工具。ORM 主要包括 3 个部分：域对象、关系数据库对象、映射关系。ORM 使类提供自动化 CRUD，使开发人员从数据库 API 和 SQL 中解放出来。

15.2 Entity Framework 实体数据模型

Entity Framework 的实体数据模型（EDM）包括概念模型、映射和存储模型，具体说明分别如下。

- 概念模型：概念模型由概念架构定义语言文件（.csdl）来定义，包含模型类和它们之间的关系，独立于数据库表的设计。
- 映射：映射由映射规范语言文件（.msl）来定义，它包含有关如何将概念模型映射到存储模型的信息。
- 存储模型：存储模型由存储架构定义语言文件（.ssdl）来定义，它是数据库设计模型，包括表、视图、存储的过程和他们的关系和键。

EDM 实体数据模型示意图如图 15.1 所示。

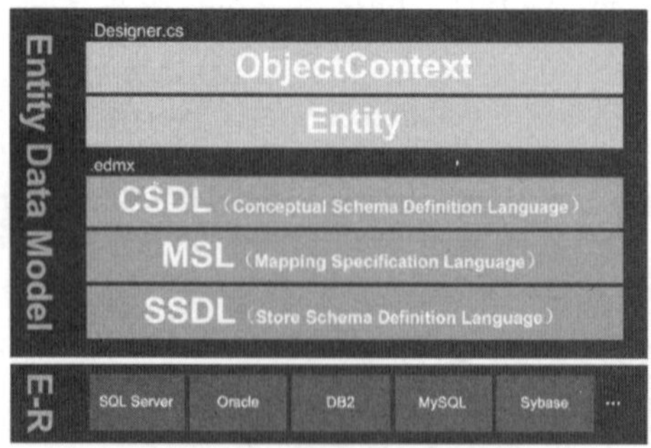

图 15.1 EDM 实体数据模型

EDM 模式在项目中的表现形式就是扩展名为 .edmx 的文件，这个文件本质是一个 xml 文件，可以手动编辑此文件来自定义 CSDL，MSL 与 SSDL 这 3 个部分。

15.3　Entity Framework 运行环境

Entity Framework 框架曾经为 .NET Framework 的一部分，但 Version 6 之后，从 .NET Framework 中分离出来，其中，EF5 由两部分组成：EF API 和 .NET Framework 4.0/4.5，而 EF6 是独立的 EntityFramework.dll，不依赖 .NET Framework。使用 NuGet 即可安装 EF，在安装 Visual Studio 2017 开发环境时，会自动安装 EF 5.0 和 EF 6.0 版本。EF 5.0 运行环境示意图如图 15.2 所示，EF 6.0 运行环境示意图如图 15.3 所示。

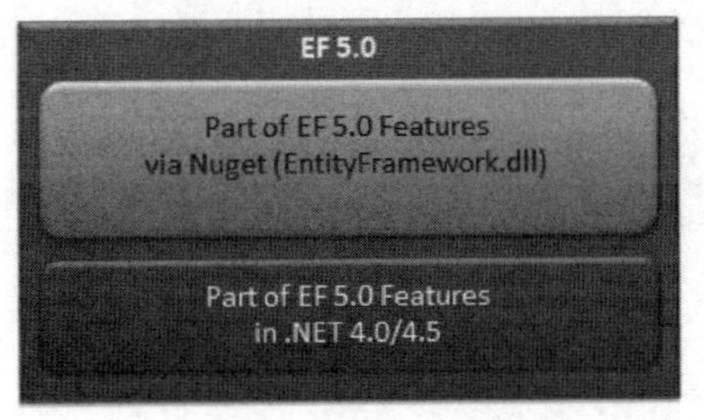

图 15.2　EF 5.0 运行环境示意图

图 15.3　EF 6.0 运行环境示意图

15.4　创建实体数据模型

下面以 db_EMS 数据库为例，将已有的数据库表映射为实体数据，操作步骤如下。

（1）创建一个 Windows 窗体应用程序，选中当前项目，右击，依次选择“添加→新建项”，弹出“添加新项”对话框，在该对话框的左侧“已安装”下选择“Visual C#”项，在右侧列表中找到“ADO.NET 实体数据模型”并选中，在“名称文本框”中输入实体数据模型的名称，可以与数据库名相同，如图 15.4 所示，然后单击“确定”按钮。

图 15.4　选择 ADO.NET 实体数据模型

（2）弹出“实体数据模型向导”对话框，在该对话框中选择“来自数据库的 EF 设计器”，如图 15.5 所示。

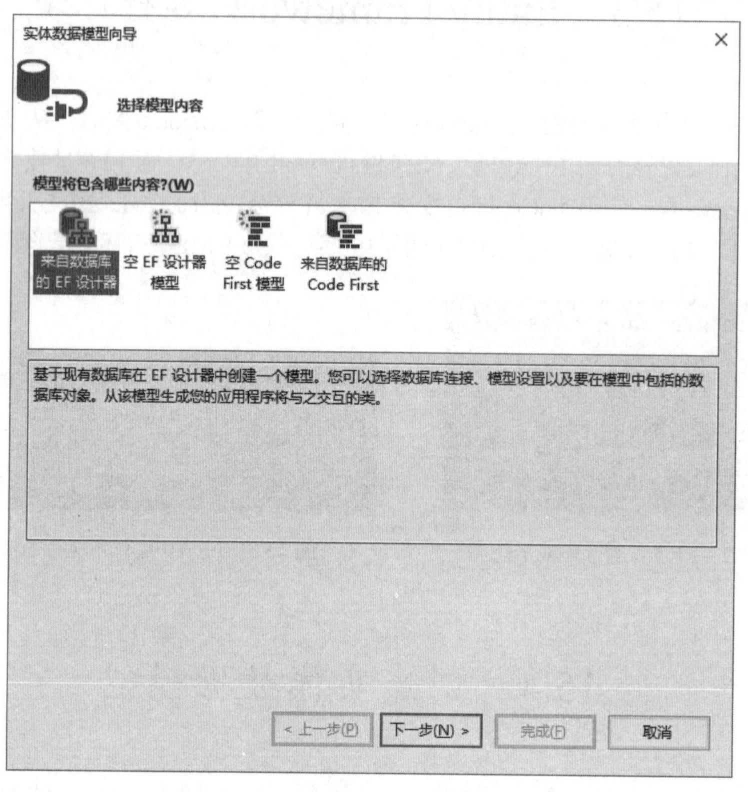

图 15.5　选择“来自数据库的 EF 设计器”

（3）单击“下一步”按钮，在弹出的窗口中单击“新建连接”按钮，弹出“选择数据源”对话框，如图 15.6 所示，该对话框中选择“Microsoft SQL Server”。

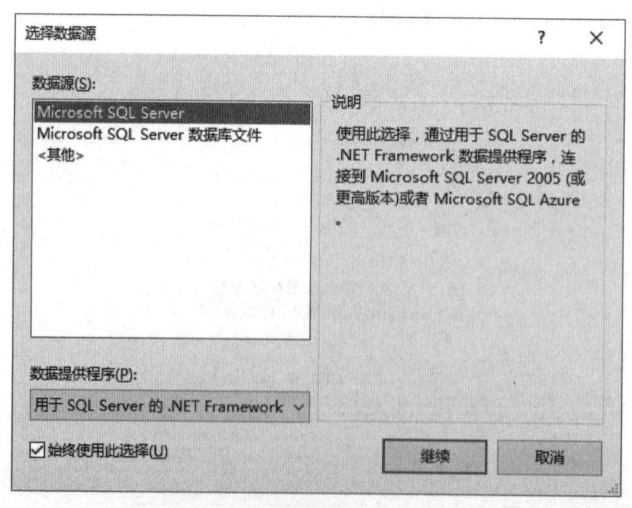

图 15.6　“选择数据源”对话框

（4）单击“继续”按钮，弹出“连接属性”对话框，如图 15.7 所示，该对话框中的设置如下。

◆ 数据源：单击“更改”选择“Microsoft SQL Server (SqlClient)”，如果默认为该项，请忽略。
◆ 服务器名：单击下拉框会自动寻找到本机机器名称，如果数据库在本地，那么选择自己的机器名即可。
◆ 身份验证：选择 SQL Server 身份验证，填写用户名和密码（数据库登录名和密码）。
◆ 选择或输入数据库名称：在此处单击下拉框，找到想要映射的数据库名称，本例为 db_EMS。

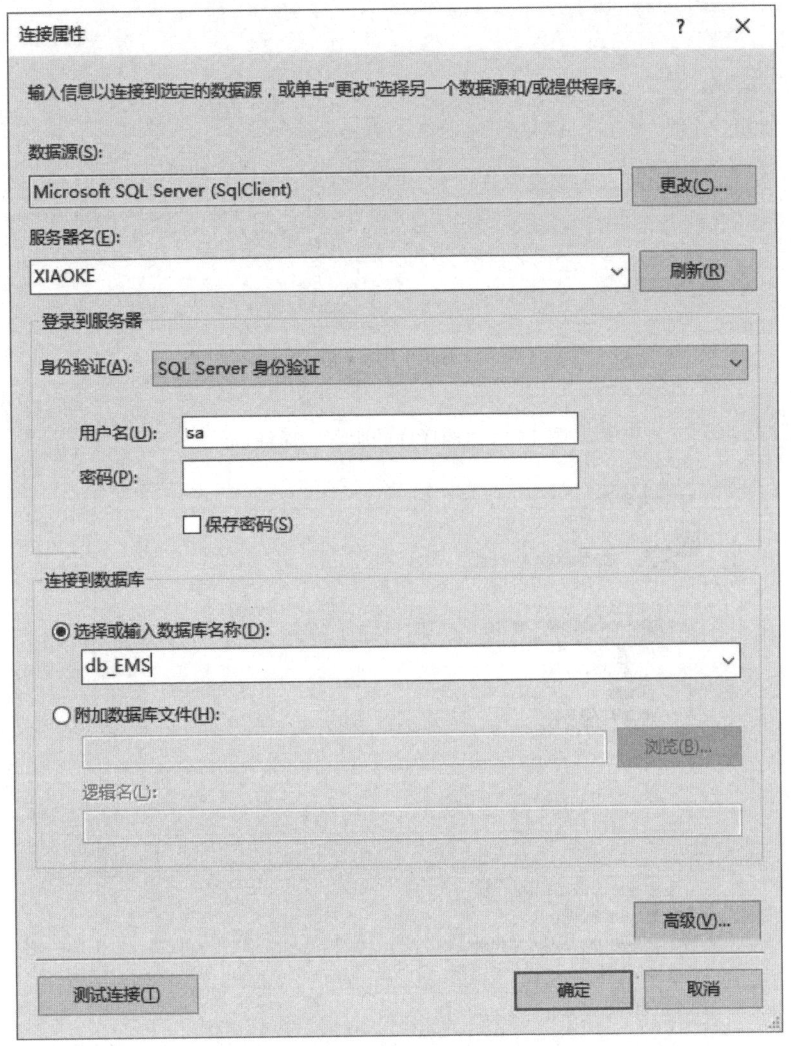

图 15.7　配置连接数据库

（5）以上信息配置完毕后，单击“确定”按钮，返回“实体数据模型向导”对话框。单击“下一步”按钮，跳转到“选择您的版本”对话框，如图 15.8 所示，在该对话框中可以根据自己的实际需要进行选择，这里选择“试题框架 6.x”单选按钮。

（6）单击“下一步”按钮，跳转到“选择您的数据库对象和设置”窗口，这里暂时用不到视图或存储过程，所以只选择“表”即可，如图 15.9 所示，单击“完成”按钮。

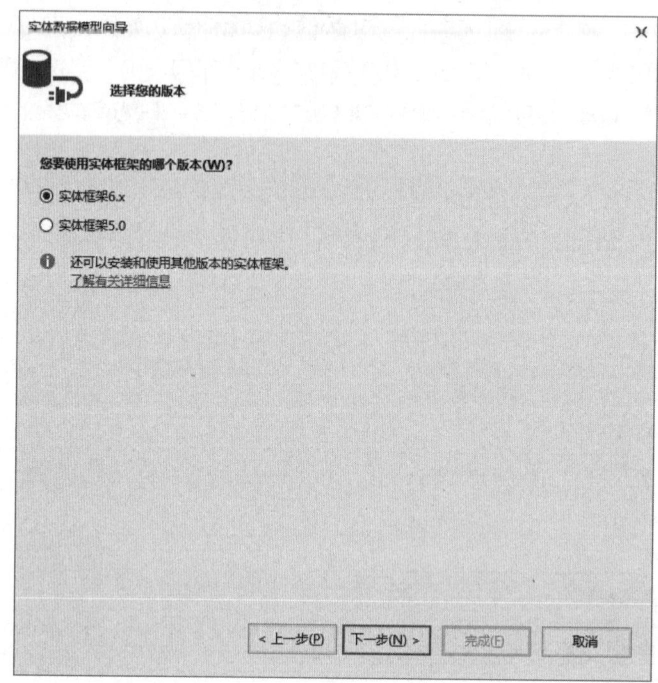

图 15.8 “选择您的版本”对话框

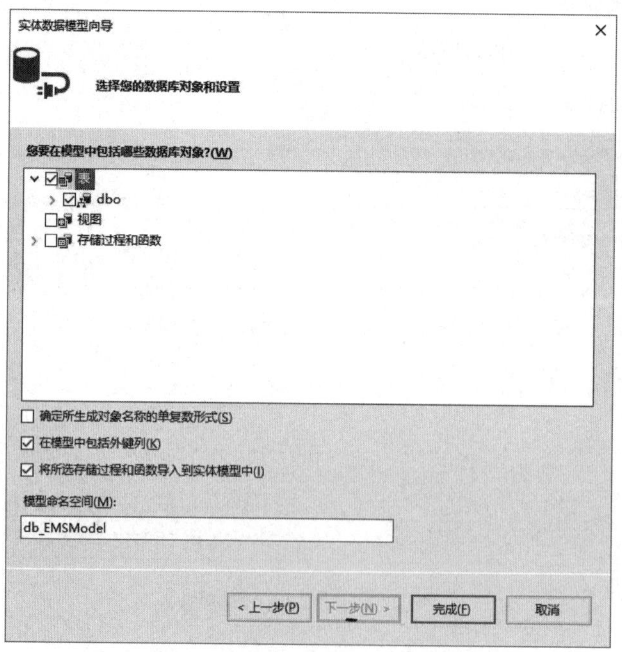

图 15.9 选择要映射的内容（此处选择“表”）

等待生成完成后，编辑器自动打开模型图页面以展示关联性，这里直接关闭即可。打开“解决方案资源管理器”，发现当前项目中多了一个“db_EMS.edmx”文件，这就是模型实体和数据库上下文类，如图 15.10 所示为整个架构情况。

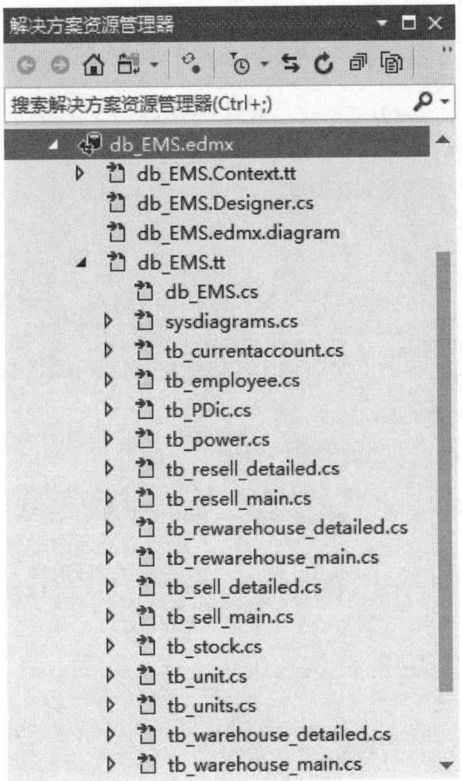

图 15.10　EF 生成实体架构

15.5　通过 EF 对数据表进行增删改查操作

15.4 节中创建了 EF 中的实体数据模型，本节将通过一个实例，讲解如何通过 EF 对数据表进行增删改查操作。

【例 15.01】 本实例在 15.4 节基础上实现，在默认窗体中添加 7 个 TextBox 控件，分别用来输入或者编辑商品信息；添加一个 ComboBox 控件，用来显示商品的单位；添加两个 Button 控件，分别用来实现添加和修改商品信息的功能；添加一个 DataGridView 控件，用来实时显示数据表中的所有商品信息，代码如下：（**实例位置：资源包 \ 源码 \15\15.01**）

```
string strID = "";                                    // 记录选中的商品编号
private void Form1_Load(object sender, EventArgs e)
{
    using (db_EMSEntities db = new db_EMSEntities())
    {
        dgvInfo.DataSource = db.tb_stock.ToList();    // 显示数据表中所有信息
    }
}
private void btnAdd_Click(object sender, EventArgs e)
```

```
{
    using (db_EMSEntities db = new db_EMSEntities())
    {
        tb_stock stock = new tb_stock
        {
            // 为 tb_stock 类中的商品实体赋值
            tradecode = txtID.Text,
            fullname = txtName.Text,
            unit = cbox.Text,
            type = txtType.Text,
            standard = txtISBN.Text,
            produce = txtAddress.Text,
            qty = Convert.ToInt32(txtNum.Text),
            price = Convert.ToDouble(txtPrice.Text)
        };
        db.tb_stock.Add(stock);                          // 构造添加 SQL 语句
        db.SaveChanges();                                // 进行数据库添加操作
        dgvInfo.DataSource = db.tb_stock.ToList();       // 重新绑定数据源
    }
}
private void btnEdit_Click(object sender, EventArgs e)
{
    using (db_EMSEntities db = new db_EMSEntities())
    {
        tb_stock stock = new tb_stock { tradecode = txtID.Text, fullname = txtName.Text };
        db.tb_stock.Attach(stock);                       // 构造修改 SQL 语句
        // 重新为各个字段复制
        stock.unit = cbox.Text;
        stock.type = txtType.Text;
        stock.standard = txtISBN.Text;
        stock.produce = txtAddress.Text;
        stock.qty = Convert.ToInt32(txtNum.Text);
        stock.price = Convert.ToDouble(txtPrice.Text);
        db.SaveChanges();                                // 进行数据库修改操作
        dgvInfo.DataSource = db.tb_stock.ToList();       // 重新绑定数据源
    }
}
private void 删除 ToolStripMenuItem_Click(object sender, EventArgs e)
{
    using (db_EMSEntities db = new db_EMSEntities())
    {
        // 查找要删除的记录
        tb_stock stock = db.tb_stock.Where(W => W.tradecode == strID).FirstOrDefault();
        if (stock != null)                               // 判断要删除的记录是否存在
        {
            db.tb_stock.Remove(stock);                   // 构造删除 SQL 语句
            db.SaveChanges();                            // 执行删除操作
            dgvInfo.DataSource = db.tb_stock.ToList();  // 重新绑定数据源
            MessageBox.Show(" 商品信息删除成功 ");
```

```
        }
        else
            MessageBox.Show(" 请选择要删除的商品！ ");
    }
}
private void dgvInfo_CellClick(object sender, DataGridViewCellEventArgs e)
{
    if (e.RowIndex > 0)                                    // 判断是否选择了行
    {
        // 获取选中的商品编号
        strID = Convert.ToString(dgvInfo [0, e.RowIndex].Value).Trim();
        using (db_EMSEntities db = new db_EMSEntities())
        {
            // 获取指定编号的商品信息
            tb_stock stock = db.tb_stock.Where(W => W.tradecode == strID).FirstOrDefault();
            if (stock != null)                             // 判断查询结果是否为空
            {
                txtID.Text = stock.tradecode;              // 显示商品编号
                txtName.Text = stock.fullname;             // 显示商品全称
                cbox.Text = stock.unit;                    // 显示商品单位
                txtType.Text = stock.type;                 // 显示商品类型
                txtISBN.Text = stock.standard;             // 显示商品规格
                txtAddress.Text = stock.produce;           // 显示商品产地
                txtNum.Text = stock.qty.ToString();        // 显示商品数量
                txtPrice.Text = stock.price.ToString();    // 显示商品价格
            }
        }
    }
}
```

程序运行结果如图 15.11 所示。

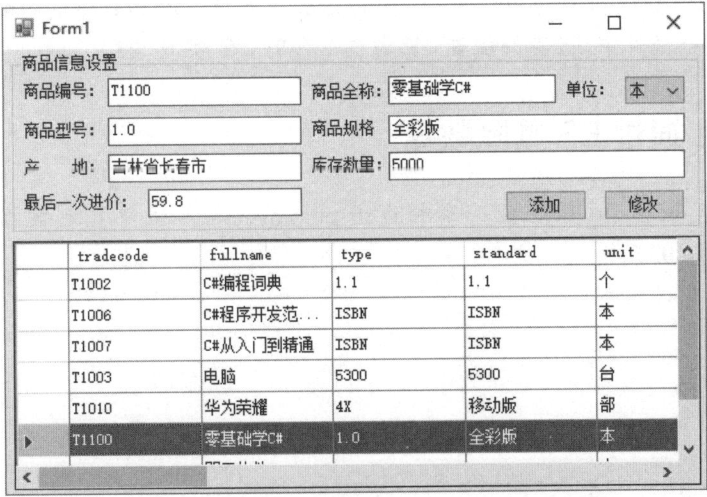

图 15.11　通过 EF 对数据表进行增删改查操作

视频讲解

15.6 EF 相对于 ADO.NET 的优势

EF 是微软官方发布的 ORM 框架，它是基于 ADO.NET 的，既然两者类似，那么 EF 相对于 ADO.NET 有哪些优势呢？

（1）开发效率高，开发人员完全可以根据面向对象的思维进行软件的开发；

（2）可以使用三种设计模式中的 ModelFirst（模型优先）来设计数据库，而且比较直观；

（3）可以跨数据库，只需要在配置文件中修改连接字符串；

（4）与 Visual Studio 开发工具结合得比较好。

当然，既然有优点，肯定也会存在缺点，它的主要缺点是性能上不如 ADO.NET，因为中间有一个生成 SQL 脚本的过程。

15.7 小　　结

本章主要对从 ADO.NET 技术衍生出来的 Entity Framework 技术进行了讲解。学习本章内容时，重点需要掌握 Entity Framework 的具体使用方法，并能够从本章所讲解的基础上进行延伸学习。

15.8 实　　战

15.8.1 实战一：通过 EF 添加数据

通过 EF 技术对 db_EMS 数据库中的 tb_employee 数据表执行添加数据的操作，同时将该表中的数据显示到 DataGridView 控件中。（**实例位置：资源包 \ 源码 \15\ 实战 \01**）

15.8.2 实战二：通过 EF 删除数据

通过 EF 技术实现删除 db_EMS 数据库中的 tb_employee 数据表中指定数据的功能。（**实例位置：资源包 \ 源码 \15\ 实战 \02**）

第 16 章

文件及数据流技术

（视频讲解：1 小时 8 分钟）

在变量、对象和数组中存储的数据是暂时的，程序结束后就会丢失。为了能够长时间地保存程序中的数据，需要将程序中的数据保存到磁盘文件中。C# 的 I/O 技术可以将数据保存到文件（如文本文件等）中，以达到长时间保存数据的目的。掌握 I/O 处理技术能够提高对数据的处理能力。

通过学习本章，读者主要掌握以下内容：

- 文件操作类的使用
- 文件的常见操作
- 文件夹操作类的使用
- 文件夹的常见操作
- FileStream 类的使用
- C# 如何操作文本文件

16.1　文件基本操作

对文件的基本操作大体可以分为判断文件是否存在、创建文件、复制或移动文件、删除文件以及获取文件基本信息，本节将对文件的基本操作进行详细讲解。

16.1.1　File 类

File 类支持对文件的基本操作，它包括用于创建、复制、删除、移动和打开文件的静态方法，并协助创建 FileStream 对象。File 类中一共包含 40 多种方法，这里只列出其常用的几种方法，如表 16.1 所示。

表 16.1　File 类的常用方法及说明

方　法	说　明
Copy	将现有文件复制到新文件
Create	在指定路径中创建文件
Delete	删除指定的文件。如果指定的文件不存在，则不引发异常
Exists	确定指定的文件是否存在
Move	将指定文件移到新位置，并提供指定新文件名的选项
Open	打开指定路径上的 FileStream
CreateText	创建或打开一个文件用于写入 UTF-8 编码的文本
OpenText	打开现有 UTF-8 编码文本文件以进行读取
OpenWrite	打开现有文件以进行写入
ReadAllText	打开一个文本文件，将文件的所有内容读入一个字符串，然后关闭该文件

使用与文件、文件夹及流相关的类时，首先需要添加 System.IO 命名空间。

16.1.2　FileInfo 类

FileInfo 类和 File 类之间许多方法调用都是相同的，但是 FileInfo 类没有静态方法，该类中的方法仅可以用于实例化的对象。File 类是静态类，其调用需要字符串参数为每一个方法调用规定文件位置，因此如果要在对象上进行单一方法调用，则可以使用静态 File 类。在这种情况下静态调用速度要快一些，因为 .NET 框架不必执行实例化新对象并调用其方法。如果要在文件上执行几种操作，则实例化 FileInfo 对象并调用其方法更好一些，这样会提高效率，因为对象将在文件系统上引用正确的文件，而静态类却必须每次都要寻找文件。

FileInfo 类的常用属性及说明如表 16.2 所示。

表 16.2　FileInfo 类的常用属性及说明

属　性	说　明
CreationTime	获取或设置当前 FileSystemInfo 对象的创建时间
Directory	获取父目录的实例
DirectoryName	获取表示目录的完整路径的字符串
Exists	获取指示文件是否存在的值
Extension	获取表示文件扩展名部分的字符串
FullName	获取目录或文件的完整目录
Length	获取当前文件的大小
Name	获取文件名

说明

（1）由于 File 类中的所有方法都是静态的，所以如果只想执行一个操作，那么使用 File 类中方法的效率比使用相应的 FileInfo 类中的方法可能更高。

（2）File 类中的方法都是静态方法，在使用时需要对所有方法都执行安全检查，因此如果打算多次重用某个对象，可考虑改用 FileInfo 类中的相应方法，因为并不总是需要安全检查。

16.1.3　判断文件是否存在

判断文件是否存在时，可以使用 File 类的 Exists 方法或者 FileInfo 类的 Exists 属性来实现，下面分别介绍。

1. File 类的 Exists 方法

File 类的 Exists 方法主要用于确定指定的文件是否存在，其语法格式如下：

```
public static bool Exists (string path)
```

- path：要检查的文件。
- 返回值：如果调用方具有要求的权限并且 path 包含现有文件的名称，则为 true；否则为 false。如果 path 为空引用或零长度字符串，则此方法也返回 false。如果调用方不具有读取指定文件所需的足够权限，则不引发异常并且该方法返回 false，这与 path 是否存在无关。

例如，使用 File 类的 Exists 方法判断 C 盘根目录下是否存在 Test.txt 文件，代码如下：

```
File.Exists ("C:\\Test.txt");
```

2. FileInfo 类的 Exists 属性

FileInfo 类的 Exists 属性用于获取指示文件是否存在的值，其语法格式如下：

```
public override bool Exists { get; }
```

属性值：如果该文件存在，则为 true；如果该文件不存在或该文件是目录，则为 false。

例如，首先实例化一个 FileInfo 对象，然后使用该对象调用 FileInfo 类中的 Exists 属性判断 C 盘根目录下是否存在 Test.txt 文件。代码如下：

```
FileInfo finfo = new FileInfo ("C:\\Test.txt");          // 创建文件对象
if (finfo.Exists)                                          // 判断文件是否存在
{
}
```

16.1.4 创建文件

创建文件可以使用 File 类的 Create 方法或者 FileInfo 类的 Create 方法来实现，下面分别介绍。

1. File 类的 Create 方法

该方法为可重载方法，具有以下 4 种重载形式。

```
public static FileStream Create (string path)
public static FileStream Create (string path, int bufferSize)
public static FileStream Create (string path, int bufferSize, FileOptions options)
public static FileStream Create (string path, int bufferSize, FileOptions options, FileSecurity fileSecurity)
```

File 类的 Create 方法参数及说明如表 16.3 所示。

表 16.3 File 类的 Create 方法参数及说明

参　数	说　明
path	文件名
bufferSize	用于读取和写入文件的已放入缓冲区的字节数
options	FileOptions 值之一，用于描述如何创建或改写该文件
fileSecurity	FileSecurity 值之一，用于确定文件的访问控制和审核安全性

例如，调用 File 类的 Create 方法在 C 盘根目录下创建一个 Test.txt 文本文件，代码如下：

```
File.Create ("C:\\Test.txt");
```

2. FileInfo 类的 Create 方法

该方法语法格式如下：

```
public FileStream Create ()
```

返回值：新文件。默认情况下，该方法将向所有用户授予对新文件的完全读写访问权限。

例如，首先实例化一个 FileInfo 对象，然后使用该对象调用 FileInfo 类的 Create 方法在 C 盘根目录下创建一个 Test.txt 文本文件，代码如下：

```
FileInfo finfo = new FileInfo ("C:\\Test.txt");          // 创建文件对象
finfo.Create();                                           // 创建文件
```

技巧

使用 File 类和 FileInfo 类创建文本文件时，其默认的字符编码为 UTF-8，而在 Windows 环境中手动创建文本文件时，其字符编码为 ANSI。

16.1.5　复制文件

复制文件时，可以使用 File 类的 Copy 方法或者 FileInfo 类的 CopyTo 方法来实现，下面分别介绍。

1. File 类的 Copy 方法

该方法为可重载方法，具有以下两种重载形式。

```
public static void Copy (string sourceFileName, string destFileName)
public static void Copy (string sourceFileName, string destFileName, bool overwrite)
```

◆ sourceFileName：要复制的文件。
◆ destFileName：目标文件的名称。不能是目录；如果是第一种重载形式，该参数不能是现有文件。
◆ overwrite：如果可以改写目标文件，则为 true；否则为 false。

例如，调用 File 类的 Copy 方法将 C 盘根目录下的 Test.txt 文本文件复制到 D 盘根目录下，代码如下：

```
File.Copy ("C:\\Test.txt", "D:\\Test.txt");
```

2. FileInfo 类的 CopyTo 方法

该方法为可重载方法，具有以下两种重载形式。

```
public FileInfo CopyTo (string destFileName)
public FileInfo CopyTo (string destFileName, bool overwrite)
```

◆ destFileName：要复制到的新文件的名称。
◆ overwrite：若为 true，则允许改写现有文件；否则为 false。
◆ 返回值：第一种重载形式的返回值为带有完全限定路径的新文件；第二种重载形式的返回值为新文件，或者如果 overwrite 为 true，则为现有文件的改写；如果文件存在，且 overwrite 为 false，则会发生 IOException。

例如，首先实例化一个 FileInfo 对象，然后使用该对象调用 FileInfo 类的 CopyTo 方法将 C 盘根目录下的 Test.txt 文本文件复制到 D 盘根目录下，如果 D 盘根目录下已经存在 Test.txt 文本文件，则将其替换，代码如下：

```
FileInfo finfo = new FileInfo ("C:\\Test.txt");          // 创建文件对象
finfo.CopyTo ("D:\\Test.txt", true);                     // 将文件复制到 D 盘
```

16.1.6 移动文件

移动文件时，可以使用 File 类的 Move 方法或者 FileInfo 类的 MoveTo 方法来实现，下面分别介绍。

1. File 类的 Move 方法

该方法用于将指定文件移到新位置，并提供指定新文件名的选项，其语法格式如下：

```
public static void Move (string sourceFileName, string destFileName)
```

- sourceFileName：要移动的文件的名称。
- destFileName：文件的新路径。

例如，调用 File 类的 Move 方法将 C 盘根目录下的 Test.txt 文本文件移动到 D 盘根目录下，代码如下：

```
File.Move ("C:\\Test.txt", "D:\\Test.txt");
```

2. FileInfo 类的 MoveTo 方法

该方法将指定文件移到新位置，并提供指定新文件名的选项，其语法格式如下：

```
public void MoveTo (string destFileName)
```

destFileName：要将文件移动到的路径，可以指定另一个文件名。

例如，下面代码首先实例化了一个 FileInfo 对象，然后使用该对象调用 FileInfo 类的 MoveTo 方法将 C 盘根目录下的 Test.txt 文本文件移动到 D 盘根目录下。

```
FileInfo finfo = new FileInfo ("C:\\Test.txt");          // 创建文件对象
finfo.MoveTo ("D:\\Test.txt");                           // 将文件移动（剪切）到 D 盘
```

注意

使用 Move/MoveTo 方法移动现有文件时，如果原文件和目的文件是同一个文件，将产生 IOException 异常。

16.1.7 删除文件

删除文件可以使用 File 类的 Delete 方法或者 FileInfo 类的 Delete 方法来实现，下面分别介绍。

1. File 类的 Delete 方法

该方法用于删除指定的文件，其语法格式如下：

```
public static void Delete (string path)
```

参数 path 表示要删除的文件名称。
例如，调用 File 类的 Delete 方法删除 C 盘根目录下的 Test.txt 文本文件，代码如下：

```
File.Delete ("C:\\Test.txt");
```

2. FileInfo 类的 Delete 方法

该方法用于永久删除文件，其语法格式如下：

```
public override void Delete ()
```

例如，首先实例化一个 FileInfo 对象，然后使用该对象调用 FileInfo 类的 Delete 方法删除 C 盘根目录下的 Test.txt 文本文件，代码如下：

```
FileInfo finfo = new FileInfo ("C:\\Test.txt");          // 创建文件对象
finfo.Delete();                                          // 删除文件
```

16.1.8 获取文件基本信息

获取文件的基本信息时，主要用到了 FileInfo 类中的各种属性，下面通过一个实例说明如何获取文件的基本信息。

【例 16.01】 获取选定文件的详细信息，程序开发步骤如下。（**实例位置：资源包 \ 源码 \16\16.01**）

（1）新建一个 Windows 应用程序，在默认的 Form1 窗体中，添加一个 OpenFileDialog 控件、一个 TextBox 控件和一个 Button 控件。其中，OpenFileDialog 控件用来显示“打开”对话框，TextBox 控件用来显示选择的文件名，Button 控件用来打开“打开”对话框并获取所选文件的基本信息。

（2）双击触发 Button 控件的 Click 事件，该事件中，使用 FileInfo 对象的属性获取文件的详细信息并显示，代码如下：

```
private void button1_Click (object sender, EventArgs e)
{
    if (openFileDialog1.ShowDialog() == DialogResult.OK)
    {
        textBox1.Text = openFileDialog1.FileName;                    // 显示打开的文件
        FileInfo finfo = new FileInfo (textBox1.Text);               // 创建 FileInfo 对象
        string strCTime = finfo.CreationTime.ToShortDateString();    // 获取文件创建时间
        // 获取上次访问该文件的时间
        string strLATime = finfo.LastAccessTime.ToShortDateString();
        string strLWTime = finfo.LastWriteTime.ToShortDateString();  // 获取上次写入文件的时间
        string strName = finfo.Name;                                 // 获取文件名称
```

```
        string strFName = finfo.FullName;                          // 获取文件的完整目录
        string strDName = finfo.DirectoryName;                     // 获取文件的完整路径
        string strISRead = finfo.IsReadOnly.ToString();            // 获取文件是否只读
        long lgLength = finfo.Length;                              // 获取文件长度
        MessageBox.Show (" 文件信息：\n 创建时间：" + strCTime + " 上次访问时间：" + strLATime + "\n 上次
写入时间：" + strLWTime + " 文件名称：" + strName + "\n 完整目录：" + strFName + "\n 完整路径：" + strDName +
"\n 是否只读：" + strISRead + " 文件长度：" + lgLength);
    }
}
```

运行程序，单击“浏览”按钮，弹出“打开”对话框；选择文件，单击“打开”按钮，在弹出的对话框中将显示所选文件的基本信息。程序运行结果如图 16.1 所示。

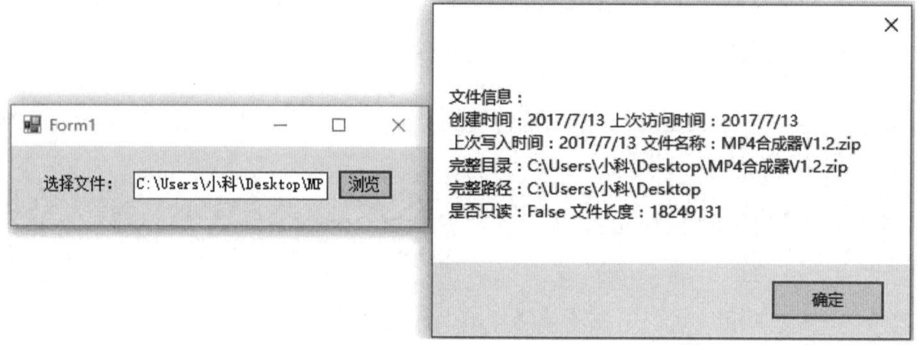

图 16.1　获取文件基本信息

16.2　文件夹基本操作

对文件夹的基本操作大体可以分为判断文件夹是否存在、创建文件夹、移动文件夹、删除文件夹以及遍历文件夹中的文件，本节将对文件夹的基本操作进行详细讲解。

16.2.1　Directory 类

Directory 类公开了用于创建、移动、枚举、删除目录和子目录的静态方法，这里介绍一些该类中的常用方法，如表 16.4 所示。

表 16.4　Directory 类的常用方法及说明

方　　法	说　　明
CreateDirectory	创建指定路径中的所有目录
Delete	删除指定的目录
Exists	确定指定路径是否引用磁盘上的现有目录

续表

方　法	说　明
GetCreationTime	获取目录的创建日期和时间
GetDirectories	获取指定目录中子目录的名称
GetDirectoryRoot	返回指定路径的卷信息、根信息或两者同时返回
GetFiles	返回指定目录中的文件名称
GetFileSystemEntries	返回指定目录中所有文件和子目录的名称
GetLastAccessTime	返回上次访问指定文件或目录的日期和时间
GetLastWriteTime	返回上次写入指定文件或目录的日期和时间
GetParent	检索指定路径的父目录，包括绝对路径和相对路径
Move	将文件或目录及其内容移到新位置
SetCreationTime	为指定的文件或目录设置创建日期和时间
SetCurrentDirectory	将应用程序的当前工作目录设置为指定的目录
SetLastAccessTime	设置上次访问指定文件或目录的日期和时间
SetLastWriteTime	设置上次写入目录的日期和时间

16.2.2　DirectoryInfo 类

DirectoryInfo 类和 Directory 类之间许多方法调用都是相同的，但是 DirectoryInfo 类没有静态方法，该类中的方法仅可以用于实例化的对象。Directory 类是静态类，其调用需要字符串参数为每一个方法调用规定文件夹路径，因此如果要在对象上进行单一方法调用，则可以使用静态 Directory 类。在这种情况下静态调用速度要快一些，因为 .NET 框架不必执行实例化新对象并调用其方法。如果要在文件夹上执行几种操作，则实例化 DirectoryInfo 对象并调用其方法则更好一些，这样会提高效率，因为对象将在文件夹系统上引用正确的文件夹，而静态类却必须每次都要寻找文件夹。

DirectoryInfo 类的常用属性及说明如表 16.5 所示。

表 16.5　DirectoryInfo 类的常用属性及说明

属　性	说　明
Exists	获取指示目录是否存在的值
Extension	获取表示文件扩展名部分的字符串
FullName	获取目录或文件的完整目录
Name	获取 DirectoryInfo 实例的名称
Parent	获取指定子目录的父目录
Root	获取路径的根部分

16.2.3 判断文件夹是否存在

判断文件夹是否存在时，可以使用 Directory 类的 Exists 方法或者 DirectoryInfo 类的 Exists 属性来实现，下面分别介绍。

1. Directory 类的 Exists 方法

该方法用于确定指定路径是否引用磁盘上的现有目录，其语法格式如下：

```
public static bool Exists (string path)
```

- path：要测试的路径。
- 返回值：如果 path 引用现有目录，则为 true；否则为 false。

例如，使用 Directory 类的 Exists 方法判断 C 盘根目录下是否存在 Test 文件夹，代码如下：

```
Directory.Exists ("C:\\Test ");
```

2. DirectoryInfo 类的 Exists 属性

该属性用于获取指示目录是否存在的值，其语法格式如下：

```
public override bool Exists { get; }
```

属性值：如果目录存在，则为 true；否则为 false。

例如，首先实例化一个 DirectoryInfo 对象，然后使用该对象调用 DirectoryInfo 类中的 Exists 属性判断 C 盘根目录下是否存在 Test 文件夹，代码如下：

```
DirectoryInfo dinfo = new DirectoryInfo ("C:\\Test");        // 创建文件夹对象
if (dinfo.Exists)                                            // 判断文件夹是否存在
{
}
```

16.2.4 创建文件夹

创建文件夹可以使用 Directory 类的 CreateDirectory 方法或者 DirectoryInfo 类的 Create 方法来实现，下面分别介绍。

1. Directory 类的 CreateDirectory 方法

该方法为可重载方法，具有以下两种重载形式。

```
public static DirectoryInfo CreateDirectory (string path)
public static DirectoryInfo CreateDirectory (string path, DirectorySecurity directorySecurity)
```

- path：要创建的目录路径。

◆ directorySecurity：要应用于此目录的访问控制。
◆ 返回值：第一种重载形式的返回值为由 path 指定的 DirectoryInfo；第二种重载形式的返回值为新创建的目录的 DirectoryInfo 对象。

例如，调用 Directory 类的 CreateDirectory 方法在 C 盘根目录下创建一个 Test 文件夹，代码如下：

```
Directory.CreateDirectory ("C:\\Test ");
```

2. DirectoryInfo 类的 Create 方法

该方法为可重载方法，具有以下两种重载形式。

```
public void Create ()
public void Create (DirectorySecurity directorySecurity)
```

directorySecurity：要应用于此目录的访问控制。

例如，首先实例化一个 DirectoryInfo 对象，然后使用该对象调用 DirectoryInfo 类的 Create 方法在 C 盘根目录下创建一个 Test 文件夹，代码如下：

```
DirectoryInfo dinfo = new DirectoryInfo ("C:\\Test");        // 创建文件夹对象
dinfo.Create ();                                             // 创建文件夹
```

16.2.5　移动文件夹

移动文件夹时，可以使用 Directory 类的 Move 方法或者 DirectoryInfo 类的 MoveTo 方法来实现，下面分别介绍。

1. Directory 类的 Move 方法

该方法用于将文件或目录及其内容移到新位置，其语法格式如下：

```
public static void Move (string sourceDirName, string destDirName)
```

◆ sourceDirName：要移动的文件或目录的路径。
◆ destDirName：指向 sourceDirName 的新位置的路径。

例如，调用 Directory 类的 Move 方法将 C 盘根目录下的 Test 文件夹移动到 C 盘根目录下的“新建文件夹”文件夹中，代码如下：

```
Directory.Move ("C:\\Test ", "C:\\ 新建文件夹 \\Test");
```

注意

使用 Move 方法移动文件夹时需要统一磁盘根目录，如 C 盘下的文件夹只能移动到 C 盘中的某个文件夹下；同样，使用 MoveTo 方法移动文件夹时也是如此，下面不再强调。

2. DirectoryInfo 类的 MoveTo 方法

该方法用于将 DirectoryInfo 对象及其内容移动到新路径，其语法格式如下：

```
public void MoveTo (string destDirName)
```

destDirName：要将此目录移动到的目标位置的名称和路径。目标不能是另一个具有相同名称的磁盘卷或目录，它可以将此目录作为子目录添加到其中的一个现有目录。

例如，首先实例化一个 DirectoryInfo 对象，然后使用该对象调用 DirectoryInfo 类的 MoveTo 方法将 C 盘根目录下的 Test 文件夹移动到 C 盘根目录下的“新建文件夹”文件夹中，代码如下：

```
DirectoryInfo dinfo = new DirectoryInfo ("C:\\Test");          // 创建文件夹对象
dinfo.MoveTo ("C:\\ 新建文件夹 \\Test");                       // 移动（剪切）文件夹
```

16.2.6 删除文件夹

删除文件夹可以使用 Directory 类的 Delete 方法或者 DirectoryInfo 类的 Delete 方法来实现，下面分别介绍。

1. Directory 类的 Delete 方法

该方法为可重载方法，具有以下两种重载形式。

```
public static void Delete (string path)
public static void Delete (string path, bool recursive)
```

- path：要移除的空目录 / 目录的名称。
- recursive：若要移除 path 中的目录、子目录和文件，则为 true；否则为 false。

例如，调用 Directory 类的 Delete 方法删除 C 盘根目录下的 Test 文件夹，代码如下：

```
Directory.Delete ("C:\\Test");
```

2. DirectoryInfo 类的 Delete 方法

该方法用于永久删除文件夹，具有以下两种重载形式。

```
public override void Delete ()
public void Delete (bool recursive)
```

recursive：若为 true，则删除此目录、其子目录以及所有文件；否则为 false。

说明

第一种重载形式，如果 DirectoryInfo 为空，则删除它；第二种重载形式，删除 DirectoryInfo 对象并指定是否要删除子目录和文件。

例如，首先实例化一个 DirectoryInfo 对象，然后使用该对象调用 DirectoryInfo 类的 Delete 方法删除 C 盘根目录下的 Test 文件夹，代码如下：

```
DirectoryInfo dinfo = new DirectoryInfo ("C:\\Test");          //创建文件夹对象
dinfo.Delete ();                                               //删除文件夹
```

16.2.7 遍历文件夹

遍历文件夹时，可以分别使用 DirectoryInfo 类提供的 GetDirectories 方法、GetFiles 方法和 GetFile SystemInfos 方法。下面对这 3 个方法进行详细讲解。

1. GetDirectories 方法

用来返回当前目录的子目录。该方法为可重载方法，具有以下 3 种重载形式。

```
public DirectoryInfo [ ] GetDirectories ()
public DirectoryInfo [ ] GetDirectories (string searchPattern)
public DirectoryInfo [ ] GetDirectories (string searchPattern, SearchOption searchOption)
```

- searchPattern：搜索字符串，如用于搜索所有以单词 System 开头的目录的“System*”。
- searchOption：SearchOption 枚举的一个值，指定搜索操作是应仅包含当前目录还是应包含所有子目录。
- 返回值：第一种重载形式的返回值为 DirectoryInfo 对象的数组；第二种和第三种重载形式的返回值为与 searchPattern 匹配的 DirectoryInfo 类型的数组。

2. GetFiles 方法

返回当前目录的文件列表。该方法为可重载方法，具有以下 3 种重载形式。

```
public FileInfo [ ] GetFiles ()
public FileInfo [ ] GetFiles (string searchPattern)
public FileInfo [ ] GetFiles (string searchPattern, SearchOption searchOption)
```

- searchPattern：搜索字符串（如“*.txt”）。
- searchOption：SearchOption 枚举的一个值，指定搜索操作是应仅包含当前目录还是应包含所有子目录。
- 返回值：FileInfo 类型数组。

3. GetFileSystemInfos 方法

检索表示当前目录的文件和子目录的强类型 FileSystemInfo 对象的数组。该方法为可重载方法，具有以下两种重载形式。

```
public FileSystemInfo [ ] GetFileSystemInfos ()
public FileSystemInfo [ ] GetFileSystemInfos (string searchPattern)
```

◆ searchPattern：搜索字符串。
◆ 返回值：第一种重载形式的返回值为强类型 FileSystemInfo 项的数组；第二种重载形式的返回值为与搜索条件匹配的强类型 FileSystemInfo 对象的数组。

一般遍历文件夹时都会使用 GetFileSystemInfos 方法，因为 GetDirectories 方法只遍历文件夹中的子文件夹，GetFiles 方法只遍历文件夹中的文件，而 GetFileSystemInfos 方法遍历文件夹中的所有子文件夹及文件。

【例 16.02】 获取文件夹中的所有子文件夹及文件信息，程序开发步骤如下。（**实例位置：资源包\源码\16\16.02**）

（1）新建一个 Windows 应用程序，默认窗体为 Form1.cs。

（2）在 Form1 窗体中，添加一个 FolderBrowserDialog 控件、一个 TextBox 控件、一个 Button 控件和一个 ListView 控件。其中，FolderBrowserDialog 控件用来显示“浏览文件夹”对话框，TextBox 控件用来显示选择的文件夹路径及名称，Button 控件用来打开“浏览文件夹”对话框并获取所选文件夹中的子文件夹及文件，ListView 控件用来显示选择的文件夹中的子文件夹及文件信息。

（3）双击触发 Button 控件的 Click 事件，该事件中，使用 DirectoryInfo 对象的 GetFileSystemInfos 方法获取指定文件夹下的所有子文件夹及文件，然后将获取到的信息显示在 ListView 列表中。代码如下：

```
private void button1_Click (object sender, EventArgs e)
{
    listView1.Items.Clear();
    if (folderBrowserDialog1.ShowDialog() == DialogResult.OK)
    {
        textBox1.Text = folderBrowserDialog1.SelectedPath;
        // 创建 DirectoryInfo 对象
        DirectoryInfo dinfo = new DirectoryInfo (textBox1.Text);
        // 获取指定目录下的所有子目录及文件类型
        FileSystemInfo [ ] fsinfos = dinfo.GetFileSystemInfos();
        foreach (FileSystemInfo fsinfo in fsinfos)
        {
            if (fsinfo is DirectoryInfo)      // 判断是否文件夹
            {
                // 使用获取的文件夹名称实例化 DirectoryInfo 对象
                DirectoryInfo dirinfo = new DirectoryInfo (fsinfo.FullName);
                // 为 ListView 控件添加文件夹信息
                listView1.Items.Add (dirinfo.Name);
                listView1.Items [listView1.Items.Count – 1].SubItems.Add (dirinfo.FullName);
                listView1.Items [listView1.Items.Count – 1].SubItems.Add ("");
                listView1.Items [listView1.Items.Count – 1].SubItems.Add (dirinfo.CreationTime.ToShortDateString());
            }
            else
            {
                // 使用获取的文件名称实例化 FileInfo 对象
                FileInfo finfo = new FileInfo (fsinfo.FullName);
```

```
                // 为 ListView 控件添加文件信息
                listView1.Items.Add (finfo.Name);
                listView1.Items [listView1.Items.Count – 1].SubItems.Add (finfo.FullName);
                listView1.Items [listView1.Items.Count – 1].SubItems.Add (finfo.Length.ToString());
                listView1.Items [listView1.Items.Count – 1].SubItems.Add (finfo.CreationTime.ToShortDateString());
            }
        }
    }
}
```

运行程序，单击“浏览”按钮，弹出“浏览文件夹”对话框；选择文件夹，单击“确定”按钮，将选择的文件夹中所包含的子文件夹及文件信息显示在 ListView 控件中，程序运行结果如图 16.2 所示。

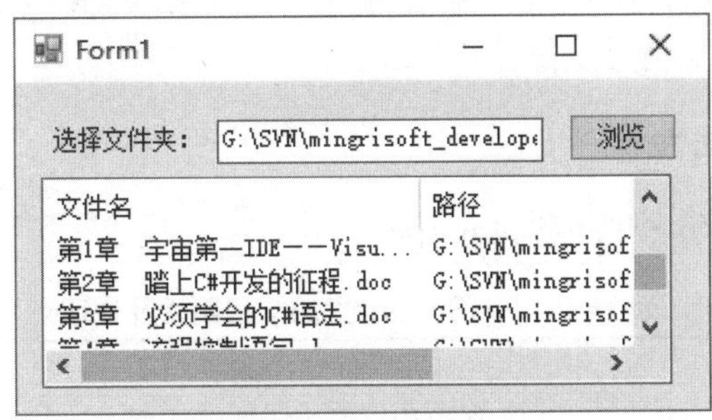

图 16.2　获取文件夹中的所有子文件夹及文件信息

16.3　I/O（输入 / 输出）

作为在 .NET Framework 中执行读写文件操作时的一种非常重要的介质，I/O 数据流提供了一种向后备存储写入字节和从后备存储读取字节的方式。下面对 I/O 数据流进行详细讲解。

16.3.1　流概述

在程序开发过程中，将输入与输出设备之间的数据传递抽象为流，例如键盘可以输入数据，显示器可以显示键盘输入的数据等。按照不同的分类方式，可以将流分为不同的类型：根据操作流的数据单元，可以将流分为字节流（操作的数据单元是一个字节）和字符流（操作的数据单元是两个字节或一个字符，因为一个字符占两个字节）；根据流的流向，可以将流分为输入流和输出流。

从内存的角度出发，输入是指数据从数据源（如文件、压缩包或者视频等）流入到内存的过程；输出流是指数据从内存流出到数据源的过程。

输入流被用来读取数据，输出流被用来写入数据。

在 .NET Framework 中，流由 Stream 类来表示，该类构成了所有其他流的抽象类。不能直接创建 Stream 类的实例，但是必须使用它实现某个 I/O 流类。

C# 中有许多类型的流，但在处理文件输入 / 输出（I/O）时，最重要的类型为 FileStream 类，它提供了读取和写入文件的方式。可在处理文件 I/O 时使用的其他流主要包括 BufferedStream，CryptoStream，MemoryStream 和 NetworkStream 等。

16.3.2 文件 I/O 流介绍

C# 中，文件 I/O 流使用 FileStream 类实现，该类公开以文件为主的 Stream，表示在磁盘或网络路径上指向文件的流。一个 FileStream 类的实例实际上代表一个磁盘文件，它通过 Seek 方法进行对文件的随机访问，也同时包含了流的标准输入、标准输出和标准错误等。FileStream 默认对文件的打开方式是同步的，但它同样很好地支持异步操作。

1. FileStream 类的常用属性

FileStream 类的常用属性及说明如表 16.6 所示。

表 16.6 FileStream 类的常用属性及说明

属　性	说　明
Length	获取用字节表示的流长度
Name	获取传递给构造函数的 FileStream 的名称
Position	获取或设置此流的当前位置

2. FileStream 类的常用方法

FileStream 类的常用方法及说明如表 16.7 所示。

表 16.7 FileStream 类的常用方法及说明

方　法	说　明
BeginRead	开始异步读操作
BeginWrite	开始异步写操作
Close	关闭当前流并释放与之关联的所有资源
EndRead	等待挂起的异步读取完成
EndWrite	结束异步写入，在 I/O 操作完成之前一直阻止
Lock	允许读取访问的同时防止其他进程更改 FileStream
Read	从流中读取字节块并将该数据写入指定缓冲区中
ReadByte	从文件中读取一个字节，并将读取位置提升一个字节
Seek	将该流的当前位置设置为指定值
SetLength	将该流的长度设置为指定值
Unlock	允许其他进程访问以前锁定的某个文件的全部或部分
Write	使用从缓冲区读取的数据将字节块写入该流
WriteByte	将一个字节写入文件流的当前位置

3. 使用 FileStream 类操作文件

要用 FileStream 类操作文件，就要先实例化一个 FileStream 对象。FileStream 类的构造函数具有许多不同的重载形式，其中包括一个最重要的参数，即 FileMode 枚举。

FileMode 枚举规定了如何打开或创建文件，其包括的枚举成员及说明如表 16.8 所示。

表 16.8　FileMode 类的枚举成员及说明

枚 举 成 员	说　明
Append	打开现有文件并查找到文件尾，或创建新文件。FileMode.Append 只能同 FileAccess.Write 一起使用。任何读尝试都将失败并引发 ArgumentException
Create	指定操作系统应创建新文件。如果文件已存在，它将被改写。这要求 FileIOPermissionAccess.Write。System.IO.FileMode.Create 等效于这样的请求：如果文件不存在，则使用 CreateNew；否则使用 Truncate
CreateNew	指定操作系统应创建新文件。此操作需要 FileIOPermissionAccess.Write。如果文件已存在，则将引发 IOException
Open	指定操作系统应打开现有文件。打开文件的能力取决于 FileAccess 所指定的值。如果该文件不存在，则引发 System.IO.FileNotFoundException
OpenOrCreate	指定操作系统应打开文件（如果文件存在）；否则，应创建新文件。如果用 FileAccess.Read 打开文件，则需要 FileIOPermissionAccess.Read。如果文件访问为 FileAccess.Write 或 FileAccess.ReadWrite，则需要 FileIOPermissionAccess.Write；如果文件访问为 FileAccess.Append，则需要 FileIOPermissionAccess.Append
Truncate	指定操作系统应打开现有文件。文件一旦打开，就将被截断为零字节大小。此操作需要 FileIOPermission Access.Write。试图从使用 Truncate 打开的文件中进行读取将导致异常

例如，使用 FileStream 类对象打开 Test.txt 文本文件并对其进行读写访问，代码如下：

```
FileStream aFile = new FileStream ("Test.txt", FileMode.OpenOrCreate, FileAccess.ReadWrite);
```

16.3.3　使用 I/O 流操作文本文件

使用 I/O 流操作文本文件时主要用到 StreamWriter 类和 StreamReader 类，下面对这两个类进行详细讲解。

1. StreamWriter 类

StreamWriter 类是专门用来处理文本文件的类，可以方便地向文本文件中写入字符串，同时它也负责重要的转换和处理向 FileStream 对象写入的工作。

StreamWriter 类的常用属性及说明如表 16.9 所示。

表 16.9　StreamWriter 类的常用属性及说明

属　性	说　明
Encoding	获取将输出写入到其中的 Encoding
Formatprovider	获取控制格式设置的对象
NewLine	获取或设置由当前 TextWriter 使用的行结束符字符串

StreamWriter 类的常用方法及说明如表 16.10 所示。

表 16.10　StreamWriter 类的常用方法及说明

方　法	说　明
Close	关闭当前的 StringWriter 和基础流
Write	写入到 StringWriter 的此实例中
WriteLine	写入重载参数指定的某些数据，后跟行结束符

2. StreamReader 类

StreamReader 类是专门用来读取文本文件的类。StreamReader 可以从底层 Stream 对象创建 StreamReader 对象的实例，而且还能指定编码规范参数。创建 StreamReader 对象后，它提供了许多用于读取和浏览字符数据的方法。

StreamReader 类的常用方法及说明如表 16.11 所示。

表 16.11　StreamReader 类的常用方法及说明

方　法	说　明
Close	关闭 StringReader
Read	读取输入字符串中的下一个字符或下一组字符
ReadBlock	从当前流中读取最大 count 的字符并从 index 开始将该数据写入 Buffer
ReadLine	从基础字符串中读取一行
ReadToEnd	将整个流或从流的当前位置到流的结尾作为字符串读取

【例 16.03】 向文本文件中写入和读取名人名言，程序开发步骤如下。（**实例位置：资源包 \ 源码 \ 16\16.03**）

（1）新建一个 Windows 应用程序，默认窗体为 Form1.cs。

（2）在 Form1 窗体中，添加一个 SaveFileDialog 控件、一个 OpenFileDialog 控件、一个 TextBox 控件和两个 Button 控件。其中，SaveFileDialog 控件用来显示“另存为”对话框，OpenFileDialog 控件用来显示“打开”对话框，TextBox 控件用来输入要写入文本文件的内容和显示选中文本文件的内容，Button 控件分别用来打开“另存为”对话框并执行文本文件写入操作和打开“打开”对话框并执行文本文件读取操作。

（3）分别双击“写入”和“读取”按钮，触发它们的 Click 事件，在这两个事件中，分别使用 StreamWriter 类和 StreamReader 类向文本文件中写入和读取内容，代码如下：

```
private void button1_Click (object sender, EventArgs e)
{
    if (textBox1.Text == string.Empty)
    {
        MessageBox.Show (" 要写入的文件内容不能为空 ");
    }
    else
    {
        saveFileDialog1.Filter = " 文本文件 (*.txt)|*.txt";    // 设置保存文件的格式
        if (saveFileDialog1.ShowDialog() == DialogResult.OK)
```

```
        {
            // 使用 " 另存为 " 对话框中输入的文件名实例化 StreamWriter 对象
            StreamWriter sw = new StreamWriter (saveFileDialog1.FileName, true);
            sw.WriteLine (textBox1.Text);                    // 向创建的文件中写入内容
            sw.Close();                                      // 关闭当前文件写入流
        }
    }
}
private void button2_Click (object sender, EventArgs e)
{
    openFileDialog1.Filter = " 文本文件 (*.txt)|*.txt";       // 设置打开文件的格式
    if (openFileDialog1.ShowDialog() == DialogResult.OK)
    {
        textBox1.Text = string.Empty;
        // 使用 " 打开 " 对话框中选择的文件实例化 StreamReader 对象
        StreamReader sr = new StreamReader (openFileDialog1.FileName);
        // 调用 ReadToEnd 方法读取选中文件的全部内容
        textBox1.Text = sr.ReadToEnd();
        sr.Close();                                          // 关闭当前文件读取流
    }
}
```

运行程序，单击“写入”按钮，弹出“另存为”对话框，输入要保存的文件名，单击“保存”按钮，将文本框中的内容写入到文件中；单击“读取”按钮，弹出“打开”对话框，选择要读取的文件，单击“打开”按钮，将选择的文件中的内容显示在文本框中，程序运行结果如图 16.3 和图 16.4 所示。

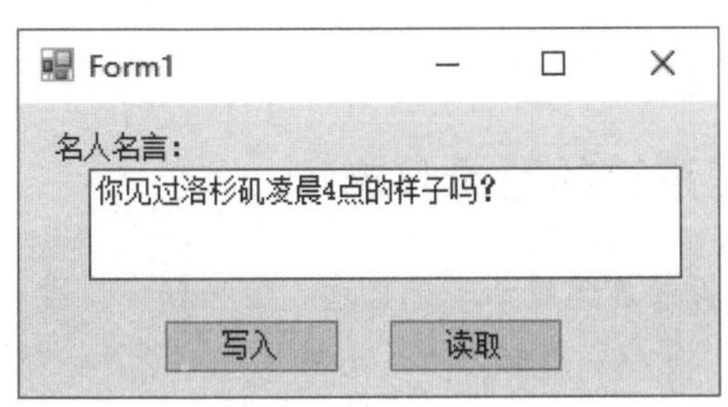

图 16.3　向文本文件中写入和读取名人名言

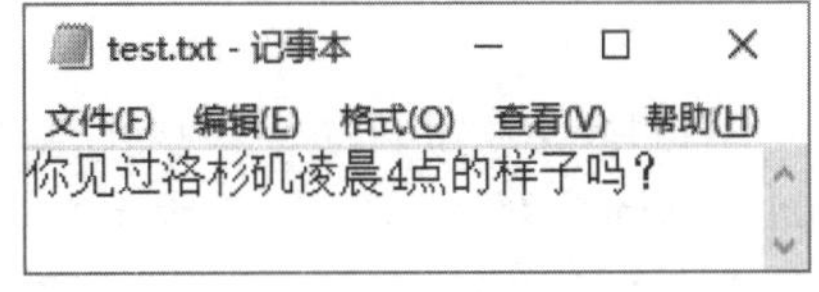

图 16.4　写入的文本文件中的内容

16.4　小　　结

本章主要对文件及 I/O 数据流进行了讲解。程序中对文件进行操作及读取 I/O 数据流时主要用到了 System.IO 命名空间下的各种类。本章中，首先对文件操作基础进行了介绍，并结合实例重点讲解了文件和文件夹的基本操作；然后对 I/O 输入输出流进行了详细讲解，并重点讲解了如何使用 I/O 数据流对文本文件进行写入和读取操作。学习完本章后，读者应该能够了解文件及 I/O 数据流操作的理论知识，并能在实际开发中熟练利用这些理论知识对文件及 I/O 数据流进行各种操作。

16.5 实　　战

16.5.1 实战一：分类整理文件夹中的文件

本实战实现对指定文件夹中的文件进行分类存储（比如将 txt 类型的文件放在一个文件夹中，将 doc 类型的文件放在另一个文件夹中），效果如图 16.5 和图 16.6 所示。（**实例位置：资源包 \ 源码 \16\ 实战 \01**）

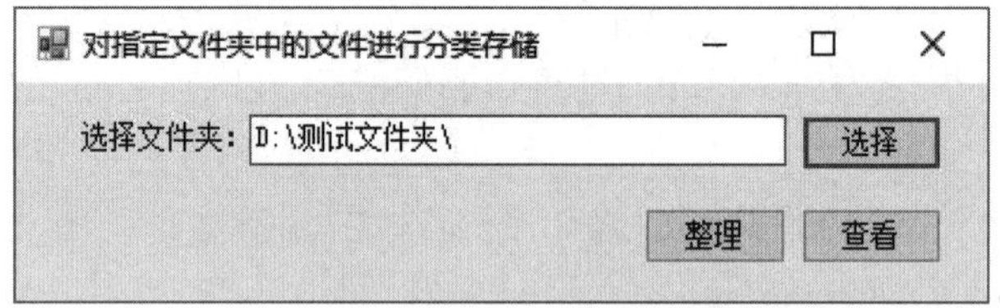

图 16.5　对指定文件夹中的文件进行分类存储

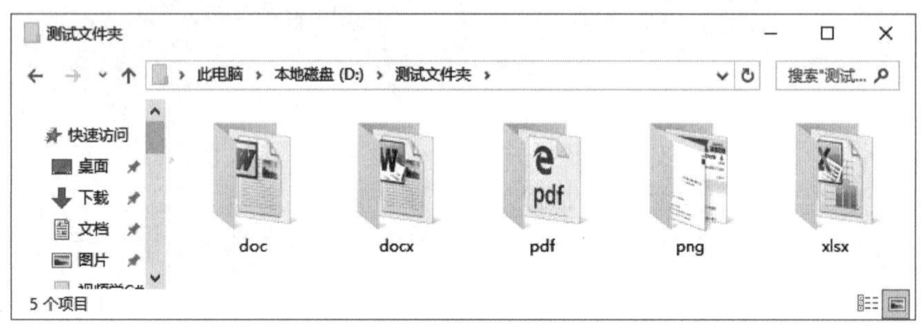

图 16.6　查看整理后的文件夹

16.5.2 实战二：模拟记录进销存管理系统的登录日志

创建一个 Windows 应用程序，模拟记录进销存管理系统的登录日志。运行程序，在“系统登录”窗体中输入用户名和密码，如图 16.7 所示，单击“登录”按钮进入“系统日志”窗体，该窗体中显示系统的登录日志信息，如图 16.8 所示。（**实例位置：资源包 \ 源码 \16\ 实战 \02**）

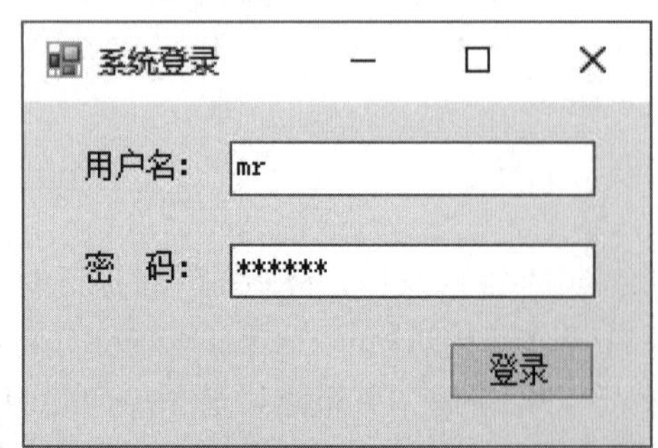

图 16.7　输入用户名和密码

图 16.8　显示系统登录日志信息

第 17 章

GDI+ 绘图应用

（视频讲解：24 分钟）

使用图形分析数据，不仅简单明了，而且清晰可见，它是项目开发中的一项必备功能，那么，在 C#程序中，如何实现图形的绘制呢？答案是GDI+！使用 GDI+ 可以轻松地绘制用户界面，并提供画笔、画刷、颜色、图形等。本章将对如何使用 GDI+ 绘制图形进行详细讲解。

通过学习本章，读者主要掌握以下内容：

- GDI+ 的基本概念
- Graphics 绘图类的使用
- 画笔与画刷的设置
- 如何绘制图形
- 如何填充图形
- 如何绘制图像

视频讲解

17.1　GDI+ 绘图基础

绘图是高级程序设计中非常重要的技术，例如，应用程序需要绘制闪屏图像、背景图像、组件外观，Web 程序可以绘制统计图、数据库存储的图像资源等。正所谓“一图胜千言”，使用图像能够更好地表达程序运行结果，进行细致的数据分析与保存等。本节将对 C# 中的绘图技术——GDI+ 技术进行介绍。

17.1.1　GDI+ 概述

GDI+ 指的是 .NET Framework 中提供二维图形、图像处理等功能，构成 Windows 操作系统的一个子系统，它提供了图形图像操作的应用程序编程接口（API）。使用 GDI+ 可以用相同的方式在屏幕或打印机上显示信息，而无须考虑特定显示设备的细节。GDI+ 类提供程序员用以绘制的方法，这些方法随后会调用特定设备的驱动程序。GDI+ 将应用程序与图形硬件分隔，使程序员能够创建与设备无关的应用程序。GDI+ 主要用于在窗体上绘制各种图形图像，可以用于绘制各种数据图形、数学仿真等。GDI+ 可以在窗体程序中产生很多自定义的图形，便于开发人员展示各种图形化的数据。

GDI+ 就好像是一个绘图仪，它可以将已经制作好的图形绘制在指定的模板中，并可以对图形的颜色、线条粗细、位置等进行设置。

17.1.2　Graphics 绘图类

Graphics 类是 GDI+ 的核心，Graphics 对象表示 GDI+ 绘图表面，提供将对象绘制到显示设备的方法。Graphics 与特定的设备上下向关联，是用于创建图形图像的对象。Graphics 类封装了绘制直线、曲线、图形、图像和文本的方法，是进行一切 GDI+ 操作的基础类。创建 Graphics 对象有以下 3 种方法。

（1）在窗体或控件的 Paint 事件中创建，将其作为 PaintEventArgs 的一部分。在为控件创建绘制代码时，通常会使用此方法来获取对图形对象的引用。

例如，在 Paint 事件中创建 Graphics 对象，代码如下：

```
private void Form1_Paint (object sender, PaintEventArgs e)        //窗体的 Paint 事件
{
    Graphics g = e.Graphics;                                      //创建 Graphics 对象
}
```

（2）调用控件或窗体的 CreateGraphics 方法以获取对 Graphics 对象的引用，该对象表示控件或窗体的绘图画面。如果在已存在的窗体或控件上绘图，应该使用此方法。

例如，在窗体的 Load 事件中，通过 CreateGraphics 方法创建 Graphics 对象，代码如下：

```
private void Form1_Load (object sender, EventArgs e)        // 窗体的 Load 事件
{
    Graphics g;                                             // 声明一个 Graphics 对象
    // 使用 CreateGraphics 方法创建 Graphics 对象
    g = this.CreateGraphics ();
}
```

（3）由从 Image 继承的任何对象创建 Graphics 对象，此方法在需要更改已存在的图像时十分有用。例如，在窗体的 Load 事件中，通过 FromImage 方法创建 Graphics 对象，代码如下：

```
private void Form1_Load (object sender, EventArgs e)        // 窗体的 Load 事件
{
    Bitmap mbit = new Bitmap (@"C:\mr.bmp");                // 实例化 Bitmap 类
    // 通过 FromImage 方法创建 Graphics 对象
    Graphics g = Graphics.FromImage (mbit);
}
```

17.2　设置画笔与画刷

17.2.1　设置画笔

Pen 类主要用于设置画笔，其构造函数语法如下：

```
public Pen (Color color, float width)
```

- color：设置 Pen 的颜色。
- width：设置 Pen 的宽度。

例如，创建一个 Pen 对象，使其颜色为蓝色，宽度为 2，代码如下：

```
Pen mypen1 = new Pen (Color.Blue, 2);        // 实例化一个 Pen 类，并设置其颜色和宽度
```

技巧

上面的语法中设置画笔颜色时，用到了 Color 结构，该结构主要用来定义颜色，定义了表示常用颜色的属性，开发人员可以直接使用。Color 结构中表示颜色的属性如表 17.1 所示。

表 17.1　Color 结构中表示颜色的属性

属　性	说　明
Black	黑色
Blue	蓝色
Cyan	青色
Gray	灰色

续表

属　性	说　明
Green	绿色
LightGray	浅灰色
Magenta	洋红色
Orange	橘黄色
Pink	粉红色
Red	红色
White	白色
Yellow	黄色

17.2.2　设置画刷

Brush 类主要用于设置画刷，以填充几何图形，如将正方形和圆形填充其他颜色。Brush 类是一个抽象基类，不能进行实例化。如果要创建一个画笔对象，需使用从 Brush 派生出的类，如 SolidBrush，HatchBrush 等。下面对 Brush 类的常用的派生出的类进行讲解。

1. SolidBrush 类

SolidBrush 类定义单色画笔，画笔用于填充图形形状，如矩形、椭圆、扇形、多边形和封闭路径。语法如下：

```
public SolidBrush (Color color)
```

参数 color 表示此画笔的颜色。

例如，创建一个画刷对象，设置画刷的颜色为红色，代码如下：

```
Brush mybs = new SolidBrush (Color.Red);        //创建颜色为红色的画刷
```

2. HatchBrush 类

HatchBrush 类提供了一种特定样式的图形，用来制作填满整个封闭区域的绘图效果。

语法如下：

```
public HatchBrush (HatchStyle hatchstyle, Color foreColor)
```

- hatchstyle：HatchStyle 值之一，表示此 HatchBrush 所绘制的图案。
- foreColor：Color 结构，它表示此 HatchBrush 所绘制线条的颜色。

说明

使用 HatchBrush 类时，必须添加 System.Drawing.Drawing2D 命名空间。

例如，使用 HatchBrush 类创建一个画刷对象，使用 HatchStyle 指定要绘制的图案为交叉的水平线和垂直线，代码如下：

```
Brush brush = new HatchBrush (HatchStyle.Cross, Color.Red);    // 创建画刷
```

使用上面定义的画刷绘制出的图形如图 17.1 所示。

图 17.1　交叉的水平线和垂直线图案

3. LinerGradientBrush 类

LinerGradientBrush 类提供一种渐变色彩的特效，填满图形的内部区域。

语法如下：

```
public LinerGradientBrush (Point point1, Point point2, Color color1, Color color2)
```

语法中的参数说明如表 17.2 所示。

表 17.2　LinerGradientBrush 类的构造函数参数说明

参　数	说　明
point1	表示线形渐变的开始点
point2	表示线形渐变的结束点
color1	表示线形渐变的开始色彩
color2	表示线形渐变的结束色彩

说明

使用 LinerGradientBrush 类时，必须添加 System.Drawing.Drawing2D 命名空间。

例如，使用 LinerGradientBrush 类创建一个渐变画刷对象，渐变颜色为从红色到蓝色，代码如下：

```
Point p1 = new Point (100, 100);            // 指定渐变的开始点
Point p2 = new Point (150, 150);            // 指定渐变的结束点
// 实例化 LinerGradientBrush 类，设置其使用红色和蓝色进行渐变
LinearGradientBrush brush = new LinearGradientBrush (p1, p2, Color.Red, Color.Blue);
```

使用上面定义的渐变画刷绘制出的图形如图 17.2 所示。

图 17.2　渐变画刷绘制的图案示意图

视频讲解

17.3 绘制几何图形

C# 中使用 Graphics 类来绘制几何图形，Graphics 类使用不同的方法实现不同图形的绘制，例如，DrawLine() 方法可以绘制直线、DrawRectangle() 方法用于绘制矩形、DrawEllipse() 方法用于绘制椭圆形等。

Graphics 类中常用的图形绘制方法如表 17.3 所示。

表 17.3 Graphics 类中常用的图形绘制方法

方 法	说 明	举 例	绘图效果
DrawArc()	弧线	g.DrawArc (pen, 100, 100, 100, 50, 270, 200);	
DrawLine()	直线	g.DrawLine (pen, 10, 10, 50, 10); g.DrawLine (pen, 30, 10, 30, 40);	
DrawEllipse()	椭圆	g.DrawEllipse (pen, 10, 10, 50, 30);	
DrawPie()	扇形	g.DrawPie (pen, 100, 100, 50, 30, 270, 200);	
DrawPolygon()	多边形	Point point1 = new Point (80, 20); Point point2 = new Point (40, 50); Point point3 = new Point (80, 80); Point point4 = new Point (120, 80); Point point5 = new Point (160, 50); Point point6 = new Point (120, 20); Point [ ] points = { point1, point2, point3, point4, point5, point6 }; g.DrawPolygon (pen, points);	
DrawBezier()	贝塞尔曲线	g.DrawBezier (pen, 10, 50, 30, 80, 10, 10, 50, 80);	
DrawRectangle()	矩形	g.DrawRectangle (pen, 10, 10, 100, 50);	
DrawString()	文本	g.DrawString (" 外星人 ", new Font (" 楷体 ", 16) , brush, 10, 10) ;	外星人
FillPie()	实心扇形	g.FillPie (brush, 100, 100, 50, 30, 270, 200);	
FillEllipse()	实心椭圆	g.FillEllipse (brush, 10, 10, 50, 30);	

续表

方　法	说　明	举　例	绘图效果
FillPolygon ()	实心多边形	Point point1 = new Point (80, 20); Point point2 = new Point (40, 50); Point point3 = new Point (80, 80); Point point4 = new Point (120, 80); Point point5 = new Point (160, 50); Point point6 = new Point (120, 20); Point [ ] points = { point1, point2, point3, point4, point5, point6 }; g.FillPolygon (brush, points);	
FillRectangle()	实心矩形	g.FillRectangle (brush, 10, 10, 100, 50);	

说明

表 17.3 中的 g 表示 Graphics 对象。

17.3.1　绘制图形

Graphics 类中绘制几何图形的方法都是以 Draw 开头的，下面通过一个具体的实例演示如何绘制图形。

【例 17.01】 绘制验证码，以下为程序开发的步骤。（**实例位置：资源包 \ 源码 \17\17.01**）

（1）新建一个 Windows 窗体应用程序，在默认窗体 Form1 中添加一个 PictureBox 控件，用来显示图形验证码；添加一个 Button 控件，用来生成图形验证码。

（2）自定义一个 CheckCode 方法，主要使用 Random 类随机生成 4 位验证码，代码如下：

```
private string CheckCode()                          // 此方法生成验证码
{
    int number;
    char code;
    string checkCode = String.Empty;                // 声明变量存储随机生成的 4 位英文或数字
    Random random = new Random();                   // 生成随机数
    for (int i = 0; i < 4; i++)
    {
        number = random.Next();                     // 返回非负随机数
        if (number % 2 == 0)                        // 判断数字是否为偶数
            code = (char)('0' + (char)(number % 10));
        else                                        // 如果不是偶数
            code = (char)('A' + (char)(number % 26));
        checkCode += " " + code.ToString();         // 累加字符串
    }
    return checkCode;                               // 返回生成的字符串
}
```

（3）自定义一个 CodeImage 方法，用来将生成的验证码绘制成图片，并显示在 PictureBox 控件中，该方法中有一个 string 类型的参数，用来标识要绘制成图片的验证码。CodeImage 方法代码如下：

```
private void CodeImage (string checkCode)
{
    if (checkCode == null || checkCode.Trim() == String.Empty)
        return;
    Bitmap image = new Bitmap((int)Math.Ceiling((checkCode.Length * 9.5)), 22);
    Graphics g = Graphics.FromImage (image);                //创建 Graphics 对象
    try
    {
        Random random = new Random();                       //生成随机生成器
        g.Clear (Color.White);                              //清空图片背景色
        for (int i = 0; i < 3; i++)                         //画图片的背景噪音线
        {
            int x1 = random.Next (image.Width);
            int x2 = random.Next (image.Width);
            int y1 = random.Next (image.Height);
            int y2 = random.Next (image.Height);
            g.DrawLine (new Pen (Color.Black), x1, y1, x2, y2);
        }
        Font font = new Font ("Arial", 12, (FontStyle.Bold));
        g.DrawString (checkCode, font, new SolidBrush (Color.Red), 2, 2);
        for (int i = 0; i < 150; i++)                       //画图片的前景噪音点
        {
            int x = random.Next (image.Width);
            int y = random.Next (image.Height);
            image.SetPixel (x, y, Color.FromArgb (random.Next()));
        }
        //画图片的边框线
        g.DrawRectangle (new Pen(Color.Silver), 0, 0, image.Width – 1, image.Height – 1);
        this.pictureBox1.Width = image.Width;               //设置 PictureBox 的宽度
        this.pictureBox1.Height = image.Height;             //设置 PictureBox 的高度
        this.pictureBox1.BackgroundImage = image;           //设置 PictureBox 的背景图像
    }
    catch
    { }
}
```

（4）在窗体的加载事件和 Button 控件的 Click 事件中分别调用 CodeImage 方法绘制验证码，代码如下：

```
private void Form1_Load (object sender, EventArgs e)
{
    CodeImage (CheckCode());
}
private void button1_Click (object sender, EventArgs e)
{
    CodeImage (CheckCode());
}
```

程序运行结果如图 17.3 所示。

图 17.3　绘制验证码

17.3.2　填充图形

Graphics 类中填充几何图形的方法都是以 Fill 开头的。下面通过一个具体的实例演示以 Fill 开头的方法在实际开发中的应用。

【例 17.02】 利用饼型图分析产品市场占有率程序开发步骤如下。（**实例位置：资源包\源码\17\17.02**）

（1）新建一个 Windows 窗体应用程序，在默认窗体 Form1 中添加两个 Panel 控件，分别用来显示绘制的饼形图和说明信息。

（2）自定义一个 showPic 方法，主要绘制饼形图，然后在 Form1 窗体的 Paint 事件中获取数据表中的相应数据，并且调用 showPic 方法绘制饼形图。主要代码如下：

```
private void showPic (float f, Brush B)
{
    Graphics g = this.panel1.CreateGraphics();                    // 通过 panel1 控件创建一个 Graphics 对象
    if (TimeNum == 0.0f)
    {
        g.FillPie (B, 0, 0, this.panel1.Width, this.panel1.Height, 0, f * 360);   // 绘制扇形
    }
    else
    {
        g.FillPie (B, 0, 0, this.panel1.Width, this.panel1.Height, TimeNum, f * 360);
    }
    TimeNum += f * 360;
}
private void Form1_Paint (object sender, PaintEventArgs e)                // 在 Paint 事件中绘制
{
    ht.Clear();
    Conn();                                                       // 连接数据库
    Random rnd = new Random();                                    // 生成随机数
    using (cmd = new SqlCommand ("select t_Name,sum(t_Num) as Num from tb_product group by t_Name", con))
    {
        Graphics g2 = this.panel2.CreateGraphics();               // 通过 panel2 控件创建一个 Graphics 对象
        SqlDataReader dr = cmd.ExecuteReader();                   // 创建 SqlDataReader 对象
        while (dr.Read())                                         // 读取数据
        {
            ht.Add (dr [0], Convert.ToInt32(dr [1]));             // 将数据添加到 Hashtable 中
        }
        float [ ] flo = new float [ht.Count];
        int T = 0;
        foreach (DictionaryEntry de in ht)                        // 遍历 Hashtable
        {
            flo [T] = Convert.ToSingle ((Convert.ToDouble(de.Value) / SumNum).ToString().Substring(0, 6));
            Brush Bru = new SolidBrush (Color.FromArgb(rnd.Next(255), rnd.Next(255), rnd.Next(255)));
            g2.DrawString (de.Key + "  " + flo [T] * 100 + "%", new Font("Arial", 8, FontStyle.Regular), Bru, 7,
```

```
5 + T * 18);                                                    // 绘制商品及百分比
                showPic (flo [T], Bru);                         // 调用 showPic 方法绘制饼形图
                T++;
            }
        }
}
```

程序运行结果如图 17.4 所示。

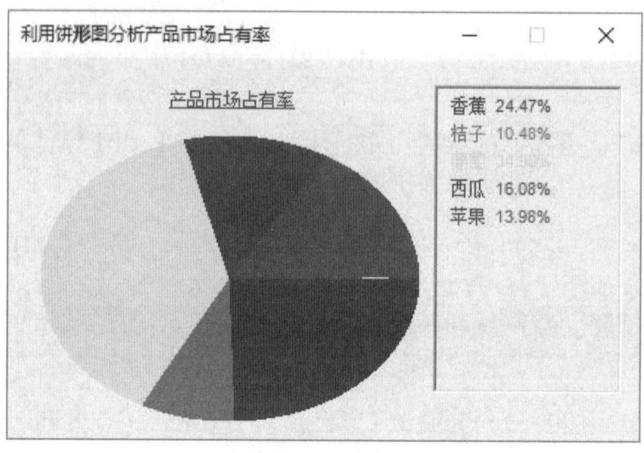

图 17.4　利用饼形图分析产品市场占有率

17.4　绘 制 图 像

Graphics 绘图类不仅可以绘制几何图形和文本，还可以绘制图像，绘制图像时需要使用 DrawImage 方法，该方法可以在由一对坐标指定的位置以图像的原始大小或者指定大小绘制图像，它有多种使用形式，其常用语法格式如下：

```
public void DrawImage (Image image, int x, int y)
public void DrawImage (Image image, int x, int y, int width, int height)
```

DrawImage 方法的参数及说明如表 17.4 所示。

表 17.4　DrawImage 方法的参数及说明

参　　数	说　　明
image	要绘制的 Image
x	所绘制图像的左上角的 x 坐标
y	所绘制图像的左上角的 y 坐标
width	所绘制图像的宽度
height	所绘制图像的高度

【例 17.03】 新建一个 Windows 窗体应用程序，触发默认窗体 Form1 的 Paint 事件，该事件中创建 Graphics 绘图对象，并调用 DrawImage 方法将公司的 Logo 图片绘制到窗体中，代码如下：（**实例位置：资源包 \ 源码 \17\17.03**）

```
private void Form1_Paint (object sender, PaintEventArgs e)
{
    Image myImage = Image.FromFile ("logo.jpg");              // 创建 Image 对象
    Graphics myGraphics = this.CreateGraphics();              // 创建 Graphics 对象
    myGraphics.DrawImage (myImage, 50, 20, 90, 92);           // 绘制图像
}
```

说明

logo.jpg 文件需要存放到项目的 Debug 文件夹中。

程序运行效果如图 17.5 所示。

图 17.5　绘制公司 Logo

17.5　小　　结

本章主要讲解了 C# 中的绘图技术——GDI+ 技术，其中，首先对绘图前的准备工作：画笔与画刷的设置进行了讲解，然后，主要讲解了基本几何图形的绘制及填充，以及如何绘制图像。通过本章的学习，读者应该熟练掌握基本的绘图技术和图像处理技术，并能够对这些知识进行扩展，绘制出适合自己实际应用的图形（比如柱形图、饼形图、折线图或者其他的复杂图形等）。

17.6　实　　战

17.6.1　实战一：带说明文字的饼形图

创建一个 Windows 窗体应用程序，实现在饼形图外围绘制说明文字的功能，效果如图 17.6 所示。

（实例位置：资源包 \ 源码 \17\ 实战 \01）

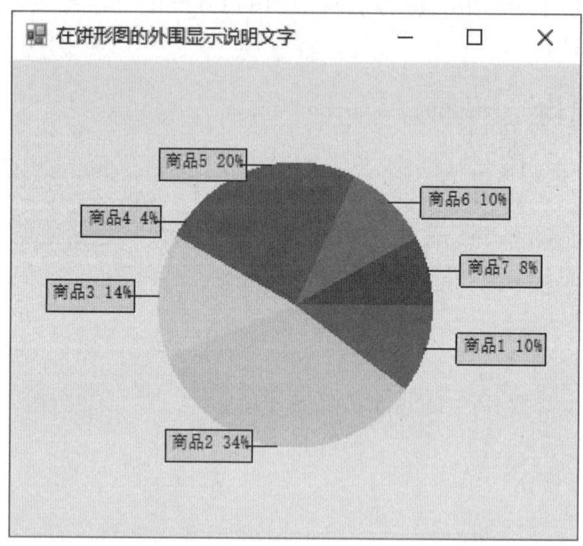

图 17.6 在饼形图外围绘制说明文字

17.6.2 实战二：开心农场小游戏

开心农场、QQ 农场是一类虚拟现实小游戏，尝试实现一个类似开心农场的小游戏。运行本实例，单击窗体中的“播种”“生长”“开花”等按钮，在窗体中将显示出农作物在不同时期的图像，如果单击按钮的顺序不符合农作物的实际生长过程，则程序会给予信息提示，效果如图 17.7 所示。**（实例位置：资源包 \ 源码 \17\ 实战 \02）**

图 17.7 模仿开心农场小游戏

第 18 章

Socket 网络编程

（视频讲解：1 小时 8 分钟）

Internet 提供了大量、多样的信息，很少有人能在接触过 Internet 后拒绝它的诱惑。计算机网络实现了多个计算机互联系统，相互连接的计算机之间彼此能够进行数据交流。网络应用程序就是在已连接的不同计算机上运行的程序，这些程序相互之间可以交换数据。而编写网络应用程序，首先必须明确网络应用程序所要使用的网络协议，TCP/IP 协议是网络应用程序的首选。本章将从介绍网络协议开始，向读者介绍 TCP 网络程序和 UDP 网络程序。

通过学习本章，读者主要掌握以下内容：

- **熟悉计算机网络的基础知识**
- **C# 中如何使用 IP 地址封装类**
- **Socket 类的使用**
- **如何使用 C# 设计基于 TCP 协议的程序**
- **如何使用 C# 设计基于 UDP 协议的程序**

视频讲解

18.1 计算机网络基础

18.1.1 局域网与广域网

计算机网络分为局域网和广域网，通常所说的“局域网”（Local Area Network，LAN），是指在某一区域内由多台计算机通过一定形式连接起来的计算机组，局域网可以由两台计算机组成，也可以由同一区域内的上千台计算机组成。由 LAN 延伸到更大的范围，这样的网络称为“广域网”（Wide Area Network，WAN），大家熟悉的因特网（Internet），就是由无数的 LAN 和 WAN 组成的。

18.1.2 网络协议

网络协议规定了计算机之间连接的物理、机械（网线与网卡的连接规定）、电气（有效的电平范围）等特征以及计算机之间的相互寻址规则、数据发送冲突的解决、长数据如何分段传送与接收等。就像不同的国家有不同的法律一样，目前网络协议也有多种，下面介绍几种常用的网络协议。

1. IP 协议

IP 其实是 Internet Protocol 的简称，由此可知它是一种“网络协议”。Internet 网络采用的协议是 TCP/IP 协议，其全称是 Transmission Control Protocol/Internet Protocol。Internet 依靠 TCP/IP 协议，在全球范围内实现不同硬件结构、不同操作系统、不同网络系统的互联。在 Internet 网上存在数以亿计的主机，每一台主机在网络上通过为其分配的 Internet 地址表示自己，这个地址就是 IP 地址。到目前为止，IP 地址用 4 个字节，也就是 32 位的二进制数来表示，称为 IPv4。为了便于使用，通常取用每个字节的十进制数，并且每个字节之间用圆点隔开来表示 IP 地址，如 192.168.1.1。现在人们正在试验使用 16 个字节来表示 IP 地址，这就是 IPv6，但 IPv6 还没有投入使用。

IP 相当于每台计算机在网络中的一个身份证，它必须是唯一的，其示意图如图 18.1 所示。

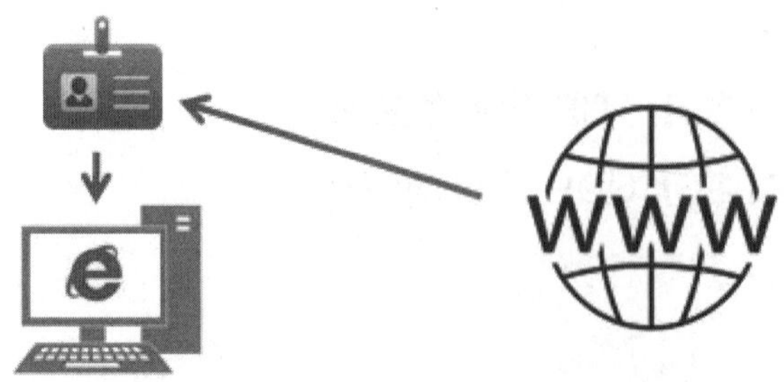

图 18.1　IP 相当于网络中的身份证

2. TCP 协议

在网络协议栈中，有两个高级协议是网络应用程序编写者应该了解的，分别是“传输控制协议”

（Transmission Control Protocol，TCP）与“用户数据报协议”（User Datagram Protocol，UDP）。

TCP 协议是一种以固接连线为基础的协议，可提供两台计算机间可靠的数据传送。TCP 可以保证从一端将数据传送至连接的另一端时，数据能够确实送达，而且送达的数据的排列顺序和送出时的顺序相同，其示意图如图 18.2 所示。TCP 协议适合可靠性要求比较高的场合，它就像接打电话一样，必须先拨号给对方，等两端确定连接后，才相互能听到对方说话，也知道对方回应的是什么。

3. UDP 协议

UDP 是无连接通信协议，不保证可靠的数据传输，但能够向若干个目标发送数据，接收发自若干个源的数据，其示意图如图 18.3 所示。UDP 是以独立发送数据包的方式进行，它就像生活中的广播大喇叭，村长一发通知，大喇叭一喊，田里耕地的人都能听见，但在家睡觉的可能就没听见，而哪些人听见了，哪些人没听见，发通知的村长是不知道的。

技巧

一些防火墙和路由器会设置成不允许 UDP 数据包传输，因此若遇到 UDP 连接方面的问题，应先确定是否允许 UDP 协议。

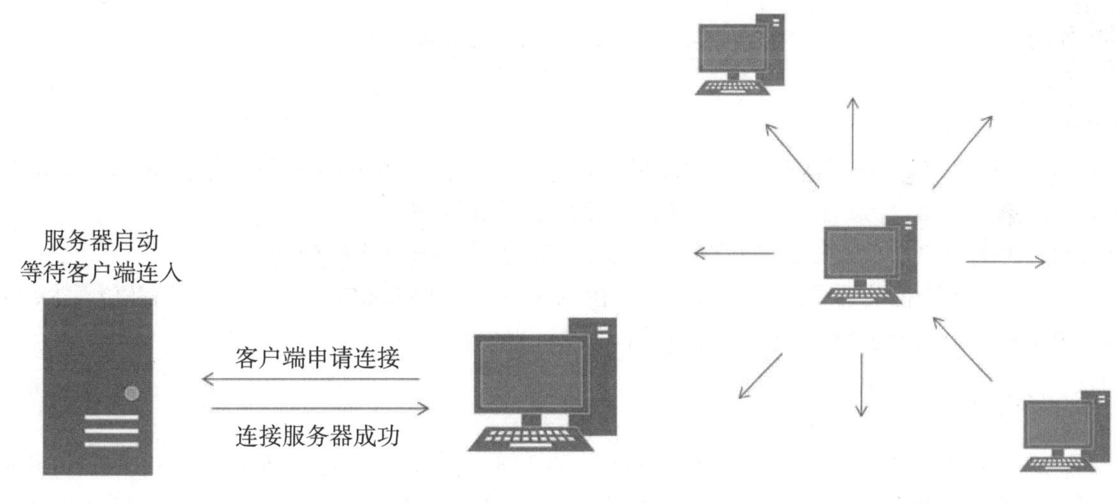

图 18.2 TCP 协议示意图

图 18.3 UDP 协议示意图

18.1.3 端口及套接字

一般而言，一台计算机只有单一的连到网络的“物理连接”（Physical Connection），所有的数据都通过此连接对内、对外送达特定的计算机，这就是端口。网络程序设计中的端口（Port）并非真实的物理存在，而是一个假想的连接装置。端口被规定为一个在 0 ~ 65535 的整数，而 HTTP 服务一般使用 80 端口，FTP 服务使用 21 端口。假如一台计算机提供了 HTTP、FTP 等多种服务，则客户机将通过不同的端口来确定连接到服务器的哪项服务上。计算机中的端口如图 18.4 所示。

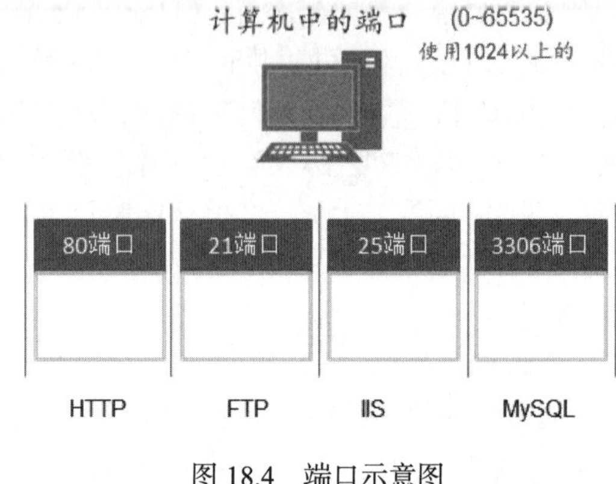

图 18.4　端口示意图

技巧

0 ~ 1023 的端口号通常用于一些比较知名的网络服务和应用，普通网络应用程序则应该使用 1024 以上的端口号，以避免该端口号被另一个应用或系统服务所用。

网络程序中的套接字（Socket）用于将程序与网络连接起来。

18.2　IP 地址封装

IP 地址是每个计算机在网络中的唯一标识，它是 32 位或 128 位的无符号数字，使用 4 组数字表示一个固定的编号，如“192.168.128.255”就是局域网络中的编号。

IP 地址是一种低级协议，TCP 协议和 UDP 协议都是在它的基础上构建的。

C# 提供了 IP 地址相关的类，包括 Dns 类、IPAddress 类、IPHostEntry 类等，它们都位于 System.Net 命名空间中，下面分别对这 3 个类进行介绍。

1. Dns 类

Dns 类是一个静态类，它从 Internet 域名系统（DNS）检索关于特定主机的信息。在 IPHostEntry 类的实例中返回来自 DNS 查询的主机信息。如果指定的主机在 DNS 中有多个入口，则 IPHostEntry 包含多个 IP 地址和别名。Dns 类中的常用方法及说明如表 18.1 所示。

表 18.1　Dns 类的常用方法及说明

方　　法	说　　明
BeginGetHostAddresses	异步返回指定主机的 Internet 协议（IP）地址
BeginGetHostByName	开始异步请求关于指定 DNS 主机名的 IPHostEntry 信息
EndGetHostAddresses	结束对 DNS 信息的异步请求
EndGetHostByName	结束对 DNS 信息的异步请求

续表

方　法	说　明
EndGetHostEntry	结束对 DNS 信息的异步请求
GetHostAddresses	返回指定主机的 Internet 协议（IP）地址
GetHostByAddress	获取 IP 地址的 DNS 主机信息
GetHostByName	获取指定 DNS 主机名的 DNS 信息
GetHostEntry	将主机名或 IP 地址解析为 IPHostEntry 实例
GetHostName	获取本地计算机的主机名

2. IPAddress 类

IPAddress 类包含计算机在 IP 网络上的地址，主要用来提供网际协议（IP）地址。IPAddress 类中的常用字段、属性、方法及说明如表 18.2 所示。

表 18.2　IPAddress 类的常用字段、属性、方法及说明

字段、属性及方法	说　明
Any 字段	提供一个 IP 地址，指示服务器应侦听所有网络接口上的客户端活动。此字段为只读
Broadcast 字段	提供 IP 广播地址。此字段为只读
Loopback 字段	提供 IP 环回地址。此字段为只读
Address 属性	网际协议（IP）地址
AddressFamily 属性	获取 IP 地址的地址族
IsIPv6LinkLocal 属性	获取地址是否为 IPv6 链接本地地址
IsIPv6SiteLocal 属性	获取地址是否为 IPv6 站点本地地址
GetAddressBytes 方法	以字节数组形式提供 IPAddress 的副本
Parse 方法	将 IP 地址字符串转换为 IPAddress 实例
TryParse 方法	确定字符串是否为有效的 IP 地址

3. IPHostEntry 类

IPHostEntry 类用来为 Internet 主机地址信息提供容器类，其常用属性及说明如表 18.3 所示。

表 18.3　IPHostEntry 类的常用属性及说明

属　性	说　明
AddressList	获取或设置与主机关联的 IP 地址列表
Aliases	获取或设置与主机关联的别名列表
HostName	获取或设置主机的 DNS 名称

IPHostEntry 类通常都和 Dns 类一起使用。

【例 18.01】 使用 Dns 类的相关方法获得本地主机的本机名和 IP 地址，然后访问同一局域网中的 IP“192.168.1.50”至“192.168.1.60”的所有可访问的主机的名称（如果对方没有安装防火墙，并且网络连接正常的话，都可以访问），代码如下：（**实例位置：资源包 \ 源码 \18\18.01**）

```
private void Form1_Load(object sender, EventArgs e)
{
    string IP, name, localip = "127.0.0.1";
    string localname = Dns.GetHostName();                          // 获取本机名
    IPAddress [ ] ips = Dns.GetHostAddresses(localname);           // 获取所有 IP 地址
    foreach (IPAddress ip in ips)
    {
        if (!ip.IsIPv6SiteLocal)                                   // 如果不是 IPV6 地址
            localip = ip.ToString();                               // 获取本机 IP 地址
    }
    // 将本机名和 IP 地址输出
    label1.Text += " 本机名：" + localname + "  本机 IP 地址：" + localip;
    for (int i = 50; i <= 60; i++)
    {
        IP = "192.168.1." + i;                                     // 生成 IP 字符串
        try
        {
            IPHostEntry host = Dns.GetHostEntry (IP);              // 获取 IP 封装对象
            name = host.HostName.ToString();                       // 获取指定 IP 地址的主机名
            label1.Text += "\nIP 地址 " + IP + " 的主机名称是：" + name;
        }
        catch (Exception ex)
        {
            MessageBox.Show (ex.Message);
        }
    }
}
```

程序运行结果如图 18.5 所示。

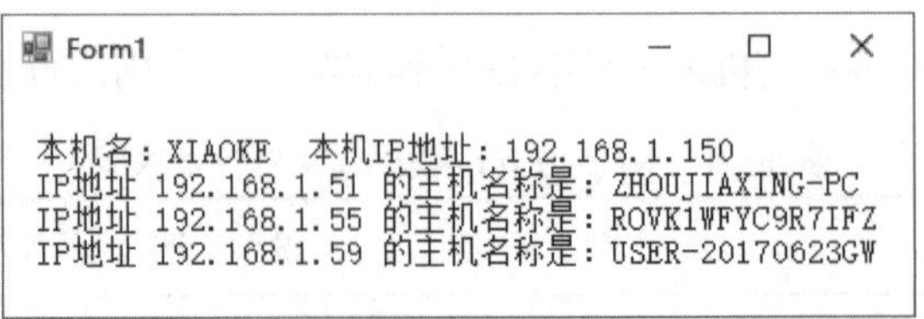

图 18.5　访问同一局域网中的主机名称

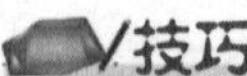

如果想在没有联网的情况下访问本地主机，可以使用本地回送地址“127.0.0.1”。

18.3 TCP 程序设计

TCP（Transmission Control Protocol）传输控制协议是一种面向连接的、可靠的、基于字节流的传输层通信协议。在 C# 中，TCP 程序设计是指利 用 Socket 类、TcpClient 类和 TcpListener 类编写的网络通信程序，这 3 个类都位于 System.Net.Sockets 命名空间中。利用 TCP 协议进行通信的两个应用程序是有主次之分的，一个称为服务器端程序，另一个称为客户端程序。

18.3.1 Socket 类

Socket 类为网络通信提供了一套丰富的方法和属性，主要用于管理连接，实现 Berkeley 通信端套接字接口，同时它还定义了绑定、连接网络端点及传输数据所需的各种方法，提供处理端点连接传输等细节所需要的功能。TcpClient 和 UdpClinet 等类在内部使用该类。Socket 类的常用属性及说明如表 18.4 所示。

表 18.4 Socket 类的常用属性及说明

属　性	说　明
AddressFamily	获取 Socket 的地址族
Available	获取已经从网络接收且可供读取的数据量
Connected	获取一个值，该值指示 Socket 是在上次 Send 还是 Receive 操作时连接到远程主机
Handle	获取 Socket 的操作系统句柄
LocalEndPoint	获取本地终结点
ProtocolType	获取 Socket 的协议类型
RemoteEndPoint	获取远程终结点
SendTimeout	获取或设置一个值，该值指定之后同步 Send 调用将超时的时间长度

Socket 类的常用方法及说明如表 18.5 所示。

表 18.5 Socket 类的常用方法及说明

方　法	说　明
Accept	为新建连接创建新的 Socket
BeginAccept	开始一个异步操作来接受一个传入的连接尝试
BeginConnect	开始一个对远程主机连接的异步请求
BeginDisconnect	开始异步请求从远程终结点断开连接

续表

方　法	说　明
BeginReceive	开始从连接的 Socket 中异步接收数据
BeginSend	将数据异步发送到连接的 Socket
BeginSendFile	将文件异步发送到连接的 Socket
BeginSendTo	向特定远程主机异步发送数据
Close	关闭 Socket 连接并释放所有关联的资源
Connect	建立与远程主机的连接
Disconnect	关闭套接字连接并允许重用套接字
EndAccept	异步接受传入的连接尝试
EndConnect	结束挂起的异步连接请求
EndDisconnect	结束挂起的异步断开连接请求
EndReceive	结束挂起的异步读取
EndSend	结束挂起的异步发送
EndSendFile	结束文件的挂起异步发送
EndSendTo	结束挂起的、向指定位置进行的异步发送
Listen	将 Socket 置于侦听状态
Receive	接收来自绑定的 Socket 的数据
Send	将数据发送到连接的 Socket
SendFile	将文件和可选数据异步发送到连接的 Socket
SendTo	将数据发送到特定终结点

18.3.2　TcpClient 类和 TcpListener 类

TcpClient 类用于在同步阻止模式下通过网络来连接、发送和接收流数据。为了使 TcpClient 连接并交换数据，TcpListener 实例或 Socket 实例必须侦听是否有传入的连接请求。可以使用下面两种方法之一连接到该侦听器：

◆　创建一个 TcpClient，并调用 Connect 方法连接。

◆　使用远程主机的主机名和端口号创建 TcpClient，此构造函数将自动尝试一个连接。

TcpListener 类用于在阻止同步模式下侦听和接受传入的连接请求。可使用 TcpClient 类或 Socket 类来连接 TcpListener，并且可以使用 IPEndPoint、本地 IP 地址及端口号或者仅使用端口号来创建 TcpListener 实例对象。

TcpClient 类的常用属性、方法及说明如表 18.6 所示。

表 18.6　TcpClient 类的常用属性、方法及说明

属性及方法	说　明
Available 属性	获取已经从网络接收且可供读取的数据量
Client 属性	获取或设置基础 Socket
Connected 属性	获取一个值，该值指示 TcpClient 的基础 Socket 是否已连接到远程主机
ReceiveBufferSize 属性	获取或设置接收缓冲区的大小
ReceiveTimeout 属性	获取或设置在初始化一个读取操作后 TcpClient 等待接收数据的时间量
SendBufferSize 属性	获取或设置发送缓冲区的大小
SendTimeout 属性	获取或设置 TcpClient 等待发送操作成功完成的时间量
BeginConnect 方法	开始一个对远程主机连接的异步请求
Close 方法	释放此 TcpClient 实例，而不关闭基础连接
Connect 方法	使用指定的主机名和端口号将客户端连接到 TCP 主机
EndConnect 方法	异步接受传入的连接尝试
GetStream 方法	返回用于发送和接收数据的 NetworkStream

TcpListener 类的常用属性、方法及说明如表 18.7 所示。

表 18.7　TcpListener 类的常用属性、方法及说明

属性及方法	说　明
LocalEndpoint 属性	获取当前 TcpListener 的基础 EndPoint
Server 属性	获取基础网络 Socket
AcceptSocket/AcceptTcpClient 方法	接受挂起的连接请求
BeginAcceptSocket/BeginAcceptTcpClient 方法	开始一个异步操作来接受一个传入的连接尝试
EndAcceptSocket 方法	异步接受传入的连接尝试，并创建新的 Socket 来处理远程主机通信
EndAcceptTcpClient 方法	异步接受传入的连接尝试，并创建新的 TcpClient 来处理远程主机通信
Start 方法	开始侦听传入的连接请求
Stop 方法	关闭侦听器

18.3.3　TCP 网络程序实例

【例 18.02】 客户端 / 服务器交互程序。（**实例位置：资源包 \ 源码 \18\18.02**）

◆　服务器端

创建服务器端项目 Server，在 Main 方法中创建 TCP 连接对象；然后监听客户端接入，并读取接入

的客户端 IP 地址和传入的消息；最后向接入的客户端发送一条信息，代码如下：

```
namespace Server
{
    class Program
    {
        static void Main()
        {
            int port = 888;                                                  // 端口
            TcpClient tcpClient;                                             // 创建 TCP 连接对象
            IPAddress [ ] serverIP = Dns.GetHostAddresses ("127.0.0.1");     // 定义 IP 地址
            IPAddress localAddress = serverIP [0];                           // IP 地址
            TcpListener tcpListener = new TcpListener (localAddress, port);  // 监听套接字
            tcpListener.Start();                                             // 开始监听
            Console.WriteLine (" 服务器启动成功，等待用户接入 ...");          // 输出消息
            while (true)
            {
                try
                {
                    // 每接收一个客户端则生成一个 TcpClient
                    tcpClient = tcpListener.AcceptTcpClient();
                    NetworkStream networkStream = tcpClient.GetStream();     // 获取网络数据流
                    // 定义流数据读取对象
                    BinaryReader reader = new BinaryReader (networkStream);
                    // 定义流数据写入对象
                    BinaryWriter writer = new BinaryWriter (networkStream);
                    while (true)
                    {
                        try
                        {
                            string strReader = reader.ReadString();           // 接收消息
                            // 截取客户端消息
                            string [ ] strReaders = strReader.Split (new char [ ] { ' ' });
                            // 输出接收的客户端 IP 地址
                            Console.WriteLine (" 有客户端接入，客户 IP：" + strReaders [0]);
                            // 输出接收的消息
                            Console.WriteLine (" 来自客户端的消息：" + strReaders [1]);
                            string strWriter = " 我是服务器，欢迎光临 ";        // 定义服务端要写入的消息
                            writer.Write (strWriter);                        // 向对方发送消息
                        }
                        catch
                        {
                            break;
                        }
                    }
                }
                catch
                {
                    break;
```

```
                }
            }
        }
    }
}
```

◆ 客户端

创建客户端项目 Client，在 Main 方法中创建 TCP 连接对象，以指定的地址和端口连接服务器；然后向服务器端发送数据和接收服务器端传输的数据，代码如下：

```
namespace Client
{
    class Program
    {

        static void Main (string [ ] args)
        {
            // 创建一个 TcpClient 对象，自动分配主机 IP 地址和端口号
            TcpClient tcpClient = new TcpClient();
            // 连接服务器，其 IP 和端口号为 127.0.0.1 和 888
            tcpClient.Connect ("127.0.0.1", 888);
            if (tcpClient != null)                                          // 判断是否连接成功
            {
                Console.WriteLine (" 连接服务器成功 ");
                NetworkStream networkStream = tcpClient.GetStream();        // 获取数据流
                BinaryReader reader = new BinaryReader (networkStream);     // 定义流数据读取对象
                BinaryWriter writer = new BinaryWriter (networkStream);     // 定义流数据写入对象
                string localip="127.0.0.1";                                 // 存储本机 IP，默认值为 127.0.0.1
                IPAddress [ ] ips = Dns.GetHostAddresses (Dns.GetHostName());    // 获取所有 IP 地址
                foreach (IPAddress ip in ips)
                {
                    if (!ip.IsIPv6SiteLocal)                                // 如果不是 IPv6 地址
                        localip = ip.ToString();                            // 获取本机 IP 地址
                }
                writer.Write (localip + " 你好服务器，我是客户端 ");          // 向服务器发送消息
                while (true)
                {
                    try
                    {
                        string strReader = reader.ReadString();             // 接收服务器发送的数据
                        if (strReader != null)
                        {
                            // 输出接收的服务器消息
                            Console.WriteLine (" 来自服务器的消息："+strReader);
                        }
                    }
                    catch
```

```
                    {
                        break;                                    // 接收过程中如果出现异常，退出循环
                    }
                }
            }
            Console.WriteLine (" 连接服务器失败 ");
        }
    }
}
```

首先运行服务器端，然后运行客户端，运行客户端后的服务器端效果如图 18.6 所示，客户端运行效果如图 18.7 所示。

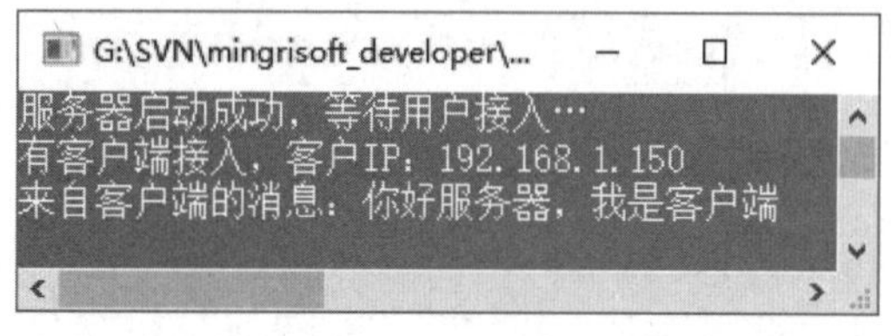

图 18.6　客户端运行后的服务器端效果

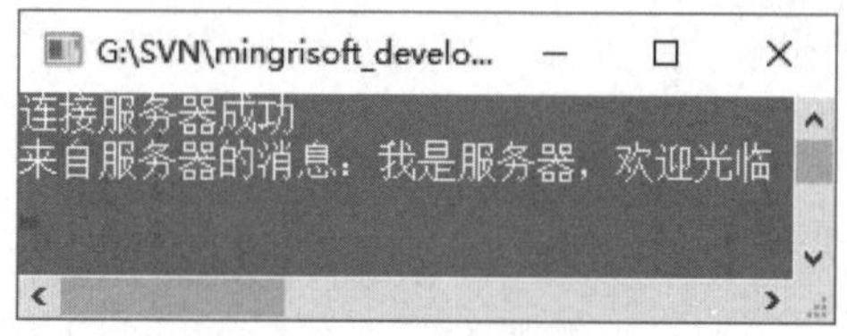

图 18.7　客户端运行效果

18.4　UDP 程序设计

UDP 是 User Datagram Protocol 的简称，中文名是用户数据报协议，它是网络信息传输的另一种形式。UDP 通信和 TCP 通信不同，基于 UDP 的信息传递更快，但不提供可靠的保证。使用 UDP 传递数据时，用户无法知道数据能否正确地到达主机，也不能确定到达目的地的顺序是否和发送的顺序相同。虽然 UDP 是一种不可靠的协议，但如果需要较快地传输信息，并能容忍小的错误，可以考虑使用 UDP。

基于 UDP 通信的基本模式如下：

◆　将数据打包（称为数据包），然后将数据包发往目的地。
◆　接收别人发来的数据包，然后查看数据包。

18.4.1　UdpClient 类

在 C# 中，UdpClient 类用于在阻止同步模式下发送和接收无连接 UDP 数据报。因为 UDP 是无连接传输协议，所以不需要在发送和接收数据前建立远程主机连接，但可以选择使用下面两种方法之一来建立默认远程主机：

◆　使用远程主机名和端口号作为参数创建 UdpClient 类的实例。
◆　创建 UdpClient 类的实例，然后调用 Connect 方法。

UdpClient 类的常用属性、方法及说明如表 18.8 所示。

表 18.8　UdpClient 类的常用属性、方法及说明

属性及方法	说　明
Available 属性	获取从网络接收的可读取的数据量
Client 属性	获取或设置基础网络 Socket
BeginReceive 方法	从远程主机异步接收数据报
BeginSend 方法	将数据报异步发送到远程主机
Close 方法	关闭 UDP 连接
Connect 方法	建立默认远程主机
EndReceive 方法	结束挂起的异步接收
EndSend 方法	结束挂起的异步发送
Receive 方法	返回已由远程主机发送的 UDP 数据报
Send 方法	将 UDP 数据报发送到远程主机

18.4.2　UDP 网络程序实例

根据前面所讲的网络编程的基础知识，以及 UDP 网络编程的特点，下面创建一个广播数据报程序。广播数据报是一种较新的技术，类似于电台广播，广播电台需要在指定的波段和频率上广播信息，收听者也要将收音机调到指定的波段、频率才可以收听广播内容。

【例 18.03】 本实例要求主机不断地重复播出节目预报，这样可以保证加入到同一组的主机随时接收到广播信息。接收者将正在接收的信息放在一个文本框中，并将接收的全部信息放在另一个文本框中。**（实例位置：资源包 \ 源码 \18\18.03）**

（1）创建广播主机项目 Server（控制台应用程序），在 Main 方法中创建 UDP 连接；然后通过 UDP 连接不断向外发送广播信息，代码如下：

```
namespace Server
{
    class Program
    {
        static UdpClient udp = new UdpClient();             // 创建 UdpClient 对象
        static void Main (string [ ] args)
        {
            // 调用 UdpClient 对象的 Connect 方法建立默认远程主机
            udp.Connect ("127.0.0.1", 888);
            while (true)
            {
                Thread thread = new Thread(() =>
                {
```

```
                    whlle (true)
                    {
                        try
                        {

                            // 定义一个字节数组，用来存放发送到远程主机的信息
                            Byte [] sendBytes = Encoding.Default.GetBytes ("(" + DateTime.Now.ToLong
TimeString() + ") 节目预报：八点有大型晚会，请收听 ");
                            Console.WriteLine ("(" + DateTime.Now.ToLongTimeString() + ") 节目预报：八点
有大型晚会，请收听 ");
                            // 调用 UdpClient 对象的 Send 方法将 UDP 数据报发送到远程主机
                            udp.Send (sendBytes, sendBytes.Length);
                            Thread.Sleep (2000);          // 线程休眠 2 秒
                        }
                        catch (Exception ex)
                        {
                            Console.WriteLine (ex.Message);
                        }
                    }
                });
                thread.Start();              // 启动线程
            }
        }
    }
}
```

程序运行结果如图 18.8 所示。

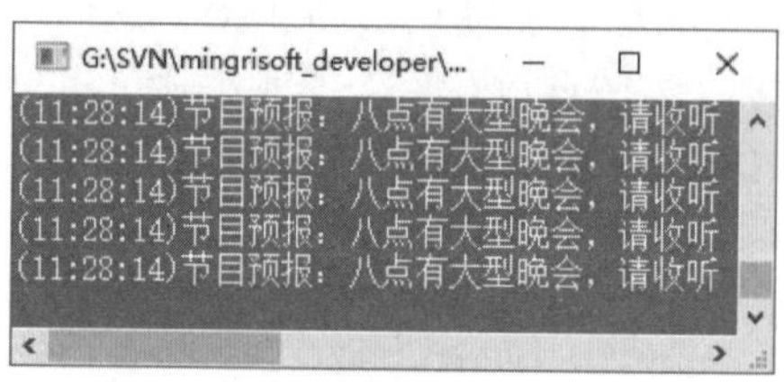

图 18.8　广播主机程序的运行结果

（2）创建接收广播项目 Client（Windows 窗体应用程序），在默认窗体中添加两个 Button 控件和两个 TextBox 控件，并且将两个 TextBox 控件设置为多行文本框。单击“开始接收”按钮，系统开始接收主机播出的信息；单击“停止接收”按钮，系统会停止接收广播主机播出的信息，代码如下：

```
namespace Client
{
    public partial class Form1 : Form
    {
        public Form1()
        {
```

```
            InitializeComponent();
            CheckForIllegalCrossThreadCalls = false;          // 在其他线程中可以调用主窗体控件
        }
        bool flag = true;                                       // 标识是否接收数据
        UdpClient udp;                                          // 创建 UdpClient 对象
        Thread thread;                                          // 创建线程对象
        private void button1_Click (object sender, EventArgs e)
        {
            udp = new UdpClient (888);                          // 使用端口号创建 UDP 连接对象
            flag = true;                                        // 标识接收数据
            // 创建 IPEndPoint 对象，用来显示响应主机的标识
            IPEndPoint ipendpoint = new IPEndPoint (IPAddress.Any, 888);
            thread = new Thread(() =>                           // 新开线程，执行接收数据操作
            {
                while (flag)                                    // 如果标识为 true
                {
                    try
                    {
                        if (udp.Available <= 0) continue;       // 判断是否有网络数据
                        if (udp.Client == null) return;         // 判断连接是否为空
                        // 调用 UdpClient 对象的 Receive 方法获得从远程主机返回的 UDP 数据报
                        byte [ ] bytes = udp.Receive(ref ipendpoint);
                        // 将获得的 UDP 数据报转换为字符串形式
                        string str = Encoding.Default.GetString (bytes);
                        textBox2.Text = " 正在接收的信息：\n" + str;        // 显示正在接收的数据
                        textBox1.Text += "\n" + str;            // 显示接收的所有数据
                    }
                    catch (Exception ex)
                    {
                        MessageBox.Show (ex.Message);           // 错误提示
                    }
                    Thread.Sleep (2000);                        // 线程休眠 2 秒
                }
            });
            thread.Start();                                     // 启动线程
        }

        private void button2_Click (object sender, EventArgs e)
        {
            flag = false;                                       // 标识不接收数据
            if (thread.ThreadState == ThreadState.Running)      // 判断线程是否运行
                thread.Abort();                                 // 终止线程
            udp.Close();                                        // 关闭连接
        }
    }
}
```

程序运行结果如图 18.9 所示。

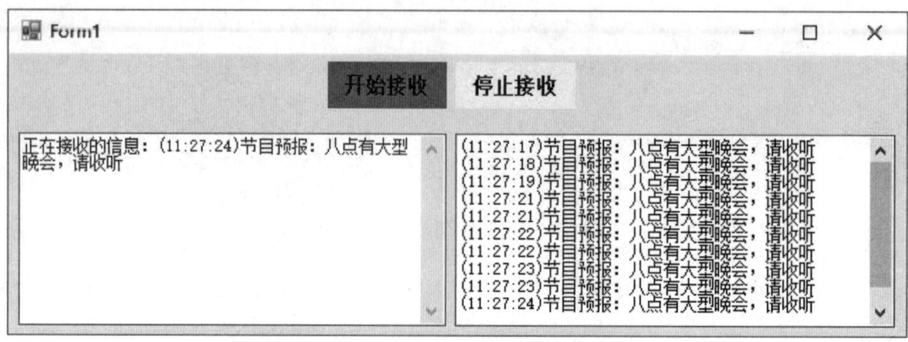

图 18.9　接收广播程序的运行结果

18.5　小　　结

本章主要讲解了 C# 中的网络编程知识，对于网络协议等基础内容，程序设计人员应该有所了解，有兴趣的读者还可以查阅其他资料来获取更详细的信息。本章重点讲解的是如何使用 C# 进行 TCP 和 UDP 网络程序设计，其中，设计 TCP 网络程序，主要用到了 Socket 类、TcpClient 类和 TcpListener 类，而设计 UDP 网络程序，主要用到 UdpClient 类。C# 中，网络相关的类都位于 System.Net 和 System.Net.Sockets 命名空间中，学习本章时，重点需要掌握以上几个类的使用方法。

18.6　实　　战

18.6.1　实战一：局域网 IP 地址扫描

局域网 IP 地址扫描程序：运行时，输入开始地址和结束地址，单击“开始”按钮，即可扫描局域网中指定范围内的已用 IP 地址并显示，单击“停止”按钮，停止扫描（主要用到 IPAddress 类和 IPHostEntry 类），效果如图 18.10 所示。（**实例位置：资源包 \ 源码 \18\ 实战 \01**）

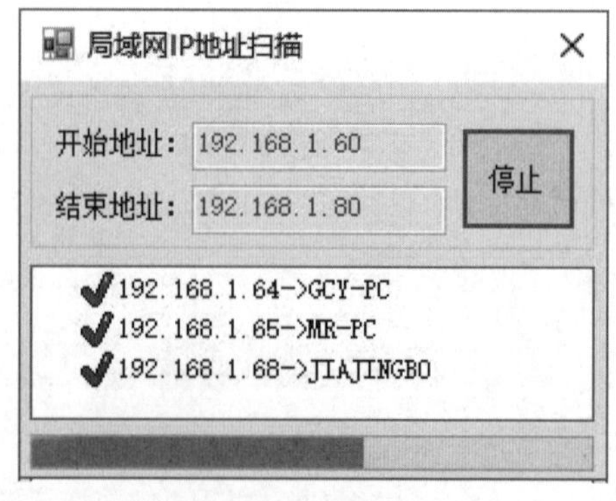

图 18.10　局域网 IP 地址扫描

18.6.2　实战二：点对点聊天程序

使用 TCP 协议制作一个点对点聊天程序，该程序把本机作为服务器，可以直接将信息发送给对方。程序运行结果如图 18.11 所示。（**实例位置：资源包 \ 源码 \18\ 实战 \02**）

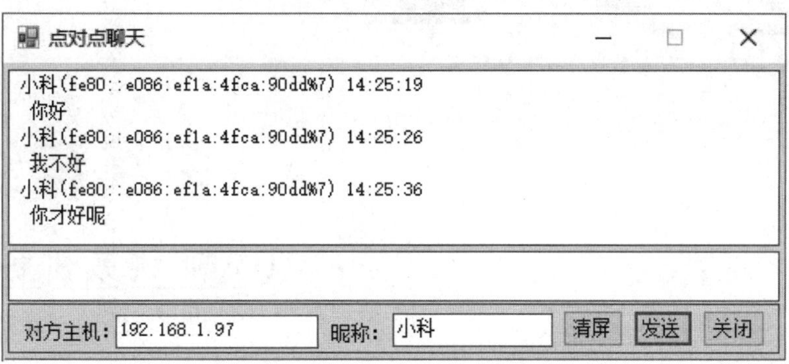

图 18.11　点对点聊天程序

第 19 章

多线程编程技术

（视频讲解：50 分钟）

如果一次只完成一件事情，那是一个不错的想法，但事实上很多事情都是同时进行的，所以在 C# 中为了模拟这种状态，引入了线程机制，简单地说，当程序同时完成多件事情时，就是所谓的多线程程序。多线程运用广泛，开发人员可以使用多线程对要执行的操作分段执行，这样可以大大提高程序的运行速度和性能。本章将对多线程编程技术进行详细讲解。

通过学习本章，读者主要掌握以下内容：

- 熟悉线程的定义及分类
- C# 中如何实现线程
- 常用的线程操作方法
- 了解线程的同步机制
- C# 中实现线程同步的 3 种方法

19.1　线 程 概 述

世间万物都会同时完成很多工作，例如，人体同时进行呼吸、血液循环、思考问题等活动，用户既可以使用计算机听歌，又可以使用它打印文件，而这些活动完全可以同时进行，将这种思想放在 C# 中被称为并发，而将并发完成的每一件事情称为线程。本节将对线程进行详细讲解。

19.1.1　线程的定义与分类

在讲解线程之前，先来了解一个概念——进程。系统中资源分配和资源调度的基本单位叫作进程。其实进程很常见，我们使用的 QQ、Word、甚至是输入法等，每个独立执行的程序在系统中都是一个进程。

而每个进程中都可以同时包含多个线程，例如，QQ 是一个聊天软件，但它的功能有很多，如收发信息、播放音乐、查看网页和下载文件等，这些工作可以同时运行并且互不干扰，这就是使用了线程的并发机制。

上面介绍了一个进程包括多个线程，但计算机的 CPU 只有一个，那么这些线程是怎么做到并发运行的呢？ Windows 操作系统是多任务操作系统，它以进程为单位，每个独立执行的程序称为进程，在系统中可以分配给每个进程一段有限的使用 CPU 的时间（也可以称为 CPU 时间片），CPU 在片段时间中执行某个进程，然后在下一个时间片又跳至另一个进程中去执行。由于 CPU 转换较快，所以使得每个进程好像是同时执行一样。

图 19.1 表明了 Windows 操作系统的执行模式。

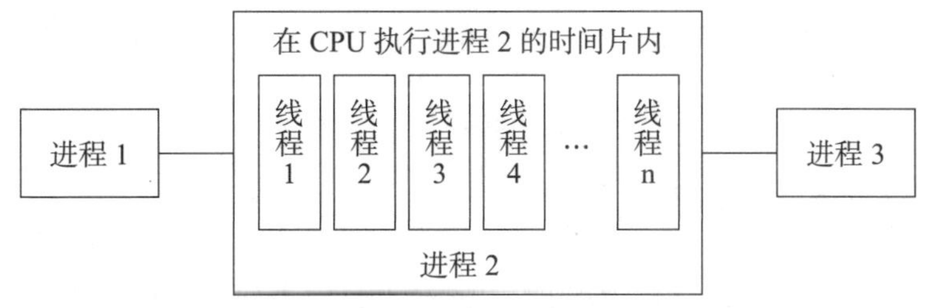

图 19.1　Windows 操作系统中的执行模式

一个线程则是进程中的执行流程，一个进程中可以同时包括多个线程，每个线程也可以得到一小段程序的执行时间，这样一个进程就可以具有多个并发执行的线程。

19.1.2　多线程的优缺点

一般情况下，需要用户交互的软件都必须尽可能快地对用户的操作做出反应，以便提供良好的用户体验，但同时它又必须执行必要的计算以便尽可能快地将数据呈现给用户，这时可以使用多线程来实现。

1. 多线程的优点

要提高对用户的响应速度，使用多线程是一种最有效的方式，在具有一个处理器的计算机上，多线程可以通过利用用户事件之间很小的时间段在后台处理数据来达到这种效果。使用多线程的优点如下：

- 通过网络与 Web 服务器和数据库进行通信。
- 执行占用大量时间的操作。
- 区分具有不同优先级的任务。
- 使用户界面可以在将时间分配给后台任务时仍能快速做出响应。

2. 多线程的缺点

使用多线程有好处，同时也有坏处，建议一般不要在程序中使用太多的线程，这样可以最大限度地减少操作系统资源的使用，并提高性能。使用多线程可能对程序造成的负面影响如下：

- 系统将为进程和线程所需的上下文信息使用内存。因此，可以创建的进程和线程的数目会受到可用内存的限制。
- 跟踪大量的线程将占用大量的处理器时间。如果线程过多，则其中大多数线程都不会产生明显的进度。如果大多数线程处于一个进程中，则其他进程中的线程的调度频率就会很低。
- 使用多个线程控制代码执行非常复杂，并可能产生许多 Bug。
- 销毁线程需要了解可能发生的问题并进行处理。

视频讲解

19.2 线程的实现

C# 中通过使用 Thread 类实现线程，本节将对 Thread 类，以及如何创建线程、线程的生命周期进行介绍。

19.2.1 使用 Thread 类创建线程

Thread 类位于 System.Threading 命名空间下，该类主要用于创建并控制线程、设置线程优先级并获取其状态。创建线程需要使用 Thread 类的构造函数，其语法如下：

```
public Thread (ThreadStart start)
public Thread (ParameterizedThreadStart start)
```

参数 start 表示一个 ThreadStart 委托或者 ParameterizedThreadStart 委托，它表示线程开始执行时要调用的方法。

Thread 类的常用属性及说明如表 19.1 所示。

表 19.1　Thread 类的常用属性及说明

属　　性	说　　明
ApartmentState	获取或设置此线程的单元状态
CurrentContext	获取线程正在其中执行的当前上下文
CurrentThread	获取当前正在运行的线程
IsAlive	获取一个值，该值指示当前线程的执行状态
ManagedThreadId	获取当前托管线程的唯一标识符
Name	获取或设置线程的名称
Priority	获取或设置一个值，该值指示线程的调度优先级
ThreadState	获取一个值，该值包含当前线程的状态

Thread 类的常用方法及说明如表 19.2 所示。

表 19.2　Thread 类的常用方法及说明

方　　法	说　　明
Abort	在调用此方法的线程上引发 ThreadAbortException，以开始终止此线程的过程。调用此方法通常会终止线程
Join	阻塞调用线程，直到某个线程终止或经过了指定时间为止
Sleep	将当前线程挂起 / 阻塞指定的时间
SpinWait	导致线程等待由 iterations 参数定义的时间量
Start	开始执行线程

创建了 Thread 类的对象之后，线程对象已存在并已配置，但并未创建实际的线程，这时，只有在调用 Start 方法后，才会创建实际的线程。

Start 方法用来开始执行线程，它有两种重载形式，下面分别介绍。

（1）导致操作系统将当前实例的状态更改为 ThreadState.Running，语法如下：

```
public void Start ()
```

（2）使操作系统将当前实例的状态更改为 ThreadState.Running，并选择线程执行所需要的方法。语法如下：

```
public void Start (Object parameter)
```

参数 parameter 为一个 Object 对象，包含线程执行的方法要使用的数据。

注意

如果线程已经终止，则无法通过再次调用 Start 方法来重新启动。

【例 19.01】 创建一个 Windows 窗体应用程序，实现图标移动的功能。具体实现时，在窗体中添加一个 PictureBox 控件，并设置相应的 C# 图标，然后使用 Thread 线程控制该控件的坐标位置，从而实现移动图标的效果。主要代码如下：（**实例位置：资源包\源码\19\19.01**）

```
public partial class Form1 : Form
{
    public Form1()
    {
        InitializeComponent();
        CheckForIllegalCrossThreadCalls = false;          // 使线程可以调用窗体控件
    }
    int x = 12;                                           // 定义图标初始横坐标位置
    void Roll()
    {
        while (x <= 260)                                  // 设置循环条件
        {
            // 将标签的横坐标用变量表示
            pictureBox1.Location = new Point (x, 12);
            Thread.Sleep (500);                           // 使线程休眠 500 毫秒
            x += 4;                                       // 使横坐标每次增加 4
            if (x >= 260)
            {
                x = 12;                                   // 当图标到达标签的最右边时，使其回到标签最左边
            }
        }
    }
    private void Form1_Load (object sender, EventArgs e)
    {
        Thread th = new Thread (new ThreadStart(Roll));   // 创建线程对象
        th.Start();                                       // 启动线程
    }
}
```

运行程序，C# 图标从初始位置开始启动，如图 19.2 所示；移动中的 C# 图标效果如图 19.3 所示；图标从左向右移动，移动到最右侧的效果如图 19.4 所示。

图 19.2　图标初始位置

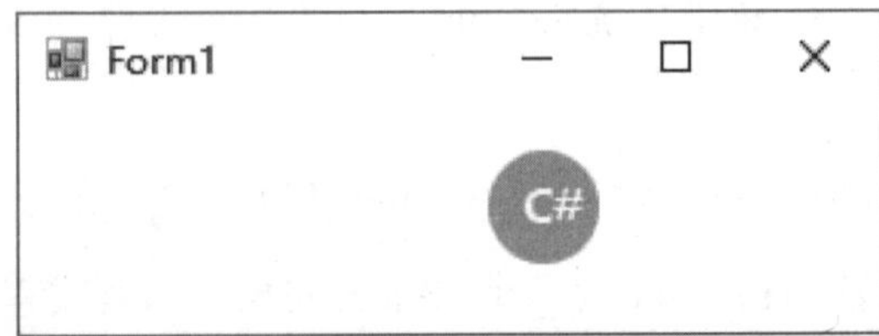

图 19.3　图标移动过程中

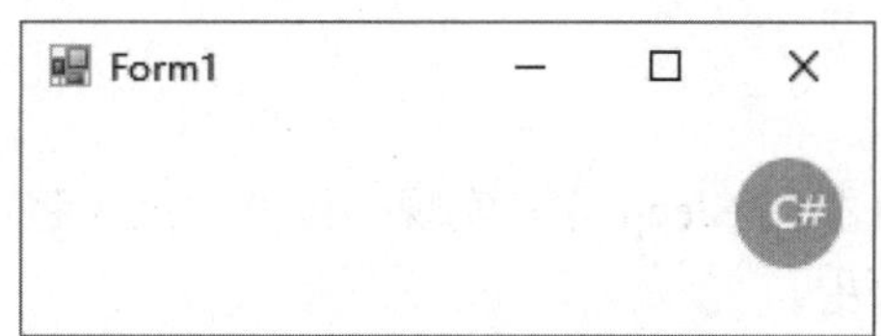

图 19.4　图标移动到窗体最右侧

19.2.2　线程的生命周期

任何事物都有始有终，例如人的一生，就经历了少年、壮年、老年和死亡，这就是一个人的生命周期，同样，线程也有自己的生命周期，首先是出生，就是用 new 关键字创建线程对象，就意味着一个线程的诞生，但此时它还什么都没有做，然后线程对象调用了 Start 方法，就使线程进入了一个就绪的状态，也被称为可执行状态，它等待的是 CPU 为线程分配时间片。当获得系统资源的时候，也就是 CPU 来执行时，线程就进入了运行状态。

一旦线程进入运行状态，它会在就绪与运行状态下转换，同时也有可能进入暂停状态，如果在运行期间执行了 Sleep，Join 这些方法，或者有外接因素导致线程阻塞，比如等待用户输入等，遇到这种操作场景，线程会进入一个暂停的状态，它与就绪不一样，暂停状态下线程是持有系统资源的，只是没有做任何的操作而已。当休眠时间结束或者用户输入完信息之后，线程就会从暂停回到就绪状态，注意这里是回到就绪状态，而不是运行状态。因为此时需要检查 CPU 是否有剩余资源来执行线程。当线程中所有的代码都执行完，调用 Abort 方法终止线程，这个线程就会结束，进入死亡的状态，同时垃圾回收管理器，就会回收死亡的线程对象。

图 19.5 描述了线程的生命周期的各个状态。

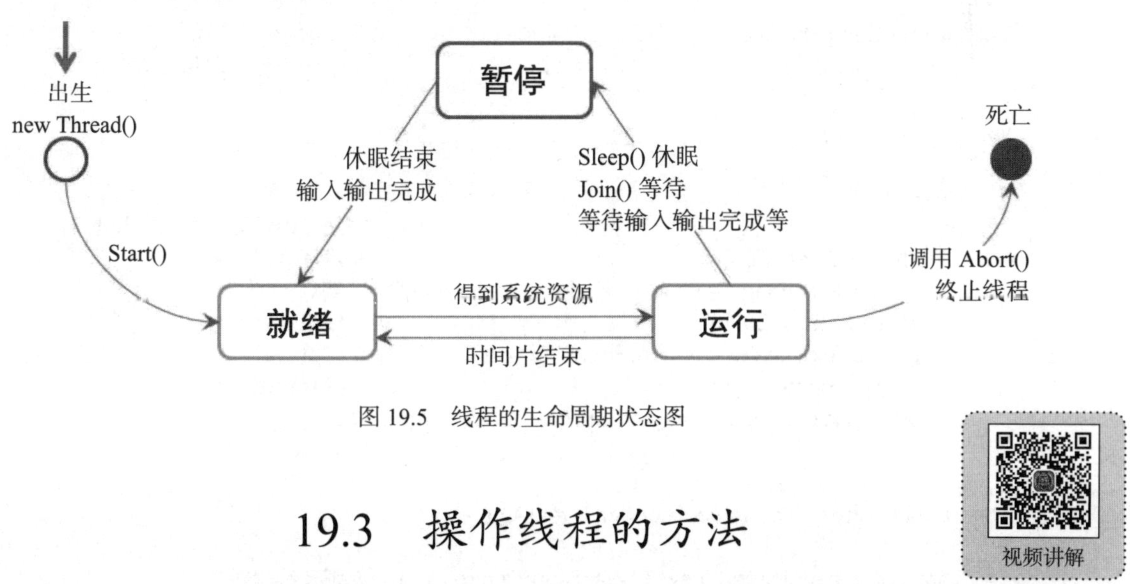

图 19.5　线程的生命周期状态图

19.3　操作线程的方法

视频讲解

操作线程有很多方法，这些方法可以使线程从某一种状态过渡到另一种状态，本节将对如何对线程执行休眠、加入和终止等操作进行讲解。

19.3.1 线程的休眠

线程的休眠主要通过 Thread 类的 Sleep 方法实现，该方法用来将当前线程阻塞指定的时间，它有两种重载形式，下面分别进行介绍。

（1）将当前线程挂起指定的时间，语法如下：

```
public static void Sleep (int millisecondsTimeout)
```

参数 millisecondsTimeout 表示线程被阻塞的毫秒数。指定 1 以使其他可能正在等待的线程能够执行；指定 Timeout.Infinite 以无限期阻塞线程。

（2）将当前线程阻塞指定的时间，语法如下：

```
public static void Sleep (TimeSpan timeout)
```

参数 timeout 表示线程被阻塞的时间量的 TimeSpan。指定持续时间为 1 毫秒，可以使其他可能正在等待的线程能够执行；指定持续时间为 –1 毫秒，可以无限期阻塞线程。

例如，下面代码用来使当前线程休眠一秒钟，代码如下：

```
Thread.Sleep (1000);                          // 使线程休眠 1 秒钟
```

【例 19.02】 模拟红绿灯变化场景，红灯亮 8 秒，绿灯亮 5 秒，黄灯亮 2 秒。主要代码如下：（**实例位置：资源包 \ 源码 \19\19.02**）

```
public partial class Form1 : Form
{
    public Form1()
    {
        InitializeComponent();
        CheckForIllegalCrossThreadCalls = false;                    // 使线程可以调用窗体控件
    }
    void ControlLight()
    {
        while (true)
        {                                                           // 线程始终处于被启用状态
            Thread.Sleep (5000);                                    // 线程休眠 5 秒
            pictureBox1.Image = Image.FromFile ("Yellow.png");      // 黄灯
            Thread.Sleep (2000);                                    // 线程休眠 2 秒
            pictureBox1.Image = Image.FromFile ("Red.png");         // 红灯
            Thread.Sleep (8000);                                    // 线程休眠 8 秒
            pictureBox1.Image = Image.FromFile ("Green.png");       // 绿灯
        }
    }
    private void Form1_Load (object sender, EventArgs e)
    {
        Thread th = new Thread (new ThreadStart(ControlLight)); // 创建线程对象
```

```
            th.Start();                                          //启动线程
        }
    }
```

运行程序，绿灯、黄灯和红灯会循环进行显示，效果如图 19.6 ~ 图 19.8 所示。

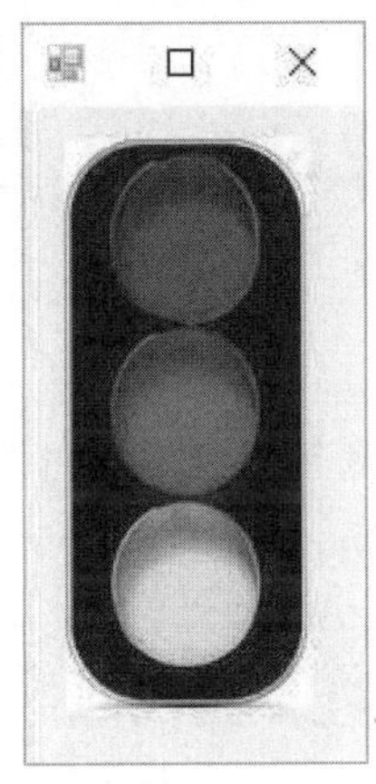

图 19.6　绿灯亮

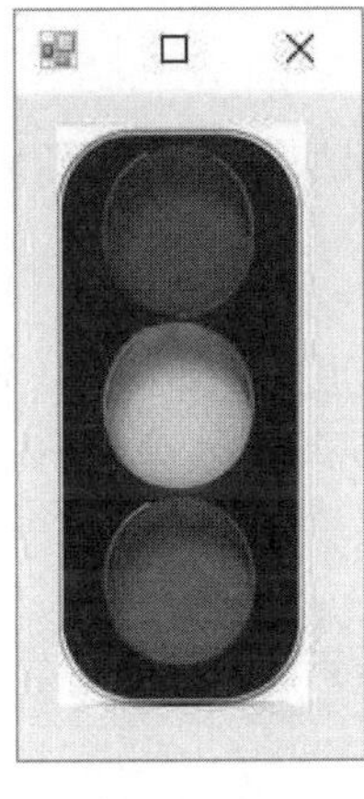

图 19.7　黄灯亮

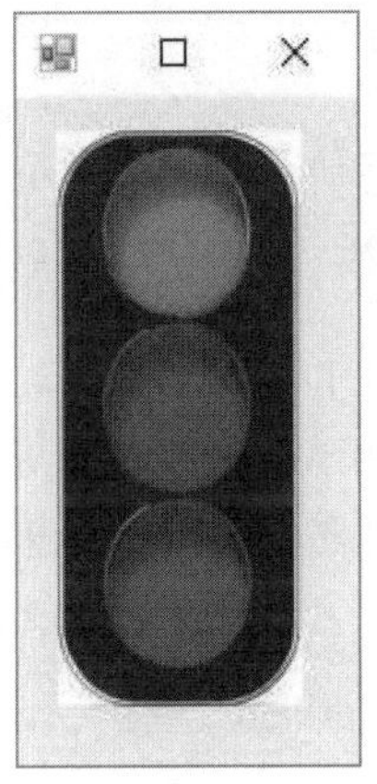

图 19.8　红灯亮

19.3.2　线程的加入

假如当前程序为多线程程序且存在一个线程 A，现在需要插入线程 B，并要求线程 B 执行完毕后，再继续执行线程 A，此时可以使用 Thread 类中的 Join() 方法来实现。这就好比 A 正在看电视，突然 B 上门收水费，A 必须付完水费后才能继续看电视。

当某个线程使用 Join() 方法加入到另外一个线程时，另一个线程会等待该线程执行完毕后再继续执行。

Join() 方法用来阻塞调用线程，直到某个线程终止时为止，它有 3 种重载形式，下面分别介绍。

（1）在继续执行标准的 COM 和 SendMessage 消息处理期间，阻塞调用线程，直到某个线程终止为止。语法如下：

```
public void Join()
```

（2）在继续执行标准的 COM 和 SendMessage 消息处理期间，阻塞调用线程，直到某个线程终止或经过了指定时间为止。语法如下：

```
public bool Join (int millisecondsTimeout)
```

- millisecondsTimeout：等待线程终止的毫秒数。
- 返回值：如果线程已终止，则为 true；如果线程在经过了 millisecondsTimeout 参数指定的时间后未终止，则为 false。

（3）在继续执行标准的 COM 和 SendMessage 消息处理期间，阻塞调用线程，直到某个线程终止或经过了指定时间为止。语法如下：

```
public bool Join (TimeSpan timeout)
```

- timeout：等待线程终止的时间量的 TimeSpan。
- 返回值：如果线程已终止，则为 true；如果线程在经过了 timeout 参数指定的时间量后未终止，则为 false。

注意

如果在程序中使用了多线程，辅助线程还没有执行完毕，在关闭窗体时，必须要关闭辅助线程，否则会引发异常。

【例 19.03】 创建一个 Windows 窗体应用程序，默认窗体中包括两个进度条，进度条的进度由线程来控制，通过使用 Join 方法使上面的进度条必须等待下面的进度条完成后才可以继续。主要代码如下：（**实例位置：资源包 \ 源码\19\19.03**）

```
public partial class Form1 : Form
{
    public Form1()
    {
        InitializeComponent();
        CheckForIllegalCrossThreadCalls = false;  // 使线程可以调用窗体控件
    }
    Thread th1, th2;                              // 分别控制进度条 1 和进度条 2
    void Pro1()
    {
        int count = 0;                            // 标识何时加入线程 2
        while (true)
        {
            progressBar1.PerformStep();           // 设置进度条的当前值
            count += progressBar1.Step;           // 标识自增
            Thread.Sleep(100);                    // 使线程 1 休眠 100 毫秒
            if (count == 20)                      // 标识为 20 时，执行线程 2
            {
                th2.Join();                       // 使线程 2 调用 Join() 方法
            }
        }
    }
    void Pro2()
    {
        int count = 0;                            // 标识何时执行完
        while (true)
        {
            progressBar2.PerformStep();           // 设置进度条的当前值
            count += progressBar2.Step;           // 标识自增
            Thread.Sleep(100);                    // 使线程 2 休眠 100 毫秒
            if (count == 100)                     // 当 count 变量增长为 100 时
                break;                            // 跳出循环
        }
```

```
    }
    private void Form1_Load(object sender, EventArgs e)
    {
        th1 = new Thread (new ThreadStart(Pro1)); // 创建线程 1 对象
        th1.Start();                              // 启动线程 1
        th2 = new Thread (new ThreadStart(Pro2)); // 创建线程 2 对象
        th2.Start();                              // 启动线程 2
    }
}
```

运行程序，两个进度条同时运行，如图 19.9 所示，同时运行至 20 时，上方进度条停止运行，而下方进度条继续运行，如图 19.10 所示，待下方进度条运行完成后，上方进度条继续运行，如图 19.11 所示。

图 19.9　两个进度条同时运行

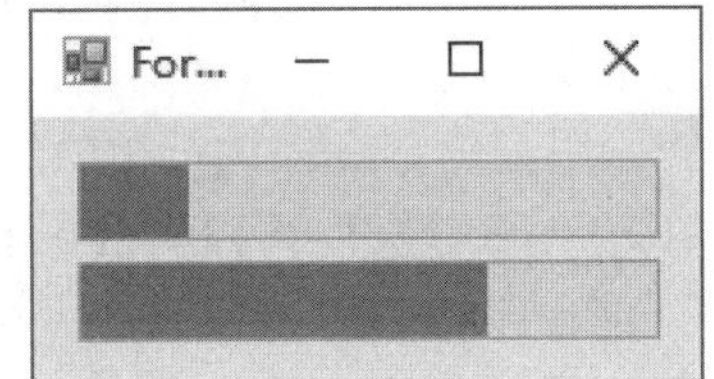

图 19.10　上方进度条等待下方进度完成

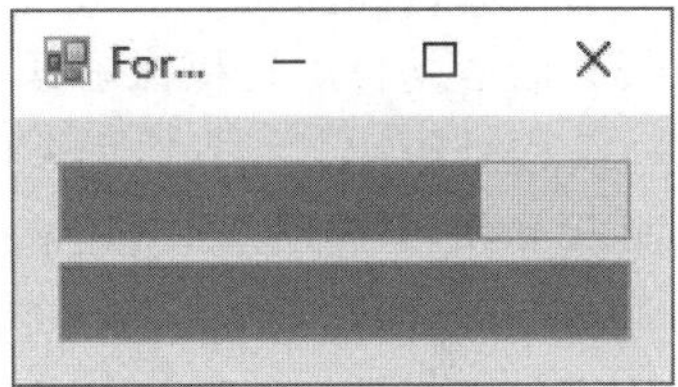

图 19.11　上方进度条继续运行

19.3.3　线程的终止

终止线程使用 Thread 类的 Abort 方法实现，该方法有两种重载形式，下面分别介绍。

（1）终止线程，在调用此方法的线程上引发 ThreadAbortException 异常，以开始终止此线程的过程。语法如下：

```
public void Abort ()
```

（2）终止线程，在调用此方法的线程上引发 ThreadAbortException 异常，以开始终止此线程并提供有关线程终止的异常信息的过程。语法如下：

```
public void Abort (Object stateInfo)
```

参数 stateInfo 是一个 Object 对象，它包含应用程序特定的信息（如状态），该信息可供正被终止的线程使用。

注意

线程的 Abort 方法用于永久地停止托管线程。调用 Abort 方法时，公共语言运行库在目标线程中引发 ThreadAbortException 异常，目标线程可捕捉此异常。一旦线程被终止，它将无法重新启动。

例如，修改实例 03，在关闭窗体时，判断线程 1 和线程 2 是否还在运行，如果运行，则调用 Abort 方法将它们关闭，主要代码如下：

```
private void Form1_FormClosing (object sender, FormClosingEventArgs e)
{
    if (th1.ThreadState == ThreadState.Running)                // 判断线程 1 是否正在运行
        th1.Abort();                                           // 终止线程 1
    if (th2.ThreadState == ThreadState.Running)                // 判断线程 2 是否正在运行
        th2.Abort();                                           // 终止线程 2
}
```

19.3.4 线程的优先级

线程优先级指定一个线程相对于另一个线程的相对优先级，每个线程都有一个分配的优先级。在公共语言运行库内创建的线程最初被分配为 Normal 优先级，而在公共语言运行库外创建的线程，在进入公共语言运行库时将保留其先前的优先级。

线程是根据其优先级而调度执行的，用于确定线程执行顺序的调度算法随操作系统的不同而不同。在某些操作系统下，具有最高优先级（相对于可执行线程而言）的线程经过调度后总是首先运行。如果具有相同优先级的多个线程都可用，则程序将遍历处于该优先级的线程，并为每个线程提供一个固定的时间片来执行。只要具有较高优先级的线程可以运行，具有较低优先级的线程就不会执行。如果在给定的优先级上不再有可运行的线程，则程序将移到下一个较低的优先级并在该优先级上调度线程以执行。如果具有较高优先级的线程可以运行，则具有较低优先级的线程将被抢先，并允许具有较高优先级的线程再次执行。除此之外，当应用程序的用户界面在前台和后台之间移动时，操作系统还可以动态调整线程优先级。

例如，在多任务操作系统中，每个线程都会得到一小段 CPU 时间片进行执行，在时间结束时，将轮换另一个线程进入执行状态，这时系统会选择与当前线程优先级相同的线程进行执行。系统始终选择就绪状态下优先级较高的线程进入执行状态。图 19.12 表明了处于各个优先级状态下的线程的运行顺序。

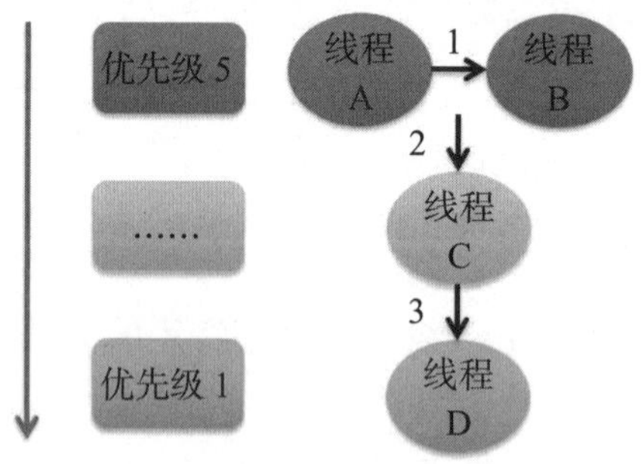

图 19.12　处于各个优先级状态下的线程的运行顺序

在图 19.12 中，优先级为 5 的线程 A 首先得到 CPU 时间片，当该时间结束后，轮换到与线程 A 相同优先级的线程 B，当线程 B 的运行时间结束后，会继续轮换到线程 A，直到线程 A 与线程 B 都执行完毕，才会轮换到线程 C，当线程 C 结束后，最后才会轮到线程 D。

说明

多线程的执行本身就是多个线程的交换执行，并非同时执行，通过设置线程优先级的高低，只是说明该线程会优先执行或者暂不执行的概率更大一些而已，并不能保证优先级高的线程就一定会比优先级低的线程先执行。

线程的优先级值及说明如表 19.3 所示。

表 19.3　线程的优先级值及说明

优先级值	说　明
AboveNormal	可以将 Thread 安排在具有 Highest 优先级的线程之后，在具有 Normal 优先级的线程之前
BelowNormal	可以将 Thread 安排在具有 Normal 优先级的线程之后，在具有 Lowest 优先级的线程之前
Highest	可以将 Thread 安排在具有任何其他优先级的线程之前
Lowest	可以将 Thread 安排在具有任何其他优先级的线程之后
Normal	可以将 Thread 安排在具有 AboveNormal 优先级的线程之后，在具有 BelowNormal 优先级的线程之前。默认情况下，线程具有 Normal 优先级

开发人员可以通过访问线程的 Priority 属性来获取和设置其优先级。Priority 属性用来获取或设置一个值，该值指示线程的调度优先级，其语法如下：

```
public ThreadPriority Priority { get; set; }
```

属性值为 ThreadPriority 枚举值之一。默认值为 Normal。

例如，修改实例 03，将线程 1 的优先级设置为最低，将线程 2 的优先级设置为最高，然后再次运行，观察效果是否有变化，主要代码如下：

```
th1 = new Thread (new ThreadStart(Pro1));        //创建线程 1 对象
th1.Priority = ThreadPriority.Lowest;            //设置优先级最低
th1.Start();                                     //启动线程 1
th2 = new Thread (new ThreadStart(Pro2));        //创建线程 2 对象
th2.Priority = ThreadPriority.Highest;           //设置优先级最高
th2.Start();                                     //启动线程 2
```

19.4　线程的同步

视频讲解

在单线程程序中，每次只能做一件事情，后面的事情需要等待前面的事情完成后才可以进行，但是如果使用多线程程序，就会发生两个线程抢占资源的问题，例如两个人同时说话，两个人同时过同一个独木桥等。所以在多线程编程中，需要防止这些资源访问的冲突。C# 提供线程同步机制来防止资源访问的冲突，其中主要用到 lock 关键字、Monitor 类和 Mutex 类。本节将对线程的同步机制进行详细讲解。

19.4.1 线程同步机制

实际开发中，使用多线程程序的情况很多，如银行排号系统、火车站售票系统等。这种多线程的程序通常会发生问题，以火车站售票系统为例，在代码中判断当前票数是否大于 0，如果大于 0 则执行把火车票出售给乘客的功能，但当两个线程同时访问这段代码时（假如这时只剩下一张票），第一个线程将票售出，与此同时第二个线程也已经执行并完成判断是否有票的操作，并得出结论票数大于 0，于是它也执行将票售出的操作，这样票数就会产生负数。所以在编写多线程程序时，应该考虑到线程安全问题。实质上线程安全问题来源于两个线程同时存取单一对象的数据。

例如，在项目中未考虑到线程安全问题的基础上，模拟火车站售票系统的功能。主要代码如下：

```
class Program
{
    int num = 10;                          // 设置当前总票数
    void Ticket()
    {
        while (true)                       // 设置无限循环
        {
            if (num > 0)                   / 判断当前票数是否大于 0
            {
                Thread.Sleep(100);         // 使当前线程休眠 100 毫秒
                // 票数减 1
                Console.WriteLine (Thread.CurrentThread.Name + "---- 票数 " + num--);
            }
        }
    }
    static void Main (string [ ] args)
    {
        Program p = new Program();   // 创建对象，以便调用对象方法
        // 分别实例化 4 个线程，并设置名称
        Thread tA = new Thread (new ThreadStart(p.Ticket));
        tA.Name = " 线程一 ";
        Thread tB = new Thread (new ThreadStart(p.Ticket));
        tB.Name = " 线程二 ";
        Thread tC = new Thread (new ThreadStart(p.Ticket));
        tC.Name = " 线程三 ";
        Thread tD = new Thread (new ThreadStart(p.Ticket));
        tD.Name = " 线程四 ";
        tA.Start();                        // 分别启动线程
        tB.Start();
        tC.Start();
        tD.Start();
        Console.ReadLine();
    }
}
```

运行结果如图 19.13 所示。

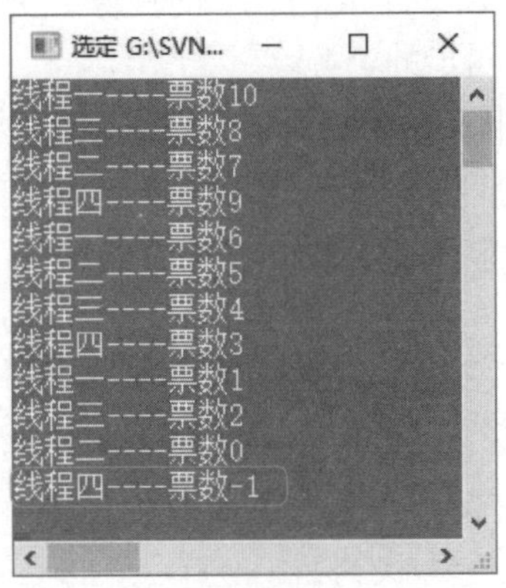

图 19.13　打印后剩下的票为负值

从图 19.13 中可以看出，最后打印后剩下的票为负值，这样就出现了问题。这是由于同时创建了 4 个线程，这 4 个线程同时执行，在 num 变量为 1 时，线程一、线程二、线程三、线程四都对 num 变量有存储功能，当线程一执行时，还没有来得及做递减操作，就指定它调用 Sleep() 方法进入就绪状态，这时线程二、线程三和线程四也都开始执行，发现 num 变量依然大于 0，但此时线程一休眠时间已到，将 num 变量值递减，同时线程二、线程三、线程四也都对 num 变量进行递减操作，从而产生了负值。

那么该如何解决资源共享的问题呢？基本上所有解决多线程资源冲突问题的方法都是采用给定时间只允许一个线程访问共享资源，这时就需要给共享资源上一道锁。这就好比一个人上洗手间时，他进入洗手间后会将门锁上，出来时再将锁打开，然后其他人才可以进入。这就是程序开发中的线程同步。

线程同步是指并发线程高效、有序的访问共享资源所采用的技术，所谓同步，是指某一时刻只有一个线程可以访问资源，只有当资源所有者主动放弃了代码或资源的所有权时，其他线程才可以使用这些资源。

19.4.2　使用 lock 关键字实现线程同步

lock 关键字可以用来确保代码块完成运行，而不会被其他线程中断，它是通过在代码块运行期间为给定对象获取互斥锁来实现的。

lock 语句以关键字 lock 开头，它有一个作为参数的对象，在该参数的后面还有一个一次只能有一个线程执行的代码块。lock 语句语法格式如下：

```
Object thisLock = new Object();
lock (thisLock)
{
    // 要运行的代码块
}
```

提供给 lock 语句的参数必须为基于引用类型的对象，该对象用来定义锁的范围。严格来说，提供给 lock 语句的参数只是用来唯一标识由多个线程共享的资源，所以它可以是任意类的实例，然而，实际上，此参数通常表示需要进行线程同步的资源。

【例 19.04】 修改 19.4.1 节中的代码，使用 lock 关键字锁定售票代码，以便实现线程同步。主要代码如下：（**实例位置：资源包 \ 源码 \19\19.04**）

```
class Program
{
    int num = 10;                              // 设置当前总票数
    void Ticket()
    {
        while (true)                           // 设置无限循环
        {
            lock (this)                        // 锁定代码块，以便线程同步
            {
                if (num > 0)                   // 判断当前票数是否大于 0
                {
                    Thread.Sleep (100);        // 使当前线程休眠 100 毫秒
                    // 票数减 1
                    Console.WriteLine (Thread.CurrentThread.Name + "---- 票数 " + num--);
                }
            }
        }
    }
    static void Main (string [] args)
    {
        Program p = new Program();             // 创建对象，以便调用对象方法
        Thread tA = new Thread (new ThreadStart(p.Ticket)); // 分别实例化 4 个线程，并设置名称
        tA.Name = " 线程一 ";
        Thread tB = new Thread (new ThreadStart(p.Ticket));
        tB.Name = " 线程二 ";
        Thread tC = new Thread (new ThreadStart(p.Ticket));
        tC.Name = " 线程三 ";
        Thread tD = new Thread (new ThreadStart(p.Ticket));
        tD.Name = " 线程四 ";
        tA.Start();                            // 分别启动线程
        tB.Start();
        tC.Start();
        tD.Start();
        Console.ReadLine();
    }
}
```

程序运行效果如图 19.14 所示。

从图 19.14 中可以看出，打印到最后，票数没有出现负数，这是因为将售票代码放置在了同步块中。

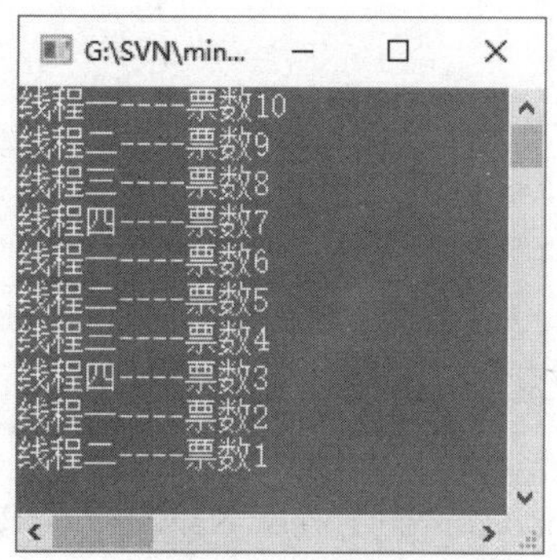

图 19.14　设置同步块模拟售票系统

如果在静态方法中使用 lock 关键字，不能使用 this。

19.4.3　使用 Monitor 类实现线程同步

Monitor 类提供了同步对对象的访问机制，它通过向单个线程授予对象锁来控制对对象的访问，对象锁提供限制访问代码块（通常称为临界区）的能力。当一个线程拥有对象锁时，其他任何线程都不能获取该锁。

Monitor 类的主要功能如下：

- ◆ 根据需要与某个对象相关联。
- ◆ 它是未绑定的，也就是说可以直接从任何上下文调用它。
- ◆ 不能创建 Monitor 类的实例。

Monitor 类的常用方法及说明如表 19.4 所示。

表 19.4　Monitor 类的常用方法及说明

方　法	说　明
Enter	在指定对象上获取排他锁
Exit	释放指定对象上的排他锁
Pulse	通知等待队列中的线程锁定对象状态的更改
PulseAll	通知所有的等待线程对象状态的更改
TryEnter	试图获取指定对象的排他锁
Wait	释放对象上的锁并阻塞当前线程，直到它重新获取该锁

例如，修改例 19.04，使用 Monitor 类实现与例 19.04 相同的功能，即使用 Monitor 类设置同步块模拟售票系统，主要代码如下：

```
void Ticket()
{
    while (true)                          // 设置无限循环
    {
        Monitor.Enter (this);             // 锁定代码块
        if (num > 0)                      // 判断当前票数是否大于 0
        {
            Thread.Sleep (100);           // 使当前线程休眠 100 毫秒
            // 票数减 1
            Console.WriteLine (Thread.CurrentThread.Name + "---- 票数 " + num--);
        }
        Monitor.Exit (this);              // 解锁代码块
    }
}
```

说明

使用 Monitor 类有很好的控制能力，例如，它可以使用 Wait 方法指示活动的线程等待一段时间，当线程完成操作时，还可以使用 Pulse 方法或 PulseAll 方法通知等待中的线程。

19.4.4 使用 Mutex 类实现线程同步

实现线程同步还可以使用 Mutex 类，该类是同步基元，它只向一个线程授予对共享资源的独占访问权。如果一个线程获取了互斥体，则要获取该互斥体的第二个线程将被挂起，直到第一个线程释放该互斥体。Mutex 类与 Monitor 类似，它防止多个线程在某一时间同时执行某个代码块，然而与监视器不同的是，Mutex 类可以用来使跨进程的线程同步。

Mutex 类的常用方法及说明如表 19.5 所示。

表 19.5 Mutex 类的常用方法及说明

方　法	说　明
Close	在派生类中被重写时，释放由当前 WaitHandle 持有的所有资源
ReleaseMutex	释放 Mutex 一次
WaitAll	等待指定数组中的所有元素都收到信号
WaitAny	等待指定数组中的任一元素收到信号
WaitOne	当在派生类中重写时，阻塞当前线程，直到当前的 WaitHandle 收到信号

使用 Mutex 类实现线程同步时，首先实例化一个 Mutex 对象，其构造函数语法如下：

```
public Mutex (bool initallyOwned)
```

参数 initallyOwned 指定了创建该对象的线程是否希望立即获得其所有权，当在一个资源得到保护的类中创建 Mutex 类对象时，通常将该参数设置为 false。

例如，修改例 19.04，使用 Mutex 类实现与例 19.04 相同的功能，即使用 Mutex 类设置同步块模拟售票系统，主要代码如下：

```
void Ticket()
{
    while (true)                                          // 设置无限循环
    {
        Mutex myMutex = new Mutex (this);                 // 创建 Mutex 对象
        myMutex.WaitOne();                                // 阻塞当前线程
        if (num > 0)                                      // 判断当前票数是否大于 0
        {
            Thread.Sleep (100);                           // 使当前线程休眠 100 毫秒
            // 票数减 1
            Console.WriteLine (Thread.CurrentThread.Name + "---- 票数 " + num--);
        }
        myMutex.ReleaseMutex()                            // 释放 Mutex 对象
    }
}
```

说明

尽管 Mutex 类可以用于进程内的线程同步，但是使用 Monitor 类通常更为可取，因为 Monitor 监视器是专门为 .NET Framework 而设计的，因而它可以更好地利用资源。相比之下，Mutex 类是 Win32 构造的包装。尽管 Mutex 类比监视器更为强大，但是相对于 Monitor 类，它所需要的互操作转换更消耗计算资源。

19.5　小　　结

本章首先对线程做了简单的介绍，然后详细讲解了 C# 中进行多线程编程的主要类 Thread，并对线程编程的各种基本操作进行了详细讲解。学习多线程编程就像进入了一个全新的领域，它与以往的编程思想截然不同，随着大多数操作系统对多线程的支持，很多程序语言都支持和扩展多线程，作为初学者应该积极转换编程思维，使自己的编程思想进入多线程编程的思维方式，多线程本身是一种非常复杂的机制，完全理解它也需要一段时间，并且需要深入的学习。通过本章的学习，读者应该学会如何创建基本的多线程程序，并熟练掌握常用的线程操作。

19.6　实　　战

19.6.1　实战一：模拟手机号抽奖

使用多线程模拟制作一个手机号抽奖的程序，运行程序，单击“开始抽奖”按钮，循环滚动所有手机号，单击“停止抽奖”按钮，则停止滚动手机号，当前显示的手机号即为中奖号码，效果如图 19.15 和图 19.16 所示。**（实例位置：资源包 \ 源码 \19\ 实战 \01）**

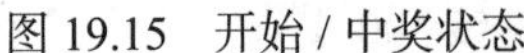
图 19.15　开始 / 中奖状态

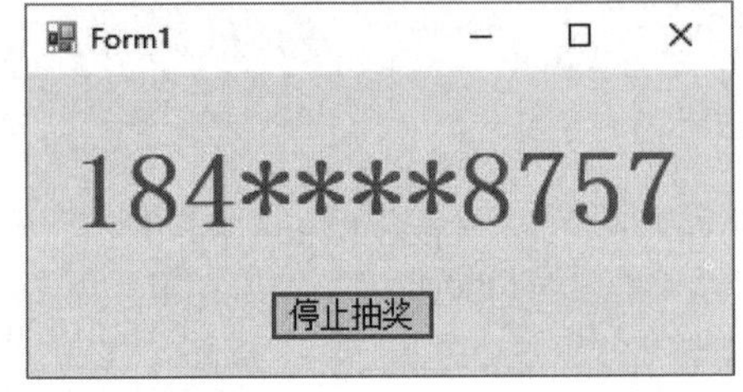

图 19.16　抽奖中状态

19.6.2　实战二：有进度条的文件异步复制

有进度条的文件异步复制功能，程序运行结果如图 19.17 所示（该程序中需要创建两个窗体，其中，默认窗体用来选择源文件和要复制到的路径，第二个窗体用来显示复制进度）。**（实例位置：资源包 \ 源码 \19\ 实战 \02）**

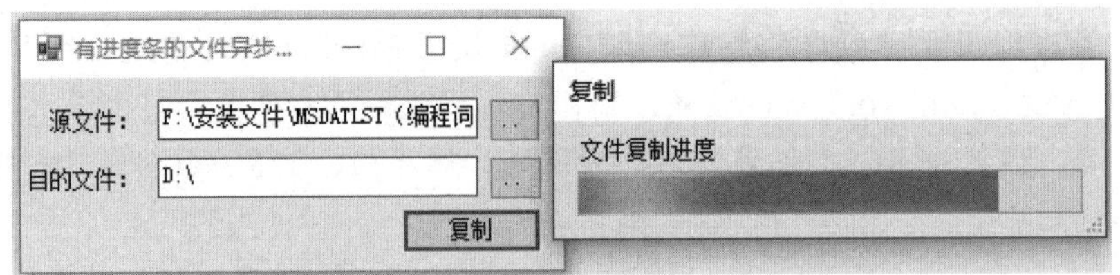

图 19.17　有进度条的文件异步复制

项目篇

本篇通过一个完整的库存管理系统，运用软件工程的设计思想，让读者学习如何进行软件项目的实践开发。书中按照“需求分析→系统设计→数据库设计→公共类设计→项目主要功能模块的实现”的流程进行介绍，带领读者亲身体验开发项目的全过程。

第 20 章

库存管理系统

（C# +GDI+ 技术 +SQL Server 2014 实现）

（视频讲解：1 小时 18 分钟）

随着计算机技术的不断发展，计算机知识日趋普及，同时计算机操作及管理也日趋简单化。为了适应社会发展的需要，我国的中小型企业开始不断地接触国外先进的管理思想，同时使用信息化的计算机工具来提高企业的管理水平和工作效率。库存管理系统是一款很好的管理软件，它主要用来管理货物的出入库及借出、归还等信息。

视频讲解

通过阅读本章，读者可以学习到：

- 掌握存储过程的创建
- 掌握存储过程在程序中的使用
- 掌握触发器的创建
- 掌握触发器的使用
- 掌握如何使用 GDI+ 技术在程序中绘图

20.1　开发背景

一般生产制造型或商品流通型企业，都需要使用仓库来存储大量的原材料和成品货物，并且货物的种类也繁多。在仓库管理中，商品入库、商品出库、库存盘点、库存查询和数据统计是最常见的工作。由于这些业务的繁杂性，传统的手工记录在应对这些业务时，常常显得十分笨拙，而且经常出错，效率也十分低。这时企业迫切需要通过先进的信息技术来解决这一难题，为此库存管理系统就成了众多企业势在必行的研发课题。

20.2　需求分析

通过与 ××× 商品仓储有限公司的沟通和需求分析，要求系统具有以下功能：

☑　由于操作人员的计算机知识普遍偏低，因此要求系统具有良好的人机界面；
☑　如果系统的使用对象较多，则要求有较好的权限管理；
☑　批量填写货物入库单及出库单；
☑　使用饼图分析年、月货物出入库情况；
☑　数据计算自动完成，尽量减少人工干预；
☑　完善的数据备份和还原功能。

20.3　系统设计

20.3.1　系统目标

本系统属于小型的数据库管理系统，可以对中小型企业客户资源进行有效管理。通过本系统可以达到以下目标：

☑　灵活地录入数据，使信息传递更快捷；
☑　系统采用人机对话方式，界面美观友好，信息查询灵活、方便，数据存储安全可靠；
☑　提供多种多样的数据查询功能，至少包括入库、出库和库存等常用查询功能；
☑　能够建立完善的基础信息档案，至少包括供应商、货物和仓库 3 种档案；
☑　设计出实用的货物管理功能，至少包括入库管理、出库管理、借货管理和盘点管理；
☑　对用户输入的数据，系统进行严格的数据检验，尽可能排除人为的错误；
☑　系统最大限度地实现了易安装性、易维护性和易操作性。

20.3.2 系统功能结构

库存管理系统功能结构如图 20.1 所示。

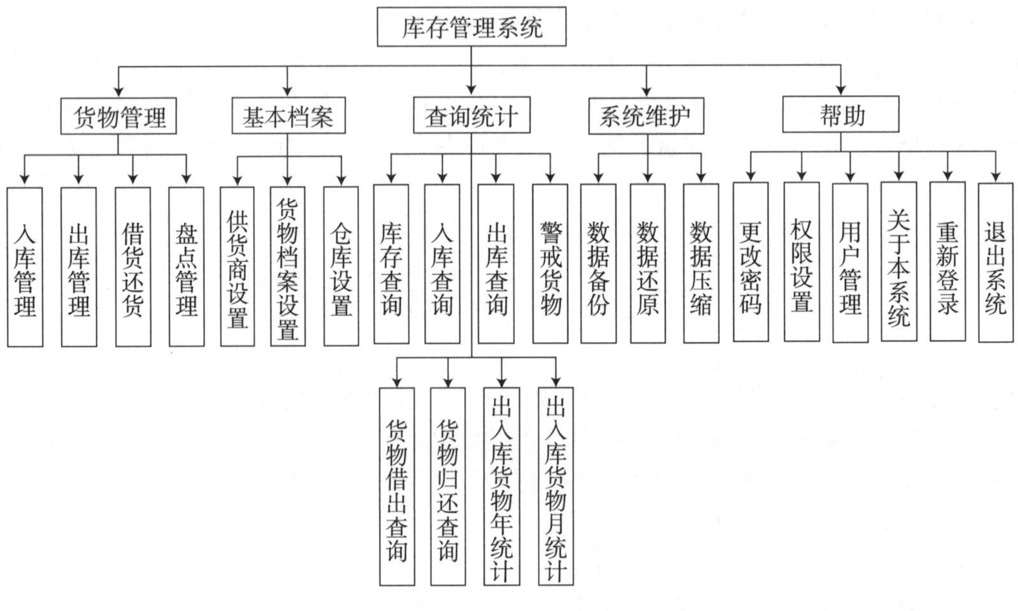

图 20.1　系统功能结构图

20.3.3 业务流程图

库存管理系统的业务流程如图 20.2 所示。

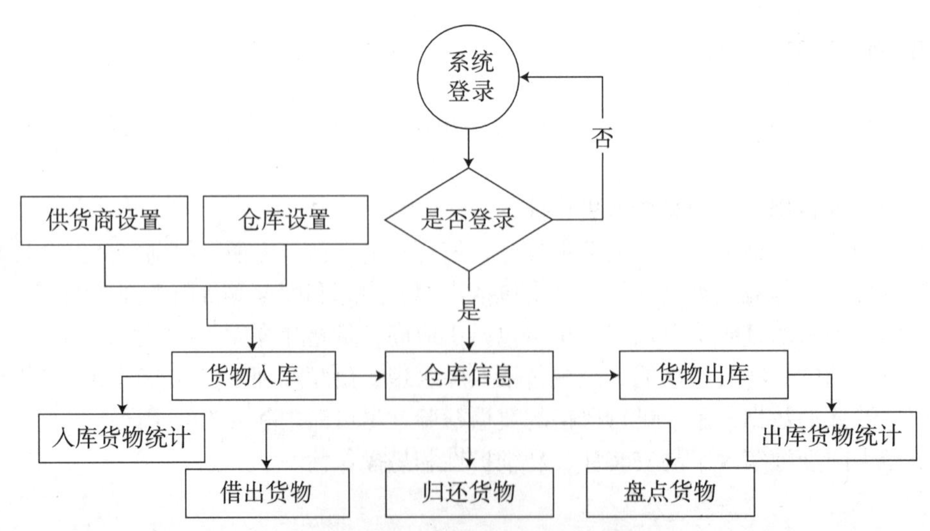

图 20.2　库存管理系统业务流程图

20.3.4　业务逻辑编码规则

遵守程序编码规则所开发的程序，代码清晰、整洁、方便阅读，并可以提高程序的可读性，真正做到“见其名，知其意”。本节从数据库设计和程序编码两个方面介绍程序开发中的编码规则。

1．数据库对象命名规则

☑　数据库命名规则

数据库命名以字母 db 开头（小写），后面加数据库相关英文单词或缩写。下面将举例说明，如表 20.1 所示。

表 20.1　数据库命名

数据库名称	描　　述
db_SMS	库存管理系统数据库

注意

在设计数据库时，为使数据库更容易理解，数据库命名时要注意大小写。

☑　数据表命名规则

数据表命名以字母 tb 开头（小写），后面加数据库相关英文单词或缩写和数据表名，多个单词间用“_”分隔。下面将举例说明，如表 20.2 所示。

表 20.2　数据表命名

数据表名称	描　　述
tb_User	用户信息表
tb_OutStore	货物出库表

☑　字段命名规则

字段一律采用英文单词或词组（可利用翻译软件）命名，如果找不到专业的英文单词或词组，可以用相同意义的英文单词或词组代替。下面将举例进行说明，如表 20.3 所示。

表 20.3　字段命名

字 段 名 称	描　　述
UserID	用户编号
UserName	用户名称

2．业务编码规则

☑　仓库代码

仓库代码是库存管理系统中仓库的唯一标识，不同的仓库可以通过该代码来区分（即使仓库名称相同）。仓库代码是一个整型的自增序号，从 1 开始递增。例如，1、2、3。

☑ 供应商代码

供应商代码用来唯一标识商品采购的供应商，不同的供应商可以通过该代码来区分。供应商代码也是一个整型的自增序号，从 1 开始递增。例如，1、2、3。

20.3.5 程序运行环境

本系统的程序运行环境具体如下。

☑ 系统开发平台：Microsoft Visual Studio 2017。

☑ 系统开发语言：C#。

☑ 数据库管理系统软件：Microsoft SQL Server 2014。

☑ 运行平台：Windows 7（SP1）/Windows 8/Windows 10。

☑ 运行环境：Microsoft.NET Framework SDK v4.7。

20.3.6 系统预览

库存管理系统由 20 多个功能窗体组成，下面只列出主窗体、借货管理、仓库设置、入库查询和出库查询这 5 个窗体的界面，其他界面请参见资源包中的源程序。

主窗体如图 20.3 所示，主要实现快速链接系统的所有功能，该窗体提供两种打开子窗体的菜单，既可以通过最上面的常规菜单打开系统中的所有子窗体；也可以通过窗体中间的导航图标来打开系统中的所有子窗体。

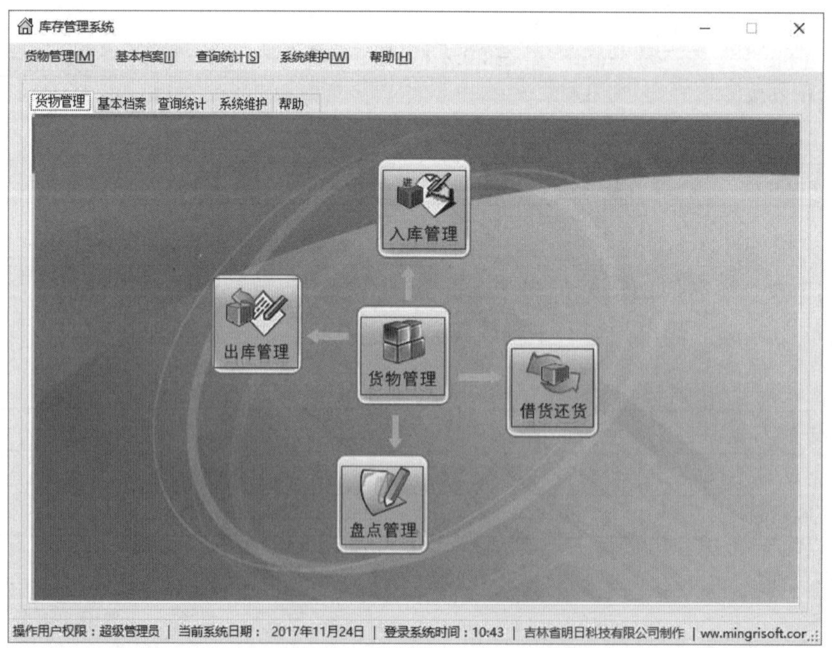

图 20.3　主窗体

借货管理窗体如图 20.4 所示，该窗体用于登记借货和还货信息，包括货物所在的仓库、货物名称、货物数量和经手人等信息。仓库设置窗体如图 20.5 所示，用于设置仓库的基本信息，包括仓库名称、负责人和仓库电话等信息。

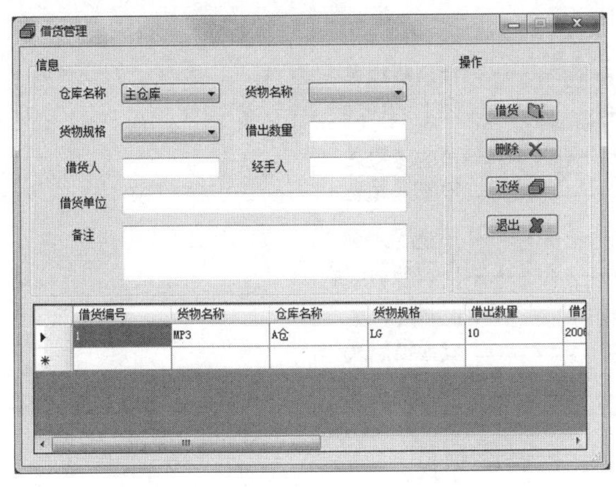

图 20.4 借货管理

图 20.5 仓库设置

入库查询窗体如图 20.6 所示，主要实现通过选择查询条件和设置查询关键字来查询入库商品记录。出库查询窗体如图 20.7 所示，主要实现通过选择查询条件和设置查询关键字来查询出库商品的记录。

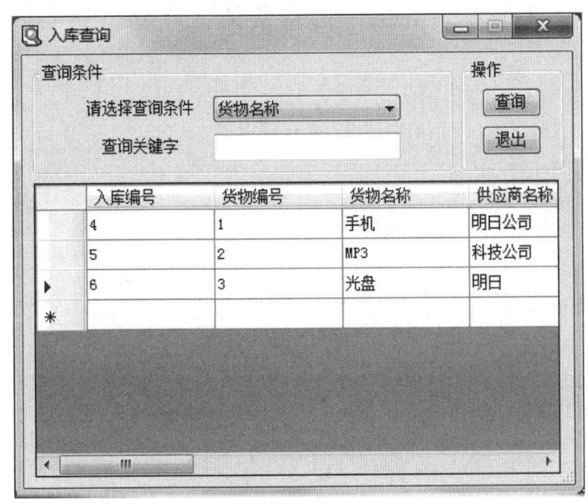

图 20.6 入库查询

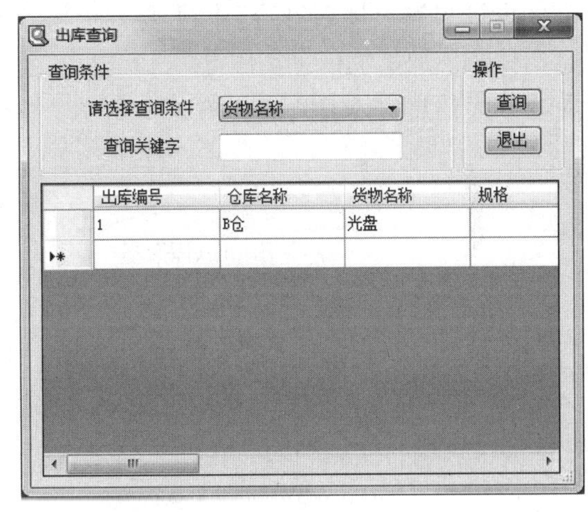

图 20.7 出库查询

20.4 数据库设计

20.4.1 数据库概要说明

本系统采用 SQL Server 2014 作为后台数据库，数据库名称为 db_SMS，其中包含 9 张数据表，详细情况如图 20.8 所示。

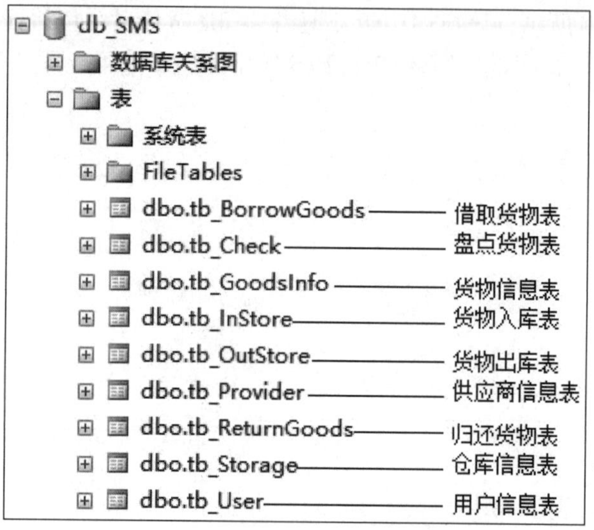

db_SMS
数据库关系图
表
系统表
FileTables
dbo.tb_BorrowGoods
借取货物表
dbo.tb_Check
盘点货物表
dbo.tb_GoodsInfo
货物信息表
dbo.tb_InStore
货物入库表
dbo.tb_OutStore
货物出库表
dbo.tb_Provider
供应商信息表
dbo.tb_ReturnGoods
归还货物表
dbo.tb_Storage
仓库信息表
dbo.tb_User
用户信息表

图 20.8　库存管理系统中用到的数据表

20.4.2　数据库概念设计

根据对系统模块及需求分析，可以做出能够满足用户需求的各种实体及它们的关系图。本小节根据上面的设计思路，规划出的实体主要有货物入库信息实体、货物出库信息实体、货物信息实体、员工信息实体和借取货物信息实体等。

货物入库信息实体 E-R 图如图 20.9 所示。

供应商名称
入库数量
货物名称
入库价格
货物编号
货物入库信息表
(tb_InStore)
货物规格
仓库名称
入库日期
…
入库编号

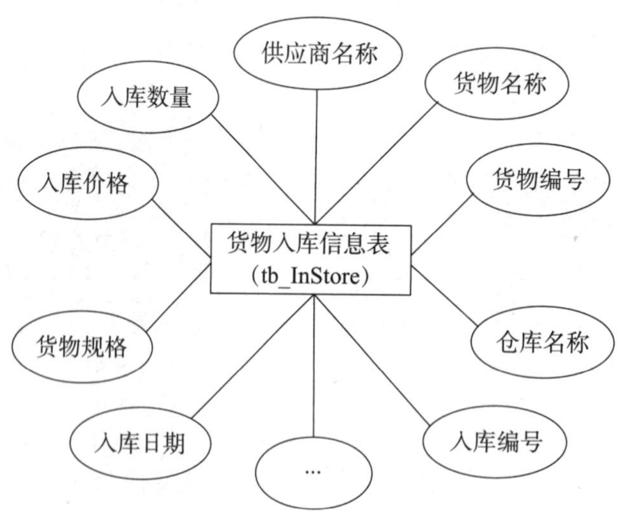

图 20.9　货物入库信息实体 E-R 图

货物出库信息实体 E-R 图如图 20.10 所示。

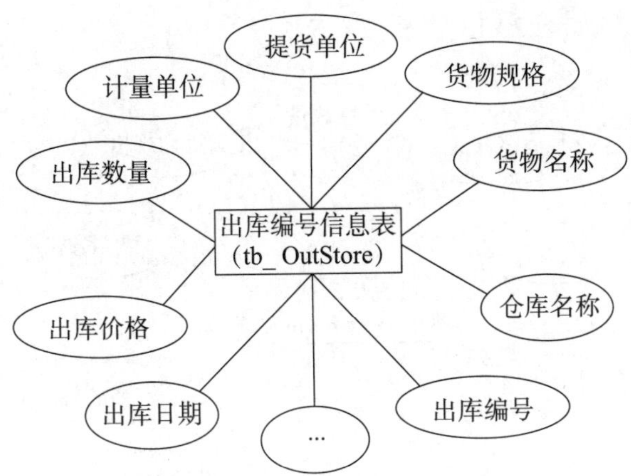

图 20.10　货物出库信息实体 E-R 图

货物信息实体 E-R 图如图 20.11 所示。

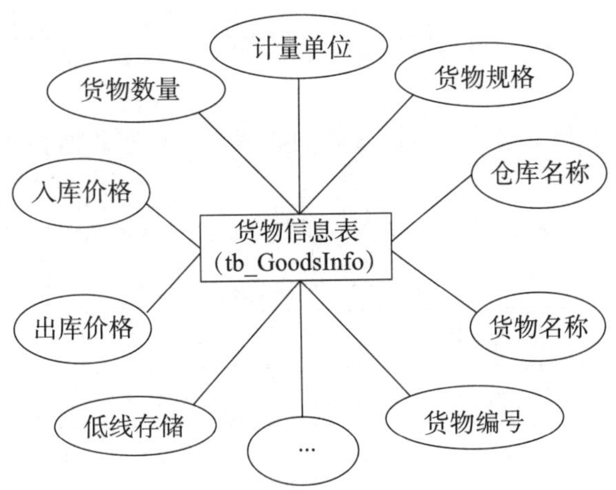

图 20.11　货物信息实体 E-R 图

用户信息实体 E-R 图如图 20.12 所示。

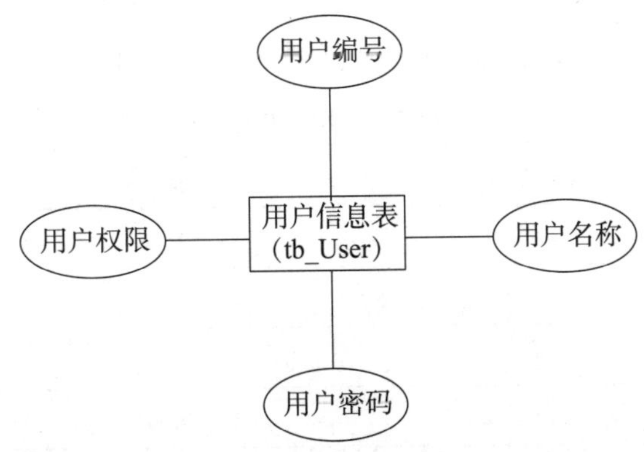

图 20.12　用户信息实体 E-R 图

借取货物信息实体 E-R 图如图 20.13 所示。

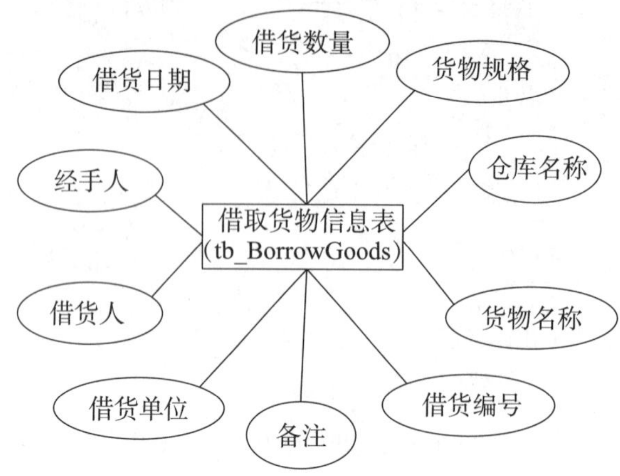

图 20.13　借取货物信息实体 E-R 图

20.4.3　数据库逻辑设计

由于本书的篇幅所限，作者在此只给出较重要的数据表，其他数据表请参见本书资源包。

☑　tb_User（用户信息表）

表 tb_ User 用于保存用户的基本信息，该表的结构如表 20.4 所示。

表 20.4　用户信息表

字 段 名 称	数 据 类 型	字 段 大 小	说　　明
UserID	bigint	8	用户编号
UserName	varchar	20	用户名称
UserPwd	varchar	20	用户密码
UserRight	char	10	用户权限

☑　tb_InStore（货物入库表）

表 tb_ InStore 用于保存货物入库详细清单，该表的结构如表 20.5 所示。

表 20.5　货物入库信息表

字 段 名 称	数 据 类 型	字 段 大 小	说　　明
ISID	bigint	8	入库编号
GoodsID	bigint	8	货物编号
GoodsName	varchar	50	货物名称
PrName	varchar	100	供应商名称

续表

字段名称	数据类型	字段大小	说　明
StoreName	varchar	100	仓库名称
GoodsSpec	varchar	50	货物规格
GoodsUnit	char	8	计量单位
GoodsNum	bigint	8	入库数量
GoodsPrice	money	8	入库价格
GoodsAPrice	money	8	入库总金额
ISDate	datetime	8	入库日期
HandlePeople	varchar	20	经手人
CKResult	varchar	20	盘点结果
ISRemark	varchar	1000	备注

☑　tb_OutStore（货物出库表）

表 tb_ OutStore 用于保存货物出库详细清单，该表的结构如表 20.6 所示。

表 20.6　货物出库信息表

字段名称	数据类型	字段大小	说　明
OSID	bigint	8	出库编号
StoreName	varchar	100	仓库名称
GoodsName	varchar	50	货物名称
GoodsSpec	varchar	50	货物规格
GoodsUnit	char	8	计量单位
GoodsNum	bigint	8	出库数量
GoodsPrice	money	8	出库价格
GoodsAPrice	money	8	出库总金额
OSDate	datetime	8	出库日期
PGProvider	varchar	100	提货单位
PGPeople	varchar	20	提货人
HandlePeople	varchar	20	经手人
OSRemark	varchar	1000	备注

☑　tb_BorrowGoods（借取货物表）

☑　表 tb_ BorrowGoods 用于保存借取货物的详细清单，该表的结构如表 20.7 所示。

表 20.7　借取货物信息表

字 段 名 称	数 据 类 型	字 段 大 小	说　　明
BGID	bigint	8	借货编号
GoodsName	varchar	50	货物名称
StoreName	varchar	100	仓库名称
GoodsSpec	varchar	50	货物规格
GoodsNum	bigint	8	借货数量
BGDate	datetime	8	借货日期
HandlePeople	varchar	20	经手人
BGPeople	varchar	20	借货人
BGUnit	varchar	100	借货单位
BGRemark	varchar	1000	备注

☑　tb_ReturnGoods（归还货物表）

表 tb_ ReturnGoods 用于保存归还货物的详细清单，该表的结构如表 20.8 所示。

表 20.8　归还货物信息表

字 段 名 称	数 据 类 型	字 段 大 小	说　　明
RGID	bigint	8	还货编号
BGID	bigint	8	借货编号
StoreName	varchar	100	仓库名称
GoodsName	varchar	50	货物名称
GoodsSpec	varchar	50	货物规格
RGNum	bigint	8	归还数量
NRGNum	bigint	8	未归还数量
RGDate	datetime	8	归还日期
HandlePeople	varchar	20	经手人
RGPeople	varchar	20	还货人
RGRemark	varchar	1000	备注
Editer	varchar	20	记录修改人
EditDate	datetime	8	修改日期

20.5　公共类设计

开发项目时，以类的形式来组织、封装一些常用的方法和事件，不仅可以提高代码的重用率，也大大方便了代码的管理。本系统中创建了两个公共类 DataCon.cs 和 DataOperate.cs，其中 DataCon 类主要用来访问 SQL Server 数据库并且执行基本的 SQL 语句，DataOperate 类主要用来实现调用 SQL 存储过程和执行数据验证等功能。程序开发时，窗体只需调用相应方法即可。

20.5.1　程序文件架构

为了使读者能够对系统文件有更清晰的认识，作者在此特别设计了程序文件架构图。主文件架构如图 20.14 所示。

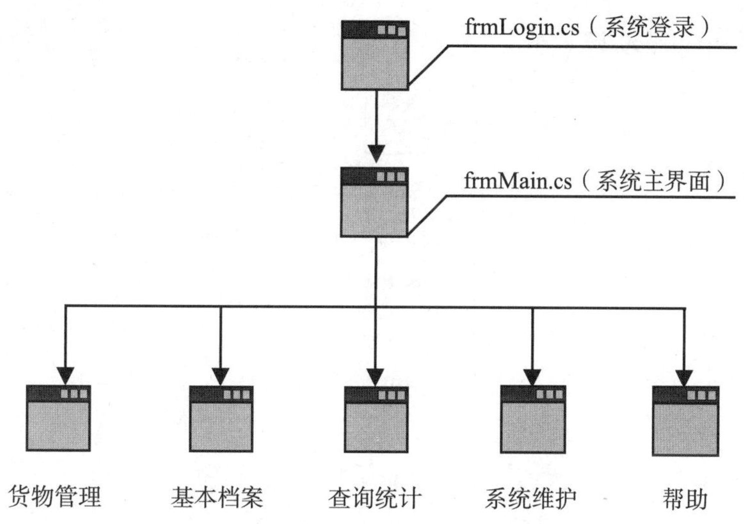

图 20.14　主文件架构图

货物管理和帮助文件架构分别如图 20.15 和图 20.16 所示。

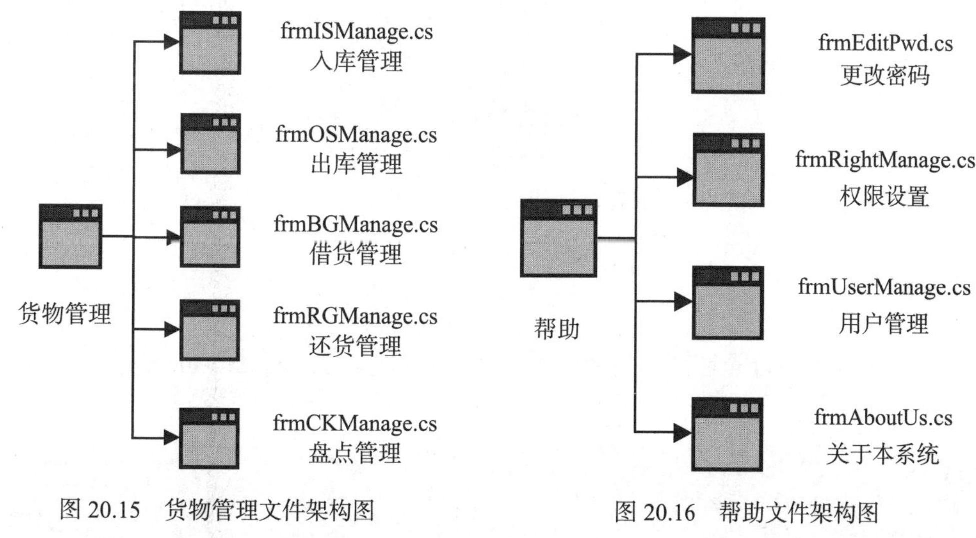

图 20.15　货物管理文件架构图　　　图 20.16　帮助文件架构图

基本档案和系统维护文件架构分别如图 20.17 和图 20.18 所示。

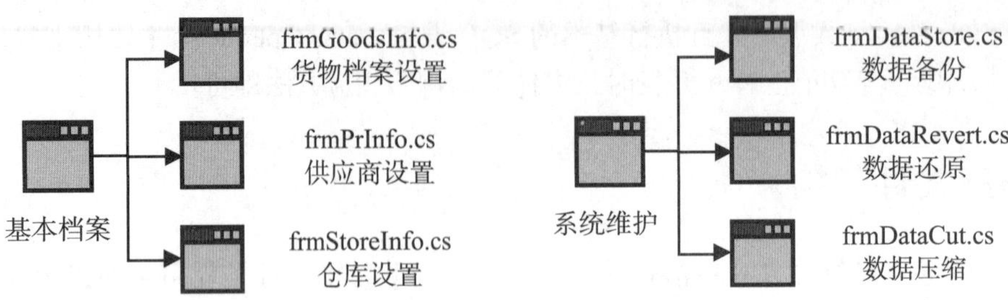

图 20.17　基本档案文件架构图　　图 20.18　系统维护文件架构图

查询统计文件架构如图 20.19 所示。

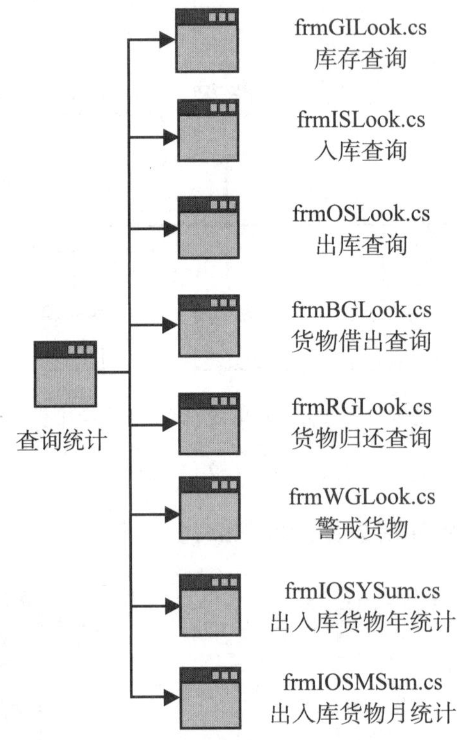

图 20.19　查询统计文件架构图

20.5.2　DataCon 类

DataCon.cs 类文件中，首先在命名空间区域引用 using System.Data.SqlClient 命名空间。主要代码如下：

```
using System;
using System.Collections.Generic;
using System.Text;
using System.Data;
using System.Data.SqlClient;
```

```
namespace SMS.BaseClass
{
    class DataCon
    {
……自定义方法 (getcon ()、getcom (string M_str_sqlstr) 等 )
    }
}
```

1. getcon 方法

getcon 方法是返回值为 SqlConnection 类型的自定义方法，它主要用来建立数据库连接，其实现代码如下：

```
/// <summary>
/// 建立数据库连接
/// </summary>
public SqlConnection getcon()
{
    string M_str_sqlcon = "Data Source=(local);Database=db_SMS;User id=sa;PWD=";    // 定义数据库连接字符串
    SqlConnection myCon = new SqlConnection (M_str_sqlcon);                         // 创建数据库连接对象
    return myCon;
}
```

2. getcom 方法

getcom 方法为无返回值类型的自定义方法，它主要用来执行 SQL 语句，其实现代码如下：

```
/// <summary>
/// 执行命令对象
/// </summary>
/// <param name="M_str_sqlstr">SQL 语句 </param>
public void getcom (string M_str_sqlstr)
{
    SqlConnection sqlcon = this.getcon();                            // 创建数据库连接对象
    sqlcon.Open();                                                   // 打开数据库连接
    SqlCommand sqlcom = new SqlCommand (M_str_sqlstr, sqlcon);       // 创建 SqlCommand 对象
    sqlcom.ExecuteNonQuery();                                        // 执行 SQL 语句
    sqlcom.Dispose();                                                // 释放 SqlCommand 对象资源
    sqlcon.Close();                                                  // 关闭数据库连接
    sqlcon.Dispose();                                                // 释放数据库连接资源
}
```

3. getds 方法

getds 方法用来执行 SQL 语句，并返回一个 DataSet 类型的数据集对象。在此方法中，首先调用本类中的 getcon 方法实现数据库连接，然后使用 SqlDataAdapter 类对象填充数据集，其实现代码如下：

```
/// <summary>
/// 创建一个数据集对象
/// </summary>
/// <param name="M_str_sqlstr">SQL 语句 </param>
/// <param name="M_str_table"> 表名 </param>
/// <returns> 返回数据集对象 </returns>
public DataSet getds (string M_str_sqlstr, string M_str_table)
{
    SqlConnection sqlcon = this.getcon();                              // 创建数据库连接对象
    SqlDataAdapter sqlda = new SqlDataAdapter (M_str_sqlstr, sqlcon);  // 创建 SqlDataAdapter 对象
    DataSet myds = new DataSet();                                      // 创建数据集对象
    sqlda.Fill (myds, M_str_table);                                    // 填充数据集
    return myds;                                                       // 返回 DataSet 数据集
}
```

4. getread 方法

getread 方法中，首先使用 SqlCommand 类对象执行 SQL 语句，然后调用 SqlCommand 类的 ExecuteReader 方法生成 SqlDataReader 类的一个对象，并返回该对象。getread 方法实现代码如下：

```
/// <summary>
/// 创建一个 SqlDataReader 对象
/// </summary>
/// <param name="M_str_sqlstr">SQL 语句 </param>
/// <returns> 返回 SqlDataReader 对象 </returns>
public SqlDataReader getread (string M_str_sqlstr)
{
    SqlConnection sqlcon = this.getcon();                       // 创建数据库连接对象
    SqlCommand sqlcom = new SqlCommand (M_str_sqlstr, sqlcon);  // 创建 SqlCommand 对象
    sqlcon.Open();                                              // 打开数据库连接
    // 获取 SqlDataReader 对象
    SqlDataReader sqlread = sqlcom.ExecuteReader (CommandBehavior.CloseConnection);
    return sqlread;                                             // 返回数据读取对象
}
```

注意

该方法通过调用 CommandBehavior.CloseConnection 属性来执行关闭 DataReader 对象，同时将其关联的 Connection 对象也关闭。

20.5.3 DataOperate 类

DataOperate.cs 类文件中，首先在命名空间区域添加如下若干个命名空间，并创建 DataCon 类的一个对象，通过该对象调用类中的相应方法。实现代码如下：

```
using System.Data.SqlClient;
using System.Collections;
using System.Drawing;
using System.IO;
using System.IO.Compression;
using System.Drawing.Text;
using System.Drawing.Drawing2D;
using System.Drawing.Imaging;
using System.Text.RegularExpressions;
namespace SMS.BaseClass
{
    class DataOperate
    {
        DataCon datacon = new DataCon();                    // 创建 DataCon 类的一个对象，以调用其方法
……自定义方法(cboxBind (string M_str_sqlstr, string M_str_table, string M_str_tbMember, ComboBox cbox)等)
    }
}
```

1. cboxBind 方法

cboxBind 方法无返回值，它主要用来执行 SQL 语句，并将执行结果绑定到 ComboBox 控件上，其实现代码如下：

```
/// <summary>
/// 对 ComboBox 控件进行数据绑定
/// </summary>
/// <param name="M_str_sqlstr">SQL 语句 </param>
/// <param name="M_str_table"> 表名 </param>
/// <param name="M_str_tbMember"> 数据表中字段名 </param>
/// <param name="cbox">ComboBox 控件 ID</param>
public void cboxBind (string M_str_sqlstr, string M_str_table, string M_str_tbMember, ComboBox cbox)
{
    DataSet myds = datacon.getds (M_str_sqlstr, M_str_table);       // 创建 DataSet 数据集
    cbox.DataSource = myds.Tables [M_str_table];                     // 对 ComboBox 控件进行数据绑定
    cbox.DisplayMember = M_str_tbMember;                             // 设置 ComboBox 控件中的显示字段
}
```

2. drawPic 方法

drawPic 方法无返回值，它主要用来根据 SQL 语句的查询结果在窗体中绘制饼图，其实现代码如下：

```
/// <summary>
/// 根据货物所占百分比画饼图
/// </summary>
/// <param name="objgraphics">Graphics 类对象 </param>
```

```
/// <param name="M_str_sqlstr">SQL 语句 </param>
/// <param name="M_str_table"> 表名 </param>
/// <param name="M_str_Num"> 数据表中货物数 </param>
/// <param name="M_str_tbGName"> 数据表中货物名称 </param>
/// <param name="M_str_title"> 饼图标题 </param>
public void drawPic (Graphics objgraphics, string M_str_sqlstr, string M_str_table, string M_str_Num, string
M_str_tbGName, string M_str_title)
{
    DataSet myds = datacon.getds (M_str_sqlstr, M_str_table);                    // 创建 DataSet 对象
    float M_flt_total = 0.0f, M_flt_tmp;                                         // 定义总的货物数量
    int M_int_iloop;
    for (M_int_iloop = 0; M_int_iloop < myds.Tables [0].Rows.Count; M_int_iloop++)
    {
        M_flt_tmp = Convert.ToSingle (myds.Tables [0].Rows [M_int_iloop] [M_str_Num]);
        M_flt_total += M_flt_tmp;
    }
    // 设置字体
    Font fontlegend = new Font ("verdana", 9), fonttitle = new Font ("verdana", 10, FontStyle.Bold);
    // 白色背景的宽度
    int M_int_width = 275;
    const int Mc_int_bufferspace = 15;
    int M_int_legendheight = fontlegend.Height * (myds.Tables [0].Rows.Count + 1) + Mc_int_bufferspace;
    int M_int_titleheight = fonttitle.Height + Mc_int_bufferspace;
    // 白色背景的高度
    int M_int_height = M_int_width + M_int_legendheight + M_int_titleheight + Mc_int_bufferspace;
    int M_int_pieheight = M_int_width;
    Rectangle pierect = new Rectangle (0, M_int_titleheight, M_int_width, M_int_pieheight);
    // 加上各种随机色
    Bitmap objbitmap = new Bitmap (M_int_width, M_int_height);                   // 创建一个 bitmap 实例
    objgraphics = Graphics.FromImage (objbitmap);
    ArrayList colors = new ArrayList();
    Random rnd = new Random();
    for (M_int_iloop = 0; M_int_iloop < myds.Tables [0].Rows.Count; M_int_iloop++)
        colors.Add (new SolidBrush(Color.FromArgb(rnd.Next(255), rnd.Next(255), rnd.Next(255))));
    objgraphics.FillRectangle (new SolidBrush(Color.White), 0, 0, M_int_width, M_int_height);   // 画一个白色背景
    objgraphics.FillRectangle (new SolidBrush(Color.LightYellow), pierect);      // 画一个亮黄色背景
    // 以下为画饼图（有几行 row 画几个）
    float M_flt_currentdegree = 0.0f;
    for (M_int_iloop = 0; M_int_iloop < myds.Tables [0].Rows.Count; M_int_iloop++)
    {
        // 按一定比例绘制饼图
        objgraphics.FillPie ((SolidBrush)colors [M_int_iloop], pierect, M_flt_currentdegree,
        Convert.ToSingle (myds.Tables [0].Rows [M_int_iloop] [M_str_Num]) / M_flt_total * 360);
        M_flt_currentdegree += Convert.ToSingle (myds.Tables [0].Rows [M_int_iloop] [M_str_Num]) / M_
flt_total * 360;
    }
    // 以下为生成主标题
    SolidBrush blackbrush = new SolidBrush (Color.Black);
```

```
    StringFormat stringFormat = new StringFormat();
    stringFormat.Alignment = StringAlignment.Center;
    stringFormat.LineAlignment = StringAlignment.Center;
    objgraphics.DrawString (M_str_title, fonttitle, blackbrush, new Rectangle(0, 0, M_int_width, M_int_titleheight),
stringFormat);
    objgraphics.DrawRectangle (new Pen(Color.Black, 2), 0, M_int_height - M_int_legendheight, M_int_width,
M_int_legendheight);
    for (M_int_iloop = 0; M_int_iloop < myds.Tables [0].Rows.Count; M_int_iloop++)
    {
        objgraphics.FillRectangle ((SolidBrush)colors [M_int_iloop], 5, M_int_height - M_int_legendheight +
fontlegend.Height * M_int_iloop + 5, 10, 10);                             // 绘制货物所占百分比的长条
        // 用文字显示每种货物的百分比
        objgraphics.DrawString (((String)myds.Tables [0].Rows [M_int_iloop] [M_str_tbGName]) + " ——"
            + Convert.ToString (Convert.ToSingle(myds.Tables [0].Rows [M_int_iloop] [M_str_Num]) *
100 / M_flt_total) + "%", fontlegend, blackbrush,
        20, M_int_height - M_int_legendheight + fontlegend.Height * M_int_iloop + 1);
    }
    objgraphics.DrawString(" 总货物数是：" + Convert.ToString(M_flt_total), fontlegend, blackbrush, 5, M_int_
height - fontlegend.Height);                                               // 绘图显示货物总数量
    string P_str_imagePath = Application.StartupPath.Substring (0, Application.StartupPath.Substring(0,
    Application.StartupPath.LastIndexOf("\\")).LastIndexOf("\\"));        // 定义图片保存路径
    // 以当前日期和时间生成统计图名称
    P_str_imagePath += @"\Image\image\" + DateTime.Now.ToString ("yyyyMMddhhmss") + ".jpg";
    objbitmap.Save (P_str_imagePath, ImageFormat.Jpeg);                   // 保存图片
    objgraphics.Dispose();
    objbitmap.Dispose();
}
```

3. compressFile 方法

compressFile 方法无返回值，主要用来执行文件压缩操作，其实现代码如下：

```
/// <summary>
/// 文件压缩
/// </summary>
/// <param name="M_str_DFile"> 压缩前文件及路径 </param>
/// <param name="M_str_CFile"> 压缩后文件及路径 </param>
public void compressFile (string M_str_DFile, string M_str_CFile)
{
    if (!File.Exists(M_str_DFile)) throw new FileNotFoundException();      // 判断文件是否存在
    using (FileStream sourceStream = new FileStream(M_str_DFile, FileMode.Open, FileAccess.ReadWrite,
FileShare.ReadWrite))                                                      // 打开要压缩的文件
    {
        byte [ ] buffer = new byte [sourceStream.Length];                  // 定义字节数组，用来存储文件内容
        int checkCounter = sourceStream.Read (buffer, 0, buffer.Length);   // 读取字节数组长度
        if (checkCounter != buffer.Length) throw new ApplicationException();
        using (FileStream destinationStream = new FileStream (M_str_CFile, FileMode.OpenOrCreate,
FileAccess.Write))                                                         // 创建文件流对象
```

```
        {
            using (GZipStream compressedStream = new GZipStream (destinationStream, CompressionMode.
Compress, true))                                                    // 创建压缩类对象
            {
                compressedStream.Write (buffer, 0, buffer.Length);          // 压缩文件
            }
        }
    }
}
```

4. validateNum 方法

validateNum 方法无返回值，它主要用来验证输入字符串是否为数字，其实现代码如下：

```
/// <summary>
/// 验证文本框输入为数字
/// </summary>
/// <param name="M_str_num"> 输入字符 </param>
/// <returns> 返回一个 bool 类型的值 </returns>
public bool validateNum (string M_str_num)
{
    return Regex.IsMatch (M_str_num, "^[0-9]*$");        // 验证数字
}
```

5. UserLogin 方法

UserLogin 方法返回值类型为 int 类型。在该方法中，首先使用 SqlCommand 类对象调用“proc_Login”存储过程，然后使用 Parameters 类的 Add 方法给该存储过程的参数赋值，最后调用 SqlCommand 类对象的 ExecuteNonQuery 方法执行该存储过程，并返回一个 int 类型的值。UserLogin 方法实现代码如下：

```
/// <summary>
/// 用户登录
/// </summary>
/// <param name="P_str_UserName"> 用户名 </param>
/// <param name="P_str_UserPwd"> 用户密码 </param>
/// <returns> 返回一个 int 类型的值 </returns>
public int UserLogin (string P_str_UserName, string P_str_UserPwd)
{
    SqlConnection sqlcon = datacon.getcon();                            // 创建数据库连接类对象
    SqlCommand sqlcom = new SqlCommand ("proc_Login", sqlcon);          // 创建 SqlCommand 对象
    sqlcom.CommandType = CommandType.StoredProcedure;                   // 指定执行的是存储过程
    // 添加用户名参数
    sqlcom.Parameters.Add ("@UserName", SqlDbType.VarChar, 20).Value = P_str_UserName;
    // 添加用户密码参数
    sqlcom.Parameters.Add ("@UserPwd", SqlDbType.VarChar, 20).Value = P_str_UserPwd;
    // 执行存储过程的执行返回参数
    SqlParameter returnValue = sqlcom.Parameters.Add ("returnValue", SqlDbType.Int, 4);
```

```
        returnValue.Direction = ParameterDirection.ReturnValue;        // 返回值
        sqlcon.Open();                                                 // 打开数据库连接
        try
        {
            sqlcom.ExecuteNonQuery();                                  // 执行存储过程
        }
        catch (Exception ex)
        {
            MessageBox.Show (ex.Message);                              // 输出异常信息
        }
        finally
        {
            sqlcom.Dispose();                                          // 释放命令对象
            sqlcon.Close();                                            // 关闭数据连接
            sqlcon.Dispose();                                          // 释放连接对象
        }
        int P_int_returnValue = (int)returnValue.Value;                // 得到返回值
        return P_int_returnValue;                                      // 返回函数值
}
```

20.6　供应商信息设置模块设计

视频讲解

20.6.1　供应商信息设置模块概述

库存货物的进货渠道是供应商，为了使系统操作员使用方便，在进行出入库操作之前，首先应该对供应商信息进行设置，以便提高员工的工作效率。在供应商信息设置窗体中，可以添加、修改和删除供应商信息。供应商信息设置模块运行结果如图 20.20 所示。

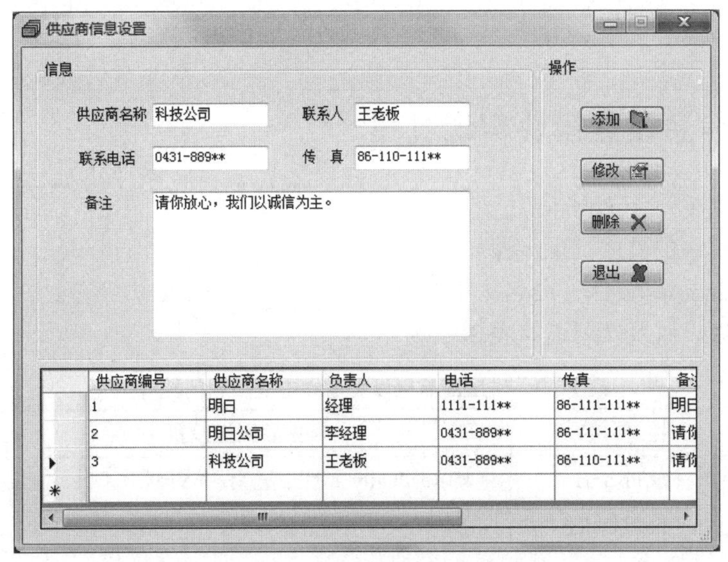

图 20.20　供应商信息设置模块

20.6.2 供应商信息设置模块技术分析

在添加或修改供应商信息时，由于联系电话和传真号码有固定的格式，所以需要通过程序对其进行格式验证，本模块调用 Regex 类的 IsMatch 方法并通过加载正则表达式来验证输入的供应商联系电话和传真号码是否合法。下面介绍如何使用 Regex 类的 IsMatch 方法。

Regex 类的 IsMatch 方法，用于指示正则表达式使用 pattern 参数中指定的正则表达式是否在输入字符串中找到匹配项。

语法如下：

```
public static bool IsMatch (string input, string pattern)
```

☑ input：字符串对象，表示要搜索匹配项的字符串。

☑ pattern：字符串对象，表示要匹配的正则表达式模式。

☑ bool：方法返回布尔值，如果正则表达式找到匹配项，则返回值为 true，否则返回值为 false。

例如，下面的代码实现验证 3 种日期格式（包括 yyyy/MM/dd、yyyy-MM-dd 和 yyyy 年 MM 月 dd 日格式）。

```
public bool ValidateDate1 (string input)          // 验证字符串是否为 yyyy/MM/dd 日期格式
{
    return Regex.IsMatch (input, "\\b(?<year>\\d{2, 4})/(?<month>\\d{1, 2})/(?<day>\\d{1, 2})\\b");
}
public bool ValidateDate2 (string input)          // 验证字符串是否为 yyyy-MM-dd 日期格式
{
    return Regex.IsMatch (input, "\\b(?<year>\\d{2, 4})-(?<month>\\d{1, 2})-(?<day>\\d{1, 2})\\b");
}
public bool ValidateDate3 (string input)          // 验证字符串是否为 yyyy 年 MM 月 dd 日日期格式
{
    return Regex.IsMatch (input, "\\b(?<year>\\d{2, 4}) 年 (?<month>\\d{1, 2}) 月 (?<day>\\d{1, 2}) 日 \\b");
}
```

20.6.3 供应商信息设置模块实现过程

本模块使用的数据表：tb_Provider

供应商信息设置模块的具体实现步骤如下。

（1）新建一个 Windows 窗体，命名为 frmPrInfo.cs，用于实现供应商信息设置功能，该窗体主要用到的控件、控件属性设置及其用途如表 20.9 所示。

表 20.9 供应商信息设置窗体主要用到的控件

控件类型	控件名称	主要属性设置	用途
abl TextBox	txtPName	将其 ReadOnly 属性设置为"False"	供应商名称
	txtPLeader	同上	联系人

续表

控件类型	控件名称	主要属性设置	用　途
TextBox	txtPPhone	同上	联系电话
	txtPFax	同上	传真
	txtPRemark	同上	备注
Button	btnAdd	将其 TextImageRelation 属性设置为“TextBeforeImage”，ImageAlign 属性设置为“MiddleLeft”	添加
	btnEdit	同上	修改
	btnDel	同上	删除
	btnExit	同上	退出
ErrorProvider	errorPrPhone	将其 ContainerControl 属性设置为“frmPrInfo”	验证电话号码
	errorPrFax	同上	验证传真号码
DataGridView	dgvPInfo	将其 ReadOnly 属性设置为“True”	显示供应商信息
HScrollBar	hScrollBar1	将其 Locked 属性设置为“False”	设置横向滚动条

（2）声明公共类 DataCon 和 DataOperate 的两个全局对象，通过类对象调用类中的功能方法。实现关键代码如下：

```
SMS.BaseClass.DataCon datacon = new SMS.BaseClass.DataCon();        // 该对象用于数据的基本操作
// 该对象执行存储过程和执行数据验证
SMS.BaseClass.DataOperate doperate = new SMS.BaseClass.DataOperate();
```

frmPrInfo 窗体的 Load 事件中，通过调用公共类 DataCon 中的 getds 方法对 DataGridView 控件进行数据绑定，以显示供应商详细信息。frmPrInfo 窗体的 Load 事件关键代码如下：

```
private void frmPrInfo_Load (object sender, EventArgs e)
{
    dgvPInfo.Controls.Add (hScrollBar1);                              // 为 DataGridView 控件添加滚动条
    // 创建 DataSet 数据集对象
    DataSet myds = datacon.getds ("select PrID as 供应商编号 , PrName as 供应商名称 , PrPeople as 负责人 , "
+ "PrPhone as 电话 , PrFax as 传真 , PrRemark as 备注 , Editer as 修改人 , EditDate as 修改日期 from tb_
Provider", "tb_Provider");
    dgvPInfo.DataSource=myds.Tables ["tb_Provider"];                  // 对 DataGridView 控件进行数据绑定
}
```

该窗体中，单击 DataGridView 控件中的任一单元格，其对应供应商的详细信息都会显示在相应的文本框中，该功能的实现关键代码如下：

```
private void dgvPInfo_CellClick (object sender, DataGridViewCellEventArgs e)
{
    // 显示供应商名称
```

```
    txtPName.Text = Convert.ToString (dgvPInfo [1, dgvPInfo.CurrentCell.RowIndex].Value).Trim();
    // 显示供应商联系人
    txtPLeader.Text = Convert.ToString (dgvPInfo [2, dgvPInfo.CurrentCell.RowIndex].Value).Trim();
    // 显示供应商电话
    txtPPhone.Text = Convert.ToString (dgvPInfo [3, dgvPInfo.CurrentCell.RowIndex].Value).Trim();
    // 显示供应商传真
    txtPFax.Text = Convert.ToString (dgvPInfo [4, dgvPInfo.CurrentCell.RowIndex].Value).Trim();
    // 显示备注
    txtPRemark.Text = Convert.ToString (dgvPInfo [5, dgvPInfo.CurrentCell.RowIndex].Value).Trim();
}
```

当用户填写完供应商的基本资料之后，单击“添加”按钮，程序便自动检测用户输入的信息是否正确，如果正确，则将这些信息保存到供应商信息表中。“添加”按钮的 Click 事件代码如下：

```
private void btnAdd_Click (object sender, EventArgs e)
{
    try
    {
        if (!doperate.validatePhone (txtPPhone.Text.Trim()))          // 验证电话号码
        {
            errorPrPhone.SetError (txtPPhone, " 电话号码格式不正确 ");
        }
        else if (!doperate.validateFax (txtPFax.Text.Trim()))         // 验证传真号码
        {
            errorPrFax.SetError (txtPFax, " 传真号码输入格式不正确 ");
        }
        else
        {
            errorPrFax.Clear();                                       // 清除错误信息
            errorPrPhone.Clear();                                     // 清除电话号码
            if (txtPName.Text == "")                                  // 若供应商名称为空
            {
                MessageBox.Show (" 供应商名称不能为空！ ", " 信息 ", MessageBoxButtons.OK,
MessageBoxIcon.Information);
            }
            else                                                      // 若供应商名称不为空
            {
                // 记录添加存储过程的执行返回值
                int P_int_returnValue = doperate.InsertProvider (txtPName.Text.Trim(),
                txtPLeader.Text.Trim(), txtPPhone.Text.Trim(), txtPFax.Text.Trim(), txtPRemark.Text.Trim());
                if (P_int_returnValue == 100)                         // 若供应商已存在
                {
                    MessageBox.Show (" 该供应商已经存在！ ", " 信息 ", MessageBoxButtons.OK, Message
BoxIcon.Information);
                }
                else                                                  // 若供应商不存在
                {
                    MessageBox.Show (" 供应商信息添加成功！ ", " 信息 ", MessageBoxButtons.OK,
```

```
MessageBoxIcon.Information);                                    // 提示添加供应商成功
                    frmPrInfo_Load (sender, e);                 // 重新加载窗体
                }
            }
        }
    }
    catch (Exception ex)
    {
        MessageBox.Show (ex.Message, " 警告 ", MessageBoxButtons.OK, MessageBoxIcon.Warning);
    }
}
```

当用户选中 DataGridView 控件中的某单元格时，其对应的供应商信息便会显示在文本框中，这时，用户可以在文本框中对供应商信息进行修改，然后，单击“修改”按钮，将相应的修改记录保存到数据表中。“修改”按钮的 Click 事件代码如下：

```
private void btnEdit_Click (object sender, EventArgs e)
{
    try
    {
        if (!doperate.validatePhone(txtPPhone.Text.Trim()))                // 验证电话号码
        {
            errorPrPhone.SetError (txtPPhone, " 电话号码格式不正确 ");     // 提示电话号码格式不正确
        }
        else if (!doperate.validateFax(txtPFax.Text.Trim()))              // 验证传真号码
        {
            errorPrFax.SetError (txtPFax, " 传真号码输入格式不正确 ");     // 传真号码输入格式不正确
        }
        else
        {
            errorPrFax.Clear();                                            // 清除验证信息
            errorPrPhone.Clear();
            // 执行供应商信息修改操作
            datacon.getcom ("update tb_Provider set PrPeople='" + txtPLeader.Text.Trim() + "',PrPhone='"
 + txtPPhone.Text.Trim() + "',PrFax='" + txtPFax.Text.Trim() + "',PrRemark='" + txtPRemark.Text.Trim() + "',
Editer='" + SMS.frmLogin.M_str_name + "',EditDate='" + DateTime.Now.ToShortDateString() + "'where
PrID='" + Convert.ToString (dgvPInfo [0, dgvPInfo.CurrentCell.RowIndex].Value).Trim() + "'");
            MessageBox.Show (" 供应商档案修改成功！ ", " 信息 ", MessageBoxButtons.OK, Message BoxIcon.
Information);
            frmPrInfo_Load (sender, e);                                    // 重新加载窗体
        }
    }
    catch (Exception ex)                                                   // 捕获异常后，提示异常信息
    {
        MessageBox.Show (ex.Message, " 警告 ", MessageBoxButtons.OK, MessageBoxIcon.Warning);
    }
}
```

单击“删除”按钮，可以将选中供应商的基本资料从数据表中移除。“删除”按钮的 Click 事件代码如下：

```
private void btnDel_Click (object sender, EventArgs e)
{
    try
    {
        // 删除指定的供应商信息
        datacon.getcom ("delete from tb_Provider where PrID="
        + Convert.ToString (dgvPInfo [0, dgvPInfo.CurrentCell.RowIndex].Value).Trim() + "");
        MessageBox.Show (" 成功删除供应商！ ", " 信息 ", MessageBoxButtons.OK, MessageBoxIcon.Information);
        frmPrInfo_Load (sender, e);           // 重新加载窗体，显示删除后的剩余记录
    }
    catch (Exception ex)                      // 捕获异常后，提示异常信息
    {
        MessageBox.Show (ex.Message, " 警告 ", MessageBoxButtons.OK, MessageBoxIcon.Warning);
    }
}
```

20.7　货物入库管理模块设计

20.7.1　货物入库管理模块概述

货物入库管理是库存管理系统中的一个重要功能，它主要实现货物的入库登记功能。在货物入库时，不仅需要记录货物名称、货物数量、进货价格和货物种类等信息，还需要修改货物信息表中货物的库存数量。货物入库管理模块运行结果如图 20.21 所示。

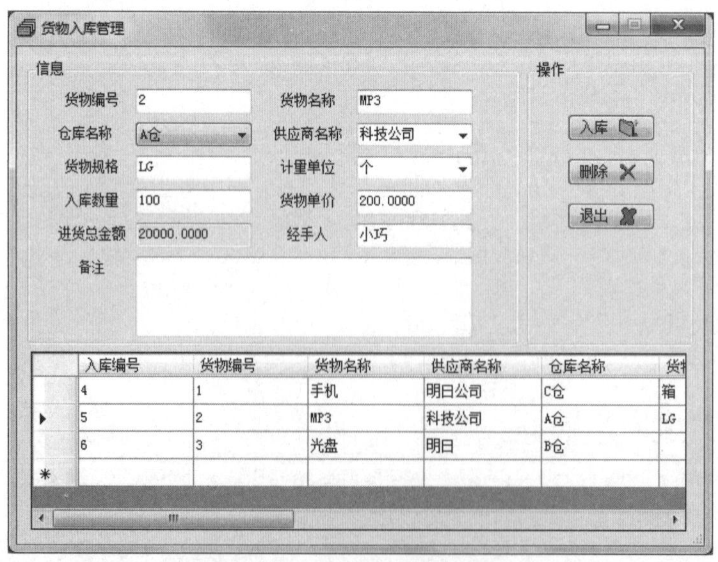

图 20.21　货物入库管理模块

20.7.2 货物入库管理模块技术分析

本模块在保存货物入库信息时，重点应用了 SQL Server 触发器技术。程序首先使用 proc_insertInStore 存储过程将货物入库清单插入数据表 tb_InStore 中，当 tb_InStore 表中被插入入库清单时，然后使用 trig_inGoods 触发器将货物信息保存到 tb_GoodsInfo 数据表中。下面将对触发器进行介绍。

触发器是数据库独立的对象，当一个事件发生时，触发器自动地隐式运行，但是，触发器不能接收参数。SQL 支持 3 种类型的触发器：INSERT（插入）、UPDATE（更新）、DELETE（删除）。当向表插入数据、更新数据、删除数据时，触发器就被自动调用。

创建触发器的语法格式如下：

```
CREATE TRIGGER trigger_name
ON { table | view }
[ WITH ENCRYPTION ]
{
    {{ FOR | AFTER | INSTEAD OF } { [ INSERT ] [ , ] [ UPDATE ] [ , ]  [ DELETE]}
        [ WITH APPEND ]
        [ NOT FOR REPLICATION ]
        AS
        [{ IF UPDATE ( column )
             [ { AND | OR } UPDATE ( column ) ]
                  [ ...n ]
        | IF (COLUMNS_UPDATED ( ) { bitwise_operator } updated_bitmask)
                  { comparison_operator } column_bitmask [ ...n ]
        }]
        sql_statement [ ...n ]
    }
}
```

创建触发器语法中的参数说明如表 20.10 所示。

表 20.10　创建触发器语法中的参数说明

参　　数	描　　述
trigger_name	触发器的名称。触发器名称必须符合标识符规则，并且在数据库中必须唯一。可以选择是否指定触发器所有者名称
table | view	在其上执行触发器的表或视图，有时称为触发器表或触发器视图。可以选择是否指定表或视图的所有者名称
WITH ENCRYPTION	加密 syscomments 表中包含 CREATE TRIGGER 语句文本的条目
AFTER	指定触发器只有在触发 SQL 语句中指定的所有操作都已成功执行后才激发
INSTEAD OF	指定执行触发器而不是执行触发 SQL 语句，从而替代触发语句的操作

续表

参　数	描　述
[INSERT] [,] [UPDATE] [,] [DELETE]	指定在表或视图上执行哪些数据修改语句时将激活触发器的关键字。必须至少指定一个选项。在触发器定义中允许使用以任意顺序组合的这些关键字。如果指定的选项多于一个，需用逗号分隔这些选项。对于 INSTEAD OF 触发器，不允许在具有 ON DELETE 级联操作引用关系的表上使用 DELETE 选项。同样，也不允许在具有 ON UPDATE 级联操作引用关系的表上使用 UPDATE 选项
WITH APPEND	指定应该添加现有类型的其他触发器。只有当兼容级别是 65 或更低时，才需要使用该可选子句。如果兼容级别是 70 或更高，则不必使用 WITH APPEND 子句添加现有类型的其他触发器
NOT FOR REPLICATION	表示当复制进程更改触发器所涉及的表时，不应执行该触发器
AS	触发器要执行的操作
sql_statement	触发器的条件和操作。触发器条件指定其他准则，以确定 DELETE、INSERT 或 UPDATE 语句是否导致执行触发器操作。当尝试 DELETE、INSERT 或 UPDATE 操作时，Transact-SQL 语句中指定的触发器操作将生效

例如，下面的示例创建一个 Insert 触发器，用来在 tb_Employee 数据表中添加员工信息时自动在 tb_Salary 数据表中添加相应员工的薪水信息。

```
/* 判断表中是否有名为 "[trig_InsertInfo]" 的触发器 */
if EXISTS (SELECT name
    FROM   sysobjects
    WHERE  name = '[trig_InsertInfo]'
    AND type = 'TR')
/* 如果已经存在则删除 */
drop trigger [trig_InsertInfo]
go
/* 创建 INSERT 类型的触发器 trig_InsertInfo */
create TRIGGER [trig_InsertInfo] on [dbo]. [tb_Employee]
FOR insert
AS
/* 判断员工编号是否存在 tb_Salary 表中 */
if exists (select ID from inserted where ID in(select ID from tb_Salary))
begin
/* 更新该员工的薪水信息 */
update tb_Salary set Name=(select Name from inserted), Salary=1500 where ID=(select ID from inserted)
end
else
begin
/* 插入新员工的薪水记录 */
insert into tb_Salary (ID, Name, Salary)
select ID, Name, 1500 from inserted
end
go
```

20.7.3　货物入库管理模块实现过程

本模块使用的数据表：tb_InStore

货物入库管理模块的具体实现步骤如下。

（1）新建一个 Windows 窗体，命名为 frmISManage.cs，用于实现货物入库管理功能，该窗体主要用到的控件、控件属性设置及其用途如表 20.11 所示。

表 20.11　货物入库管理窗体主要用到的控件

控件类型	控件名称	主要属性设置	用　　途
TextBox	txtISGID	将其 ReadOnly 属性设置为“False”	货物编号
	txtISGName	同上	货物名称
	txtGSpec	同上	货物规格
	txtISGNum	同上	入库数量
	txtGIPrice	同上	货物单价
	txtGSPrice	将其 ReadOnly 属性设置为“True”	进货总金额
	txtHPeople	将其 ReadOnly 属性设置为“False”	经手人
	txtISRemark	同上	备注
ComboBox	cboxSName	将其 DropDownStyle 属性设置为“DropDownList”	仓库名称
	cboxPName	将其 DropDownStyle 属性设置为“DropDown”	供应商名称
	cboxGUnit	同上	计量单位
Button	btnAdd	将其 TextImageRelation 属性设置为“TextBeforeImage”，ImageAlign 属性设置为“MiddleLeft”	入库
	btnDel	同上	删除
	btnExit	同上	退出
DataGridView	dgvISManage	将其 ReadOnly 属性设置为“True”	显示货物入库信息

（2）frmISManage 窗体的 Load 事件中，通过调用公共类 DataOperate 中的 cboxBind 方法 DataCon 中的 getds 方法分别对 ComboBox 控件和 DataGridView 控件进行数据绑定，以显示相关信息。frmISManage 窗体的 Load 事件关键代码如下：

```
private void frmISManage_Load (object sender, EventArgs e)
{
    dgvISManage.Controls.Add (hScrollBar1);                          // 为 DataGridView 控件添加滚动条
    // 显示仓库名称
    doperate.cboxBind ("select StoreName from tb_Storage", "tb_Storage", "StoreName", cboxSName);
    // 显示供应商名称
```

```
    doperate.cboxBind ("select PrName from tb_Provider", "tb_Provider", "PrName", cboxPName);
    // 查找所有货物入库信息，并填充到 DataSet 数据集中
    DataSet myds = datacon.getds ("select ISID as 入库编号 , GoodsID as 货物编号 , GoodsName as 货物名
称 , PrName as 供应商名称 ,"
     + "StoreName as 仓库名称 , GoodsSpec as 货物规格 , GoodsUnit as 计量单位 , GoodsNum as 入库数量 ,"
     + "GoodsPrice as 进货价格 , GoodsAPrice as 总金额 , ISDate as 入库日期 , HandlePeople as 经手人 ,"
     + "ISRemark as 备注 from tb_InStore", "tb_InStore");
    dgvISManage.DataSource = myds.Tables [0];                    // 对 DataGridView 控件进行数据绑定
}
```

货物入库时，当用户输入货物的入库数量和单价时，程序自动计算入库货物所需的总金额，关键代码如下：

```
private void txtGIPrice_TextChanged (object sender, EventArgs e)
{
    try
    {
        txtGSPrice.Text = Convert.ToString (Convert.ToDecimal(txtGIPrice.Text.Trim()) * Convert.ToInt32
(txtISGNum.Text.Trim())).Trim();                                // 自动计算入库货物的总金额
    }
    catch (Exception ex)                                        // 捕获异常，并显示异常信息
    {
        MessageBox.Show (ex.Message, " 警告 ", MessageBoxButtons.OK, MessageBoxIcon.Warning);
    }
}
```

当用户填写完入库货物的详细资料之后，单击“入库”按钮，程序便自动检测用户输入的信息是否正确，如果正确，则将这些信息保存到货物入库信息表中，同时，调用触发器“trig_inGoods”将入库的货物信息保存到货物信息表中。“入库”按钮的 Click 事件代码如下：

```
private void btnAdd_Click (object sender, EventArgs e)
{
    if (txtISGID.Text == "")                                // 若货物编号为空
    {
        MessageBox.Show (" 货物编号不能为空！ ", " 信息 ", MessageBoxButtons.OK, MessageBoxIcon.Information);
    }
    if (txtGIPrice.Text == "")                              // 若货物单价为空
    {
        MessageBox.Show (" 货物单价不能为空！ ", " 信息 ", MessageBoxButtons.OK, MessageBoxIcon.Information);
    }
    else                                                    // 若货物单价不为空
    {
        // 获取货物入库存储过程的执行返回值
        int P_int_returnValue = doperate.InsertGoods (Convert.ToInt32(txtISGID.Text.Trim()), txtISGName.
Text.Trim(), cboxPName.Text.Trim(), cboxSName.Text.Trim(), txtGSpec.Text.Trim(), cboxGUnit.Text.Trim(),
Convert.ToInt32(txtISGNum.Text.Trim()), Convert.ToDecimal(txtGIPrice.Text.Trim()), txtHPeople.Text.Trim(),
txtISRemark.Text.Trim());
```

```
        if (P_int_returnValue == 100)                        // 若该货物号已被占用
        {
            MessageBox.Show ("该货物号已经被占用！ ", "信息", MessageBoxButtons.OK, MessageBoxIcon.
Information);                                                // 提示被占用信息
        }
        else if (P_int_returnValue == 200)                   // 若这类货物已经存在编号
        {
            MessageBox.Show ("这类货物已经存在唯一编号！ ", "信息", MessageBoxButtons.OK, MessageBoxIcon.
Information);
        }
        else
        {
            MessageBox.Show ("货物入库成功！ ", "信息", MessageBoxButtons.OK, MessageBoxIcon.Information);
            frmISManage_Load (sender, e);                    // 重新加载窗体，显示包括新记录在内的数据
        }
    }
}
```

在 DataGridView 控件中选中一些过期的货物入库记录，单击“删除”按钮，可以将这些记录从数据表中移除。“删除”按钮的 Click 事件代码如下：

```
private void btnDel_Click (object sender, EventArgs e)
{
    try
    {
        // 删除指定的获取入库信息
        datacon.getcom ("delete from tb_InStore where ISID="
 + Convert.ToString (dgvISManage [0, dgvISManage.CurrentCell.RowIndex].Value).Trim() + "");
        MessageBox.Show ("货物删除成功！ ", "信息", MessageBoxButtons.OK, MessageBoxIcon.Information);
        frmISManage_Load (sender, e);                        // 重新加载窗体，显示剩余记录
    }
    catch (Exception ex)
    {
        MessageBox.Show (ex.Message, "警告", MessageBoxButtons.OK, MessageBoxIcon.Warning);
    }
}
```

20.8　货物出库管理模块设计

视频讲解

20.8.1　货物出库管理模块概述

货物出库管理主要完成货物的出库功能。用户从仓库提取出货物之后，对应货物的库存数量也相应减少，因此，货物出库管理不仅需要记录用户提货的数量和种类等信息，还需要修改货物信息表中货物的库存数量。货物出库管理模块运行结果如图 20.22 所示。

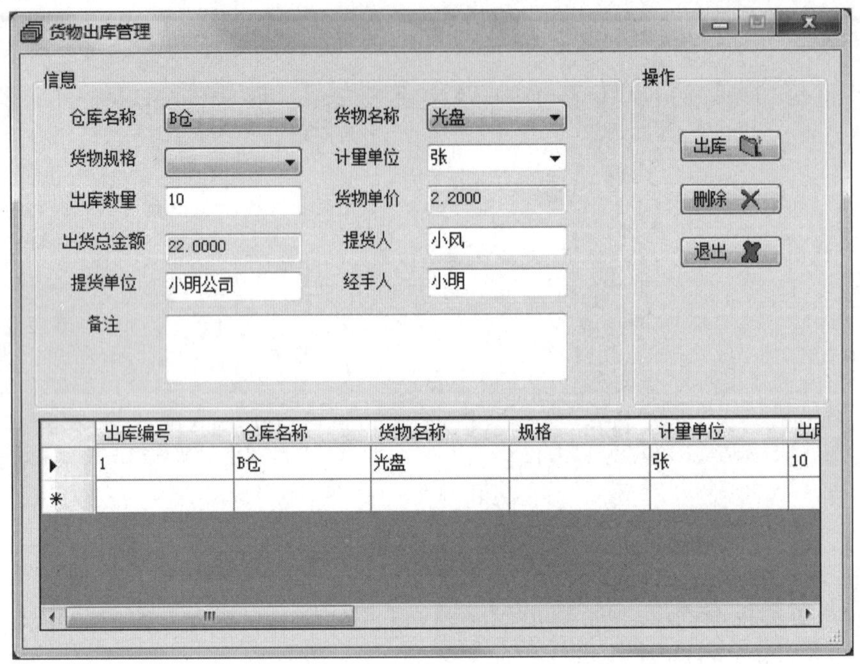

图 20.22　货物出库管理模块

20.8.2　货物出库管理模块技术分析

在本模块中，实现货物出库功能时，主要是通过调用触发器 trig_outGoods 来实现的，关于触发器的相关内容请参见 20.7.2 节。

20.8.3　货物出库管理模块实现过程

本模块使用的数据表：tb_OutStore

货物出库管理模块的具体实现步骤如下。

（1）新建一个 Windows 窗体，命名为 frmOSManage.cs，用于实现货物出库管理功能，该窗体主要用到的控件、控件属性设置及其用途如表 20.12 所示。

表 20.12　货物出库管理窗体主要用到的控件

控件类型	控件名称	主要属性设置	用　　途
TextBox	txtOSGNum	将其 ReadOnly 属性设置为“False”	出库数量
	txtGOPrice	将其 ReadOnly 属性设置为“True”	货物单价
	txtGSPrice	同上	出库总金额
	txtOSPeople	将其 ReadOnly 属性设置为“False”	提货人
	txtOSUnit	同上	提货单位

续表

控件类型	控件名称	主要属性设置	用　途
TextBox	txtHPeople	同上	经手人
	txtOSRemark	同上	备注
ComboBox	cboxSName	将其 DropDownStyle 属性设置为“DropDownList”	仓库名称
	cboxGName	同上	货物名称
	cboxGSpec	同上	货物规格
	cboxGUnit	将其 DropDownStyle 属性设置为“DropDown”	计量单位
Button	btnAdd	将其 TextImageRelation 属性设置为“TextBeforeImage”，ImageAlign 属性设置为“MiddleLeft”	出库
	btnDel	同上	删除
	btnExit	同上	退出
DataGridView	dgvOSManage	将其 ReadOnly 属性设置为“True”	显示货物出库信息

（2）frmOSManage 窗体的 Load 事件中，通过调用公共类 DataOperate 中的 cboxBind 方法和 DataCon 中的 getds 方法分别对 ComboBox 控件和 DataGridView 控件进行数据绑定，以显示相关信息。frmOSManage 窗体的 Load 事件关键代码如下：

```
private void frmOSManage_Load (object sender, EventArgs e)
{
    dgvOSManage.Controls.Add (hScrollBar1);                    // 为 DataGridView 控件添加滚动条
    // 在下拉框中显示仓库名称
    doperate.cboxBind ("select distinct StoreName from tb_InStore", "tb_InStore", "StoreName", cboxSName);
    // 生成 DataSet 数据集
    DataSet myds = datacon.getds ("select OSID as 出库编号 , StoreName as 仓库名称 , GoodsName as 货物
名称 ," + "GoodsSpec as 规格 , GoodsUnit as 计量单位 , GoodsNum as 出库数量 , GoodsPrice as 价格 ,
GoodsAPrice as 总金额 ," + "OSDate as 出库日期 , PGProvider as 提货单位 , PGPeople as 提货人 ," +
"HandlePeople as 经手人 , OSRemark as 备注 from tb_OutStore", "tb_OutStore");
    dgvOSManage.DataSource = myds.Tables ["tb_OutStore"];        // 对 DataGridView 控件进行数据绑定
}
```

当用户选择仓库时，对应的货物名称也随之改变，实现该功能的关键代码如下：

```
private void cboxSName_SelectedIndexChanged (object sender, EventArgs e)
{
    // 显示指定仓库中的所有商品
    doperate.cboxBind ("select distinct GoodsName from tb_InStore where StoreName='" +
cboxSName.Text.Trim() + "'", "tb_InStore", "GoodsName", cboxGName);
}
```

当用户在“货物名称”下拉列表框中选择货物时，其对应的货物规格、货物计量单位等信息也随

之改变，实现该功能的关键代码如下：

```
private void cboxGName_SelectedIndexChanged (object sender, EventArgs e)
{
    // 根据仓库名称和商品名称显示商品规格
    doperate.cboxBind ("select distinct GoodsSpec from tb_InStore where StoreName='" + cboxSName.Text.
Trim() + "' and GoodsName='" + cboxGName.Text.Trim() + "'", "tb_InStore", "GoodsSpec", cboxGSpec);
    // 用指定的商品生成数据读取对象
    SqlDataReader sqlread = datacon.getread ("select GoodsUnit, GoodsOutPrice from tb_GoodsInfo" +
" where StoreName='" + cboxSName.Text.Trim() + "' and GoodsName='" + cboxGName.Text.Trim() + "'");
    if (sqlread.Read())                                              // 判断读取对象中是否有内容
    {
        cboxGUnit.Text = sqlread ["GoodsUnit"].ToString().Trim();          // 显示商品计量单位
        txtGOPrice.Text = sqlread ["GoodsOutPrice"].ToString().Trim();     // 显示商品价格
    }
    sqlread.Close();                                                 // 关闭数据读取对象
}
```

货物出库时，当用户输入货物的出库数量时，程序自动计算出库货物所需的总金额，关键代码如下：

```
private void txtOSGNum_TextChanged (object sender, EventArgs e)
{
    try
    {
        txtGSPrice.Text = Convert.ToString (Convert.ToDecimal(txtGOPrice.Text.Trim()) *
Convert.ToInt32 (txtOSGNum.Text.Trim())).Trim();                    // 自动计算出库货物总金额
    }
    catch (Exception ex)                                            // 捕获异常，显示异常信息
    {
        MessageBox.Show (ex.Message, " 警告 ", MessageBoxButtons.OK, MessageBoxIcon.Warning);
    }
}
```

当用户填写完出库货物的详细资料之后，单击“出库”按钮，程序首先判断仓库中是否有足够数量的库存货物，如果有，则执行货物出库操作，否则，弹出信息提示框。“出库”按钮的 Click 事件代码如下：

```
private void btnAdd_Click (object sender, EventArgs e)
{
    try
    {
        // 从数据库中读取指定获取的存储数量，并生成数据读取对象
        SqlDataReader sqlread = datacon.getread ("select GoodsNum from tb_GoodsInfo" + " where
StoreName='" + cboxSName.Text.Trim() + "' and GoodsName='" + cboxGName.Text.Trim() + "' and
GoodsSpec='" + cboxGSpec.Text.Trim() + "'");
        if (sqlread.Read())                                  // 判断数据读取对象中是否有内容
```

```
            {
                if (Convert.ToInt32(txtOSGNum.Text.Trim()) > Convert.ToInt32(sqlread ["GoodsNum"]
.ToString().Trim()))
                {
                MessageBox.Show(" 仓库中没有足够的货物！ ", " 提示 ", MessageBoxButtons.OK,
MessageBoxIcon.Information);
            }
            else
            {
                // 执行货物出库操作
                datacon.getcom("insert into tb_OutStore(StoreName, GoodsName, GoodsSpec, GoodsUnit," +
 "GoodsNum, GoodsPrice, PGProvider, PGPeople, HandlePeople, OSRemark)" + " values('" + cboxSName.
Text.Trim() + "','" + cboxGName.Text.Trim() + "','" + cboxGSpec.Text.Trim() + "','" + cboxGUnit.Text.Trim() + "',
" + txtOSGNum.Text.Trim() + "," + txtGOPrice.Text.Trim() + ",'" + txtOSUnit.Text.Trim() + "','" + txtOSPeople.
Text.Trim() + "','" + txtHPeople.Text.Trim() + "','" + txtOSRemark.Text.Trim() + "')");
                MessageBox.Show (" 货物出库成功！ ", " 信息 ", MessageBoxButtons.OK, MessageBoxIcon.
Information);
                frmOSManage_Load (sender, e);                // 重新加载窗体
            }
        }
        sqlread.Close();                                     // 关闭数据读取对象
    }
    catch (Exception ex)                                     // 捕获并提示异常信息
    {
        MessageBox.Show (ex.Message, " 警告 ", MessageBoxButtons.OK, MessageBoxIcon.Warning);
    }
}
```

在 DataGridView 控件中选中一些过期的货物出库记录，单击“删除”按钮，可以将这些记录从数据表中移除。“删除”按钮的 Click 事件代码如下：

```
private void btnDel_Click (object sender, EventArgs e)
{
    try
    {
        // 删除指定的货物出库信息
        datacon.getcom ("delete from tb_OutStore where OSID='"
 + Convert.ToString (dgvOSManage [0, dgvOSManage.CurrentCell.RowIndex].Value).Trim() + "'");
        MessageBox.Show (" 货物删除成功！ ", " 信息 ", MessageBoxButtons.OK, MessageBoxIcon.
Information);
        frmOSManage_Load (sender, e);                               // 重新加载窗体
    }
    catch (Exception ex)                                            // 捕获并提示异常信息
    {
        MessageBox.Show (ex.Message, " 警告 ", MessageBoxButtons.OK, MessageBoxIcon.Warning);
    }
}
```

20.9 库存信息查询模块设计

20.9.1 库存信息查询模块概述

货物库存查询主要是根据用户选择的条件和输入的查询关键字查询货物的库存信息，仓库管理人员可以通过库存查询及时了解指定货物在库存中的详细情况。库存信息查询模块运行结果如图 20.23 所示。

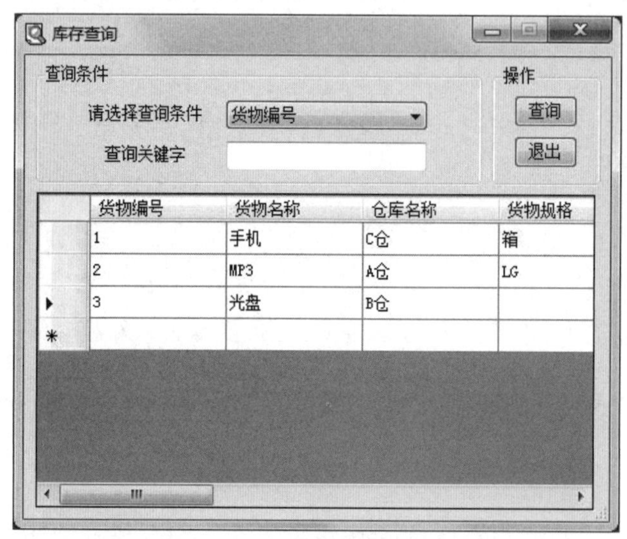

图 20.23 库存信息查询模块

20.9.2 库存信息查询模块技术分析

本模块使用 DataGridView 控件来显示货物的库存信息，使用该控件显示数据非常简单和直观，在大多数情况下，只需设置 DataSource 属性即可。由于 DataGridView 控件的 DataSource 属性是 Object 类型，所以该控件可以显示来自多种不同类型的数据源。比如，常见的有 BindingSource 实例、DataTable 实例、DataView 实例等。

DataGridView 控件的 DataSource 属性用于获取或设置 DataGridView 控件所显示数据的数据源。

语法如下：

```
public Object DataSource { get; set;}
```

☑ 属性值：包含 DataGridView 控件要显示的数据的对象。

例如，下面的代码实现在 DataGridView 控件上显示员工表（即 tb_emp 表）中的数据。

```
// 创建 SqlConnection 变量 conn，连接数据库
SqlConnection conn = new SqlConnection (strConn);
```

```
//创建一个 SqlDataAdapter 对象
SqlDataAdapter sda = new SqlDataAdapter ("select * from tb_emp", conn);
DataSet ds = new DataSet();                                //创建一个 DataSet 对象
sda.Fill(ds, "emp");                                       //使用 SqlDataAdapter 对象的 Fill 方法填充 DataSet
dataGridView1.DataSource = ds.Tables [0];                  //设置 dataGridView1 控件数据源
```

20.9.3　库存信息查询模块实现过程

本模块使用的数据表：tb_GoodsInfo

库存信息查询模块的具体实现步骤如下。

（1）新建一个 Windows 窗体，命名为 frmGILook.cs，用于实现库存货物信息查询功能，该窗体主要用到的控件、控件属性设置及其用途如表 20.13 所示。

表 20.13　库存信息查询窗体主要用到的控件

控件类型	控件名称	主要属性设置	用途
TextBox	txtLKWord	将其 ReadOnly 属性设置为“False”	输入查询关键字
ComboBox	cboxLCondition	将其 DropDownStyle 属性设置为“DropDownList”	请选择查询条件
Button	btnLook	将其 Text 属性设置为“查询”	查询
	btnExit	将其 Text 属性设置为“退出”	退出
DataGridView	dgvGInfo	将其 ReadOnly 属性设置为“True”	显示货物库存信息

（2）frmGILook 窗体的 Load 事件中，通过调用公共类 DataCon 中的 getds 方法对 DataGridView 控件进行数据绑定，以显示货物的库存信息。frmGILook 窗体的 Load 事件关键代码如下：

```
private void frmGILook_Load (object sender, EventArgs e)
{
    dgvGInfo.Controls.Add (hScrollBar1);                   //为 DataGridView 控件添加滚动条
    //获取所有货物信息，并生成 DataSet 数据集
    DataSet myds = datacon.getds ("select GoodsID as 货物编号 , GoodsName as 货物名称 ," + "StoreName as 仓库名称 , GoodsSpec as 货物规格 , GoodsUnit as 计量单位 ," + "GoodsNum as 货物数量 , GoodsInPrice as 进货价格 , GoodsOutPrice as 出货价格 ," + "GoodsLeast as 最低存储 , GoodsMost as 最高存储 , Editer as 修改人 , EditDate as 修改日期 from tb_GoodsInfo", "tb_GoodsInfo");
    dgvGInfo.DataSource = myds.Tables [0];                 //对 DataGridView 控件进行数据绑定
}
```

单击“查询”按钮，程序根据用户选择的查询条件和输入的查询关键字，在货物信息表中搜索相关信息，并将结果显示在 DataGridView 控件中。“查询”按钮的 Click 事件代码如下：

```
private void btnLook_Click (object sender, EventArgs e)
{
```

```
    try
    {
        if (txtLKWord.Text.Trim() == "")                                    // 判断是否输入了查询关键字
        {
            frmGILook_Load (sender, e);                                     // 重新加载窗体
        }
        else
        {
            if (cboxLCondition.Text.Trim() == " 货物编号 ")
            {
                // 根据货物编号查询货物信息
                DataSet myds = datacon.getds ("select GoodsID as 货物编号 , GoodsName as 货物名称 ," +
"StoreName as 仓库名称 , GoodsSpec as 货物规格 , GoodsUnit as 计量单位 ," + "GoodsNum as 货物数量 ,
 GoodsInPrice as 进货价格 , GoodsOutPrice as 出货价格 ," + "GoodsLeast as 最低存储 , GoodsMost as
最高存储 , Editer as 修改人 , EditDate as 修改日期 " + " from tb_GoodsInfo where GoodsID = '" + txtLKWord.
Text.Trim() + "'", "tb_GoodsInfo");
                dgvGInfo.DataSource = myds.Tables [0];                      // 对 DataGridView 控件进行数据绑定
            }
            if (cboxLCondition.Text.Trim() == " 货物名称 ")
            {
                // 根据货物名称查询货物信息
                DataSet myds = datacon.getds ("select GoodsID as 货物编号 , GoodsName as 货物名称 ," +
"StoreName as 仓库名称 , GoodsSpec as 货物规格 , GoodsUnit as 计量单位 ," + "GoodsNum as 货物数量 ,
GoodsInPrice as 进货价格 , GoodsOutPrice as 出货价格 ," + "GoodsLeast as 最低存储 , GoodsMost as
最高存储 , Editer as 修改人 , EditDate as 修改日期 " + " from tb_GoodsInfo where GoodsName like '%" +
txtLKWord.Text.Trim() + "%'", "tb_GoodsInfo");
                dgvGInfo.DataSource = myds.Tables [0];                      // 对 DataGridView 控件进行数据绑定
            }
            if (cboxLCondition.Text.Trim() == " 仓库名称 ")
            {
                // 根据仓库名称查询货物信息
                DataSet myds = datacon.getds ("select GoodsID as 货物编号 , GoodsName as 货物名称 ," +
"StoreName as 仓库名称 , GoodsSpec as 货物规格 , GoodsUnit as 计量单位 , " + "GoodsNum as 货物数量 ,
 GoodsInPrice as 进货价格 , GoodsOutPrice as 出货价格 ," + "GoodsLeast as 最低存储 , GoodsMost as
最高存储 , Editer as 修改人 , EditDate as 修改日期 " + " from tb_GoodsInfo where StoreName like '%" +
txtLKWord.Text.Trim() + "%'", "tb_GoodsInfo");
                dgvGInfo.DataSource = myds.Tables [0];                      // 对 DataGridView 控件进行数据绑定
            }
        }
    }
    catch (Exception ex)
    {
        MessageBox.Show (ex.Message, " 提示 ", MessageBoxButtons.OK, MessageBoxIcon.Information);
    }
}
```

20.10　出入库货物年统计模块设计

20.10.1　出入库货物年统计模块概述

出入库货物年统计由两部分组成，即入库货物年统计和出库货物年统计。出入库货物年统计模块运行结果如图 20.24 所示。

图 20.24　出入库货物年统计模块

20.10.2　出入库货物年统计模块技术分析

本模块首先使用 GDI+ 技术根据货物所占百分比绘制饼形图，并将饼形图保存成图片文件，然后调用 Image.FromFile 方法通过加载保存后的图片文件来创建一个 Image 对象，最后将这个 Image 对象加载到窗体上显示出来。下面将介绍 Image.FromFile 方法的使用情况。

Image.FromFile 方法是一个静态方法，该方法实现从指定的文件创建 Image 对象，它的重载形式有两种。

语法如下：

```
public static Image FromFile (string filename);
public static Image FromFile (string filename, bool useEmbeddedColorManagement);
```

☑　filename：指定要创建 Image 对象的文件名。

☑ useEmbeddedColorManagement：布尔类型，若要使用图像文件中嵌入的颜色管理信息，则设置为 true；否则设置为 false。

☑ 返回值：返回所创建 Image 对象。

例如，下面的代码实现加载指定的图片文件，并将图片显示在 pictureBox1 控件上。

```
Image img = Image.FromFile (strImagePath);              // 加载指定的图片文件创建 Image 对象
pictureBox1.Image = img;                                // 在 PictureBox 控件上显示图像
```

20.10.3 出入库货物年统计模块实现过程

本模块使用的数据表：tb_InStore，tb_OutStore

出入库货物年统计模块的具体实现步骤如下。

（1）新建一个 Windows 窗体，命名为 frmIOSYSum.cs，用于实现出入库货物年统计功能，该窗体主要用到的控件、控件属性设置及其用途如表 20.14 所示。

表 20.14 出入库货物年统计窗体主要用到的控件

控件类型	控件名称	主要属性设置	用途
ComboBox	cboxSType	将其 DropDownStyle 属性设置为“DropDownList”	选择统计类型
	cboxYear	将其 DropDownStyle 属性设置为“DropDown”	选择统计年份
	cboxStore	将其 DropDownStyle 属性设置为“DropDownList”	选择仓库
Button	btnSum	将其 TextImageRelation 属性设置为“TextBeforeImage”，ImageAlign 属性设置为“MiddleLeft”	统计
	btnExit	同上	退出
PictureBox	picbox	将其 Locked 属性设置为“False”	显示货物出入库年统计图片

（2）frmIOSYSum 窗体的 Load 事件中，通过调用公共类 DataOperate 中的 cboxBind 方法对 ComboBox 控件进行数据绑定，以显示本系统内的仓库。frmIOSYSum 窗体的 Load 事件关键代码如下：

```
private void frmIOSDSum_Load (object sender, EventArgs e)
{
    // 在下拉列表中显示所有仓库名称
    doperate.cboxBind ("select distinct StoreName from tb_InStore", "tb_InStore", "StoreName", cboxStore);
}
```

单击“统计”按钮，程序根据用户选择的条件进行出入库货物统计，并以饼图形式在窗体中表现出来。“统计”按钮的 Click 事件代码如下：

```
private void btnSum_Click (object sender, EventArgs e)
{
    this.Enabled = false;
```

```
    this.Enabled = true;
    Graphics objgraphics = this.CreateGraphics();          // 创建 Graphics 画图对象
    string P_str_imagePath = Application.StartupPath.Substring (0, Application.StartupPath.Substring(0, Application.
StartupPath.LastIndexOf("\\")).LastIndexOf("\\"));          // 定义统计图的保存路径
    // 以当前日期作为生成统计图的名称
    P_str_imagePath += @"\Image\image\" + DateTime.Now.ToString ("yyyyMMddhhmss") + ".jpg";
    try
    {
        if (cboxSType.Text.Trim()==" 入库货物统计 ")          // 若是 " 入库货物统计 " 统计
        {
            // 调用公共类中的 drawPic 方法生成入库货物统计图
            doperate.drawPic (objgraphics, "select GoodsID, GoodsName, StoreName, sum (GoodsNum) as
GSNum, ISDate from tb_InStore " + "where StoreName='" + cboxStore.Text.Trim() + "' and year(ISDate)='" +
cboxYear.Text.Trim() + "'group by GoodsID, GoodsName, StoreName, ISDate", "tb_InStore", "GSNum",
"GoodsName", " 入库货物年统计 ");
        }
        else if (cboxSType.Text.Trim() == " 出库货物统计 ")  // 若是 " 出库货物统计 " 统计
        {
            doperate.drawPic (objgraphics, "select GoodsName, StoreName, sum (GoodsNum) as GSNum, OSDate
from tb_OutStore " + "where StoreName='" + cboxStore.Text.Trim() + "' and year(OSDate)='" + cboxYear.
Text.Trim() + "'group by GoodsName, StoreName, OSDate", "tb_OutStore", "GSNum", "GoodsName",
" 出库货物年统计 ");                                        // 调用公共类中的 drawPic 方法生成出库货物统计图
        }
    }
    catch (Exception ex)
    {
        MessageBox.Show (ex.Message, " 提示 ", MessageBoxButtons.OK, MessageBoxIcon.Information);
    }
finally
    {
        // 通过加载指定图片文件来创建 Image 对象
        System.Drawing.Image myImage = Image.FromFile (P_str_imagePath);
        picbox.Image = myImage;                              // 在 PictureBox 控件中显示生成的统计图
    }
}
```

20.11 文件清单

为了帮助读者了解库存管理系统的文件构成，现以表格形式列出程序的文件清单，如表 20.15 所示。

表 20.15　程序文件清单

文 件 名	文 件 类 型	说　明
DataCon.cs	类文件	封装操作数据库的方法
DataOperate.cs	类文件	封装数据绑定、绘图等公共方法
frmGoodsInfo.cs	窗体文件	用于为货物建立档案信息

续表

文 件 名	文 件 类 型	说 明
frmPrInfo.cs	窗体文件	用于设置供应商信息
frmStoreInfo.cs	窗体文件	用于设置仓库的基本信息
frmBGManage.cs	窗体文件	用于管理借货业务
frmCKManage.cs	窗体文件	用于进行库存盘点管理
frmISManage.cs	窗体文件	用于进行货物入库管理
frmOSManage.cs	窗体文件	用于进行货物出库管理
frmRGManage.cs	窗体文件	用于进行还货管理
frmAboutUs.cs	窗体文件	关于窗体
frmEditPwd.cs	窗体文件	修改用户密码
frmRightManage.cs	窗体文件	用于设置用户的操作权限
frmUserManage.cs	窗体文件	用于管理操作用户
frmBGLook.cs	窗体文件	查询货物的借出清单
frmGILook.cs	窗体文件	查询库存信息
frmIOSMSum.cs	报表文件	按月统计货物的出入库情况
frmIOSYSum.cs	窗体文件	按年统计货物的出入库情况
frmISLook.cs	窗体文件	入库清单查询
frmOSLook.cs	窗体文件	出库清单查询
frmRGLook.cs	窗体文件	货物归还查询
frmWGLook.cs	窗体文件	货物警戒查询
frmDataCut.cs	窗体文件	数据压缩窗体
frmDataRevert.cs	窗体文件	数据还原窗体
frmDataStore.cs	窗体文件	数据备份窗体
frmLogin.cs	窗体文件	系统登录窗体
frmMain.cs	窗体文件	系统主窗体

20.12 小　　结

本章讲解的库存管理系统实现了商品库存管理的信息化，库存管理是进销存软件和 ERP 软件不可或缺的一个重要部分，它通常包括入库管理、出库管理、库存查询、出入库统计等业务。通过本章的学习，读者对于库存管理业务有了深入的了解，为读者以后开发 ERP 软件或进销存软件等大中型系统奠定了良好的技术和业务基础。

软件项目开发全程实录

◎ 当前流行技术+10个真实软件项目+完整开发过程

◎ 94集教学微视频，手机扫码随时随地学习

◎ 160小时在线课程，海量开发资源库资源

◎ 项目开发快用思维导图

（以《Java项目开发全程实录（第4版）》为例）

软件开发微视频讲堂

C#从入门到精通

（微视频精编版）

明日科技　编著

清華大學出版社
北　京

内 容 简 介

本书浅显易懂，实例丰富，详细介绍了C#开发需要掌握的各类实战知识。

全书分为两册：核心技术分册和强化训练分册。核心技术分册共20章，包括搭建C#开发环境、初识C#程序结构、C#语言基础、运算符、条件控制语句、循环控制语句、数组的使用、字符串处理、类和对象、继承和多态、程序调试与异常处理、Windows窗体程序设计、Windows控件的使用、C#操作数据库、Entity Framework编程、文件及数据流技术、GDI+绘图应用、Socket 网络编程、多线程编程技术和库存管理系统等内容。通过学习，读者可快速开发出一些中小型应用程序。强化训练分册共17章，通过大量源于实际生活的趣味案例，强化上机实践，拓展和提升C#开发中对实际问题的分析与解决能力。

本书除纸质内容外，配书资源包中还给出了海量开发资源库，主要内容如下：

- ☑ 微课视频讲解：总时长22小时，共227集
- ☑ 实例资源库：686个实例及源码详细分析
- ☑ 模块资源库：15个经典模块开发过程完整展现
- ☑ 项目案例资源库：15个企业项目开发过程完整展现
- ☑ 测试题库系统：636道能力测试题目
- ☑ 面试资源库：323个企业面试真题

本书可作为软件开发入门者的自学用书或高等院校相关专业的教学参考书，也可供开发人员查阅、参考使用。

图书在版编目（CIP）数据

C#从入门到精通：微视频精编版 / 明日科技编著. —北京：清华大学出版社，2019（2021.8重印）
（软件开发微视频讲堂）
ISBN 978-7-302-52149-5

Ⅰ. ①C… Ⅱ. ①明… Ⅲ. ①C语言-程序设计 Ⅳ. ①TP312.8

中国版本图书馆CIP数据核字（2019）第010052号

责任编辑： 贾小红
封面设计： 魏润滋
版式设计： 文森时代
责任校对： 马军令
责任印制： 杨　艳

出版发行： 清华大学出版社
网　　址：http://www.tup.com.cn，http://www.wqbook.com
地　　址：北京清华大学学研大厦A座　　邮　　编：100084
社 总 机：010-62770175　　邮　　购：010-62786544
投稿与读者服务：010-62776969，c-service@tup.tsinghua.edu.cn
质量反馈：010-62772015，zhiliang@tup.tsinghua.edu.cn
印 装 者： 三河市铭诚印务有限公司
经　　销： 全国新华书店
开　　本： 203mm×260mm　　**印　　张：** 36.25　　**字　　数：** 1061千字
版　　次： 2019年11月第1版　　**印　　次：** 2021年8月第2次印刷
定　　价： 99.80元（全2册）

产品编号：079173-01

前　言

Preface

C#是微软公司发布的一种简洁的、面向对象的且类型安全的程序设计语言。C#应用领域比较广泛，可以进行游戏软件开发、桌面应用系统开发、智能手机程序开发、多媒体系统开发、网络应用程序开发以及操作系统平台开发等。因 C#语言简单易学，功能强大，所以受到很多程序员的青睐，成为程序开发人员使用的主流编程语言之一。

本书内容

本书分为两册：C#核心技术分册和 C#强化训练分册。

C#核心技术分册共 20 章，提供了从入门到编程高手所必备的各类 C#核心知识，大体结构如下图所示。

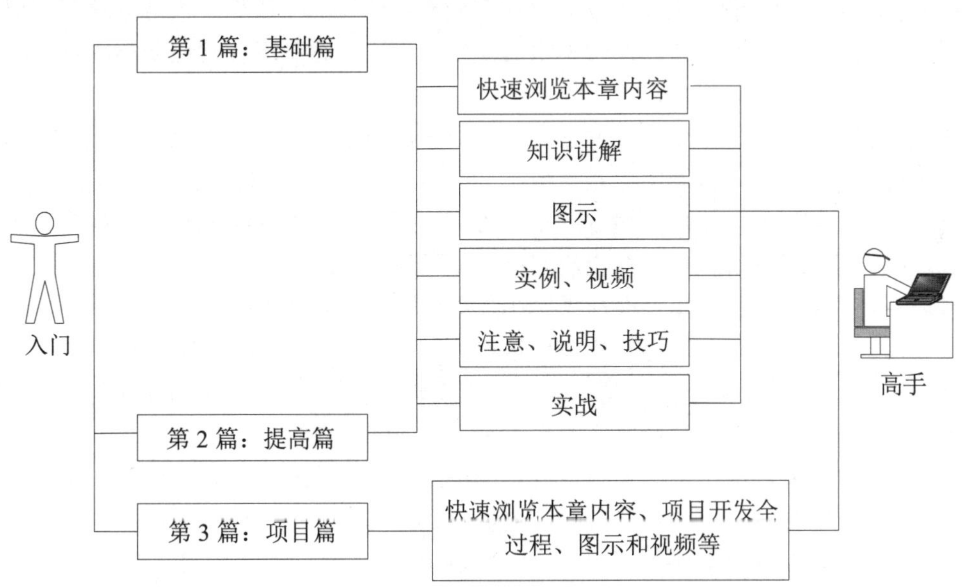

基础篇：本篇通过搭建 C#开发环境、初识 C#程序结构、C#语言基础、运算符、条件控制语句、循环控制语句、数组的使用、字符串处理、类和对象、继承和多态、程序调试与异常处理等内容的介绍，并结合大量的图示、实例、视频和实战等，使读者快速掌握 C#语言基础知识，为以后编程奠定坚实的基础。

提高篇：本篇介绍了 Windows 窗体程序设计、Windows 控件的使用、C#操作数据库、Entity Framework 编程、文件及数据流技术、GDI+绘图应用、Socket 网络编程、多线程编程技术等内容。学习完本篇，能够开发一些中小型应用程序。

项目篇：本篇通过一个完整的库存管理系统，运用软件工程的设计思想，让读者学习如何进行软件项目的实践开发。书中按照“需求分析→系统设计→数据库设计→公共类设计→项目主要功能模块的实现”的流程进行介绍，带领读者亲身体验开发项目的全过程。

C#强化训练分册共 17 章，通过 300 多个来源于实际生活的趣味案例，强化上机实战，拓展和提升读者对实际问题的分析与解决能力。

本书特点

☑ **深入浅出，循序渐进**。本书以初、中级程序员为对象，先从 C#语言基础学起，再学习如何使用 C#进行 Windows 窗体编程、网络及多线程编程等高级技术，最后学习如何开发一个完整项目。讲解过程步骤详尽，版式新颖，使读者在阅读时一目了然，从而快速掌握书中内容。

☑ **实例典型，轻松易学**。通过例子学习是最好的学习方式，本书通过“一个知识点、一个例子、一个结果、一段评析、一个综合应用”的模式，透彻详尽地讲述了实际开发中所需的各类知识。另外，为了便于读者阅读程序代码，快速学习编程技能，书中几乎为每行代码都提供了注释。

☑ **微课视频，可听可看**。为便于读者直观感受程序开发的全过程，大部分章节都配备了教学微视频，这些微课可听可看，能快速引导初学者入门，感受编程的快乐和成就感，进一步增强学习的信心。

☑ **强化训练，实战提升**。软件开发学习，实战才是硬道理。C#核心技术分册中提供了 30 多个实战练习，强化训练分册中更是给出了 300 多个源自生活的真实案例。应用编程思想来解决这些生活中的难题，不但能锻炼动手能力，还可以快速提升实战技巧。如果在实现过程中遇到问题，可以从资源包中获取相应实战的源码进行解读。

☑ **精彩栏目，贴心提醒**。本书根据需要在各章安排了很多“注意”“说明”“技巧”等小栏目，让读者可以在学习过程中更轻松地理解相关知识点及概念，更快地掌握个别技术的应用技巧。在 C#强化训练分册中，更设置了“▷①②③④⑤⑥”栏目，读者每亲手完成一次实战练习，即可涂上一个序号。通过反复实践，可真正实现强化训练和提升。

☑ **流行技术，紧跟潮流**。本书采用开发 C#程序最新的工具——Visual Studio 2017 实现，使读者能够紧跟技术发展的脚步，并且对 C#操作数据库的另外一种新型技术——EF 进行了讲解，以便让读者更快更好地学习 C#的流行技术应用。

本书资源

为帮助读者学习，本书配备了长达 22 个小时（共 227 集）的微课视频讲解。除此以外，还为读者提供了“C#开发资源库”系统，以全方位地帮助读者快速提升编程水平和解决实际问题的能力。

本书和 C#开发资源库配合学习的流程如下图所示。

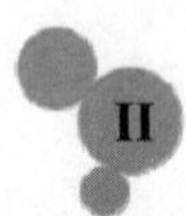

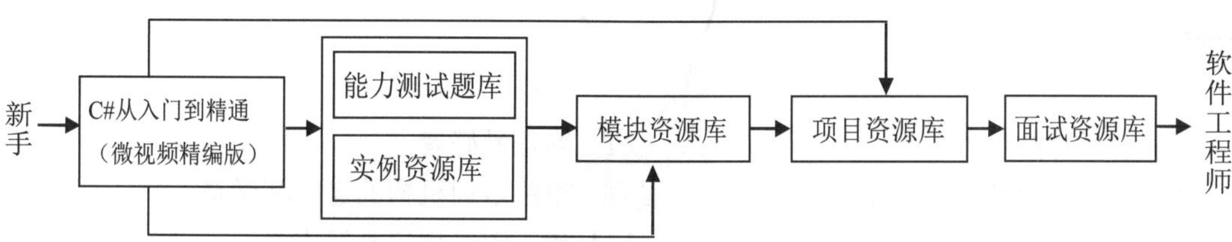

C#开发资源库系统的主界面如下图所示。

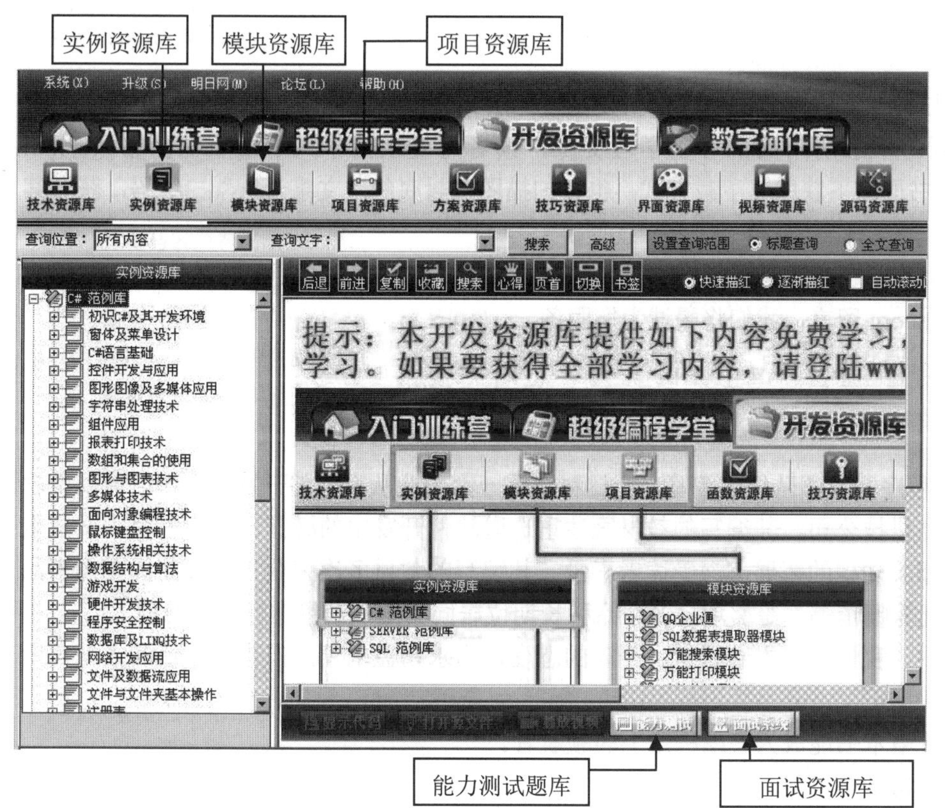

通过实例资源库中的大量热点实例和关键实例，读者可巩固所学知识，提高编程兴趣和自信心。

通过能力测试题库，读者可对个人能力进行测试，检验学习成果。数学逻辑能力和英语基础较为薄弱的读者，还可以利用资源库中大量的数学逻辑思维题和编程英语能力测试题，进行专项强化提升。

本书学习完毕后，读者可通过模块资源库和项目资源库中的30个经典模块和项目，全面提升个人综合编程技能和解决实际开发问题的能力，为成为C#软件开发工程师打下坚实基础。

面试资源库中提供了大量国内外软件企业的常见面试真题，同时还提供了程序员职业规划、程序员面试技巧、企业面试真题汇编和虚拟面试系统等精彩内容，是程序员求职面试的绝佳指南。

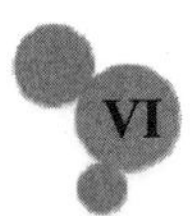

第 1 章　初识 C#程序结构

本章训练任务对应核心技术分册第 2 章初识 C#程序结构部分。

重点练习内容：

1. 熟悉键盘上字母、数字、符号的位置及使用。
2. 使用键盘上的字符输出文字、图案等效果。
3. Console控制台类的使用。
4. 转义字符的使用。
5. 使用字符输出常用软件的主界面、验证界面。
6. 使用字符输出生活中看到的一些应用场景。

应用技能拓展学习

1. Console 控制台类的使用

Console 类表示控制台应用程序的标准输入流、输出流和错误流。无法继承此类。

Console 类的常用属性及描述如表 1.1 所示。

表 1.1　Console 类的常用属性及描述

属　性	描　述
BackgroundColor	获取或设置控制台的背景色
BufferHeight	获取或设置缓冲区的高度
BufferWidth	获取或设置缓冲区的宽度
CapsLock	获取一个值，该值指示 Caps Lock 键盘切换键是打开的还是关闭的
CursorLeft	获取或设置光标在缓冲区中的列位置
CursorSize	获取或设置光标在字符单元格中的高度
CursorTop	获取或设置光标在缓冲区中的行位置
CursorVisible	获取或设置一个值，用以指示光标是否可见
Error	获取标准错误输出流
ForegroundColor	获取或设置控制台的前景色
In	获取标准输入流
InputEncoding	获取或设置控制台用于读取输入的编码
KeyAvailable	获取一个值，该值指示按键操作在输入流中是否可用
LargestWindowHeight	根据当前字体和屏幕分辨率获取控制台窗口可能具有的最大行数
LargestWindowWidth	根据当前字体和屏幕分辨率获取控制台窗口可能具有的最大列数

续表

属　性	描　述
NumberLock	获取一个值，该值指示 Num Lock 键盘切换键是打开的还是关闭的
Out	获取标准输出流
OutputEncoding	获取或设置控制台用于写入输出的编码
Title	获取或设置要显示在控制台标题栏中的标题
TreatControlCAsInput	获取或设置一个值，该值指示是将修改键 Control 和控制台键 C 的组合（Ctrl+C）视为普通输入，还是视为由操作系统处理的中断
WindowHeight	获取或设置控制台窗口区域的高度
WindowLeft	获取或设置控制台窗口区域的最左边相对于屏幕缓冲区的位置
WindowTop	获取或设置控制台窗口区域的最顶部相对于屏幕缓冲区的位置
WindowWidth	获取或设置控制台窗口的宽度

Console 类的常用方法及描述如表 1.2 所示。

表 1.2　Console 类的常用方法及描述

方　法	描　述
Beep	通过控制台扬声器播放提示音
Clear	清除控制台缓冲区和相应的控制台窗口的显示信息
MoveBufferArea	将屏幕缓冲区的指定源区域复制到指定的目标区域
OpenStandardError	获取标准错误流
OpenStandardInput	获取标准输入流
OpenStandardOutput	获取标准输出流
Read	从标准输入流读取下一个字符
ReadKey	获取用户按下的下一个字符或功能键
ReadLine	从标准输入流读取下一行字符
ResetColor	将控制台的前景色和背景色设置为默认值
SetBufferSize	将屏幕缓冲区的高度和宽度设置为指定值
SetCursorPosition	设置光标位置
SetError	将 Error 属性设置为指定的 TextWriter 对象
SetIn	将 In 属性设置为指定的 TextReader 对象
SetOut	将 Out 属性设置为指定的 TextWriter 对象
SetWindowPosition	设置控制台窗口相对于屏幕缓冲区的位置
SetWindowSize	将控制台窗口的高度和宽度设置为指定值
Write	将指定值的文本表示形式写入标准输出流
WriteLine	将指定的数据（后跟当前行终止符）写入标准输出流

下面分别使用 Console 类的 Write 方法和 WriteLine 方法在控制台输出“明日科技”字符串，然后调用 ReadLine 方法以读取下一行字符。代码如下：

```
public static void Main(string[] args)
{
    Console.Write("明日科技");
    Console.WriteLine("明日科技");
```

```
    Console.ReadLine();
}
```

设置控制台的字体颜色为红色，代码如下：

```
Console.ForegroundColor = ConsoleColor.Red;
```

设置控制台的背景颜色为蓝色，代码如下：

```
Console.BackgroundColor = ConsoleColor.Blue;
```

2．常用转义字符应用

转义字符是一种特殊的字符变量，以反斜线“\”开头，后跟一个或多个字符，即 C#中反斜线“\”是一个转义字符，不能单独作为字符使用。因此，要在 C#中使用反斜线，需要使用下面代码：

```
char ch = '\\';
```

我们都用过电源变换器，它可将交流变直流、高电压变低电压、低频变高频，即可通过一定手段转换电源形式。转义字符的作用类似于此，可将字符转换成另一种操作形式，或是将无法一起使用的字符进行组合。

注意：转义字符“\”只针对后面紧跟着的单个字符进行操作。

C#中常用的转义字符如表 1.3 所示。

表 1.3　转义字符及其作用

转义字符	说　　明	转义字符	说　　明
\n	按 Enter 键换行	\f	换页
\t	横向跳到下一制表位置	\\	反斜线符
\"	双引号	\’	单引号符
\b	退格	\uxxxx	4 位十六进制所表示的字符，如\u0052
\r	按 Enter 键		

例如，创建一个控制台应用程序，使用转义字符在窗口中输出 Windows 的系统目录，代码如下：

```
static void Main(string[] args)
{
    Console.WriteLine("Windows 的系统目录为：C:\\WIndows");        //输出 Windows 的系统目录
    Console.ReadLine();
}
```

技巧：输出系统目录时，遇到反斜杠时要使用“\\”表示，但如果遇到下面的情况：

```
Console.WriteLine("C:\\Windows\\Microsoft.NET\\Framework\\v4.0.30319\\2052");
```

从上面代码可以看出，多级目录时遇到反斜杠，都使用“\\”会非常麻烦，这时可以用“@”符号来进行多级转义。代码修改如下：

```
Console.WriteLine(@"C:\Windows\Microsoft.NET\Framework\v4.0.30319\2052");
```

实战技能强化训练

训练一：基本功强化训练

1. 打印马云经典语录 ▷①②③④⑤⑥

在控制台应用程序中输出马云在阿里巴巴上市时说的一句经典语录“梦想还是要有的，万一实现了呢！”效果如图 1.1 所示。

（提示：使用 Console.WriteLine 进行输出）

2. 打印彩色的百花园图案 ▷①②③④⑤⑥

使用 C#在控制台中输出一幅百花园图案，程序运行结果如图 1.2 所示。

（提示：使用 Console.ForegroundColor 属性设置控制台内容的文字颜色）

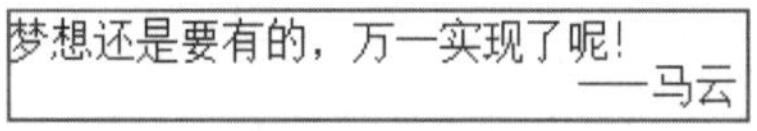

梦想还是要有的，万一实现了呢！
——马云

图 1.1 打印马云经典语录

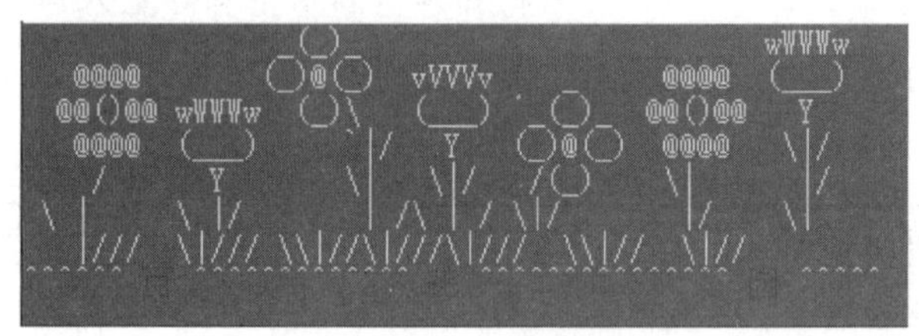

图 1.2 输出百花园图案

3. 输出《愿你的青春不负梦想》图书信息 ▷①②③④⑤⑥

编写程序，输出如下俞敏洪老师的《愿你的青春不负梦想》图书信息，实现效果如图 1.3 所示。

《愿你的青春不负梦想》

出版社：湖南文艺出版社

出版时间：2017-01-01

定价：39.79 元

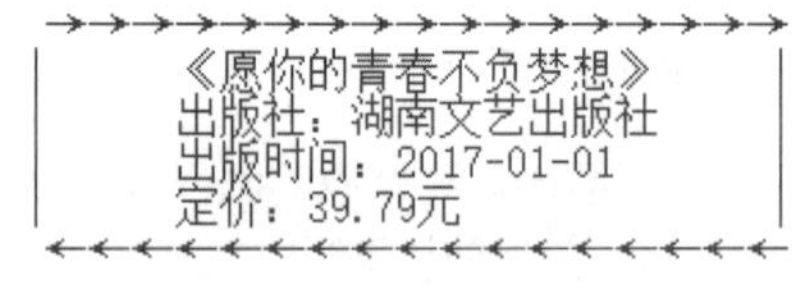

图 1.3 俞敏洪老师图书信息

4. 输出世界上最好的 6 位医生 ▷①②③④⑤⑥

编写程序换行输出如下信息，实现效果如图 1.4 所示。（提示：转移字符“\n”表示换行）

世界上最好的 6 位医生：1. 阳光；2. 休息；3. 锻炼；4. 饮食；5. 自信；6. 朋友。

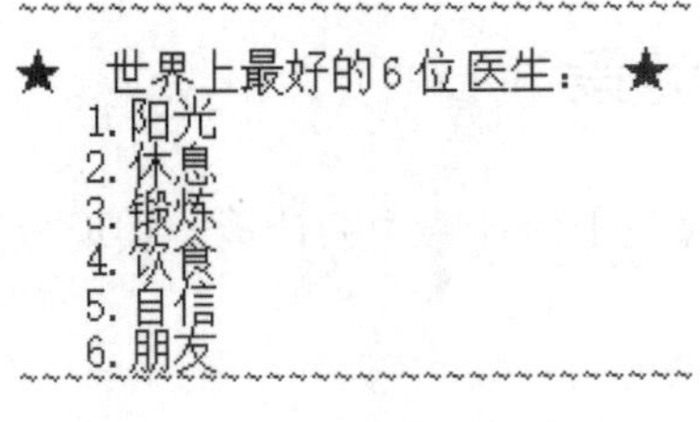

图 1.4　最好的 6 位医生

5．模拟登录程序界面　▷①②③④⑤⑥

登录程序是软件开发中经常要实现的模块，如图 1.5 所示。

编写程序，只使用键盘上的字母和符号，画出类似的登录界面，不考虑背景颜色、文字颜色、大小，也不用考虑结构的完全一致，实现效果如图 1.6 所示。

图 1.5　登录界面

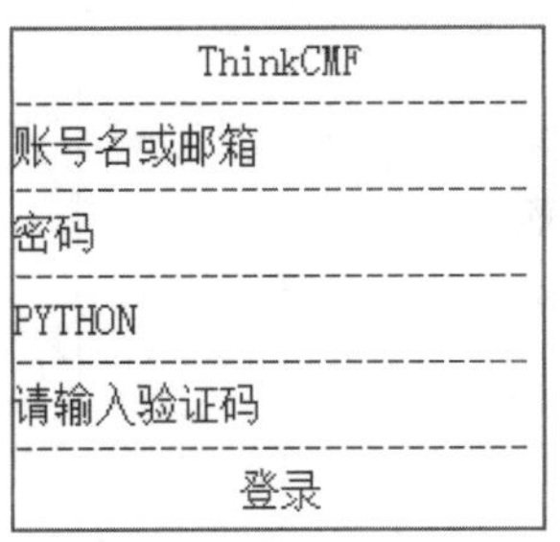

图 1.6　C#语言实现效果

6．12306 查询界面　▷①②③④⑤⑥

输出如图 1.7 所示的 12306 查询界面，实现效果如图 1.8 所示。

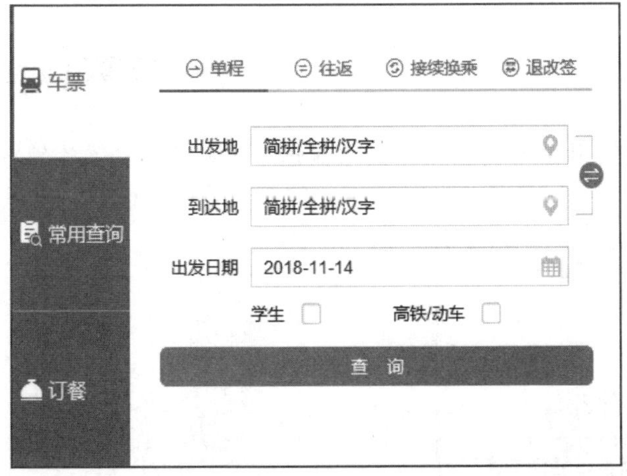

图 1.7　12306 查询界面

```
单程  往返  接续换乘  退改签
车票
出发地 | 简拼/全拼/汉字 |
常用查询
到达地 | 简拼/全拼/汉字 |
出发日期 | 2019-10-01 |
学生  高铁/动车
订餐
| 查  询 |
```

图 1.8　C#语言实现效果

7．输出《三十六计》中的计策 ▷①②③④⑤⑥

熟读兵书，编写一个程序输出《三十六计》中的计策，实现效果如图 1.9 所示。

8．输出轨道交通充值信息 ▷①②③④⑤⑥

编程输出长春轨道交通充值信息，实现效果如图 1.10 所示。

```
--------------------------------
| 声 | 趁 | 以 | 借 | 围 | 瞒 |
| 东 | 火 | 逸 | 刀 | 魏 | 天 |
| 击 | 打 | 待 | 杀 | 救 | 过 |
| 西 | 劫 | 劳 | 人 | 赵 | 海 |
--------------------------------
```

图 1.9　输出《三十六计》

```
长春轨道交通
==============================================
车站名称：东环城路
设备编号：02390704
票卡编号：03104890010014699002
车票类型：本机构卡（TRANSPORTATIONCARD）
充值时间：2018-10-03 11:32:15
交易前金额：19.50元
充值金额（现金）：100.00元
充值后金额：119.50元
```

图 1.10　输出轨道交通充值信息

9．输出马云的新名片 ▷①②③④⑤⑥

在控制台输出对阿里巴巴创始人马云的介绍，实现效果如图 1.11 所示。也可以尝试输出自己的名片。

10．输出几个恶搞小符号 ▷①②③④⑤⑥

输出几个小符号，恶搞下你的小伙伴吧！实现效果如图 1.12 所示。（提示：借助搜狗输入法的特殊符号输出相应字符）

```
马云老师                                      阿里巴巴集团
Jack Ma

* 中国浙江杭州佬
* 阿里巴巴001号员工              * 乡村教师代言人
* 阿里巴巴合伙人                  * 桃花源生态保护基金会联席主席
* 阿里巴巴一号公益志愿者          * TNC（大自然保护协会）全球董事
* 阿里巴巴脱贫基金主席            * 联合国青年创业和小企业特别顾问
* 马云公益基金会创始人            * 联合国世界妇女峰会联席会议联合主席
```

图 1.11　输出马云新名片

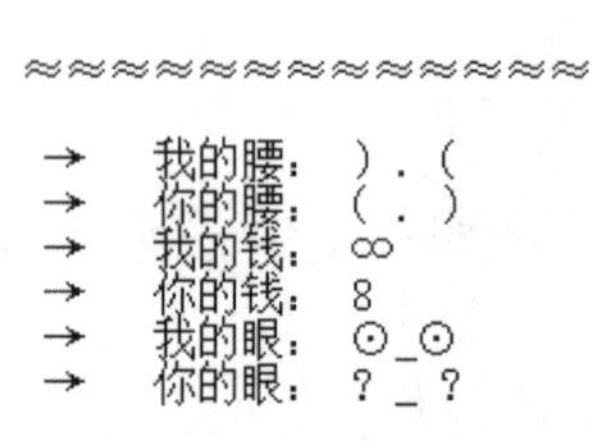

图 1.12　输出小符号

训练二：实战能力强化训练

11．输出明日学院欢迎信息及网址　▷①②③④⑤⑥

编写一个程序，输出明日学院欢迎信息及网址，并借助键盘上的“+”“-”符号装饰输出的文字信息，实现如图 1.13 所示的效果。

```
+----------------------------------------------+
|                                              |
|            欢迎登录明日学院网站!              |
|                                              |
|             www.mingrisoft.com               |
|                                              |
|                                              |
+----------------------------------------------+
```

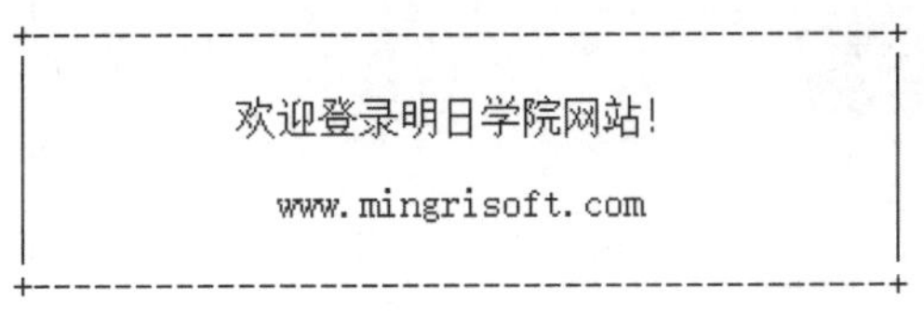

图 1.13　输出明日学院欢迎信息

12．输出巴尔扎克名言　▷①②③④⑤⑥

在控制台输出巴尔扎克名言：没有伟大的愿景，就没有伟大的天才。实现效果如图 1.14 所示。

```
..................................................
没有伟大的愿景，就没有伟大的天才。
                                      ——巴尔扎克
..................................................
```

图 1.14　输出巴尔扎克名言

13．轻松背单词（DOS）版的主界面　▷①②③④⑤⑥

编写一个程序，输出如图 1.15 所示的轻松背单词（DOS）版的主界面。

```
                    轻松背单词  V2.0
==================================================
==================================================
                  '1.单词背诵
                  '2.发音合成
                  '3.课本同步
                  '4.成绩排行
                  '5.退出程序
==================================================
力线工作室      http://lianxian.net.cn
请使用↑↓或相应数字键选择菜单项，按Enter键执行！！
```

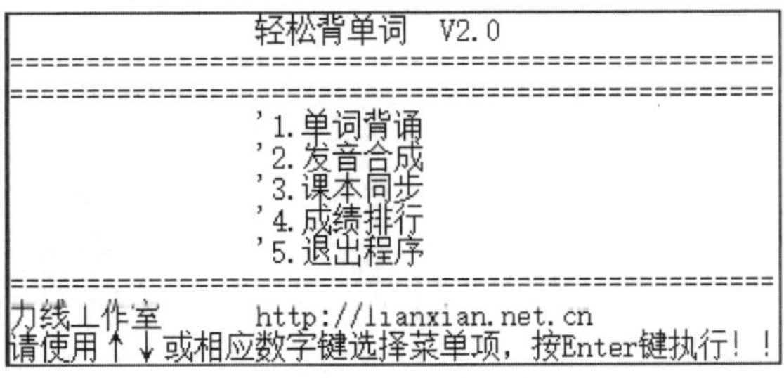

图 1.15　轻松背单词（DOS）版主界面

14．搜狐邮箱登录　▷①②③④⑤⑥

输出如图 1.16 所示的搜狐邮箱登录界面，实现效果如图 1.17 所示。

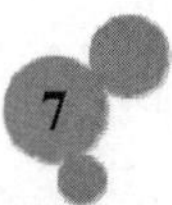

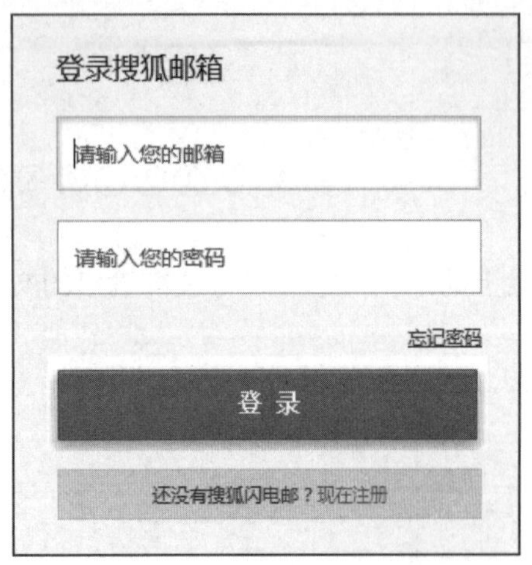

图 1.16　搜狐邮箱登录界面

```
---------------------------------------
|    登录搜狐邮箱                      |
|                                      |
|    ------------------------------    |
|    |请输入您的邮箱              |    |
|    ------------------------------    |
|                                      |
|    ------------------------------    |
|    |请输入您的密码              |    |
|    ------------------------------    |
|                           忘记密码   |
|    ------------------------------    |
|    |           登录             |    |
|    ------------------------------    |
|                                      |
|    ------------------------------    |
|    | 还没有搜狐闪电邮?现在注册 |    |
|    ------------------------------    |
|                                      |
---------------------------------------
```

图 1.17　实现效果

15. 美团外卖单据　▷①②③④⑤⑥

上班族经常在美团上点外卖，图 1.18 就是一张美团外卖小票。

编写程序，输出如图 1.19 所示的美团外卖小票（字体大小、线条格式可以一样）。

221# 美团外卖

下单时间：2018-12-28 12：10

（第一联）

送啥都快

越吃越帅

2只松鼠	数量	价格
麻辣烫（加辣）	*1	30.00
可乐	*2	5.00
餐盒费		2.00
配送费减免		0.00
合计		37.00

吃份外卖　想下人生

元旦快乐

图 1.18　美团外卖单据

```
            221# 美团外卖
..............................
   下单时间：2019-08-28 12:10
           （第一联）
..............................
             送啥都快
             越吃越帅
******************************
------------------------------
2只松鼠          数量      价格
------------------------------
麻辣烫（加辣）    *1      30.00
可乐              *2       5.00
餐盒费                     2.00
配送费减免                 0.00
------------------------------
合计                      37.00
```

图 1.19　实现效果

16. 我的日历　▷①②③④⑤⑥

图 1.20 为我的日历界面。编写程序，输出如图 1.21 所示的我的日历界面。图标可以使用键盘上的“*”“#”“@”等符号，字体大小暂不考虑。

图 1.20　我的日历

图 1.21　实现效果

17．淘宝查询导航

▷①②③④⑤⑥

淘宝网是亚太地区较大的网络零售、商圈，由阿里巴巴集团在 2003 年 5 月创立。淘宝网拥有近 5 亿的注册用户数，每天有超过 6000 万的固定访客，同时每天的在线商品数已经超过了 8 亿件，平均每分钟售出 4.8 万件商品。目前已经成为世界范围的电子商务交易平台之一。编写程序，输出如图 1.22 所示的淘宝的搜索查询页面，最终的实现效果如图 1.23 所示。

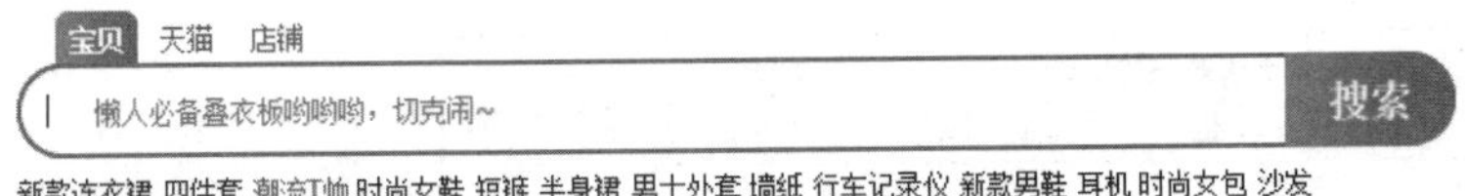

图 1.22　淘宝查询导航

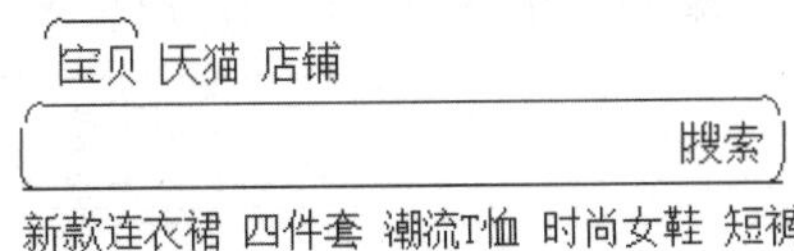

图 1.23　C#语言实现效果

18．微信支付

▷①②③④⑤⑥

微信支付是大家比较常用的支付方式，请编写一个程序，输出如图 1.24 所示的微信支付周末摇摇乐，最终的实现效果如图 1.25 所示。不考虑背景、字体大小。

图 1.24　微信支付

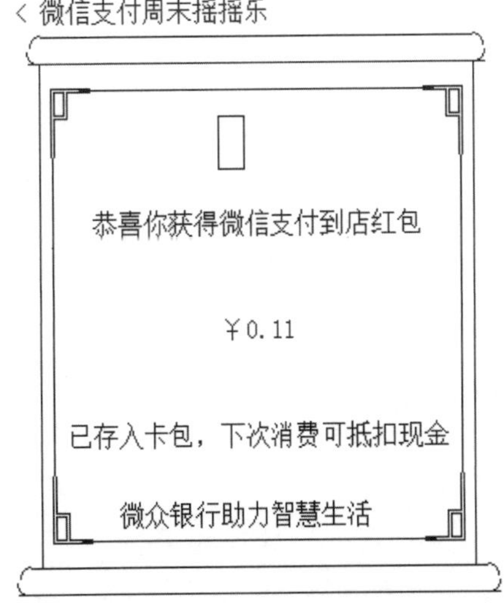

图 1.25　C#语言实现效果

19．输出长春地铁 1 号线运行图 ▷①②③④⑤⑥

编程输出长春地铁 1 号线运行图，程序实现效果如图 1.26 所示。

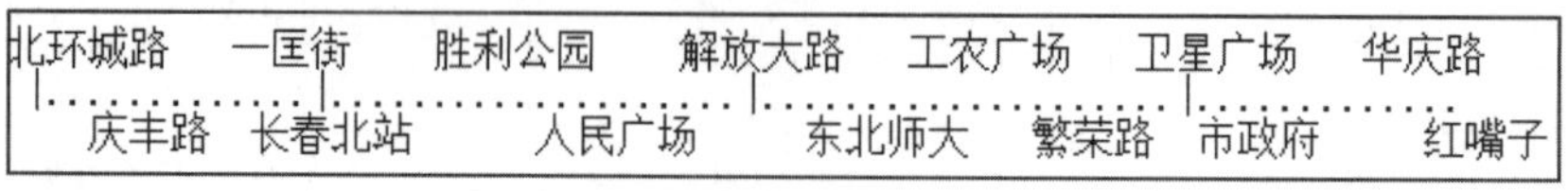

北环城路 一匡街 胜利公园 解放大路 工农广场 卫星广场 华庆路
庆丰路 长春北站 人民广场 东北师大 繁荣路 市政府 红嘴子

图 1.26　长春地铁 1 号线运行图

20．输出丹尼斯・里奇的人生传奇 ▷①②③④⑤⑥

丹尼斯・里奇（Dennis Ritchie）是计算机时代的无形之王、计算机及网络技术的奠定者，也是 C 语言之父、UNIX 之父。1973 年，丹尼斯结束了失败的 Multics 项目，闲来无聊之际，与肯・汤姆森玩起了模拟太阳系航行的游戏——Space Trave。由于当时的机器没有操作系统，于是他们一起开发了 C 语言，并用 C 语言开发了 Unix 操作系统，从而拉开了程序开发时代的序幕。

编写一个程序，输出丹尼斯・里奇的传奇人生，实现效果如图 1.27 所示。

丹尼斯·里奇传奇——世界上最伟大的程序员和黑客
哈佛大学 C语言 UNIX 图灵奖 美国工程院院士 美国国家技术奖
1967 1973 1983 1988 1999

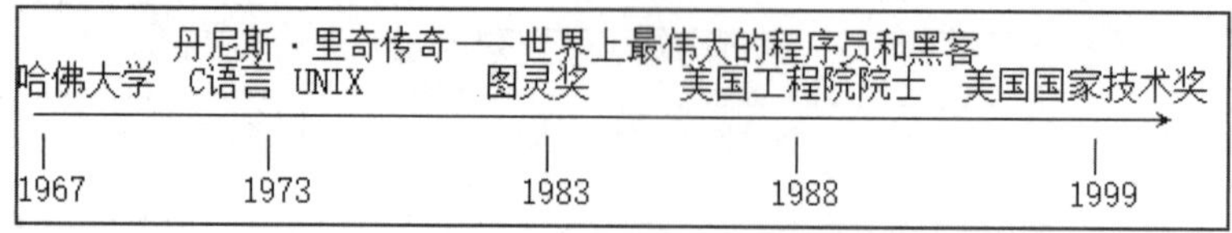

图 1.27　输出丹尼斯・里奇的人生传奇

第 2 章　C#语言基础

本章训练任务对应核心技术分册第 3 章 C#语言基础部分。

重点练习内容：

1. 熟悉Convert数据类型转换类的使用。
2. 熟悉如何在程序中对日期时间进行操作。
3. 熟悉数字类型的格式化。
4. 使用字符输出生活中看到的一些应用场景。

应用技能拓展学习

1. Convert 类——数据类型转换类

Convert 类用于将一个基本数据类型转换为另一个基本数据类型，返回与指定类型的值等效的类型。受支持的基类型是 Boolean、Char、SByte、Byte、Int16、Int32、Int64、UInt16、UInt32、UInt64、Single、Double、Decimal、DateTime 和 String。开发人员可根据不同的需要使用 Convert 类的公共方法实现不同数据类型的转换。

Convert 类的常用方法及描述如表 2.1 所示。

表 2.1　Convert 类的常用方法及描述

方　法	描　述
FromBase64CharArray	将 Unicode 字符数组的子集（将二进制数据编码为 base 64 数字）转换成等效的 8 位无符号整数数组。参数指定输入数组的子集以及要转换的元素数
FromBase64String	将指定的 String（将二进制数据编码为 base 64 数字）转换成等效的 8 位无符号整数数组
GetHashCode	用作特定类型的哈希函数。GetHashCode 适合在哈希算法和数据结构（如哈希表）中使用
ToBase64CharArray	将 8 位无符号整数数组的子集转换为用 Base 64 数字编码的 Unicode 字符数组的等价子集
ToBase64String	将 8 位无符号整数数组的值转换为它的等效 String 表示形式（使用 base 64 数字编码）
ToBoolean	将指定的值转换为等效的布尔值
ToByte	将指定的值转换为 8 位无符号整数
ToChar	将指定的值转换为 Unicode 字符
ToDateTime	将指定的值转换为 DateTime

续表

方　法	描　述
ToDecimal	将指定值转换为 Decimal 数字
ToDouble	将指定的值转换为双精度浮点数字
ToInt16	将指定的值转换为 16 位有符号整数
ToInt32	将指定的值转换为 32 位有符号整数
ToInt64	将指定的值转换为 64 位有符号整数
ToSByte	将指定的值转换为 8 位有符号整数
ToSingle	将指定的值转换为单精度浮点数字
ToString	将指定值转换为其等效的 String 表示形式
ToUInt16	将指定的值转换为 16 位无符号整数
ToUInt32	将指定的值转换为 32 位无符号整数
ToUInt64	将指定的值转换为 64 位无符号整数

本示例演示使用 Convert 类的公共方法实现基本数据类型的随意转换，代码如下：

```
string str = "转换前的数据类型：\n";
bool xBool = false;
float xSingle = 4.0f;
double xDouble = 5.0;
decimal xDecimal = 6.0m;
string xString = "7";
char xChar = '8';
str += "bool 类型：" + "值 false \n";
str += "float 类型：" + "值 4.0f \n";
str += "double 类型：" + "值 5.0 \n";
str += "decimal 类型：" + "值 6.0m \n";
str += "string 类型：" + "值 7 \n";
str += "char 类型：" + "值 8 \n";
string str1 = "转换后的数据类型:\n";
str1 += "bool 类型转换成 ToInt64 类型：" + Convert.ToInt64(xBool).ToString() + "\n";
str1 += "float 类型转换成 ToInt64 类型：" + Convert.ToInt64(xSingle).ToString() + "\n";
str1 += "double 类型转换成 ToInt64 类型：" + Convert.ToInt64(xDouble).ToString() + "\n";
str1 += "decimal 类型转换成 ToInt64 类型：" + Convert.ToInt64(xDecimal).ToString() + "\n";
str1 += "string  类型转换成 ToInt64 类型：" + Convert.ToInt64(xString).ToString() + "\n";
str1 += " char  类型转换成 ToInt64 类型：" + Convert.ToInt64(xChar).ToString() + "\n";
Console.WriteLine(str + str1);
```

运行结果如下：

```
转换前的数据类型：
bool 类型：值 false
float 类型：值 4.0f
double 类型：值 5.0
decimal 类型：值 6.0m
string  类型：值 7
char 类型：值 8
```

```
转换后的数据类型:
bool 类型转换成 ToInt64 类型：0
float 类型转换成 ToInt64 类型：4
double 类型转换成 ToInt64 类型：5
decimal 类型转换成 ToInt64 类型：6
string  类型转换成 ToInt64 类型：7
char  类型转换成 ToInt64 类型：56
```

2. DateTime 结构——操作日期和时间

DateTime 结构用来表示时间上的一刻，通常以日期和当天的时间表示。

DateTime 结构的常用属性及描述如表 2.2 所示。

表 2.2　DateTime 结构的常用属性及描述

属　性	描　述
Date	获取此实例的日期部分
Day	获取此实例所表示的日期为该月中的第几天
DayOfWeek	获取此实例所表示的日期是星期几
DayOfYear	获取此实例所表示的日期是该年中的第几天
Hour	获取此实例所表示日期的小时部分
Millisecond	获取此实例所表示日期的毫秒部分
Minute	获取此实例所表示日期的分钟部分
Month	获取此实例所表示日期的月份部分
Now	获取一个 DateTime 对象，该对象设置为此计算机上的当前日期和时间，表示为本地时间
Second	获取此实例所表示日期的秒部分
Ticks	获取表示此实例的日期和时间的刻度数
TimeOfDay	获取此实例的当天的时间
Today	获取当前日期
Year	获取此实例所表示日期的年份部分

DateTime 结构的常用方法及描述如表 2.3 所示。

表 2.3　DateTime 结构的常用方法及描述

方　法	描　述
Add	将指定的 TimeSpan 的值加到此实例的值上
AddDays	将指定的天数加到此实例的值上
AddHours	将指定的小时数加到此实例的值上
AddMilliseconds	将指定的毫秒数加到此实例的值上
AddMinutes	将指定的分钟数加到此实例的值上
AddMonths	将指定的月份数加到此实例的值上
AddSeconds	将指定的秒数加到此实例的值上
AddTicks	将指定的刻度数加到此实例的值上
AddYears	将指定的年份数加到此实例的值上
Compare	比较 DateTime 的两个实例，并返回它们相对值的指示

续表

方　法	描　述
DaysInMonth	返回指定年和月中的天数
FromBinary	反序列化一个 64 位二进制值，并重新创建序列化的 DateTime 初始对象
FromFileTime	将指定的 Windows 文件时间转换为等效的本地时间
IsLeapYear	返回指定的年份是否为闰年的指示
Parse	将日期和时间的指定字符串表示形式转换为其等效的 DateTime
ParseExact	将日期和时间的指定字符串表示形式转换为其等效的 DateTime。字符串表示形式的格式必须与指定的格式完全匹配
Subtract	从此实例中减去指定的时间或持续时间
ToBinary	将当前 DateTime 对象序列化为一个 64 位二进制值，该值随后可用于重新创建 DateTime 对象
ToFileTime	将当前 DateTime 对象的值转换为 Windows 文件时间
ToLocalTime	将当前 DateTime 对象的值转换为本地时间
ToLongDateString	将当前 DateTime 对象的值转换为其等效的长日期字符串表示形式
ToLongTimeString	将当前 DateTime 对象的值转换为其等效的长时间字符串表示形式
ToShortDateString	将当前 DateTime 对象的值转换为其等效的短日期字符串表示形式
ToShortTimeString	将当前 DateTime 对象的值转换为其等效的短时间字符串表示形式
TryParse	将日期和时间的指定字符串表示形式转换为其等效的 DateTime
TryParseExact	将日期和时间的指定字符串表示形式转换为其等效的 DateTime。字符串表示形式的格式必须与指定的格式完全匹配

本示例首先获取当前时间的时、分、秒，然后将当前时间转换为长时间格式进行显示。代码如下：

```
int h = DateTime.Now.Hour;
int m = DateTime.Now.Minute;
int s = DateTime.Now.Second;
Console.WriteLine("当前时间：" + DateTime.Now.ToLongTimeString());
```

运行结果如下：

```
当前时间：11:44:48
```

3. 数字类型的格式化

实际开发中，数值类型有多种显示方式，比如货币形式、百分比形式等，C#支持的标准数值格式规范如表 2.4 所示。

表 2.4　C#支持的标准数值格式规范

格式说明符	名　称	说　明	示　例
C 或 c	货币	结果：货币值 受以下类型支持：所有数值类型 精度说明符：小数位数	¥123 或¥123.456

续表

格式说明符	名　称	说　明	示　例
D 或 d	Decimal	结果：整型数字，负号可选 受以下类型支持：仅整型 精度说明符：最小位数	1234 或-001234
E 或 e	指数（科学型）	结果：指数记数法 受以下类型支持：所有数值类型 精度说明符：小数位数	1.052033E+003 或 -1.05e+003
F 或 f	定点	结果：整数和小数，负号可选 受以下类型支持：所有数值类型 精度说明符：小数位数	1234.57 或-1234.5600
N 或 n	Number	结果：整数和小数、组分隔符和小数分隔符，负号可选 受以下类型支持：所有数值类型 精度说明符：所需的小数位数	1,234.57 或-1,234.560
P 或 p	百分比	结果：乘以 100 并显示百分比符号的数字 受以下类型支持：所有数值类型 精度说明符：所需的小数位数	100.00 %或 100 %
X 或 x	十六进制	结果：十六进制字符串 受以下类型支持：仅整型 精度说明符：结果字符串中的位数	FF 或 00ff

注意：使用 string.Format 方法对数值类型数据格式化时，传入的参数必须为数值类型。

例如，使用标准数值格式规范对不同的数值类型数据进行格式化并输出。代码如下：

```
// 输出金额
Console.WriteLine(string.Format("1251+3950 的结果是（以货币形式显示）：{0:C}", 1251 + 3950));
// 输出科学记数法
Console.WriteLine(string.Format("120000.1 用科学记数法表示：{0:E}", 120000.1));
// 输出以分隔符显示的数字
Console.WriteLine(string.Format("12800 以分隔符数字显示的结果是：{0:N0}", 12800));
// 输出小数点后两位
Console.WriteLine(string.Format("π 取两位小数点：{0:F2}", Math.PI));
// 输出十六进制
Console.WriteLine(string.Format("33 的十六进制结果是：{0:X4}", 33));
// 输出百分号数字
Console.WriteLine(string.Format("天才是由 {0:P0} 的灵感，加上 {1:P0} 的汗水。", 0.01, 0.99));
Console.ReadLine();
```

运行结果如下：

```
1251+3950 的结果是（以货币形式显示）：￥5,201.00
120000.1 用科学记数法表示：1.200001E+005
12800 以分隔符数字显示的结果是：12,800
π 取两位小数点：3.14
33 的十六进制结果是：0021
天才是由 1% 的灵感，加上 99%的汗水。
```

4. ToShortDateString 方法——转换为短日期字符串

DateTime 结构的方法，用来将此实例的值转换为其等效的短日期字符串表示形式。其语法格式如下：

```
public string ToShortDateString ()
```

返回值：一个字符串，它包含与此实例的日期值等效的数字月份、该月中的数字日期和年份。

例如，使用 ToShortDateString 方法将系统日期转换为短日期格式（当前的日期和时间为：2019-7-12 13:40:21）。代码如下：

```
DateTime.Now.ToShortDateString();
```

运行结果为 2019-7-12。

5. ToShortTimeString 方法——转换为短时间字符串

DateTime 结构的方法，用来将此实例的值转换为其等效的短时间字符串表示形式。其语法格式如下：

```
public string ToShortTimeString ()
```

返回值：与此实例中的时间值等效的一个字符串，其中包含当日的周日名称、当月的名称以及小时、分和秒的数字日期。

例如，使用 ToShortTimeString 方法将系统时间转换为短时间字符串（当前的日期和时间为 2019-7-12 13:40:21）。代码如下：

```
DateTime.Now.ToShortTimeString();
```

运行结果为 13:40。

6. PadLeft 方法——在左边用空格填充

（1）右对齐此实例中的字符，在左边用空格填充以达到指定的总长度。其语法格式如下：

```
public string PadLeft(int totalWidth)
```

PadLeft 方法的语法中的参数及描述如表 2.5 所示。

表 2.5　PadLeft 方法的语法中的参数及描述

参　数	描　述
totalWidth	结果字符串中的字符数，等于原始字符数加上任何其他填充字符
返回值	等效于此实例的一个新 String，但它是右对齐的，并在左边用达到 totalWidth 长度所需数目的空格进行填充。如果 totalWidth 小于此实例的长度，则为与此实例相同的新 String 对象

（2）右对齐此实例中的字符，在左边用指定的 Unicode 字符填充以达到指定的总长度。

```
public string PadLeft(int totalWidth,char paddingChar)
```

PadLeft 方法的语法中的参数及描述如表 2.6 所示。

表 2.6　PadLeft 方法的语法中的参数及描述

参　数	描　述
totalWidth	结果字符串中的字符数，等于原始字符数加上任何其他填充字符
paddingChar	Unicode 填充字符
返回值	等效于此实例的一个新 String，但它是右对齐的，并在左边用达到 totalWidth 长度所需数目的 paddingChar 字符进行填充。如果 totalWidth 小于此实例的长度，则为与此实例相同的新 String

例如，使用 PadLeft 方法在字符串“HI”的左边使用“@”进行填充，使长度变为 4。代码如下：

```
string strA = "HI";
strB = "";
strB=strA.PadLeft(4,'@');
Console .WriteLine (strB);
```

实战技能强化训练

训练一：基本功强化训练

1．设置百度地图常用地点　▷①②③④⑤⑥

使用百度地图时，会弹出设置常用地点的对话框，如图 2.1 所示。

编写程序，定义家庭住址和单位地址的变量，保存输入的家庭地址和单位地址，输入和输出效果如图 2.2 所示。

（提示：使用 Console.ReadLine()方法进行控制台输入）

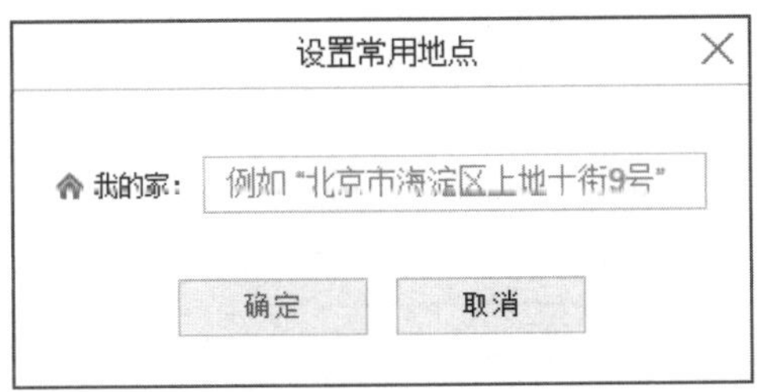

图 2.1　百度常用地点设置

```
请输入你的家：北京市海淀区清华园A栋89号
请输入你的单位：北京市海淀区中关村 1220号

=============设置常用地点=============
我的家：北京市海淀区清华园A栋89号
我的单位：北京市海淀区中关村1220号
```

图 2.2　输入和输出效果

2．评选中超最佳　▷①②③④⑤⑥

2018 年中超联赛已经结束，部分数据如图 2.3 所示。现在要评选 2018 赛季的最佳球队、最佳球员和最佳射手，请编写程序，用户可以输入自己心目中的最佳球队、最佳球员、最佳射手，输入效果如

图 2.4 所示，输出效果如图 2.5 所示。

（提示：使用字符串的 PadLeft 方法在左侧以空格填充字符串）

中超积分榜				中超射手榜				中超助攻榜			
排名	球队	场次	积分	排名	进球/点	球员	球队	排名	助攻数	球员	球队
01	上海上港	30	68	01	27	武磊	上海上港	01	17	奥斯卡	上海上港
02	广州恒大	30	63	02	21(4)	伊哈洛	长春亚泰	02	8	奥古斯托	北京国安
03	山东鲁能	30	58	03	20(1)	扎哈维	广州富力	03	8	比埃拉	北京国安
04	北京国安	30	53	04	19(3)	巴坎布	北京国安	04	8	胡尔克	上海上港
05	江苏苏宁	30	48	05	17	阿奇姆彭	天津泰达	05	6	彭欣力	重庆斯威
06	华夏幸福	30	39	06	17(3)	塔尔德利	山东鲁能	06	6	范云龙	贵州恒丰

图 2.3　中超数据

```
请输入最佳球队：广州恒大
请输入最佳球员：奥斯卡
请输入最佳射手：武磊
```

图 2.4　输入数据

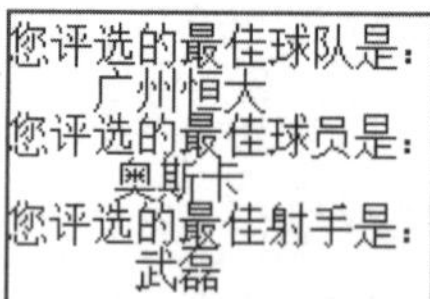
您评选的最佳球队是：
　　广州恒大
您评选的最佳球员是：
　　奥斯卡
您评选的最佳射手是：
　　武磊

图 2.5　输出数据

3．保存搜索热词

▷①②③④⑤⑥

网上购物时，搜索频率较高的词会作为搜索热词，默认显示在搜索栏下面，如图 2.6 所示。

编写程序，模拟搜索热词功能。首先提示用户输入搜索词，如输入 Java，如图 2.7 所示。然后 Java 会自动添加到搜索栏上面，如图 2.8 所示。

（提示：使用 Console.ForegroundColor 设置控制台文字颜色）

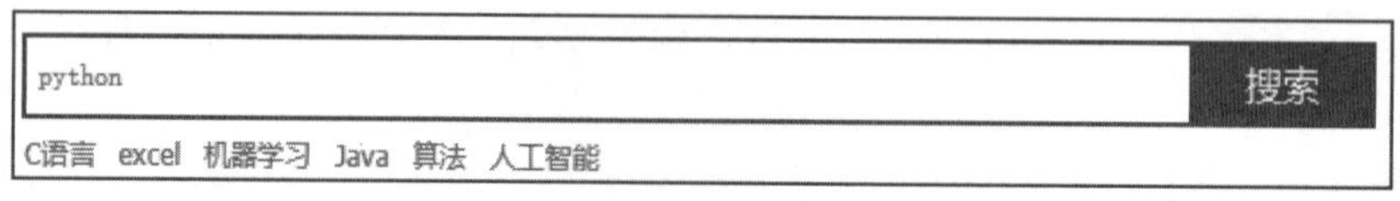

图 2.6　淘宝搜索

```
Python
================================================================
 请输入搜索词：Java
```

图 2.7　提示用户输入搜索词，如输入 Java

```
Python  Java
================================================================
 请输入搜索词：_
```

图 2.8　Java 出现在搜索栏上面，继续提示用户输入搜索词

4．计算牛奶中蛋白质的总量

▷①②③④⑤⑥

已知每盒牛奶（200ml）中含有蛋白质 6.4g。编写程序，帮助用户计算所购牛奶中蛋白质的含量。

输出效果如图 2.9 所示。

（提示：使用{0:f1}控制显示几位小数，0 表示占位符，f 为固定格式，1 表示显示 1 位小数）

5. 模拟输出中国联通流量提醒 ▷①②③④⑤⑥

定义两个浮点型变量，分别表示已用流量（3.592）和剩余流量（3.408）。定义一个字符型变量，用来表示网址（http://u.10010.cn/tAE3v）。编写一个程序，输出中国联通流量提醒，实现效果如图 2.10 所示。

```
    计算牛奶蛋白质含量
请输入牛奶的袋数：56
袋牛奶含有蛋白质：358.4
```

图 2.9 计算牛奶中蛋白质含量

```
中国联通流量提醒：
截至10月21日24时，
您当月共享国内通用流量已用3.592GB，剩余3.408GB；
其他流量使用情况请点击进入http://u.10010.cn/tAE3v查询详解。
```

图 2.10 模拟联通流量提醒

6. 输出肯德基一天售出汉堡包的数量及金额 ▷①②③④⑤⑥

肯德基是人们非常喜欢去的一个场所，因为在那里环境干净，食物快捷……情人节这一天，肯德基某连锁店光是汉堡就销售了 5532 个，假设每个汉堡的金额为 15.5 元，那么这些汉堡一共售出了多少金额呢？请编写一个程序，帮助店员计算每天销售汉堡包的数量及金额，输出效果如图 2.11 所示。

（提示：使用 Convert.ToInt32()方法将控制台输入转换为 int 类型，使用“*”运算符进行乘法运算）

7. 记录你的密码 ▷①②③④⑤⑥

编写密码记录程序，提醒用户输入密码，并把每次输入的密码保存到变量 pass 中，输入 6 次后输出每次输入的密码并退出程序，实现效果如图 2.12 所示。

（提示：使用“+=”运算符记录每次用户的输入）

```
请输入售出汉堡的数量：
6
一天总计销售了6个汉堡
全天售出的总金额为:93元
```

图 2.11 肯德基汉堡销量

```
请输入密码：101010
请输入密码：100100
请输入密码：010101
请输入密码：xiaoke
请输入密码：110110
请输入密码：111000

您 6 次输入的密码分别是101010、100100、010101、xiaoke、110110、111000
```

图 2.12 记录密码

8. 计算外卖价格 ▷①②③④⑤⑥

Peter 点了一份外卖，价格如图 2.13 所示，商家的促销活动是满 20 元减 1 元。

编写程序，计算 Peter 应付多少金额，输出效果如图 2.14 所示。

（提示：使用 if...else 语句判断满减条件）

图 2.13　外卖单

```
虾仁鲜肉馄饨-小份10个    ×1    ￥18.5
秘制麻酱单打             ×1    ￥2
餐盒                           ￥1
商家配送                 ×1    ￥0
在线支付立减优惠               ￥-1
◎联系商家                实付  ￥20.5
```

图 2.14　输出效果

9．输出电影打分　　▷①②③④⑤⑥

编写程序，实现给 4 部电影打分并输出的功能。4 部电影及对应评分如图 2.15 所示。需要定义 4 个浮点型变量，分别存储 4 部电影的用户打分，然后整体输出 4 部电影的打分，如图 2.16 所示。

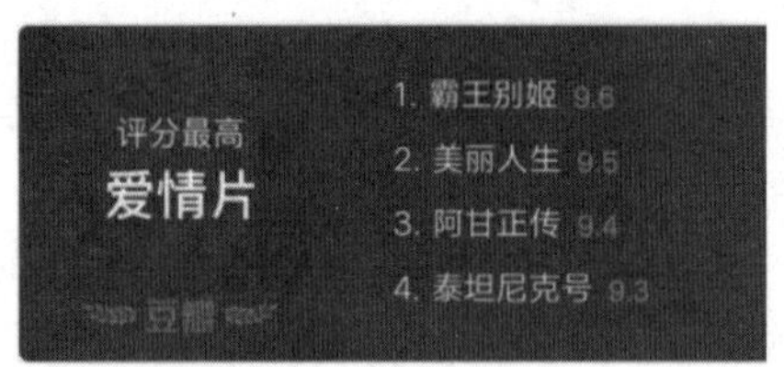

图 2.15　豆瓣评分

```
1.霸王别姬       9.6
2.美丽人生       9.5
3.阿甘正传       9.4
4.泰坦尼克号     9.3
```

图 2.16　输出效果

10．输出饭店菜谱　　▷①②③④⑤⑥

图 2.17 为某饭店的菜谱。编写程序，试着让服务员输入菜名及价格，输入完成后将该菜谱输出。（提示：使用字符串数组<定义方式：string[] 数组名>记录菜谱和价格，并使用 for 循环进行输出）

特色小菜

番 茄 蛋 汤……………15元
苦 斋 咸 蛋 汤……………15元
紫 菜 蛋 汤……………15元
海 蛎 豆 腐 汤……………20元
西 湖 牛 肉 羹……………25元
酸菜鸭血牛肉汤……………25元
养 生 野 菜 羹……………20元

图 2.17　饭店菜谱

训练二：实战能力强化训练

11．模拟商品入库功能　▷①②③④⑤⑥

商品入库管理模块是进销存类软件必备的功能，图 2.18 是一个简单的商品入库功能模块。

编写程序，模拟简单的商品入库功能。首先输出类似图 2.18 的入库界面（不含商品信息），然后要求用户分别输入商品编号、商品名称、商品规格、商品价格和入库数量，如图 2.19 所示。输入完成后，输出含数据信息的商品入库单，实现效果如图 2.20 所示。

（提示：使用 Console.BackgroundColor 设置控制台的背景颜色）

商品入库
商品编号
商品名称
商品规格
商品价格
入库数量
保存　取消

图 2.18　商品入库功能模块

```
请输入商品编号：phone001
请输入商品名称：华为P30 Pro
请输入商品规格：8 * 128
请输入商品价格：5999
请输入商品数量：1000
```

图 2.19　商品输入

```
商品入库单
商品编号：phone001
商品名称：华为P30 Pro
商品规格：8 * 128
商品价格：5999
商品数量：1000
保存　取消
```

图 2.20　输出效果

12．模拟用户注册功能　▷①②③④⑤⑥

编写程序，模拟用户注册功能。

用户需要添加的内容如图 2.21 所示。首先提示输入用户名称，输入用户名称后按 Enter 键，提示输入用户密码。输入密码后按 Enter 键，提示再次输入密码进行确认，如图 2.22 所示。依次输入各选项，最后找回密码问题答案。输入完成后按 Enter 键，输出“您的注册信息已经保存成功”。

用户注册。。。
用户名称：
用户密码：
密码确认：
真实姓名：
Email地址：
找回密码问题：
答案：
提交　重置　返回

图 2.21　用户注册参考界面

```
用户名称：xiaoke
用户密码：101010
密码确认：
```

图 2.22　密码确认

13. 实时更新导航菜单 ▷①②③④⑤⑥

编写程序，根据输入的数据实时更新导航菜单的名称，源导航菜单如图 2.23 所示。

首先要求用户输入第一个要替换的菜单名称。这里输入“明日”并按 Enter 键，如图 2.24 所示。源菜单中的“天猫”将被替换为“明日”，并显示为绿色，如图 2.25 所示。绿色表示修改后的导航菜单。

接着要求用户输入第二个要替换的菜单名称，这里输入“超实惠”并按 Enter 键，将源菜单中的“聚划算”替换为“超实惠”，并显示为绿色，如图 2.26 所示。全部修改完成后，再将所有导航菜单字体显示为红色。

（提示：使用字符串数组记录菜单内容，使用 for 或 foreach 循环遍历输出菜单内容）

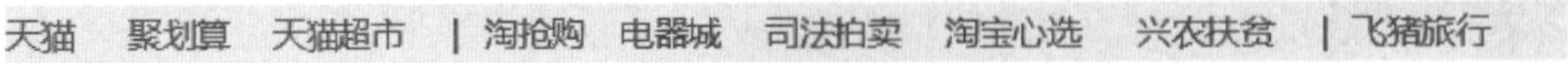
天猫 聚划算 天猫超市 | 淘抢购 电器城 司法拍卖 淘宝心选 兴农扶贫 | 飞猪旅行

图 2.23　源导航菜单

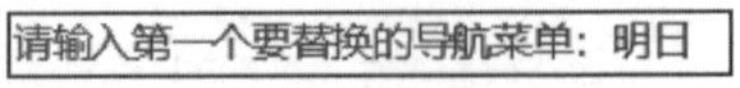
请输入第一个要替换的导航菜单：明日

图 2.24　输入要替换的导航菜单

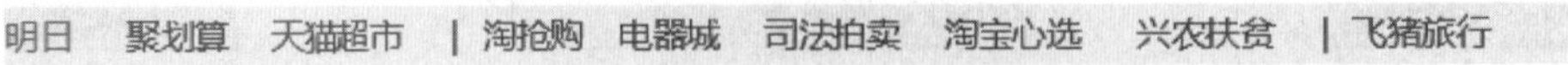
明日 聚划算 天猫超市 | 淘抢购 电器城 司法拍卖 淘宝心选 兴农扶贫 | 飞猪旅行

图 2.25　替换第一个导航菜单

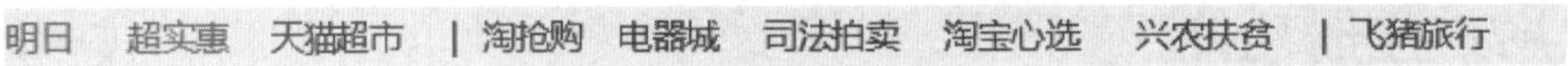
明日 超实惠 天猫超市 | 淘抢购 电器城 司法拍卖 淘宝心选 兴农扶贫 | 飞猪旅行

图 2.26　替换第二个导航菜单

14. 地铁站牌显示 ▷①②③④⑤⑥

编写一个程序，实现类似图 2.27 中的地铁站站牌显示。首先要求输入本站地铁站名，然后显示现在的日期、时间和星期，实现效果如图 2.28 所示。

（提示：使用 DateTime 结构的 ToLongDateString()方法获取长日期，使用 ToShortTimeString()方法获取短时间）

2018-11-12
15:23
星期一 Mon
本 站
东方广场

图 2.27　地铁站站牌

2019年7月11日
10:10
Thursday
本站
东方广场

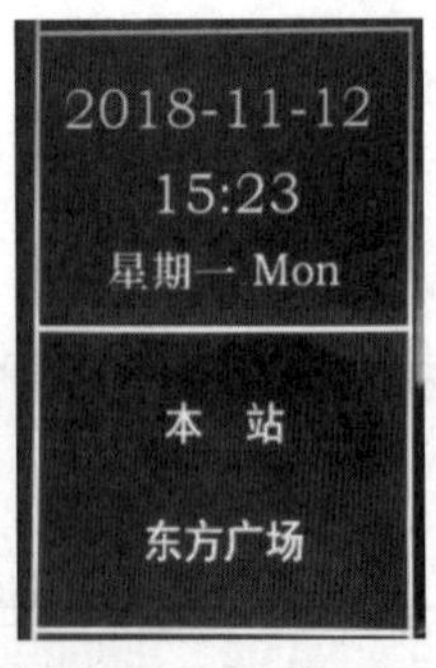

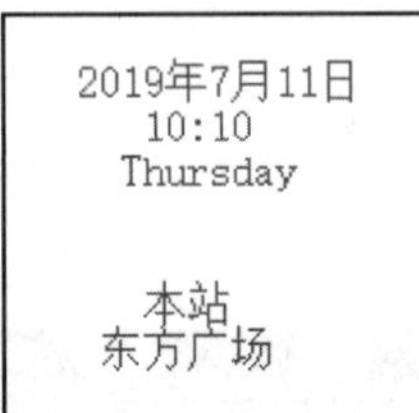

图 2.28　实现效果

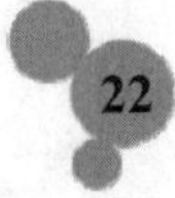

15．地铁购票金额计算　▷①②③④⑤⑥

图 2.29 为某城市地铁 2 号线自动售票机售票的界面，到某站票价为 2 元，用户输入购买票数后，可以看到应付金额和已付金额。编写一个程序，模拟实现地铁购票金额的计算，效果如图 2.30 所示。

（提示：用到“*”乘法和“-”减法运算）

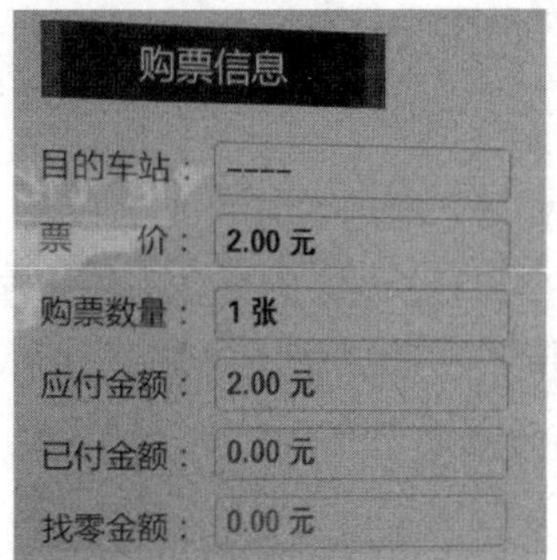

图 2.29　地铁购票

```
购票信息

目的车站：人民广场
购票数量：5
已付金额为：10

目的车站：人民广场
票　　价：2.00
购票数量：5
应付金额：10
已付金额：10
找　　零：0
```

图 2.30　计算应付金额

16．记录用户登录时间　▷①②③④⑤⑥

随着互联网的广泛应用，用户信息安全越来越重要。一些大的网站中，用户什么时间登录了网站，什么时间修改了密码等操作，都会记录并存储到数据库中。

编写程序，模拟记录用户在网站上的登录、购物、退出等操作，如图 2.31 所示。退出时，输出用户都做了哪些操作，实现效果如图 2.32 所示。

（提示：使用 DateTime 结构获取登录的日期时间）

```
请输入登录密码：mrsoft
*******欢迎登录明日电子商城*********
请输入要购买的商品：资源库
***********购买成功！！************
是否退出？Y
***********已退出网站**************
```

图 2.31　用户操作

```
用户理理今天在网站的操作
2019/7/11 11:07:44    登录网站
2019/7/11 11:07:48    购买资源库
2019/7/11 11:08:08    退出网站
```

图 2.32　输出操作过程

17．计算小组成员平均分　▷①②③④⑤⑥

某班为促进学习，成立了若干学习小组，每个小组有 5 位成员。其最近一次测验，第 2 组的考试成绩如表 2-7 所示。编写程序，要求可以分别输入 5 位成员的分数，然后输出小组的平均分数。

表 2.7　第 2 组考试成绩

姓　名	郭　帆	郭　京	冯小刚	王　晶	黄　渤
分数	95	88	86	90	92

18．将高铁速度 km/h 转换成 m/s ▷①②③④⑤⑥

世界上第一条高速铁路系统是 1964 年建成的日本新干线，设计速度为 200km/h，所以高速铁路的初期速度标准是 200km/h。随着技术进步，高铁的速度越来越快。目前我国运行中的高铁速度已经达到 350 公里/小时。

编写程序，将用户输入的高铁速度 km/h 转换成 m/s，效果如图 2.33 所示。（保留整数部分）

19．计算身体质量指数（BMI） ▷①②③④⑤⑥

BMI 指数，又称身体质量指数（Body Mass Index），是国际上常用的衡量人体胖瘦及健康程度的一个标准，如图 2.34 所示。BMI 指数的计算公式为 BMI = 体重（kg）/身高（m）的平方。

编写程序，输入用户的体重和身高，计算出用户的 BMI 指数，效果如图 2.35 所示。

（提示：使用 Convert.ToDouble()将控制台输入转换为 double 类型）

```
请输入速度：100
100km/h = 27m/s
```

图 2.33　将 km/h 转换成 m/s

BMI (kg/m²)	肥胖参考
低于16	第二级营养不良
16-17.9	第一级营养不良
18-19.9	瘦
20-25	正常
25.1-26.9	过重
27—29.9	第一级肥胖
30—40	第二级肥胖
超过40	第三级肥胖

图 2.34　BMI 参考标准

```
请输入您的身高（单位：米）：
1.76
请输入您的体重（单位：公斤）：
80
得出的BMI的值为：25
```

图 2.35　实现效果

20．京东商城支付成功界面 ▷①②③④⑤⑥

图 2.36 为京东商城支付成功界面。编写程序，首先提示用户输入支付金额（80～200 的数字），然后输出包含刚才输入金额的支付成功页面，效果如图 2.37 所示。

（提示：使用 DateTime 结构获取交易的日期时间）

图 2.36　京东商城支付成功界面

```
请输入支付金额：89

            支付成功
            京东商城
     89元
优惠金额                10.00元
支付方式                工商银行储蓄卡(5009)
交易时间                2019/7/11 11:21:18
订单编号                 893412929
```

图 2.37　实现效果图

第3章 运 算 符

本章训练任务对应核心技术分册第 4 章运算符部分。

重点练习内容：

1. 熟练掌握日期时间的格式化。
2. 熟练掌握Math数学类中常用方法的使用。
3. 熟练掌握如何使用Random生成随机数。
4. 熟练掌握如何使用DateTime结构的方法方便地为指定日期增加或删除天数。
5. 熟练掌握运算符在日常生活场景中的一些应用。

应用技能拓展学习

1. 日期时间类型的格式化

如果希望日期时间按照某种标准格式输出，如短日期格式、完整日期时间格式等，可使用 string 类的 Format 方法将日期时间格式化为指定的格式。

C#支持的日期时间类型格式规范如表 3.1 所示。

表 3.1　C#支持的日期时间类型格式规范

格式说明符	说　　明	举　　例
d	短日期格式	YYYY-MM-dd
D	长日期格式	YYYY 年 MM 月 dd 日
f	完整日期/时间格式（短时间）	YYYY 年 MM 月 dd 日　hh:mm
F	完整日期/时间格式（长时间）	YYYY 年 MM 月 dd 日　hh:mm:ss
g	常规日期/时间格式（短时间）	YYYY-MM-dd　hh:mm
G	常规日期/时间格式（长时间）	YYYY-MM-dd　hh:mm:ss
M 或 m	月/日格式	MM 月 dd 日
t	短时间格式	hh:mm
T	长时间格式	hh:mm:ss
Y 或 y	年/月格式	YYYY 年 MM 月

注意：使用 string.Format 方法对日期时间类型数据格式化时，传入的参数必须为 DataTime 类型。

下面对不同的日期时间数据进行格式化并输出，代码如下：

```
static void Main(string[] args)
{
    DateTime strDate = DateTime.Now;                                    //获取当前日期时间
    // 输出短日期格式
    Console.WriteLine(string.Format("当前日期的短日期格式表示：{0:d}", strDate));
    // 输出长日期格式
    Console.WriteLine(string.Format("当前日期的长日期格式表示：{0:D}", strDate));
    Console.WriteLine();                                                //换行
    // 输出完整日期/时间格式（短时间）
    Console.WriteLine(string.Format("当前日期时间的完整日期/时间格式（短时间）表示：{0:f}", strDate));
    // 输出完整日期/时间格式（长时间）
    Console.WriteLine(string.Format("当前日期时间的完整日期/时间格式（长时间）表示：{0:F}", strDate));
    Console.WriteLine();                                                //换行
    // 输出常规日期/时间格式（短时间）
    Console.WriteLine(string.Format("当前日期时间的常规日期/时间格式（短时间）表示：{0:g}", strDate));
    // 输出常规日期/时间格式（长时间）
    Console.WriteLine(string.Format("当前日期时间的常规日期/时间格式（长时间）表示：{0:G}", strDate));
    Console.WriteLine();                                                //换行
    // 输出时间格式
    Console.WriteLine(string.Format("当前时间的短时间格式表示：{0:t}", strDate));
    // 输出长时间格式
    Console.WriteLine(string.Format("当前时间的长时间格式表示：{0:T}", strDate));
    Console.WriteLine();                                                //换行
    // 输出月/日格式
    Console.WriteLine(string.Format("当前日期的月/日格式表示：{0:M}", strDate));
    // 输出年/月格式
    Console.WriteLine(string.Format("当前日期的年/月格式表示：{0:Y}", strDate));
    Console.ReadLine();
}
```

运行结果如下：

```
当前日期的短日期格式表示：2019/7/12
当前日期的长日期格式表示：2019 年 7 月 12 日

当前日期时间的完整日期/时间格式（短时间）表示：2019 年 7 月 12 日  14:30
当前日期时间的完整日期/时间格式（长时间）表示：2019 年 7 月 12 日  14:30:02

当前日期时间的常规日期/时间格式（短时间）表示：2019/7/12 14:30
当前日期时间的常规日期/时间格式（长时间）表示：2019/7/12 14:30:02

当前时间的短时间格式表示：14:30
当前时间的长时间格式表示：14:30:02

当前日期的月/日格式表示：7 月 12 日
当前日期的年/月格式表示：2019 年 7 月
```

2. Random 类，生成随机数

Random 类是随机数生成器，用于生成满足某些随机性统计要求的数字序列。

Random 类的常用方法及描述如表 3.2 所示。

表 3.2 Random 类的常用方法及描述

方 法	描 述
Next	已重载，返回随机数
NextBytes	用随机数填充指定字节数组的元素
NextDouble	返回一个介于 0.0～1.0 的随机数

例如，向字节数组中添加随机数，代码如下：

```
byte[] V_b = new byte[1024];                //实例化一个字节数组
Random autoRand = new Random();             //实例化一个随机类对象
autoRand.NextBytes(V_b);                    //用随机数填充字节数组
```

获取一个 0.0～1.0（不含 1.0）的随机数（结果保留一位小数），代码如下：

```
double V_d = 0.0;                           //实例化一个 double 类型的变量
Random autoRand = new Random();             //实例化一个随机类对象
V_d = autoRand.NextDouble();                //获取一个介于 0.0～1.0 的随机数
V_d = Math.Round(V_d, 1);                   //将小数舍入到指定精度
MessageBox.Show(V_d.ToString());            //显示指定的小数
```

获取与时间相关的随机数、10 以内的随机数、100～200 的随机数，代码如下：

```
int V_1 = 0;                                //定义一个整型变量 V_1
int V_2 = 0;                                //定义一个整型变量 V_2
int V_3 = 0;                                //定义一个整型变量 V_3
Random autoRand = new Random();             //实例化一个 Random 类的实例
V_1 = autoRand.Next();                      //重新为变量 V_1 赋值
V_2 = autoRand.Next(10);                    //重新为变量 V_2 赋值
V_3 = autoRand.Next(100, 200);              //重新为变量 V_3 赋值
MessageBox.Show(V_1.ToString() + '\n' + V_2.ToString() + '\n' + V_3.ToString());
```

3. Round 方法，将小数值舍入到指定的精度

Round 方法用于将小数值舍入到指定的精度（即四舍五入）。

```
public static decimal Round ( decimal d, int decimals)
```

☑ d：要舍入的小数。

☑ decimals：返回值中的有效数字位数（精度）。

☑ 返回值：128 位数据类型。同浮点型相比，decimal 类型具有更高的精度和更小的范围，更适合进行财务数据和货币计算。

例如，将小数舍入到最接近的整数，代码如下：

```
Math.Round(12.8, MidpointRounding.AwayFromZero);
Math.Round(12.2, MidpointRounding.AwayFromZero);
```

运行结果为 13，12。

4. Abs 方法，获取绝对值

Abs 方法用于返回指定数字的绝对值，其语法格式如下：

```
public static decimal Abs(decimal value)
public static double Abs(double value)
public static short Abs(short value)
public static int Abs(int value)
public static long Abs(long value)
public static sbyte Abs(sbyte value)
public static float Abs(float value)
```

☑ value：decimal、double、short、int、long、sbyte、float 类型的数字。

☑ 返回值：返回指定数字的绝对值。

例如，获取 int 型变量 a 的绝对值，代码如下：

```
int a=-1;
Int b=Math.Abs(a);
```

获取 decimal 型变量 a 的绝对值，代码如下：

```
int a=5.63;
Int b=Math.Abs(a);
```

获取 float 型变量 a 的绝对值，代码如下：

```
int a=-1.1;
Int b=Math.Abs(a);
```

5. AddHours 方法，添加小时数

DateTime 结构中的 AddHours 方法，用来将指定的小时数加到此实例的值上。其语法格式如下：

```
public DateTime AddHours(double value)
```

☑ value：由整数和小数部分组成的小时数。value 参数可以是负数，也可以是正数。

☑ 返回值：DateTime，其值是此实例所表示的日期和时间与 value 所表示的小时数之和。

例如，要取得当前时间的前一个小时，可使用 AddHours 方法在指定 DateTime 实例值上加上“-1”天，取得所要的结果。代码如下：

```
TextBox1.Text = DateTime.Now.AddHours(-1).ToString();
```

实战技能强化训练

训练一：基本功强化训练

1．人生路程计算器　▷①②③④⑤⑥

英国科学家们经过研究发现，居住在现代城市中的人，一生中大约能步行 80500 千米。

编写程序，计算现代城市人口中，如果一个人一生步行 80500 千米，那么每天需要步行多少千米？每年需要步行多少千米？按人均寿命 70 岁计算，一年按 365 天算，运行结果如图 3.1 所示。

（提示：使用{0:F2}格式对小数进行格式化，使其保留两位小数）

2．将港珠澳大桥长度换算为丈、尺　▷①②③④⑤⑥

港珠澳大桥是中国境内一座连接香港、珠海和澳门的大桥，位于中国广东省伶仃洋区域内，为珠江三角洲地区环线高速公路南环段。桥隧全长 55 千米，其中主桥 29.6 千米、香港口岸至珠澳口岸 41.6 千米；桥面为双向六车道高速公路，设计速度 100 千米/小时。

编写程序，将港珠澳大桥的全长以千米表示的单位分别换算成中国古代的丈、尺单位，运行结果如图 3.2 所示。换算公式：1 丈=10 尺，1 米=3 尺。

（提示：计算尺寸时，需要借助 Math.Round()方法实现）

3．计算德邦物流车的承载数　▷①②③④⑤⑥

德邦物流的车厢长 4.2 米、宽 1.9 米、高 1.9 米，快递的箱子长 0.5 米、宽 0.5 米、高 0.3 米。编写程序，计算一个物流车能装多少个上述规格的箱子。

计算公式：箱子总数=（物流车厢宽/快递箱宽）×（物流车厢长/快递箱长）×（物流车厢高/快递箱高）。最后的结果取整数。

4．模拟支付宝蚂蚁庄园的饲料产生过程　▷①②③④⑤⑥

蚂蚁庄园是支付宝推出的网上公益活动。网友们线下每使用一次支付宝付款，可领取 180g 的鸡饲料，使用饲料喂鸡后可以获得鸡蛋，可将鸡蛋进行爱心捐赠。

编写程序，模拟蚂蚁庄园一日产生的鸡饲料数量，运行结果如图 3.3 所示。

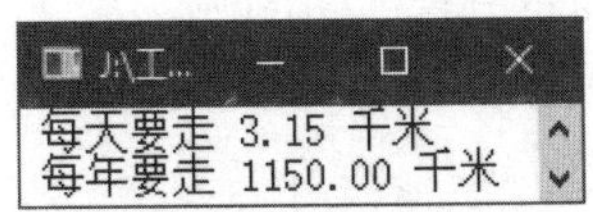

图 3.1　走路里程

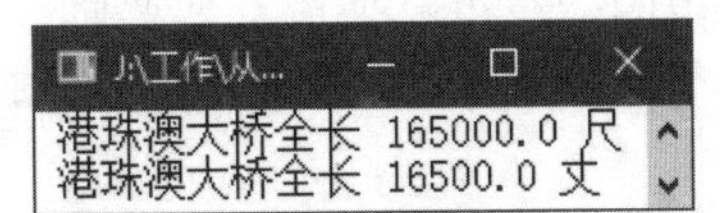

图 3.2　计算港珠澳大桥长度

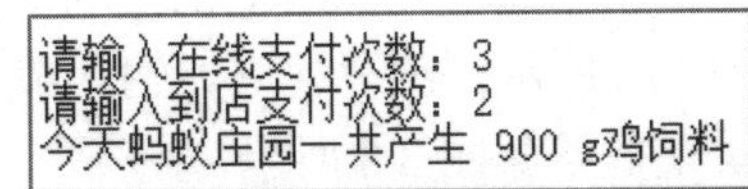

图 3.3　模拟饲料生产

5．出租车车费计价 ▷①②③④⑤⑥

2018 年，深圳出租车统一了计价标准，起步价 10 元/2 千米，里程价 2.6 元/千米，燃油费 3 元/次。参考图 3.4 中的出租车发票联，编写一个简单的出租车计价程序，实现按以上标准，用户输入运行里程数，程序计算出普通打车（不计算等候、长途等情况）时应收的费用和四舍五入后的实收费用。程序运行结果如图 3.5 所示。

车费计算公式：车费 = 起步价 + 里程价 ×（里程数 − 起步里程数）+ 燃油费

（提示：需要使用 if...else if 条件判断语句实现）

6．实现连加计算 ▷①②③④⑤⑥

编写一个小程序，对用户输入的 3 个数字进行相加。如用户输入 3、5、12，计算后的输出结果应为 20。注意，每个数字需要分别输入，不可以一起输入。如第一次要求输入第一个数字，按 Enter 键后，要求输入第二个数字；再按 Enter 键后，再要求输入第三个数字；最后按 Enter 键输出相加结果。

7．三人竞猜数字 ▷①②③④⑤⑥

编写一个程序，首先随机产生一个大奖数字（100 以内），存于程序的变量中。然后要求大家分别输入自己猜测的数字，并输出。当最后一位选手的竞猜数字输入完成后，则输出大奖数字。谁输入的数字最接近大奖数字，谁就赢得大奖。实现效果如图 3.6 所示。

（提示：使用 Math.Abs()方法分别计算 3 个数字与大奖数字的绝对值，然后使用 if...else if 语句进行判断）

图 3.4　出租车发票

```
请输入运行里程数：8
本次运行里程数为：8千米
应收费用为：28.6 元
实收费用为：30 元
```

图 3.5　出租车计价程序

```
随机大奖已经产生，下面各位选手开始输入竞猜数字：
请输入您竞猜的数字：86
请输入您竞猜的数字：45
请输入您竞猜的数字：60
下面公布竞猜大奖的数字：14
赢得大奖的是第2位竞猜者
```

图 3.6　数字竞猜游戏

8．计算淘宝能量可以兑换多少红包 ▷①②③④⑤⑥

淘宝集能是淘宝搞的一项活动，获得的能量可兑换成红包奖励（每 100 能量兑换 1 元红包），如图 3.7 所示。编写程序，输入我的能量（如 2305），计算输入的能量可以兑换多少红包（浮点型），实现效果如图 3.8 所示。

图 3.7 所得能量数

```
请输入能量值：2305
我的能量为：2305
2305 能量值可以兑换 23.00 元
```

图 3.8 淘宝能量兑换红包

9. 计算每周运动消耗的热量值

▷①②③④⑤⑥

每天我们都在做各种运动，每项运动都能消耗一定的热量值（卡路里），表 3.3 是日常主要运动每小时消耗的热量值（卡路里）。

编写程序，选择表 3.3 中你经常做的两项运动，输入每周的运动时间，计算每周消耗的热量。实现效果如图 3.9～图 3.11 所示。

表 3.3 各项运动每小时消耗的卡路里

运 动 类 型	运 动 速 度	消耗卡路里/Kcal	运 动 类 型	运 动 速 度	消耗卡路里/Kcal
慢走	6km/h	240	快走	8km/h	555
跑步	12km/h	700	自行车	16km/h	415
游泳	3km/h	550	跳绳	60～70 次/s	450

```
周卡路里消耗计算器
快走（小时）：8
```

图 3.9 输入快走时间

```
周卡路里消耗计算器
快走（小时）：8
游泳（小时）：6
```

图 3.10 输入游泳时间

```
周卡路里消耗计算器
快走（小时）：8
游泳（小时）：6

每周快走消耗热量：4440
每周游泳消耗热量：3300
每周消耗总热量：7740
```

图 3.11 计算消耗的热量

10. 计算圆锥的体积

▷①②③④⑤⑥

圆锥也称为圆锥体，是三维几何体的一种。一个圆锥所占空间的大小，叫作这个圆锥的体积。圆锥体积公式为

$$V=\frac{1}{3}Sh=\frac{\pi r^2 h}{3}$$

其中，S 是底面积，h 是高，r 是底面半径。编写程序，输入底面半径和高，计算出圆锥体的体积（π 值取 3.14）。程序运行结果如图 3.12 所示。

```
            圆锥体体积计算
********************************

请输入圆锥体的底面半径：8
        请输入圆锥体的高：12
所求圆锥体的体积为：803.84
```

图 3.12 运行结果

训练二：实战能力强化训练

11. 计算本周平均气温 ▷①②③④⑤⑥

表 3.4 为某城市 7 月某一周的日最高气温统计表。编写一个程序，计算本周的平均气温，并同去年同期气温比较，计算本周平均气温高了多少度（可以为负值）。

表 3.4　某城市 7 月某周日最高气温统计表

日　期	2 日	3 日	4 日	5 日	6 日	7 日	8 日	去年本周平均气温
气温（℃）	24	24	23	26	28	28	21	23

12. 世界主要城市时间同步显示 ▷①②③④⑤⑥

地球自西向东自转，东边比西边先看到太阳，东边的时间也比西边的早。1884 年，华盛顿召开的一次国际经度会议上，将全球划分为 24 个时区，分别是中时区（零时区）、东 1～12 区和西 1～12 区。每个时区横跨经度 15 度，相邻两个时区的时间相差 1 小时。

中国采用北京所在的东 8 区的时区作为全国统一时间。出国旅行的人，必须随时调整自己的手表，才能和当地时间相一致。凡向西走，每过一个时区，就要把表向前拨 1 小时（比如 2 点拨到 1 点）；凡向东走，每过一个时区，就要把表向后拨 1 小时（比如 1 点拨到 2 点）。

编写一个程序，根据当前的北京时间和时区知识，同步显示图 3.13 中的城市的日期和时间，实现结果如图 3.14 所示（这里只显示了两个城市）。

城市	时区	城市	时区	城市	时区
北京	东 8 区	曼谷	东 7 区	达卡	东 6 区
伊斯兰堡	东 5 区	莫斯科	东 3 区	开罗	东 2 区
巴黎	东 1 区	伦敦	东 8 区	巴西利亚	西 3 区
纽约	西 5 区	墨西哥城	西 6 区	温哥华	西 8 区

图 3.13　世界主要城市时区

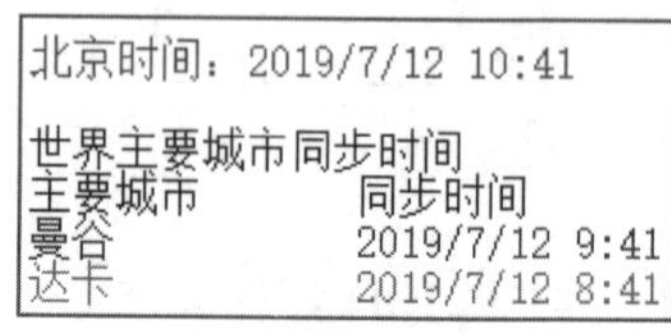

图 3.14　实现效果

13. 模拟掷骰子游戏 ▷①②③④⑤⑥

骰子是中国传统民间娱乐用来投掷的博具，早在战国时期就有。最常见的骰子是六面骰，一个正立方体上每面有一到六个孔，对应的数字为 1～6。图 3.15 为骰子六面的点数。

编写一个程序，模拟掷骰子游戏。即用数字 1～6 分别对应骰子的 1～6 点，每运行一次程序，随机产生一个 1～6 的数字，程序实现结果如图 3.16 所示。

（提示：使用 Random 对象的 Next 方法可以生成随机数字）

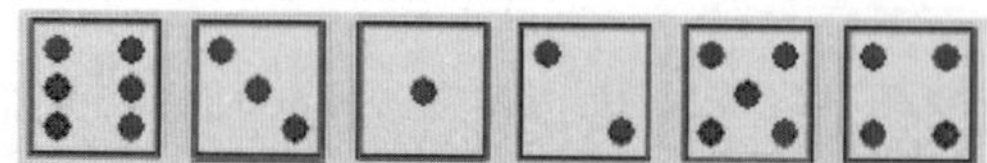

图 3.15　骰子点数

```
        掷骰子游戏
########################
这次你投掷的点数为：3
```

图 3.16　掷骰子游戏

14. 数字加法验证码 ▷①②③④⑤⑥

雅虎是互联网早期最重要的免费邮件提供商。由于当时对用户没有限制，雅虎的邮箱每天都会受到数以万计垃圾邮件的狂轰滥炸。当时年仅 21 岁的编程天才——Luis von Ahn 设计了一种网络验证方式，很好地解决了网络邮箱验证的问题。原理如下：计算机随机产生一个字符串，用程序把字符串图像进行随机的扭曲变形，如图 3.17 所示。最后能辨认出该变形字符串的就是用户，否则就是黑客或恶意软件。后来，验证码被广泛应用于各种网络平台，验证方式也五花八门。

假设你刚被 Mipso 公司聘用，被安排做一个大数据项目的验证模块。要求生成一个数字计算验证码，如给出“3*9 =？”“8+3=？”等，试编写实现这一功能的程序。背景统一为紫色背景，文字颜色为白色。实际的验证码效果如图 3.18 所示。

（提示：使用 Random 对象的 Next 方法生成随机用于作为加法验证码的数字）

15. 人民币与美元、欧元的转换 ▷①②③④⑤⑥

编写一个程序，输入人民币金额后，输出对应的美元和欧元金额（保留整数）。人民币和美元、欧元的汇率换算关系参照图 3.19（不是当前最新汇率）。

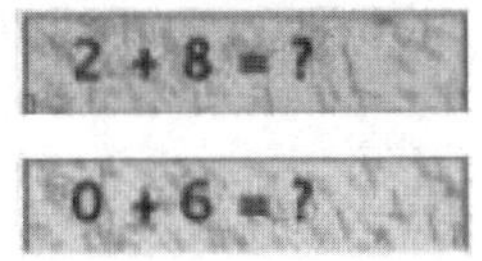

图 3.17 验证码

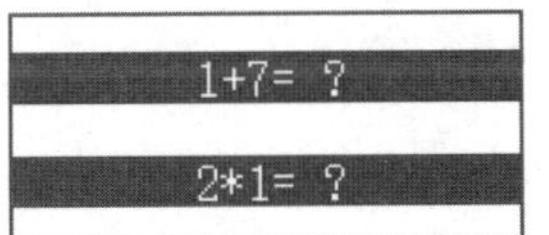

图 3.18 实现效果

图 3.19 人民币和美元、欧元的兑换

16. 序列号生成器 ▷①②③④⑤⑥

开发软件需要花费巨大的人力、物力和时间，为了保护辛苦开发的软件不被盗版或非法使用，软件公司通常会要求用户安装软件时输入密钥或者序列号，以此来保护版权。如安装 Windows 10 时，需要提供类似如图 3.20 所示的序列号。

编写一个程序，生成如图 3.20 所示的序列号，如 H67R8-4HCH4-WGVKX-GV888-8D79B 。

（提示：使用字符串数组存储用于序列号的 26 个大写字母和 10 个数字）

图 3.20 序列号

17．微信充值话费 ▷①②③④⑤⑥

微信是生活中必不可少的手机软件，除了聊天、支付功能外，还可以帮助解决很多生活问题。比如出差时手机欠费，这个时候就可以用微信来进行充值。

微信充值界面如图 3.21 所示。编写一个程序，模拟微信手机充值软件，话费金额由用户输入，如图 3.22 所示。在话费充值界面输入手机号码，开始充值，如图 3.23 所示。

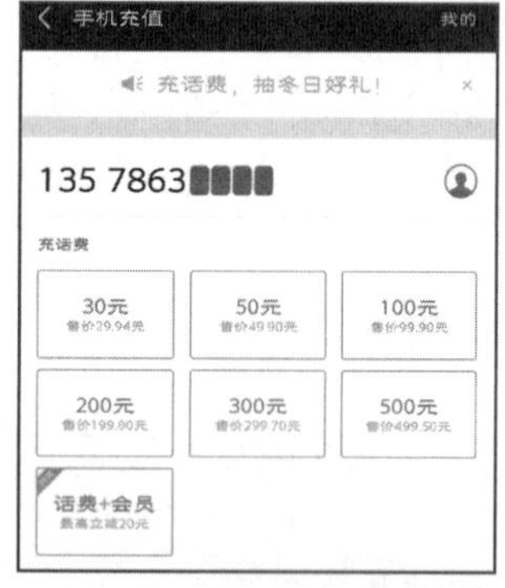

图 3.21　微信手机充值界面

```
请输入可以充值的金额1: 20
请输入可以充值的金额2: 30
请输入可以充值的金额3: 50
请输入可以充值的金额4: 100
请输入可以充值的金额5: 200
请输入可以充值的金额6: 500
```

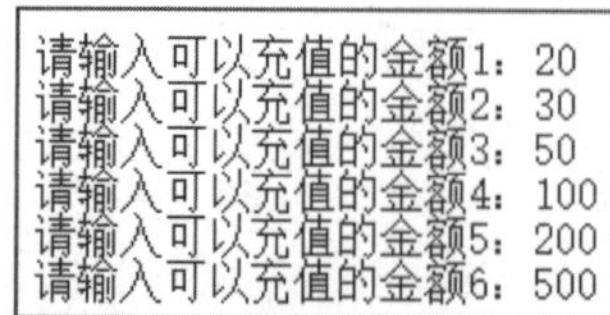

图 3.22　输入手机充值金额

```
                手机充值
          《充话费，抽夏日好礼！
-----------------------------------------
 20    30         50

 100   200        500
-----------------------------------------
充值手机号码

              _136********
```

图 3.23　输入手机号开始充值

18．输出模拟福彩 3D 号码 ▷①②③④⑤⑥

中国福利彩票 3D 由中国福利彩票发行中心统一发行的一种彩票。3D 彩票是以一个 3 位自然数为投注号码的彩票，投注者从 000～999 范围选择一个 3 位数进行投注。所中奖金采用固定奖金结构，如图 3.24 所示。编写一个程序，随机产生一个 3D 彩票。

（提示：使用 Random 对象的 Next()方法生成随机数字）

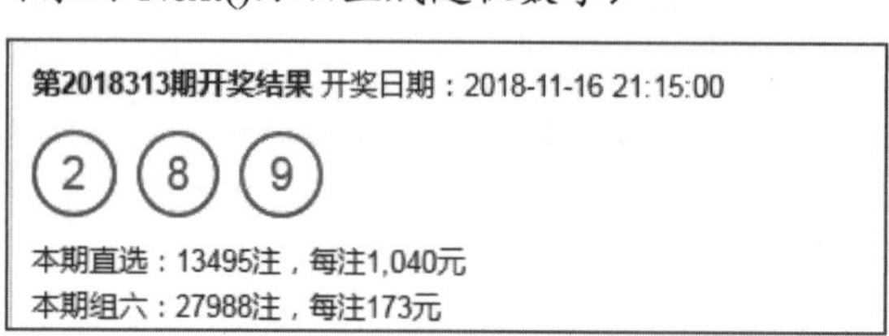

图 3.24　运行结果

19．摄氏温度转其他温度换算 ▷①②③④⑤⑥

科技的发展缩小了时空距离，使地球成为一个小小的“地球村”。但生活习惯、文化的差异，会带来一些麻烦。对于温度来说，英语国家通常采用华氏温度，德国采用凯氏温度，中国和大多数国家则采用摄氏温度。

编写一个程序，参考图 3.25 中的温标，实现如图 3.26 所示的温度转换，帮助旅行者更好地在各国之间旅游。

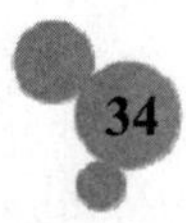

温标	绝对零度	人体正常体温	标准大气压下水的沸点
凯氏温标	0.00 K	309.95 K	373.15 K
摄氏温标	-273.15 °C	36.80 °C	100.00 °C
华氏温标	-459.67 °F	98.24 °F	211.97 °F
列氏温标	-218.52 °Ré	29.44 °Ré	80.00 °Ré
兰金温标	0.00 R	557.91 R	671.641 R

图 3.25　温标

```
摄氏温度转其他温度换算
摄氏温度：100
华氏温度：212
开氏温度：373.15
列氏温度：80
兰金温度：671.67
```

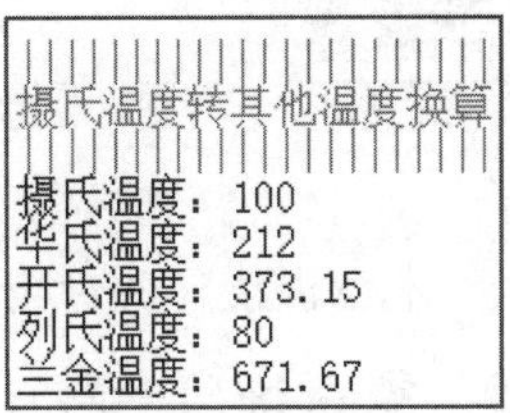

图 3.26　温度转换

20. 参加面包店的打折活动　▷①②③④⑤⑥

某面包店每周二下午 7 点～下午 8 点和每周六下午 5 点～下午 6 点对生日蛋糕商品进行折扣让利活动。想参加折扣活动的顾客就要在时间上满足这样的条件：

周二并且 7:00 PM～8:00PM

周六并且 5:00 PM～6:00PM

编写程序，实现上述场景，效果如图 3.27 和图 3.28 所示。

```
面包店正在打折，活动进行中……

请输入星期：星期二
请输入时间：20
恭喜您，你获得了折扣活动参与资格，请尽情选购吧！
```

图 3.27　符合条件的运行效果

```
面包店正在打折，活动进行中……

请输入星期：星期五
请输入时间：10
对不起，您来晚了一步，期待下次活动……
```

图 3.28　不符合条件的运行效果

第 4 章　条件控制语句

本章训练任务对应核心技术分册第 5 章条件控制语句部分。

重点练习内容：

1. 熟练掌握条件控制语句在实际中的应用。
2. 掌握字符串中截取字符串方法的使用。
3. 熟练使用循环语句进行程序开发。
4. 熟悉Windows窗体的基本设计及基本控件的使用。
5. 思考如何把学过的一些技能应用到生活中。

应用技能拓展学习

1. Form 窗体设计基础

（1）创建项目。

在 Visual Studio 2017 开发环境中选择“文件”→“新建”→“项目”菜单命令，打开“新建项目”对话框，如图 4.1 所示。

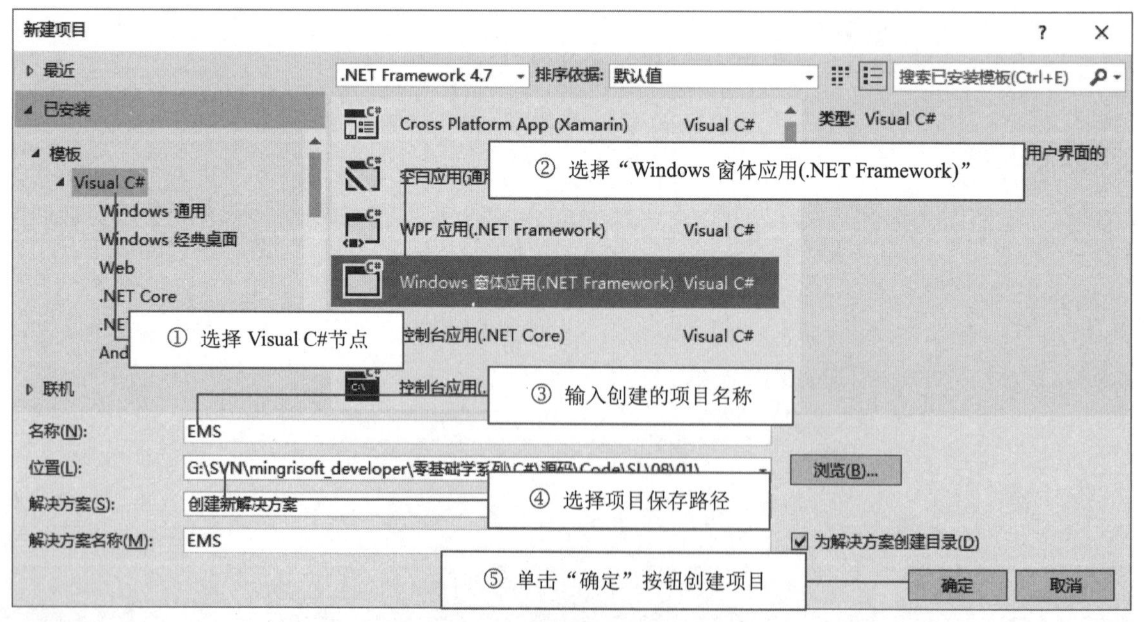

图 4.1　“新建项目”对话框

在中部列表框中选择“Windows 窗体应用(.NET Framework)”选项，在下方“名称”文本框中输入项目名称，选择保存路径，然后单击“确定”按钮，即可创建一个 Windows 窗体应用程序。

（2）界面设计。

创建完项目后，Visual Studio 2017 开发环境中会出现一个默认的窗体，可通过工具箱向其中添加各种控件。具体操作是：用鼠标按住工具箱中要添加的控件，将其拖放到窗体的指定位置。这里向窗体中添加两个 Label 控件、两个 TextBox 控件和两个 Button 控件，界面效果如图 4.2 所示。

（3）运行程序。

单击 Visual Studio 2017 开发环境工具栏中的▶启动按钮，或者选择“调试”→“开始调试”命令即可运行当前程序，效果如图 4.3 所示。

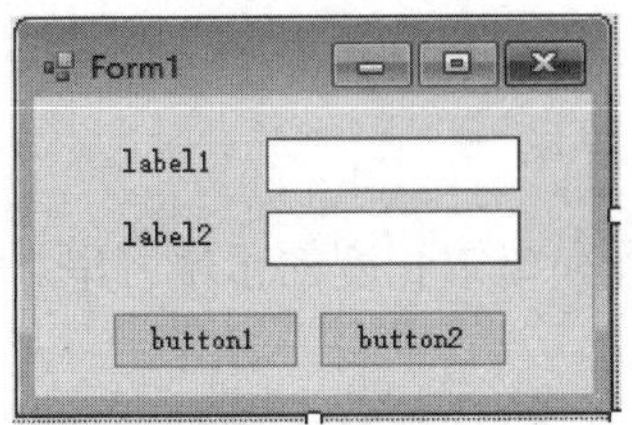

图 4.2　界面设计效果

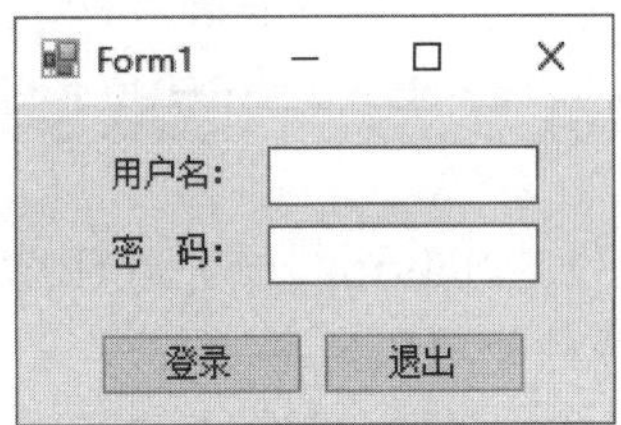

图 4.3　程序运行

2．ComboBox 控件——下拉列表

ComboBox 是窗体中的下拉列表控件，在使用 ComboBox 控件前，可以先向 ComboBox 控件的 Items 集合中添加下拉列表中将要显示的对象（一般为字符串对象），由于 Items 集合的 Add 方法接受 Object 对象，因此任何对象都可以放入 Items 集合中，ComboBox 控件在显示下拉列表时会自动调用 Items 集合中每一个 Object 对象的 ToString 方法，得到字符串对象，并在 ComboBox 控件中显示。

例如，可以在 ComboBox 控件中添加一个 test 对象。实现代码如下：

```
private void button1_Click_1(object sender, EventArgs e)
{
    comboBox1.Items.Add(new test());    //向 Items 集合中添加对象
}
class test                              //定义 test 类
{
    public override string ToString()   //重写 ToString 方法
    {
        return "C#编程词典";              //返回字符串对象
    }
}
```

3．Button 控件——按钮

Button 控件又称为按钮控件，允许用户通过单击来执行操作。Button 控件既可以显示文本，也可以显示图像。当该控件被单击时，其显示效果是被按下然后被释放。

Button 控件最常用的是 Text 属性和 Click 事件。其中，Text 属性用来设置 Button 控件显示的文本，

Click 事件用来指定单击 Button 控件时执行的操作。

例如，创建一个 Windows 应用程序，在默认窗体中两个 Button 控件，分别设置它们的 Text 属性为“登录”和“退出”，然后触发它们的 Click 事件，执行相应的操作。代码如下：

```
private void button1_Click(object sender, EventArgs e)
{
    MessageBox.Show("系统登录");                //输出信息提示
}
private void button2_Click(object sender, EventArgs e)
{
    Application.Exit();                        //退出当前程序
}
```

4．Substring 方法——截取字符串

string 类提供的 Substring 方法用于截取字符串中指定位置和指定长度的子字符串。

该方法有两种使用形式：

```
public string Substring(int startIndex)
public string Substring (int startIndex,int length)
```

☑ startIndex：子字符串的起始位置的索引。

☑ length：子字符串中的字符数。

☑ 返回值：截取的子字符串。

例如，从一个完整文件名中分别获取文件名称和文件扩展名，两种形式的代码如下：

```
string strFile = "Program.cs";                                  //定义完整文件名
string strFileName = strFile.Substring(0, strFile.IndexOf('.'));  //获取文件名
string strExtension = strFile.Substring(strFile.IndexOf('.'));    //获取扩展名
```

5．Split 方法——分隔字符串

string 类提供的 Split 方法用于根据指定字符数组或字符串数组对字符串进行分隔。

Split 方法有 5 种使用形式，分别如下：

```
public string[] Split(params char[] separator)
public string[] Split(char[] separator,int count)
public string[] Split(string[] separator,StringSplitOptions options)
public string[] Split(char[] separator,int count,StringSplitOptions options)
public string[] Split(string[] separator,int count,StringSplitOptions options)
```

☑ separator：分隔字符串的字符数组或字符串数组。

☑ count：要返回的子字符串的最大数量。

☑ options：省略返回数组中的空数组元素，则为 RemoveEmptyEntries；包含返回数组中的空数组元素，则为 None。

☑ 返回值：一个数组，其元素包含分隔得到的子字符串，且由 separator 中的一个或多个字符或字符串分隔。

例如，以逗号分隔下面一段文字："让编程学习不再难，让编程创造财富不再难，让编程改变工作和人生不再难"。代码如下：

```
string str = "让编程学习不再难，让编程创造财富不再难，让编程改变工作和人生不再难";
char[] separator = { ',' };      //声明分隔字符的数组
//分隔字符串
string[] splitStrings = str.Split(separator, StringSplitOptions.RemoveEmptyEntries);
```

实战技能强化训练

训练一：基本功强化训练

1. 报销业务花销　▷①②③④⑤⑥

编写程序，使用 if...else 语句实现一个报销业务费用的程序。判断要报销的金额是否小于 5000，如果是，输出"正常报销！"；否则，输出"不符合报销规定！"。效果如图 4.4 和图 4.5 所示。

2. 模拟拨打电话场景　▷①②③④⑤⑥

编写程序，模拟拨打电话场景。官方电话号码为 4006751066，如果用户输入的电话号码是 4006751066，提示"电话正在接通，请等待……"；否则，提示"对不起，您拨打的号码不存在！"。运行效果如图 4.6 和图 4.7 所示。

```
请输入要报销的金额：
300
正常报销！
```

图 4.4　正常报销

```
请输入要报销的金额：
5600
不符合报销规定！
```

图 4.5　不符合报销规定

```
请输入要拨打的电话号码：
4006751066
电话正在接通，请等待……
```

图 4.6　电话正在接通提示

```
请输入要拨打的电话号码：
13610780204
对不起，您拨打的号码不存在！
```

图 4.7　电话号码不存在提示

3. 根据学生成绩划分等级　▷①②③④⑤⑥

编写程序，使用 if…else if…else 多分支语句，输入学生成绩，输出学生等级。其中，有优、良、中、差 4 个等级。60 分以下是差，60～75 分是中，75～85 分是良，85 分以上是优。运行效果如图 4.8 所示。

（提示：在 if 语句中使用"&&"进行多条件判断）

4. 模拟客人的用餐场景　▷①②③④⑤⑥

编写程序，根据用餐人数，安排客人到 4 人桌、6 人桌、10 人桌用餐。如果人数过多，则提示"抱歉，我们店暂时没有这么大的包厢！"。运行效果如图 4.9 所示。

（提示：使用嵌套的 if 条件语句实现）

请输入您的分数：
86
优

图 4.8　根据学生成绩划分等级

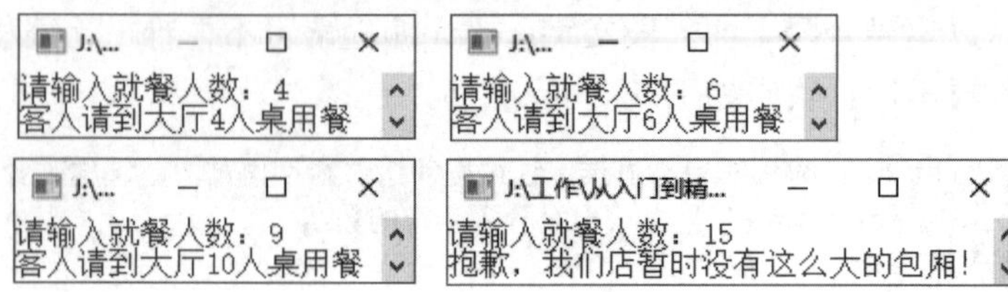

图 4.9　模拟客人的用餐场景

5．参加商场的打折活动　▷①②③④⑤⑥

某大型商超为答谢新老顾客，当累计消费金额达到一定数额时，顾客可享受以下不同的折扣：

☑　尚未超过 200 元，顾客须按照小票价格支付全款。

☑　不少于 200 元但尚未超过 600 元，顾客全部的消费金额可享 8.5 折优惠。

☑　不少于 600 元但尚未超过 1000 元，顾客全部的消费金额可享 7 折优惠。

☑　不少于 1000 元，顾客全部的消费金额可享 6 折优惠。

编写程序，根据顾客购物小票上的消费金额，在控制台上输出该顾客将享受的折扣与打扣后需支付的金额，效果如图 4.10 所示。

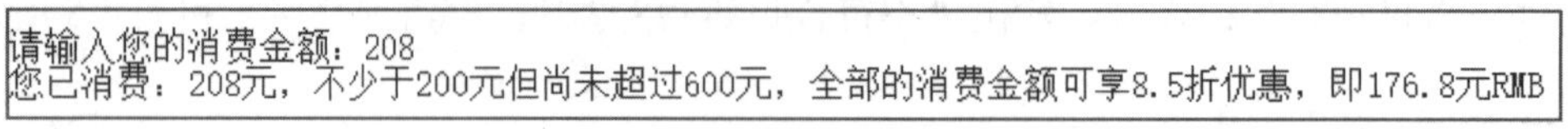

```
请输入您的消费金额：208
您已消费：208元，不少于200元但尚未超过600元，全部的消费金额可享8.5折优惠，即176.8元RMB
```

图 4.10　模拟客人的用餐场景

6．加油计费系统　▷①②③④⑤⑥

某加油站有 90 号、93 号、97 号三种汽油和 0 号柴油，售价分别为 6.8、6.42、7.02 和 5.75 元/升。加油站提供了两个服务等级：用户自己加油，优惠 10%；工作人员协助加油，优惠 5%。

编写程序，根据用户输入的加油量 x、汽油种类 y 以及服务等级 z，输出应付的金额。运行结果如图 4.11 所示。

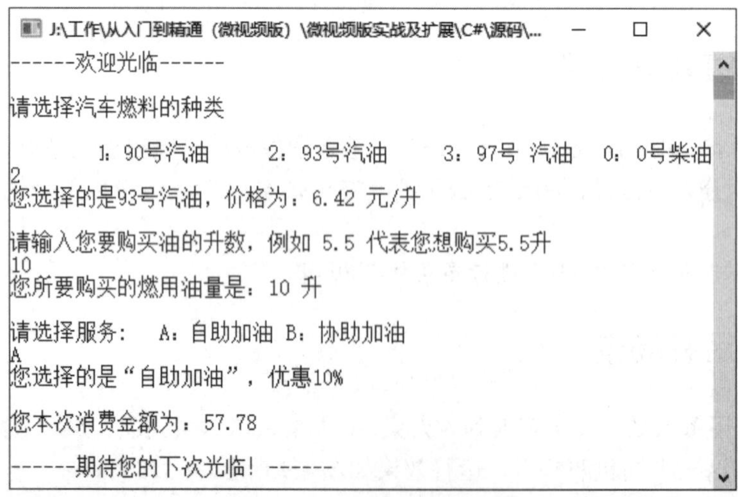

图 4.11　加油计费系统

7．京东搜索 tCPA 出价设置　▷①②③④⑤⑥

京东商城的京东快车服务中，要提升商品的曝光度和销售量，可以通过 tCPA 对商品进行出价设置。图 4.12 中，tCPA 出价只能为 5～9999 的正数，最多一位小数。

编写程序，模拟京东搜索 tCPA 出价设置。输入数字低于 5 或高于 9999 时，则提示用户“只能输入 5～9999，将退出！！”。效果如图 4.13 和图 4.14 所示。

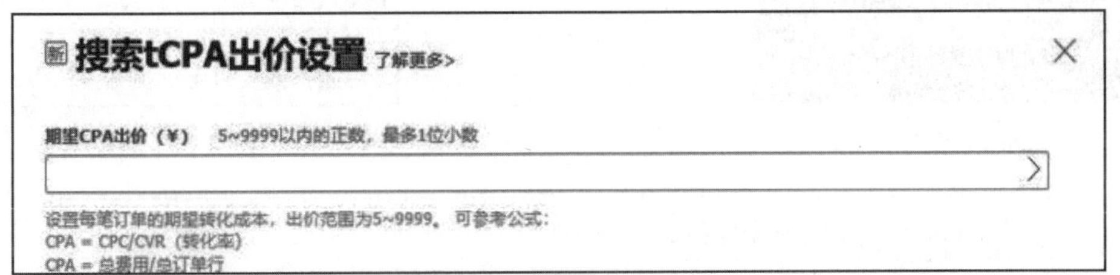

图 4.12　tCPA 商品出价设置

```
京东搜索tCPA出价设置：
------------------------------------------------
请输入期望CPA出价：5~9999以内的正数 最多一位小数
100
您输入的CPA价是：100.00
```

图 4.13　模拟 tCPA 商品出价设置

```
京东搜索tCPA出价设置：
------------------------------------------------
请输入期望CPA出价：5~9999以内的正数 最多一位小数
4.5
只能输入5~9999，将退出
```

图 4.14　出价低于要求，退出程序

8．利用条件语句判断用户登录身份　▷①②③④⑤⑥

登录软件时，经常需要判断用户的登录身份，并根据身份的不同给予不同的操作权限。

编写程序，使用条件语句判断用户登录身份，运行效果如图 4.15 所示。

（提示：创建 Windows 窗体应用，并使用 ComboBox 控件和 Button 控件）

图 4.15　利用条件语句判断用户登录身份

9．使用 switch 语句更改窗体颜色　▷①②③④⑤⑥

窗体编程中，可通过 Text 属性设置窗体标题，通过 Width 属性设置窗体宽度，通过 Height 属性设置窗体高度，也可通过 BackColor 属性设置窗体背景颜色。

编写程序，使用 switch 多路选择语句，根据用户的选择更改窗体颜色。运行效果如图 4.16 所示。

（提示：创建 Windows 窗体应用，并使用 ComboBox 控件）

10．自助服务

▷①②③④⑤⑥

编写程序，使用 if 和 else...if 语句实现自助支付服务，运行效果如图 4.17 所示。

图 4.16　使用 switch 语句更改窗体颜色

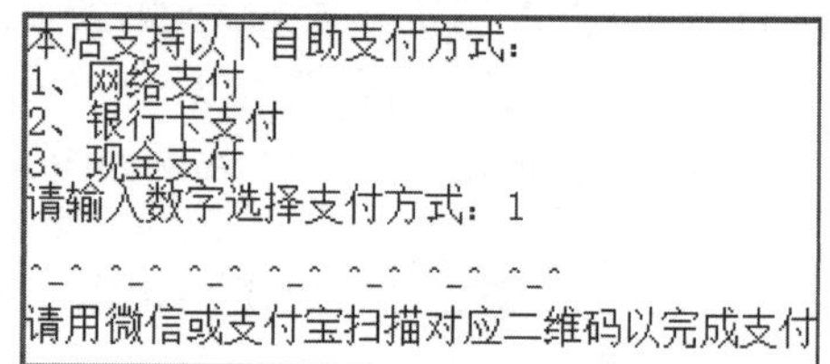

图 4.17　自助服务

训练二：实战能力强化训练

11．输出快递服务评价星级

▷①②③④⑤⑥

2012—2016 年，中国快递业务量从 56.9 亿件增长到 312.8 亿件，成为全球最大的物流市场。

为提升服务质量，增加用户黏性，很多快递公司提供物流满意度评价服务。图 4.18 是京东快递的物流服务评价。用户可以针对物流包裹、送货速度和配送员服务进行评价，星级与评价分数对应关系如图 4.19 所示。

编写程序，实现对快递单的物流服务评价，评价项目为物流包裹、送货速度和配送员服务，评分只能为 0～5 的整数，最高为 5 分。分别输入分数输出星级评价，如图 4.20～图 4.22 所示。输入分数有误，提示用户评价有误，重新输入分数。最后，整体输出的评分与星级关系，如图 4.23 所示。

图 4.18　京东物流服务评价

图 4.19　星级与评价分数对应关系

```
请输入对快递包裹的评价:5
包裹物流评价★★★★★ 5
```

图 4.20　包裹物流服务评价

```
请输入对送货速度的评价:4
送货速度评价★★★★ 4
```

图 4.21　送货物流服务评价

```
请输入对配送员服务的评价:4
配送员服务评价★★★★ 4
```

图 4.22　快递员服务评价

```
##################################################
          快递单号:8624086225      2019/7/13 9:37:50

配送员服务评价    送货速度评价       配送员服务评价
★★★★★ 5        ★★★★ 4            ★★★★ 4
```

图 4.23　整体服务评价星级

12. 学生成绩打分评价　▷①②③④⑤⑥

随着我国与国外发达国家经济、教育的发展融合，国外大学评价体系中的一些评价方式也逐渐被引进来，如采用 A、B、C、D、E 方式分别代替原有的卓越、优秀、良好等评价体系。两种评价体系的对应关系如表 4.1 所示。

表 4.1　等级、表现、得分对应关系

等　　级	A	B	C	D	E
表　　现	卓越	优秀	良好	一般	差
得　　分	90～100	80～89	70～79	60～69	低于60

编写程序，总分为 100 分制，输入自己的成绩，输出对应的等级，效果如图 4.24 所示。

```
请输入你的成绩（0～100）:
98

你的成绩是:A

你是一个卓越的人!
```

```
请输入你的成绩（0～100）:
87

你的成绩是:B

你是一个优秀的人!
```

```
请输入你的成绩（0～100）:
65

你的成绩是:D

你是一个一般的人,加油啊!
```

图 4.24　成绩评价

13. 提取居民身份证的生日、性别　▷①②③④⑤⑥

居民身份证由 18 位数字或字母组成，其各段代表的含义如图 4.25 所示。

编写一个程序，输入身份证号，输出对应的生日和性别，效果如图 4.26 所示。

（提示：本实战需要使用字符串的 Substring()方法从身份证号中提取数据）

（1）前1、2位表示所在的省份

（2）前3、4位表示所在的城市

（3）前5、6位表示所在的区县

（4）前7—14位表示所在的年、月、日

（5）前15—17位表示同一地址辖区内，同年同月同日出生的人的顺序

（6）第17位兼顾性别标识功能，男单女双

（7）第18位是校验码

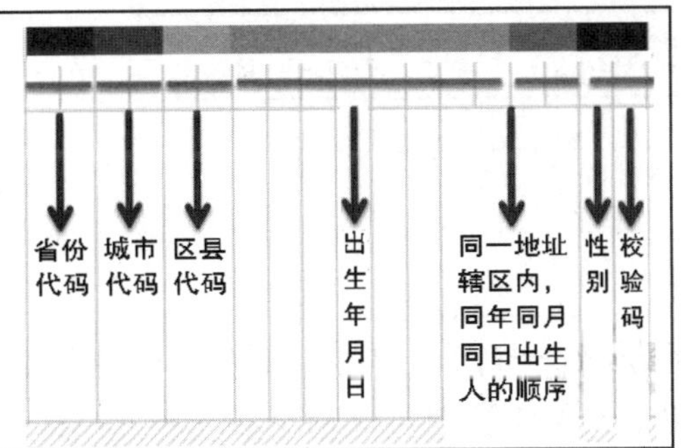

图 4.25　居民身份证信息代表意义

```
请输入你的身份证号:
220111197212230212
你的生日是:1972年12月23日
你的性别是:男
```

```
请输入你的身份证号:
10310520030705122x
你的生日是:2003年07月05日
你的性别是:女
```

图 4.26　提取生日、性别信息

14. 验证 IP 是否正确　▷①②③④⑤⑥

网络世界里，如何识别并访问每台计算机呢？当然是通过 IP 地址来实现的。

IP 地址就好比一台计算机的门牌号。例如，要访问明日科技网站，就需要连接 64.4.11.42 这个 IP 地址。当然，IP 地址不易记忆，实际上网时我们都是通过其别名——网站域名来访问网站的。

IP 地址的形式为×××.×××.×××.×××。其中，×××为 0～255 的整数。为了防止 IP 地址使用超限，提供了子网掩码，即 255.255.255.0 的备用地址。大家电脑上 IP4 协议的常规设置如图 4.27 所示。

编写程序，判断用户输入的 IP 地址是否正确（最高位不能超过 255，最低位不能低于零）。图 4.28 是输入正确时的效果，图 4.29 是输入出错时的效果，图 4.30 是 IP 地址不足 4 段时的输出效果。

（提示：使用字符串的 Split()方法对 IP 地址进行分割）

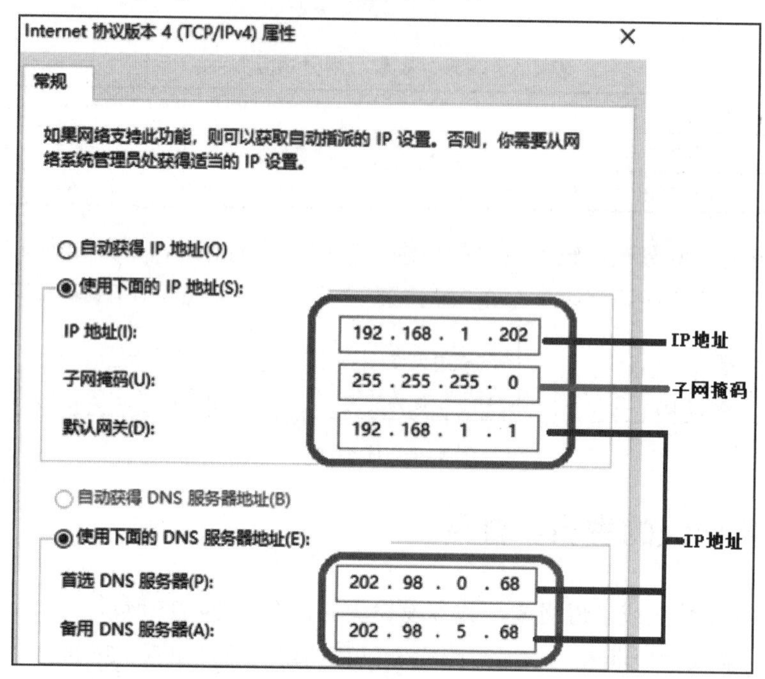

图 4.27　IP 地址说明

```
请输入IP地址:192.168.1.1
IP地址输入正确!!
```

图 4.28　IP 输入正确

```
请输入IP地址:192.256.1.1
IP地址段输入大于255或小于0错误,将退出!!
```

图 4.29　IP 输入错误

```
请输入IP地址:192.168.1
IP地址输入多于或少于4段地址错误,将退出!!
```

图 4.30　IP 段数不够

15．放假去哪嗨　　▷①②③④⑤⑥

编写程序，使用 if 嵌套判断应该干什么。外层 if 语句判断是否为周末，里层 if 语句判断周六、周日每天的活动。程序运行效果如图 4.31 和图 4.32 所示。

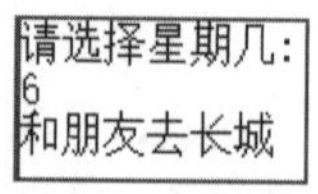

图 4.31　星期六安排

```
请选择星期几:
2
工作
```

图 4.32　星期二安排

16．求解分段函数　　▷①②③④⑤⑥

编写程序，求解下面的分段函数。根据输入的 a 判断 b 的值。运行效果如图 4.33～图 4.35 所示。

$$b=\begin{cases}3a & (a<50)\\ 6a+60 & (50\leqslant a<500)\\ 9a-90 & (a\geqslant 500)\end{cases}$$

```
请输入a的值是：20
b=60(a<50时)
```

图 4.33　a 小于 50

```
请输入a的值是：100
b=660(a>=50且a<500时)
```

图 4.34　a 大于 50 且小于 500

```
请输入a的值是：550
b=4860(a>=500时)
```

图 4.35　a 大于或等于 500

17．微信小程序，我该玩哪个　▷①②③④⑤⑥

利用 if 语句判断输入数值，输出对应的微信小程序的游戏，运行结果如图 4.36 所示。

```
1代表跳一跳，2代表好友画我，3代表头脑王者，请选择：1
您现在选择的是数值1

所以您要玩“跳一跳”游戏
```

图 4.36　选择要玩的游戏

18．判断是否为酒后驾车　▷①②③④⑤⑥

根据我国《车辆驾驶人员血液、呼气酒精含量阈值与检验》规定：车辆驾驶人员每 100ml 血液中的酒精含量小于 20mg，不构成饮酒驾驶行为；酒精含量大于或等于 20mg、小于 80mg，为饮酒驾车；酒精含量大于或等于 80mg，为醉酒驾车。

编写程序，输入每 100ml 血液的酒精含量，判断是否为酒驾。运行结果如图 4.37 和图 4.38 所示。

```
为了您和他人的安全，严禁酒后驾车

请输入每100毫升血液的酒精含量：
10

您还不构成饮酒行为，可以开车，但要注意安全！
```

图 4.37　不构成酒驾行为

```
为了您和他人的安全，严禁酒后驾车

请输入每100毫升血液的酒精含量：
90

已经达到醉酒驾驶标准，千万不要开车！
```

图 4.38　已经达到醉酒驾车标准

19．校园网资费　▷①②③④⑤⑥

某校园网收费标准是 1 元/天，如果购买时间超过 30 天（包括 30 天），就按每天 0.75 元收费。编写程序，输入需要买的校园网天数，计算需要花费多少元，运行效果如图 4.39 和图 4.40 所示。（提示：使用条件运算符“?:”计算不同天数需要交的费用）

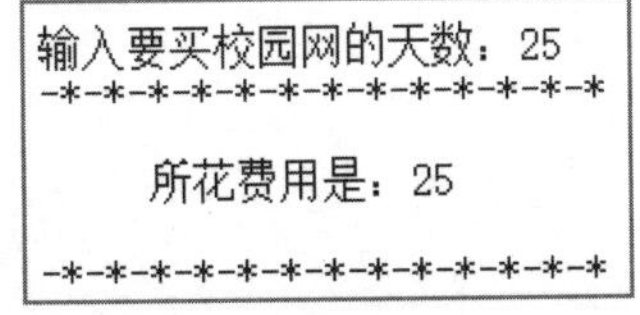

图 4.39　25 天需要交的费用

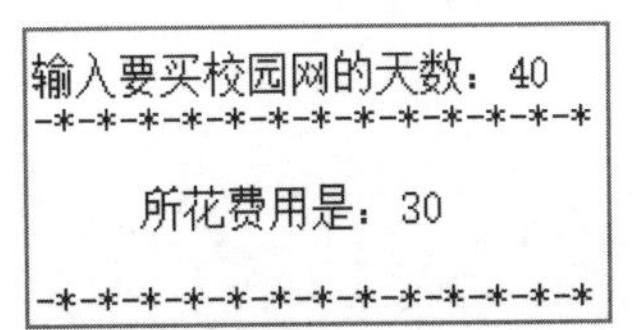

图 4.40　40 天需要交的费用

20．输出玫瑰花语

▷①②③④⑤⑥

不同颜色的玫瑰花代表着不同含义，红玫瑰代表“我爱你、热恋，希望与你泛起浪漫的爱”；白玫瑰代表“纯洁、谦卑、尊敬，我们的爱情是纯洁的”；粉玫瑰代表“初恋，喜欢你那灿烂的笑容，年轻漂亮”；蓝玫瑰代表“憨厚、善良”。

编写程序，选择对应的玫瑰，输出对应的花语，运行结果如图 4.41 所示。

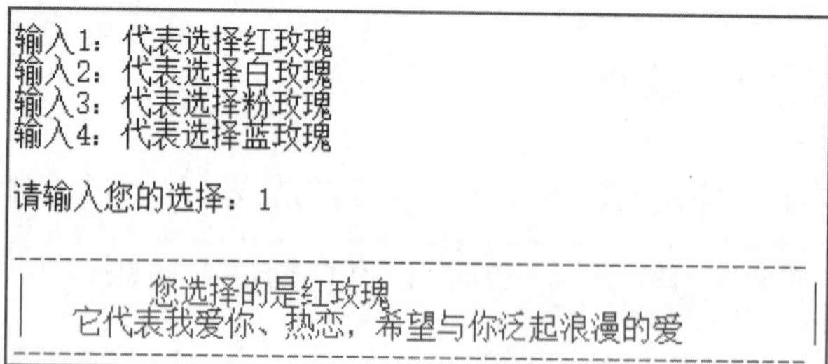

图 4.41　输出红玫瑰花语

第 5 章　循环控制语句

本章训练任务对应核心技术分册第 6 章循环控制语句部分。

重点练习内容：

1. 熟练掌握ArrayList集合的使用。
2. 熟练掌握foreach语句在循环遍历中的作用。
3. 熟练掌握如何获取二维数组的行列。
4. 熟练掌握如何将当前时间转换为长日期或者长时间格式。
5. 熟练掌握循环语句在实际生活场景中的应用。
6. 思考如何把学过的一些技能应用到生活中。

应用技能拓展学习

1. 使用 foreach 语句遍历数组

除了可循环输出数组元素，C#中还提供了 foreach 语句，通过它可遍历集合中的每个元素。数组也属于集合类型，因此 foreach 语句可以遍历数组。

foreach 语句语法格式如下：

```
foreach(【类型】 【迭代变量名】 in 【集合】)
{
    语句
}
```

其中，【类型】和【迭代变量名】用于声明迭代变量，迭代变量相当于一个范围覆盖整个语句块的局部变量，在 foreach 语句执行期间，迭代变量表示当前正在为其执行迭代的集合元素；【集合】必须有一个从该集合的元素类型到迭代变量的类型的显式转换，如果【集合】的值为 null，则会出现异常。

例如，在控制台使用一维数组存储狼人杀游戏的主要角色，并使用 foreach 遍历输出。代码如下：

```
Console.WriteLine("狼人杀游戏主要身份：");            //提示信息
//定义数组，存储狼人杀游戏主要角色
string[] roles = { "狼人", "预言家", "村民", "女巫", "丘比特", "猎人", "守卫" };
foreach(string role in roles)                          //遍历数组
{
    Console.Write(role + "    ");                      //输出遍历到的元素
}
Console.ReadLine();
```

2. ToLongDateString 方法——转换为长日期格式

ToLongDateString 方法可将当前 DateTime 对象的值转换为其等效的长日期字符串表示形式。其语法格式如下：

```
public string ToLongDateString()
```

返回值：一个字符串，包含当前 DateTime 对象的长日期字符串表示形式。

例如，通过 ToLongDateString 方法将当前日期转换成长日期字符串（yyyy 年 mm 月 dd 日）。代码如下：

```
textBox1.Text = DateTime.Now.ToLongDateString();
```

3. ToLongTimeString 方法——转换为长时间格式

ToLongTimeString 方法可将当前 DateTime 对象的值转换为其等效的长时间字符串表示形式。其语法格式如下：

```
public string ToLongTimeString()
```

返回值：一个字符串，包含当前 DateTime 对象的长时间字符串表示形式。

例如，通过 ToLongTimeString 方法将当前时间转换为长时间字符串（00:00:00）。代码如下：

```
textBox1.Text = DateTime.Now.ToLongTimeString();
```

4. ArrayList 集合类——创建对象

ArrayList 类相当于一种高级的动态数组，是 Array 类的升级版本。

ArrayList 类位于 System.Collections 命名空间下，可以动态地添加和删除元素。可以将 ArrayList 类看作扩充了功能的数组，但它并不等同于数组。

与数组相比，ArrayList 类为开发人员提供了以下功能：

☑ 数组的容量是固定的，而 ArrayList 的容量可以根据需要自动扩充。

☑ ArrayList 提供添加、删除和插入某一范围元素的方法，但在数组中，只能一次获取或设置一个元素的值。

☑ ArrayList 提供将只读和固定大小包装返回到集合的方法，而数组不提供。

☑ ArrayList 只能是一维形式，而数组可以是多维的。

ArrayList 提供了 3 个构造器，分别如下：

```
public ArrayList();
public ArrayList(ICollection);
public ArrayList(int);
```

例如，声明一个具有 10 个元素的 ArrayList 对象，并为其赋初始值。代码如下：

```
ArrayList List = new ArrayList(10);
```

```
for (int i = 0; i < List.Count; i++)      //给 ArrayList 对象添加 10 个 int 元素
    List.Add(i);
```

ArrayList 的常用属性及说明如表 5.1 所示。

表 5.1　ArrayList 常用属性及说明

属　性	说　明
Capacity	获取或设置 ArrayList 可包含的元素数
Count	获取 ArrayList 中实际包含的元素数
IsFixedSize	获取一个值，该值指示 ArrayList 是否具有固定大小
IsReadOnly	获取一个值，该值指示 ArrayList 是否为只读
IsSynchronized	获取一个值，该值指示是否同步对 ArrayList 的访问
Item	获取或设置指定索引处的元素
SyncRoot	获取可用于同步 ArrayList 访问的对象

5. ArrayList 集合类——添加元素

向 ArrayList 集合中添加元素时，可以使用 ArrayList 类提供的 Add 方法和 Insert 方法。

（1）Add 方法。

Add 方法用来将对象添加到 ArrayList 集合的末尾处。其语法格式如下：

```
public virtual int Add (Object value)
```

☑　value：要添加到 ArrayList 的末尾处的 Object，该值可以为空引用。

☑　返回值：ArrayList 索引，已在此处添加了 value。

说明：ArrayList 允许 null 值作为有效值，并且允许重复的元素。

例如，声明一个包含 6 个元素的一维数组，并使用该数组创建一个 ArrayList 对象，然后使用 Add 方法为该 ArrayList 对象添加元素。代码如下：

```
int[] arr = new int[] { 1, 2, 3, 4, 5, 6 };
ArrayList List = new ArrayList(arr);    //使用声明的一维数组创建一个 ArrayList 对象
List.Add(7);                            //为 ArrayList 对象添加元素
```

（2）Insert 方法。

Insert 方法用来将元素插入 ArrayList 集合的指定索引处。其语法格式如下：

```
public virtual void Insert (int index, Object value)
```

☑　index：从零开始的索引，应在该位置插入 value。

☑　value：要插入的 Object，该值可以为空引用。

例如，声明一个包含 6 个元素的一维数组，并使用该数组创建一个 ArrayList 对象，然后使用 Insert 方法在该 ArrayList 对象的指定索引处添加一个元素。代码如下：

```
int[] arr = new int[] { 1, 2, 3, 4, 5, 6 };
ArrayList List = new ArrayList(arr);    //使用声明的一维数组创建一个 ArrayList 对象
List.Insert(3, 7);                      //在 ArrayList 集合的指定位置添加一个元素
```

6. ArrayList 集合类——删除元素

在 ArrayList 集合中删除元素时，可以使用 Clear 方法、Remove 方法、RemoveAt 方法和 RemoveRange 方法。

（1）Clear 方法。

Clear 方法用来从 ArrayList 中移除所有元素。其语法格式如下：

```
public virtual void Clear ()
```

例如，声明一个包含 6 个元素的一维数组，并使用该数组创建一个 ArrayList 对象，然后使用 Clear 方法清除 ArrayList 中的所有元素。代码如下：

```
int[] arr = new int[] { 1, 2, 3, 4, 5, 6 };
ArrayList List = new ArrayList(arr);
List.Clear();
```

（2）Remove 方法。

Remove 方法用来从 ArrayList 中移除特定对象的第一个匹配项。其语法格式如下：

```
public virtual void Remove (Object obj)
```

obj：要从 ArrayList 移除的 Object，该值可以为空引用。

例如，声明一个包含 6 个元素的一维数组，并使用该数组创建一个 ArrayList 对象，然后使用 Remove 方法从声明的 ArrayList 对象中移除与 3 匹配的元素。代码如下：

```
int[] arr = new int[] { 1, 2, 3, 4, 5, 6 };
ArrayList List = new ArrayList(arr);
List.Remove(3);
```

（3）RemoveAt 方法。

RemoveAt 方法用来移除 ArrayList 的指定索引处的元素。其语法格式如下：

```
public virtual void RemoveAt (int index)
```

index：要移除的元素的从零开始的索引。

例如，声明一个包含 6 个元素的一维数组，并使用该数组创建一个 ArrayList 对象，然后使用 RemoveAt 方法从声明的 ArrayList 对象中移除索引为 3 的元素。代码如下：

```
int[] arr = new int[] { 1, 2, 3, 4, 5, 6 };
ArrayList List = new ArrayList(arr);
List.RemoveAt(3);
```

（4）RemoveRange 方法。

RemoveRange 方法用来从 ArrayList 中移除一定范围的元素。其语法格式如下：

```
public virtual void RemoveRange (int index,int count)
```

☑ index：要移除的元素的范围从零开始的起始索引。

☑　count：要移除的元素数。

例如，声明一个包含 6 个元素的一维数组，并使用该数组创建一个 ArrayList 对象，然后在该 ArrayList 对象中使用 RemoveRange 方法从索引 3 处删除两个元素。代码如下：

```
int[] arr = new int[] { 1, 2, 3, 4, 5, 6 };
ArrayList List = new ArrayList(arr);
List.RemoveRange(3,2);
```

7. ArrayList 集合类——遍历

ArrayList 集合的遍历与数组类似，都可以使用 foreach 语句。

例如，创建一个控制台应用程序，其中创建了一个 ArrayList 对象，并使用 Add 方法向 ArrayList 集合中添加两个元素，然后使用 foreach 语句遍历 ArrayList 集合中的各个元素并输出。代码如下：

```
static void Main(string[] args)
{
    ArrayList list = new ArrayList();          //创建一个 ArrayList 对象
    list.Add("TM");                            //向 ArrayList 集合中添加元素
    list.Add("C#开发资源库");
    foreach (string str in list)               //遍历 ArrayList 集合中的元素并输出
    {
        Console.WriteLine(str);
    }
}
```

运行结果如下：

```
TM
C#开发资源库
```

8. ArrayList 集合类——查找元素

查找 ArrayList 集合中的元素时，可以使用 ArrayList 类提供的 Contains 方法、IndexOf 方法和 LastIndexOf 方法。IndexOf 方法和 LastIndexOf 方法的用法与 string 字符串类的同名方法的用法基本相同，下面主要对 Contains 方法进行详细介绍。

Contains 方法用来确定某元素是否在 ArrayList 集合中，其语法格式如下：

```
public virtual bool Contains (Object item)
```

☑　item：要在 ArrayList 中查找的 Object，该值可以为空引用。

☑　返回值：如果在 ArrayList 中找到 item，则为 true；否则为 false。

例如，声明一个包含 6 个元素的一维数组，并使用该数组创建一个 ArrayList 对象，然后使用 Contains 方法判断数字 2 是否在 ArrayList 集合中。代码如下：

```
int[] arr = new int[] { 1, 2, 3, 4, 5, 6 };
ArrayList List = new ArrayList(arr);
Console.Write(List.Contains(2));           //判断 ArrayList 集合中是否包含指定的元素
```

运行结果为 true。

实战技能强化训练

训练一：基本功强化训练

1．编程实现数学运算 ▷①②③④⑤⑥

编写程序，求满足 1+3+5+…+*n*>500 的最小正整数 *n*，效果如图 5.1 所示。

```
1+3+5+…+n>500的最小正整数n的值为：45
```

图 5.1　编程实现数学运算

2．计算 *n* 的阶乘 ▷①②③④⑤⑥

编写程序，使用 do…while 循环语句计算 *n* 的阶乘（1*2*3*…*n）。要求输入 *n* 的值，输出 *n* 的阶乘，效果如图 5.2 所示。

3．自动售卖机收费系统 ▷①②③④⑤⑥

自动售卖机有三种饮料，价格分别为 3 元、5 元、7 元。自动售卖机仅支持 1 元硬币支付，请编写该售卖机自动收费系统，效果如图 5.3 所示。

（提示：通过在 switch 语句嵌套 do…while 循环词句实现）

```
请输入一个整数：10
阶乘结果是：3628800
```

图 5.2　计算 *n* 的阶乘

```
正在售卖的饮料及其价格：
1：3元        2：5元        3：7元
请输入要购买的饮料编号：1
本自动售卖机仅支持1元硬币支付，请投币：3
请您投入1元硬币！
本自动售卖机仅支持1元硬币支付，请投币：1
少于3元！请继续投币……
本自动售卖机仅支持1元硬币支付，请投币：1
少于3元！请继续投币……
本自动售卖机仅支持1元硬币支付，请投币：1
已支付全款！请拿走您的饮料。
```

图 5.3　自动售卖机收费系统

4．经典面试题：求一组数的第 *n* 个数 ▷①②③④⑤⑥

经典面试题：有一组数 1，1，2，3，5，8，13，21，34，…，*n*，要求算出这组数的第 30 个数是多少？效果如图 5.4 所示。

```
题目：有一组数1，1，2，3，5，8，13，21，34，…，n，要求算出这组数的第30个数是多少？
第 30 个数为：832040
```

图 5.4　求一组数的第 *n* 个数

5．百钱买百鸡　▷①②③④⑤⑥

百钱买百鸡：5 文钱可以买 1 只公鸡，3 文钱可以买 1 只母鸡，1 文钱可以买 3 只雏鸡，现在用 100 文钱买 100 只鸡，那么公鸡、母鸡、雏鸡各有多少只？ 效果如图 5.5 所示。

（提示：通过 3 层嵌套 for 循环实现）

6．模拟地铁站报站　▷①②③④⑤⑥

地铁 1 号线共有 18 站，某人乘坐 1 号线从始发站前往第 4 站，请在控制台输出此人经过哪些地铁站（地铁站名采用数字编号，例如第 4 站）。运行效果如图 5.6 所示。

（提示：循环输出站名时，通过判断条件修改控制台中文字的颜色）

```
公鸡：0     母鸡：25    雏鸡：75
公鸡：4     母鸡：18    雏鸡：78
公鸡：8     母鸡：11    雏鸡：81
公鸡：12    母鸡：4     雏鸡：84
```

图 5.5　百钱买百鸡

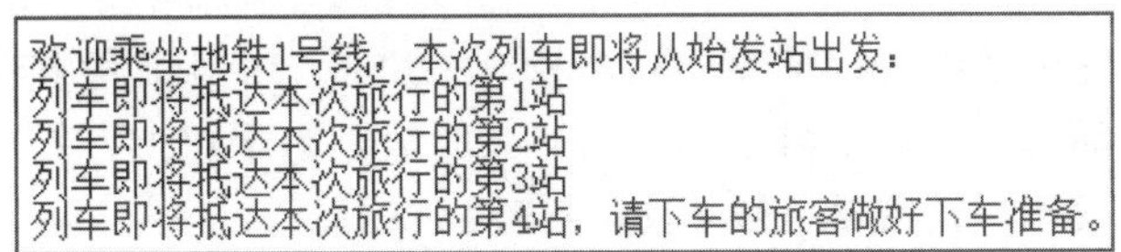

图 5.6　模拟地铁站报站

7．模拟剧院出售演出门票过程　▷①②③④⑤⑥

某剧院发售演出门票，演播厅观众席有 4 行，每行有 10 列座位。为了不影响观众视角，在发售门票时，屏蔽掉最左一列和最右一列的座位，效果如图 5.7 所示。

8．显示公司尚未使用的员工卡位　▷①②③④⑤⑥

某公司新建 4×4 个办公卡位，现只有第 1 排第 3 个和第 3 排第 2 个卡位被使用，在控制台输出尚未使用的新卡位，效果如图 5.8 所示。

图 5.7　模拟剧院售票

图 5.8　显示尚未使用的员工卡位

9．猜数字小游戏　▷①②③④⑤⑥

使用 C#开发一个猜数字的小游戏，随机生成一个 1～200 的数字作为基准数，玩家每次通过键盘输入一个数字，如果输入的数字和基准数相同，则成功过关；否则重新输入。如果玩家输入-1，表示退出游戏。运行结果如图 5.9 所示。

（提示：使用 Random 类生成随机数字，并且在 while 循环中允许用户循环输入）

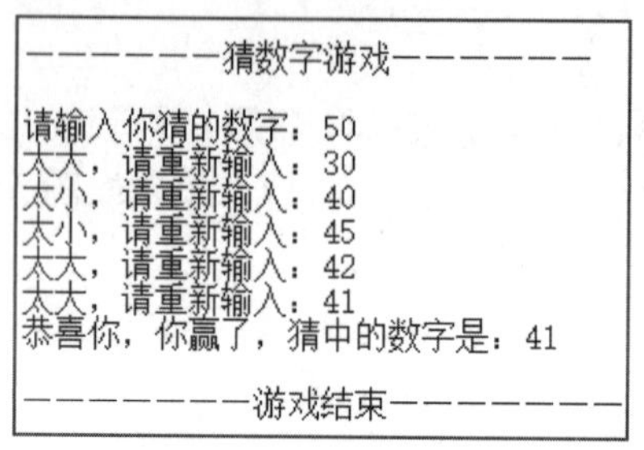

图 5.9　猜数字游戏

10．打印杨辉三角　▷①②③④⑤⑥

使用数组打印杨辉三角，杨辉三角是一个由数字排列成的三角形数表，其最本质的特征是它的两条边都是由数字 1 组成的，而其余的数则等于它上方的两个数之和。效果如图 5.10 所示。

（提示：借助 Array 数组实现）

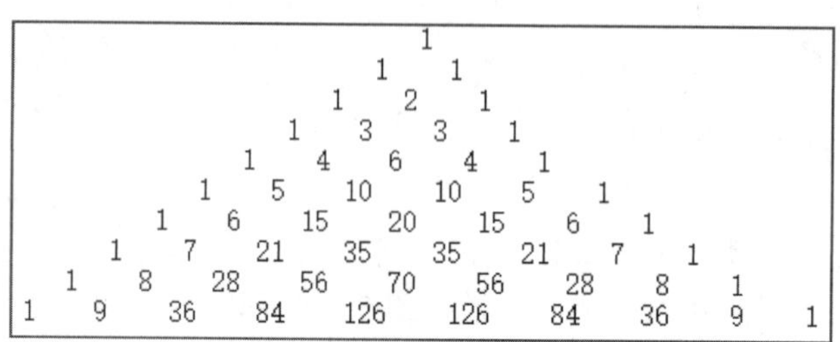

图 5.10　杨辉三角

训练二：实战能力强化训练

11．输出艺术团表演的节目单　▷①②③④⑤⑥

编写一个程序，帮助艺术团的表演人员分别输入他们表演的节目和演员，如图 5.11 所示。然后按图 5.12 的效果输出。

（提示：使用 ArrayList 集合存取表演节目单）

请输入表演的节目：
开场歌舞《万紫千红中国年》　表演：凤凰传奇
请输入表演的节目：
魔术　李宁、胡凯伦
请输入表演的节目：
舞蹈《欢乐的日期》　俄罗斯民族歌舞团

图 5.11　输入效果

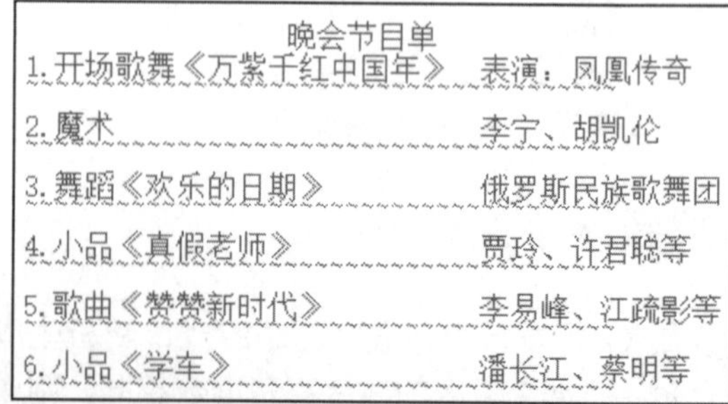

图 5.12　输出效果

12．输出战斗演习队名　▷①②③④⑤⑥

某部队举行战斗演习，全部人员分成 4 个队，每队 100 人，每个队有一个队长，队长需要给自己的队伍起个响亮的名字。现在需要编写一个程序，可以按顺序让各队队长输入自己的队名，如图 5.13 所示。然后分别以图 5.14～图 5.16 的形式输出各 100 份队伍名称分发给自己的队员（在屏幕上输出即可）。

```
请输入您的队名：海豹突击队
请输入您的队名：猎鹰突击队
请输入您的队名：信号旗突击队
请输入您的队名：阿尔法小组
```

图 5.13　输入各自队名

```
海豹突击队    猎鹰突击队    信号旗突击队    阿尔法小组
海豹突击队    猎鹰突击队    信号旗突击队    阿尔法小组
海豹突击队    猎鹰突击队    信号旗突击队    阿尔法小组
海豹突击队    猎鹰突击队    信号旗突击队    阿尔法小组
```

图 5.14　批量行输出队名

```
海豹突击队 ┐
海豹突击队 │
海豹突击队 │ 100个
海豹突击队 │
海豹突击队 │
海豹突击队 ┘
。。。。
猎鹰突击队
猎鹰突击队
猎鹰突击队
猎鹰突击队
猎鹰突击队
猎鹰突击队
```

图 5.15　单组列输出队名

```
海豹突击队
猎鹰突击队
信号旗突击队
阿尔法小组
海豹突击队
猎鹰突击队
信号旗突击队
阿尔法小组
海豹突击队
猎鹰突击队
信号旗突击队
阿尔法小组
```

图 5.16　分组列输出队名

13．跳水比赛打分程序　▷①②③④⑤⑥

在跳水比赛中，要从裁判的打分中去掉一个最高分，去掉一个最低分，然后取剩余裁判打分的平均分，这种处理方法，也叫截尾均值法。某地区即将举办国际跳水比赛，帮他们编写一个程序，按截尾均值法给选手打分（八名裁判打分），实现如图 5.17 和图 5.18 所示的效果即可。

（提示：使用 double 类型的一维数组存储裁判的打分情况）

```
请输入第1名裁判的打分：8.0
请输入第2名裁判的打分：7.8
请输入第3名裁判的打分：9.5
请输入第4名裁判的打分：7.3
请输入第5名裁判的打分：8.2
请输入第6名裁判的打分：9.1
请输入第7名裁判的打分：6.9
请输入第8名裁判的打分：7.9
```

图 5.17　输入打分

```
最后选手的分数为：8.05
```

图 5.18　输出结果

14．公告文字超长省略或换行 ▷①②③④⑤⑥

在淘宝的公告中，如果公告的文字过长，超过公告区域的长度，将对公告内容超过区域部分进行省略，如图 5.19 所示。编写一个程序，实现按根据输入行长度要求对文字内容进行省略显示，实现效果如图 5.20 所示。参考练习文字如下：

☑ 2019 年乌克兰大选第二轮投票结束，喜剧演员泽连斯基宣布胜选，波罗申科承认落败。出口民调显示，喜剧演员泽连斯基支持率为 73.3%，波罗申科支持率为 26.3%。

☑ 宝马在美国再次召回了近 18.5 万辆汽车，原因是这些车辆的发动机存在起火的风险。召回车型范围包括 2006 年的 3 系、5 系和 Z4 车型。

☑ 三大运营商 5G 布局频频发力，世嘉科技、富春股份、中兴通讯、杭电股份等 11 家公司一季报实现同比增长。

☑ 广东省司法厅官网公布《广东省学校安全条例》，首次对中小学教师的管教权进行了明确——学校和教师可依法对学生进行批评教育甚至采取一定的教育惩罚措施。

（提示：实现时，需要用到 ArrayList 集合，并需要结合使用字符串的 Substring()方法）

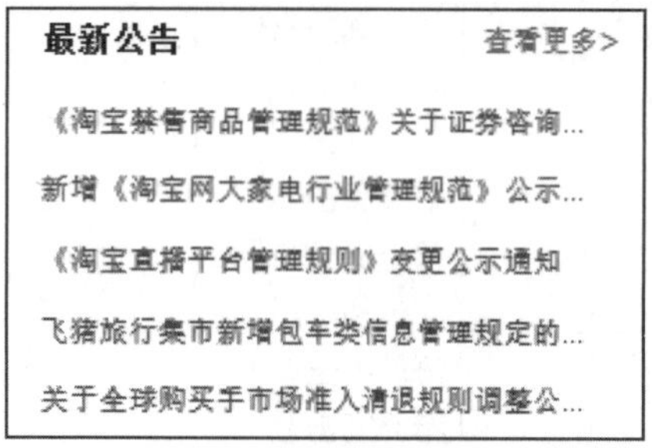

最新公告 查看更多>

《淘宝禁售商品管理规范》关于证券咨询...

新增《淘宝网大家电行业管理规范》公示...

《淘宝直播平台管理规则》变更公示通知

飞猪旅行集市新增包车类信息管理规定的...

关于全球购买手市场准入清退规则调整公...

图 5.19 淘宝公告文字超长省略

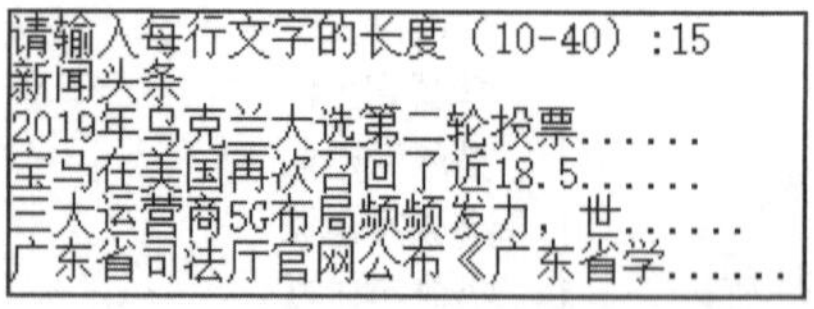

```
请输入每行文字的长度（10-40）:15
新闻头条
2019年乌克兰大选第二轮投票......
宝马在美国再次召回了近18.5......
三大运营商5G布局频频发力，世......
广东省司法厅官网公布《广东省学......
```

图 5.20 按要求文字超长省略

15．婚礼上的谎言 ▷①②③④⑤⑥

三对情侣参加婚礼，三个新郎为 A、B、C、三个新娘为 X、Y、Z，有人想知道究竟谁和谁结婚，于是就问新人中的三位，得到如下的提示：A 说他将和 X 结婚；X 说她的未婚夫是 C；C 说他将和 Z 结婚。这人事后知道他们在开玩笑，说的全是假话，那么究竟谁与谁结婚呢？运行结果如图 5.21 所示。

16．模拟手机分期付款 ▷①②③④⑤⑥

用户输入自己买的手机金额，减掉首付 300 元剩下的金额分 6 个月分期付款，已知 6 个月分期付每个月的利息是 0.6%，计算每个月需要还多少金额？运行程序，结果如图 5.22 所示。

（提示：输出价格相关的信息时，要求保留 2 位小数，使用{0: F2}对数字进行格式化）

17．选票统计 ▷①②③④⑤⑥

班级竞选班长，共有三位候选人，输入参加选举的人数及每个人选举的内容，输出三位候选人最

终的得票数及无效选票数。运行效果如图 5.23 所示。

Z 将嫁给 A

X 将嫁给 B

Y 将嫁给 C

图 5.21　婚礼上的谎言

```
请输入你想买的手机价格：
2999
手机的总价格是：2999.00元.
首付300之后还剩2699.00元

将所剩2699.00元进行分6期付款：

从我买手机开始，接下来的6个月每月需要还466.27元钱
```

图 5.22　分期付每个月要还的钱数

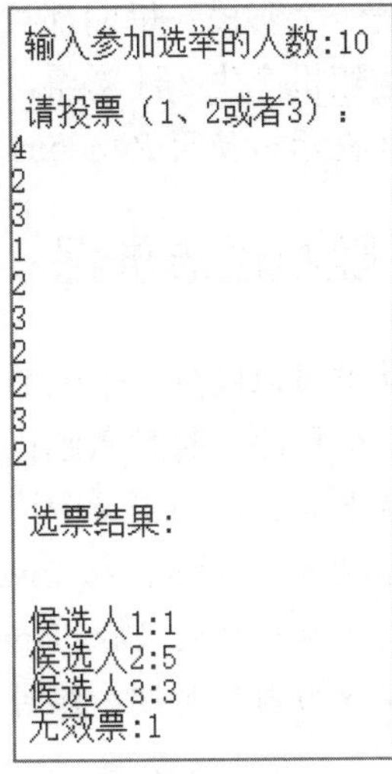

图 5.23　选票统计

18. 自动添加编号　▷①②③④⑤⑥

商品编码又称商品编号，是按一定规则对商品进行的分类编码，通常用数字表示。图 5.24 为京东图书商品列表，第一列的商品编号就是商品编码。不但商品需要编码，其实现在应用的各种信息系统都需要建立编码机制，如学生管理系统中，每个学生会有一个唯一的学生编码。

商品编号	商品名称	二级分类
12353915	零基础学Python（全彩版）	计算机与互联网
12250414	零基础学C语言（全彩版 附光盘小白手册）	计算机与互联网
12451724	Python从入门到项目实践（全彩版）	计算机与互联网
12185501	零基础学Java（全彩版）（附光盘小白手册）	计算机与互联网
12199075	C语言精彩编程200例（全彩版 附光盘）	计算机与互联网
12163091	Java项目开发实战入门（全彩版）	计算机与互联网
12185937	Java精彩编程200例（全彩版）	计算机与互联网
12163145	C语言项目开发实战入门（全彩版）	计算机与互联网

图 5.24　京东图书商品列表

编写程序，录入某校新入学的学生，学生编码根据录入的先后顺序自动建立，学生编码为普通的数字序号即可。图 5.25～图 5.27 为输入学生姓名后自动实现编号的过程。

```
     新生入学报到系统
^^^^^^^^^^^^^^^^^^^^^^^^
请输入学生姓名：张三丰
```

图 5.25　输入第一个学生

```
     新生入学报到系统
^^^^^^^^^^^^^^^^^^^^^^^^
请输入学生姓名：张三丰
1  张三丰
```

图 5.26　显示第一个学生

```
     新生入学报到系统
^^^^^^^^^^^^^^^^^^^^^^^^
请输入学生姓名：小可
1  张三丰
2  小可
```

图 5.27　输入并显示第二个学生

19. 输出模拟福彩 3D 号码　▷①②③④⑤⑥

中国福利彩票 3D 由中国福利彩票发行中心统一发行的一种彩票。3D 彩票是以一个 3 位自然数为

投注号码的彩票，投注者从000～999的范围选择一个3位数进行投注。所中奖金采用固定奖金结构。小明是一个彩民，每期都买6注彩票。他想编写一个程序，除了可以输入3注固定号码彩票，程序还要帮他随机产生3注彩票，然后统一输出出来，效果如图5.28所示。

（提示：使用Random对象的Next()随机生成3条3位数的记录）

20. 随机励志屏保 ▷①②③④⑤⑥

励志可以唤醒一个人的内在潜力，有的时候一幅图片、一句话、一个词语都能够起到励志的作用，编写一个程序，时时激励自己，2019年又是崭新的一年，我们要风雨兼程，激励自己要不断前行。首先要从下面给出的语录中选出5条你认为很励志的语录，输入程序中。输入完成开始随机播放励志屏保，如图5.29所示。按Enter键播放一条，播放5条后结束程序。

（提示：使用DateTime结构的DayOfWeek属性、ToShortTimeString()方法和ToLongDateString()方法获取当前的星期、短时间、长日期）

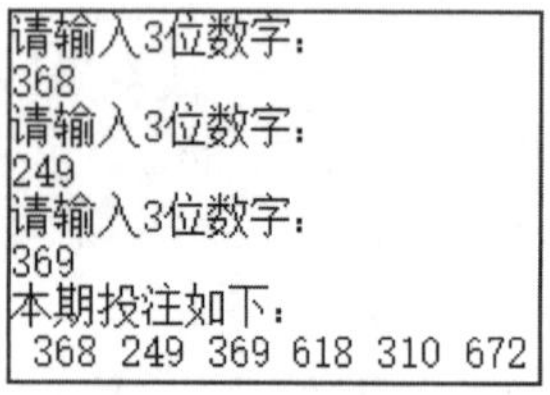

```
请输入3位数字：
368
请输入3位数字：
249
请输入3位数字：
369
本期投注如下：
 368 249 369 618 310 672
```

图5.28　输出模拟福彩3D号码

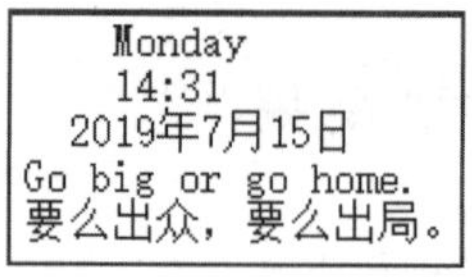

```
    Monday
    14:31
  2019年7月15日
Go big or go home.
要么出众，要么出局。
```

图5.29　励志屏保

第 6 章　数组的使用

本章训练任务对应核心技术分册第 7 章数组的使用部分。

重点练习内容：

1. 熟练掌握数组在实际开发中的应用。
2. 常用的数组排序算法的实现。
3. 借助List泛型集合类对数组元素进行添加和删除。
4. 如何对字符串进行填充，以便对齐显示。
5. 如何获取二维数组的函数和列数。

应用技能拓展学习

1．如何获取二维数组的列数

二维数组的行数可以使用 Length 属性获得，但由于 C#中支持不规则数组，因此二维数组中每一行中的列数可能不会相同。如何获取二维数组中每一维的列数呢？答案还是 Length 属性，因为二维数组的每一维都可以看作一个一维数组，而一维数组的长度是可以使用 Length 属性获得。

例如，定义一个不规则二维数组，并通过遍历其行数、列数，输出二维数组中的内容。代码如下：

```
static void Main(string[] args)
{
    int[][] arr = new int[3][];                     //创建二维数组，指定行数，不指定列数
    arr[0] = new int[5];                            //第一行分配 5 个元素
    arr[1] = new int[3];                            //第二行分配 3 个元素
    arr[2] = new int[4];                            //第三行分配 4 个元素
    for(int i=0;i< arr.Length;i++)                  //遍历行数
    {
        for(int j = 0; j < arr[i].Length; j++)      //遍历列数
        {
            Console.Write(arr[i][j]);               //输出遍历到的元素
        }
        Console.WriteLine();                        //换行输出
    }
    Console.ReadLine();
}
```

2. List<T>泛型类的使用

List<T>泛型通过索引访问类型列表的元素，提供用于对列表元素进行添加、删除、搜索、排序等方法。

List<T>泛型类的常用属性及说明如表 6.1 所示。

表 6.1　List<T>泛型类的常用属性及说明

属　性	说　明
Capacity	获取或设置该内部数据结构在不调整大小的情况下能够容纳的元素总数
Count	获取 List<T>中实际包含的元素数
Item	获取或设置指定索引处的元素

List<T>泛型类的常用方法及说明如表 6.2 所示。

表 6.2　List<T>泛型类的常用方法及说明

方　法	说　明
Add	将对象添加到 List<T>的结尾处
Clear	从 List<T>中移除所有元素
Contains	确定某元素是否在 List<T>中
CopyTo	将 List<T>或它的一部分复制到一个数组中
Equals	确定指定的 Object 是否等于当前的 Object
Exists	确定 List<T>是否包含与指定谓词所定义的条件相匹配的元素
Find	搜索与指定谓词所定义的条件相匹配的元素，并返回整个 List<T> 中的第一个匹配元素
FindAll	检索与指定谓词定义的条件匹配的所有元素
GetType	获取当前实例的 Type
IndexOf	返回 List<T>或它的一部分中某个值的第一个匹配项的从零开始的索引
Insert	将元素插入 List<T>的指定索引处
LastIndexOf	返回 List<(Of <(T>)>) 或它的一部分中某个值的最后一个匹配项的从零开始的索引
Remove	从 List<T>中移除特定对象的第一个匹配项
RemoveAll	移除与指定的谓词所定义的条件相匹配的所有元素
RemoveAt	移除 List<T>的指定索引处的元素
Sort	对 List<T>或它的一部分中的元素进行排序
ToArray	将 List<T>的元素复制到新数组中

3. PadLeft 方法——填充字符串

右对齐字符串中的字符，在左边用空格或者指定的字符填充以达到指定的总长度。语法如下：

```
public string PadLeft(int totalWidth)
public string PadLeft(int totalWidth,char paddingChar)
```

☑ totalWidth：结果字符串中的字符数，等于原始字符数加上任何其他填充字符。

☑ paddingChar：Unicode 填充字符。

☑ 返回值：一个新 String，它是右对齐的，并在左边用达到 totalWidth 长度所需数目的 paddingChar 字符进行填充。如果 totalWidth 小于字符串的长度，则为与字符串相同的新 String。

例如，使用 PadLeft 方法在字符串“HI”的左边使用“@”进行填充，使长度变为 4。代码如下：

```
string strA = "HI";
strB = "";
strB=strA.PadLeft(4,'@');
Console .WriteLine (strB);
```

实战技能强化训练

训练一：基本功强化训练

1. 随机抽取 4 张扑克牌　▷①②③④⑤⑥

从一副牌中随机抽取 4 张牌，效果如图 6.1 所示。

（提示：使用 Random 类的 Next 方法，随机生成指定范围内的数字）

2. 横版和竖版的古诗　▷①②③④⑤⑥

利用二维数组分别以横版和竖版形式输出古诗《春晓》，效果如图 6.2 所示。

（提示：使用二维数组存储字，然后使用嵌套 for 循环分别以行和列方式输出）

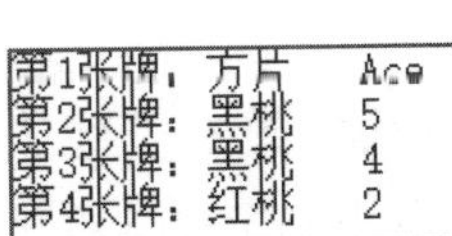

图 6.1　随机抽取扑克牌中的 4 张牌

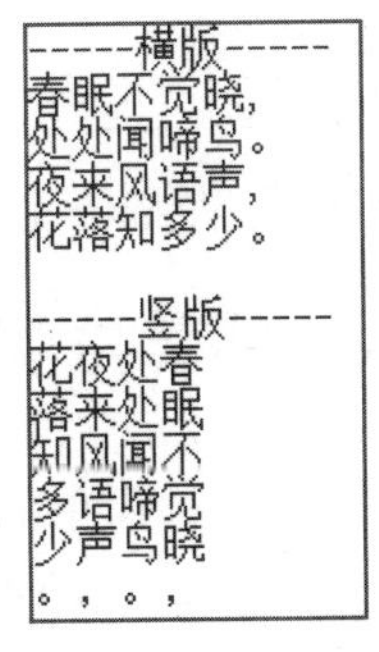

图 6.2　横版和竖版的古诗

3. 统计英文单词个数　▷①②③④⑤⑥

定义一个字符数组，通过控制台输入为字符数组赋值，在控制台输入时，要求输入英文字符串，并且每个单词之间用空格隔开，然后统计输入的字符串中有多少个单词，效果如图 6.3 所示。

（提示：以是否有空格隔开为标准，统计单词个数）

```
family and friends are hidden treasures. seek them and enjoy the riches.
上面的字符串中有 12 个单词
```

图 6.3　统计英文单词个数

4．模拟淘宝购物车场景

▷①②③④⑤⑥

编写程序，模拟淘宝购物车场景。即记录商品的名称、数量和价格，并统计总金额，效果如图 6.4 所示。

（提示：商品、数量、价格以二维数组存储，具体形式为 string[,] info = { { "C#项目开发实战入门", "1", "68.8" }, { "零基础学 C#", "\t2", "59.8" }, { "华为 P30 Pro", "\t1", "5999" } };）

5．存取有意思的名字

▷①②③④⑤⑥

现在很多家长给孩子起名都非常有意思，甚至融入了自己平时玩的游戏，如“王者荣耀”“黄埔军校”“徐栩如生”等，请输出这些比较好玩的名字。效果如图 6.5 所示。

6．冒泡排序算法实现

▷①②③④⑤⑥

冒泡排序算法的基本思想为对比相邻的元素值，满足条件就交换元素值，把较小的元素移动到数组前面，把大的元素移动到数组后面。这样，较小的元素就像气泡一样从底部上升到顶部。

运用冒泡排序算法对数组元素排序，并输出排序后的结果，如图 6.6 所示。

```
购物车明细如下：

商品名称                数量     价格
C#项目开发实战入门      1        68.8
零基础学C#              2        59.8
华为P30 Pro             1        5999
您的应付款总额为：6187.4元
```

图 6.4　模拟淘宝购物车场景

```
有意思的名字：
 王者荣耀
 黄埔军校
 高富帅
 白富美
 徐栩如生
```

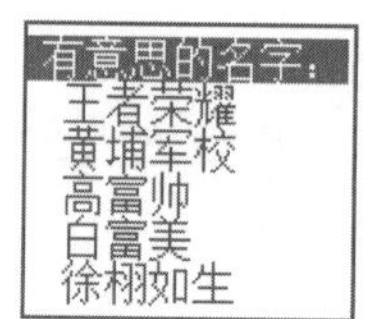

图 6.5　输出有意思的名字

```
原始数组：
63 4 24 1 3 15
排序结果：
1 3 4 15 24 63
```

图 6.6　冒泡排序算法

7．直接插入排序算法实现

▷①②③④⑤⑥

直接插入排序是一种简单的排序方法，其基本思想为将一个记录插入已排好序的有序表中，从而得到一个新的、记录数增 1 的有序表；然后再从剩下的关键字中选取下一个插入对象，反复执行，直到整个序列有序。

运用直接插入排序算法对数组元素排序，并输出排序后的结果，运行效果如图 6.6 所示。

8．选择排序算法实现

▷①②③④⑤⑥

选择排序算法的基本思想为将指定排序位置与其他数组元素分别对比，如果满足条件，就交换元素值。注意，这里不是交换相邻元素，而是把满足条件的元素与指定的排序位置交换（如从第一个元

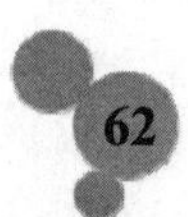

素开始排序），这样排序好的位置逐渐扩大，最后整个数组都成为已排序好的格式。

运用选择排序算法对数组元素排序，并输出排序后的结果，运行效果如图 6.6 所示。

9．快速排序算法实现　▷①②③④⑤⑥

快速排序算法是对冒泡排序算法的一种改进。其基本思想为任意选取一个数（通常选用第一个数）作为关键数据，然后将所有比它小的数都放到它前面，所有比它大的数都放到它后面，这个过程称为一次快速排序，递归调用此过程，即可实现数组的快速排序。

运用快速排序算法对数组元素排序，并输出排序后的结果，运行效果如图 6.6 所示。

10．希尔排序算法实现　▷①②③④⑤⑥

希尔排序又称缩小增量排序，其基本思想为将整个待排序序列分割成为若干子序列，然后分别进行直接插入排序，待整个序列中的数基本有序时，再对全体记录进行一次直接插入排序。

运用希尔排序算法对数组元素排序，并输出排序后的结果，运行效果如图 6.6 所示。

说明：子序列的构成不是简单地“逐段分割”，而是将相隔某个“增量”的数组成一个子序列，这是希尔排序的特点。

训练二：实战能力强化训练

11．停车位动态显示车位　▷①②③④⑤⑥

欢乐城商业有三个停车场，如图 6.7 所示。停车场的车位是动态变化的，区域显示是固定的。

编写程序，用数组 avai 存储固定的区域显示信息，如 A 区空车位、B 区空车位和 C 区空车位等，然后输入各个区域停车位剩余停车位数量，最后输出各停车位目前的停车数量，如图 6.8 所示。

图 6.7　停车场指示牌

```
请输入A区停车位空余停车位数：000
请输入B区停车位空余停车位数：192
请输入C区停车位空余停车位数：096
A区空车位      B区空车位      C区空车位
<<000          <<192          <<096
```

图 6.8　输出效果

12．藏头诗　▷①②③④⑤⑥

藏头诗是杂体诗中的一种，常见的体例是将表达的意思分藏于诗句之首，每句的第一个字连起来读，表达特定的含义。如《水浒传》中“吴用智赚玉麒麟”，军师吴用假扮算命先生，为卢俊义题写四句卦歌：芦花丛中一扁舟，俊杰俄从此地游，义士若能知此理，反躬难逃可无忧。卦歌中每句第一个字连起来是“芦俊义反”，从而将卢俊义逼上了梁山。

编写程序，将输入的诗句存储到数组，然后分别输出诗中的第一个字并连接起来，显示藏头诗句，如图 6.9 所示。

13. 管理 QQ 好友

▷①②③④⑤⑥

参照如图 6.10 所示的 QQ 好友联系人列表，编写程序，用数组存储好友姓名（如编辑张震岳），其他信息不用输入，然后输出所有的联系人名称，效果如图 6.11 所示。

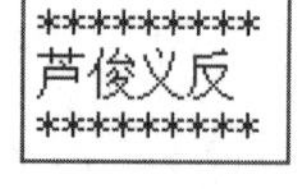
```
*********
芦俊义反
*********
```

图 6.9　输出效果

图 6.10　QQ 好友列表

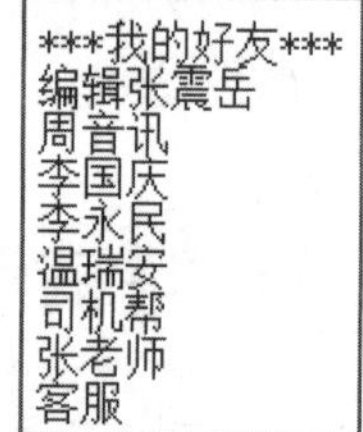
```
***我的好友***
编辑张震岳
周音讯
李国庆
李永民
温瑞安
司机帮
张老师
客服
```

图 6.11　输出创建的 QQ 好友

14. 添加和删除 QQ 好友

▷①②③④⑤⑥

在 QQ 管理好友时，可以删除好友，也可以添加好友。编写程序，实现删除好友和添加好友功能，然后输出好友名单，如图 6.12～图 6.14 所示。

（提示：本实例需要借助 List 集合的 Remove 和 Add 方法实现）

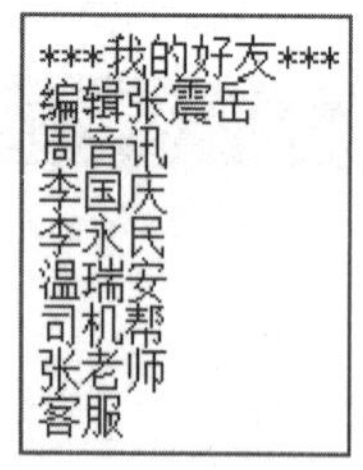
```
***我的好友***
编辑张震岳
周音讯
李国庆
李永民
温瑞安
司机帮
张老师
客服
```

图 6.12　QQ 好友

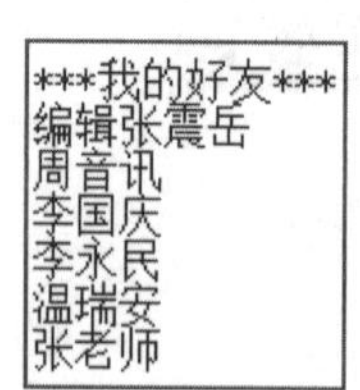
```
***我的好友***
编辑张震岳
周音讯
李国庆
李永民
温瑞安
张老师
```

图 6.13　删除 QQ 好友

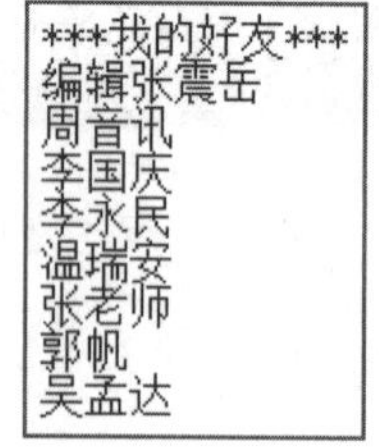
```
***我的好友***
编辑张震岳
周音讯
李国庆
李永民
温瑞安
张老师
郭帆
吴孟达
```

图 6.14　添加 QQ 好友

15. 模拟 QQ 好友添加辅助信息

▷①②③④⑤⑥

在 QQ 好友联系人列表中不但显示好友姓名，还显示好友级别等信息。图 6.15 中显示了编辑张震

岳的级别是 SVIP。编写程序，为列表中的好友添加 QQ 级别信息 SVIP 和 VIP，效果如图 6.16 所示。

图 6.15　QQ 级别信息

图 6.16　输出 QQ 好友级别

16. 按行和列输出中国十大高铁站　▷①②③④⑤⑥

旅行，既是为了追寻远方的美丽风景，也是为了遇见更好的另一个自己。图 6.17 列出了中国 20 座特大高铁站排名。其中，最大的十大高铁车站是西安北站、郑州东站、上海虹桥站、昆明南站、重庆西站、贵阳北站、杭州东站、南京南站、广州南站、重庆北站。

编写程序，将十大高铁站保存到数组中，然后通过索引按行和列分别输出数组中的奇数位高铁站、偶数位高铁站，效果如图 6.18 所示。

中国高铁站台线规模排名

排名	站名	站台数	铁路线数	路局
1	西安北	34	34	西安
2	郑州东	30	32	郑州
3	上海虹桥	30	30	上海
4	昆明南	30	30	昆明
5	重庆西	29	31	成都
6	贵阳北	28	32	成都
7	杭州东	28	30	上海
8	南京南	28	28	上海
9	广州南	28	28	广州
10	重庆北	26	29	成都
11	成都东	26	26	成都
12	济南东	25	27	济南
13	石家庄	24	30	北京
14	南宁东	24	30	南宁
15	徐州东	24	28	上海
16	长沙南	24	26	广州
17	天津西	24	26	北京
18	兰州西	24	26	兰州
19	北京南	24	24	北京
20	合肥南	22	26	上海

图 6.17　高铁站台线站台数排名

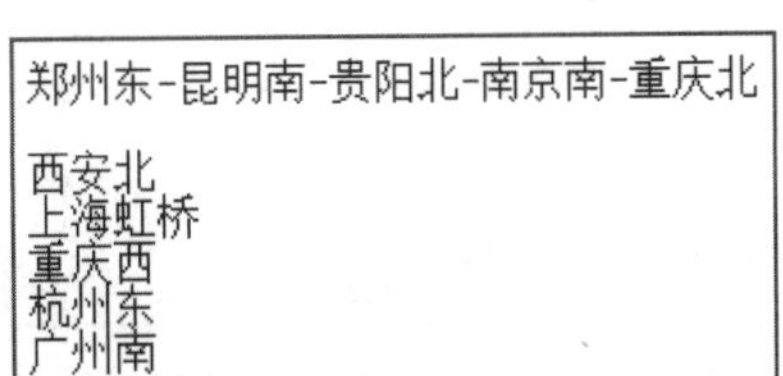

图 6.18　输出效果

17. 模拟4S店维修服务在线预约 ▷①②③④⑤⑥

为了节省客户的维修、保养时间，4S店推出了在线预约服务，图6.19和图6.21是某汽车品牌的在线预约、开始预约界面。

编写程序，首先输出如图6.20所示的在线预约菜单，然后开始预约，输出车型、订单号，提示输入经销商、预约日期、预约时段、服务顾问、服务类型等，输出效果如图6.22所示。

（提示：尝试用foreach循环遍历输出进行输出）

图6.19 在线预约服务

图6.20 模拟在线预约效果

图6.21 开始预约菜单

图6.22 模拟输出开始预约功能

18．天猫店发货凭据单 ▷①②③④⑤⑥

彩云之南天猫旗舰店在顾客购买完商品后，会将顾客购买的商品凭据（通常不会提供价格、金额的信息）打印成一个发货凭证单据，与商品一起快递给用户，图 6.23 就是用户购买商品的发货凭证单据样单。图 6.24 和图 6.25 是几个顾客购买的商品信息，请编写一个程序，为每个顾客输出一个发货凭据单。

新西园仓 7613215557
客单号：19030133283054
收货人：张芳 135000000
天猫--彩云之南官方旗舰店
2019/7/17 13:45:24 19031055

商品编号	商品名称	数量
69018302	Baleno短袖T恤	2
69018367	Playboy长袖T恤	1
69018332	PlayboyV领T恤	1

合计：4

图 6.23 彩云之南天猫店顾客购物信息

客单号	收货人	电话	发货单号	发货仓库	出库编码
19030133283054	张芳	135000000	19031055	新西园仓	7613215557
19030133283055	李铁	176000000	19031077	新西园仓	7613215557
19030133283056	张欣	123000000	19031080	新西园仓	7613215557
19030133283057	刘国	138000000	19031087	新西园仓	7613215557

图 6.24 彩云之南天猫店顾客购物

商品编号	商品名称	数量	客单号
69018302	Baleno 短袖 T 恤	2	19030133283054
69018367	Playboy 长袖 T 恤	1	19030133283054
69018332	PlayboyV 领 T 恤	1	19030133283054
69018302	Camel 夏季新款	1	19030133283055
69018302	Camel 夏季新款	3	19030133283056
69018367	Playboy 长袖 T 恤	2	19030133283057

图 6.25 彩云之南天猫店顾客购物信息

19．统计广东省 2018 年高考高分数段人数 ▷①②③④⑤⑥

表 6.3 是广东省 2018 年高考 680 分以上高分数段人数统计表。请编写一个程序，用二维数组存储各分数段分数和人数，然后统计各分数段累计人数，最后输出，效果如图 6.26 所示。

表 6.3 广东省 2018 年高考 680 分以上高分数段人数统计

分 数 段	分数段人数	累 计 人 数
690 以上	20	
689 以上	6	
688 以上	6	
687 以上	5	
686 以上	5	
685 以上	5	
684 以上	6	
683 以上	7	
682 以上	6	
681 以上	7	
680 以上	11	

广东省2018年高考高分段人数		
分数段	分数段人数	累计人数
690以上	20	20
689以上	06	26
688以上	06	32
697以上	05	37
686以上	05	42
685以上	05	47
684以上	06	53
683以上	07	60
682以上	06	66
681以上	07	73
680以上	11	84
合计人数：84		

图 6.26　2018 年高考高分段人数统计

20．为古诗配上拼音　▷①②③④⑤⑥

编写一个程序，用数组 poem 存储古诗《大风歌》，然后用 spell 存储《大风歌》的拼音，最后分别输出古诗《大风歌》、拼音版《大风歌》和带拼音的《大风歌》古诗，如图 6.27 所示。

（提示：使用字符串的 PadLeft()方法填充字符串，以居中对齐输出）

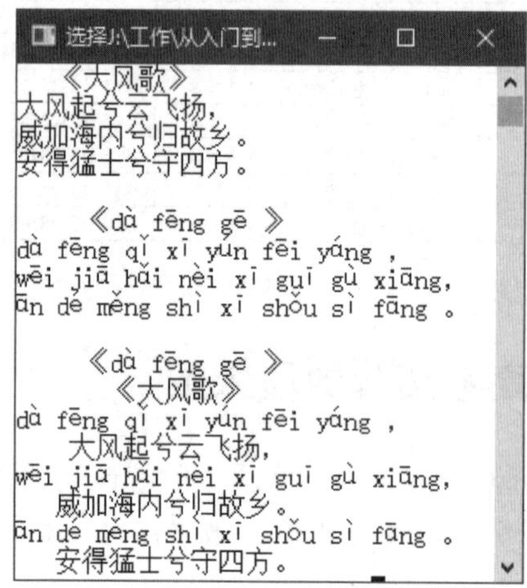

图 6.27　大风歌

第 7 章　字符串处理

学习指南

本章训练任务对应核心技术分册第 8 章字符串处理部分。

重点练习内容：

1. 熟练掌握字符串类的各种方法的使用。
2. 重点掌握字符串截取Substring、分割Split方法的使用。
2. 熟悉如何使用字典存取键值对数据。
4. 如何在程序中获取文件相关的信息。
5. 字符串在实际工作和生活中的一些应用场景。

应用技能拓展学习

1. Dictionary 字典类的使用技巧

Dictionary 是一个字典类，其每个元素都是一个键值对（由键、值两个元素组成），且必须包含命名空间 System.Collection.Generic 。它的定义和使用方法如下：

```
//定义
Dictionary<string, string> dic = new Dictionary<string, string>();
//添加元素
dic.Add("txt", "notepad.exe");
dic.Add("bmp", "paint.exe");
dic.Add("dib", "paint.exe");
dic.Add("rtf", "wordpad.exe");
//取值
Console.WriteLine("For key = \"rtf\", value = {0}.", dic["rtf"]);
//更改值
dic["rtf"] = "winword.exe";
Console.WriteLine("For key = \"rtf\", value = {0}.", dic["rtf"]);
//遍历 key
foreach (string key in dic.Keys)
{
    Console.WriteLine("Key = {0}", key);
}
//遍历 value
foreach (string value in dic.Values)
{
   Console.WriteLine("value = {0}", value);
```

```
}
//遍历字典
foreach (KeyValuePair<string, string> kvp in dic)
{
    Console.WriteLine("Key = {0}, Value = {1}", kvp.Key, kvp.Value);
}
//添加存在的元素
try
{
    dic.Add("txt", "winword.exe");
}
catch (ArgumentException)
{
    Console.WriteLine("An element with Key = \"txt\" already exists.");
}
//删除元素
dic.Remove("doc");
if (!dic.ContainsKey("doc"))
{
    Console.WriteLine("Key \"doc\" is not found.");
}
//判断键是否存在
if (dic.ContainsKey("bmp"))
{
    Console.WriteLine("An element with Key = \"bmp\" exists.");
}
```

2．如何获取文件的信息

在 C#中，使用 FileInfo 类表示文件，该类在 System.IO 命名空间下，通过它的常用属性可以获取到文件的相关信息，其常用属性及说明如表 7.1 所示。

表 7.1　FileInfo 类的常用属性及说明

属　性	说　明
CreationTime	获取或设置当前 FileSystemInfo 对象的创建时间
Directory	获取父目录的实例
DirectoryName	获取表示目录的完整路径的字符串
Exists	获取指示文件是否存在的值
Extension	获取表示文件扩展名部分的字符串
FullName	获取目录或文件的完整目录
IsReadOnly	获取或设置确定当前文件是否为只读的值
LastAccessTime	获取或设置上次访问当前文件或目录的时间
LastWriteTime	获取或设置上次写入当前文件或目录的时间
Length	获取当前文件的大小
Name	获取文件名

例如，使用 FileInfo 类的属性获取文件的相关信息，代码如下：

```
FileInfo finfo = new FileInfo("D:\\word\\C#第 1 章 Q 友——做你自己的 QQ.docx");    //创建 FileInfo 对象
string strCTime = finfo.CreationTime.ToShortDateString();                        //获取文件创建时间
string strLATime = finfo.LastAccessTime.ToShortDateString();                 //获取上次访问该文件的时间
string strLWTime = finfo.LastWriteTime.ToShortDateString();                  //获取上次写入文件的时间
string strName = finfo.Name;                                                 //获取文件名称
string strFName = finfo.FullName;                                            //获取文件的完整目录
string strDName = finfo.DirectoryName;                                       //获取文件的完整路径
string strISRead = finfo.IsReadOnly.ToString();                              //获取文件是否只读
long lgLength = finfo.Length;                                                //获取文件长度
Console.WriteLine("文件信息：\n 创建时间：" + strCTime + "\n 上次访问时间：" + strLATime + "\n 上次写入时间："
+ strLWTime + "\n 文件名称：" + strName + "\n 完整目录：" + strFName + "\n 完整路径：" + strDName + "\n 是
否只读：" + strISRead + " 文件长度：" + lgLength);
```

运行效果如下：

```
文件信息：
创建时间：2019/7/8
上次访问时间：2019/7/8
上次写入时间：2019/7/8
文件名称：C#第 1 章 Q 友——做你自己的 QQ.docx
完整目录：D:\word\C#第 1 章 Q 友——做你自己的 QQ.docx
完整路径：D:\word
是否只读：False
文件长度：10115839
```

实战技能强化训练

训练一：基本功强化训练

1．馒头=馍馍？　▷①②③④⑤⑥

有一种食物，东北人叫馒头，山西人叫馍馍，它们本身是同一种食物。但如果让程序识别，它们是一样的吗？请尝试编程实现。

2．模拟用户注册及登录　▷①②③④⑤⑥

编写程序，模拟用户注册及登录。

首先让用户注册一个账户，账户内容包括账号、密码、邮箱、电话和住址。注册过程中需要输入两次密码，并校验密码是否相同，需要验证电话号码是否为 11 位。当用户输入 Y，确认注册成功之后（确认信息时，电话号码的中间 4 位用“*”号代替），让用户登录，并显示登录结果。运行结果如图 7.1 所示。

（提示：通过在循环中嵌套 if 语句，实现注册信息的循环输入）

3．格式化货币显示形式　▷①②③④⑤⑥

在控制台中显示 3 种商品，分别为“1、iPhone6(16G)　5288”“2、荣耀 6 Plus(高配版)　2299”和“3、一加手机(标准版)　1999.99”，然后根据用户输入的商品编号，提示用户购买的商品及价格，其中价格以货币形式显示，效果如图 7.2 所示。

（提示：使用{0:C2}将数字格式化为货币形式，并保留 2 位小数）

```
欢迎来到XXX网，请新用户注册账号！

请输入账户名：mrkj
请输入密码：mrsoft
请再次输入密码：mrsoft
请输入邮箱地址：mrsoft@mingrisoft.com
请输入电话：84978981
输入的电话号码有误，请重新输入！
请输入电话：13610780204
请输入住址（可选）：吉林省长春市

****请您核对注册的信息****
账号：mrkj
邮箱：mrsoft@mingrisoft.com
电话：136****0204
住址：吉林省长春市
************************
确认请输入Y，重新注册请输入N：Y

欢迎来到XXX网，请登录！
请输入账号：mrkj
请输入密码：mrsoft
欢迎登录，mrkj
```

图 7.1　模拟用户注册及登录

```
------商品列表------

1、iPhone6(16G)  5288
2、荣耀6 Plus(高配版)  2299
3、一加手机(标准版)  1999.99

请输入要购买的商品编号：3
您购买的商品为：一加手机(标准版)，价格为 ￥1,999.99

请输入要购买的商品编号：
```

图 7.2　格式化货币显示形式

4．模拟输出员工的打卡时间　▷①②③④⑤⑥

编写程序，模拟输出员工的打卡时间。例如，员工名为 mr，输出形式如下：

```
打卡成功！
打开时间：2019 年 7 月 16 日 14:25:56
```

5．根据车牌号获取归属地　▷①②③④⑤⑥

将津 A·12345、沪 A·23456、京 A·34567 这 3 张车牌号放到 string 类型数组中，然后在遍历数组过程中完成对每张车牌号归属地的判断。运行效果如图 7.3 所示。

6．模拟邮件发送　▷①②③④⑤⑥

平时在使用邮箱发送邮件时，可以同时给多人发送邮件，现在要求使用 C#模拟实现邮件的发送功能，具体要求为输入多个收件人、邮件主题及内容，然后按键盘上的 Enter 键，显示邮件发送成功的信息提示，同时显示收件人列表、邮件的主题、内容及邮件的发送时间。运行结果如图 7.4 所示。

（提示：使用 Split()方法对多个邮件接收人进行分割）

```
第1张车牌号码：
津A·12345
这张车牌号的归属地：天津

第2张车牌号码：
沪A·23456
这张车牌号的归属地：上海

第3张车牌号码：
京A·34567
这张车牌号的归属地：北京
```

图 7.3　根据车牌号获取归属地

```
———————模拟邮件发送———————

请输入收件人（多个收件人中间用逗号<,>隔开）：
wangxiaoke68@163.com,mingrisoft@mingrisoft.com,383835904@qq.com

请输入邮件主题：学术交流会

请输入邮件内容：
请所有员工与8月1日8点到会议室准时参加！

邮件发送成功，预览信息：

收件人列表：
wangxiaoke68@163.com    mingrisoft@mingrisoft.com    383835904@qq.com
邮件主题：学术交流会
邮件内容：
  请所有员工与8月1日8点到会议室准时参加！
发送时间：2019年7月16日 11:28:43
```

图 7.4　模拟邮件发送

7．模拟实现 Word 的全部替换功能　▷①②③④⑤⑥

模拟实现 Word 的全部替换功能，效果如图 7.5 所示。

```
———————模拟实现Word的全部替换功能———————

请输入文字：
作为一个程序员，郁闷的事情是，面对一个代码块，却不敢去修改。更糟糕的是，这个代码块还是自己写的
开始查找：代码
替换为：程序

全部替换后的文字：作为一个程序员，郁闷的事情是，面对一个程序块，却不敢去修改。更糟糕的是，这个程序块还是自己写的
```

图 7.5　模拟实现 Word 的全部替换功能

8．我们的成功秘诀——永不抱怨　▷①②③④⑤⑥

马云的成功秘诀是：永不抱怨！现在通过程序把这个秘诀复制到我们每个人身上，输出“我们的成功秘诀：永不抱怨！”。效果如图 7.6 所示。

9．编程解答幼儿园填空题　▷①②③④⑤⑥

早上，上幼儿园的儿子考我一道题：（），（），（），2、4、6、7、8，让我填空。我算了半个多小时都算不出来。最后，儿子略带鄙视地说：这么简单的题都不会，还大学毕业生呢！答案是这样的：（门前大桥下），（游过一群鸭），（快来快来数一数），2、4、6、7、8。

编写程序，通过使用 StringBuilder 来解答小侄子给我们出的这道题。效果如图 7.7 所示。

（提示：使用可变字符串类 StringBuilder 的 Insert()方法实现）

```
马云成功秘诀：永不抱怨！
我们的成功秘诀：永不抱怨！
```

图 7.6　我们的成功秘诀：永不抱怨

```
小侄子出的题目：
（），（），（），2、4、6、7、8

正确答案：
（门前大桥下），（游过一群鸭），（快来快来数一数），2、4、6、7、8
```

图 7.7　编程解答幼儿园填空题

10．验证字符串操作和可变字符串操作的执行效率 ▷①②③④⑤⑥

创建一个控制台应用程序，分别对 string 对象和 StringBuilder 对象执行 10000 次追加操作，然后通过消耗时间比较它们的执行效率（每次输出的消耗时间会有所不同）。程序的运行结果如图 7.8 所示。

（提示：计算时间差时使用 DateTime.Now.Millisecond 记录当前的毫秒时间）

```
string消耗时间：64
StringBuilder消耗时间：2
```

图 7.8　验证字符串操作和可变字符串操作的执行效率

训练二：实战能力强化训练

11．你热爱生活，生活也爱你 ▷①②③④⑤⑥

编写程序，输出如下任务：

☑　输出如下文字，输出颜色默认为黑色，输出效果如图 7.9 所示。

你热爱生活，生活也爱你

世界那么大，我想去看看

王者的路必定坎坷，请踏平荆棘走向王者的宝座

在峰巅的攀登者，不会陶醉在沿途的某个脚印之中

海浪为劈风斩浪的航船饯行，为随波逐流的轻舟送葬

奋斗者在汗水汇集的江河里，将事业之舟驶到了理想的彼岸

古之立大事者，不惟有超世之材，亦必有坚忍不拔之志

你的心有多大，舞台就有多大！

☑　把字符串中的加点字替换成你的名字（如郭帆）并输出，效果如图 7.10 所示。

```
------单色输出文字------
你热爱生活，生活也爱你
世界那么大，我想去看看
王者的路必定坎坷，请踏平荆棘走向王者的宝座
在峰巅的攀登者，不会陶醉在沿途的某个脚印之中
海浪为劈风斩浪的航船饯行，为随波逐流的轻舟送葬
奋斗者在汗水汇集的江河里，将事业之舟驶到了理想的彼岸
古之立大事者，不惟有超世之材，亦必有坚忍不拔之志
你的心有多大，舞台就有多大！
```

图 7.9　单色输出

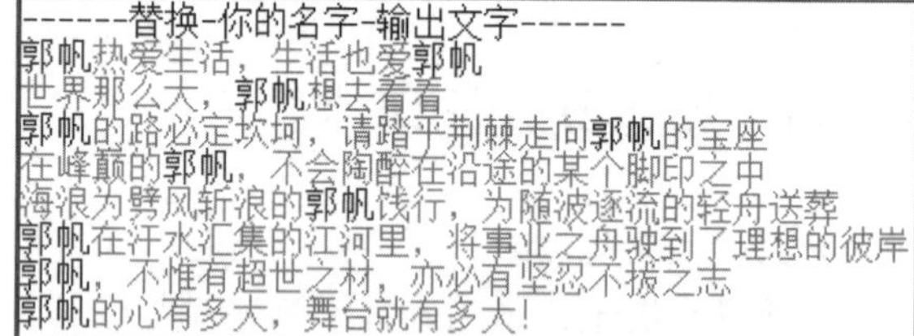

```
------替换-你的名字-输出文字------
郭帆热爱生活，生活也爱郭帆
世界那么大，郭帆想去看看
郭帆的路必定坎坷，请踏平荆棘走向郭帆的宝座
在峰巅的郭帆，不会陶醉在沿途的某个脚印之中
海浪为劈风斩浪的郭帆饯行，为随波逐流的轻舟送葬
郭帆在汗水汇集的江河里，将事业之舟驶到了理想的彼岸
郭帆，不惟有超世之材，亦必有坚忍不拔之志
郭帆的心有多大，舞台就有多大！
```

图 7.10　替换名字输出

12．输出国际列车 K3 的车站名称 ▷①②③④⑤⑥

K3 次列车是一趟国际联运快速列车，途径中国、蒙古国、俄罗斯三国，横贯欧亚大陆，是目前中国最长线路的铁路列车，票价高达 6000 元，堪称中国“最贵”火车票。

K3 次列车，11:22 从北京站发车，6 天后到达莫斯科站，途径北京、张家口南、集宁南、朱日和、二连、扎门乌德、赛音山达、乔伊尔、乌兰巴托、宗哈拉、达尔汗、苏赫巴托、多卓尔内、纳乌什基、

吉达、乌兰乌德、斯柳江卡、伊尔库茨克、集马、尼日涅乌丁斯克、伊兰斯卡雅、克拉斯诺亚尔斯克、马林斯克、泰加、新西伯利亚、巴拉宾斯克、鄂木斯克、伊希姆、秋明、斯维尔德洛夫斯克、彼尔姆、巴列集诺、基洛夫、高尔基、弗拉基米尔、莫斯科。

编写程序，读取 K3 次列车的途径到站列表，然后分别输出中国境内、蒙古境内和俄罗斯境内的火车站名称和数量，如图 7.11 所示。

（提示：可以使用 Split()方法分割字符串）

```
输出国际列车K3中国、蒙古和俄罗斯境内的火车站名称和各多少站
##############################################################################################
K3国际列车途径中国的车站为 北京--张家口南--集宁南--朱日和--二连--共计 5 站
K3国际列车途径蒙古的车站为 扎门乌德--赛音山达--乔伊尔--乌兰巴托--宗哈拉--达尔汗--苏赫巴托--共计 7 站
K3国际列车途径俄罗斯的车站为 多卓尔内--纳乌什基--吉达--乌兰乌德--斯柳江卡--伊尔库茨克--集马--尼日涅乌丁斯克--伊兰斯卡雅
--克拉斯诺亚尔斯克--马林斯克--泰加--新西伯利亚--巴拉宾斯克--鄂木斯克--伊希姆--秋明--斯维尔德洛夫斯克--彼尔姆--巴列集诺--
基洛夫--高尔基--弗拉基米尔--莫斯科--共计 24 站
```

图 7.11　输出列车站和经过站数

13．市政务中心排队系统 ▷①②③④⑤⑥

图 7.12 为某市政务中心的排队系统。

编写一个程序，将字符串 user 中的用户号码转换为 4 位以 2 开头的排号数字，连同字符串 order 中的窗口序号模拟输出市政务中心排队系统，输出效果如图 7.13 所示。

```
市政务中心排队系统
请2001号　到①号窗口办理
请2002号　到②号窗口办理
请2003号　到③号窗口办理
请2004号　到④号窗口办理
请2005号　到⑤号窗口办理
```

图 7.12　某市政务中心的排队系统

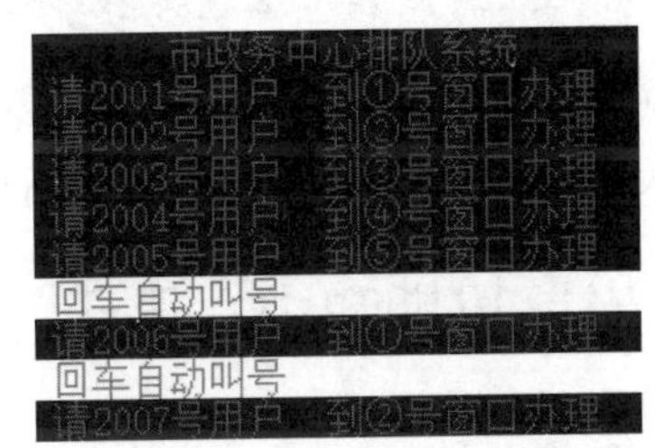

```
市政务中心排队系统
请2001号用户　到①号窗口办理
请2002号用户　到②号窗口办理
请2003号用户　到③号窗口办理
请2004号用户　到④号窗口办理
请2005号用户　到⑤号窗口办理
回车自动叫号
请2006号用户　到①号窗口办理
回车自动叫号
请2007号用户　到②号窗口办理
```

图 7.13　模拟输出效果

14．模拟 12306 订票短信回复 ▷①②③④⑤⑥

通过铁路 12306 网站订票成功后，会收到 12306 网站发来的短信信息，如图 7.14 所示。

编写一个程序，实现类似 12306 订票成功的回复短信，如图 7.15 所示。

图 7.14　12306 订单回复短信

```
12306订票短信回复
★★★★★★★★★★★★★★★
    2019/7/15 18:56:25
 [ 铁路12306 ]订单E153974228,
张三丰您已购2月5日Z99次16车66
号,上海站17:45开
```

图 7.15　模拟 12306 回复短信

（提示：①观察图 7.16 和图 7.17，红色框起来的部分是固定不变的，可以直接写在输出代码中。

其他部分是动态变化的，包含了订单信息和车次信息，可以存储在字符串中；②用 PadLeft()方法填充字符串，以便文字对齐显示）

图 7.16　12306 订单回复短信数据固定项分析（1）

图 7.17　12306 订单回复短信数据固定项分析（2）

15．输出 F1 大奖赛车手积分　▷①②③④⑤⑥

世界一级方程式锦标赛（简称 F1）是国际汽车运动联合会（FIA）举办的最高级年度系列场地赛，与奥运会、世界杯足球赛并称为世界三大体育赛事。2018 年 F1 赛事已落下帷幕，车手与积分放到了一个字符串 data 中，如下所示：

```
string data = "莱科宁 236,汉密尔顿 358,维泰尔 294,维斯塔潘 216,博塔斯 227";
```

编写程序，把字符串 data 中的数据提取到列表，然后进行升序和降序输出，如图 7.18 所示。（提示：使用 Dictionary 字典存储赛车手及积分，使用 OrderByDescending()对字典进行排序）

16．当前日期和中文显示　▷①②③④⑤⑥

利用 DateTime 结构可以很容易获取当前的日期、时间和星期，但获得的星期只有英文显示和数字显示两种。编写程序，对日期进行操作，用中文显示当前日期、时间和星期，效果如图 7.19 所示。

```
========================================
            输出F1大奖赛车手积分
========================================
排名            积分             车手
01              358              汉密尔顿

02              294              维泰尔

03              236              莱科宁

04              227              博塔斯

05              216              维斯塔潘
```

图 7.18　F1 大奖赛车手积分

```
2019/7/15 19:36:21 星期一
```

图 7.19　中文显示

17．丰巢快递滞留提醒　▷①②③④⑤⑥

网购时，如果快递柜中的物品没有及时取出，出现滞留，物流公司会自动发送即将滞留提醒短信，并多次提醒，如图 7.20、图 7.21 所示。

编写程序，模拟发出两封不同的即将滞留提醒短信，如图 7.22、图 7.23 所示。

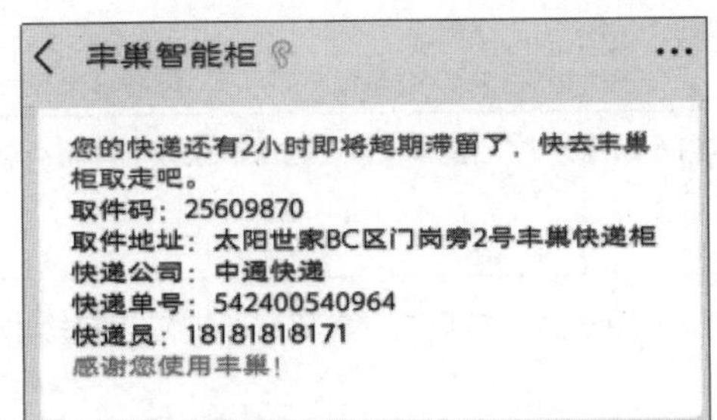

图 7.20　丰巢快递滞留第一次提醒

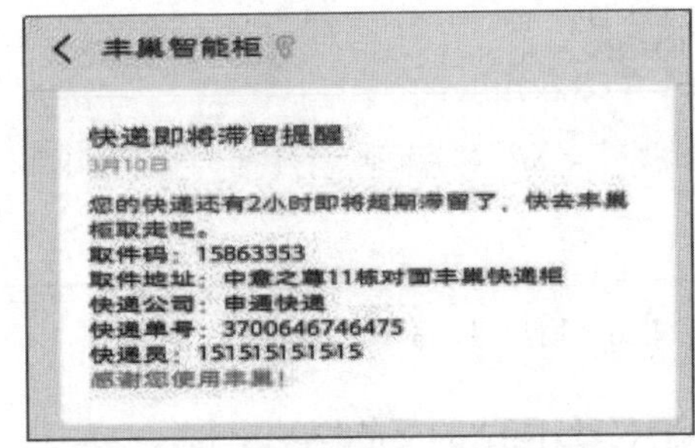

图 7.21　丰巢快递滞留第二次提醒

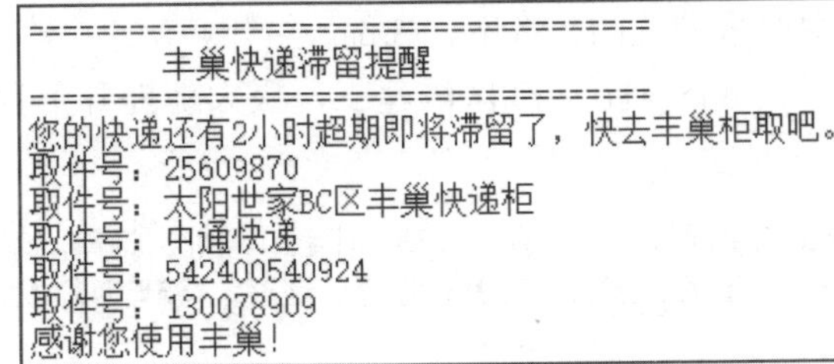

图 7.22　模拟滞留提醒短信（1）

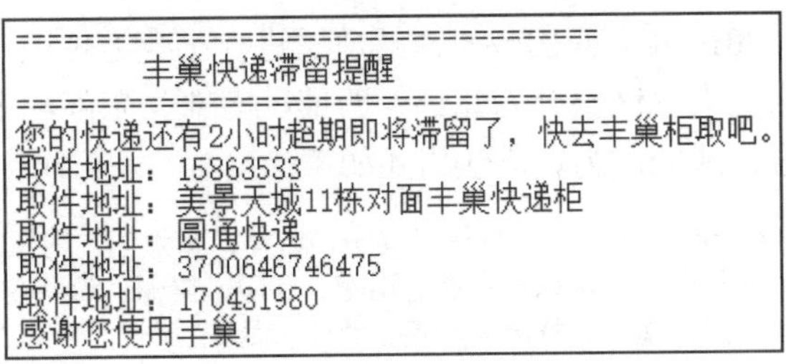

图 7.23　模拟滞留提醒短信（2）

18. 提取文件数据中的文件名和扩展名　▷①②③④⑤⑥

处理文件数据时，经常要对文件路径、文件名称或扩展名进行处理。

编写程序，提取文件数据中的文件名称和扩展名，输出效果如图 7.24 所示。

（提示：使用 FileInfo 文件对象的 DirectoryName 属性和 Name 属性获取文件的路径和完整文件名，使用 Split()对完整文件名进行分割，获取到文件名和扩展名）

19. 把输入的验证码统一大写或小写　▷①②③④⑤⑥

图 7.25 为明日科技网站的登录页面。为了保证用户名和密码的安全性，登录时通常会区分输入字母的大小写。

编写程序，登录名和密码不区分大小写。输入用户名、密码和验证码后，完成如下工作：

☑　统一将输入的用户名、密码和验证码大写输出，如图 7.26 所示。（提示：ToUpper()方法）

☑　统一将输入的用户名、密码和验证码小写输出，如图 7.27 所示。（提示：ToLower()方法）

```
================================================
        提取多层文件夹数据的文件名和文件类型
================================================
要提取的文件为:
D:\C# 开发资源库\玛丽冒险.docx
提取的文件名称为:玛丽冒险
文件类型为:docx
```

图 7.24　提取文件数据中的文件名和扩展名

图 7.25　用户登录程序

```
=========用户登录=========

用户名|ID：  mr
密 码|PS：  mrsoft
验证码|CD [x6ln]：

输入的用户名、密码和验证码已转换成大写进行输出！
MR
MRSOFT
X6LN
```

图 7.26　用户名、密码和验证码大写输出

```
输入的用户名、密码和验证码已转换成小写进行输出！
mr
mrsoft
x6ln
```

图 7.27　用户名、密码和验证码小写输出

20．输出中国战区划分区域　▷①②③④⑤⑥

2016 年，我国政府对解放军进行了全方位改革，由原来的沈阳、济南、成都、兰州、南京、广州、北京七大军区整合为北部、西部、南部、东部和中部五大战区。五大战区的建立，极大地提升了我军联合作战的能力。语法格式如下：

```
string info = "北部战区：辽宁、吉林、黑龙江、内蒙古、山东,中部战区：北京、天津、山西、河北、河南、湖北,南部战区：广东、广西、湖南、云南、贵州、海南,东部战区：上海、江苏、安徽、浙江、江西、福建,西部战区：四川、重庆、甘肃、宁夏、新疆、西藏";
```

（提示：用 Split()方法分割字符串）

编写程序，根据上面给出的变量 info 提供的五大战区信息，输出如图 7.28 所示的五大战区图（因篇幅所限，这里只显示了两个战区内容）。

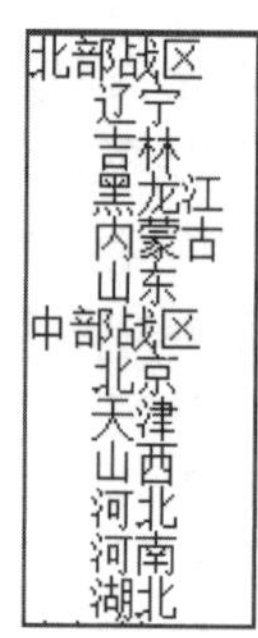

图 7.28　五大战区图

第 8 章　类 和 对 象

本章训练任务对应核心技术分册第 9 章类和对象部分。

重点练习内容：

1. 熟练掌握类、对象、方法等面向对象的知识应用。
2. 熟悉结构的定义及使用。
3. 在开发中有效利用Windows窗体的基本控件显示或操作数据。
4. 能综合应用面向对象知识解决一些数学问题。

应用技能拓展学习

1. C#中的结构应用

结构是一种值类型，通常用来封装一组相关的变量，结构中可以包括构造函数、常量、字段、方法、属性、运算符、事件和嵌套类型等。但如果要同时包括上述几种成员，则应该考虑使用类。

结构实际是将多个相关的变量包装成为一个整体使用。在结构体中的变量，可以是相同、部分相同，或完全不同的数据类型。例如，将公司里的职员看作一个结构体，可以将个人信息放入结构体中，主要包含姓名、年龄、出生年月、性别、籍贯、婚否、职务。

说明：在结构声明中，除非字段被声明为 const 或 static，否则无法初始化。

C#中使用 struct 关键字来声明结构，语法如下：

```
结构修饰符 struct 结构名
{
}
```

例如，下面声明一个矩形结构，该结构中定义了矩形的宽和高，代码如下：

```
public struct Rect                          //定义一个矩形结构
{
    public double width;                    //矩形的宽
    public double height;                   //矩形的高
}
```

2. Label 控件——显示文本

Label 控件，又称为标签控件，它主要用于显示用户不能编辑的文本，标识窗体上的对象（例如，给文本框、列表框添加描述信息等），另外，也可以通过编写代码来设置要显示的文本信息。

可以通过两种方法设置标签控件（Label 控件）显示的文本：第一种是直接在标签控件（Label 控件）的属性面板中设置 Text 属性；第二种是通过代码设置 Text 属性。

例如，向窗体中拖曳一个 Label 控件；然后将其显示文本设置为“用户名：”。代码如下：

```
label1.Text = "用户名：";        //设置 Label 控件的 Text 属性
```

3. Button 控件——按钮

Button 控件，又称为按钮控件，它允许用户通过单击来执行操作。Button 控件既可以显示文本，也可以显示图像，当该控件被单击时，它看起来像是被按下，然后被释放。Button 控件最常用的是 Text 属性和 Click 事件，其中，Text 属性用来设置 Button 控件显示的文本，Click 事件用来指定单击 Button 控件时执行的操作。

例如，创建一个 Windows 应用程序，在默认窗体中两个 Button 控件，分别设置它们的 Text 属性为“登录”和“退出”，然后触发它们的 Click 事件，执行相应的操作。代码如下：

```
private void button1_Click(object sender, EventArgs e)
{
    MessageBox.Show("系统登录");                //输出信息提示
}
private void button2_Click(object sender, EventArgs e)
{
    Application.Exit();                        //退出当前程序
}
```

4. TextBox 控件——文本框

TextBox 控件，又称为文本框控件，它主要用于获取用户输入的数据或者显示文本，它通常用于可编辑文本，也可以使其成为只读控件。文本框可以显示多行，开发人员可以使文本换行以便符合控件的大小。

（1）创建只读文本框。

通过设置文本框控件（TextBox 控件）的 ReadOnly 属性，可以设置文本框是否为只读。如果 ReadOnly 属性为 true，那么不能编辑文本框，而只能通过文本框显示数据。

例如，将文本框设置为只读，代码如下：

```
textBox1.ReadOnly = true;     //将文本框设置为只读
```

（2）创建多行文本框。

默认情况下，文本框控件（TextBox 控件）只允许输入单行数据，如果将其 Multiline 属性设置为 true，在文本框控件（TextBox 控件）中即可输入多行数据。

例如，将文本框的 Multiline 属性设置为 true，使其能够输入多行数据，代码如下：

```
textBox1.Multiline = true;     //设置文本框的 Multiline 属性
```

多行文本框效果如图 8.1 所示。

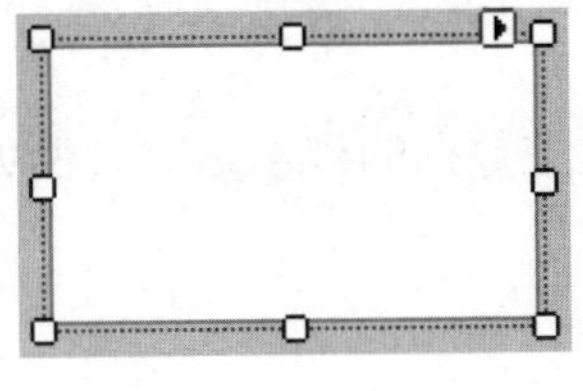

图 8.1 多行文本框

实战技能强化训练

训练一：基本功强化训练

1．控制商品数量在 10～100 ▷①②③④⑤⑥

模拟淘宝商家某种商品的库存量。比如，控制库存不能低于 10，也不能高于 100。

（提示：通过 set 属性进行设置）

2．动态改变控制台背景色 ▷①②③④⑤⑥

设计一个用户界面类，要求控制台背景色在周末是绿色，在工作日是红色。尝试使用静态构造函数进行设置，运行效果如图 8.2 和图 8.3 所示。

（提示：使用 DateTime 结构的 DayOfWeek 属性获取当前日期是星期几）

3．修改手机的默认语言 ▷①②③④⑤⑥

智能手机的默认语言为英文，但制造手机时可以将默认语言设置为中文。编写手机类，无参构造方法使用默认语言设计，利用有参构造方法修改手机的默认语言，效果如图 8.4 所示。

图 8.2 不是周六周日时显示红色

图 8.3 是周六周日时显示绿色

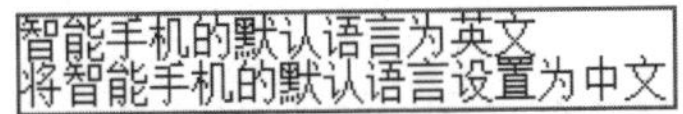

图 8.4 修改手机的默认语言

4．根据促销规则计算优惠后的金额 ▷①②③④⑤⑥

一家商场的促销如下：满 500 可享受 9 折优惠；满 1000 可享受 8 折优惠；满 2000 可享受 7 折优惠；满 3000 可享受 6 折优惠。使用程序计算顾客优惠后的应付款金额，效果如图 8.5 所示。

5. 不同类型数据的乘法运算 ▷①②③④⑤⑥

定义一个可重载方法，模拟不同类型数据的乘法运算。例如，进行如下数据的计算：

3*5=8

3*5.5=16.5

8.2*5*7=287

6. 输出 NBA 各个年代的第一人 ▷①②③④⑤⑥

编写程序，使用方法的重载，模拟输出 NBA 各个年代的第一人。

1950	1960	1970	1980	1990	2000	2010
麦肯	拉塞尔	贾巴尔	魔鸟	乔丹	邓肯	詹姆斯

7. 进销存管理系统中的库存管理 ▷①②③④⑤⑥

在进销存管理系统中，商品的库存信息包含商品型号、商品名称、商品库存量等。面向对象编程中，这些商品信息可以存储到属性中，当需要使用时再从对应属性中读取出来。

编写程序，使用面向对象思想输出库存商品的信息。首先定义一个库存商品类，类中定义商品的名称、型号和数量属性，其中数量控制 0～1000；定义一个方法，显示库存商品信息；然后使用库存商品类的对象调用相应的属性，为库存商品的信息进行赋值，并使用该对象调用定义的方法显示库存商品信息。效果如图 8.6 所示。

```
****满500元可享受9折优惠****
****满1000元可享受8折优惠****
****满2000元可享受7折优惠****
****满3000元可享受6折优惠****

请输入消费金额:1280
你的消费享受8折优惠：金额是1280,折后金额是1024
```

图 8.5 根据促销规则计算优惠后金额

```
库存盘点信息如下：
仓库中存有 BC9501 型号 手机 200台
仓库中存有 BC9502 型号 手机 500台
商品数量输入有误!
仓库中存有 BC9503 型号 手机 0台
```

图 8.6 显示库存商品信息

训练二：实战能力强化训练

8. 通过定义方法来求一个数的平方 ▷①②③④⑤⑥

数学中，求一个数的平方，实际上就是将这个数乘以其自身所得到的结果。编写程序，通过自定义方法来计算一个数的平方，运行效果如图 8.7 所示。

（提示：本实战使用 Windows 窗体程序实现，主要用到 TextBox 文本框和 Button 按钮控件）

9. 封装类实现一个简单的计算器 ▷①②③④⑤⑥

很多高校在测试学生编程能力时，会使用编写计算器来考查学生。

使用面向对象思想中的封装性，编写一个简单的计算器。实例运行效果如图 8.8 所示。

10. 通过类继承计算梯形面积　▷①②③④⑤⑥

编写程序，通过类的继承计算梯形面积。首先定义一个父类，用来存储梯形的上底、下底和高；再自定义一个子类，使其类继承父类，在子类中定义一个计算梯形面积的方法。具体使用时，只需创建子类的对象，并通过子类对象调用父类中的上底、下底和高属性，再分别给它们赋值，然后调用子类中的自定义方法即可计算出梯形面积。实例运行效果如图 8.9 所示。

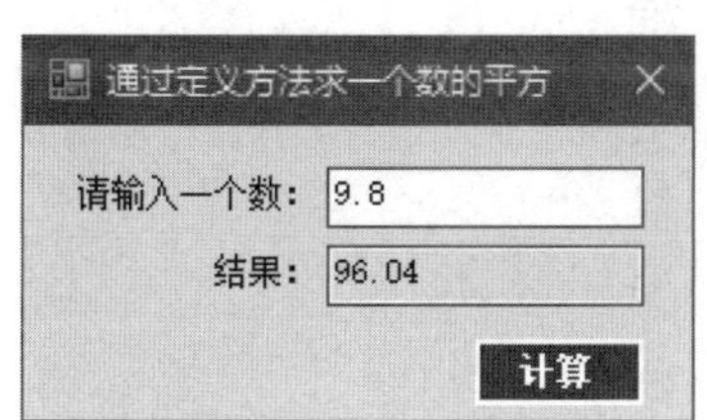

图 8.7　求数的平方

图 8.8　实现简单的计算器

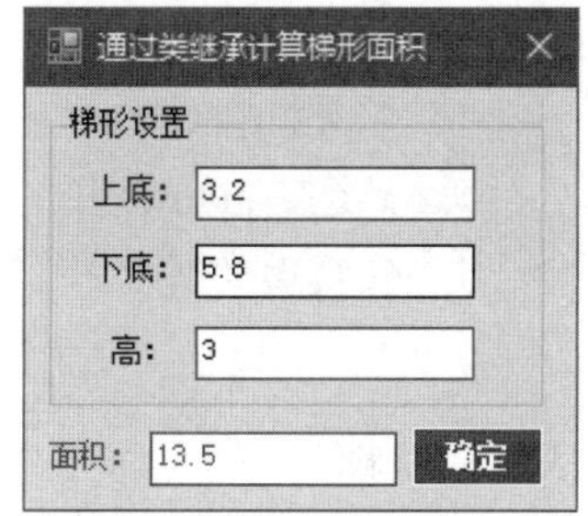

图 8.9　计算梯形面积

11. 通过结构计算矩形的面积　▷①②③④⑤⑥

编写程序，定义一个矩形结构，定义矩形的长和宽，并定义 Area 方法，用来计算矩形的面积。具体使用时，只需对结构中定义的长、宽赋值，然后调用自定义方法即可计算矩形的面积。实例运行效果如图 8.10 所示。

（提示：使用 struct 定义结构，在结构中定义矩形的长和宽，并定义计算矩形面积的方法）

12. 使用面向对象思想查找字符串中的所有数字　▷①②③④⑤⑥

查找字符串中的所有数字时，首先需要将所有数字存储到一个字符串数组中，然后循环遍历要在其中查找数字的字符串，如果与定义的字符串数组中的某一项相匹配，则记录该项，循环执行该操作，最后得到的结果就是字符串中的所有数字。

编写程序，实现上述功能。实例运行效果如图 8.11 所示。

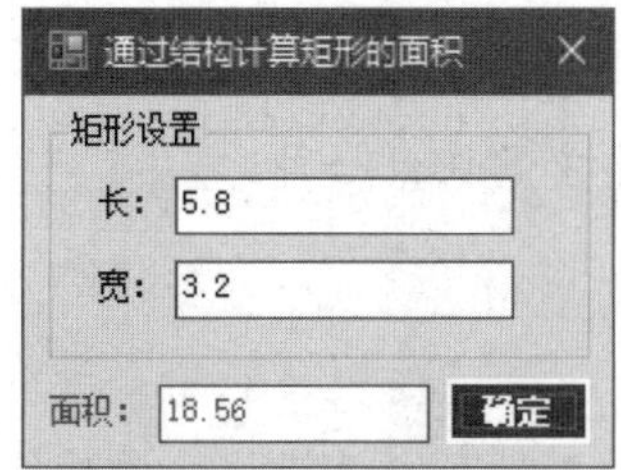

图 8.10　计算矩形的面积

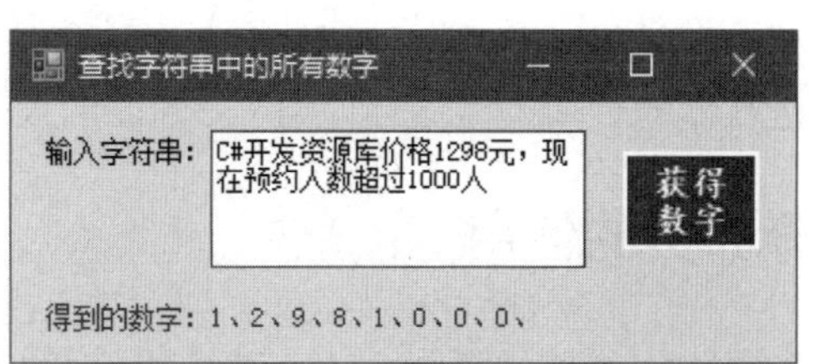

图 8.11　查找字符串中的所有数字

第 9 章　继承和多态

本章训练任务对应核心技术分册第 10 章继承和多态部分。

重点练习内容：

1. 熟练掌握面向对象在实际开发中的应用。
2. 熟悉面向对象中迭代器和分部类的使用。
3. 掌握泛型的具体使用方法。
4. 熟悉Windows窗体程序设计的流程及常用控件使用。
5. 使用面向对象知识解决生活中遇到的一些实际问题。

应用技能拓展学习

1. 迭代器在开发中的应用

迭代器是可以返回相同类型值的有序序列的一段代码。迭代器可用作方法、运算符或 get 访问器的代码体。在迭代器的实现代码中，通常使用 yield return 语句依次返回每个元素，使用 yield break 语句终止迭代。

例如，通过对 IEnumerator 接口实现 GetEnumerator 方法创建迭代器，代码如下：

```
string[] MyFamily = { "父亲", "母亲", "弟弟", "妹妹" };
                                                    //创建一个 string 型数组，用于存储家庭成员
public System.Collections.IEnumerator GetEnumerator()
{
    for (int i = 0; i < MyFamily.Length; i++)           //使用 for 语句循环数组
    {
        yield return MyFamily[i];                        //使用 yield return 语句依次返回每个元素
    }
}
```

注意：迭代器的返回类型必须为 IEnumerable 或 IEnumerator 中的任意一种。

2. 熟悉分部类的使用

分部类使得程序的结构更加合理，代码组织更加紧密。开发人员可以将类、结构或接口的定义拆分到两个或多个源文件中，每个源文件包含类定义的一部分。

分部类主要应用在以下两个方面：

☑ 当项目比较庞大时，使用分部类可以拆分一个类至几个文件中，这样可以使不同的开发人员同时进行工作，提高了工作效率。

☑ 使用自动生成的文件源时，无须重新创建源文件即可将代码添加到类中。Visual Studio 开发工具在创建 Windows 窗体时使用此方法。

定义分部类需要使用 partial 关键字。分部类的每个部分都必须包含一个 partial 关键字，其声明必须与其他部分位于同一命名空间。使用分部类时，要成为同一类型的各个部分的所有分部类型定义都必须在同一程序集和同一模块（.exe 或.dll 文件）中，不能跨越多个模块。

说明：使用分部类时，各个部分必须具有相同的可访问性，如 public、private 等。

3．泛型的定义及使用

泛型是处理算法、数据结构的一种编程方法。泛型能在编译时提供强大的类型检查，减少数据类型之间的显示转换、装箱操作和运行时的类型检查等。泛型类和泛型方法同时具备可重用性、类型安全和效率高等特性，这是非泛型类和非泛型方法无法具备的。泛型可以用于方法、集合、类、接口等。

例如，定义一个泛型接口 ITest<T>，在该接口中声明 CreateIObject 方法。然后定义实现 ITest<T> 接口的派生类 Test<T, TI>，并在此类中实现接口的 CreateIObject 方法，代码如下：

```
public interface ITest<T>                    //创建一个泛型接口
{
    T CreateIObject();                       //接口中定义 CreateIObject 方法
}
//实现上面泛型接口的泛型类
//派生约束 where T : TI（T 要继承自 TI）
//构造函数约束 where T : new()（T 可以实例化）
public class Test<T, TI> : ITest<TI> where T : TI, new()
{
    public TI CreateIObject()                //实现接口中的方法 CreateIObject
    {
        return new T();                      //返回 T 类型的对象
    }
}
```

技巧：泛型通常用在集合和在集合上运行的方法中。

4．ListBox 控件——显示列表

ListBox 控件，又称为列表控件，主要用于显示列表。用户可以从中选择一项或多项，如果选项总数超出可以显示的项数，控件会自动添加滚动条。

（1）在 ListBox 控件中添加和移除项。

通过 Items 属性的 Add 方法，可以向 ListBox 控件中添加项目。通过 Items 属性的 Remove 方法，可以将 ListBox 控件中选中的项目移除。

例如，通过 Items 属性的 Add 和 Remove 方法，可向控件中添加项或移除项，代码如下：

```
listBox1.Items.Add("品牌电脑");          //添加项
listBox1.Items.Add("iPhone 6");
listBox1.Items.Add("引擎耳机");
listBox1.Items.Add("充电宝");
listBox1.Items.Remove("引擎耳机");       //移除项
```

效果如图 9.1 所示。

（2）创建总显示滚动条的列表控件。

通过设置 HorizontalScrollbar 和 ScrollAlwaysVisible 属性，可以使列表框总显示滚动条。HorizontalScrollbar 属性设置为 true，显示水平滚动条。ScrollAlwaysVisible 属性设置为 true，显示垂直滚动条。

例如，将 HorizontalScrollbar 和 ScrollAlwaysVisible 属性设置为 true，使其分别显示水平、垂直两个方向的滚动条（见图 9.2），代码如下：

```
//HorizontalScrollbar 属性设置为 true，使其能显示水平方向的滚动条
listBox1.HorizontalScrollbar = true;
//ScrollAlwaysVisible 属性设置为 true，使其能显示垂直方向的滚动条
listBox1.ScrollAlwaysVisible = true;
```

（3）在 ListBox 控件中选择多项。

通过设置 SelectionMode 属性的值，可以实现在 ListBox 控件中选择多项。SelectionMode 属性的属性值是 SelectionMode 枚举值之一，默认为 SelectionMode.One。

SelectionMode 枚举成员及说明如表 9.1 所示。

表 9.1　SelectionMode 枚举成员及说明

枚 举 成 员	说　　明
MultiExtended	可以选择多项，并且用户可使用 Shift 键、Ctrl 键和箭头键来进行选择
MultiSimple	可以选择多项
None	无法选择项
One	只能选择一项

例如，通过设置 SelectionMode 属性值为 SelectionMode 枚举成员 MultiExtended，实现在控件中可以选择多项，用户可使用 Shift 键、Ctrl 键和箭头键来进行选择，代码如下：

```
//SelectionMode 属性值为 SelectionMode 枚举成员 MultiExtended，实现在控件中可以选择多项
listBox1.SelectionMode = SelectionMode.MultiExtended;
```

效果如图 9.3 所示。

图 9.1　添加和移除项

图 9.2　控件总显示滚动条

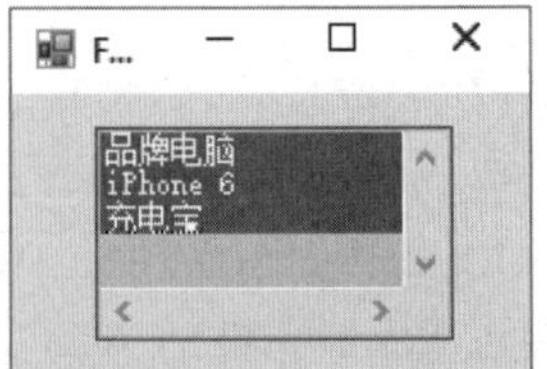

图 9.3　设置列表多选

5. ComboBox 控件——下拉选择列表

ComboBox 控件，又称为下拉组合框控件，用于在下拉组合框中显示数据。该控件由两部分组成：一个是允许用户输入列表项的文本框；另一个是列表框。用户可以从选项列表中选择某项。ComboBox 控件最常用的是 Items 属性，在属性对话框中编辑该属性，可以为下拉列表添加选项。

通过设置 DropDownStyle 属性，可以实现可选择的下拉组合框。DropDownStyle 属性有 3 个属性值，分别对应不同的样式，具体如下：

- ☑ Simple：ComboBox 控件的列表部分总是可见。
- ☑ DropDown：DropDownStyle 属性的默认值，可编辑 ComboBox 控件的文本框部分。只有单击右侧箭头，才显示列表部分。
- ☑ DropDownList：不能编辑 ComboBox 控件的文本框部分，呈下拉列表框样式。

实战技能强化训练

训练一：基本功强化训练

1. 自我介绍　▷①②③④⑤⑥

设计人类，有一个自我介绍的方法，输出“我是×××”。设计博士类，继承自人类，博士类自我介绍时输出“我是×××博士”。

2. 不同人的说话方式　▷①②③④⑤⑥

通过使用类的多态性来确定人类的说话行为，效果如图 9.4 所示。

（提示：定义一个 People 类，类中定义一个虚方法 Say，用来输出人的说话方式；然后定义两个派生类，即 Chinese 和 American，都继承自 People 类，重写基类中的 Say，输出相应的说话方式）

3. 选择不同的语言　▷①②③④⑤⑥

利用接口实现选择不同的语言，效果如图 9.5 和图 9.6 所示。

（提示：建立一个接口，定义一个方法用于对话；然后分别创建一个中国人类和一个美国人类，两个类都继承自接口，在中国人类中说汉语，在美国人类中说英语，和不同国家的人交流时，实例化接口，并调用相应派生类中的方法）

```
请输入姓名：小科
小科说汉语!
小科说英语!
```

图 9.4　不同人的说话方式

```
请输入要说的话：你好
您对中国友人说：你好
```

图 9.5　中国人的语言

```
请输入要说的话：hello
您对美国友人说：hello
```

图 9.6　外国人的语言

4．通过重写虚方法实现加法和乘法运算 ▷①②③④⑤⑥

通过 virtual 关键字修饰的方法被称为虚方法，虚方法可以被其子类重写。例如，经常用到的 ToString 方法就是一种虚方法，它可以在其子类中进行重写，实现输出自定义格式的字符串。

编写程序，通过重写虚方法实现两个数相加或相乘，效果如图 9.7 所示。

（提示：在 Operation 类中定义虚方法 operation，实现两数相加；然后创建两个子类 Addition，继承自 Operation 类，在子类中重写 operation，实现两个数相加和相乘）

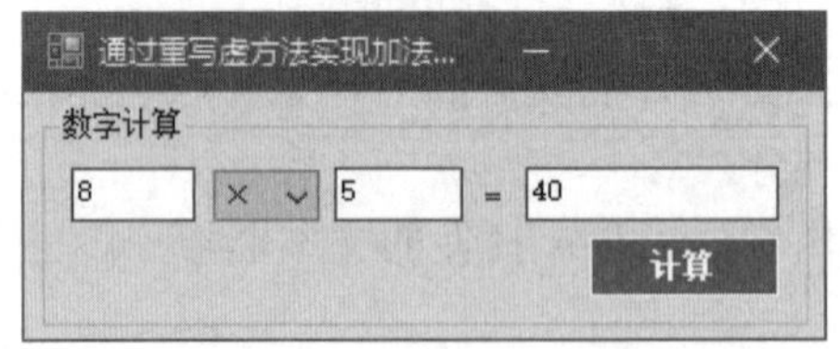

图 9.7　通过重写虚方法实现加法和乘法运算

训练二：实战能力强化训练

5．公交车站点显示 ▷①②③④⑤⑥

人们去某地时，有时只知道地方的大概位置，并不知道具体怎么走，这时要通过查找公交车的站点来明确坐几路公交车。

编写程序，使用迭代器依次显示公交车的所有站点，以方便人们的出行，效果如图 9.8 所示。

（提示：自定义迭代器，通过迭代器遍历 List 中的项，并进行输出）

6．文本框中数据的倒序显示 ▷①②③④⑤⑥

开发游戏程序时，经常会用到对字符串或数字的倒序遍历功能。该功能可以使用排序算法实现，也可以使用迭代器实现。

编写程序，使用迭代器实现字符串或数字的倒序遍历功能，效果如图 9.9 所示。

（提示：通过迭代器倒序遍历文本框中的值，并依次输出）

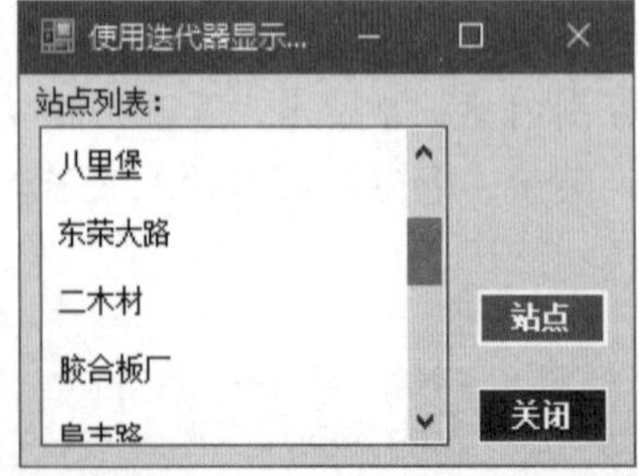

图 9.8　使用迭代器显示公交车站点

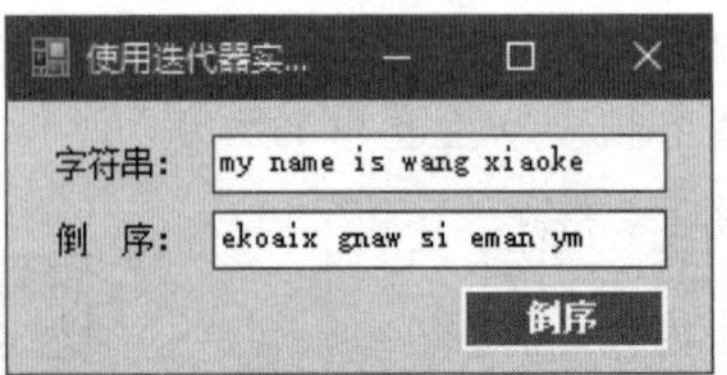

图 9.9　使用迭代器实现倒序遍历

7. 窗体中文字的动态效果　▷①②③④⑤⑥

开发项目时，为了使界面具有动态效果，可以实现一些特殊文字的动态效果。

编写程序，使用迭代器遍历文本字符串中的每一个文字，然后使用GDI+技术在窗体上以不同的字体样式依次绘制每一个文字，以便实现文字的动态效果。效果如图9.10所示。

图9.10　使用迭代器实现文字的动态效果

8. 使用分部类实现多种计算方法　▷①②③④⑤⑥

开发一些大型项目或者特殊部署时，可能需要把一个类、结构或接口放在几个文件中来分别进行处理。等到编译时，再自动把它们整合起来，这时就用到了分部类。

编写程序，使用分部类实现一个可进行复杂运算的计算器，效果如图9.11所示。

（提示：将实现加、减、乘、除的方法放在一个分部类中，将实现正负、开方、百分比和倒数的方法放在另一个分部类中）

图9.11　使用分部类实现多种计算方法

9. 使用泛型存储不同类型的数据列表 ▷①②③④⑤⑥

泛型编程是一种编程方式，它利用“参数化类型”将类型抽象化，从而实现更为灵活的复用。

编写程序，使用泛型存储不同类型的数据。首先定义一个泛型类，并在类中定义多个泛型变量，然后使用这些变量记录不同类型的数据。重复利用泛型变量，可存储不同类型的数据。效果如图 9.12 所示。

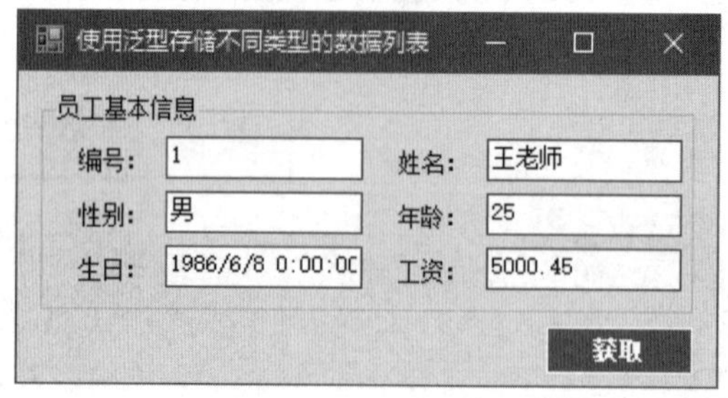

图 9.12　使用泛型存储不同类型的数据列表

10. 通过泛型实现子窗体的不同操作 ▷①②③④⑤⑥

开发项目时，有时会因为调用窗体过多或提示窗体过多，而难于管理。可通过泛型方法重载将调用窗体与提示窗体分开编写，程序中使用调用窗体或提示窗体时，只需调用指定的泛型方法即可。

编写程序，实现调用子窗体时执行不同的操作，如图 9.13 和图 9.14 所示。

（提示：使用泛型方法的重载来实现）

图 9.13　显示子窗体

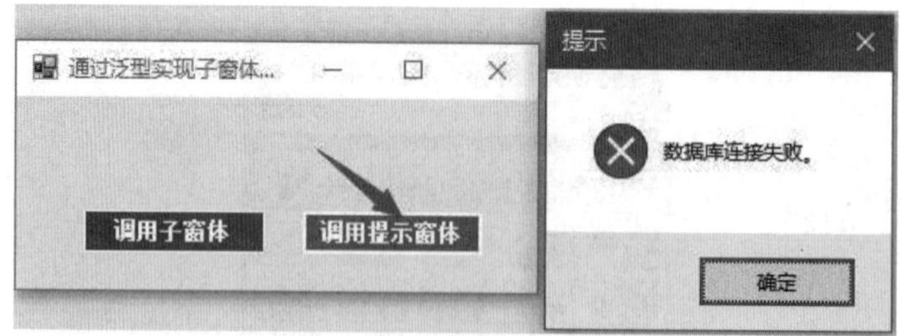

图 9.14　显示错误提示窗体

第 10 章　程序调试与异常处理

本章训练任务对应核心技术分册第 11 章程序调试与异常处理部分。

重点练习内容：

1. C#中常用的异常类及说明。
2. 自定义异常类在开发中的应用。
3. 如何处理实际开发中遇到的各种异常。

应用技能拓展学习

Exception 类是所有异常类的基类，在 C#中，常见的异常类及说明如表 10.1 所示。

表 10.1　常见异常类及说明

	异 常 类	说　明
基类	Exception	所有异常类的基类
常见的异常类	SystemException	System 命名空间中所有其他异常类的基类（公共语言运行时引发的异常通常用此类）
	ApplicationException	应用程序发生非致命错误时所引发的异常（建议：应用程序自身引发的异常通常用此类）
与参数有关的异常类	ArgumentException	处理参数无效的异常，除了继承来的属性名，此类还提供了 string 类型的属性 ParamName 表示引发异常的参数名称
	FormatException	处理参数格式错误的异常
与成员访问有关的异常类	MemberAccessException	处理访问类的成员失败时所引发的异常。失败的原因可能是没有足够的访问权限，也可能是要访问的成员根本不存在（类与类之间调用时常用）
	FileAccessException	处理访问字段成员失败时所引发的异常
	MethodAccessException	处理访问方法成员失败时所引发的异常
	MissingMemberException	处理成员不存在时所引发的异常
与数组有关的异常类	IndexOutOfException	处理下标超出了数组长度所引发的异常
	ArrayTypeMismatchException	处理在数组中存储数据类型不正确的元素所引发的异常
	RankException	处理维数错误所引发的异常

续表

	异常类	说明
与 IO 有关的异常类	IOException	处理进行文件输入输出操作时所引发的异常
	DirectionNotFoundException	处理没有找到指定的目录而引发的异常
	FileNotFoundException	处理没有找到文件而引发的异常
	EndOfStreamException	处理已经到达流的末尾而还要继续读数据而引发的异常
	FileLoadException	处理无法加载文件而引发的异常
	PathTooLongException	处理由于文件名太长而引发的异常
与算术有关的异常类	ArithmeticException	处理与算术有关的异常
	OverflowException	超出数值范围的异常
	DivideByZeroException	表示整数在十进制运算中试图除以零而引发的异常
	NotFiniteNumberException	表示浮点数运算中出现无穷大或者非负值时所引发的异常

实战技能强化训练

训练一：基本功强化训练

1. 在计算时超出数值范围引发的异常 ▷①②③④⑤⑥

创建一个控制台应用程序，声明 3 个 int 类型的变量，即 iNum1、iNum2 和 Num，并将变量 iNum1 和 iNum2 分别初始化为 6000000。然后使 Num 等于 iNum1 和 iNum2 的乘积，最后引发 System.OverflowException 类异常，如图 10.1 所示。

2. 数组索引超出范围引发的异常 ▷①②③④⑤⑥

在控制台上演示一个整型数组（如"int a[] = { 1, 2, 3, 4 };"）遍历的过程，并体现出当 i 的值为多少时，会产生异常，效果如图 10.2 所示。

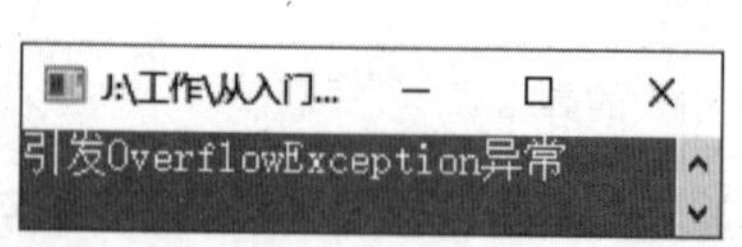

图 10.1　计算超出数值范围引发异常

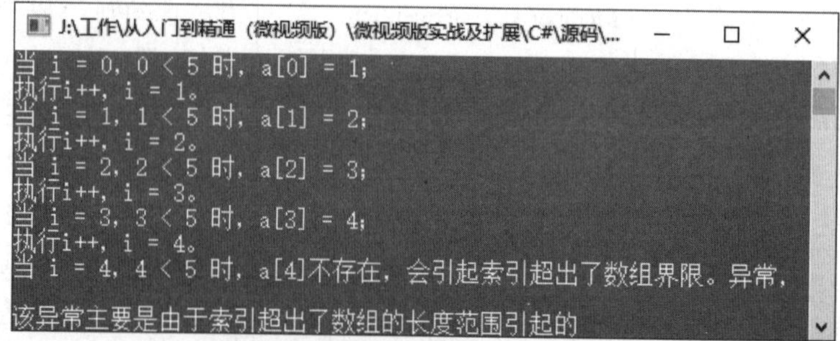

图 10.2　数组索引超出范围引发异常

3．类型转换引发的异常 ▷①②③④⑤⑥

银行账号中现有余额 1023.79 元。模拟取款，当在控制台上输入的取款金额不是整数时，会引起数字格式转换异常，如图 10.3 所示。

（提示：数字格式转换异常使用 FormatException 捕捉）

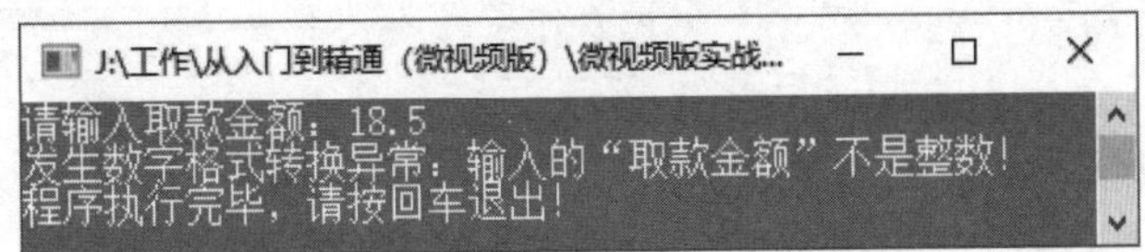

图 10.3　类型转换异常

4．重写空引用异常 ▷①②③④⑤⑥

用户新购买了一台电脑，这台电脑与其他电脑不一样，无法正常启动开机（电脑品牌未声明）。使用继承来体现这个事件，并尝试利用“电脑品牌”引出空引用异常，如图 10.4 所示。

（提示：空引用异常使用 NullReferenceException 捕捉）

J:\工作\从入门到精通（微视频版）\微视频版实战及扩展\C#\源码\11\04\Demo\...

模拟场景：用户新买了台电脑，这台电脑与其他的电脑不一样，无法正常启动开机
经检测，是由于电脑的品牌不确定造成的……

刚买回来的新电脑不能正常开机启动
新电脑的品牌是：
异常出现的原因：
新机器newComputer对象中的品牌（brand）为null

图 10.4　重写空引用异常

5．使用 throw 抛出自定义异常 ▷①②③④⑤⑥

模拟老师上课前的点名过程，并将旷课的学生作为异常抛出：张三、李四、王五（老师在点名册上记下了“王五旷课”）。效果如图 10.5 所示。

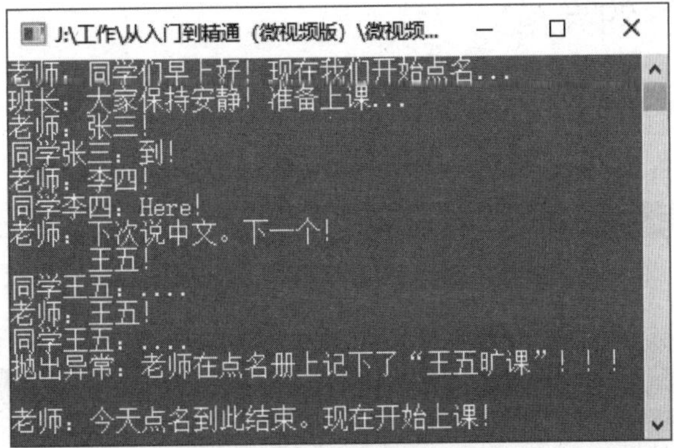

图 10.5　使用 throw 抛出自定义异常

6. 处理数据库连接异常 ▷①②③④⑤⑥

使用异常处理语句捕获数据库连接异常，效果如图 10.6 所示。
（提示：数据库相关异常使用 SqlException 捕捉）

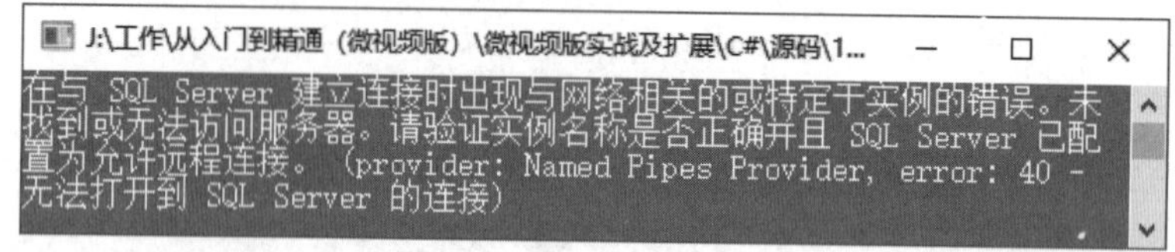

图 10.6　处理数据库连接异常

训练二：实战能力强化训练

7. 缺少 catch 语句时的错误 ▷①②③④⑤⑥

运行程序时，出现如图 10.7 所示的错误提示，请尝试改正程序，使程序正常运行。

8. 动手修改输入字符串格式不正确的异常 ▷①②③④⑤⑥

运行程序时，在运行结果中提示“输入字符串的格式不正确。”，如图 10.8 所示。请尝试改正程序，使程序正常运行。

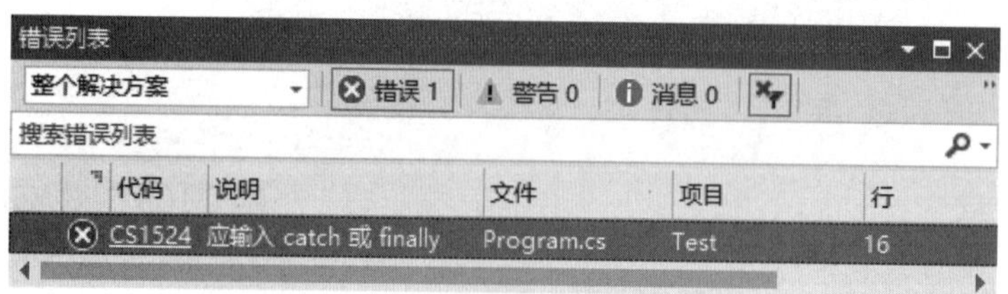

图 10.7　缺少 catch 语句的错误提示

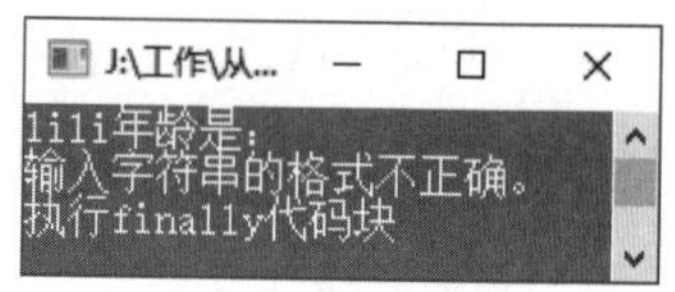

图 10.8　输入字符串格式不正确的异常

9. 被常数零除时引发的异常 ▷①②③④⑤⑥

运行程序时，出现“被常数零除”的错误提示，如图 10.9 所示。请尝试改正程序，使程序正常运行。

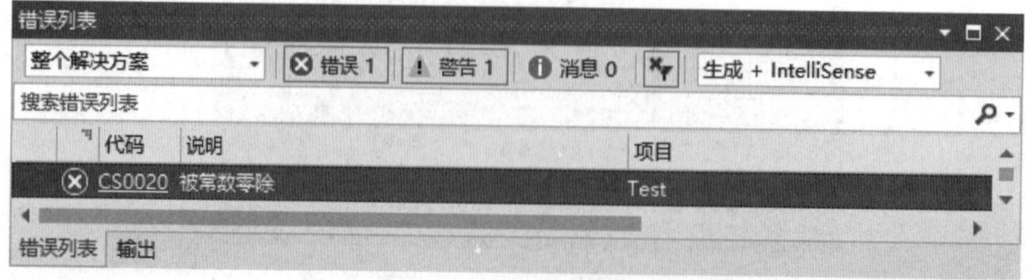

图 10.9　除以零时引发的异常

10．捕捉多个异常时的顺序问题　▷①②③④⑤⑥

运行程序时，出现如图 10.10 所示的错误提示。请尝试改正程序，使程序正常运行。（提示：本程序需要连接 SQL Server 自带的 master 数据库）

11．动手修改由于数据类型错误而出现的异常　▷①②③④⑤⑥

运行程序时，出现“未经处理的异常”对话框，提示“由于数据类型错误而出现的异常”。请尝试为该程序处理异常，如图 10.11 所示。

class System.Data.SqlClient.SqlException
SQL Server 返回警告或错误时引发的异常。 无法继承此类。

上一个 catch 子句已经捕获了此类型或超类型("Exception")的所有异常

图 10.10　捕捉多个异常时的顺序问题

图 10.11　由于数据类型错误而出现的异常

12．设计 MDI 子窗体时出现的异常　▷①②③④⑤⑥

运行程序时，出现如图 10.12 所示的错误提示，请尝试改正程序，使程序正常运行。（提示：本程序为 Windows 窗体程序，其中有两个窗体：一个作为父窗体；另一个作为子窗体）

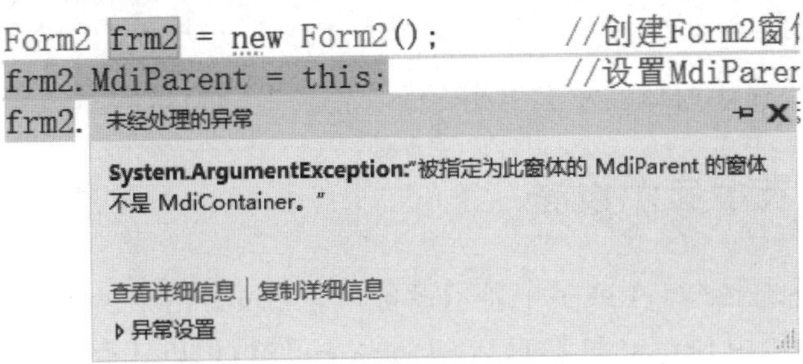

图 10.12　打开子窗体时的错误提示

学习指南

第 11 章　Windows 窗体程序设计

本章训练任务对应核心技术分册第 12 章 Windows 窗体程序设计部分。

重点练习内容：

1. 窗体常用属性的使用。
2. 窗体常用方法的使用。
3. Screen屏幕类的使用。
4. 系统API函数在设计特殊窗体时的应用。
5. C#程序中如何获取图像。
6. C#中如何对注册表进行操作。

应用技能拓展学习

1. Location 属性——获取或设置窗体位置

Location 属性用来获取或设置窗体的左上角相对于桌面的左上角坐标。语法格式如下：

```
[SettingsBindableAttribute(true)]
public Point Location { get; set; }
```

属性值：Point 结构，表示窗体的左上角相对于桌面的左上角坐标。

2. Screen 类——表示显示设备

Screen 类表示单个系统上的一个或多个显示设备，其 PrimaryScreen 属性用来获取主显示，该属性返回一个 Screen 对象，而调用 Screen 对象的 WorkingArea 属性可以获取显示器的工作区。WorkingArea 属性的语法格式如下：

```
public Rectangle WorkingArea { get; }
```

属性值：一个 Rectangle 结构，表示显示器的工作区。

说明：显示器的工作区是指显示器的桌面区域，不包括任务栏、停靠窗口和停靠工具栏等。

3. WindowState 属性——获取或设置窗口状态

WindowState 属性用于获取或设置窗体的窗口状态。语法格式如下：

```
public FormWindowState WindowState { get; set; }
```

属性值：FormWindowState 枚举值之一，表示窗体的窗口状态。FormWindowState 枚举值及说明如表 11.1 所示。

表 11.1　FormWindowState 枚举值及说明

枚　举　值	描　　述
Maximized	最大化的窗口
Minimized	最小化的窗口
Normal	默认大小的窗口

4. Cursor 类的 Position 属性——获取或设置光标位置

Cursor 类代表用于绘制鼠标指针的图像，其 Position 属性用于获取或设置光标位置。该属性的语法格式如下：

```
public static Point Position { get; set; }
```

属性值：代表光标位置的 Point（采用屏幕坐标）结构。

5. BackgroundImageLayout 属性——设置背景显示方式

BackgroundImageLayout 属性用来获取或设置在 ImageLayout 枚举中定义的背景图像布局。语法格式如下：

```
public virtual ImageLayout BackgroundImageLayout { get; set; }
```

属性值：ImageLayout 枚举值之一。ImageLayout 枚举值及说明如表 11.2 所示。

表 11.2　ImageLayout 枚举值及说明

枚　举　值	说　　明
None	图像沿控件的矩形工作区顶部左对齐
Tile	图像沿控件的矩形工作区平铺
Center	图像在控件的矩形工作区中居中显示
Stretch	图像沿控件的矩形工作区拉伸
Zoom	图像在控件的矩形工作区中放大

6. Opacity 属性——获取或设置窗体的透明度级别

Opacity 属性用来获取或设置窗体的透明度级别。语法格式如下：

```
[TypeConverterAttribute(typeof(OpacityConverter))]
public double Opacity { get; set; }
```

属性值：窗体的透明度级别。默认值为 1.00。

7. SetBounds 方法——设置窗体或控件的边界

SetBounds 方法将窗体或控件的边界设置为指定位置和大小。语法格式如下：

```
public void SetBounds (int x,int y, int width,int height)
```

SetBounds 方法中的参数及说明如表 11.3 所示。

表 11.3　SetBounds 方法中的参数及说明

参　　数	描　　述	参　　数	描　　述
x	控件的新 Left 属性值	width	控件的新 Width 属性值
y	控件的新 Top 属性值	height	控件的新 Height 属性值

8. EventHandler 事件——处理事件委托

EventHandler 事件主要是通过 EventHandler 委托来实现的，该委托表示处理不包含事件数据的事件的方法。语法格式如下：

```
[SerializableAttribute]
[ComVisibleAttribute(true)]
public delegate void EventHandler(Object sender,EventArgs e)
```

☑ sender：事件源。

☑ e：不包含任何事件数据的 EventArgs 事件。

例如，通过使用 EventHandler 事件为子窗体添加一个事件处理程序，以便能够刷新父窗体中的数据。代码如下：

```
//定义一个处理更新 DataGridView 控件内容的方法
public event EventHandler UpdateDataGridView = null;
//添加事件
BabyWindow.UpdateDataGridView += new EventHandler(BabyWindow_UpdateDataGridView);
```

9. Button 控件——按钮控件

Button 控件，又称为按钮控件，它允许用户通过单击来执行操作。Button 控件既可以显示文本，也可以显示图像，当该控件被单击时，它看起来像是被按下，然后被释放。Button 控件最常用的是 Text 属性和 Click 事件，其中，Text 属性用来设置 Button 控件显示的文本，Click 事件用来指定单击 Button 控件时执行的操作。

本章实战主要用到 Button 控件的 BackColor 属性、FlatStyle 属性，下面分别对它们进行详细讲解。

（1）BackColor 属性。

BackColor 属性主要用来获取或设置控件的背景色。语法格式如下：

```
public override Color BackColor { get; set; }
```

属性值：一个表示背景色的 Color 值。

（2）FlatStyle 属性。

FlatStyle 属性主要用来获取或设置按钮控件的平面样式外观。语法格式如下：

```
public FlatStyle FlatStyle { get; set; }
```

属性值：FlatStyle 值之一。默认值为 Standard。

10. Anchor 属性——获取或设置控件到容器的边缘

Anchor 属性用来获取或设置控件绑定到容器的边缘，并确定控件如何随其父级一起调整大小。语法格式如下：

```
public virtual AnchorStyles Anchor { get; set; }
```

属性值：AnchorStyles 枚举值的按位组合。默认值是 Top 和 Left。AnchorStyles 枚举值及说明如表 11.4 所示。

表 11.4　AnchorStyles 枚举值及说明

枚　举　值	说　　明	枚　举　值	说　　明
Top	控件锚定到其容器的上边缘	Right	控件锚定到其容器的右边缘
Bottom	控件锚定到其容器的下边缘	None	控件未锚定到其容器的任何边缘
Left	控件锚定到其容器的左边缘		

11. Color 结构的 FromArgb 方法——从指定的颜色值创建 Color 结构

Color 结构表示一种 ARGB 颜色（alpha、红色、绿色和蓝色），其 FromArgb 方法用来从指定的 8 位颜色值（红色、绿色和蓝色）创建 Color 结构，该方法为可重载方法。其最常用的语法格式如下：

```
public static Color FromArgb(int red,int green,int blue)
```

FromArgb 方法中的参数及说明如表 11.5 所示。

表 11.5　FromArgb 方法中的参数及说明

参　　数	说　　明
red	新 Color 的红色分量值，有效值为 0～255
green	新 Color 的绿色分量值，有效值为 0～255
blue	新 Color 的蓝色分量值，有效值为 0～255
返回值	创建的 Color 结构

说明：FromArgb 方法就是用 3 种不同的颜色值来返回一种颜色，而稍微调整某一种颜色值就可以使整体的颜色发生细微的变化，在窗体中自上而下每行填充一种稍微调整后的颜色，这样整体看来就会产生渐变的效果。可以利用窗体的 Graphics 对象对窗体进行绘图，该对象可以完全操控窗体的客户区。

12. SetWindowLong 函数——为窗口设置信息

SetWindowLong 函数主要用于在窗口结构中为指定的窗口设置信息。语法格式如下：

```
[DllImport("user32", EntryPoint = "SetWindowLong")]
private static extern uint SetWindowLong(IntPtr hwnd, int nIndex, uint dwNewLong);
```

☑ hwnd：IntPtr，欲为其取得信息的窗口的句柄。
☑ nIndex：int，欲取回的信息，其常量如表 11.6 所示。
☑ dwNewLong：uint，由 nIndex 指定的窗口信息的新值。
☑ 返回值：uint，指定数据的前一个值。

表 11.6 nIndex 参数的常量值及说明

常量	值	说明
GWL_EXSTYLE	−20	扩展窗口样式
GWL_STYLE	−16	窗口样式
GWL_WNDPROC	−4	该窗口的窗口函数的地址
GWL_HINSTANCE	−6	拥有窗口实例的句柄
GWL_HWNDPARENT	−8	该窗口之父的句柄。不要用 SetWindowWord 来改变这个值
GWL_ID	−12	对话框中一个子窗口的标识符
GWL_USERDATA	−21	含义由应用程序规定
DWL_DLGPROC	4	这个窗口的对话框函数地址
DWL_MSGRESULT	0	在对话框函数中处理的一条消息返回的值
DWL_USER	8	含义由应用程序规定

说明：程序中使用系统 API 函数时，首先需要在命名空间区域添加 System.Runtime.InteropServices 命名空间，下面再遇到类似的情况时将不再提示。

13. GetWindowLong 函数——从窗口结构中获取信息

GetWindowLong 函数主要从指定窗口的结构中取得信息。语法格式如下：

```
[DllImport("user32", EntryPoint = "GetWindowLong")]
private static extern uint GetWindowLong(IntPtr hwnd, int nIndex);
```

☑ hwnd：IntPtr，欲为其取得信息的窗口的句柄。
☑ nIndex：该参数的值请参见表 11.6。
☑ 返回值：uint，由 nIndex 决定。零表示出错。

14. WindowFromPoint 函数——获取包含指定坐标点的窗口句柄

WindowFromPoint 函数用于获得包含指定点坐标的窗口的句柄。语法格式如下：

```
[DllImport("user32.dll")]                          //需要引入 user32.dll 动态链接库
public static extern int WindowFromPoint(int xPoint, int yPoint)
                                                   //获得包含指定点坐标的窗口的句柄
```

☑ xPoint：被检测点的横坐标。
☑ yPoint：被检测点的纵坐标。
☑ 返回值：为包含指定点坐标的窗口的句柄，若包含指定点坐标的窗口不存在，则返回值为 null；若该坐标对应的点在静态文本控件之上，则返回值是在该静态文本控件下面的窗口的句柄。

15. GetParent 函数——获取指定句柄的父级

GetParent 函数用于获取指定句柄的父级。语法格式如下：

```
[DllImport("user32.dll", ExactSpelling = true, CharSet = CharSet.Auto)]
public static extern IntPtr GetParent(IntPtr hWnd);    //获取指定句柄的父级
```

☑ hWnd：指定窗口的句柄。
☑ 返回值：若函数执行成功，则返回指定窗口句柄的父级；若函数执行失败，则返回值为 null。

16. ReleaseCapture 函数——释放被捕获的光标

ReleaseCapture 函数用来释放被当前线程中某个窗口捕获的光标。语法格式如下：

```
[DllImport("user32.dll")]
public static extern bool ReleaseCapture();
```

17. SendMessage 函数——发送 Windows 消息

SendMessage 函数用来向指定的窗体发送 Windows 消息。语法格式如下：

```
[DllImport("user32.dll")]
public static extern bool SendMessage(IntPtr hwdn,int wMsg,int mParam,int lParam);
```

SendMessage 函数语法中的参数及说明如表 11.7 所示。

表 11.7　SendMessage 函数语法中的参数及说明

参　数	描　述
hwdn	表示发送消息的目的窗口的句柄
wMsg	表示被发送的消息
mParam	取决于被发送的消息，表示附加的消息信息
lParam	取决于被发送的消息，表示附加的消息信息
返回值	表示处理是否成功

18. AnimateWindow 函数——实现窗体动画效果

AnimateWindow 函数主要用来实现窗体的动画效果。语法格式如下：

```
[DllImportAttribute("user32.dll")]
private static extern bool AnimateWindow(IntPtr hwnd, int dwTime, int dwFlags);
```

参数说明如下：

☑ hwnd：IntPtr，窗口句柄。

☑ dwTime：动画的持续时间，数值越大，动画效果的持续时间就越长。

☑ dwFlags：动画效果类型选项，其常量值及说明如表 11.8 所示。

表 11.8　dwFlags 参数的常量值及说明

常　　量	值	说　　明
AW_SLIDE	0x00040000	使用滑动类型。默认则为滚动动画类型。当使用 AW_CENTER 标志时，这个标志就被忽略
AW_ACTIVE	0x00020000	激活窗口。在使用 AW_HIDE 标志后，不可以使用这个标志
AW_BLEND	0x00080000	使用淡入效果。只有当 hWnd 为顶层窗口时才可以使用此标志
AW_HIDE	0x00010000	隐藏窗口，默认则显示窗口
AW_CENTER	0x00000010	若使用 AW_HIDE 标志，则使窗口向内重叠；若未使用 AW_HIDE 标志，则使窗口向外扩展
AW_HOR_POSITIVE	0x00000001	自左向右显示窗口。该标志可以在滚动动画和滑动动画中使用。当使用 AW_CENTER 标志时，该标志将被忽略
AW_HOR_NEGATIVE	0x00000002	自右向左显示窗口。当使用 AW_CENTER 标志时，该标志被忽略
AW_VER_POSITIVE	0x00000004	自顶向下显示窗口。该标志可以在滚动动画和滑动动画中使用。当使用 AW_CENTER 标志时，该标志将被忽略
AW_VER_NEGATIVE	0x00000008	自下向上显示窗口。该标志可以在滚动动画和滑动动画中使用。当使用 AW_CENTER 标志时，该标志将被忽略

19. 从指定的文件创建 Image 对象

从指定的文件创建 Image 对象时主要用到 Image 类的 FromFile 方法，该方法的重载形式有两种，具体如下：

```
public static Image FromFile(string filename)    //该方法从指定的文件创建 Image 对象
//该方法使用该文件中的嵌入颜色管理信息，从指定的文件创建 Image 对象
public static Image FromFile(string filename, bool useEmbeddedColorManagement)
```

参数说明如下：

☑ filename：指定位置的图片名称。

☑ useEmbeddedColorManagement：若要使用图像文件中嵌入的颜色管理信息，则设置为 true；否则设置为 false。

说明：由于 FromFile 方法是 Image 类中的一个静态方法，因此可直接使用 Image 类来调用。

20. 为 EXE 文件设置生成图标的方法

（1）打开 Visual Studio 开发环境，新建一个 Windows 窗体应用程序，并将其命名为 SetExeIcon。

（2）更改默认窗体 Form1 的 Name 属性为 Frm_Main。

（3）在 Visual Studio 开发环境的菜单栏中选择“项目”→“SetExeIcon 属性”命令，如图 11.1 所示。

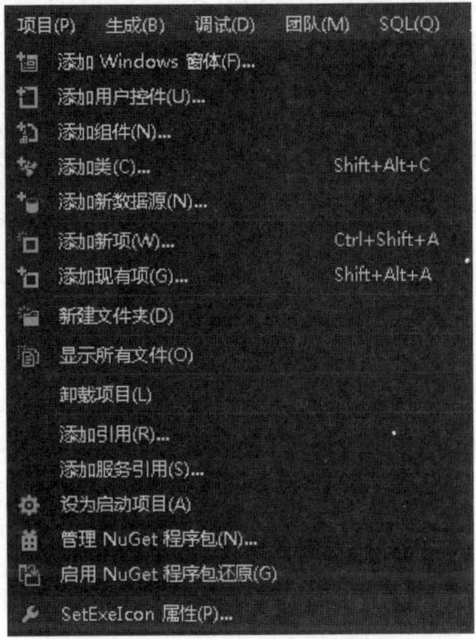

图 11.1　选择“项目”→“SetExeIcon 属性”命令

（4）切换到 SetExeIcon 界面，如图 11.2 所示。在该界面中选中“图标和清单”单选按钮，然后单击“图标”文本框后面的选择按钮，选择指定的 ICON 图标，最后重新运行应用程序即可。

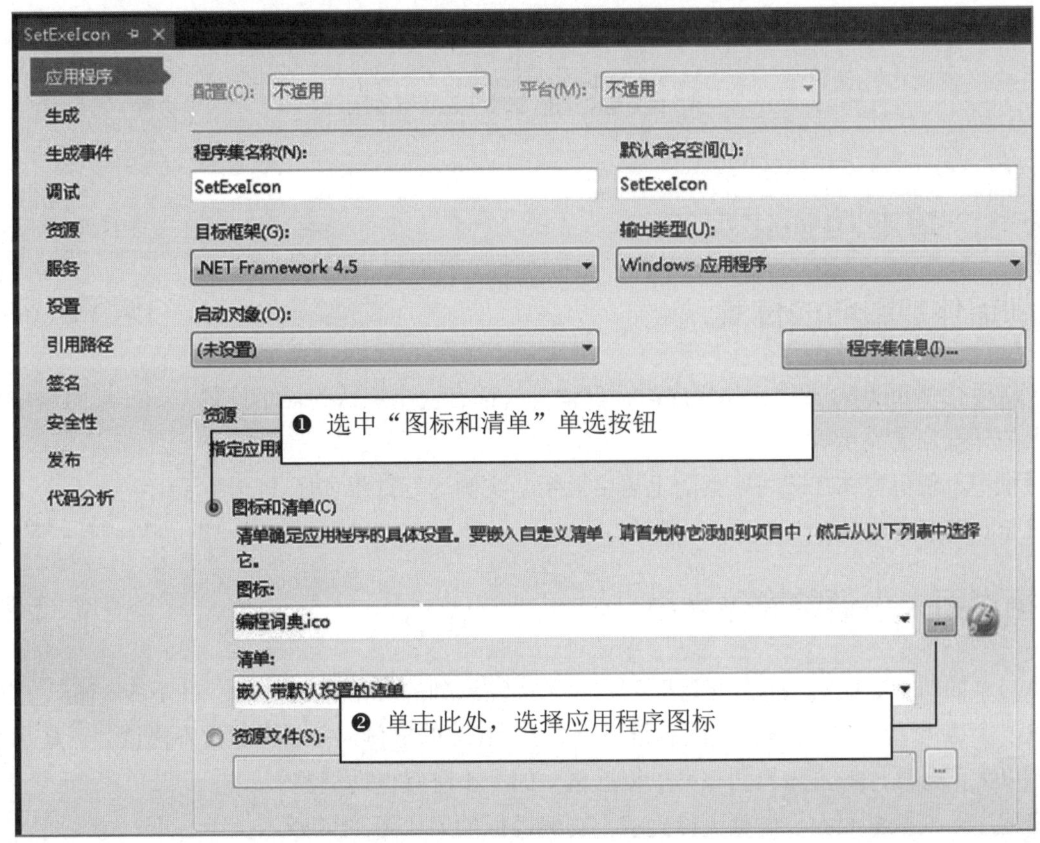

图 11.2　SetExeIcon 界面

21. C#中如何对注册表进行操作

C#中对注册表进行读写，主要是通过 RegistryKey 类的 GetValue 方法和 SetValue 方法来实现的，其中，GetValue 方法用来检索与指定名称关联的值，其最常用的语法格式如下：

```
public Object GetValue(string name)
```

参数说明如下：

☑ name：要检索的值的名称。

☑ 返回值：与 name 关联的值；如果未找到 name，则为 null。

SetValue 方法用来设置注册表项中的名称/值对的值，其最常用的语法格式如下：

```
public void SetValue(string name,Object value)
```

参数说明如下：

☑ name：要存储的值的名称。

☑ value：要存储的数据。

说明：程序中使用 RegistryKey 类时，首先需要在命名空间区域添加 Microsoft.Win32 命名空间。

实战技能强化训练

训练一：基本功强化训练

1. 控制窗体加载时的位置 ▷①②③④⑤⑥

第一次运行 Windows 窗体应用程序时，窗体一般都有一个默认的显示位置，如在桌面居中显示、在桌面上的任意位置显示等。

编写程序，使得窗体加载时在桌面上居中显示。实例运行效果如图 11.3 所示。

（提示：使用窗体的 StartPosition 属性）

2. 根据桌面大小调整窗体大小 ▷①②③④⑤⑥

窗体与桌面的大小比例是软件运行时用户经常会注意到的一个问题。例如，在 1634×768 的桌面上，如果放置一个很大（如 1280×1634）或者很小（如 10×10）的窗体，会显得非常不协调。正是基于以上情况，所以大部分软件的窗体界面都可以根据桌面的大小进行自动调整。

编写程序，根据桌面大小调整窗体大小。实例运行效果如图 11.4 所示。

（提示：借助 Screen 类获取桌面的宽度和高度）

图 11.3　控制窗体加载时的位置

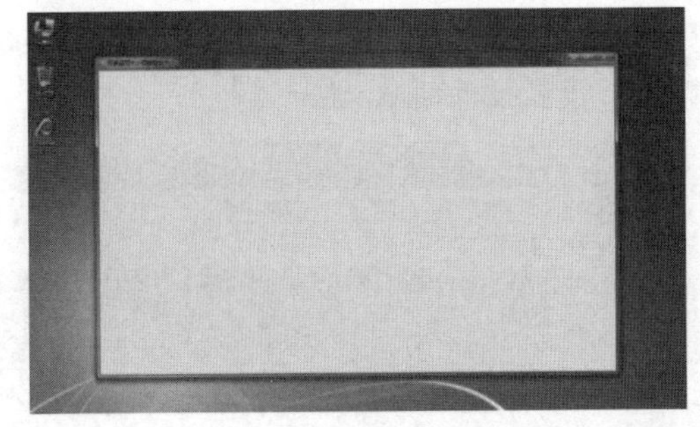

图 11.4　根据桌面大小调整窗体大小

3．手动改变自制窗体的大小　▷①②③④⑤⑥

用户去除窗体边框，自行设置窗体外观时，不能对窗体的大小进行随意改变。

编写程序，手动改变无边框窗体的大小，实例运行效果如图 11.5 所示。

（提示：借助 Panel 控件对窗体进行分区域设计，从而控制改变窗体大小）

4．使背景图片自动适应窗体的大小　▷①②③④⑤⑥

开发 Windows 窗体程序时，如果设置了背景图片，就必须保证图片大小与窗体大小协调一致，否则会出现图片显示不全的问题。

编写程序，使背景图片能够自动适应窗体的大小，运行效果如图 11.6 所示。

（提示：设置窗体的 BackgroundImage 属性和 BackgroundImageLayout 属性）

图 11.5　手动改变自制窗体的大小

图 11.6　使背景图片自动适应窗体的大小

5．图形化的导航界面　▷①②③④⑤⑥

图形化的导航界面，顾名思义就是在窗体中使用图形导航代替传统的文字导航。与传统的文字导航界面相比，图形化导航界面更加美观、吸引人。

编写程序，制作一个图形化导航界面，实例运行效果如图 11.7 所示。

6．使控件大小随窗体自动调整　▷①②③④⑤⑥

软件开发中，随着窗体大小的变化，界面会和设计时出现较大的差异。如果控件和窗体大小不成比例，界面就会非常不协调。

编写程序，使控件大小随着窗体变化而自动调整，实例运行效果如图 11.8 所示。

（提示：设置控件的 Anchor 属性）

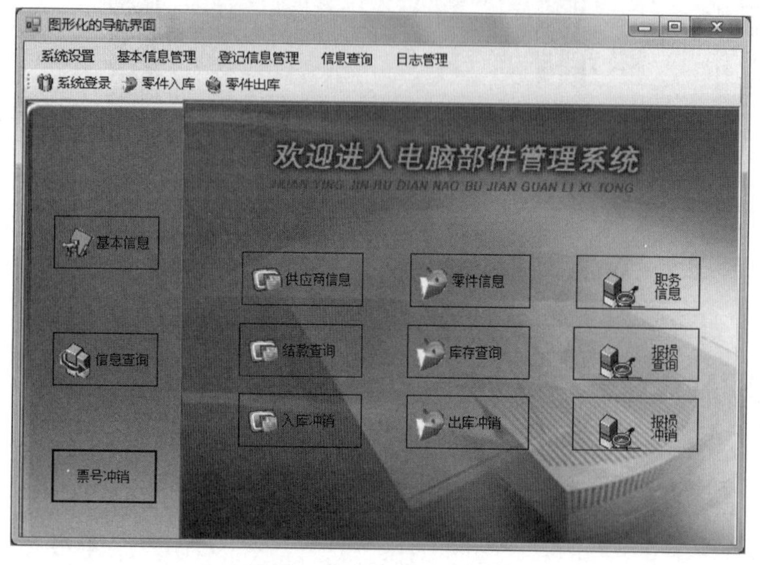

图 11.7　图形化的导航界面

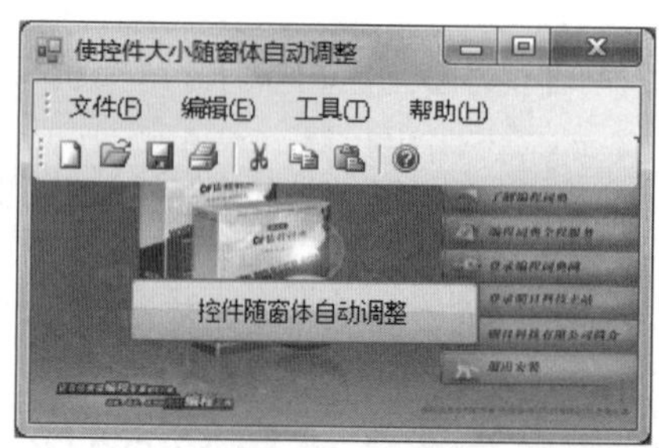

图 11.8　使控件大小随窗体自动调整

7．制作半透明渐显窗体

▷①②③④⑤⑥

很多专业软件在启动前都会显示一个说明该软件信息或用途的窗口，有的则是一个漂亮的启动界面，如 Adobe 公司的 Acrobat 等。编写程序，制作一个半透明渐显窗体，即窗体界面可从完全透明渐变到半透明效果，如图 11.9 和图 11.10 所示。

（提示：在 Timer 组件的 Tick 事件中对窗体透明度进行设置）

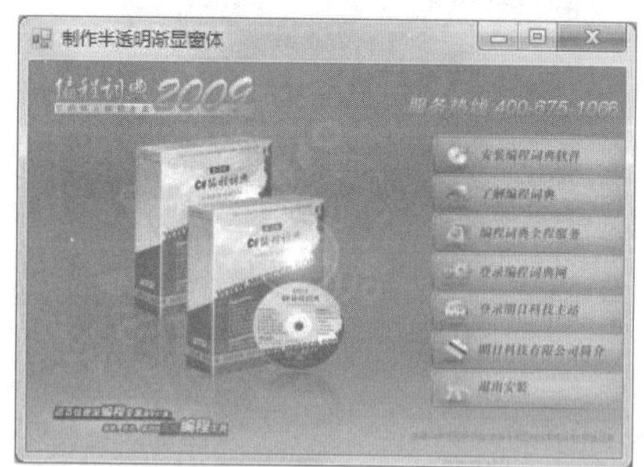

图 11.9　窗体显示过程中

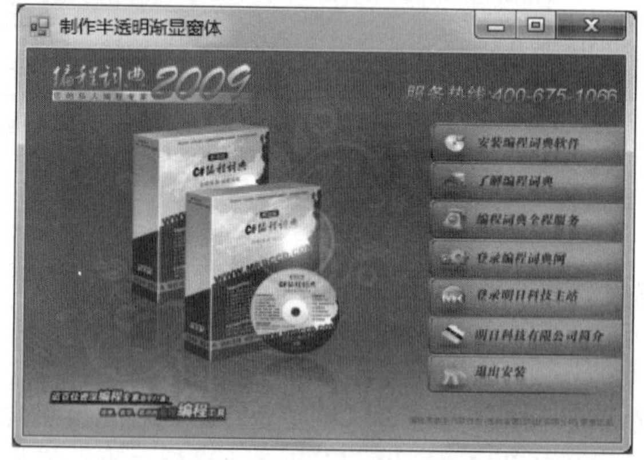

图 11.10　窗体显示完毕

8．仿 QQ 抽屉式窗体

▷①②③④⑤⑥

仿照 QQ 软件界面，设计一个抽屉式窗体，实例运行效果如图 11.11 所示。

在仿 QQ 抽屉式窗体中单击任意按钮，程序将显示被单击按钮所对应的列表，同时隐藏其他两个

按钮对应的列表。用鼠标拖曳该窗体到屏幕的任意边缘，窗体会自动隐藏到该边缘内，当鼠标划过隐藏窗体的边缘时，窗体会显示出来；当鼠标离开窗体时，窗体再次被隐藏。

9．拖动无边框窗体　▷①②③④⑤⑥

窗体通常包含标题栏、菜单栏、工具栏和状态栏等。在标题栏中按住鼠标左键不放，即可拖动窗体。浮动窗体中，为了界面友好，一般不包含边框。这时该如何拖放窗体呢？

编写程序，可以实现拖动一个无边框的窗体。实例运行效果如图 11.12 所示。

（提示：使用系统 API 函数 ReleaseCapture 和 SendMessage 实现）

图 11.11　仿 QQ 抽屉式窗体

图 11.12　拖动无边框窗体

10．设置可执行文件的生成图标　▷①②③④⑤⑥

使用 Visual Studio 开发 Windows 窗体应用程序时，可执行文件的默认图标如图 11.13 所示。

编写程序，手动设置一个可执行文件的生成图标。效果如图 11.14 所示。

SetExeIco
n.exe

图 11.13　可执行文件的默认图标

SetExeIco
n.exe

图 11.14　手动设置可执行文件的图标

训练二：实战能力强化训练

11．从上次关闭位置启动窗体　▷①②③④⑤⑥

实际开发中，有很多软件都有一个通用的功能，即从上次关闭位置启动窗体。

本实例就将使用 C#语言实现从上次关闭位置启动窗体的功能。实例运行效果如图 11.15 所示。

（提示：在注册表中记录窗体的关闭位置，操作注册表使用 RegistryKey 类）

12. 自定义最大化、最小化和关闭按钮 ▷①②③④⑤⑥

开发应用程序时，为了使界面协调、美观，一般开发者会自行设计窗体的外观，以及窗体的最大化、最小化和关闭按钮。

编写程序，通过资源文件来存储窗体的外观，以及最大化、最小化和关闭按钮的图片，再通过鼠标移入、移出事件来实现按钮的动态效果。实例运行效果如图 11.16 所示。

（提示：窗体设置为无边框窗体，通过 WindowState 属性控制窗体的状态变化）

图 11.15　从上次关闭位置启动窗体

图 11.16　自定义最大化、最小化和关闭按钮

13. 使窗体背景色渐变 ▷①②③④⑤⑥

程序设计时，通过设置窗体的 BackColor 属性可以改变窗体的背景颜色。但该属性改变后，整个窗体的客户区都会变成这种颜色，显得非常单调。如果窗体的客户区可以像标题栏一样呈现颜色渐变效果，将会另有一番风味。

编写程序，制作一个背景色渐变的窗体，实例运行效果如图 11.17 所示。

（提示：通过 Graphics 绘图对象的 DrawRectangle 方法来实现）

图 11.17　使窗体背景色渐变

14. 磁性窗体的设计 ▷①②③④⑤⑥

多媒体播放软件中，拖动其中一个窗体（主窗体）时，其他窗体（子窗体）会随着该窗体移动；

拖动子窗体时，其他窗体将不跟随移动，这就是磁性窗体。

编写程序，制作一个磁性窗体。拖动主窗体移动时，两个子窗体如果相连，则跟随移动。实例运行效果如图 11.18 所示。

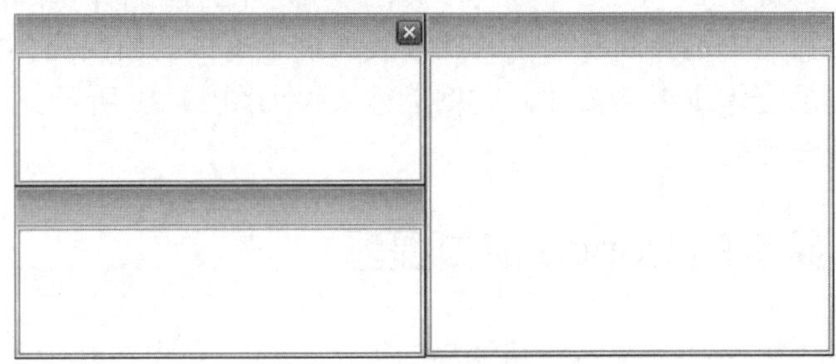

图 11.18　磁性窗体的设计

15. 制作鼠标穿透窗体　▷①②③④⑤⑥

在对桌面进行操作时，为了使桌面美观，可在其上加一层玻璃效果。用户可以用鼠标透过“玻璃”对桌面进行操作。

本实例通过使用鼠标穿透窗体来实现以上功能。实例运行效果如图 11.19 所示。

（提示：使用系统 API 函数 GetWindowLong 和 SetWindowLong 实现）

16. 窗体换肤程序　▷①②③④⑤⑥

在默认情况下，Windows 窗体的皮肤由操作系统的主题和外观设置来决定，但有些应用软件为了摆脱操作系统的这种束缚，已经开发出自定义窗体皮肤的功能，如常见的播放软件暴风影音、PPLive 等。在本实例的窗体中右击，将弹出一个用于更换窗体皮肤的快捷菜单，选择“换皮肤”菜单下的任意子菜单，程序将为当前窗体更换皮肤。实例运行效果如图 11.20 所示。

（提示：主要通过更改窗体的背景图片和 Panel 控件的图片实现）

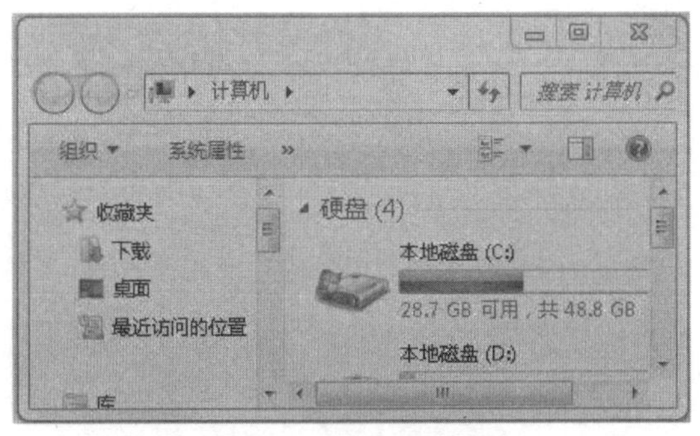

图 11.19　制作鼠标穿透窗体

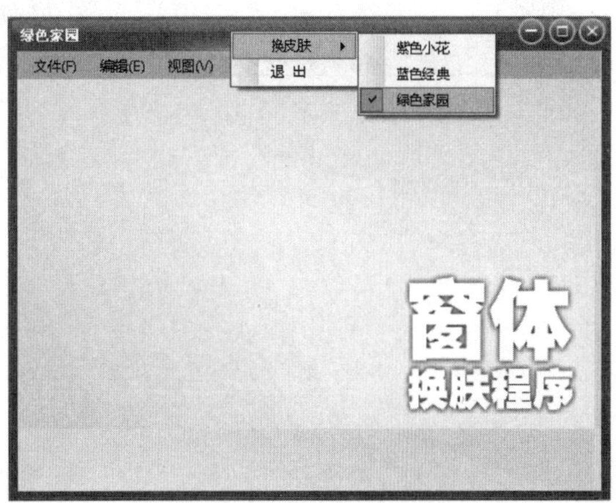

图 11.20　窗体换肤程序

17. 通过子窗体刷新父窗体 ▷①②③④⑤⑥

在进销存管理系统中添加销售单信息时，每个销售单都可能对应多种商品。向销售单中添加商品时，一般都是在新弹出的窗体中选择商品，这时就涉及通过子窗体刷新父窗体的问题。

编写程序，实现通过子窗体刷新父窗体，实例运行效果如图 11.21 所示。

（提示：通过委托进行控制）

18. 从桌面右下角显示的 Popup 窗口提醒 ▷①②③④⑤⑥

Popup 窗口提醒实际上就是在屏幕右下角弹出的提示窗口，在程序升级、提示当天工作内容等场景下应用广泛。

编写程序，制作一个能动态显示和隐藏的 Popup 窗口提醒，实例效果如图 11.22 所示。

（提示：使用系统 API 函数 AnimateWindow 实现）

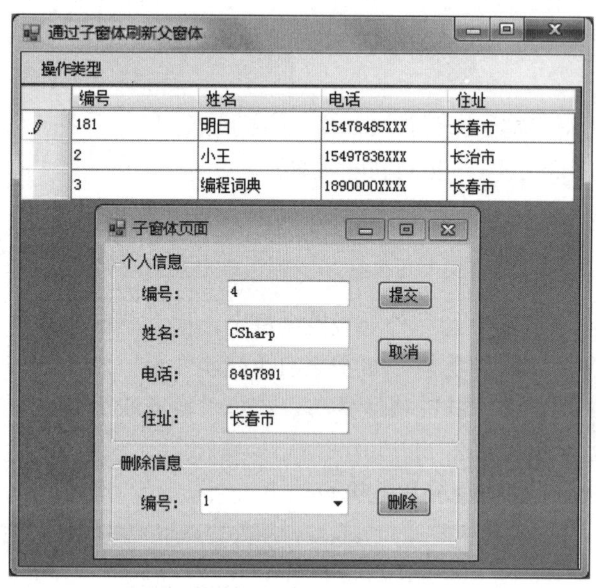

图 11.21　通过子窗体刷新父窗体

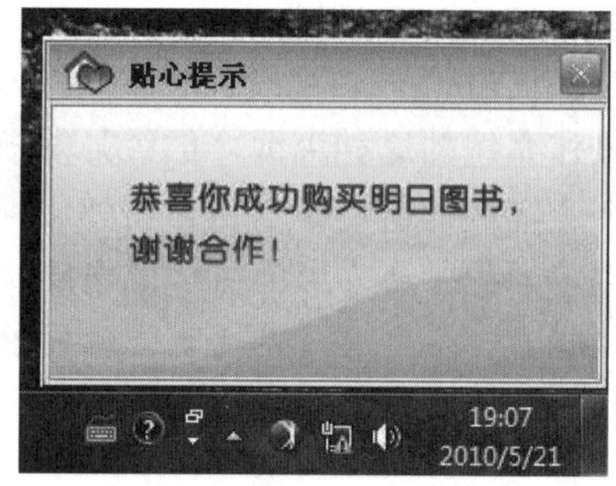

图 11.22　从桌面右下角显示的 Popup 窗口提醒

第 12 章　Windows 控件的使用

本章训练任务对应核心技术分册第 13 章 Windows 控件的使用部分。

重点练习内容：

1．KeyPress键盘事件的使用。
2．复选框列表控件的使用。
3．如何捕获系统消息。
4．系统API函数在开发中的应用。
5．如何创建自定义用户控件。
6．如何实现自定义用户控件的代码重写。

应用技能拓展学习

1．KeyPress 事件——按下键盘事件

控制文本框中只能输入数字，其主要是通过 TextBox 控件的 KeyPress 事件实现的。KeyPress 事件用来在控件有焦点的情况下按下键盘中的按键时发生，其语法格式如下：

```
public event KeyPressEventHandler KeyPress
```

其中，KeyPressEventHandler 表示将要处理 Control 的 KeyPress 事件的方法。其语法格式如下：

```
public delegate void KeyPressEventHandler (Object sender,KeyPressEventArgs e)
```

☑　sender：事件源。
☑　e：包含事件数据的 KeyPressEventArgs。

KeyPressEventArgs 对象有 Handled 属性和 KeyChar 属性。

（1）Handled 属性。

Handled 属性获取或设置一个值，该值指示是否处理过 KeyPress 事件。其语法格式如下：

```
public bool Handled { get; set; }
```

属性值：如果处理过事件为 true；否则为 false。

（2）KeyChar 属性。

KeyChar 属性获取或设置与按下的键对应的字符。其语法格式如下：

```
public char KeyChar { get; set; }
```

属性值：键盘中的键所对应的 ASCII 字符。

例如，用户可以使用 KeyChar 获取或设置以下键：a～z、A～Z、Ctrl、标点符号、键盘顶部和数字键盘上的数字键以及 Enter 键。下面的示例判断用户是否按下 Enter 键。代码如下：

```
private void textBox1_KeyPress(object sender, KeyPressEventArgs e)
{
    if (e.KeyChar == 13)
    { MessageBox.Show("您按下 Enter 键了"); }
}
```

2．CheckedItems 属性——获取复选框列表中的所有选中项

CheckedItems 属性用来表示 CheckedListBox 控件中所有选中项的集合。其语法格式如下：

```
public CheckedItemCollection CheckedItems { get; }
```

属性值：CheckedListBox 控件的 CheckedListBox.CheckedItemCollection 集合。

3．SetItemCheckState 方法——设置复选框选中状态

SetItemCheckState 方法用来设置指定索引项的复选状态。其语法格式如下：

```
public void SetItemCheckState (int index,CheckState value)
```

☑ index：要为其设置状态的项的索引。

☑ value：CheckState 值之一。

4．Items 集合的 AddRange 方法——将控件数组添加到项中

ContextMenuStrip 控件中 Items 集合的 AddRange 方法，用于将 ToolStripItem 控件的数组添加到菜单集合中。其语法格式如下：

```
public void AddRange(ToolStripItem[] toolStripItems)
```

toolStripItems：ToolStripItem 对象的控件数组。

5．Dock 属性——设置控件的停靠方式

控件的 Dock 属性用来获取或设置控件的停靠方式。其语法格式如下：

```
public override DockStyle Dock { get; set; }
```

属性值：DockStyle 枚举值，默认为 None。

6．Join 方法——将工具栏添加到容器中

ToolStripButton 对象的 Join 方法，用于将指定的 ToolStrip 添加到 ToolStripPanel 中。其语法格式如下：

```
public void Join(ToolStrip toolStripToDrag)
```

toolStripToDrag：ToolStrip 工具栏控件，要添加到 ToolStripPanel 中的 ToolStrip 工具栏。

7．WndProc 方法——捕获系统消息

WndProc 方法用来捕获系统消息，在自定义控件时，可以使用它来捕获处理控件的消息。其语法格式如下：

```
protected override void WndProc(ref Message m)
{
    base.WndProc(ref m);                    //处理消息
}
```

8．GetWindowDC 函数——获取窗口的设备场景

GetWindowDC 函数用来获取当前窗口的设备场景。其语法格式如下：

```
[DllImport("user32.dll")]
public static extern IntPtr GetWindowDC(IntPtr hWnd);
```

☑ hWnd：表示将获取其设备场景的窗口。
☑ 返回值：执行成功则为窗口设备场景；失败则为 0。

9．ReleaseDC 函数——释放设备场景

ReleaseDC 函数用来释放由调用 GetDC 或 GetWindowDC 函数获取的指定设备场景，它对类或私有设备场景无效。其语法格式如下：

```
[DllImport("user32.dll")]
public static extern int ReleaseDC(IntPtr hWnd,IntPtr hDC);
```

☑ hWnd：表示要释放的设备场景相关的窗口句柄。
☑ hDC：表示要释放的设备场景句柄。
☑ 返回值：执行成功返回 1；否则返回 0。

10．如何创建自定义用户控件

下面详细介绍创建自定义控件的步骤。

（1）选中当前项目，然后右击，在弹出的快捷菜单中选择“添加”→“新建项”命令，弹出如图 12.1 所示的“添加新项”对话框。

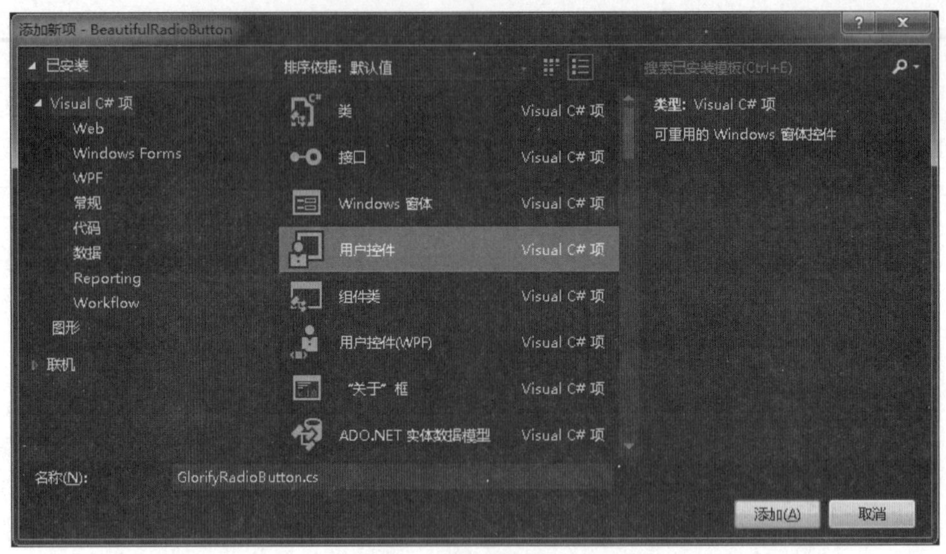

图 12.1 “添加新项”对话框

（2）选择“用户控件”选项，在“名称”文本框中输入用户控件的名称，单击“添加”按钮，即可在当前项目中添加一个用户控件，如图 12.2 所示。

（3）在用户控件中，如果需要添加 Windows 标准控件，可以从“工具箱”中直接拖曳使用；如果需要编写代码，则单击“单击此处切换到代码视图”超链接，进入后台代码视图，以便编写所需的代码。

（4）用户控件添加完成后，选择添加完成的用户控件，用鼠标将其拖曳到工具箱中，如图 12.3 所示。

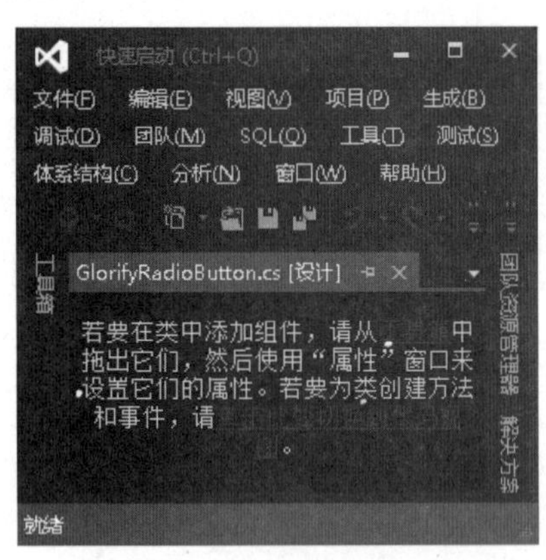

图 12.2 添加的用户控件

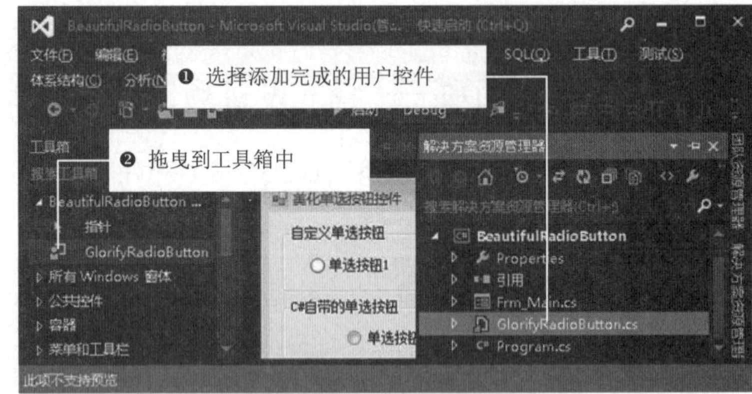

图 12.3 将用户控件拖曳到工具箱中

（5）最后就可以像使用 Windows 标准控件一样，对用户控件进行拖曳使用了。

11. 自定义用户控件的重写

这里以重写 RichTextBox 控件为例，讲解如何重写自定义用户控件，首先继承 RichTextBox 控件，然后用 Graphics 类 DpiX 和 DpiY 属性计算在控件中绘制毫米刻度的值，以及用 RichTextBox 控件的

GetPositionFromCharIndex 方法获取 RichTextBox 控件显示区域中第一个字符的坐标位置。下面对其进行详细介绍。

（1）在用户控件中继承 RichTextBox 控件。

在用户控件中继承 RichTextBox 控件，与设置自定义属性基本相同，只是将其类型设置为 RichTextBox，因为该属性组继承 RichTextBox 控件，所以在设置属性时不需要设置“set 访问器”。代码如下：

```
[Browsable(true), Category("设置标尺控件"), Description("设置 RichTextBox 控件的相关属性")]
public RichTextBox NRichTextBox
{
    get { return richTextBox1; }
}
```

（2）DpiX 属性。

DpiX 属性用于获取 Graphics 的水平分辨率。语法格式如下：

```
public float DpiX { get; }
```

属性值：Graphics 支持的水平分辨率的值（以每英寸点数为单位）。

（3）DpiY 属性。

DpiY 属性用于获取 Graphics 的垂直分辨率。语法格式如下：

```
public float DpiY{ get; }
```

属性值：Graphics 支持的垂直分辨率的值（以每英寸点数为单位）。

（4）GetPositionFromCharIndex 方法。

GetPositionFromCharIndex 方法用于检索控件内指定字符索引处的位置。语法格式如下：

```
public override Point GetPositionFromCharIndex (int index)
```

☑　index：要检索其位置的字符索引。

☑　返回值：指定字符的位置。

实战技能强化训练

训练一：基本功强化训练

1. 只允许输入数字的 TextBox 控件　▷①②③④⑤⑥

在开发一些应用软件时，要求用户录入数据，根据录入数据的类型和具体情况需要对数据进行处理，例如，在录入商品数量时，要求录入的数据必须是数字。为了防止用户录入错误的数据，提高工

作效率，这时就需要在文本框中对录入的数据进行处理，如果录入的数据不符合要求，则给出信息提示。实例运行结果如图 12.4 所示。

（提示：使用 char.IsDigit()方法判断是否为数字）

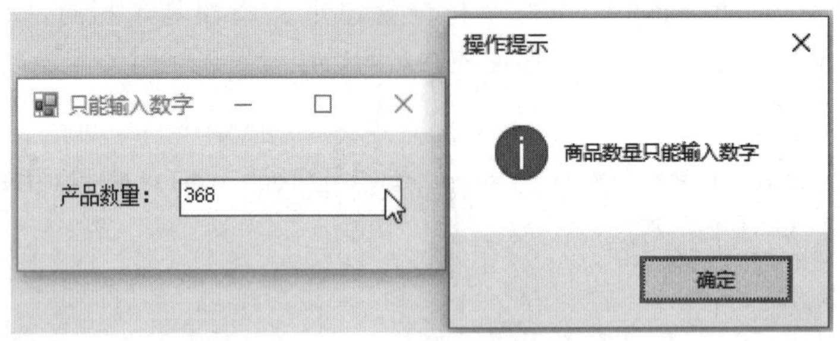

图 12.4　提示文本框中只能输入数字

2．给 Button 控件创建快捷键　▷①②③④⑤⑥

一个好的应用程序应当具有如下特点：清晰直观的界面，简洁方便的布局，便捷高效的操作。

本实例中将会演示怎样为按钮创建快捷键，可以使用按钮的快捷键来代替鼠标单击按钮，使用户操作起来更加方便，容易上手。实例运行效果如图 12.5 所示。

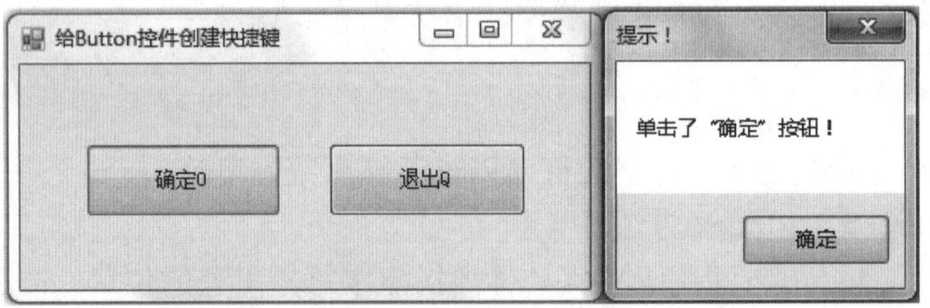

图 12.5　给 Button 控件创建快捷键

3．实现带查询功能的 ComboBox 控件　▷①②③④⑤⑥

ComboBox 控件可以显示多项数据内容，通过设置其 AutoCompleteSource 属性和 AutoCompleteMode 属性，可以查询已存在的项，自动完成控件内容的输入。用户在 ComboBox 控件中输入字符时，ComboBox 控件会自动列出最有可能与之匹配的选项，如果符合用户的要求，直接确认即可，从而加快用户输入。

编写实现带查询功能的 ComboBox 控件，实例运行效果如图 12.6 所示。

4．在 RichTextBox 控件中添加超链接文字　▷①②③④⑤⑥

浏览网页过程中，经常会碰到在网页中嵌套超链接的情况。用户单击超链接，会自动打开该链接对应的网站。本实例模拟该过程的实现，实例运行结果如图 12.7 所示。

（提示：打开超链接时，需要使用 Process.Start()方法）

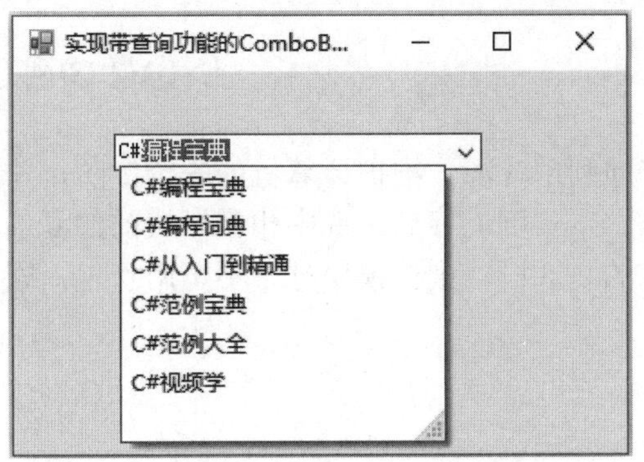

图 12.6　实现带查询功能的 ComboBox 控件

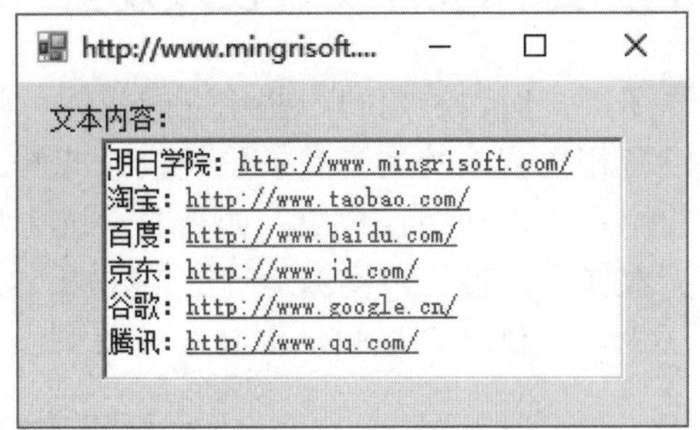

图 12.7　在 RichTextBox 控件中添加超链接文字

5. 在 RichTextBox 控件中实现关键字描红　▷①②③④⑤⑥

对于一篇内容比较丰富的文章，如果想知道其中心思想或者读者想了解的内容，从头读到尾是最不可取的办法。通过对本实例的学习，读者可以轻松地解决此问题。实例运行结果如图 12.8 所示。

（提示：使用 RichTextBox 控件的 Select()方法搜索关键字，设置 SelectionColor 属性进行描红）

6. 在 ListBox 控件间交换数据　▷①②③④⑤⑥

本实例实现的是在 ListBox 控件间进行交换数据。运行程序，单击“>>”按钮，可将“数据源”列表框中的所有数据项添加到“选择的项”列表框中；单击“>”按钮，可将“数据源”列表框中的选中项添加到“选择的项”列表框中；单击“<<”按钮，可将“选择的项”列表框中的所有数据项添加到“数据源”列表框中；单击“<”按钮，可将“选择的项”列表框中的选中项添加到“数据源”列表框中。实例运行结果如图 12.9 所示。

（提示：使用 ListBox 控件的 Items.Add()方法添加项，使用 Items.Remove()方法移除项）

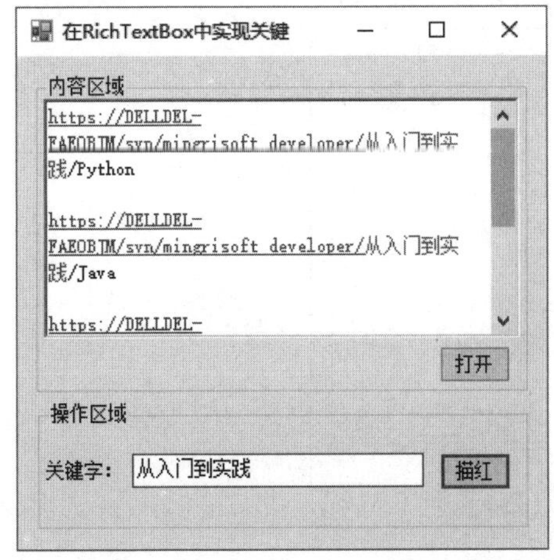

图 12.8　在 RichTextBox 控件中实现关键字描红

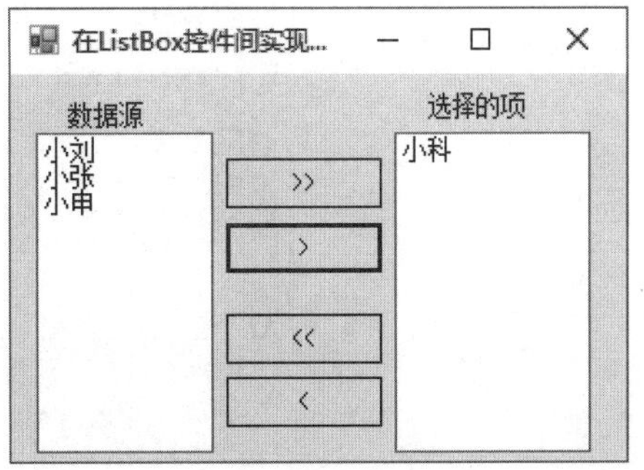

图 12.9　在 ListBox 控件间交换数据

7. 利用选择控件实现权限设置 ▷①②③④⑤⑥

注册用户时，给用户一些相应的权限，这样能更好地利用资源，维护计算机的安全，防止非法用户或没有相关权限的用户登录系统查看或修改相关数据。本实例运行后，选中相应模块前的复选框，则当前用户可以使用该模块；如果取消选中相应模块前的复选框，则该模块处于不可用状态，即当前用户无权使用该模块。实例运行结果如图 12.10 所示。

（提示：使用 CheckBoxList 复选框列表控件）

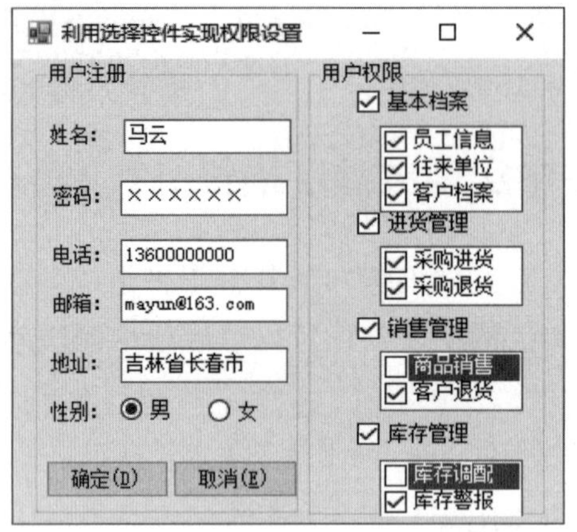

图 12.10　利用选择控件实现权限设置

8. 带复选框的 ListView 控件 ▷①②③④⑤⑥

面对大量数据，如何从中挑选出用户需要的、不需要的数据，以及怎样区分出各种类型的数据，这直接决定该用户的工作效率。通过对本实例的学习，用户可以选定自己不需要的数据进行标记，也可以选定自己需要的数据进行标记，以达到对选定数据的区分。实例运行结果如图 12.11 所示。

（提示：设置 ListView 控件的 CheckBoxes 属性；默认显示 C 盘下的所有文件，使用 FileInfo 类获取文件的相关信息）

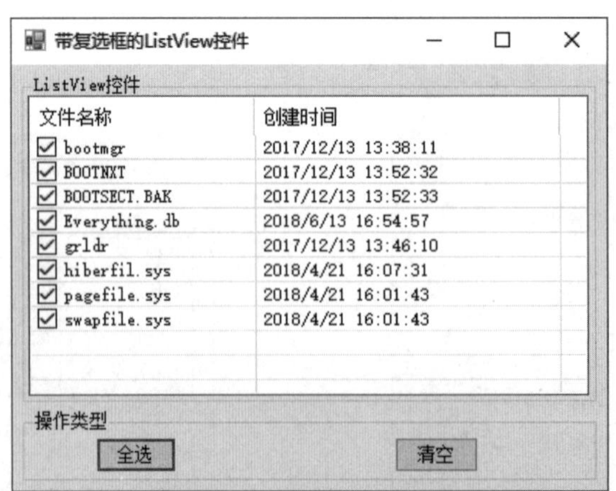

图 12.11　带复选框的 ListView 控件

9．级联菜单的动态合并　　▷①②③④⑤⑥

程序设计过程中，经常会使用 MenuStrip 弹出菜单，并且一个窗体中可以存在多个弹出菜单。在 MDI 应用程序中，当 MDI 子窗体最大化时，子窗体和主窗体的菜单能够自动地合并。这是如何实现的呢？这正是本实例将要介绍的内容，实例中将两个弹出菜单动态地合并成一个弹出菜单。实例运行效果如图 12.12 所示。

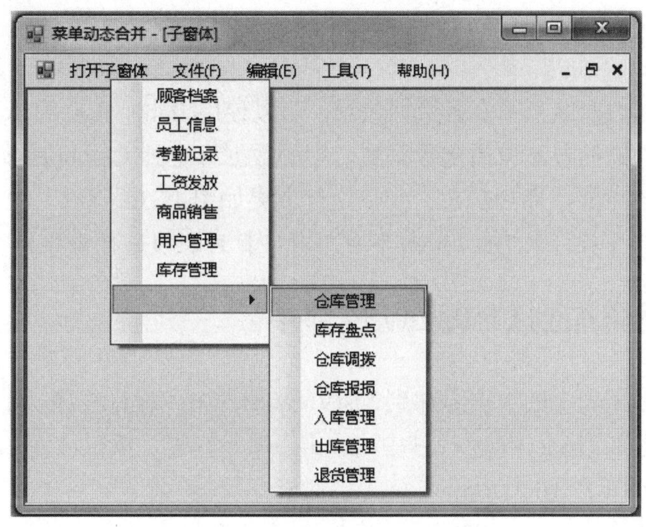

图 12.12　级联菜单的动态合并

10．设计浮动工具栏　　▷①②③④⑤⑥

在使用 Word 应用程序时会发现，Word 应用程序上部的工具栏是可以被拖动的，这样做有利于用户对 Word 文档的操作。通过对本实例的学习，读者也可以在窗体中设计一个可以被拖动的工具栏。实例运行效果如图 12.13 所示。

图 12.13　设计浮动工具栏

训练二：实战能力强化训练

11．在 TextBox 控件底端显示下画线　　▷①②③④⑤⑥

在填表单时，每一个空缺项都是以下画线的形式出现，此时如果在空缺的位置放置一个 TextBox 控件，看起来既不美观也不符合常理。本实例可以很好地解决此问题。实例运行结果如图 12.14 所示。

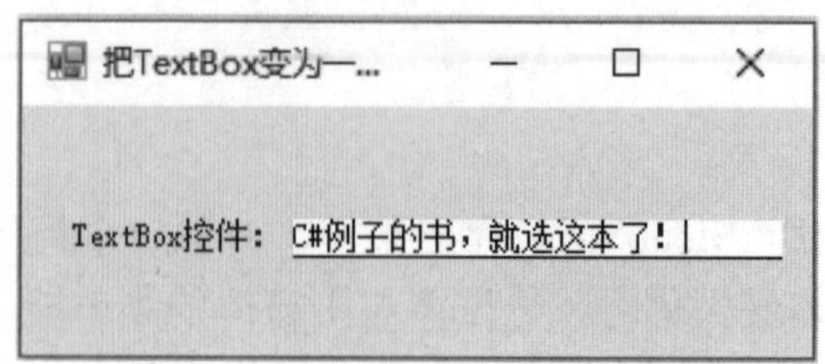

图 12.14　在 TextBox 控件底端显示下画线

12．在 ComboBox 下拉列表中显示图片　▷①②③④⑤⑥

ComboBox 控件可以方便地显示多条数据信息，可以使用 Items 集合的 Add 方法向控件中添加数据项，也可以使用数据绑定的方法将指定数据集合中的数据绑定到 ComboBox 控件。本实例中将会演示如何在 ComboBox 控件中显示图片信息。实例运行效果如图 12.15 所示。

（提示：在 ComboBox 控件的 DrawItem 事件中对下拉列表项进行重绘）

13．将数据库数据添加到 ListView 控件中　▷①②③④⑤⑥

本实例实现的是将数据表中的数据添加到 ListView 控件中。运行程序，单击“添加数据”按钮，即可将数据表中的数据添加到 ListView 控件中，单击“清除数据”按钮，将 ListView 控件中的数据全部清除。实例运行结果如图 12.16 所示。

（提示：需要连接并操作 Access 数据库，连接 Access 数据库的字符串为 Provider=Microsoft.ACE.OLEDB.12.0;Data Source=test.mdb;User Id=Admin）

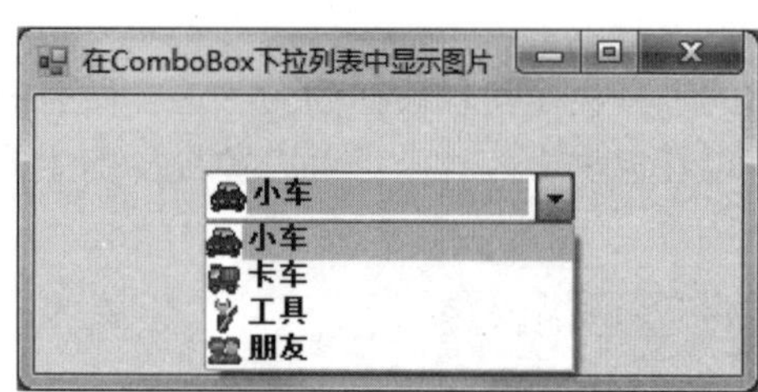

图 12.15　在 ComboBox 下拉列表中显示图片

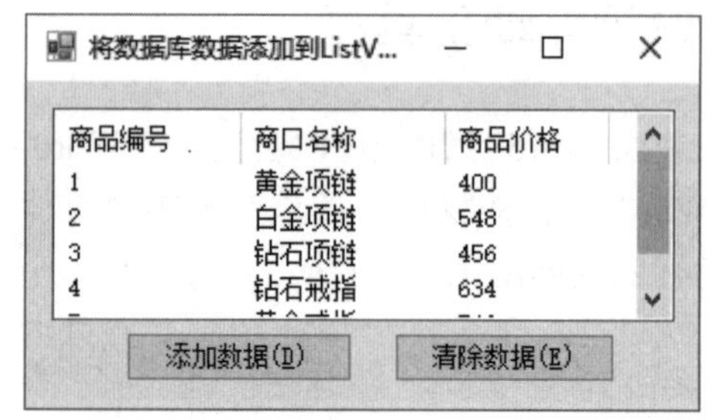

图 12.16　将数据库数据添加到 ListView 控件中

14．用树形列表动态显示菜单　▷①②③④⑤⑥

程序设计过程中，窗体界面的设计是至关重要的，一个良好的窗体布局，可以增强应用程序的可操作性。例如，如何让用户更直观、更快速地了解本程序的相关功能及操作，如何在主窗体中显示当前用户的权限等。本实例中将演示将菜单中的内容动态添加到树形列表中，并根据菜单中的用户权限，对树形列表中的相应项进行设置。实例运行效果如图 12.17 所示。

（提示：为树菜单添加节点时，使用 TreeNode 表示树节点。使用 for 循环遍历菜单项，将遍历到的菜单项添加到树中）

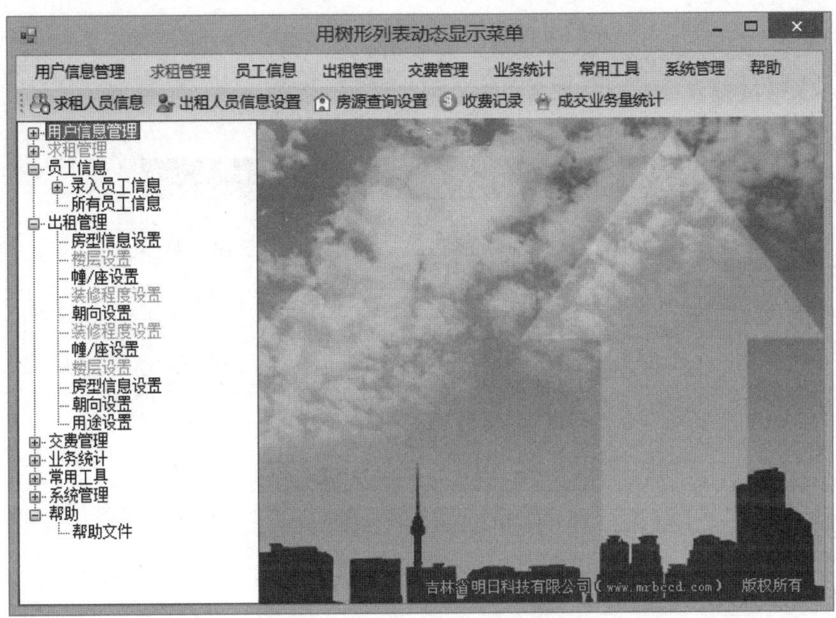

图 12.17　用树形列表动态显示菜单

15. 用 TreeView 控件遍历磁盘目录　▷①②③④⑤⑥

TreeView 控件通常用于显示树形视图，使用 TreeView 控件显示磁盘目录是一个很好的想法，实例中将利用 TreeView 控件为用户显示磁盘目录信息，就像在 Windows 操作系统的资源管理器的左窗格中显示文件和文件夹一样。实例运行效果如图 12.18 所示。

（提示：使用 Directory 类的 GetFiles()方法和 GetDirectories()方法获取文件及文件夹）

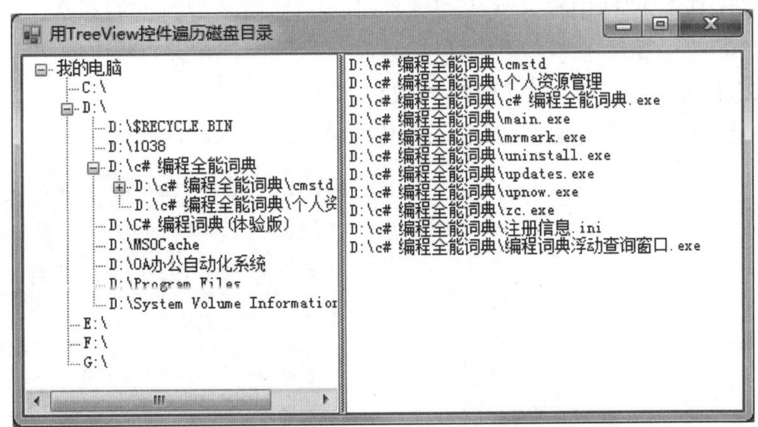

图 12.18　用 TreeView 控件遍历磁盘目录

16. 使用 Timer 组件实现冬奥会倒计时　▷①②③④⑤⑥

使用 Timer 组件，可以按用户定义的时间间隔来引发事件，引发的事件一般为周期性的，每隔若

干秒或若干毫秒执行一次。本实例中使用 Timer 组件实现了冬奥会倒计时功能。实例运行效果如图 12.19 所示。

（提示：使用 DateAndTime 类的 DateDiff()方法计算倒计时）

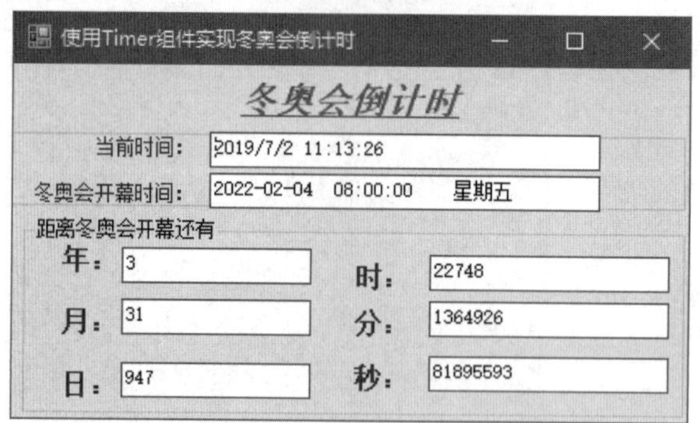

图 12.19　使用 Timer 组件实现冬奥会倒计时

17．美化 ComboBox 控件下拉列表　▷①②③④⑤⑥

在上网时，如果浏览一个网站，那么在浏览器的地址栏中会显示当前浏览网站的网址，并且在它的前面会出现该网站的站标，这样的效果给用户的感觉很好。本实例模拟该过程的实现。实例运行结果如图 12.20 所示。

（提示：在 ComboBox 控件的 DrawItem 事件中对下拉列表项进行重绘）

18．设计带行数和标尺的 RichTextBox 控件　▷①②③④⑤⑥

当用户在 RichTextBox 控件中输入代码和图片时，为了便于对数据的观察，可以在代码的前面显示行号，也可以在 RichTextBox 控件的顶端和左端显示标尺，以测量图片的大小。本实例将制作一个带有行数和标尺的 RichTextBox 控件。实例运行效果如图 12.21 所示。

（提示：自定义控件，并通过继承 UserControl 控件类，对 RichTextBox 进行重绘）

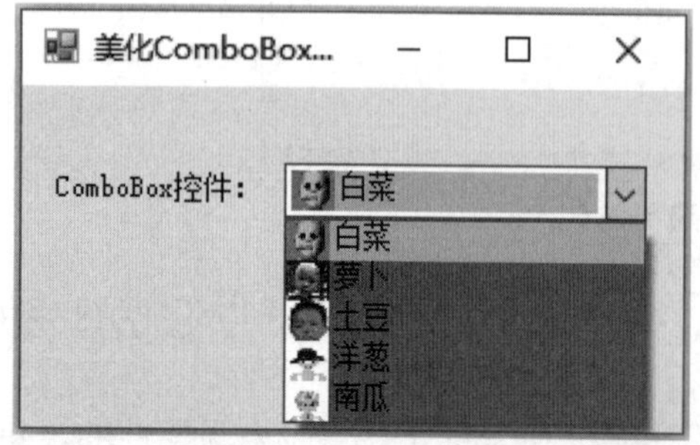

图 12.20　美化 ComboBox 控件下拉列表

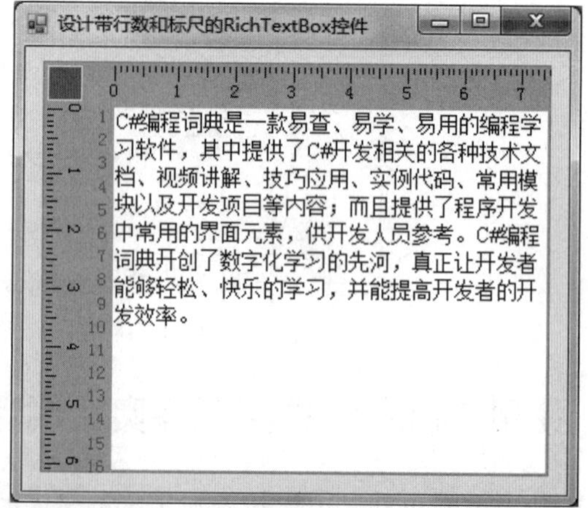

图 12.21　设计带行数和标尺的 RichTextBox 控件

19. 重绘 ListBox 控件　▷①②③④⑤⑥

当用户使用 ListBox 控件显示数据时，如果数据过多，很难在项集合中查找指定的数据。本实例用两种颜色或两种渐变颜色设置相隔项的背景颜色，这样不但可以美化控件，还便于查找。实例运行效果如图 12.22 所示。

（提示：自定义控件，并通过继承 ListBox 控件类，对其属性和事件进行重写）

20. 自制平滑进度条控件　▷①②③④⑤⑥

一般情况下，进度条都是以块状的形式出现，例如当计算机启动时在 Windows 图标下的滚动条。一种形式的事物看的时间久了，即使再美观也难以吸引人们的眼球。通过对本实例的学习用户可以实现平滑滚动条，实例运行结果如图 12.23 所示。

（提示：自定义控件，并通过继承 UserControl 控件类，对 ProgressBar 进度条控件进行重绘）

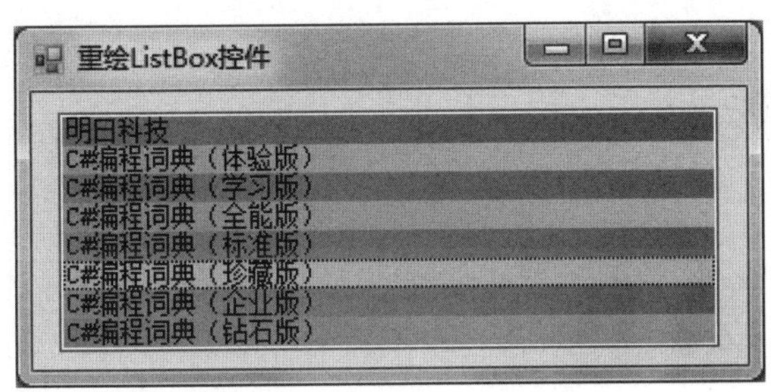

图 12.22　重绘 ListBox 控件

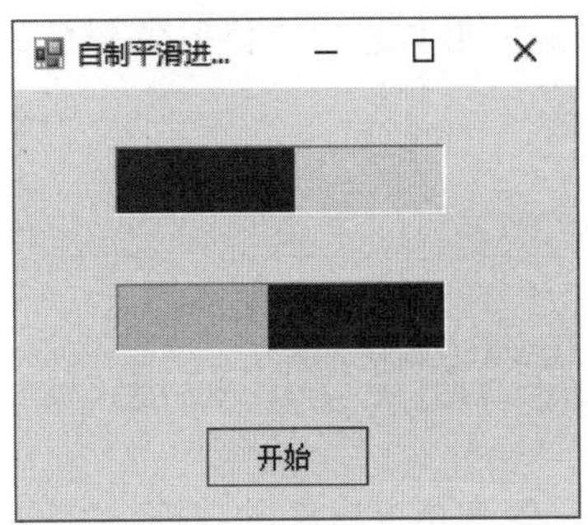

图 12.23　自制平滑进度条控件

第 13 章　C#操作数据库

本章训练任务对应核心技术分册第 14 章 C#操作数据库部分。

重点练习内容：

1. 常用的SQL查询。
2. 如何使用C#执行数据库事务。
3. 数组的增删改查操作。
4. 数据库中数据的批量操作。
5. 连接不同类型的数据库。
6. 如何用二进制存储图像数据。

应用技能拓展学习

1．查询日期类型的数据

（1）查询指定日期的数据。

在支持日期/时间数据的 SQL 产品中，日期、时间和时间间隔的常量只被指定为字符串常量，这些常量的格式在各种 DBMS 产品中不尽相同。由于不同国家日期和时间书写方式的不同，从而导致了不同的变种。

例如，查询出生年月为“1993-1-24”的学生（数据库为 SQL Server）。代码如下：

```
select * from tb_CNStudent where  出生年月='1993-1-24'
```

例如，查询出生年月为“1993-1-24”的学生（数据库为 Access）。代码如下：

```
select * from tb_CNStudent where  出生年月=#1993-1-24#
```

（2）查询指定时间段的数据。

要实现对指定日期时间段数据的查询，可以在 SQL 语句中使用 BETWEEN 运算符。

BETWEEN 运算符可以用在 WHERE 子句中选取给定范围的列值所在的行。

BETWEEN 中包含查询时间段两端的数据，例如在本例的查询中包含了出生年月为“1992-1-1”至“1992-12-31”所有学生的信息。

也可利用小于（<）和大于（>）运算符来查询指定时间段的数据。在使用小于（<）和大于（>）运算符时，由于这些运算符是非包含的，因此返回的查询结果与 BETWEEN 不同，不包含查询时间段两端的数据。代码如下：

```
"select 学生编号,学生姓名,性别,出生年月 from tb_CNStudent where 出生年月 >'" + dateTimePicker1.Value.Date + "'and 出生年月 <'" + dateTimePicker14.Value.Date + "' order by 出生年月"
```

将小于（<）、大于（>）和等于（=）运算符配合使用，可以实现和 BETWEEN 语句同样的执行效果，代码如下：

```
"select 学生编号,学生姓名,性别,出生年月 from tb_CNStudent where 出生年月 >='" + dateTimePicker1.Value.Date + "'and 出生年月 <='" + dateTimePicker14.Value.Date + "' order by 出生年月"
```

注意：

（1）在 Access 数据库中用来表示日期的各种格式，可以接收数字形式的月和文本形式的月。在 Access 数据库中，数据必须放在“#”符号之间。

（2）如果比较的字段值为 NULL，或者表示范围的两个值之一为空，BETWEEN 将返回 NULL 值，这种记录被忽略。

2．使用“%”通配符匹配任意长度的字符串

“%”符号是字符匹配符号，能匹配零个或更多个字符的任意长度的字符串。

在 SQL Server 语句中，可以在查询条件的任意位置放置一个“%”符号来代表任意长度的字符串。在设置查询条件时，也可以放置两个“%”，当然最好不要连续出现两个“%”符号。

例如，使用“%”通配符查询编号中包括 100 的 SQL 语句如下：

```
select * from tb_CNStudent where 学生编号 like '%100%'
```

3．在数据表中查询后 10 名数据

使用 SUM 函数和 GROUP BY 子句可以实现取出统计结果后 10 名数据的功能。

SUM 函数用来计算一个数值表达式的总和。该函数把数值表达式中所有的非空值相加，然后向结果集返回最后得到的总数。需要注意的是，如果所有行的值表达式都为空或者 FROM 子句和 WHERE 子句共同返回一个空的结果集，那么 SUM 函数会返回一个空值。

GROUP BY 子句可将数据行依据设置的条件，分成数个组群（GROUP），并且让 SELECT 子句中所使用的聚集函数（例如 SUM、COUNT、MIN、MAX、AVG…）产生作用。GROUP BY 子句的语法格式如下：

```
SELECT fieldlist
FROM table
WHERE criteria
[GROUP BY groupfieldlist]
```

例如，从销售表中查询销售量是后 10 名的商品名称，SQL 语句如下：

```
select top 10 编号,商品名称,sum(数量)as 合计销售数量 from tb_xsb group by 编号,商品名称 order by 3 asc
```

注意：

（1）在使用 SUM 函数时，必须将要计算总值的列的数据类型设置为数字类型，SUM 函数不能计

算数据类型为文本的和。

（2）在使用 SUM 函数时，SQL 将忽略空（NULL）值，即在计算时不计算为 NULL 的值。

（3）在 SELECT 子句的字段列表中，除了聚集函数外，其他所出现的字段一定要在 GROUP BY 子句中有定义才可以。例如“GROUP BY A，B”，那么“SELECT SUM（A），C”就有问题，因为 C 不在 GROUP BY 中，但是 SUM（A）是可以的。

（4）SELECT 子句的字段列表中不一定要有聚集函数，但至少要用到 GROUP BY 子句列表中的一个项目。例如“GROUP BY A，B，C”，则“SELECT A”是可以的。

（5）在 SQL Server 中 text、ntext 和 image 数据类型的字段不能作为 GROUP BY 子句的分组依据。

（6）GROUP BY 子句不能使用字段别名。

4．top 关键字——查询前 *n* 条记录

SQL 语句中，TOP *n* 返回满足 WHERE 子句的前 *n* 条记录。其语法格式如下：

```
SELECT TOP n [PERCENT]
FROM table
WHERE ...
ORDER BY...
```

[PERCENT]：返回行的百分之 *n*，而不是 *n* 行。

如果 SELECT 语句中没有 ORDER BY 子句，TOP *n* 返回满足 WHERE 子句的前 *n* 条记录；如果子句中满足条件的记录少于 *n*，那么仅返回这些记录。

例如，返回库存表中现存数量的前 10%条记录。代码如下：

```
select top 10 percent * from tb_kcb order by 现存数量
```

5．distinct——查询不重复记录

DISTINCT 关键字可从 SQL 语句的结果中除去重复的行。如果没有指定 DISTINCT 关键字，那么将返回所有行，包括重复的行。

在使用 DISTINCT 关键字去除重复记录时，需要将 DISTINCT 关键字放在第一个字段名的前边。其语法格式如下：

```
SELECT [DISTINCT | ALL]select_list
```

如果查询结果只有一个字段，DISTINCT 去除该字段中的重复记录；如果查询结果为多个字段，则查询结果去除的是几个字段都重复的记录。

注意：

（1）在 SELECT 列表中只能使用一次 DISTINCT 关键字，不要将查询字段放在 DISTINCT 关键字前面，或在其后添加逗号。例如，下面的语句将提示出错信息：

```
SELECT 书号, DISTINCT 书名 FROM tb_BookSell
```

正确的语句应为

```
SELECT DISTINCT  书号,书名  FROM tb_BookSell
```

（2）如果省略了 DISTINCT 关键字，查询结果中不会消除重复的记录。也可以指定 ALL 关键字来明确指示要保留重复的记录，但是这样不必要，因为这是默认的行为。

（3）DISTINCT 关键字并不是指某一行，而是指不重复 SELECT 输出的所有列。这一点十分重要，其作用是防止相同的行出现在一个查询结果的输出中，而不是防止行中某一字段重复。

（4）DISTINCT 是 SUM、AVG 和 COUNT 函数的可选关键字。如果使用 DISTINCT 关键字，那么在计算总和、平均值或计数之前，应先消除重复的值。

6．动态交叉表的实现原理

动态交叉表是列表根据表中数据的情况动态创建列。动态查询不能使用 SELECT 语句来实现，可以利用存储过程来解决，思路如下。

首先检索列头信息，形成一个游标，然后遍历游标，将前面查询语句里 CASE 判断的内容用游标里的值替代，形成一条新的 SQL 查询，然后执行返回结果即可。例如，下面是一个统计销售业绩的动态交叉表存储过程：

```
CREATE     procedure [dbo].[Corss]
@strTabName as varchar(50) = '销售表',
@strCol as varchar(50) = '所在部门',
@strGroup as varchar(50) = '员工姓名',--分组字段
@strNumber as varchar(50) = '销售业绩', --被统计的字段
@strSum as varchar(10) = 'Sum' --运算方式
AS
DECLARE @strSql as varchar(1000), @strTmpCol as varchar(100)
EXECUTE ('DECLARE corss_cursor CURSOR FOR SELECT DISTINCT ' + @strCol + ' from ' + @strTabName
+ ' for read only ') --生成游标
begin
SET nocount ON
SET @strsql ='select ' + @strGroup + ', ' + @strSum + '(' + @strNumber + ') AS [' + @strNumber + ']' --查询的前
半段
OPEN corss_cursor
while (0=0)
BEGIN
FETCH NEXT FROM corss_cursor --遍历游标，将列头信息放入变量@strTmpCol 中
INTO @strTmpCol
if (@@fetch_status<>0) break
SET @strsql = @strsql + ', ' + @strSum + '(CASE ' + @strCol + ' WHEN ''' + @strTmpCol + ''' THEN ' +
@strNumber + ' ELSE Null END) AS ['   + @strTmpCol +   ']' --构造查询
END
SET @strsql = @strsql + ' from ' + @strTabname + ' group by ' + @strGroup --查询结尾
EXECUTE(@strsql) --执行
```

```
IF @@error <>0 RETURN @@error --如果出错，返回错误代码
CLOSE corss_cursor
DEALLOCATE corss_cursor RETURN 0 --释放游标，返回 0 表示成功
end
```

注意：这是一个通用存储过程，使用时@strTabName、@strCol、@strGroup、@strNumber、@strSum几个变量设置一下就可以用到其他表上，其中在结果集的第二列加了一个合计列。

7. SqlTransaction 类——事务操作

C#中使用 SqlTransaction 类表示事务，该类表示要在 SQL Server 数据库中处理的 Transact-SQL 事务。实际使用时，通常都通过在 SqlConnection 对象上调用 BeginTransaction 来创建 SqlTransaction 对象。例如，创建 SqlTransaction 事务的代码如下：

```
SqlTransaction sqlTran = m_Conn.BeginTransaction();     //实例化事务对象
```

SqlTransaction 事务中最常用的两种方法分别为 Commit 方法和 Rollback 方法，其中 Commit 方法用来提交数据库事务，其语法格式如下：

```
public override void Commit()
```

Rollback 方法用来从挂起状态回滚事务，该方法为重载方法，它有两种重载形式，分别如下：

```
public override void Rollback()
public void Rollback(string transactionName)
```

transactionName：要回滚的事务的名称，或要回滚到的保存点的名称。

提示：事务是单个的工作单元。如果某一事务成功，则在该事务中进行的所有数据修改均会提交，成为数据库中的永久组成部分；如果事务遇到错误且必须取消或回滚，则所有数据修改均被清除。

8. 向一个表中批量写入另一个表中的数据

通过向 INSERT INTO 语句中嵌入 SELECT 语句，可以实现向数据库中批量写入数据，代码如下：

```
INSERT INTO tb_CNStudent_Copy(学生姓名,学生年龄,性别,家庭住址) SELECT 学生姓名,年龄,性别,家庭住址
FROM tb_CNStudent
```

可以看到，在 INSERT INTO 语句中嵌入了 SELECT 语句，在语句执行时，首先会通过 SELECT 语句查询学生表中的信息，然后使用 INSERT INTO 语句将查询到的信息结果集写入指定数据表中。

注意：在 SELECT 语句中查询数据列的数量及数据类型要与 INSERT INTO 语句中的数据列匹配。

9. 向 DataGridView 控件中添加复选框列

选定 DataGridView 控件，然后右击，选择“属性”选项。在属性窗口中单击 Columns 后面的[...]按钮，在弹出菜单中按图 13.1 中的参数进行设置。

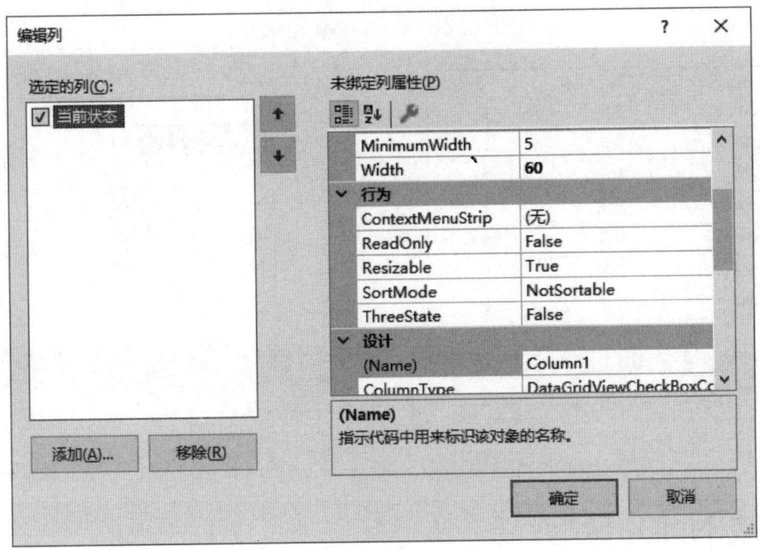

图 13.1　为 DataGridView 控件添加 CheckBox 属性列

实战技能强化训练

训练一：基本功强化训练

1．连接 Access 数据库　▷①②③④⑤⑥

Access 数据库具有操作简单、使用方便的优点，许多中小型管理软件都采用 Access 数据库。编写程序，自动连接 Access 数据库，并将数据表中的数据显示在表格中，如图 13.2 所示。

连接 Access 数据库的字符串如下：

```
string ConStr = "Provider=Microsoft.ACE.OLEDB.12.0;Data source=" + strPath; //设置数据库的连接字符串
```

（提示：使用 OleDbConnection 类）

2．连接 Excel 文件　▷①②③④⑤⑥

Excel 是非常灵活的电子表格软件，可以进行复杂的公式计算。编写程序，连接程序自带的 Excel 文件并显示其中的数据，如图 13.3 所示。

连接 Excel 文件的字符串如下：

```
string strOdbcCon = @"Provider=Microsoft.ACE.OLEDB.12.0;Persist Security Info=False;Data Source=2018 年图书销售情况.xls;Extended Properties=Excel 12.0";          //设置 Excel 连接字符串
```

（提示：使用 OleDbConnection 类）

连接Access

帐目ID	帐目编号	帐目名称	帐目类型
1	1001	家用	1
2	1002	家用	1
3	1003	家用	2
4	1004	家用	3
5	1005	备品	3
6	1006	备品	1
7	1007	家用	4

图 13.2　使用 ADO.NET 连接 Access 数据库

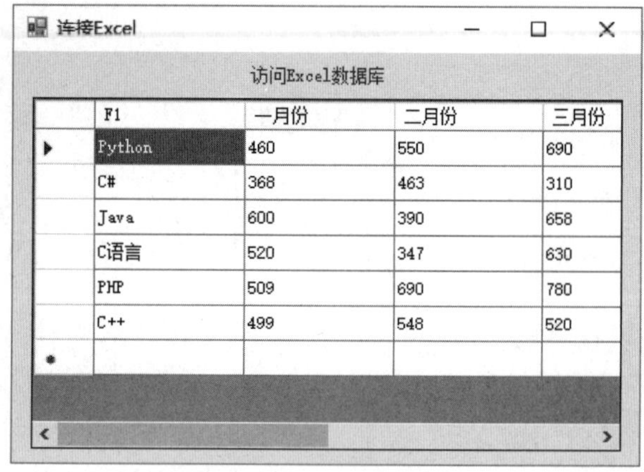

图 13.3　连接 Excel 文件

3．查询空（' '或 Null）数据　▷①②③④⑤⑥

数据库是一个现实世界模型，不可避免地会出现个别数据丢失、不可知、不能用的情况。编写程序，在学生信息表中查询备注信息字段为空的学生相关信息。运行程序，在下拉列表 ComboBox 控件中选择需要查询的字段，表格中即可将备注信息字段为空的学生的相关信息显示出来，如图 13.4 所示。

（提示：SQL 语句中判断是否为空，用 is null 或者用 is not null 表示）

4．查询日期数据　▷①②③④⑤⑥

有时需要查询日期数据，如查询销售日期、进货日期、出库时间等。编写程序，在学生信息表中查询出生年月为 1993-1-24 的学生相关信息。运行程序，在日期控件中选择要查询的日期，单击“查询”按钮，即可将出生日期为 1993-1-24 的学生信息显示在表格中，如图 13.5 所示。

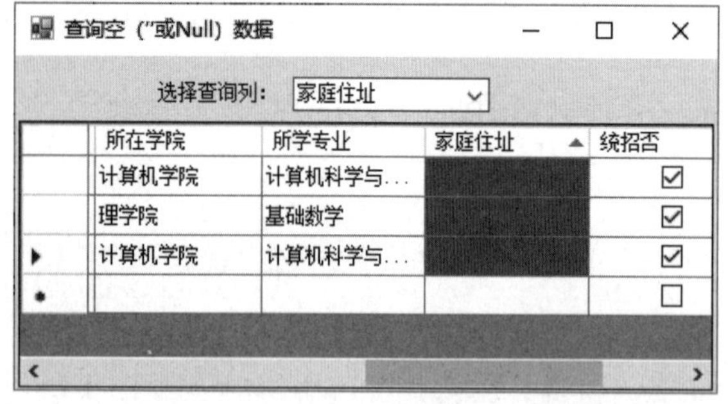

图 13.4　查询空（' '或 Null）数据

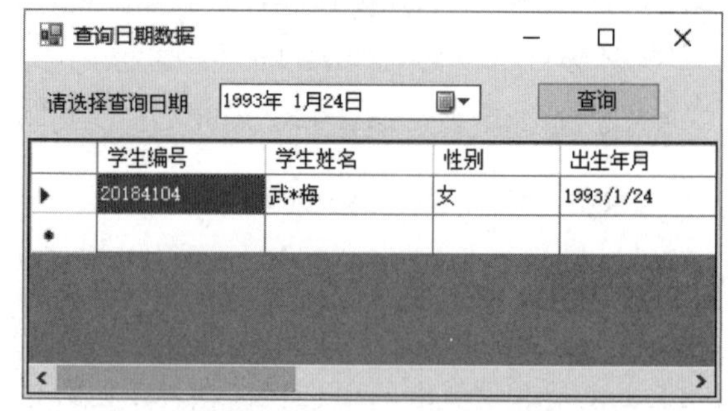

图 13.5　查询日期数据

5．查询指定时间段的数据　▷①②③④⑤⑥

在开发学生管理系统时，经常要查询某一时间段内的数据信息。编写程序，输入“1992-1-1”至“1992-12-31”的时间段信息，单击“查询”按钮，在表格中显示这段时间内的学生信息。实例运行结

果如图 13.6 所示。

（提示：SQL 语句中查询指定时间段数据用 between…and）

6．利用“%”通配符进行查询　▷①②③④⑤⑥

编写程序，利用“%”符号查询任意长度字符串的方法。在 TextBox 文本框中输入“110”，单击“查询”按钮，将在数据表中查询学生编号与“%110%”相匹配的学生的详细信息。实例运行结果如图 13.7 所示。

（提示：使用通配符进行模糊查询使用 like 关键字）

查询指定时间段的数据

出生年月从 1992年 1月 1日 到 1992年12月31日 查询

学生编号	学生姓名	性别	出生年月
20180110	张*亮	男	1992/2/8
20185107	李*明	男	1992/3/5
20180111	李*壮	男	1992/3/9
20184103	柳*冰	女	1992/4/2
20186108	李*灵	女	1992/9/11

图 13.6　查询指定时间段的数据

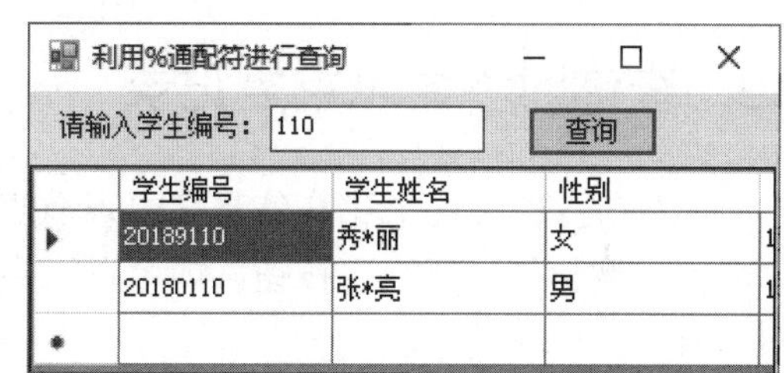

图 13.7　利用“%”通配符进行查询

7．取出数据统计结果的后 10 名数据　▷①②③④⑤⑥

在实际应用中，经常需要查询统计结果中的前几名。编写程序，在图书销售信息表中查询销售数量后 10 名的图书信息。单击“查询”按钮，可将销售数量后 10 名的图书信息显示在下面的 DataGridView 控件中。运行效果如图 13.8 所示。

（提示：使用 top 关键字查询，并按销量升序排序）

8．查询销售量占前 50%的商品信息　▷①②③④⑤⑥

编写程序，在销售信息表中查询销售量占前 50%的商品信息。单击“查询”按钮，可将销售量前 50%的商品信息显示在 DataGridView 控件中。运行效果如图 13.9 所示。

（提示：使用 top 50 percent 进行查询）

取出数据统计结果后10名数据

查询

编号	商品名称	合计销售数量
8	彩金吊坠	1
3	铂金吊坠	1
4	24K钻坠	1
7	18K手链	1
6	18K戒	1

图 13.8　取出数据统计结果的后 10 名数据

查询销售量占前50%的商品信息

查询

编号	商品名称	合计销售数量
2	18K翡翠戒	1
6	18K戒	1
7	18K手链	1
4	24K钻坠	1
3	铂金吊坠	1

图 13.9　查询销售量占前 50%的商品信息

9. 利用聚合函数 MAX 求月销售额完成最多的员工 ▷①②③④⑤⑥

编写程序，在金银饰品销售信息表中查询销售额完成最多的员工及相关信息。运行程序，单击“查询”按钮，可将结果显示在表格中，如图 13.10 所示。

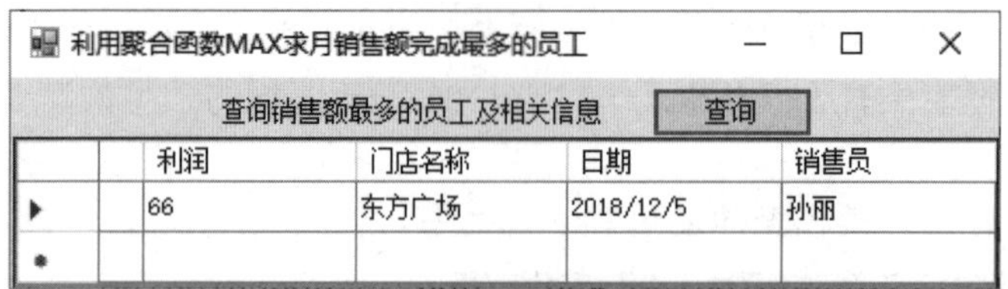

利润	门店名称	日期	销售员
66	东方广场	2018/12/5	孙丽

图 13.10　利用 MAX 求月销售额完成最多的员工

10. 查询时不显示重复记录 ▷①②③④⑤⑥

编写程序，在图书销售信息表中查询已销售图书的情况，但不显示重复的记录。运行程序，单击“查询已销售图书情况”按钮，即可在下面的表格中显示已销售图书的情况，并去除重复的记录，如图 13.11 所示。

（提示：查询时使用 distinct 关键字去除重复记录）

11. 列出数据中的重复记录和记录条数 ▷①②③④⑤⑥

编写程序，在图书销售信息表中查询该数据表中的重复记录和记录条数。运行程序，单击“查询”按钮，将图书销售信息表中的重复记录和记录条数显示在下面的表格中，如图 13.12 所示。

（提示：使用 Having 子句结合 count 函数来实现）

查询时不显示重复记录

查询已销售图书情况

书号	书名	作者	出版社
003	零基础学Python	美	电子
006	C#项目开发实...	王国辉	机械
008	Python从入门...	王小科	机械
009	零基础学C#	高春艳	机械
014	C#精彩编程200例	赛奎春等	机械

图 13.11　查询时不显示重复记录

列出数据中的重复记录和记录条数

查询已销售图书情况

书号	书名	作者	记录条数
003	零基础学Python	美	3
009	零基础学C#	高春艳	4
014	C#精彩编程200例	赛奎春等	3

图 13.12　列出数据表中的重复记录和记录条数

训练二：实战能力强化训练

12. 使用存取文件名的方法存取图片 ▷①②③④⑤⑥

在一些系统中，图像数据的存取是必不可少的。例如，在人事档案管理系统中添加档案信息时，需要对人员的相片进行管理。编写程序，将各项信息添加到文本框中，双击“照片”图片框，选择人

员照片即可将选择的照片添加到“照片”图片框中，结果如图 13.13 所示。

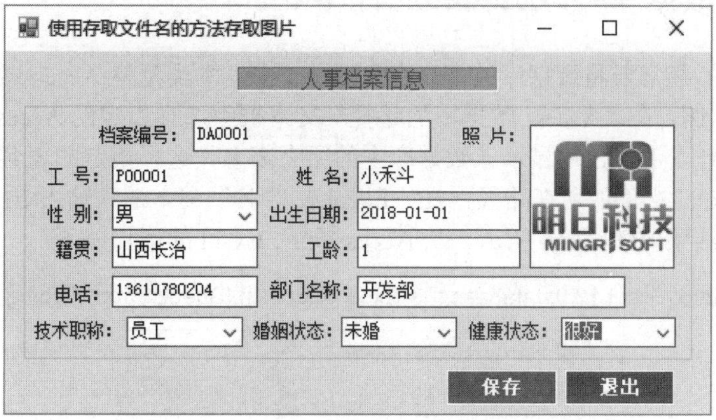

图 13.13　使用存取文件名的方法存取图片

13．在 DataGridView 控件中显示图片　▷①②③④⑤⑥

DataGridView 控件可以很好地与数据库实现交互。显示某一事物的详细信息时，可以直接看到该事物的图片，更加直观。编写程序，在 DataGridView 控件中显示图片，运行结果如图 13.14 所示。

（提示：使用 Image.FromFile()从指定路径获取图片，并为 DataGridView 图片列赋值）

14．为 DataGridView 控件实现复选功能　▷①②③④⑤⑥

对于有大量数据的数据记录，用户进行筛选时，通常需要删除一些不需要的数据记录。编写程序，实现复选功能，运行结果如图 13.15 所示。

（提示：设置添加列的类型为 DataGridViewCheckBoxColumn）

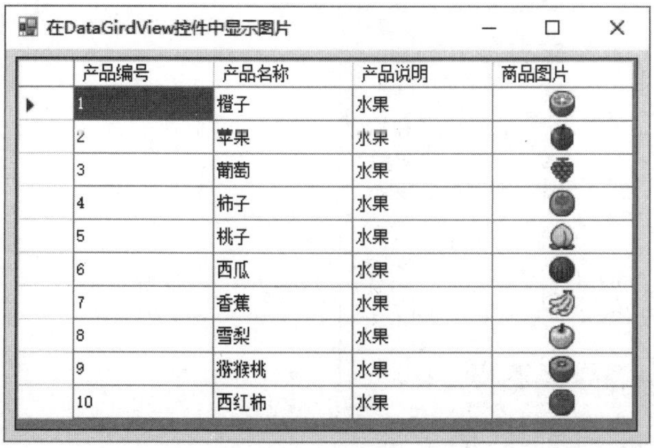

图 13.14　在 DataGridView 控件中显示图片

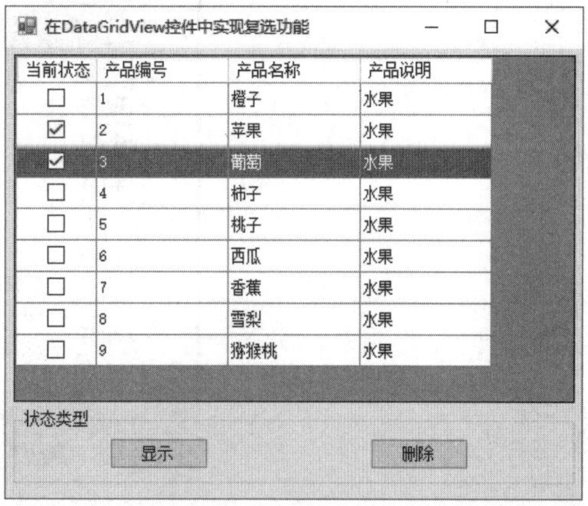

图 13.15　在 DataGridView 控件中实现复选功能

15．将 Access 数据库导入 Excel 文件中 ▷①②③④⑤⑥

在日常的工作中，经常要将数据库的内容存入 Excel 中。本实例将 Access 数据库中的指定表导入 Excel 文件中。运行本例，在“Access 数据库的路径”文本框中选择指定的 Access 数据库；在“Access 数据库的表名”下拉列表中将自动显示该数据库中的所有表名，选择指定的表名；在“Excel 文件的路径”文本框中选择 Excel 文件的所在路径；在“Excel 文件名”文本框中输入 Excel 文件的名称，单击“导入”按钮即可，结果如图 13.16 所示。从 Access 导入 Excel 的语句如下：

```
select top 65535 * into [Excel 12.0;database=" + Excel + @".xls].[Sheet1] from Paging
```

将Access数据库导入Excel...

Access数据库的路径：
C:\Users\wangx\Desktop\test.accdb
Access数据库的表名：
测试
Excel文件的路径：
C:\Users\wangx\Desktop
Excel文件名：
Test.xlsx
导入

图 13.16　将 Access 数据库导入 Excel 文件中

16．按姓氏拼音排序 ▷①②③④⑤⑥

向数据库中插入数据时，经常要录入汉字，如学生姓名、性别、家庭住址等。查询数据时，有时需要按姓氏拼音对数据进行排序，这样可以方便用户查看、分析结果。编写程序，按姓氏拼音对查询结果进行排序，实例运行效果如图 13.17 所示。

（提示：查询结果用 COLLATE chinese_prc_cs_as 关键字排序）

按姓氏拼音排序

学生姓名	性别	年龄	所在
陈*明	女	23	外国语
符*岳	男	31	理学院
鸿*飞	男	26	计算机
李*丹	女	26	理学院
李*丽	女	25	外国语
李*灵	女	24	管理学
李*明	男	24	理学院
李*壮	男	24	管理学
刘*芬	女	23	机械学
刘*丽	女	21	外国语

按学生姓氏拼音排序
查询

图 13.17　按姓氏拼音排序

17．综合查询职工详细信息　▷①②③④⑤⑥

查询是数据库管理系统中不可缺少的功能，如按单一条件的精确查询、模糊匹配查询、两个或两个以上固定条件的“与”“或”组合查询等。编写程序，使用综合条件查询来查询职工的详细信息。

运行实例，在“设置查询条件”区域设置要查询的职工信息，单击“查询”按钮，即可按设置的条件查询职工信息，并将查询到的信息显示在窗体下方的数据表格中，如图 13.18 所示。

（提示：使用“+=”运算符进行查询语句拼接）

图 13.18　综合查询职工详细信息

18．使用交叉表统计部门员工业绩　▷①②③④⑤⑥

编写程序，使用交叉表统计部门员工业绩。运行程序，单击“交叉表查询”按钮，将根据所在部门字段的实际部门统计员工的业绩，如图 13.19 所示。

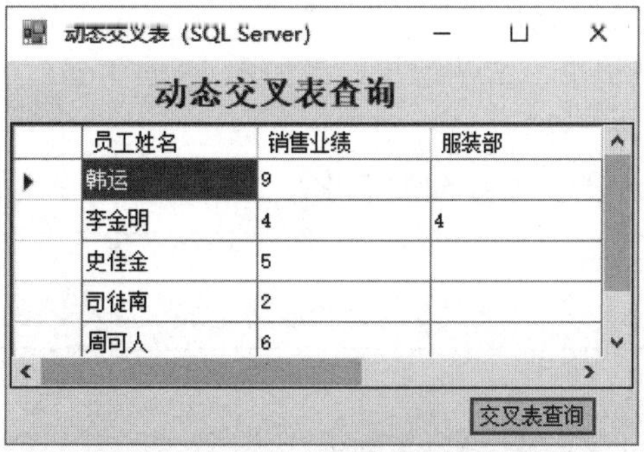

图 13.19　按部门分析的动态交叉表

19. 使用二进制存取用户头像 ▷①②③④⑤⑥

医疗系统中，图像数据存取是必不可少的。例如，保存 X 光片、CT 相片等资料，除了查找方便外，还能在远程诊疗时为准确诊断病情而提供重要依据。

编写程序，使用二进制存取用户头像。运行程序，会自动生成影像编号，其他数据录入完成后，双击“照片”图片框按钮，选择需要的影像文件，例如 X 光片、CT 相片等。单击“保存”按钮，即可将图片和其他信息一同保存在数据表中，结果如图 13.20 所示。

（提示：使用 FileStream 和 BinaryReader 将图片转换为二进制流后存取）

图 13.20　使用二进制存取用户头像

20. 使用事务批量删除生产单信息 ▷①②③④⑤⑥

开发数据库程序时，经常需要同时提交多个数据表。这时，数据的完整性和业务逻辑应保持一致。也就是说，只有数据表全部更新成功（包括添加、修改和删除等），才会提交数据；只要有一个数据表更新失败，全体都会回滚到原来的数据状态。这正是数据库事务所具有的优越性。

编写程序，使用事务来批量删除指定的生产单信息，即首先删除生产单主表中的某一条记录，然后批量删除其对应子表中的多条记录，实例运行效果如图 13.21 所示。删除单据编号为 20180410-0002 的记录，则其实现过程如图 13.22 所示。

（提示：使用 SqlTransaction 事务进行批量操作）

使用事务批量删除生产单信息

删除　退出

单据编号	单据日期	操作员	主计划号	生产车间	产品名
20180410-0001	2018/4/10	mr	20181022-0001	02	02-1

图 13.21　使用事务批量删除生产单信息

21．向 SQL Server 数据库中批量写入数据　▷①②③④⑤⑥

通过 INSERT 语句可以向数据库中写入数据记录，但是每次只能写入一条数据记录。如何批量写入数据呢？编写程序，在 INSERT INTO 语句中嵌入 SELECT 语句，将 SELECT 语句的查询结果写入指定的数据表中。实例运行效果如图 13.23 所示。

XIAOKE.db_Test...bo.PRProduceItem　SQLQuery1.sql - X....db_Test (sa (54))*

Id	PRProduceC...	InvenCode	Quantity	GetQuantity	UseQuantity
58	20180410-0001	01-1	1	NULL	NULL
59	20180410-0001	01-2	2	NULL	NULL
60	20180410-0001	01-3	1	NULL	NULL
61	20180410-0001	01-4	1	NULL	NULL
62	20180410-0002	01-1	2	NULL	NULL
63	20180410-0002	01-2	4	NULL	NULL
64	20180410-0002	01-3	2	NULL	NULL
65	20180410-0002	01-4	2	NULL	NULL

删除前

XIAOKE.db_Test...bo.PRProduceItem　SQLQuery1.sql - X....db_Test (sa (54))*

Id	PRProduceC...	InvenCode	Quantity	GetQuantity	UseQuantity
58	20180410-0001	01-1	1	NULL	NULL
59	20180410-0001	01-2	2	NULL	NULL
60	20180410-0001	01-3	1	NULL	NULL
61	20180410-0001	01-4	1	NULL	NULL

删除后

图 13.22　删除单据编号为 20180410-0002 的记录

向SQL Server数据库中批量写入海...

id	学生姓名	学生年龄
1	王*立	26
2	李*丽	25
3	柳*冰	20
4	武*梅	23
5	杨*威	22
6	符*岳	31
7	李*明	24
8	李*灵	24
9	鸿*飞	26
10	秀*丽	26
11	张*亮	24

写入数据

图 13.23　向 SQL 数据库中批量写入数据

学习指南

第 14 章　文件及数据流技术

本章训练任务对应核心技术分册第 16 章文件及数据流技术部分。

重点练习内容：

1. FileInfo类中与文件相关的一些常用属性。
2. 常用的一些文件加密类及加密方法。
3. 如何使用系统API函数对文件进行操作。
4. 获取文件夹中子文件夹及文件的方法。
5. 如何读取文本文件中的数据。
6. 线程和委托在操作文件时的应用。

应用技能拓展学习

1. FileInfo 类的 Attributes 属性——获取和设置文件属性

FileInfo 类提供 Attributes 属性，该属性用于获取和设置文件的属性，该属性语法如下：

```
public FileAttributes Attributes { get; set; }
```

属性值：FileAttributes 值之一。FileAttributes 值的常用枚举成员及说明如表 14.1 所示。

表 14.1　FileAttributes 值的常用枚举成员及说明

枚 举 成 员	说　　明
ReadOnly	只读属性
Hidden	隐藏属性
System	系统文件属性
Archive	存档属性

2. GetInvalidFileNameChars 方法——获取文件名禁止使用的字符数组

Path 类用来对包含文件或目录路径信息的 String 实例执行操作，其 GetInvalidFileNameChars 方法主要用来获取包含不允许在文件名中使用的字符的数组。其语法格式如下：

```
public static char[] GetInvalidFileNameChars()
```

返回值：包含不允许在文件名中使用的字符的数组。

3. GetFileSystemInfos 方法——获取子文件夹及文件

DirectoryInfo 类的 GetFileSystemInfos 方法用于检索表示当前文件夹的文件和子文件夹的强类型 FileSystemInfo 对象的数组。其常用语法形式如下：

```
public FileSystemInfo[] GetFileSystemInfos()
```

返回值：强类型 FileSystemInfo 项的数组。

4. CryptoStream 类——数据加密流

CryptoStream 类定义将数据流链接到加密转换的流。它的构造函数语法格式如下：

```
public CryptoStream (Stream stream,ICryptoTransform transform,CryptoStreamMode mode)
```

- ☑ stream：对其执行加密转换的流。
- ☑ transform：要对流执行的加密转换。
- ☑ mode：CryptoStreamMode 枚举值之一。CryptoStreamMode 枚举值及说明如表 14.2 所示。

表 14.2　CryptoStreamMode 枚举值及说明

枚　举　值	说　　明
Read	对加密流的读访问
Write	对加密流的写访问

CryptoStream 类比较常用的是 Write 方法，该方法将一个字节序列写入当前 CryptoStream 类中，并从当前位置写入指定的字节数。其语法格式如下：

```
public override void Write (byte[] buffer,int offset,int count)
```

- ☑ buffer：字节数组。该方法将 count 个字节从 buffer 复制到当前流。
- ☑ offset：buffer 中的字节偏移量，从此偏移量开始将字节复制到当前流。
- ☑ count：要写入当前流的字节数。

5. TextFieldParser 类的 PeekChars 方法——获取指定数目的字符

TextFieldParser 类的 PeekChars 方法只返回指定数目的字符而不会前进至下一行，开发人员通过采用逐一判断每个数据行格式并逐行读取数据行的方式，能够解析含有多种格式的文本文件并顺利读取。其语法格式如下：

```
public string PeekChars(int numberOfChars)
```

- ☑ numberOfChars：字符的数目。
- ☑ 返回值：返回由指定数目的字符组成的字符串。

6. RichTextBox 控件的 SaveFile 方法——保存文本框内容到指定文件中

RichTextBox 控件是一个有格式文本框控件，其 SaveFile 方法实现将 RichTextBox 中的内容保存到特定类型的文件中。其语法格式如下：

```
public void SaveFile(string path, RichTextBoxStreamType fileType)
```

☑ path：要保存的文件的名称和位置。

☑ fileType：RichTextBoxStreamType 类型的枚举值之一，其枚举值及说明如表 14.3 所示。

表 14.3　RichTextBoxStreamType 枚举值及说明

枚 举 值	说 明
RichText	RTF 格式流
PlainText	用空格代替对象链接与嵌入（OLE）对象的纯文本流
RichNoOleObjs	用空格代替 OLE 对象的丰富文本格式（RTF 格式）流
TextTextOleObjs	具有 OLE 对象的文本表示形式的纯文本流
UnicodePlainText	包含用空格代替对象链接与嵌入（OLE）对象的文本流

7. Guid 结构的 NewGuid 方法——初始化全局唯一标识符

Guid 结构表示全局唯一标识符（GUID），其 NewGuid 方法用来初始化 Guid 结构的一个新实例，该方法在生成随机文件名时经常用到。其语法格式如下：

```
public static Guid NewGuid()
```

返回值：新的 Guid 对象。

8. SHGetFileInfo 函数——获取文件图标数或图标句柄

SHGetFileInfo 函数是一个系统 API 函数，主要用于获取包含在可执行文件或 DLL 中的图标数或图标句柄。其语法格式如下：

```
[DllImport("shell32.dll", EntryPoint = "SHGetFileInfo")]
public static extern IntPtr SHGetFileInfo(string pszPath, uint dwFileAttribute, ref SHFILEINFO psfi, uint cbSizeFileInfo, uint Flags);
```

☑ pszPath：文件详细路径。

☑ dwFileAttribute：一个或多个文件属性标志的结合，但是如果该函数的最后一个参数 uFlags 不包括 SHGFI_USEFILEATTRIBUTES 标志，则该参数被忽略。

☑ psfi：用于返回文件信息（用 SHFILEINFO 结构保存）。

☑ cbSizeFileInfo：通过参数 psfi 指向 SHFILEINFO 结构的大小，以字节表示。

☑ Flags：标志参数的结合。

- ☑ 返回值：取决于参数 uFlags。

注意：在使用系统 API 函数时，必须引用 System.Runtime.InteropServices 命名空间。

9．ExtractIconEx 函数——生成图标句柄数组

ExtractIconEx 函数是一个系统 API 函数，它主要从限定的可执行文件、动态链接库（DLL）或者图标文件中生成图标句柄数组。其语法格式如下：

```
[DllImport("shell32.dll")]
public static extern uint ExtractIconEx(string lpszFile, int nIconIndex,
        int[] phiconLarge, int[] phiconSmall, uint nIcons);
```

- ☑ lpszFile：定义可获取图标的可执行文件、DLL 或者图标文件的名字的空结束字符串指针。
- ☑ nIconIndex：指定抽取第一个图标基于零的变址。
- ☑ phiconLarge：指向图标句柄数组的指针，它可接收从文件获取的大图标的句柄。如果该参数是 NULL，表示没有从文件抽取大图标。
- ☑ phiconSmall：指向图标句柄数组的指针，它可接收从文件获取的小图标的句柄。如果该参数是 NULL，表示没有从文件抽取小图标。
- ☑ nIcons：指定要从文件中抽取图标的数目。
- ☑ 返回值：如果 nIconIndex 参数是-1，PhiconLarge 和 PhiconSmall 参数是 NULL，则返回值是包含在指定文件中的图标数目；否则，返回值是成功地从文件中获取图标的数目。

10．GetShortPathName 函数——长文件名转换为短文件名

GetShortPathName 是一个系统 API 函数，它能够将长文件名转换为短文件名，它在 C#中需要手动地引入方法所在的类库。其语法格式如下：

```
[DllImport("Kernel32.dll")]                //声明 API 函数
private static extern Int16 GetShortPathName(string lpszLongPath,
        StringBuilder lpszShortPath, Int16 cchBuffer);
```

- ☑ lpszLongPath：指定欲获取短路径的那个文件的名字。可以是个完整路径，或者由当前目录决定。
- ☑ lpszShortPath：指定一个缓冲区，用于装载文件的短路径和文件名。
- ☑ cchBuffer：lpszShortPath 缓冲区长度。

11．GetPrivateProfileString 函数——读取 INI 文件内容

GetPrivateProfileString 是一个系统 API 函数，它主要用来读取 INI 文件的内容。其语法格式如下：

```
[DllImport("kernel32")]
private static extern int GetPrivateProfileString(string lpAppName,string lpKeyName,
        string lpDefault,StringBuilder lpReturnedString,int nSize,string lpFileName);
```

GetPrivateProfileString 函数中的参数及描述如表 14.4 所示。

表 14.4　GetPrivateProfileString 函数中的参数及描述

参　　数	描　　述
lpAppName	表示 INI 文件内部根节点的值
lpKeyName	表示根节点下子标记的值
lpDefault	表示当标记值未设定或不存在时的默认值
lpReturnedString	表示返回读取节点的值
nSize	表示读取的节点内容的最大容量
lpFileName	表示文件的完整路径

12．WritePrivateProfileString 函数——INI 文件写入

WritePrivateProfileString 是一个系统 API 函数，它主要用于向 INI 文件写入数据。其语法格式如下：

```
[DllImport("kernel32")]
private static extern long WritePrivateProfileString(string mpAppName,string mpKeyName,
                                                      string mpDefault,string mpFileName);
```

WritePrivateProfileString 函数中的参数及描述如表 14.5 所示。

表 14.5　WritePrivateProfileString 函数中的参数及描述

参　　数	描　　述
mpAppName	表示 INI 文件内部根节点的值
mpKeyName	表示将要修改的标记名称
mpDefault	表示想要修改的内容
mpFileName	表示 INI 文件的全路径

13．CreateDecryptor 方法——创建对称解密器对象

DESCryptoServiceProvider 类的 CreateDecryptor 方法使用指定的 SymmetricAlgorithm.Key 属性和初始化向量 SymmetricAlgorithm.IV 来创建对称解密器对象。其语法格式如下：

```
public abstract ICryptoTransform CreateDecryptor(byte[] rgbKey, byte[] rgbIV)
```

☑　rgbKey：用于对称算法的密钥。

☑　rgbIV：用于对称算法的初始化向量。

☑　返回值：返回对称解密器对象。

14．ROT13 加密算法实现

ROT13 是一种简单的加密方式，主要是将 26 个英文字母的前 13 个和后 13 个对调，起到一定的对英文文字加密保护作用。C#中实现 ROT13 加密算法时，主要用 Convert 类的 ToChar 方法来获取单个字符的 Unicode 编码，然后将字母的前 13 个和后 13 个对调，进而实现加密的功能。

ToChar 方法返回指定的 Unicode 字符值，不执行任何实际的转换。其语法格式如下：

```
public static char ToChar (char value)
```

value：一个 Unicode 字符。

15．线程和委托的使用

FileStream 类复制文件时，为了用 ProgressBar 控件显示文件进度，需要用到线程和委托。

（1）线程的构造函数。

线程的构造函数主要用于初始化 Thread 类的新实例。其语法格式如下：

```
public Thread (ThreadStart start)
```

start：ThreadStart 委托，表示此线程开始执行时要调用的方法。

Thread 类的常用属性及说明如表 14.6 所示。

表 14.6　Thread 类的常用属性及说明

属　　性	说　　明
ApartmentState	获取或设置此线程的单元状态
CurrentContext	获取线程正在其中执行的当前上下文
CurrentThread	获取当前正在运行的线程
IsAlive	获取一个值，该值指示当前线程的执行状态
ManagedThreadId	获取当前托管线程的唯一标识符
Name	获取或设置线程的名称
Priority	获取或设置一个值，该值指示线程的调度优先级
ThreadState	获取一个值，该值包含当前线程的状态

Thread 类的常用方法及说明如表 14.7 所示。

表 14.7　Thread 类的常用方法及说明

方　　法	说　　明
Abort	在调用此方法的线程上引发 ThreadAbortException，以开始终止此线程的过程。调用此方法通常会终止线程
Join	阻塞调用线程，直到某个线程终止或经过了指定时间为止
Sleep	将当前线程挂起/阻塞指定的时间
SpinWait	导致线程等待由 iterations 参数定义的时间量
Start	开始执行线程

（2）委托。

C#中的委托（Delegate）是一种引用类型，该引用类型与其他引用类型有所不同，在委托对象的引用中存放的不是对数据的引用，而是存放对方法的引用，即在委托的内部包含一个指向某个方法的指针。通过使用委托把方法的引用封装在委托对象中，然后将委托对象传递给调用引用方法的代码。委托类型的声明语法格式如下：

```
【修饰符】 delegate 【返回类型】 【委托名称】（【参数列表】）
```

其中，【修饰符】是可选项；【返回值类型】、关键字 delegate 和【委托名称】是必需项；【参数列表】用来指定委托所匹配的方法的参数列表，所以是可选项。

一个与委托类型相匹配的方法必须满足以下两个条件：

☑ 这二者具有相同的签名，即具有相同的参数数目，并且类型相同，顺序相同，参数的修饰符也相同。

☑ 这二者具有相同的返回值类型。

委托是方法的类型安全的引用，之所以说委托是安全的，是因为委托和其他所有的 C#成员一样，是一种数据类型，并且任何委托对象都是 System.Delegate 的某个派生类的一个对象。

实现控件委托时，需要使用 Invoke 方法，该方法用来在拥有此控件的基础窗口句柄的线程上执行指定的委托，其语法格式如下：

```
public Object Invoke (Delegate method)
```

☑ method：包含要在控件的线程上下文中调用的方法的委托。

☑ 返回值：正在被调用的委托的返回值，或者如果委托没有返回值，则为空引用。

实战技能强化训练

训练一：基本功强化训练

1．根据日期动态建立文件 ▷①②③④⑤⑥

本实例主要实现以当前日期时间为根据创建文件的功能，运行本实例，单击“根据系统日期建立文件”按钮，以当前的日期时间为名称在指定位置创建一个文件。实例运行效果如图 14.1 所示。创建的文件名称如图 14.2 所示。

（提示：使用 DateTime.Now 获取当前日期时间，并用 ToString("yyyyMMddhhmmss")对其格式化）

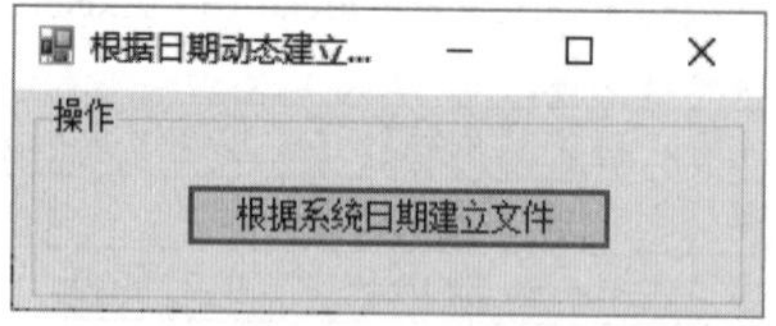

图 14.1　根据日期动态建立文件

2．生成随机文件名或文件夹名 ▷①②③④⑤⑥

在实际开发中，如果要创建的文件名或文件夹名称不确定，可以随机生成一个文件名或文件夹名，本实例使用 C#实现了以上功能。实例运行效果如图 14.3 所示。

（提示：使用 Guid.NewGuid()方法生成随机文件名或者文件夹名）

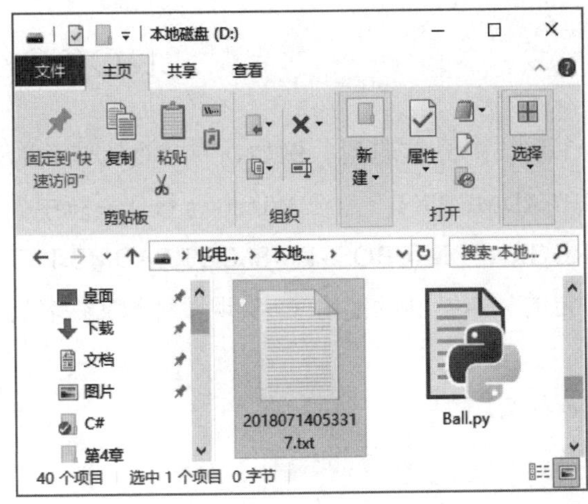

图 14.2　创建的文件名称

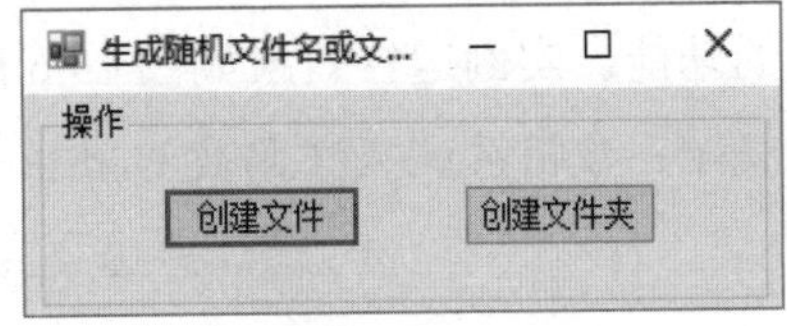

图 14.3　生成随机文件名或文件夹名

3．修改文件属性

▷①②③④⑤⑥

在 Windows 系统中，每个文件都有以下一些由系统定义的属性：只读、隐藏、存档等。在系统中，用户可以更改这些属性，但是有些文件的属性不能随意更改，例如 C:\Command.com 文件。该文件的只读属性就不允许被更改，因为它是一个系统文件，具有系统属性。本例将设计一个专门修改文件属性的应用软件，可以随意修改任何文件的属性。实例运行效果如图 14.4 所示。

（提示：通过设置文件对象的 Attributes 属性实现）

4．获取文件名中禁止使用的字符

▷①②③④⑤⑥

在 Windows 操作系统中新建文件时，如果输入了非法字符，系统会提示错误，那么文件的名称究竟不允许使用哪些非法字符呢？本实例使用 C#获取到了文件名中禁止使用的所有字符。实例运行效果如图 14.5 所示。

（提示：使用 Path.类的 GetInvalidFileNameChars()方法进行获取）

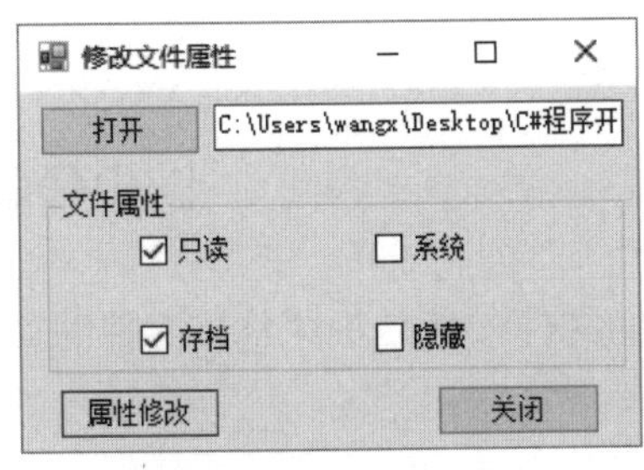

图 14.4　修改文件属性

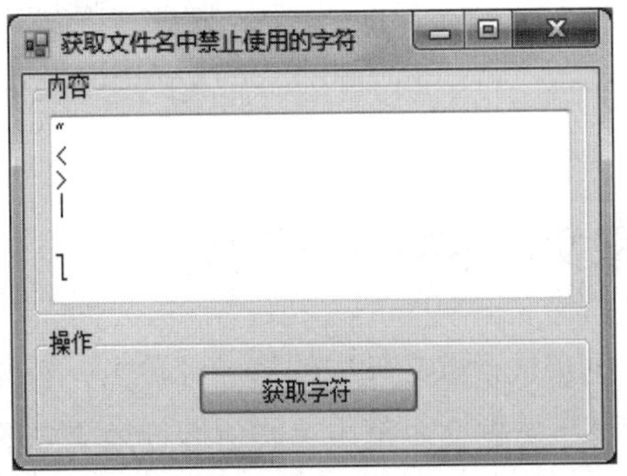

图 14.5　获取文件名中禁止使用的字符

5．将长文件名转换成短文件名 ▷①②③④⑤⑥

长文件名和短文件名的转换在 Windows 操作系统中经常遇到。例如，有一个比较长的路径名“D:\Program Files\Microsoft SQL Server\MSSQL\README.TXT”，在 Windows 操作系统中显示时，系统可能会自动将其转换成短文件名，如“D:\PROGRA~1\MICROS~1\MSSQL\README.TXT”，那么，在 C#中能不能实现类似的功能呢？答案是肯定的。本实例就使用 C#实现了将长文件名转换为短文件名的功能。实例运行效果如图 14.6 所示。

（提示：使用系统 API 函数 GetShortPathName 实现）

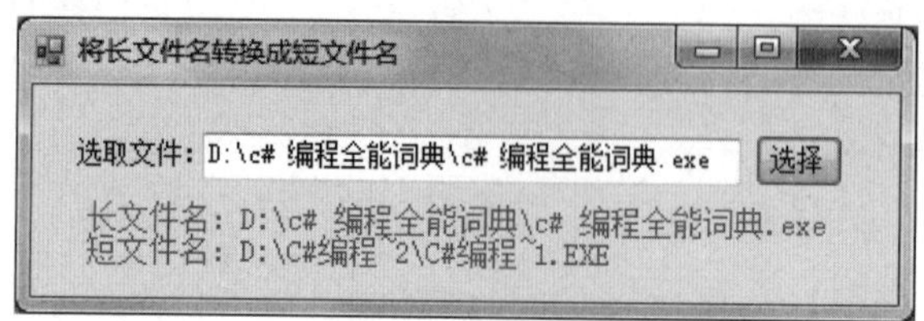

图 14.6　将长文件名转换成短文件名

6．提取指定文件夹目录 ▷①②③④⑤⑥

FolderBrowserDialog 组件可以选中和浏览文件夹，当要得到某个文件夹下的所有文件名并复制到其他文本中时，可以用 FolderBrowserDialog 组件让用户选择将要复制文件名的文件夹，Directory 类的静态方法 GetFiles 就可以获得目录下的所有文件名，然后加入 TextBox 控件中。这样就可以进行复制粘贴操作了。实例运行效果如图 14.7 所示。

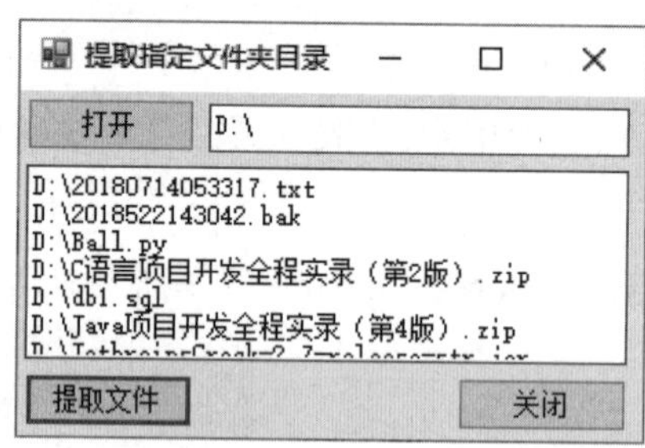

图 14.7　提取指定文件夹目录

7．读取文件中的第一行数据 ▷①②③④⑤⑥

本实例实现读取文件中的第一行数据，首先选择要读取的文件，然后程序将该文件的第一行数据显示在窗体下方的文本框中。实例运行效果如图 14.8 所示。

（提示：使用 StreamReader 对象的 ReadLine()方法读取）

8．按行读取文本文件中的数据　▷①②③④⑤⑥

本实例实现按行读取文本文件中的所有数据，首先选择要读取的文本文件，然后程序将按行读取该文件的全部数据，并将读取的数据显示在窗体下方的文本框中。实例运行效果如图 14.9 所示。

（提示：通过 while 循环判断文件中是否有行，并使用 StreamReader 对象的 ReadLine()方法读取）

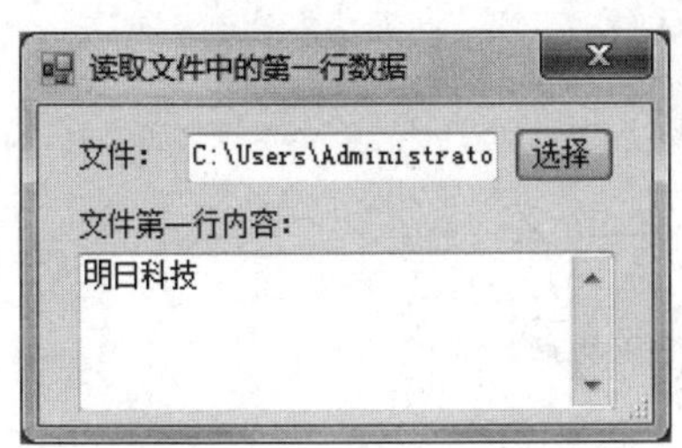

图 14.8　读取文件中的第一行数据

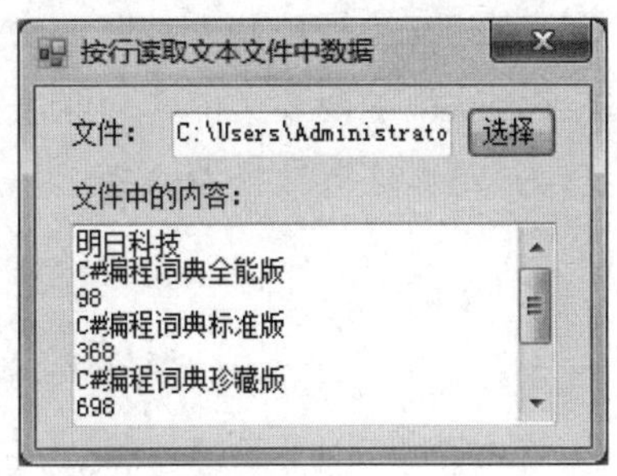

图 14.9　按行读取文本文件中的数据

9．使用 FileStream 复制大文件　▷①②③④⑤⑥

使用 FileStream 复制大文件，实际上就是将文件以流的方式进行复制。运行本例，依次选择源文件路径和目的文件路径，单击“复制”按钮，运行结果如图 14.10 所示。

（提示：使用 FileStream 对象的 Read()方法，每次读取指定大小的字节数据）

图 14.10　使用 FileStream 复制大文件

10．使用递归法删除文件夹中的所有文件　▷①②③④⑤⑥

使用递归法删除文件夹中的所有文件，即遍历文件夹中的所有文件，并将遍历到的文件进行一一删除。本实例实现了使用递归法删除文件夹中所有文件的功能。实例运行效果如图 14.11 所示。

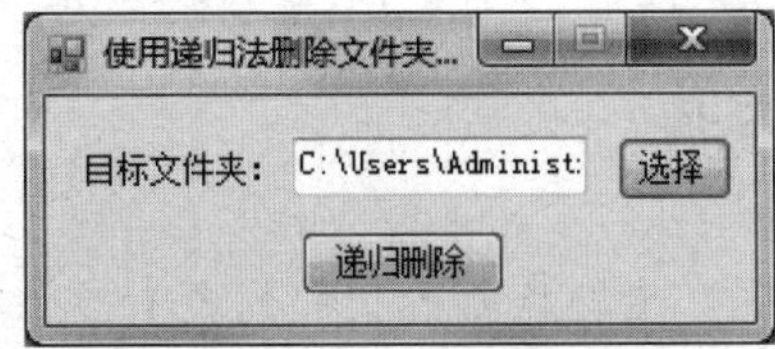

图 14.11　删除文件夹中的文件

训练二：实战能力强化训练

11．搜索文件 ▷①②③④⑤⑥

在许多杀毒软件中，例如瑞星、KV3000 等，一般都是通过检查磁盘中的文件来确定计算机中是否存在病毒。用户在执行这些软件时，会发现这些软件以极快的速度遍历磁盘中的文件，这是如何实现的呢？本实例实现了搜索文件的功能。实例运行效果如图 14.12 所示。

（提示：递归遍历选择的路径，并通过 Name 属性进行判断）

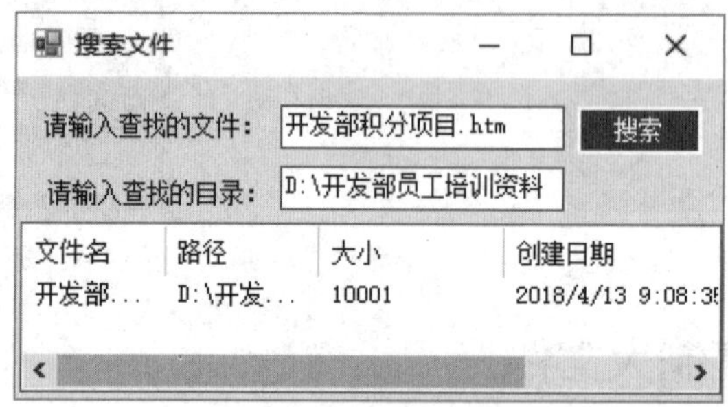

图 14.12　搜索文件

12．复制文件时显示复制进度 ▷①②③④⑤⑥

复制文件时显示复制进度，实际上就是用文件流动来复制文件，并在每次文件复制后用进度条来显示文件的复制情况。编写程序，实现这一功能。运行本例，选择源文件、目的文件的路径，单击“复制”按钮，运行结果如图 14.13 所示。

（提示：复制文件时实时修改 ProgressBar 控件的 Value 属性值）

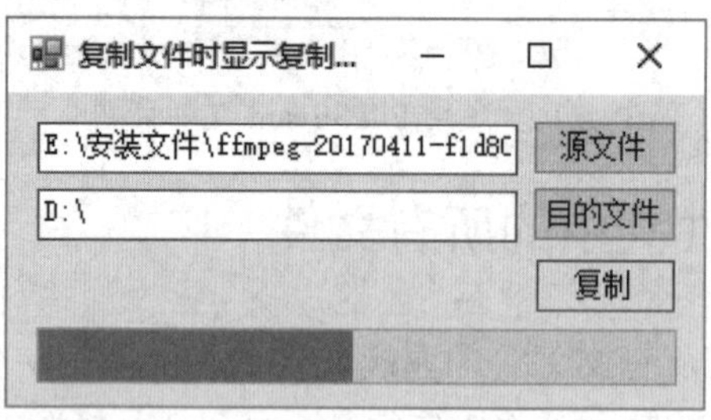

图 14.13　复制文件时显示复制进度

13．获取文件夹中的图标资源 ▷①②③④⑤⑥

在制作类似于 FTP 的上传文件时，要在自制的文件列表中显示服务器端的所有文件及文件夹的名称，为了快速地判断文件类型，可以在文件的前面显示该文件的系统图标。

编写程序，获取相应文件及文件夹的系统图标。运行程序，选择文件夹目录，单击“显示”按钮，列表中将显示该文件夹下所有文件及子文件夹的相关信息和相应图标，如图 14.14 所示。

（提示：使用系统 API 函数 SHGetFileInfo 获取系统图标资源）

图 14.14　获取文件夹中的图标资源

14．文件批量更名　▷①②③④⑤⑥

相信读者对更改文件名并不感到陌生，修改的方法也非常简单。但是，如果有多个文件需要更名，那将是一件非常烦琐的工作。所以，开发出本实例解决了这个难题，通过本实例可以批量对文件名进行修改。程序中提供了更名的模板，选择后可以快速更名，也可以自定义更名模板，对于文件名还可以进行简体和繁体的相互转换。实例运行效果如图 14.15 所示。

（提示：通过 File 类的 Copy()方法和 Delete()方法实现）

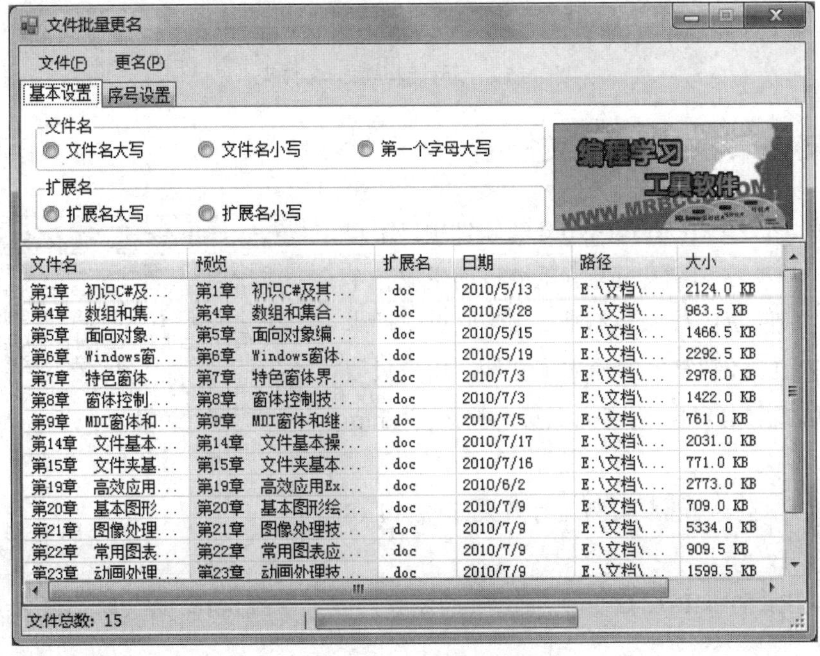

图 14.15　文件批量更名

15. 对指定文件夹中的文件进行分类存储 ▷①②③④⑤⑥

当文件夹中有多种类型的文件时，查找起来非常不方便。如果将文件分类存储（如将 txt 文件放在一个文件夹中，doc 文件放在另一个文件夹中），则会显得非常方便。

编写程序，对指定文件夹中的文件进行分类存储。运行实例，单击“选择”按钮，选择要整理的文件夹，如图 14.16 所示；单击“整理”按钮，对文件夹中的文件进行分类存储；单击“查看”按钮，可以查看整理后的文件夹，如图 14.17 所示。

（提示：通过文件对象的 MoveTo()方法实现）

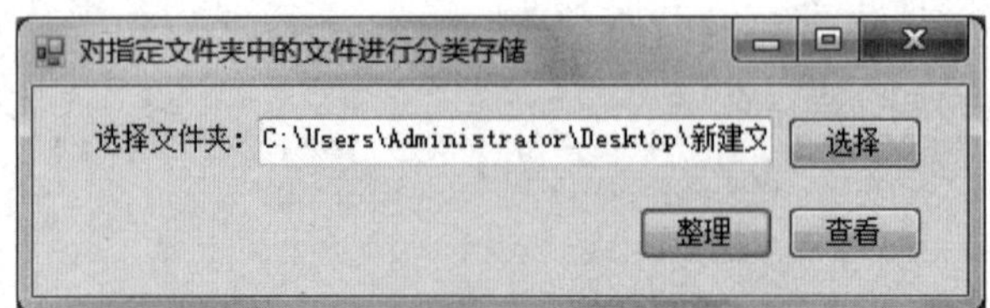

图 14.16　对指定文件夹中的文件进行分类存储

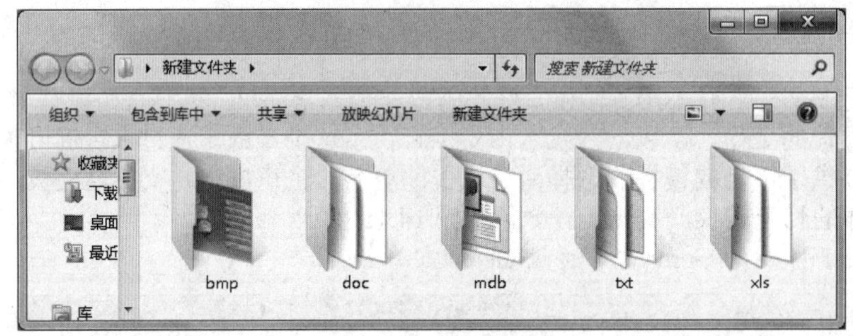

图 14.17　查看整理后的文件夹

16. 将文本文件转换成网页文件 ▷①②③④⑤⑥

在“东方网页王”和 Microsoft Word 等软件中，用户只要在其中添加一些文字和图片元素，就会自动生成一个网页。实际上，生成网页的技术并不难，因为网页文件本质上就是带有 HTML 控制符号的纯文本文件，用户只要在文本文件的前后加上 HTML 语言标识符，并保存为.htm 文件即可。

编写程序，实现这一功能。实例运行效果如图 14.18 所示。

（提示：使用 RichTextBox 控件的 SaveFile()方法）

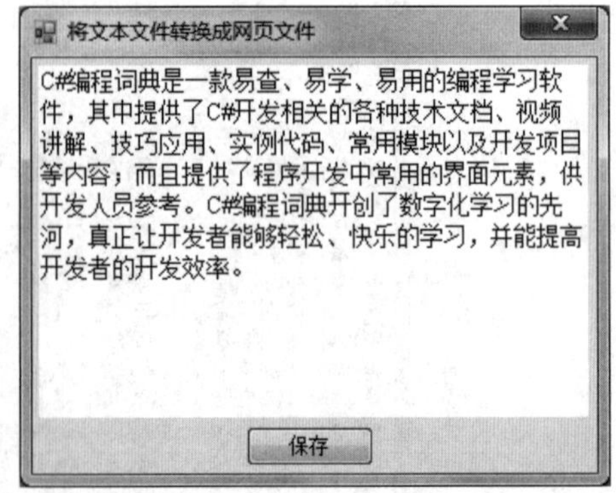

图 14.18　将文本文件转换成网页文件

17．解析含有多种格式的文本文件 ▷①②③④⑤⑥

本实例在运行时，首先在窗体左侧的文本框中显示若干条具有不同格式的字符串，然后单击窗体中的按钮，程序将按照文本框中文本的特有格式把数据写入对应的 DataGridView 控件中。实例运行效果如图 14.19 所示。

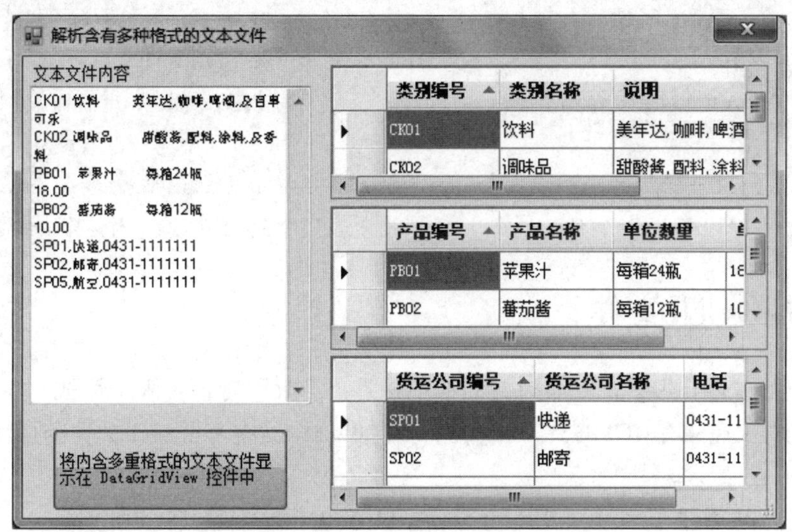

图 14.19　解析含有多种格式的文本文件

18．使用 ROT13 加密解密文件 ▷①②③④⑤⑥

文件加密可以避免造成重要信息的泄漏，复杂的加密算法可以将信息加密得非常繁杂，但是对于一般的应用，没有必要做类似于 PGP、RSA 或 DES 等算法的变换。

编写程序，熟悉 ROT13 的加密解密过程，效果如图 14.20 所示。

（提示：使用 Convert 类的 ToChar 方法获取单个字符的 Unicode 编码，然后将字母的前 13 个和后 13 个对调，实现加密）

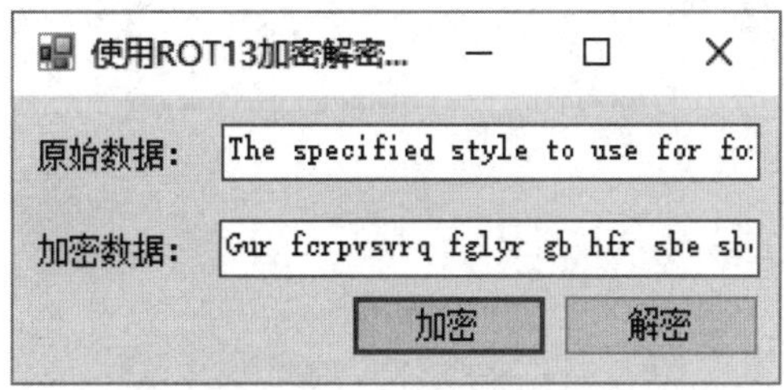

图 14.20　使用 ROT13 加密解密文件

19．使用对称算法加密解密文件 ▷①②③④⑤⑥

编写程序，使用对称算法加密和解密文件。

在加密窗体中，选择源文件路径，输入加密密码和加密后的文件路径，单击“加密”按钮，即可对源文件加密，如图 14.21 所示。在解密窗体中，选择要解密的源文件路径，输入解密密码和解密后的文件路径，单击“解密”按钮，即可对源文件解密，如图 14.22 所示。

（提示：使用 DESCryptoServiceProvider 类的 CreateDecryptor 方法和 CryptoStream 类的相关方法）

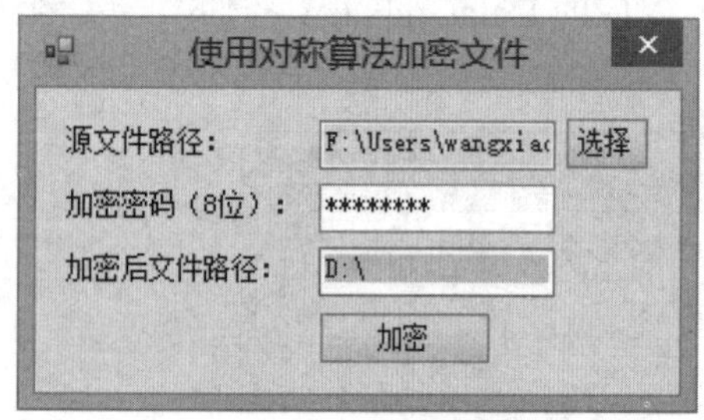

图 14.21　对称算法加密窗体

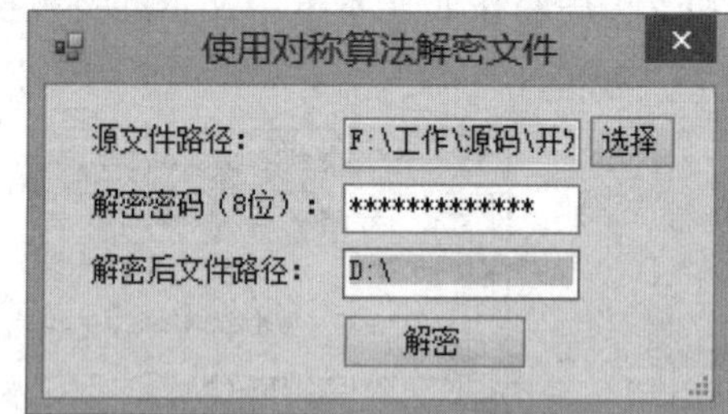

图 14.22　对称算法解密窗体

20. 使用 C#操作 INI 文件

▷①②③④⑤⑥

计算机中的配置文件有很多，大家对它们都不熟悉，了解程度也仅限于格式。细心的读者会发现，相当多的一部分配置文件都是 INI 格式。本实例将详细讲解 C#中有关 INI 文件的操作。实例运行效果如图 14.23 所示。

（提示：使用 API 函数 GetPrivateProfileString 和 WritePrivateProfileString）

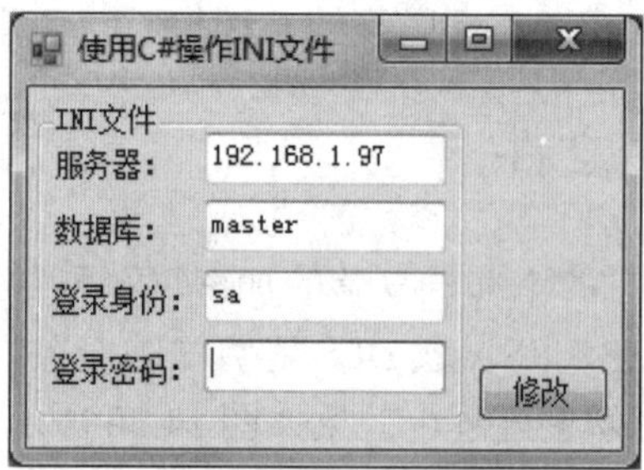

图 14.23　使用 C#操作 INI 文件

第 15 章　GDI+绘图应用

本章训练任务对应核心技术分册第 17 章 GDI+绘图应用部分。

重点练习内容：

1. Graphics类中常用绘图方法和填充方法的使用。
2. 如何在C#中对图像进行图像变换等操作。
3. 如何对图像中的指定像素点进行处理。
4. Color结构的使用。
5. Bitmap位图类和Image类的常用方法。
6. 在C#中生成图像缩略图的实现方法。
7. Graphics类提供的一些图像压缩、呈现质量相关的属性应用。

应用技能拓展学习

1. DrawLines 方法——绘制多条直线

DrawLines 方法用于绘制一系列连接一组 Point 结构的线段。其语法格式如下：

```
public void DrawLines (Pen pen,Point[] points)
```

☑ pen：Pen，确定线段的颜色、宽度和样式。
☑ points：Point 结构数组，这些结构表示要连接的点。

2. FillPolygon 方法——填充多边形

FillPolygon 方法用来填充 Point 结构指定的点数组所定义的多边形的内部。其语法格式如下：

```
public void FillPolygon(Brush brush,Point[] points)
```

☑ brush：确定填充特性的 Brush。
☑ points：Point 结构数组，这些结构表示要填充的多边形的顶点。

3. FillPie 方法——填充扇形

FillPie 方法用于填充由一对坐标、一个宽度、一个高度以及两条射线指定的椭圆所定义的扇形区的内部。其语法格式如下：

```
public void FillPie (Brush brush,int x,int y,int width,int height,int startAngle,int sweepAngle)
```

- ☑ brush：确定填充特性的 Brush。
- ☑ x：边框左上角的 x 坐标，该边框定义扇形区所属的椭圆。
- ☑ y：边框左上角的 y 坐标，该边框定义扇形区所属的椭圆。
- ☑ width：边框的宽度，该边框定义扇形区所属的椭圆。
- ☑ height：边框的高度，该边框定义扇形区所属的椭圆。
- ☑ startAngle：从 x 轴沿顺时针方向旋转到扇形区第 1 条边所测的角度（以度为单位）。
- ☑ sweepAngle：从 startAngle 参数沿顺时针方向旋转到扇形区第 2 条边所测的角度（以度为单位）。

4. MeasureString 方法——以指定模板字符串绘制字符串

MeasureString 方法用于测量指定的 Font 格式绘制的字符串。其语法格式如下：

```
public SizeF MeasureString (string text,    Font font)
```

- ☑ text：要测量的字符串。
- ☑ font：Font，它定义字符串的文本格式。

5. ScaleTransform 方法——对图像进行缩放

ScaleTransform 方法可以将指定的缩放操作应用于 Graphics 对象的变换矩阵，具体执行方法是将该对象的变换矩阵左边乘以该缩放矩阵。其语法格式如下：

```
public void ScaleTransform (float sx,float sy)
```

- ☑ sx：x 方向的比例因子。
- ☑ sy：y 方向的比例因子。

6. RotateTransform 方法——对图像进行旋转

RotateTransform 方法用来将指定旋转应用于 Graphics 对象的变换矩阵。其语法格式如下：

```
public void RotateTransform (float angle)
```

angle：旋转角度（以度为单位）。

7. GetPixel 方法——获取指定像素点颜色

GetPixel 方法主要用来获取 Bitmap 图像中指定像素的颜色。其语法格式如下：

```
public Color GetPixel ( int x,    int y)
```

- ☑ x：要检索的像素的 x 坐标。
- ☑ y：要检索的像素的 y 坐标。
- ☑ 返回值：Color 结构，表示指定像素的颜色。

8．SetPixel 方法——设置指定像素点颜色

SetPixel 方法主要用来设置 Bitmap 图像中指定像素的颜色。其语法格式如下：

```
public void SetPixel ( int x,   int y, Color color)
```

☑ x：要设置的像素的 x 坐标。
☑ y：要设置的像素的 y 坐标。
☑ color：Color 结构，表示要分配给指定像素的颜色。

9．使用 Color 结构获取颜色值

Color 结构的 R 属性用来获取 Color 结构的红色分量值，G 属性用来获取 Color 结构的绿色分量值，B 属性用来获取 Color 结构的蓝色分量值。

10．Bitmap 类的 Clone 方法的使用

使用 Bitmap 类的 Clone 方法可以复制源图片中的指定部分。Clone 方法主要用来创建现有 Bitmap 对象的副本，从而复制图像。其常用格式有以下两种。

（1）创建 Image（图像）的一个精确副本。语法如下：

```
public Object Clone()
```

（2）创建 Bitmap 对象（由 Rectangle 结构和指定的 PixelFormat 枚举定义）某个部分的副本。语法如下：

```
public Bitmap Clone ( Rectangle rect, PixelFormat format)
```

☑ rect：定义 Bitmap 对象中要复制的部分，坐标相对于该 Bitmap 对象。
☑ format：为目标 Bitmap 对象指定 PixelFormat 枚举。

11．Image 类的 GetThumbnailImage 方法——获取缩略图

Image 类的 GetThumbnailImage 方法主要用于返回指定 Image 的缩略图，其语法格式如下：

```
public Image GetThumbnailImage(int thumbWidth,int thumbHeight, Image.GetThumbnailImageAbort callback, IntPtr callbackData)
```

GetThumbnailImage 方法语法中的参数及说明如表 15.1 所示。

表 15.1　GetThumbnailImage 方法语法中的参数及说明

参　　数	说　　明
thumbWidth	请求的缩略图的宽度（以像素为单位）
thumbHeight	请求的缩略图的高度（以像素为单位）
callback	一个 Image.GetThumbnailImageAbort 委托

续表

参　数	说　明
callbackData	必须为 Zero
返回值	表示缩略图的 Image

12. 使用 Graphics 类设置图像压缩参数

Graphics 类除了提供很多绘制图形的方法之外，还有很多比较常用的属性，比如，在对图像进行不失真压缩时，就可以使用 Graphics 类的 CompositingQuality 属性、SmoothingMode 属性和 InterpolationMode 属性实现。

（1）CompositingQuality 属性。

获取或设置绘制到此 Graphics 的合成图像的呈现质量，其语法格式如下：

```
public CompositingQuality CompositingQuality { get; set; }
```

属性值：CompositingQuality 枚举值（见表 15.2）之一，用于指定在复合期间使用的质量等级。

表 15.2　CompositingQuality 枚举值及描述

枚 举 值	描　述
Invalid	无效质量
Default	默认质量
HighSpeed	高速度、低质量
HighQuality	高质量、低速度复合
GammaCorrected	使用灰度校正
AssumeLinear	假定线性值

（2）SmoothingMode 属性。

获取或设置此 Graphics 的呈现质量，其语法格式如下：

```
public SmoothingMode SmoothingMode { get; set; }
```

属性值：SmoothingMode 枚举值（见表 15.3）之一，用于指定是否将平滑处理（消除锯齿）应用于直线、曲线和已填充区域的边缘。

表 15.3　SmoothingMode 枚举值及描述

枚 举 值	描　述
Invalid	指定一个无效模式
Default	指定不消除锯齿
HighSpeed	指定高速度、低质量呈现
HighQuality	指定高质量、低速度呈现
None	指定不消除锯齿
AntiAlias	指定消除锯齿的呈现

（3）InterpolationMode 属性。

获取或设置与此 Graphics 关联的插补模式，语法格式如下：

```
public InterpolationMode InterpolationMode { get; set; }
```

属性值：InterpolationMode 枚举值（见表 15.4）之一，用于指定在缩放或旋转图像时使用的算法。

表 15.4　InterpolationMode 枚举值及描述

枚 举 值	描　述
Invalid	等效 QualityMode 枚举的 Invalid 元素
Default	指定默认模式
Low	指定低质量插值法
High	指定高质量插值法
Bilinear	指定双线性插值法，不进行预筛选。图像收缩为原始大小的 50% 以下时，此模式不适用
Bicubic	指定双三次插值法，不进行预筛选。图像收缩为原始大小的 25% 以下时，此模式不适用
NearestNeighbor	指定最临近插值法
HighQualityBilinear	指定高质量的双线性插值法，执行预筛选以确保高质量的收缩
HighQualityBicubic	指定高质量的双三次插值法，执行预筛选以确保高质量的收缩，此模式可产生质量最高的转换图像

实战技能强化训练

训练一：基本功强化训练

1．绘制公章　▷①②③④⑤⑥

在中小型企业中，公章的应用非常普遍，它代表了一个企业的身份。本实例将用 GDI+技术制作一个简单的公章，如图 15.1 所示。

（提示：主要使用 DrawString()方法和 DrawEllipse()方法实现）

2．在图片中写入文字　▷①②③④⑤⑥

很多图片处理软件都有在图片中绘制文字的功能，本实例设计了一个简单的图片软件，可以向图片中写入文字。运行程序，打开一个图片文件，并在“写入的文字”文本框中输入文字，单击“保存”按钮，将文字写入打开的图片中。实例运行结果如图 15.2 所示。

图 15.1　绘制公章

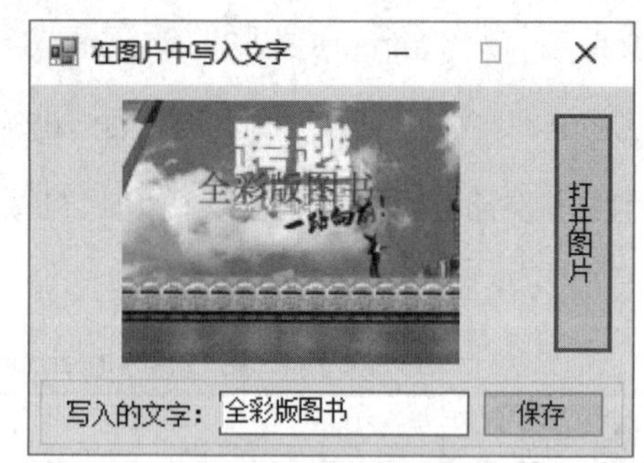

图 15.2　在图片中写入文字

3．波形图的绘制

▷①②③④⑤⑥

波形图是一种特殊的图形，是按照特定的规律绘制出的曲线，在许多工程或有关计算方面的软件中都会用到这类图形。编写程序，设计一个波形图绘图软件。运行程序，单击“绘图”按钮，可在窗体中绘制出一段波形图，如图 15.3 所示。

（提示：使用 Graphics 绘图对象的 DrawBezier()方法实现）

4．局部图片的复制

▷①②③④⑤⑥

许多图片处理软件中都提供图片局部复制、剪切等操作，如将图片中的某部分拿出来单独处理等。这种功能用途非常广泛，例如一幅很大的地图，在研究某一区域时没有必要将整个地图都显示出来，只要将需要的区域复制出来，然后专门对这一区域进行处理。

编写程序，实现图片局部复制功能。运行结果如图 15.4 所示。

（提示：复制局部图片时主要使用 Bitmap 对象的 Clone()方法）

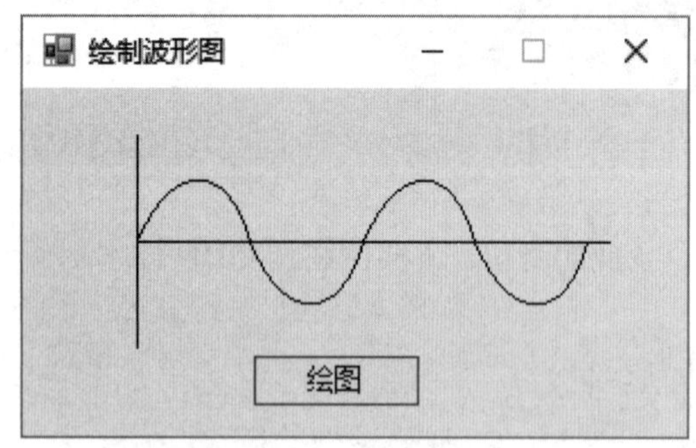

图 15.3　波形图的绘制

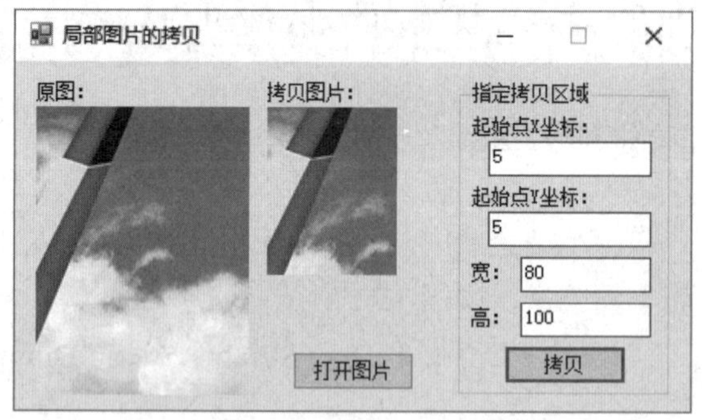

图 15.4　局部图片的复制

5．十字光标定位

▷①②③④⑤⑥

一些工程设计软件中，经常会看到一个用来精确定位的十字光标，该光标在屏幕或地图上垂直相交形成一个十字形状，用此光标可以对一些物体在水平或垂直方向进行衡量，从而达到定位的目的。

本实例以在地图中定位为例，讲解如何制作十字光标。实例运行结果如图 15.5 所示。

（提示：使用 DrawLine()方法在鼠标单击位置绘制两条交叉的线段）

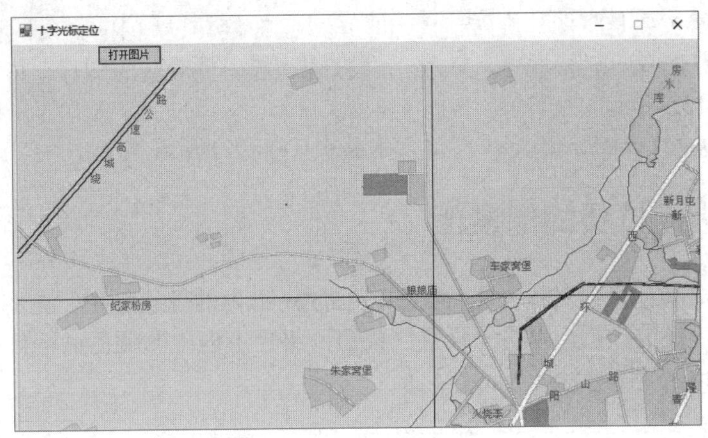

图 15.5　十字光标定位

6. 图像浮雕效果　▷①②③④⑤⑥

浮雕效果是一种特殊的图像处理效果，在许多图像处理软件中都可以看到，如 PhotoShop 软件中就有处理浮雕效果的滤镜。经过浮雕效果处理的图像会呈现出一种刻画在石碑上的效果，图像中物体的边缘会呈现一种立体感。本实例实现了以浮雕效果显示图像的功能，如图 15.6 所示。

（提示：使用 Bitmap 对象的 SetPixel()方法对指定像素点的颜色进行重新着色）

7. 倒影效果的文字　▷①②③④⑤⑥

倒影效果文字就是在文字的下面显示其文字的倒影。编写程序，单击“倒影效果”按钮，绘制指定的文字，并在文字的下面绘制其倒影效果。实例运行结果如图 15.7 所示。

（提示：使用 Graphics 绘图对象的 DrawString()方法和 ScaleTransform()方法）

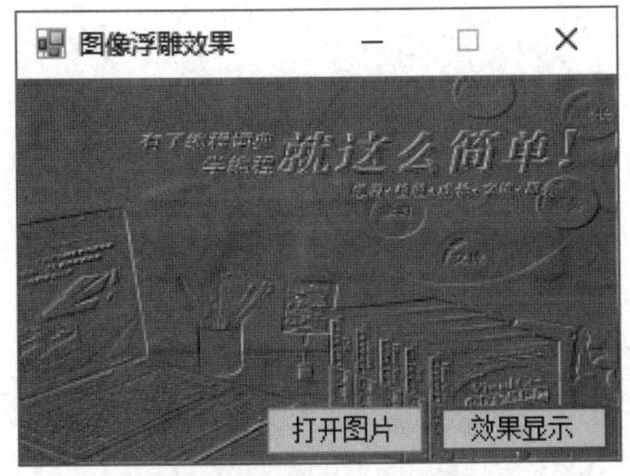

图 15.6　图像浮雕效果

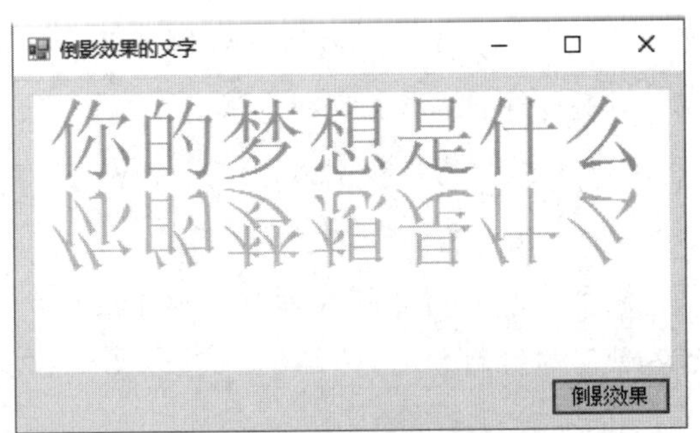

图 15.7　倒影效果的文字

8. 任意角度旋转图像

▷①②③④⑤⑥

任意角度旋转图像主要是将图片旋转一周，即 360°，在旋转过程中，如果图片不能完全覆盖背景，则用图片的不显示部分覆盖。运行程序，单击“..”按钮，选中要旋转的图片，然后单击“效果”按钮，实现图片旋转，如图 15.8 所示。

（提示：使用 RotateTransform()方法，该方法属于 TextureBrush 类）

9. 设置图像中指定位置的像素值

▷①②③④⑤⑥

编写程序，用指定颜色替换鼠标在图片上拖放出的矩形内的像素颜色。在图片上面用鼠标拖放一个矩形，然后设置要替换的颜色，单击“设置”按钮，将矩形框中的颜色进行替换，如图 15.9 所示。

（提示：使用 Bitmap 对象的 SetPixel()方法）

图 15.8　任意角度旋转图像

图 15.9　设置图像中指定位置的像素值

10. 简单画图程序

画图工具是大家经常用到的，那么如何在程序中通过鼠标的单击和移动来绘制线条和图形呢？编写程序，熟悉如何在窗体上绘制矩形、椭圆、线条和文字等。实例运行结果如图 15.10 所示。

（提示：使用 Graphics 对象的以 Draw 开头的各种图形绘制方法）

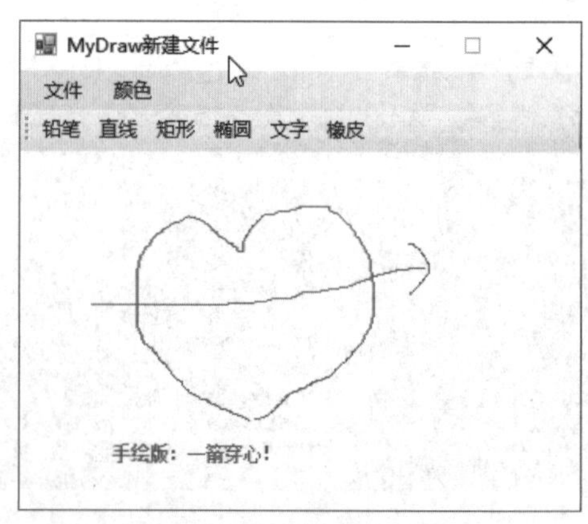

图 15.10　简单画图程序

训练二：实战能力强化训练

11．生成图片缩略图　▷①②③④⑤⑥

浏览图片时，只有打开图片才能知道图片内容。当图片较多时，一张张地打开浏览非常不方便。Windows 系统在浏览图片时提供了缩略图功能，大大方便了浏览者快速了解图片内容。

编写程序，实现与 Windows 系统缩略图相同的功能。实例运行效果如图 15.11 所示。

（提示：使用 Image 类的 GetThumbnailImage()方法）

12．不失真压缩图片　▷①②③④⑤⑥

数码相机拍摄的照片通常很大，不便于进行网络传输。用一般工具压缩图片时，清晰度通常也会下降。编写程序，开发一款不失真的压缩图片工具，对图片进行高效的批量压缩，且图片清晰度为最佳状态。实例运行效果如图 15.12 所示。

（提示：使用 Graphics 类的 CompositingQuality、SmoothingMode 和 InterpolationMode 等属性）

图 15.11　生成图片缩略图

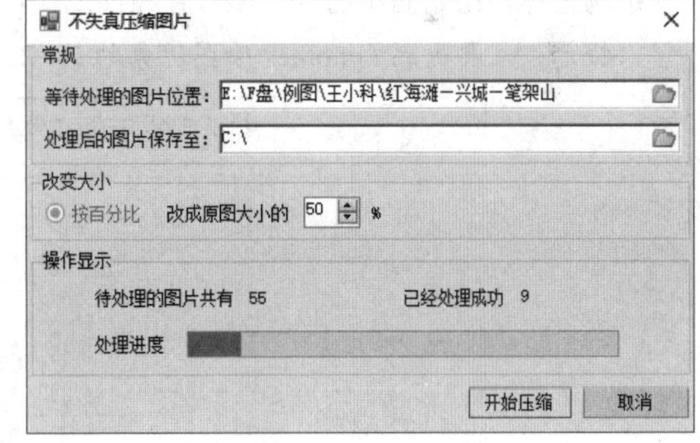

图 15.12　不失真压缩图片

13．绘制面形图　▷①②③④⑤⑥

面形图在图表控件中十分重要，可以直观地显示出数据之间的变化趋势。编写程序，绘制一个单列显示数据的面形图，如图 15.13 所示。

（提示：使用 Graphics 绘图对象的 FillPolygon()方法）

14. 使用柱形图表分析商品走势 ▷①②③④⑤⑥

在实现一个具有分析功能的软件时，经常使用图表显示分析结果，用户可以更直观地了解所关注的信息。本实例通过图表技术来动态地分析某商品每年的走势情况。运行结果如图 15.14 所示。

（提示：使用 Graphics 绘图对象的 FillRectangle()方法）

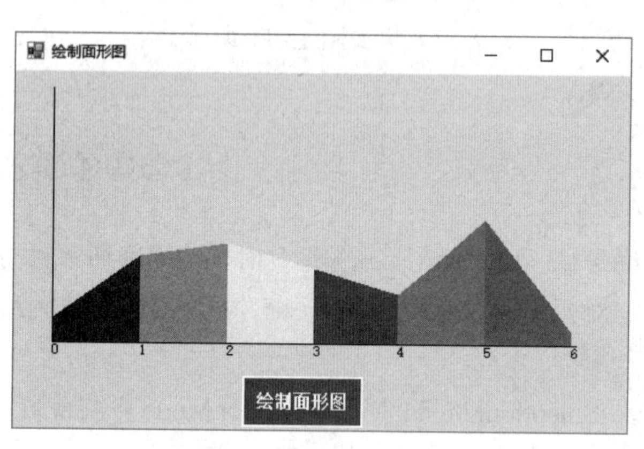

图 15.13　绘制面形图

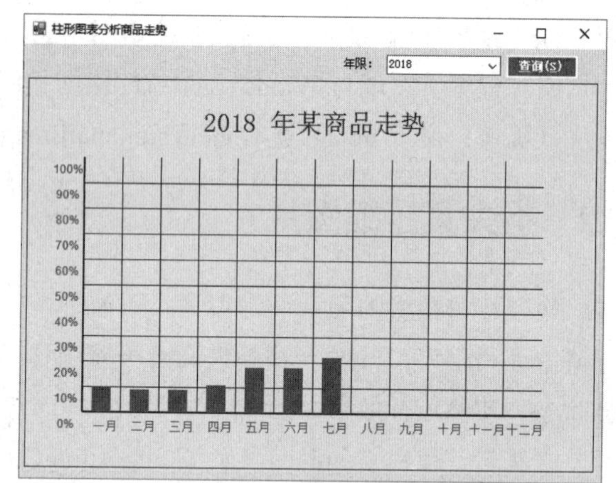

图 15.14　使用柱形图表分析商品走势

15. 在柱形图的指定位置显示说明文字 ▷①②③④⑤⑥

编写程序，绘制简单的柱形图，并在柱形图指定位置显示说明文字，如图 15.15 所示。

（提示：主要用到 Graphics 绘图对象的 FillRectangle()方法和 DrawString()方法）

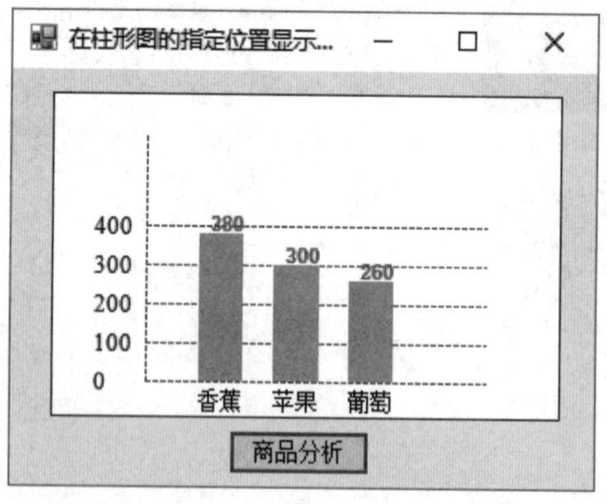

图 15.15　在柱形图的指定位置显示说明文字

16. 利用图表分析彩票中奖情况 ▷①②③④⑤⑥

彩票销售点经常会挂一些折线图，将近期本销售点的中奖金额信息清晰地表示出来。

编写程序，用图表分析彩票中奖情况。运行程序，选择要分析的起始日期和终止日期，单击“分析”按钮，运行结果如图 15.16 所示。

（提示：主要用到 Graphics 绘图对象的 DrawLines()方法）

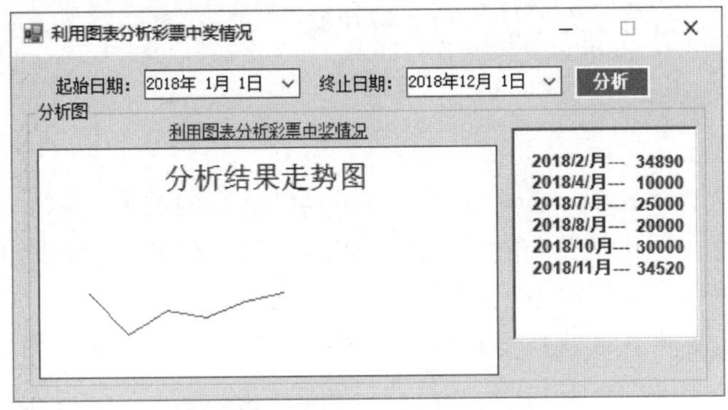

图 15.16　利用图表分析彩票中奖情况

17．多曲线数据分析　▷①②③④⑤⑥

在人事管理系统中经常会用到统计功能，如统计员工、工资、性别比例等。编写程序，对员工进行统计，分析公司内正式员工和试用员工的流动情况，运行结果如图 15.17 所示。

18．利用饼形图分析产品市场占有率　▷①②③④⑤⑥

开发商品销售管理系统过程中，为了清晰了解产品在市场上的占有率，使用饼形图分析产品市场占有率是最佳的选择。本实例通过饼形图来分析某电子产品市场占有率，运行结果如图 15.18 所示。

（提示：主要用到 Graphics 绘图对象的 FillPie()方法）

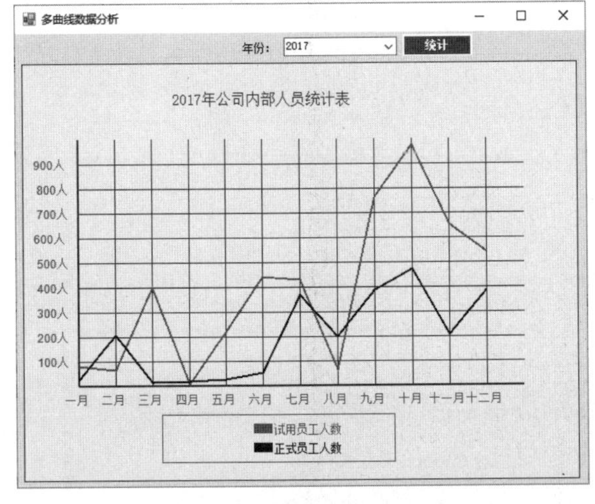

图 15.17　多曲线数据分析

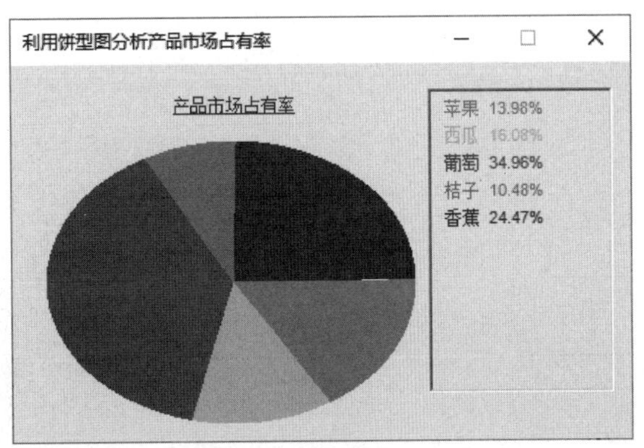

图 15.18　利用饼形图分析产品市场占有率

19. 利用多饼形图分析企业人力资源情况 ▷①②③④⑤⑥

在开发人力资源管理系统时，经常使用饼形图分析企业中各个阶层的人员情况，为了让用户更清晰地认识，本实例采用了多饼形图表示法实现分析功能，运行结果如图 15.19 所示。

20. 制作画桃花小游戏 ▷①②③④⑤⑥

本实例通过动态创建 PictureBox 控件实例实现了绘制桃花的效果，运行本实例，在窗体的左侧区域单击“花骨朵”“花蕾”“开花”中的任意图片控件，然后在窗体的右侧区域单击，则会在单击位置出现对应的图形。实例运行效果如图 15.20 所示。

（提示：根据鼠标位置动态添加 PictureBox 控件，并设置大小和显示图片实现）

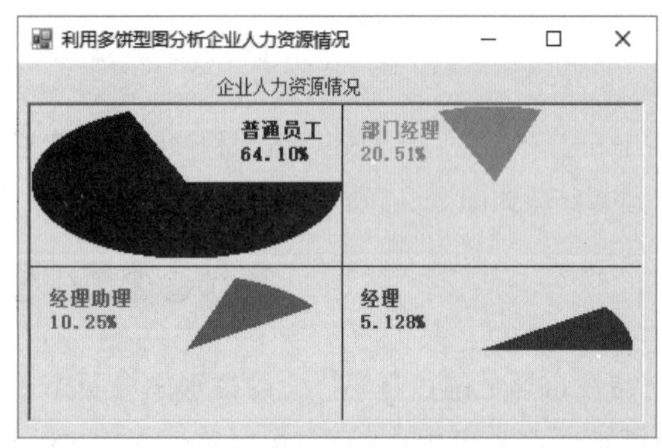

图 15.19　多饼形图分析企业人力资源情况

图 15.20　制作画桃花小游戏

第 16 章　Socket 网络编程

本章训练任务对应核心技术分册第 18 章 Socket 网络编程部分。

重点练习内容：

1. 网络编程的实际应用。
2. 系统API函数在网络开发中的应用。
3. 系统的Management组件的使用。
4. 网络数据流类NetworkStream的使用。

应用技能拓展学习

1. System.Management 组件的使用

添加 System.Management 组件的步骤如下。

（1）在“解决方案资源管理器”面板中，右击“引用”选项，从弹出的快捷菜单中选择“添加引用”命令。

（2）在打开的“添加引用”对话框中选择“.NET”选项卡，在组件列表中选择 System.Management 选项，然后单击“确定”按钮以添加 System.Management 组件。

（3）当 System.Management 组件添加成功后，在程序中使用该组件时，则可通过关键字 using 来引入（如 using System.Management），当引入完成后便可使用。

System.Management 组件提供对大量管理信息和管理事件集合的访问，这些信息和事件与根据 Windows 管理规范（WMI）结构对系统、设备和应用程序设置检测点有关。

下面介绍该组件中常用的类，如下所示：

☑ ConnectionOptions 类：指定生成 WMI 连接所需的设置，其常用属性及说明如表 16.1 所示。

表 16.1　ConnectionOptions 类的常用属性及说明

属　性	说　明
Authentication	获取或设置用于此连接中的操作的 COM 身份验证级别
Authority	获取或设置将用于验证指定用户的授权
Context	获取或设置一个 WMI 上下文对象。这是将传递给 WMI 提供程序的名称-值对列表，该提供程序支持自定义操作的上下文信息
EnablePrivileges	获取或设置一个值，该值指示是否需要为连接操作启用用户特权。只有在执行的操作需要启用某种用户特权（例如，重新启动计算机）时，才应使用此属性
Impersonation	获取或设置用于此连接中的操作的 COM 模拟级别

续表

属　性	说　明
Locale	获取或设置将用于连接操作的区域设置
Password	设置指定用户的密码
Username	获取或设置将用于连接操作的用户名

☑ ManagementScope 类：管理操作的范围，其常用方法及说明如表 16.2 所示。

表 16.2　ManagementScope 类的常用方法及说明

方　法	说　明
Clone	返回对象的一个副本
Connect	将此 ManagementScope 连接到实际的 WMI 范围

☑ ManagementClass 类：公共信息模型管理类。

管理类是一个 WMI 类，如 Win32_ LogicalDisk 和 Win32_Process，前者表示磁盘驱动器，后者表示进程（例如 Notepad.exe）。其常用的属性及说明如表 16.3 所示。

表 16.3　ManagementClass 类的常用属性及说明

属　性	说　明
Derivation	获取一个数组，该数组包含继承层次结构中从该类到层次结构顶部的所有 WMI 类
Methods	获取或设置 MethodData 对象的集合，这些对象表示 WMI 类中定义的方法
Path	获取或设置 ManagementClass 对象绑定到的 WMI 类的路径

ManagementClass 类的常用方法及说明如表 16.4 所示。

表 16.4　ManagementClass 类的常用方法及说明

方　法	说　明
Clone	返回对象的一个副本
CreateInstance	初始化 WMI 类的新实例
Derive	从此类派生新类
GetInstances	返回该类的所有实例的集合
GetRelatedClasses	检索与 WMI 类相关的类
GetRelationshipClasses	检索使此类与其他类相关的关系类
GetStronglyTypedClassCode	为给定的 WMI 类生成强类型类
GetSubclasses	返回该类的所有派生类的集合

注意：WMI（Windows Management Instrumentation，视图管理规范）作为 Windows 操作系统的一部分，提供了可伸缩、可扩展的管理架构。公共信息模型（CIM）是由分布式管理任务标准协会（DMTF）设计的一种可扩展、面向对象的架构，用于管理系统、网络、应用程序、数据库和设备。

2. 用 Process 类调用系统命令

DOS SHELL 命令 netstat 是一种强大的网络命令，它能够获得系统中的端口信息，其命令参数-a

表示列出所有的链接和侦听端口。在程序中通过 Process 类调用该命令。Process 类的常用方法及说明如表 16.5 所示。

表 16.5　Process 类的常用方法及说明

方　法	说　明
BeginErrorReadLine	在应用程序的重定向 StandardError 流上开始进行异步读取操作
BeginOutputReadLine	在应用程序的重定向 StandardOutput 流上开始异步读取操作
CancelErrorRead	取消在应用程序的重定向 StandardError 流上执行的异步读取操作
CancelOutputRead	取消在应用程序的重定向 StandardOutput 流上的异步读取操作
Close	释放与此组件关联的所有资源
CloseMainWindow	通过向进程的主窗口发送关闭消息来关闭拥有用户界面的进程
EnterDebugMode	通过启用当前线程的本机属性 SeDebugPrivilege，将 Process 组件置于与以特殊模式运行的操作系统进程交互的状态
GetProcesses	创建新的 Process 组件的数组，并将它们与现有进程资源关联
Kill	立即停止关联的进程
LeaveDebugMode	使 Process 组件离开允许它与以特殊模式运行的操作系统进程交互的状态
Refresh	放弃有关关联进程的、已缓存到该进程组件内的任何信息
Start	启动进程资源并将其与 Process 组件关联
ToString	如果适用，则将进程的名称格式化为字符串，并与父组件的类型组合
WaitForExit	设置等待关联进程退出的时间，并在该段时间结束前或该进程退出前，阻止当前线程执行
WaitForInputIdle	使 Process 组件等待关联进程进入空闲状态

调用 netstat 命令时可以使用重定向功能将结果保存到一个文本文件中，然后在程序中将该文件打开，可以浏览目前端口信息。调用的命令如下：

```
Command.com /c netstat -a -n > c:\port.txt
```

3．PerformanceCounterCategory 类——Windows 性能对象

PerformanceCounterCategory 类表示性能对象，它定义性能计数器的类别，它的 GetInstanceNames 方法用来检索与此类别关联的性能对象实例列表。其语法格式如下：

```
public string[] GetInstanceNames()
```

返回值：字符串数组，这些字符串表示与此类别关联的性能对象实例名称；或者，如果该类别仅包含一个性能对象实例，则为包含空字符串（""）的单项数组。

例如，实例化一个 PerformanceCounterCategory 对象，然后调用该对象的 GetInstanceNames 方法获取网络对象列表，以便检查本地机器是否存在网卡。其实现代码如下：

```
PerformanceCounterCategory category = new PerformanceCounterCategory("Network Interface");
foreach (string name in category.GetInstanceNames())
{
    if (name == "MS TCP Loopback interface")
        continue;
}
```

4. PerformanceCounter 类——Windows 性能计数器

PerformanceCounter 类表示 Windows NT 性能计数器组件，它的 NextSample 方法用来获取计数器样本，并为其返回原始值（即未经过计算的值）。其语法格式如下：

```
public CounterSample NextSample()
```

☑ 返回值：一个 CounterSample，它代表系统为此计数器获取的下一个原始值。

使用 PerformanceCounter 类的 NextSample 方法可以返回一个 CounterSample 对象，该对象的 RawValue 属性用来获取或设置此计数器的原始值（即未经过计算的值）。其语法格式如下：

```
[BrowsableAttribute(false)]
public long RawValue { get; set; }
```

☑ 属性值：计数器的原始值。

例如，使用 PerformanceCounter 对象的 NextSample 方法的 RawValue 属性来获取网络接收和发送速度。其实现代码如下：

```
internal PerformanceCounter receiveCounter, sendCounter;
myNetStruct.receiveCounter = new PerformanceCounter("Network Interface", "Bytes Received/sec", name);
myNetStruct.sendCounter = new PerformanceCounter("Network Interface", "Bytes Sent/sec", name);
receiveOldValue = receiveCounter.NextSample().RawValue;
sendOldValue = sendCounter.NextSample().RawValue;
```

5. GetDiskFreeSpaceEx 函数——获取磁盘空间

GetDiskFreeSpaceEx 函数是一个系统 API 函数，能够获取指定磁盘的空间。其语法格式如下：

```
[DllImport("kernel32.dll", EntryPoint = "GetDiskFreeSpaceEx")]
public static extern int GetDiskFreeSpaceEx(string lpDirectoryName, out long lpFreeBytesAvailable, out long
lpTotalNumberOfBytes, out long lpTotalNumberOfFreeBytes);
```

☑ lpDirectoryName：取得空间的目标磁盘或路径，当该参数是网络中的文件夹时，即可获得网络资源空间。

☑ lpFreeBytesAvailable：可用磁盘空间。

☑ lpTotalNumberOfBytes：磁盘总容量。

☑ lpTotalNumberOfFreeBytes：磁盘剩余空间。

☑ 返回值：如果返回非零值表示成功，如果返回结果为零则表示失败。

6. InternetGetConnectedState 函数——判断计算机网络状态

InternetGetConnectedState 函数是一个系统 API 函数，用来判断当前计算机的网络状态。其语法格式如下：

```
[DllImport("wininet.dll", EntryPoint = "InternetGetConnectedState")]
public extern static bool InternetGetConnectedState(out int conState, int reder);
```

☑ conState：连接状态。
☑ reder：保留值。
☑ 返回值：true 表示当前网络可用，false 表示当前网络不可用。

7. NetworkStream 类——网络数据流

NetworkStream 类提供在阻止模式下通过 Stream 套接字发送和接收数据的方法，其 Read 方法用于从 NetworkStream 流读取数据。其语法格式如下：

```
public override int Read(byte[] buffer,int offset,int size)
```

☑ buffer：Byte 类型的数组，它是内存中用于存储从 NetworkStream 读取数据的位置。
☑ offset：buffer 中开始将数据存储到的位置。
☑ size：要从 NetworkStream 中读取的字节数。
☑ 返回值：从 NetworkStream 中读取的字节数。

例如，使用 NetworkStream 读取网络中的数据流信息，并将其转换为字符串消息记录下来。代码如下：

```
NetworkStream nstream = tclient.GetStream();                //获取数据流
byte[] mbyte = new byte[1024];                              //建立缓存
int i = nstream.Read(mbyte, 0, mbyte.Length);
```

实战技能强化训练

训练一：基本功强化训练

1. 通过计算机名获取 IP 地址　　▷①②③④⑤⑥

IP 地址能够标识网络中任意一台计算机。目前，IP 地址为 32 位，分为 4 段，每段 8 位，用十进制来表示，段与段之间用“.”分割，如 127.0.0.1。当网络中的计算机 IP 地址相同时，系统会提示冲突。另外，每台计算机都有一个唯一的名称，计算机名和 IP 地址是一一对应的。

编写程序，通过计算机名来获取其 IP 地址，运行结果如图 16.1 所示。

（提示：使用 Dns 类的 GetHostAddresses()方法，根据计算机名解析 IP 地址）

2. 通过 IP 地址获取主机名称　　▷①②③④⑤⑥

IP 地址不易记忆，但计算机名通常是一串容易记忆的字符串，因此也可以通过计算机名称进行通信。如何通过 IP 地址获得计算机名称呢？编写程序，实现这一功能。运行结果如图 16.2 所示。

（提示：使用 Dns 类的 GetHostEntry()方法，根据 IP 地址获取主机名称）

3．得到本机 MAC 地址 ▷①②③④⑤⑥

MAC 地址是网络适配器的物理地址。网络适配器又称为网卡，是实现计算机通信的主要设备，出厂时就内置了 MAC 地址。不同的网卡，出现相同 MAC 地址的概率非常小，因此用 MAC 地址几乎可以标识网络中任意一台计算机。编写程序，输出本机的 MAC 地址。运行结果如图 16.3 所示。

（提示：通过 WMI 查询 Win32_NetworkAdapterConfiguration 中数据获得）

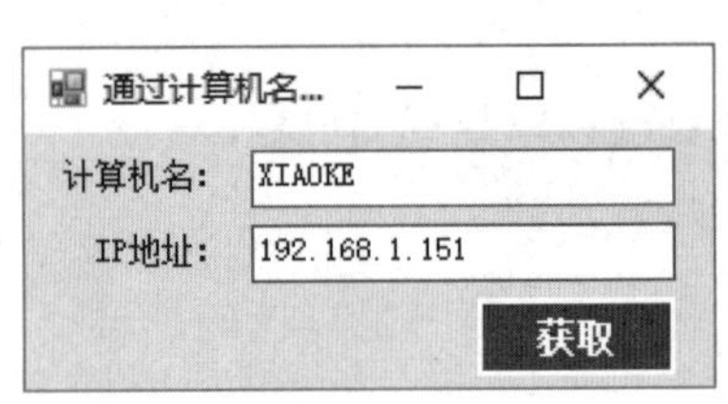

图 16.1　通过计算机名获取 IP 地址

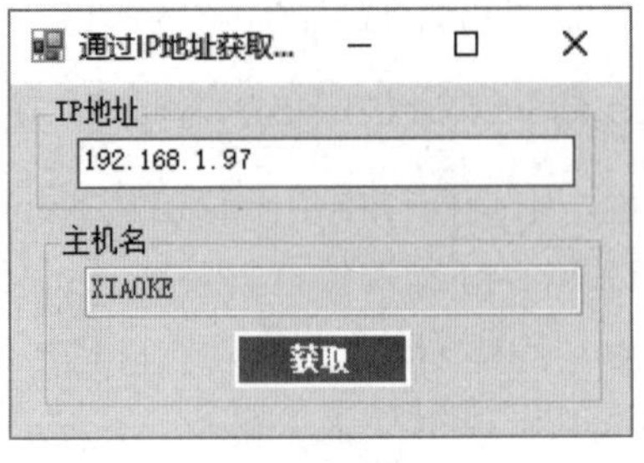

图 16.2　通过 IP 地址获得主机名称

图 16.3　得到本机 MAC 地址

4．获得系统打开的端口和状态 ▷①②③④⑤⑥

两台计算机之间要想实现通信和信息传递，需要开启端口。同样，木马或黑客程序也需要通过端口与远程计算机进行通信。这些端口不固定，很难防范。如果能将系统中的所有端口列出察看，就会知道是否正在与网络中的某台计算机进行通信。

编写程序，列出当前系统中打开的端口及相关信息，运行结果如图 16.4 所示。

（提示：通过 Process 类执行 netstat -a -n > port.txt 命令获取）

5．获取网络信息及流量 ▷①②③④⑤⑥

为了让用户更直观地了解计算机的网络运行速度，制作一个网络信息流量实时显示程序。运行本实例，可以在桌面右下角看到当前日期、时间及本地的网络信息流量，如图 16.5 所示。

（提示：使用 PerformanceCounterCategory 和 PerformanceCounter 性能计数器实现）

获得系统打开的端口和状态

TCP	127.0.0.1:5939	0.0.0.0:0	LISTENING
TCP	127.0.0.1:27382	0.0.0.0:0	LISTENING
TCP	127.0.0.1:42424	0.0.0.0:0	LISTENING
TCP	192.168.1.97:139	0.0.0.0:0	LISTENING
TCP	192.168.1.97:61712	192.168.1.188:8000	ESTABLISHED
TCP	192.168.1.151:139	0.0.0.0:0	LISTENING
TCP	192.168.1.151:49724	101.89.15.105:80	ESTABLISHED
TCP	192.168.1.151:50046	14.17.41.210:80	CLOSE_WAIT
TCP	192.168.1.151:56867	123.151.137.125:80	CLOSE_WAIT
TCP	192.168.1.151:56888	40.100.57.210:443	ESTABLISHED
TCP	192.168.1.151:56923	123.151.79.44:443	CLOSE_WAIT

获取

图 16.4　获得系统打开的端口和状态

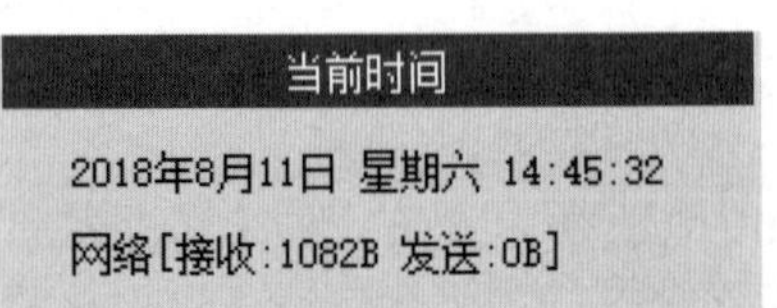

图 16.5　获取网络信息及流量

6. 判断 IP 地址是否合法的算法 ▷①②③④⑤⑥

许多软件都需要利用 IP 地址进行操作，因此 IP 地址的正确与否相当关键。编写程序，判断 IP 地址是否合法。在窗体中输入 IP 地址，单击“检测”按钮，窗体下方将显示所输入的 IP 地址是否合法，如图 16.6 和图 16.7 所示。

（提示：使用字符串 Split 方法对 IP 地址进行处理，验证是否合法）

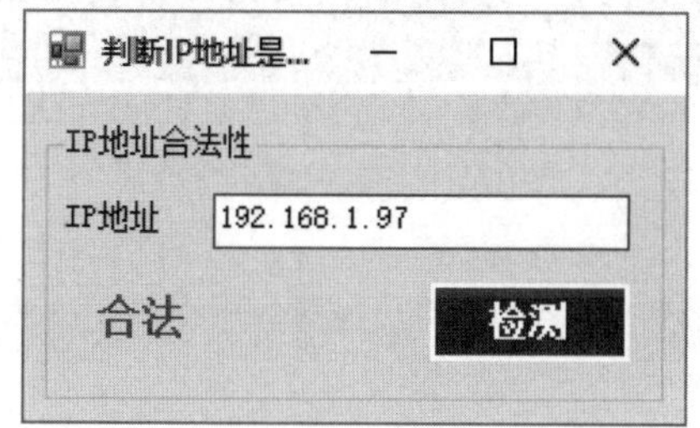

图 16.6 IP 地址合法

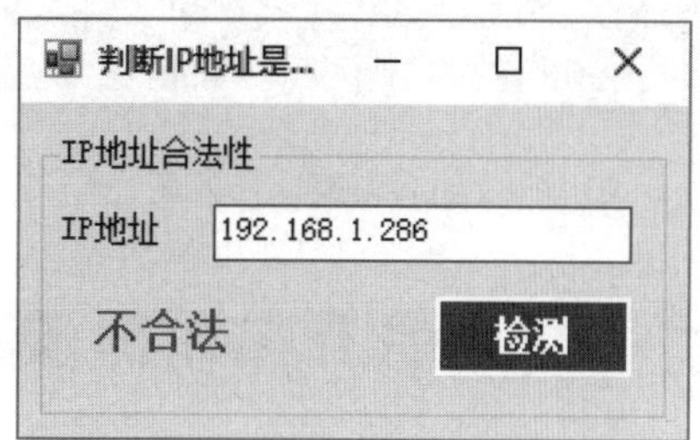

图 16.7 IP 地址不合法

7. 远程服务控制 ▷①②③④⑤⑥

随着网络的发展壮大，对网络计算机的管理要求越来越高。例如，一个大型计算机房，每台计算机的当前状态都需要进行控制，这样就需要很多管理人员。如果机房能够安装一个远程控制软件，则只需一个管理人员在主机上即可对其他计算机进行控制，以高效完成管理工作。

编写程序，设计一个简单的远程控制软件。运行结果如图 16.8 所示。

（提示：使用 WMI 管理与远程机器建立连接，并控制其服务）

图 16.8 服务控制

8. 使用 Socket 实现客户端与服务器交互 ▷①②③④⑤⑥

使用 Socket 实现客户端/服务器的交互，首先运行服务器端，然后运行客户端，服务器端运行效果如图 16.9 所示，客户端运行效果如图 16.10 所示。

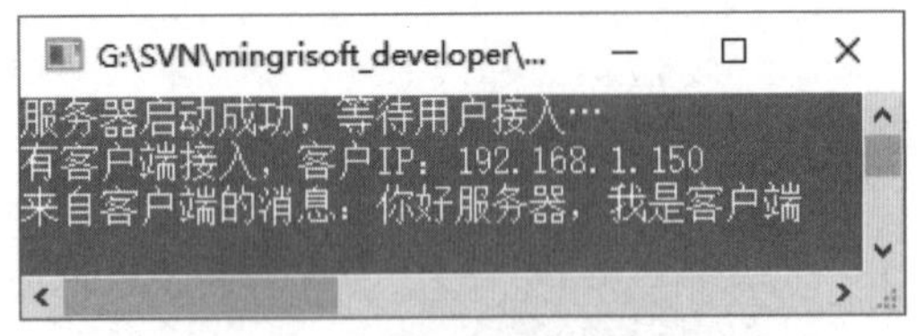

图 16.9　服务器端运行效果

图 16.10　客户端运行效果

训练二：实战能力强化训练

9. 获取网络中某台计算机的磁盘信息 ▷①②③④⑤⑥

地理位置不同的多台电脑通过连接设备连接，然后通过定制的协议达到能够相互通信的目的，这样就形成了网络。网络中的计算机能够实现资源和信息共享。在 Windows 系统中，最常见的一种资源共享方式是文件服务器，这种方式是将网络中一台计算机的磁盘共享，让所有网络中的其他计算机能够访问其中的资源。这台计算机中的资源空间是有限的，本实例将设计一个能够获取网络中某台计算机磁盘空间的程序。运行结果如图 16.11 和图 16.12 所示。

（提示：本实例用到系统 API 函数 GetDiskFreeSpaceEx）

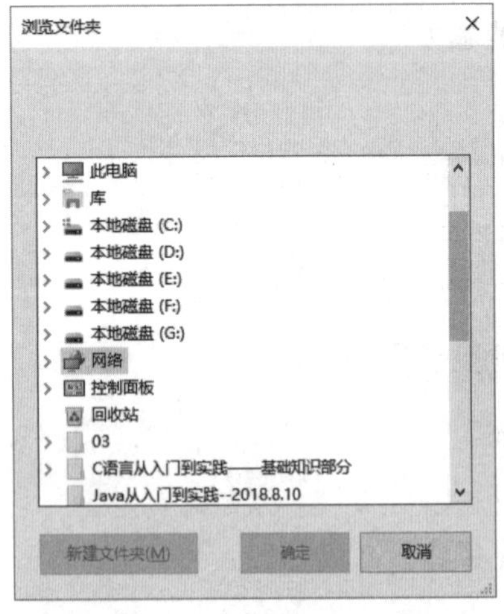

图 16.11　“浏览文件夹”对话框

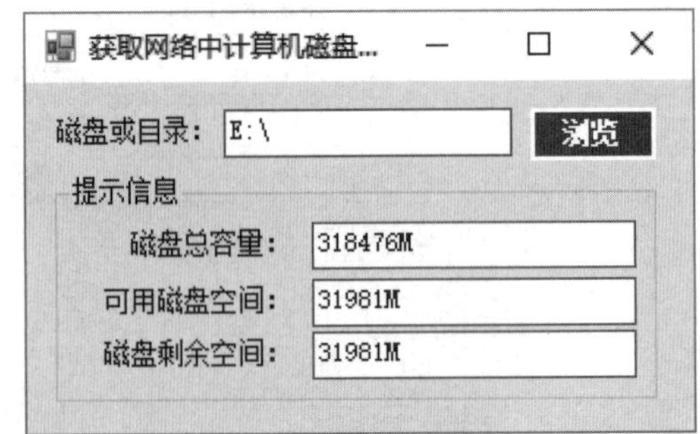

图 16.12　程序主窗体

10. 映射网络驱动器 ▷①②③④⑤⑥

Windows 系统提供的“映射网络驱动器”命令允许用户在“此电脑”或“Windows 资源管理器”

中显示网络资源，这使得网络资源更易于查找。对于经常使用的网络资源或者当准确知道想要连接的网络路径和资源名时，可以使用“映射网络驱动器”。运行程序，输入驱动器的名称、网络资源路径，单击“连接”按钮，即可实现映射网络驱动器。运行结果如图 16.13 和图 16.14 所示。

（提示：使用 Process 类的 Start()方法，执行 net use …命令实现）

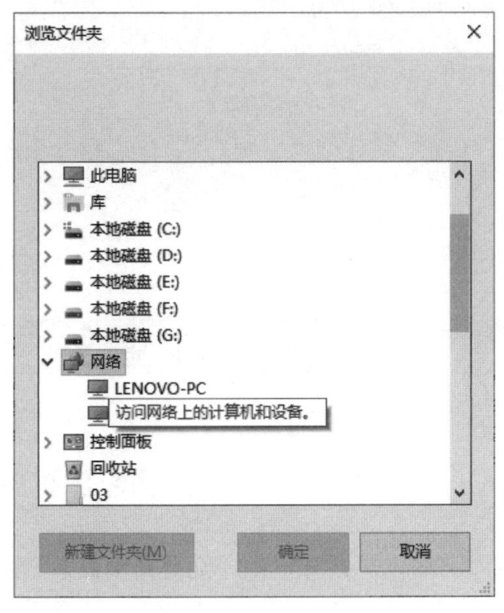

图 16.13　列出工作组中所有计算机

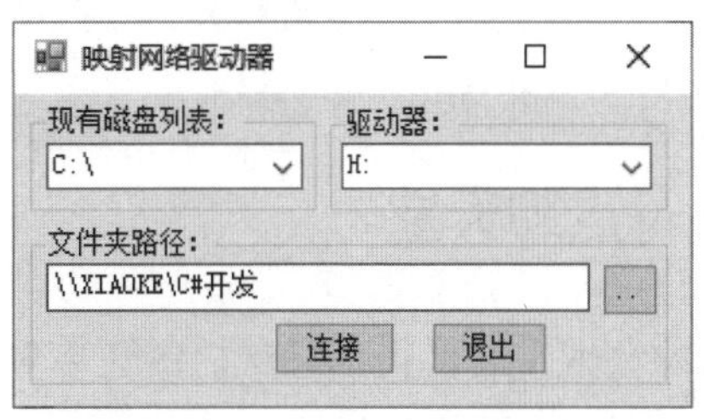

图 16.14　映射网络驱动器

11．监测当前网络连接状态　▷①②③④⑤⑥

本实例实现了监测当前网络连接状态的功能。运行程序，单击“检测”按钮，自动检测当前网络连接状态，并给出相应的提示。运行结果如图 16.15 所示。

（提示：使用系统 API 函数 InternetGetConnectedState 实现）

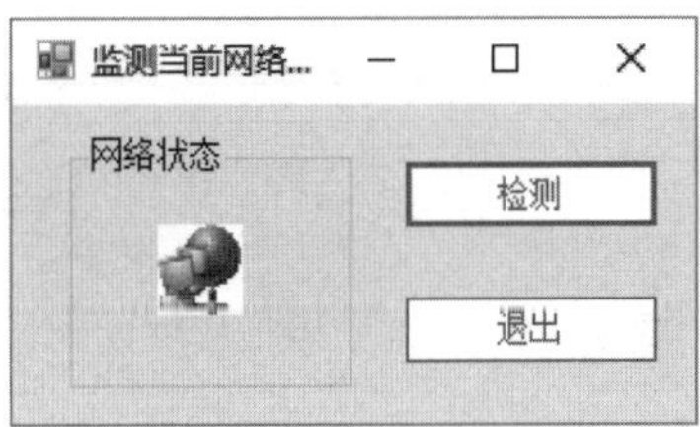

图 16.15　监测当前 Internet 连接状态

12．利用 C#设计聊天程序　▷①②③④⑤⑥

编写程序，实现局域网聊天功能。在局域网中的两台计算机上同时运行局域网聊天程序的服务器和客户端。在客户端中输入服务器端的 IP 地址和端口号。运行本程序，在服务器端的“用户名”文本框中输入服务器的 IP 地址，单击“登录”按钮，然后在客户端的“用户名”文本框中也输入服务器的

IP 地址，单击“登录”按钮，这是服务器端和客户端就进行了连接，这时就可以互相发送消息了。运行结果如图 16.16 和图 16.17 所示。

（提示：使用 Socket 类的 Send()方法和 Receive()方法发送和接收消息）

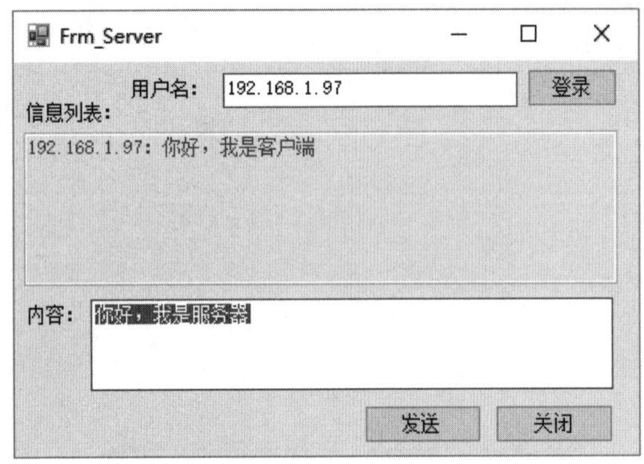

图 16.16　服务器端

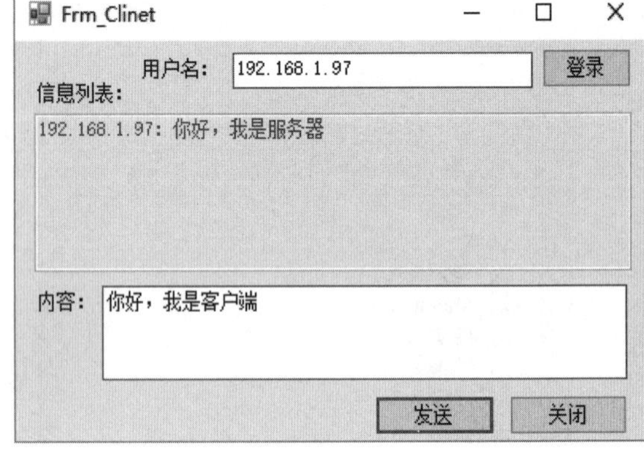

图 16.17　客户端

13. 点对点聊天室

▷①②③④⑤⑥

网络的快速发展使得信息交流的速度和方式发生巨大变化，聊天室程序则是其中最常见的信息交换方式，该程序在网络上随处可见。通过 C#开发一个点对点聊天室程序，实现两台主机之间的信息传递。运行结果如图 16.18 所示。

（提示：使用 TCP 协议实现，主要用到 TcpClient 类和 TcpListener 类）

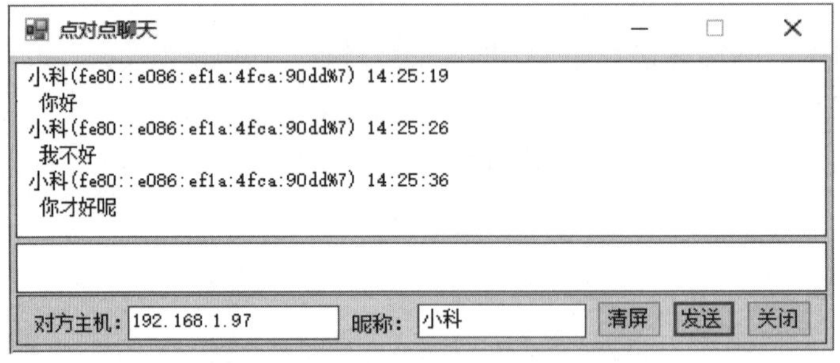

图 16.18　点对点聊天程序设计

14. IP 地址及手机号码归属地查询

▷①②③④⑤⑥

通过网络查询陌生 IP 地址或手机号码的归属地，非常容易。在 Windows 应用程序中，该如何实现这一功能呢？编写程序，实现单机版的 IP 地址及手机号码归属地查询功能。运行实例，在“IP 地址”和“手机号码”文本框中输入要查询的 IP 地址及手机号，单击“查询”按钮，查询结果将显示在下面的文本框中。实例运行结果如图 16.19 所示。

（提示：从两个二进制文件中获取数据，判断 IP 地址或手机号码归属地）

15．UDP 协议发送和接收数据　　▷①②③④⑤⑥

依据 UDP 协议制作一个发送和接收数据的程序，程序运行效果如图 16.20 所示。

（提示：使用 UDP 协议实现，主要用到 UdpClient 类）

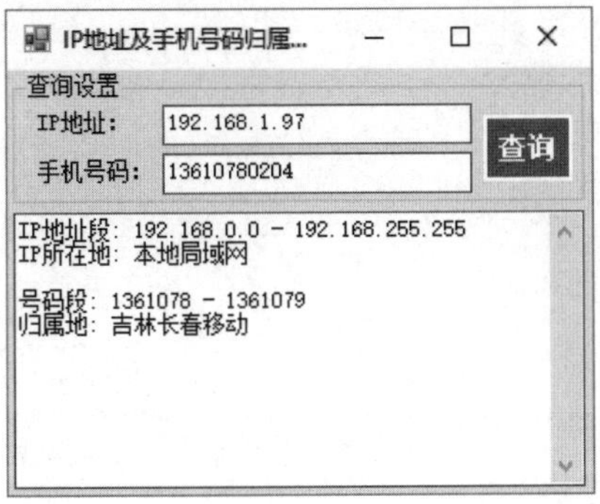

图 16.19　IP 地址及手机号码归属地查询

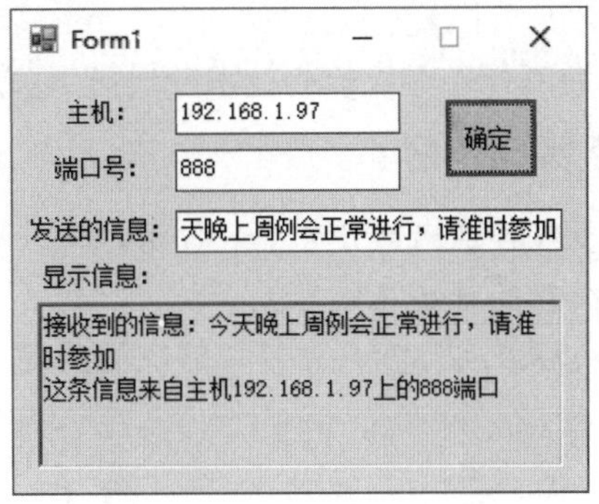

图 16.20　UDP 协议发送和接收数据

第 17 章　多线程编程技术

本章训练任务对应核心技术分册第 19 章多线程编程技术部分。

重点练习内容：

1. 多线程在网络开发中的作用。
2. 线程的挂起与恢复。
3. 线程在实际开发中可以解决的问题。

应用技能拓展学习

1. 在网络中复制文件

网络中信息传递是一个比较复杂的过程，复制文件是一个更加复杂的信息传递过程，如果通过编程实现则比较麻烦，然而应用程序是运行在系统上的，可以利用系统来完成一些复杂的过程，在.NET 类库中包含 Microsoft.VisualBasic 程序集，可以实现网络中文件传输。

添加 Microsoft.VisualBasic 组件的步骤如下。

（1）在“解决方案资源管理器”面板中，右击“引用”选项，从弹出的快捷菜单中选择“添加引用”命令。

（2）从打开的“添加引用”对话框中，选择“.NET”选项卡。

（3）在组件列表中，选择 Microsoft.VisualBasic 选项，然后单击“确定”按钮。当 Microsoft.VisualBasic 组件添加成功后，在程序中使用该组件时，则可通过关键字 using 来引入（如 using Microsoft.VisualBasic.FileIO）。

Microsoft.VisualBasic 组件中的 FileSystem.CopyFile 方法，可以将文件复制到新的位置。其语法格式如下：

```
public static void CopyFile (string sourceFileName,string destinationFileName)
```

☑ sourceFileName：String 类型、要复制的文件，必选。

☑ destinationFileName：String 类型、文件应复制到的位置，必选。

2. 断点续传技术的使用

要实现断点续传下载文件，首先要了解断点续传的原理。断点续传其实就是在上一次下载时断开的位置开始继续下载。HTTP 协议中，可以在请求报文头中加入 Range 段，说明客户机希望从何处继续下载。

例如，下面是一个普通的文件下载请求信息：

```
GET /test.txt HTTP/1.1
Accept: */*
Referer: http://192.168.1.96
Accept-Language: zh-cn
Accept-Encoding: gzip, deflate
User-Agent: Mozilla/4.0 (compatible; MSIE 6.0; Windows NT 5.2; .NET CLR 2.0.50727)
Host: 192.168.1.96
Connection: Keep-Alive
```

如果以断点续传方式对其进行下载，假设从 1024 字节开始下载，则下载请求信息如下：

```
GET /test.txt HTTP/1.1
Accept: */*
Referer: http://192.168.1.96
Accept-Language: zh-cn
Accept-Encoding: gzip, deflate
User-Agent: Mozilla/4.0 (compatible; MSIE 6.0; Windows NT 5.2; .NET CLR 2.0.50727)
Host: 192.168.1.96
Range:bytes=1024-
Connection: Keep-Alive
```

从上面的代码可以看出，以断点续传方式下载文件，其实就是在请求标头中增加了 Range 字段。

使用 HttpWebRequest 对象的 AddRange 方法可以向下载请求信息的标头中增加 Range 字段，语法格式如下：

```
public void AddRange(int range)
```

range：表示范围的开始点或结束点。

例如，判断文件开始下载位置是否为 0，如果不为 0，则调用 AddRange 方法添加 Range 字段，以便从指定位置开始下载文件，实现代码如下：

```
if (SPosition > 0)
    myRequest.AddRange((int)SPosition);            //设置 Range 值
```

实战技能强化训练

训练一：基本功强化训练

1. 在窗体中自动绘制彩色线段　▷①②③④⑤⑥

使用线程控制在窗体中自动绘制彩色线段。程序运行效果如图 17.1 所示。

（提示：在线程中使用随机生成的颜色，通过调用 Graphics 对象的 DrawLine()方法进行绘制）

2. 霓虹灯效果 ▷①②③④⑤⑥

霓虹灯之“明・日・科・技”（改变字体样式与颜色以及面板背景色，变化的时间间隔为 3 秒）。运行效果如图 17.2 和图 17.3 所示。

（提示：通过线程设置窗体的背景色、Label 控件中的字体及颜色）

图 17.1　绘制彩色线段

图 17.2　霓虹灯效果（1）

图 17.3　霓虹灯效果（2）

3. 文字跑马灯效果 ▷①②③④⑤⑥

通过线程实现文字跑马灯效果。运行效果如图 17.4 所示。

（提示：使用 SubString()方法对字符串进行截取，使用 DrawString()方法绘制）

4. 旅游公司的淡季和旺季 ▷①②③④⑤⑥

旅游公司有 10 辆客车，在旅游淡季时只运行 5 辆客车，旺季时 10 辆客车全部运行。使用线程加入来模拟旅游旺季时 10 辆客车全部运行的效果。运行效果如图 17.5 所示。

（提示：将旺季备用车信息放到单独线程中输出，在主线程中执行淡季用车信息输出）

图 17.4　跑马灯效果

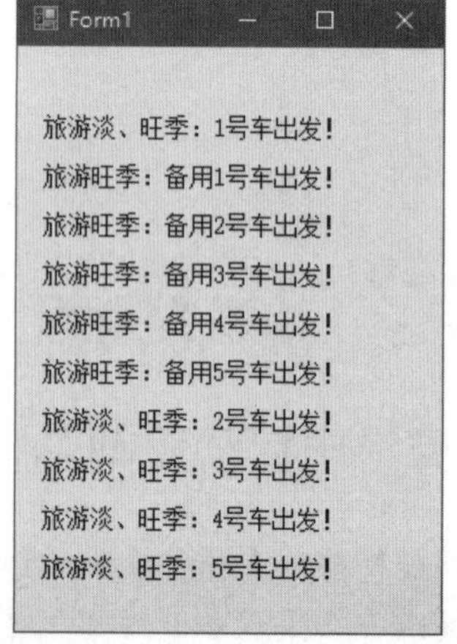

图 17.5　旅游淡、旺季客车运行

5．大容量数据的计算 ▷①②③④⑤⑥

使用线程实现大容量数据的计算。运行效果如图 17.6 所示。

（提示：主要在程序中计算 2 的 4 次幂、7 的 50 次幂和 2 的 2 次幂）

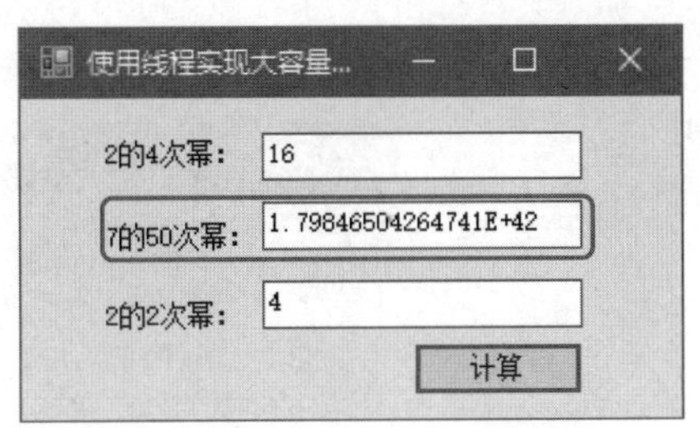

图 17.6　计算大容量数据

6．模拟龟兔赛跑 ▷①②③④⑤⑥

编写程序，使用线程模拟龟兔赛跑：兔子跑到 90 米时开始睡觉；乌龟爬至终点时，兔子醒来并跑至终点。运行结果如图 17.7 和图 17.8 所示。

（提示：主要用到线程对象的 Join()方法）

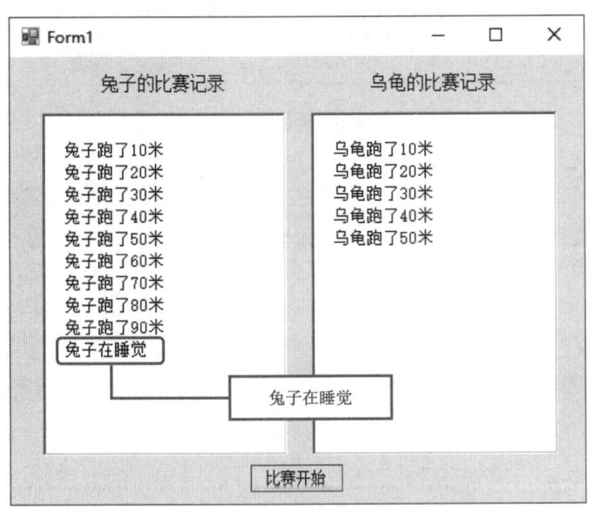

图 17.7　兔子跑了 90 米后开始睡觉

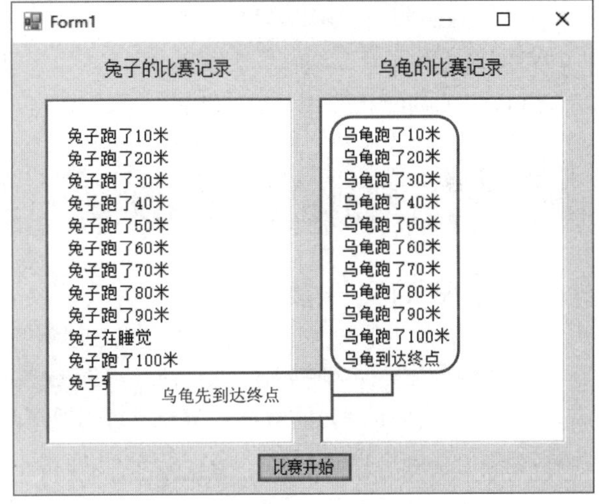

图 17.8　乌龟比兔子先到达终点

7．挑战 10 秒抽奖程序 ▷①②③④⑤⑥

某商场举行抽奖活动，抽奖机上有一个按钮，顾客按住按钮后，上方计时器的时间开始滚动；顾客松开按钮后，计时器停止计时。如果顾客可以让计时器停在 10:00，则可以拿到大奖；若停在 10:0×，则可以拿二等奖；若停在 10:××，则可以拿三等奖。

编写程序，设计这个抽奖程序。运行效果如图 17.9 所示。

（提示：使用 Start()方法开始抽奖线程，使用 Interrupt()方法挂起抽奖线程）

8．窗体中不规则运动的图标

▷①②③④⑤⑥

编写程序，使用线程实现“●”和“★”在窗体中做不规则弹壁运动。运行效果如图 17.10 所示。

（提示：使用 Label 控件显示图标，通过线程控制控件坐标，碰到边界时对齐位置重设）

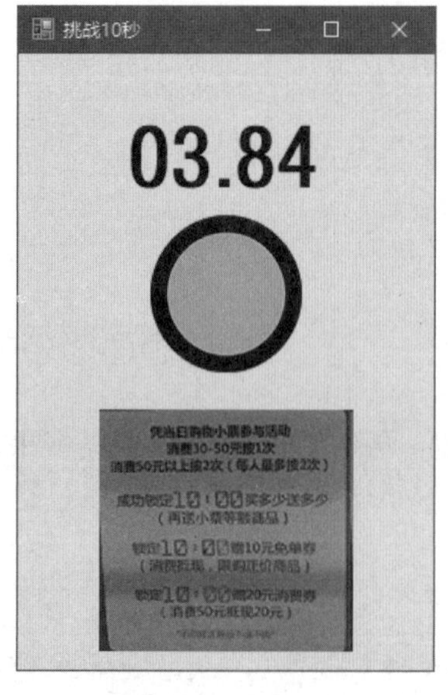

图 17.9　C#实现挑战 10 秒抽奖程序

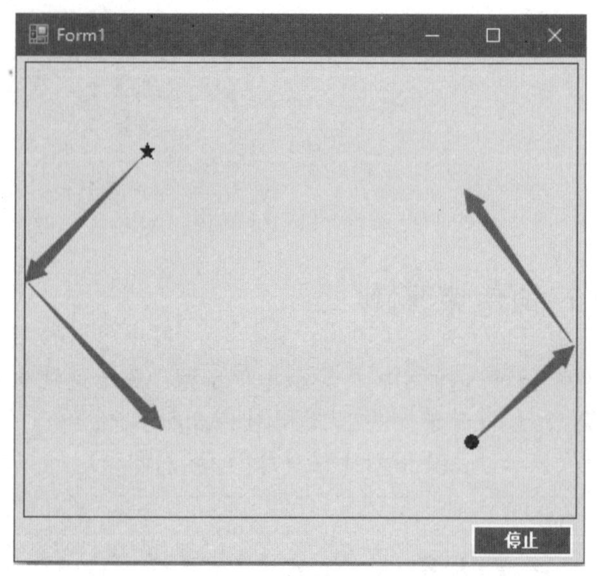

图 17.10　窗体中不规则运动的图标

训练二：实战能力强化训练

9．网络中的文件复制

▷①②③④⑤⑥

网络程序中，计算机间的通信是一个比较复杂的技术，两台计算机之间需要进行多次的对话才能完成。如果要传递较大的数据，复制一个文件到另一台计算机中，则更加复杂。编写程序，设计一个能在网络中复制文件的软件。运行结果如图 17.11 所示。

（提示：使用 Microsoft.VisualBasic 组件中的 FileSystem.CopyFile()方法实现）

10．局域网 IP 地址扫描

▷①②③④⑤⑥

在局域网中设置 IP 地址时，为了避免冲突，通常需要快速确定已经使用的 IP 地址。编写程序，实现局域网 IP 扫描功能。运行实例，输入开始地址和结束地址，单击“开始”按钮，可扫描局域网中指定范围内已用的 IP 地址并显示；单击“停止”按钮，停止扫描。运行结果如图 17.12 所示。

（提示：对 IP 地址使用 Substring()方法进行截取，使用 Dns 类的 GetHostByAddress 获取计算机主机信息，通过 HostName 属性获取主机名）

图 17.11　网络中的文件复制

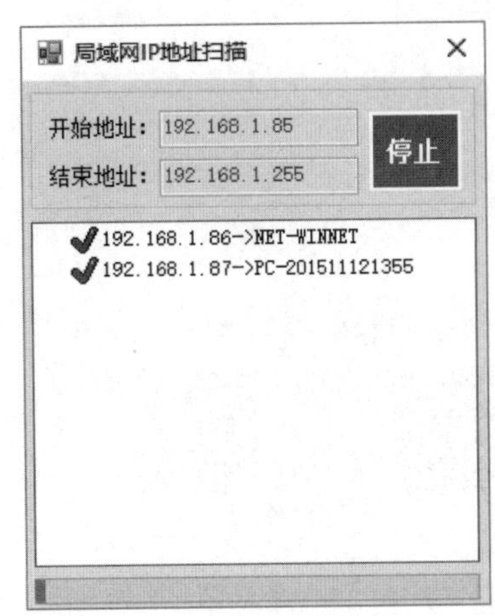

图 17.12　局域网 IP 地址扫描

11．局域网端口扫描

▷①②③④⑤⑥

在为程序设置端口时，为了避免端口号冲突，通常需要确定已经使用中的端口号。编写程序，实现局域网端口扫描功能。运行实例，选择工作组，指定要扫描端口的计算机，输入开始和结束扫描的端口号，单击“扫描”按钮，即可扫描选定计算机的指定范围内已用的端口号，并显示出来。实例运行结果如图 17.13 所示。

（提示：使用 IP 地址和设定的端口范围初始化 TcpClient，根据能否访问确定端口是否被占用）

12．以断点续传方式下载文件

▷①②③④⑤⑥

用户下载网络文件时，如果文件特别大，就需要用到断点续传，即关机后暂停下载文件，开机后接着下载文件。编写程序，实现断点续传下载功能。运行实例，在 URL 文本框中输入下载地址，将要下载的文件名称自动显示到“名称”文本框中，选择存放路径，单击“下载”按钮，即可以断点续传方式下载文件，如图 17.14 所示。

（提示：使用 AddRange 方法在下载请求信息标头中增加 Range 字段，通过 FileStream 对象的 Seek()方法确定每次下载的位置）

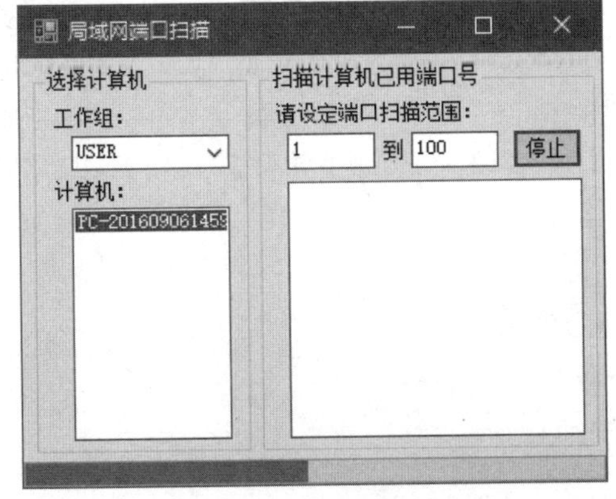

图 17.13　局域网端口扫描

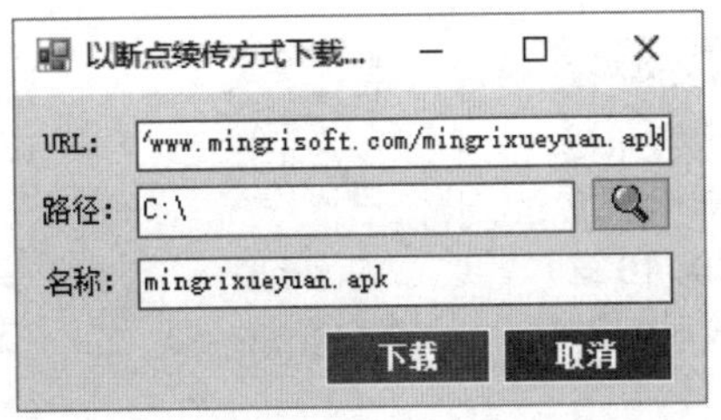

图 17.14　以断点续传方式下载文件

答案提示